U0166851

高等物理海洋学

史　剑◎主　编
王涵实　张文静　杜　辉◎副主编
郭海龙　张雪艳　王　宁

海洋出版社

2023 年·北京

图书在版编目(CIP)数据

高等物理海洋学/史剑主编. --北京:海洋出版社,2023.7

ISBN 978 - 7 - 5210 - 1134 - 0

Ⅰ.①高…　Ⅱ.①史…　Ⅲ.①海洋物理学　Ⅳ.①P733

中国国家版本馆 CIP 数据核字(2023)第 120284 号

高等物理海洋学

GAODENG WULI HAIYANGXUE

责任编辑:赵　娟
责任印制:安　森

海洋出版社　出版发行

http://www.oceanpress.com.cn

北京市海淀区大慧寺路 8 号　邮编:100081

鸿博昊天科技有限公司印刷　新华书店经销

2023 年 7 月第 1 版　2023 年 7 月北京第 1 次印刷

开本:787mm×1092mm　1/16　印张:25

字数:600 千字　定价:188.00 元

发行部:010 - 62100090　总编室:010 - 62100034

海洋版图书印、装错误可随时退换

《高等物理海洋学》
编委会

前　言

物理海洋学是海洋科学的重要基础性分支学科知识体系之一。本书是海洋科学研究生高等物理海洋学课程配套教材，高等物理海洋学课程教学内容是本科物理海洋学课程内容的衔接和提升，突出物理海洋学研究的海洋现象的机理、前沿问题，与本科物理海洋学课程形成完整的体系。本书内容依然围绕物理海洋学中研究的重要海洋现象开展介绍，即海流、海洋湍流、海浪、潮汐、海洋锋、中尺度涡、海冰等，但侧重介绍这些海洋现象的生成、发展和消亡机理，以及多种尺度海洋现象之间的相互作用等方面的内容。通过本书的学习，能够使读者更加体系化地掌握物理海洋学中重要海洋现象的理论知识，具备解决物理海洋学常见问题的能力，为以后从事相关科研工作奠定基础。

本书共有 10 章。第 1 章主要介绍物理海洋学的内涵、发展和科学方法论；第 2 章主要介绍大洋环流理论、深渊环流以及浅海环流；第 3 章主要介绍海洋湍流的基本特征、研究方法和湍流模型；第 4 章主要介绍海浪的生成和消亡机制，以及海浪的混合效应和大尺度效应；第 5 章主要介绍天文潮基本理论、潮致混合以及海平面变化；第 6 章主要介绍内波基本方程、潮成内波和近惯性内波；第 7 章主要介绍海洋锋面特征和动力学理论；第 8 章主要介绍海洋中尺度涡的产生及运行机制、探测方法；第 9 章主要介绍海冰的运动学、流变学及海冰漂移的相关理论；第 10 章主要介绍极地海洋的气象海洋环境系统。

编者在编写过程中借鉴和吸取了物理海洋学界前辈们的多本讲义和教材精华，对相关知识内容进行了有效的归纳、整合和优化，并结合多年来从事物理海洋学教学和研究积累的知识和经验，以及本校课程体系特点，构建了本书的内容和体系。第 1 章主要由史剑编写；第 2 章主要由王涵实编写；第 3 章主要由史剑、王涵实编写；第 4 章主要由史剑编写；第 5 章主要由张雪艳编写；第 6 章主要由杜辉编写；第 7 章主要由郭海龙编写；第 8 章主要由张文静编写；第 9 章主要由史剑、张文静、王涵实编写；第 10 章主要由王宁编写。在编写过程中，曾智、夏静敏、徐芬、吴頔和易镇辉也参与了部分章节的编写工作。部分章节参考和引用了黄瑞新教授的《大洋环流：风生与热盐过程》、林霄沛教授的《大洋环流Ⅱ》讲义、管长龙教授的《海浪》讲义、方国洪院士等《潮汐和潮流的分析和预报》、方欣华和杜涛教授的《海洋内波基础和中国海内波》、孟上等翻译的《海冰漂移》等专著、译著和教材中的精彩内容。

本书可作为海洋科学类专业高年级本科生、海洋科学科研人员的参考书。由于物理海洋学是个不断发展的学科领域，其内涵丰富，交叉性强，加之作者的水平有限，书中错误在所难免，望读者给以指正，作者不胜感激。

编　者
2023 年 3 月

目　录

第1章 绪 论

1.1 物理海洋学的内涵

在介绍物理海洋学之前,我们必须清楚地认识到,海洋是地球系统中的一部分。大气的质量、动量和能量通过一系列的物理过程,传递到海洋中。同时,海洋也是参与地球水循环的重要环节之一。并且,海洋对泥沙悬浮物的输运甚至可以改变地球的陆地样貌。因此,研究和理解海洋是我们探究地球系统奥秘的核心工作,尤其是在当前全球气候变化的大背景下,这项工作已经愈发重要。

物理海洋学是以物理学的理论、技术和方法,以海水的物理性质和运动为研究对象,阐释海洋中的物理现象及其变化规律,并研究海洋水体与大气圈、岩石圈和生物圈相互作用的科学。它是海洋科学的一个分支,与大气科学、海洋化学、海洋地质学、海洋生物学有密切关系,物理海洋学涵盖的内容包括海浪、潮汐、海洋环流、中尺度涡旋、湍流、混合、气候变化等过程。由于海洋中的物理、化学、生物、地质等过程出现于运动着的海水,故海洋科学各分支相互交叉,其中物理海洋学处于基础地位,它在探索本学科的同时,还参与了其他学科的研究。尤其是在学科的核心知识构架上,物理海洋学和气象学是两门紧密联系、无法分割的学科,大气给海洋提供动量和能量,海洋也可以反过来影响大气的低频信号变化。

物理海洋学的研究手段包括卫星和现场观测、数值模拟和理论分析等,其研究成果在海洋灾害预警预报、海洋环境安全保障、海洋权益维护、海洋资源开发、海上工程、气候预测等方面都具有重要应用。

在研究物理海洋学时,每一种物理海洋现象从理论上可以自成一个体系,独立进行分析研究,常采用现象分析、给出假定、构建数学模型、解数学模型、分析解的物理含义的方式开展,从而实现对海洋过程从现象到本质的深入理解。当然,每一种海洋现象的存在并不是孤立的,各种海洋现象相互存在着作用,这种作用存在于多时空尺度,因此,研究各种现象之间的相互作用也是物理海洋学的重要方向之一。

1.2 我国的物理海洋学发展

物理海洋学的疑问来自对自然现象的观测。物理海洋学发展史在很大程度上是海洋

学的发展史。对海洋科学的认识的起点并不是西方，而是产生在中华大地，它是中华文明的一部分。

1.2.1 近代以前

关于海洋潮汐，我国殷商时代已出现"涛"字，这个字后来被解释为"潮"字的同义词。

《诗经》中，多次出现"海"字，并有江河"朝宗于海"的认识。

春秋战国时期，齐国的邹衍曾提出一种海洋型地球观，即大九州说。

西汉时期，我国已开辟了从太平洋进入印度洋的航线。《汉书·艺文志》中提到西汉时"海中占验书"就有 136 卷。

东汉时，利用季风航海已有文字记载。王充是最早对海洋潮汐现象做出科学解释的古代科学家。他在《论衡·书虚》篇中提出"涛之起也，随月盛衰"，对潮汐和月亮的关系进行了论述。

三国时期，出现了我国第一篇潮汐专论——《潮水论》。

东晋葛洪和唐代卢肇引进了太阳在潮汐中的作用。窦叔蒙指出，"以潮汐作涛，必待于月；月与海相推，海与月相期"。他对潮汐周期的推算，也很有见地；并绘制了理论潮汐表——"窦叔蒙涛时图"。

唐宋时期，我国的潮汐研究已达到很高水平。现存北宋吕昌明于 1056 年编制的"浙江四时潮候图"，曾被刻成石碑立于钱塘江畔供渡江用。它比欧洲现存最早的潮汐表，大英博物馆所藏的 13 世纪的"伦敦桥涨潮时间表"早得多。

明朝，1405—1433 年，郑和七次下"西洋"，最远到达赤道以南的非洲东海岸和马达加斯加岛，比哥伦布从欧洲到美洲的航行（1492—1504 年）早半个多世纪，在航海技术水平和对海洋的认识上，远超当时的西方。郑和出海多在冬季和春季，利用东北季风起航，又多在夏季和秋季利用西南季风返航，说明已较充分地认识和利用了亚洲南部、北印度洋上的风向和海流季节性变化的规律。

清代，出现了《两浙海塘通志》《海塘录》和《海潮辑说》。《海潮辑说》《海塘录》等收录和保存了古代不少潮汐著作。

1.2.2 近代以后

1909 年，成立了中国地学会，从地球科学的角度，对海洋地理、海洋地质、海产生物和海洋气象等进行了研究，并通过其会刊《地学杂志》，宣传海洋科学知识。

1914 年，创办中国科学社，为促进我国近代海洋科学的发展做出过积极的贡献。

1922 年，设立海道测量局，我国的海道测量工作开始起步。建于 1928 年的青岛观象台海洋科，是我国第一个海洋水文气象和生物观测研究机构。中国科学社筹建的青岛水族馆也由该科管理。海洋科主办了《海洋半年刊》刊物。

1916 年，竺可桢发表《中国之雨量及风暴说》，论述了海洋气候对我国大陆气候的影响，以及台风生成的原因和侵袭我国的路径；1925 年和 1934 年，他又先后发表了《台风的源地与转向》和《东南季风与我国之雨量》，把沿海的天气现象与海洋环境因素的变化联系起来。青岛观象台台长蒋丙然编著的《中国海及日本海海水温度分配图》，绘制了周年平均等温线图、周年变差等温线图及各月等温线图共 12 幅，并对海水温度变动的原因做了说明。

1.2.3 中华人民共和国成立后

1.2.3.1 观测成果

物理海洋学是一门以调查观测为基础的学科。中华人民共和国成立早期，受国力所限，调查观测主要限于中国近海。1953 年，在赵九章教授的指导下，有关单位在青岛市小麦岛建立了我国第一个波浪观测站，开始波浪研究。同时，一些单位开始研究天津新港泥沙洄淤问题，河流入海河口的演变规律，以及我国近海水声学考察工作。1956 年，国务院科学技术规划委员会编制了 12 年科学技术发展规划，海洋科学技术发展第一次被列入国家的科学技术发展规划。1957—1958 年，中国科学院海洋生物研究所进行了渤海及北黄海西部海洋综合调查，并与水产部黄海水产研究所、海军和山东大学海洋系等单位协作，完成了多次同步观测。1958—1960 年，国家科委海洋组组织全国 60 多个单位，进行全国海洋综合调查。1959 年，地质部第五物探大队与中国科学院海洋研究所协作，开始在渤海海域进行以寻找石油资源为目标的海洋地球物理调查。同年，地质部航空测量大队对整个渤海和沿海地区，进行了我国首次海上航空磁力测量。同时，在 1957—1960 年间先后开展了渤海、黄海同步观测和全国海洋普查。在此基础上，我们得以对中国近海的海流、水团、跃层分布以及它们的季节变化等有了一个概括的了解。此外，我国从 20 世纪 50 年代开始还定期进行海洋水文标准断面调查、海道测量，并进行了中美长江口海洋沉积合作调查、海底电缆路由调查等。

1974 年，中国科学院南海海洋研究所综合考察了西沙群岛海域。

1976—1980 年，国家海洋局根据我国第一次远程运载火箭试验的要求，在太平洋中部特定海区进行了综合调查。

1978—1979 年，国家海洋局等部门参加了第一次全球大气试验，在中太平洋西部进行调查和试验。

1980—1985 年，国家海洋局等组织我国沿海 10 省（市）进行全国海岸带和海涂资源综合调查。

进入 20 世纪 80 年代以来，随着改革开放，中国的物理海洋学家有机会进行国际交流，并逐渐开始走向大洋和极地。1983 年，国家海洋局进行了北太平洋锰结核调查和南海中部综合调查。1984 年，我国首次派出南极考察队进行南大洋和南极大陆科学考察。同年，中国科学院南海海洋研究所对南沙群岛邻近海域进行了综合考察。在 1980—2000 年间，通过中美、中日、中韩、中朝等国际合作，在热带西太平洋、南海、东海、黄海等海域开展了科学考察研究，其中，中国台湾开展了黑潮边缘交换过程（Kuroshio Edge Exchange Processes，KEEP）；参加了世界大洋环流实验（World Ocean Circulation Experiment，WOCE）、全球海平面观测系统（Global Sea Level Observing System，GLOSS）、热带海洋与全球大气（Tropical Ocean-Global Atmosphere，TOGA）研究计划等国际海洋计划；大力推进了印度洋的观测；1980年，中国学者董兆乾和张青松前往澳大利亚南极凯西站进行考察；1984年和1999年，中国科考船开始挺进南极和北极海域。

进入21世纪以来，相继启动了中国Argo实时观测网、"中国近海海洋综合调查与评价"专项、"全球变化与海气相互作用"专项、"南北极环境综合考察与评估"专项等一系列专项；发起了由中国学者主导的中-印尼国际合作、西北太平洋海洋环流与气候实验（Northwestern Pacific Ocean Circulation and Climate Experiment，NPOCE）国际计划等大型海洋科学考察。2017年8月28日至2018年5月18日，完成了为期263天的环球海洋综合科学考察，在印度洋、大西洋、南极周边海域和太平洋开展了水文气象断面调查、潜/浮标等定点观测、水下滑翔机观测等工作。

1.2.3.2 理论成果

物理海洋学是一门建立在物理框架下的、具有很强实用性的学科。中华人民共和国成立初期，由于海洋环境安全和国民经济建设的迫切需要，中国的物理海洋学研究主要以海浪、潮汐、近海环流与水团，以及海洋气象灾害（特别是风暴潮）为主。1959年，中国第一部有关潮汐分析和预报的手册《实用潮汐学》出版；1962年，文圣常撰写的《海浪原理》专著问世，开创了中国的海浪研究；1964年，毛汉礼等首次提出中国近海跃层的研究方法，出版了《中国海温、盐、密度跃层》；同年，赫崇本编写了《中国近海的水系》（见《全国海洋综合调查报告》），是中国学者首次论述中国近海水系和水团结构及其季节变化的重要文献；1966年，专著《海流原理》出版，是中国最早系统介绍海洋环流的著作；在1955—1963年间，毛汉礼先后翻译了《动力海洋学》（J. Proudman著）、《海洋》（H. U. Sverdrup著）、《湾流》（H. Stommel著），撰写了《海洋科学》等著作；赫崇本主持编写了《海洋学基础理论丛书》《海洋学》《潮汐学》，为中国物理海洋工作者的培养提供了教材。至此，中国物理海洋学研究初具规模，建立了自己的研究体系。20世纪80年代以来，《潮汐学》《风暴潮导论》《海雾》《海浪理论与计算原理》《潮汐和潮流的分析和预报》《中国近海水文》等物理海洋学专著陆续出版，形成了具有中国特色的物理海洋学体系。随着中国走向大洋和极地需求的增强，中国积极发展大洋和极地的观测与研究，在太平洋西边界流、大洋环流与气候变化、极地海洋学等方面均获得了有影响力的成果，逐步进入了国际前沿研究领域。

在数值模拟和数据同化方面，中国学者提出了新型混合型海浪数值模拟方法，发展了第三代海浪模式；提出了风暴潮预报方法，建立了超浅海风暴潮数值预报模型；发展了第三代潮汐潮流预报系统；推出了LASG/IAP气候系统海洋模式（LASG/IAP Climate System Ocean Model，LICOM）系列海洋环流模式；发展了海浪—潮流—环流耦合数值模式FIOCOM；发展了中等复杂的厄尔尼诺-南方涛动（El Niño-South Oscillation，EN-SO）预测模型；推出了FGOALS、FIOESM、BCC-CSM、BNU-ESM等气候耦合模式并参与国际耦合模式比较计划（Coupled Model Intercomparison Phase，CMIP）。

由于国外的技术封锁，中国在以海洋声、光、电等物理现象为基础的海洋探测应用技术方面走上了自主研发的道路，在海洋物理理论和技术研究中取得了突破，研制了一批具有自主知识产权的海洋探测装备和传感器，提升了中国海洋观测的技术保障能力。随着国家实力的增强，中国的物理海洋学研究在调查观测、理论研究和数值模拟及预报方面取得了长足的进步，在海浪、潮汐与海平面、大洋环流、水团和陆架环流、海洋中尺度过程、湍流与混合、数值模拟与同化、实验室模拟、海气相互作用与气候、海冰与极地、海洋气象、海洋物理等方面取得了丰硕的成果，组织实施了针对中国近海、大洋和极地的多个大型观测计划和国际合作项目，成果在海洋环境安全保障中得到良好的应用。中华人民共和国成立后，经过 70 年的不懈奋斗，中国的物理海洋学研究在实现"查清中国海，进军三大洋，登上南极洲"这一海洋梦想的过程中写下了浓重的一笔（魏泽勋等，2019）。

1.3 国外的物理海洋学发展

1.3.1 海洋探索时代

在国际范围内，物理海洋学也是一个崭新的研究领域，但是它同样可以被追溯到几千年前海洋性民族的生存活动当中。在地球上，最早与海洋打交道的一批先民是波利尼西亚人（即今天的毛利人）。早在 2 500 年前，他们就乘坐自制的独木舟，行驶数千千米，在大洋洲的各个岛屿上定居。并且波利尼西亚人在航海的时候，已经掌握了判断波浪来向以及太平洋洋流方向的能力。而在 2 900 年前，希腊人对地中海的探索也是值得铭记的，他们的船只到达了欧洲和北非的大部分区域，并且观察和记录到了许多沿岸流和潮汐运动。值得一提的是，希腊语的 okeano 即是我们现今英文词汇 ocean 的起源。公元前 850 年，地球上的许多先民已经开始航海捕鱼和探索地球，他们观察和记录海浪、风暴和潮汐的变化。

从 15 世纪开始，地理大发现时代促进了海洋学的第一次大的进步，其中许多著名的地理发现这里就不再赘述。我们需要特别提到的是 1768 年开始的"奋进"号航海探索壮举。库克船长是一位航海家，同时也是一位科学家。在他 10 年的航海生涯中，他完成了大量的观察和记录，帮助建立起大洋洲水文和生物要素的最早期研究。同时期，在美国，另一位伟大人物富兰克林，也已经对湾流的路径和强度有了深刻的研究和认识。

1.3.2 现代物理海洋学的初步建立

现代物理海洋学成为一个独立的学科领域的发展历史很短。在 19 世纪末期，美国、英国等国学者开启了一系列针对海流、海洋生物以及海底和海岸线的科考调查。而其中最著名的，即 1872 年至 1876 年间"挑战者"号的伟大探索。该航次是全球范围内第一次精细化组织的，真正意义上的科考航次。它的观测目标包括水温、海水化学性质、海流、海洋生物和海底深度等。"挑战者"号的一个著名发现就是找到了马里亚纳海沟的位置，并预测其深度超过 8 200 m，是世界大洋最深的地方。

到了 19 世纪中期，美国海军的先驱 Matthew Fontaine Maury 认为美国海军对海洋的认识远远不够：美国海军的舰船上存在大量的航海日志资料，但是保存的图表却非常稀缺。于是他决定编一本有图像的书来指导舰船行动，即 1855 年出版的 *The Physical Geography of the Sea*。该书也被认为是物理海洋学第一本教科书。

1905 年，瑞典人埃克曼（Ekman Vagn Walfrid）提出了漂流理论，设计了埃克曼海流计和颠倒采水器。

1910 年，挪威人皮叶克尼斯（Bjerknes Vilhelm）提出了海洋环流理论。

1919 年，美国人约翰逊（Johnson Douglas Wilson），按海岸运动方向，将海岸进行了分类。

1925—1929 年，德国"流星"号的南大西洋调查，初步揭示了海洋的大循环。

1925 年，英国人杰弗里斯（H. Jeffreys）提出风浪产生理论。

1933 年，英国人古尔兹勃龙（G. R. Goldsbrngb）提出热盐环流的模式理论，研究因蒸发及降水产生的海流。

1934 年，日本人日高孝次发表了"湖水震动与海流的研究"一文。

1945 年，挪威人斯维尔德鲁普（H. U. Sverdrup），苏联人斯托克曼考虑质的输送，提出全流理论。

1947 年，挪威人斯维尔德鲁普和美国人蒙克（W. H. Munk）发表了《风浪及海啸》一书，用于海浪的预报，斯维尔德鲁普还论述了海洋环流与能源，提出风对海洋环流的重要性。

1948 年，美国人斯托梅尔（Stommel Henry Melson）发现大洋西岸洋流密集与强化现象，提出西岸海流强化理论。

20 世纪 50 年代初，由几个国家的海洋学家共同研究，提出了世界大洋环流的理论模式——"风生漂流理论"。按照这一理论，海洋上层是由一个风生流涡构成，这个流涡在北半球做顺时针方向运动，在南半球则反之；深层环流，则是分别由南极区域威德尔海和北极区域挪威海底层水团缓慢运动所形成。

风生漂流理论集 50 余年来物理海洋学方面各种研究之大成，使人们对海洋总体水运动顿时感到脉络清楚、层次分明，因而，有人将 20 世纪 50 年代初之前的物理海洋学发展阶段称之为漂流海洋学阶段。

但是，这名噪一时的漂流理论，和这一理论所依据的海流图，当时就受到很多人的怀疑，其主要原因是调查数据太少，证据不充分。因为从 18 世纪到 20 世纪前半叶这将近一二百年的时间里，全世界一共进行了 300 次左右单船走航式调查，其中海流观测次数比这还要少。然而，在当时条件下也提不出更多的相反证据。

海洋科学在发展，海洋仪器也在不断更新。20 世纪 50 年代之后，采用声学浮标测流，发现了"赤道深层流"，获知 5 000 m 深处海流流速竟大于 12 cm/s，方向与表层相反。其结果，从根本上推翻了深层海水基本静止的旧观念。1958 年，美国人施华罗（J. C. Swallow）采用中性声学浮标又测量了湾流区域的底层流，原来预计那里也是稳定、宽广、缓慢（速度在 1 cm/s 左右）的流动，然而实测结果表明，那里海流流速比预计的快 10 倍以上，并且具有激烈的空间和时间上的变化。这些发现，向漂流理论提出了强有力的挑战，同时也使人痛感单船走航式调查太落后了，应该向多船合作的方向发展。

早在 1950—1958 年期间，美国加利福尼亚大学斯克里普斯海洋研究所发起并主持了包括北太平洋在内的一系列调查，最初有秘鲁和加拿大参加，而后又有美国、日本、苏联等国的十余艘调查船参加。

1957—1958 年国际地球物理年（IGY）、1959—1962 年国际地球物理合作（IGC）的联合海洋考察，其规模之大是空前的，调查范围遍及世界大洋，调查船只有 70 艘之多，参加国达 17 个。

到了 20 世纪 60 年代，海洋调查联合参加国越来越多，其中主要有 1960—1964 年国际印度洋的调查（IIOE）；1963—1965 年国际赤道大西洋合作调查（ICI-TA）；1965—1970 年（后又延至 1972 年）黑潮及其毗邻海区合作调查（CSKC）等。其中 1960—1964 年国际印度洋调查系由联合国教科文组织发起，由 13 国、36 艘调查船参加的迄今为止对印度洋规模最大的一次调查。

20 世纪 60 年代之后，对深海世界的直接观察，也有了一个长足的进步。

1961 年 1 月 23 日，瑞士人扎克·比卡尔（J. Piccard）和美国人戴茨（Roberts Dietze）在太平洋马里亚纳海沟的水域上方，乘深海潜艇"的里雅斯特"（Trieste）下到水深 11 000 m 的地方，即世界的最深渊。

在这最深的海底世界中，他们看到自由游过舷舱的虾和鱼，这在当时是令人难以置信的奇迹。按以前旧的观念，海洋深渊是一个黑暗死寂的世界，原因是海水越深，其中的含氧量就越少，6 000 m 以下就被当作"无生物带"了。而今 11 000 m 处仍然有活着的鱼类，这说明海洋的垂直对流是非常显著的。此外，海底存在大量的锰结核，是人类未来的锰、铁等金属需求的重要来源。

20 世纪 60 年代之后，许多新技术已应用到对海洋的研究上。例如，从 1960 年起，美国的"泰罗斯"计划（TIROS－美国气象卫星计划）开始实施，以后又陆续发射了若干科学卫星。人们利用卫星的各种遥感技术，可以观测大面积海洋的参数：海洋表层温度、风、表层海流、海冰、热能交换、水色、水深、海面起伏、海啸、海雾和海洋污染等。此外，在深海大洋中施放资料浮标已经成功，自动遥测浮标站是目前世界上长时间连续同步观测和收集资料的基本方法之一。现在世界上许多国家都在进行研制和使用。这样一来，人们就可以用浮标作为固定海洋观测站，再配以调查船、卫星的同步观测，初步实现海洋调查的同步化和立体化，从而使海洋研究以更快的速度前进。

20 世纪 70 年代以后，物理海洋学中的重大成就，当推中尺度涡旋的发现。

　　1970 年，苏联应用几十个资料浮标站，五六艘由最新仪器装备起来的调查船，在大西洋东部进行以海流为主的调查，由于浮标阵是按多边形方式布置，因而这次调查代号取名为"多边形"（POLYGON）。经过半年多的观测，发现在这个弱流区域内（平均速度为 1 cm/s），存在着速度达到 10 cm/s、空间尺度约为 100 km、时间尺度为几个月的中尺度涡旋。

　　这一发现，立即引起海洋学界的重视。1973 年 3—6 月间，美国、英国、法国 3 个国家的 15 个研究所，利用几十个浮标、6 艘调查船和两架飞机组成联合观测网，在北大西洋西部一个弱流海区内，进行了一次代号为"MODE"的大洋动力学实验，观测结果表明，那里也存在中尺度涡旋。

　　以后通过人造卫星的图片分析，大洋中存在着形形色色、大小不一的涡旋，有人甚至把大洋称之为"涡旋的大观园"。

　　这些形形色色的"团团转"，还具有很大的动能，约占海洋大、中尺度海流动能的99% 以上。它相当于大气中气旋、反气旋和台风，实际上，正是海洋的涡旋，控制着海洋的"气候"。

　　因此，有充分理由认为，大洋中这些中尺度涡旋，应是对海洋水文物理现象进行"天气分析"的主要对象，如果我们能掌握它们的变化规律，我们也就能做到对海洋水文物理现象进行合理的"天气预报"了。

　　美国还在浅海环流、内波混合与微结构方面开展研究；苏联也在热带逆流理论、风浪理论、风浪的能量平衡和海洋分子物理学方面进行了大批工作。同时，海峡的研究也越来越受到重视。海峡有许多自身的特点：海峡较窄，设置的断面很少就可将海峡水交换弄清楚，从而将与其相连的海区内质量、热量和化学收支模拟出来。海峡较窄，就会出现许多特殊的物理海洋学问题。例如，水流受到海峡的限制，可以出现特殊的动力学结果，其中包括水的堆积或水力学跳跃。潮流速度增加，产生局地不稳定性：混合与内波、跳跃和其他小尺度现象。海峡虽窄，它却是海上繁忙的交通通道，素来备受各国重视。因此，海峡的研究已在世界上被提到一个应有的高度。

1.3.3　当代物理海洋学的发展

　　进入 20 世纪 80 年代，由于地球气候越来越异常，海平面不断上升，这将直接威胁到沿海人们的生产、生活和生命安全，对人类现存的社会产业结构造成不可逆转的危害。物理海洋学家一直重视海洋界面过程及海气相互作用的研究，这已成为物理海洋学中一个重要的课题。例如，1986—1990 年，中美西太平洋热带海气相互作用联合调查，获得了大批的海洋水文、气象、化学、沉积和辐射等方面的科学数据，为研究这一海域海洋环境动力学和海气系统能量收支、经向输运及其对中国气候和近海海况的影响，了解这一海域海气特征的年际变化，计算这一海域的海水的流量和热量输运提供了必要的科学数据；1986—1992 年，中日黑潮合作调查，对台湾暖流、对马暖流的来源、路径和水文结构等提出了新的见解，对海洋锋、黑潮路径及大弯曲等有了进一步的认识。

为了研究海气之间相互作用和地球气候的超长期变化，20 世纪 90 年代后，进行了世界大洋范围内的环流调查，即"WOCE"计划。

热带海洋与全球大气——热带西太平洋海气耦合响应试验，即"TOGA-COARE"调查，旨在了解热带西太平洋"暖池"（Warm Pool）区通过海气耦合作用对全球气候变化的影响，从而进一步改进和完善全球海洋和大气系统模式。其强化观测期为 1992 年 11 月 1 日至 1993 年 2 月 28 日，在热带西太平洋暖池区进行了连续 4 个月的海上外业调查。有 19 个国家或地区以不同形式参加了此项活动。此次调查中，由 3 个卫星系统、7 架飞机、14 艘调查船、31 个地面探空站、34 个锚系浮标和几十个漂流浮标构成了一个立体观测网。

国际南大洋研究（ISOS）也取得了长足的进步，其目的是了解该区在大洋总环流和全球大气环流方面的作用。

物理海洋学的大多数重大发现都发生在过去的 50 年内。我们发现，虽然陆地上的岩石和沉积物通常会被天气和侵蚀所抹去，但海底的岩石和沉积物依然是保存完好的数据库，使我们能够解开地球的地质过程和历史。我们同样了解到，海洋在推动和塑造地球大气和气候方面发挥着至关重要的作用。我们在大洋中脊的山脊上发现了热液喷口，这些喷口维持着以前无法想象的生态系统和奇异的生命群落。这些生命形式是由来自地球内部的热量维持的，这些生命形式可能为地球上生命的起源以及可能在其他行星上的生命提供线索。

海洋大约覆盖了地球表面积的 71%，到目前为止，我们只研究了极小比例的海底和全球海洋。当我们使用新仪器和深潜载体探索 21 世纪的"内部空间"时，许多新发现等待着我们。在未来，海洋学家希望了解深海内部，了解那里发生了什么。他们希望观察在几天、几周、季节、几年或几十年内变化的海洋过程。但是，相同的地点进行重复的走航测量既困难又昂贵。有时波涛汹涌的大海和暴风雨的天气使在特定时间无法将船只派往海洋的某些地方。

今天，海洋学家正在开启海洋探索的新时代。他们希望建立长期的海底观测站，配备一系列传感器和仪器，对各种海洋特性和事件进行连续测量。数据将通过光纤电缆或通过连接到漂流浮标的电缆发送到岸基实验室。海洋学家也使用不同类型的无人遥控潜航器（ROV）和自主式水下航行器（AUV），它们可以在海洋或海底"滑翔"，收集测量结果。当 AUV 浮出水面时，或者当它们在水下对接站点停靠并在那里上传数据时，都可以实现数据的获取。海洋学家还在开发漂泊在离海岸数千千米的仪器浮标，以及自由漂浮的漂流仪器，这些仪器可以使用卫星和互联网将数据传输到实验室中。海洋观测手段的进步，将大大扩展海洋学家的覆盖范围，使科学家能够在更长的时间内对更大的海洋区域进行更多的测量。

1.4　物理海洋学的研究方法

物理海洋学的研究方法是理论、观测和数值模拟相结合的（图 1.4.1）。这 3 种方法中的任意一个，都无法充分地描述任何一种海洋现象。下面我们介绍这 3 种研究方法各自的不足。

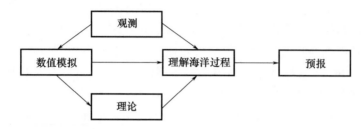

图 1.4.1　观测、数值模拟和理论都是理解和研究物理海洋学的重要组成部分
(Stewart，2008)

1.4.1　理论研究的不足

海洋过程基本都是以非线性和湍流过程为主。迄今为止，我们尚未真正理解复杂海盆中的非线性理论。现今物理海洋的经典理论都是对真实海洋运动进行了大量的近似和简化得来的。

1.4.2　海洋观测的不足

海洋观测无论在时间分辨率，还是在空间分辨率上的精度都相对较低。它们可以提供一个对平均流动或者断面温盐分布的粗略预估，但是许多区域（尤其是海况恶劣的海区）的许多海洋现象是无法被提供直接的观测数据的。

1.4.3　数值模拟的不足

数值模拟包含了一些更接近真实海洋的理论想法，数值模拟的结果可以帮助加强海洋观测的时间和空间分辨率，并且它们也被运用到气候、环流和海流的预报当中。尽管如此，数值方程依然是对流体运动方程的离散化方案，它们在相邻计算格点之间的距离上是不包含任何信息的；同时，数值模拟也不能完全给出真实海洋中出现的湍流流动。

通过结合理论、观测和数值模拟这 3 种方法，我们可以避免这些方法在单独使用时各自存在的某些问题，理论观测和数值模拟都是理解和研究物理海洋学的不可或缺的部分，并且物理海洋学研究的最终目的，就是掌握海洋系统的变化规律，并对它们的变化做出各个时间周期的预报。过去由于计算条件和观测手段的限制，物理海洋学研究可能以理论研究为主。当今，随着计算机技术的发展和观测手段的进步，物理海洋学的研究工作往往需要一个团队的配合，结合以上 3 种方法，才能有突破性进展。

1.5　物理海洋学的科学方法论

科学方法是指进行科学研究的方法，是达到一定科学目的、解决科学问题所必要的手段、途径或活动方式。科学方法是一个体系，有不同的层次和类别。科学方法的最高层次是哲学方法，然后是一般的科学方法和特殊的科学方法。

物理海洋学研究重要哲学方法是假设检验方法。由于物理海洋学是地球科学的重要组成部分，地球科学是现象的科学，也就是说，是从现象入手研究的科学，从现象入手开展研究工作是整个地球科学的特点，因此，体现在以下两个方面。

一是动力学定律是普遍适用的，但却难以求解。需要对动力学定律进行简化，而简化是依据实际情况进行的，在不了解海洋现象时是无法给出简化结果的。因此，无论是什么理论，能够获得的解，都是针对所研究海洋现象的解，是通过假设给出条件后获得的解。

二是即使可以用纯数学的方法获得解，解的正确性还是要靠实测数据来检验，即用实际发生的现象来检验解的正确性。

以上思路的精髓就是假设检验方法，即按照实际了解的现象提出假设的理论，获得理论解之后再来检验其是否与实际现象一致。如果不一致，说明假设的机制有缺欠；如果一致，则假设的机制是实际海洋过程的主要机制。

按照认识层次，物理海洋学研究也可有多种一般性和特殊性的科学方法：

经验性科学方法是获取经验数据或科学事实的一般方法，如观察方法、调查方法、测量方法等；

理论性科学方法，包括分析、综合、归纳、演绎、类比等方法以及假设方法、理想实验等；

横向性学科方法指的是由数学、系统论、信息论等横向学科抽取出来的一般方法，如系统性方法、黑箱方法、反馈方法、信息方法等；

特殊性科学方法是个别科学领域或学科所运用的特殊方法，如物理中的光谱分析法、化学中的电解法、生物中的同位素示踪法等。

物理海洋学是综合性、交叉性学科，采用的一般性科学方法几乎囊括所有的科学方法，是一个具有多种方法的方法群，我们需要在物理海洋学的学习和科研实践中逐步掌握这些方法。

思考与讨论

1. 了解中华人民共和国成立以来我国的物理海洋学发展史。
2. 了解物理海洋学最新的国际观测热区。
3. 结合自己的研究方法，理解和体会物理海洋学的科学方法论。

第2章 海 流

2.1 引 言

海流是海洋中一种速度相对稳定的非周期性流动。海流的速度在不同的地方有着显著的差异，快的流速可达 $2\sim3\,\mathrm{m/s}$，而慢的流速甚至不足 $0.01\,\mathrm{m/s}$。海流在运动的过程中，伴随着海水物理性质的迁移。例如，海流可以将低纬度的热带和亚热带地区的温暖海水带进较高纬度的寒冷地区，也可能将较冷的海水带进温暖地区，这些都会进一步导致海面空气温度的变化，对所经地区的气候起到调节的作用。而寒暖流交汇之处往往形成渔场，影响着海洋中的生态平衡和分布。此外，海流对船只、潜艇等的航行也有着重要的影响。由于上述原因，海流已成为海洋科学研究中的重要课题之一。

海流产生的原因主要有两种。一种是受海表面风力的驱动，所产生的海流称之为风生海流。在大洋区域由于受盛行风作用所产生的海流，具有独自体系，称之为风生大洋环流。另一种是由于海水的密度分布不均匀，所产生的海流称之为热盐环流。海面受热冷却不均、蒸发降水不均匀所产生的温度、盐度异常都可能使密度分布不均匀。风生海流可看作是动力学的过程，而热盐环流更多的是热力学范畴。对于风生海流，其主要影响的水体范围是温跃层以上的海水，而热盐环流则既可以出现在海水的上层，也可以产生于大洋的深层甚至海底附近。

对于海流的分类，除了上述依据产生原因的分类以外，还常常根据海流的一些特征进行分类以更方便地进行相关的研究。例如，根据海流所处的位置有浅海海流、深海海流、赤道流和边界流等；根据海流的传播方向有升降流，经向/纬向翻转流等；根据水质点的变化特征有漂流、惯性流等。

本章首先回顾几种基本流动形式与规律，然后着重介绍风生大洋环流的进阶理论和应用，包括绕岛环流理论、温跃层调整过程以及相关温跃层理论，随后再针对浅海海流和深海海流介绍近些年的前沿理论、研究现状和未来研究趋势，最后介绍风生－热盐大洋环流系统与气候变化之间的联系。

2.2 风生大洋环流理论

2.2.1 涡度方程及位涡守恒

2.2.1.1 涡度方程

涡度定义为速度场的旋度，是地球流体中最常用的概念之一，其运算符号为 $\boldsymbol{\omega} = \nabla \times \boldsymbol{V}$。涡度是一个矢量，包含 3 个方向：

$$\omega_x = \frac{\partial w}{\partial y} - \frac{\partial v}{\partial z} \tag{2.2.1}$$

$$\omega_y = \frac{\partial u}{\partial z} - \frac{\partial w}{\partial x} \tag{2.2.2}$$

$$\omega_z = \frac{\partial v}{\partial x} - \frac{\partial u}{\partial y} \tag{2.2.3}$$

海洋大气中常用的涡度方向为垂直方向的涡度。逆时针运动的涡度为正值，顺时针运动的涡度为负值。在海洋运动中，势函数运动没有涡度，而流函数运动才有涡度。

其详细推导过程参考 *Fundamentals of Geophysical Fluid Dynamics*，这里仅给出涡度方程的表达式为

$$\frac{\mathrm{d}\omega_a}{\mathrm{d}t} = \frac{\mathrm{d}\boldsymbol{\omega}}{\mathrm{d}t} + \boldsymbol{V} \cdot \nabla f = \omega_a \cdot \nabla \boldsymbol{u} - \omega_a \nabla \cdot \boldsymbol{u} + \frac{\nabla \rho \times \nabla p}{\rho^2} + \nabla \times \frac{\boldsymbol{F}}{\rho} \tag{2.2.4}$$

2.2.1.2 涡度方程各项的物理意义

$$\frac{\mathrm{d}\omega_a}{\mathrm{d}t} = \frac{\mathrm{d}\boldsymbol{\omega}}{\mathrm{d}t} + \boldsymbol{V} \cdot \nabla f \tag{2.2.5}$$

涡度方程左端表示绝对涡度 $\frac{\mathrm{d}\omega_a}{\mathrm{d}t}$ 的变化等于相对涡度 $\frac{\mathrm{d}\boldsymbol{\omega}}{\mathrm{d}t}$ 的变化加上牵连涡度 $\boldsymbol{V} \cdot \nabla f$。由此可以得出绝对涡度和相对涡度的变化是等价的。

$$\omega_a \cdot \nabla \boldsymbol{u} - \omega_a \nabla \cdot \boldsymbol{u} \tag{2.2.6}$$

这一项表示由流体柱内部作用造成的涡度改变，其可以进一步分解为

$$\omega_a \cdot \nabla \boldsymbol{u} - \omega_a \nabla \cdot \boldsymbol{u} = \omega_a \frac{\partial}{\partial z} \{u\boldsymbol{i} + v\boldsymbol{j} + w\boldsymbol{k}\} - \omega_a \boldsymbol{k} \left\{ \frac{\partial u}{\partial x} + \frac{\partial v}{\partial y} + \frac{\partial w}{\partial z} \right\} \tag{2.2.7}$$

$$= \boldsymbol{i}\omega_a \frac{\partial u}{\partial z} + \boldsymbol{j}\omega_a \frac{\partial v}{\partial z} - \boldsymbol{k}\omega_a \left\{ \frac{\partial u}{\partial x} + \frac{\partial v}{\partial y} \right\} \tag{2.2.8}$$

其中，$\boldsymbol{i}\omega_a \frac{\partial u}{\partial z} + \boldsymbol{j}\omega_a \frac{\partial v}{\partial z}$ 表示由流体柱的垂直流速剪切导致的涡度变化，而 $\boldsymbol{k}\omega_a \left\{ \frac{\partial u}{\partial x} + \frac{\partial v}{\partial y} \right\}$ 表示由流体柱的辐合辐散导致的涡度变化。假设背景涡度向上，流体发生水平辐散运动，会使得水体涡旋产生一个向下的涡度保证涡度的平衡，因此涡旋运动会变慢；流体水平

辐合，会使水体涡旋产生一个向上的涡度补偿，流体柱水平面积减少而涡度减小，因此涡旋运动会变快。

$$\frac{\nabla\rho \times \nabla p}{\rho^2} \tag{2.2.9}$$

这一项表示由流体柱的斜压性决定的涡度变化，其物理意义实际和流体柱内部作用类似。当流体柱内的水体不是均质海水时，其等压面会发生倾斜，造成流体柱水平方向上面积的改变，从而最终影响涡度的大小，改变海水的涡旋运动。

$$\nabla \times \frac{\boldsymbol{F}}{\rho} \tag{2.2.10}$$

这一项即外力项，表示外力强迫对涡度的改变。海洋中最常见的外力强迫就是风场，因此，风应力的旋度可以直接强迫或改变海洋的涡度和涡旋运动。涡度方程表明：涡度的变化由内因、斜压作用和外因共同决定。

同时，利用涡度方程中绝对涡度与斜压流体的关系，我们可以进一步推出热成风关系。首先，我们假定涡度方程中的运动达到定常状态，且外力作用可以忽略，由式（2.2.4）可以简化得到：

$$\boldsymbol{\omega}_a \cdot \nabla \boldsymbol{u} - \boldsymbol{\omega}_a \nabla \cdot \boldsymbol{u} = -\frac{\nabla\rho \times \nabla p}{\rho^2} \tag{2.2.11}$$

再进一步考虑大尺度运动，相对涡度远小于牵连涡度，上式可以简化为

$$f \cdot \nabla \boldsymbol{u} - f\nabla \cdot \boldsymbol{u} = -\frac{\nabla\rho \times \nabla p}{\rho^2} \tag{2.2.12}$$

上式就是热成风关系的基本表达形式，其简化形式为

$$f\frac{\partial u}{\partial z} = -\frac{1}{\rho^2}\frac{\partial p}{\partial z}\frac{\partial \rho}{\partial y} \tag{2.2.13}$$

$$f\frac{\partial v}{\partial z} = \frac{1}{\rho^2}\frac{\partial p}{\partial z}\frac{\partial \rho}{\partial x} \tag{2.2.14}$$

热成风关系表明，水平密度梯度越大，垂直流速剪切就越强。该关系构建了垂直流速的变化和水平密度或温度变化之间的关系，是大洋中非常重要的流速和密度或温度的关系式。利用热成风关系，只要获取到背景的温度场或密度场分布，我们就可以快速判断出该海区内部流动的基本方向。

2.2.1.3　位涡守恒

考虑到涡度方程的形式仍然不是一个类似动量定理的形式，还存在内部作用项。因此，早在20世纪40年代初，Rossby就提出了位势涡度（potential vorticity，这里简称为位涡）的概念。位涡的基本思想是对涡度方程进行垂直积分，然后除以其对应的水深，可以去除涡度方程中内部作用的贡献，那么式（2.2.4）的左端变成：

$$\frac{\omega_a}{h} = \frac{f+\zeta}{H-h_B+\eta} \tag{2.2.15}$$

其中，$\zeta = \boldsymbol{\omega}$ 为相对涡度；h 表示流体柱高度，其大小等于 $H-h_B+\eta$，即海水层厚、海底地形起伏和海表面起伏三者的叠加。上式是位涡的表达式，如果不考虑外力作用，对

于一个高度为 H 的流体柱，根据质量守恒和 Kelvin 定理，其位涡应当是守恒的，即：

$$\frac{\mathrm{d}}{\mathrm{d}t}\left(\frac{\zeta + f}{H}\right) = 0 \qquad (2.2.16)$$

位涡守恒的本质就是角动量守恒，位涡是通过研究流体的旋转特性来认识流体的运动。

2.2.1.4 位涡守恒的简单应用

要应用位涡守恒，必须牢记以下几个前提：外力强迫（比如，风场强迫）忽略不计，同时考虑定常的运动。对符合以上条件的海水运动而言，位涡守恒是一个强有力的约束条件。以下介绍位涡守恒的几个简单应用。

1）在陆架或者浅水深海域，流体沿等深线运动

因为在近岸，海水流动的涡度变化不大，特别是行星涡度 f 变化不大，考虑 $\frac{\mathrm{d}}{\mathrm{d}t}\left(\frac{\zeta + f}{H}\right) = 0$，位涡的改变基本由等深线控制，因此，流体的运动基本沿着等深线。

2）在深海大洋，流体沿纬线运动

不同于在近岸，在深海大洋的大尺度运动中，相对涡度远小于行星涡度，同时海水的水深变化幅度不大，考虑 $\frac{\mathrm{d}}{\mathrm{d}t}\left(\frac{\zeta + f}{H}\right) = 0$，位涡的改变基本由行星涡度控制，因此，流体的运动基本沿着纬线。

3）赤道潜流的成因之一

在赤道上，因为行星涡度为 0，其位涡表达式简化为 $\frac{f + \zeta}{H} = \frac{\zeta}{H}$；而在赤道外，考虑大尺度运动相对涡度很小，因此，其表达式可以简化为 $\frac{f + \zeta}{H} \approx \frac{f}{H}$，又由于赤道潜流主要来源于南太平洋，所以赤道上的相对涡度很大。同时，由于赤道上是以东西方向的流动为主，南北速度可以忽略，因此 $\zeta = \frac{\partial v}{\partial x} - \frac{\partial u}{\partial y} \approx -\frac{\partial u}{\partial y}$。所以赤道上必须存在一个东西方向上的赤道潜流，使水体可以满足位涡守恒。

2.2.2 Sverdrup 理论的应用

2.2.2.1 Sverdrup 关系与 Sverdrup 平衡

根据准地转理论，得到的准地转涡度方程为

$$\frac{\partial}{\partial t}(\nabla^2 \psi) + \left(\frac{\partial \psi}{\partial x}\frac{\partial}{\partial y} - \frac{\partial \psi}{\partial y}\frac{\partial}{\partial x}\right)(f_0 + \beta y + \nabla^2 \psi) = f_0 \frac{\partial w}{\partial z} + \mathrm{curl}\, \boldsymbol{F} \qquad (2.2.17)$$

对于上式，我们运用以下假设进行简化：首先，假定运动形式为发生在大洋内区的大尺度定常流动，所以上式中的时间变化项可以省掉；然后忽略非线性平流项，同时只考虑 Ekman 层以下的运动（可以忽略风应力的直接作用）；最后，忽略相对涡度和海表面（或海底）的高度变化，则上式可以最终简化为

$$\beta v = f\frac{\partial w}{\partial z} \qquad (2.2.18)$$

其中，$\beta = \mathrm{d}f/\mathrm{d}y$ 为行星涡度的梯度，上式称为 Sverdrup 关系（Sverdrup relation）。它的物理意义是流体柱在垂直方向上的拉伸或压缩，会造成流体柱内水体产生南北向的移动，并借助这种南北向的运动，改变行星涡度，使流体柱的状态最终回到 Sverdrup 关系式的左右相等。因此，Sverdrup 关系和位涡守恒是相互等价的，而该关系也可以看作是位涡守恒的延伸。

上述关系没有考虑风场的作用，那么考虑风应力的情况下，海水运动的基本形式应该如何？下面我们考虑海水上下界面的摩擦作用，垂直积分式（2.2.17），可以得到：

$$\rho_0 \beta \int v \mathrm{d}z = \rho_0 f \big[w(\mathrm{top}) - w(\mathrm{bottom}) + \hat{k} \cdot \nabla \times \boldsymbol{\tau}(\mathrm{top}) - \boldsymbol{\tau}(\mathrm{bottom}) \big] \qquad (2.2.19)$$

其中，$\mathrm{curl}\boldsymbol{\tau} \equiv \hat{k} \cdot \nabla \times \boldsymbol{\tau}$，进一步假定垂直流速 $w = 0$，同时忽略底摩擦的作用，则上式可以简化为

$$\beta V_S \equiv \beta \int_{-H}^{0} v \mathrm{d}z = \mathrm{curl}\left(\frac{\boldsymbol{\tau}}{\rho_0}\right) \text{或} \beta \frac{\partial \psi}{\partial x} = \mathrm{curl}\left(\frac{\boldsymbol{\tau}}{\rho_0}\right) \qquad (2.2.20)$$

这个关系式代表了风生环流的基本涡度平衡，即 Sverdrup 平衡（Sverdrup balance），即在大洋内区含有经向平流的行星涡度梯度项为风应力旋度所平衡。Sverdrup 平衡给出了经向流速和风应力的关系，是大洋环流中非常重要的理论。

Sverdrup 关系的成立要求对准地转位涡方程近似过程中进行了大量的假定与忽略，而 Sverdrup 平衡更加脆弱，已知有两个因素可以对大洋底部的相互作用做出重要贡献，它们可以打破整个 Sverdrup 平衡。第一个是非零的底应力；第二个是洋底倾斜所导致非零的垂直速度。因此，无论是 Sverdrup 关系，还是 Sverdrup 平衡，它们均仅在大洋内区成立，因为在该区内其他各项，例如，非线性平流项、底摩擦项或侧向摩擦项都远小于行星涡度项和风应力扭矩（wind-stress torque）项，因而，它们在大洋内区的最低阶动力学平衡中可以被省去。例如，在亚热带海盆，中纬度的西风带和低纬度的东风带产生了负的风应力扭矩。在此负涡度的驱动下，水块向赤道移动，并结合西边界流理论，最终形成了世界大洋中的反气旋型流涡。

2.2.2.2 绕岛环流理论

上述 Sverdrup 关系是属于开阔大洋环流的。同样的方程组可以应用于围绕大洋中部大型岛屿（例如，澳大利亚）的环流，即绕岛环流理论（Island rule，Godfrey，1989）。

首先，给出 Z 方向积分的涡度方程的表达式：

$$\frac{\partial Z}{\partial t} + \nabla \cdot \big[\boldsymbol{U}(f + \zeta) \big] = -\frac{1}{\rho_0} \mathrm{curl}_z (h \nabla p_b) + \frac{1}{\rho_0} \mathrm{curl}_z (\boldsymbol{\tau}_w - \boldsymbol{\tau}_f) \qquad (2.2.21)$$

其中，$\boldsymbol{U} = \int_{-h}^{0} \boldsymbol{u} \mathrm{d}z$ 为垂直积分的速度；$Z = \mathrm{curl}\boldsymbol{U}$ 为垂直积分速度的 z 方向旋度；$\zeta = v_x - u_y$ 表示相对涡度；p_b 表示海底变化导致的压力扭矩变化；$\boldsymbol{\tau}_w$ 和 $\boldsymbol{\tau}_f$ 分别表示风应力和摩擦力。

接下来，根据图 2.2.1，可以依据开尔文定理，对式（2.2.21）进行线积分。因为 Sverdrup 理论无法解决西边界的问题，因此，在线积分的过程中，必须想办法抵消西边界（即岛屿的东边界，BA 段）的作用。我们可以首先对 $CBADC$ 段进行线积分，然后再

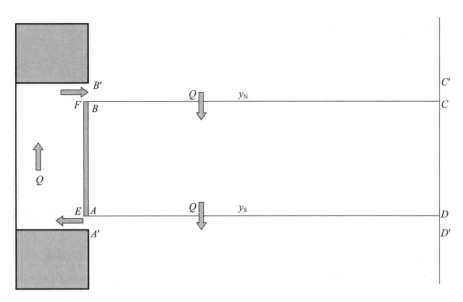

图 2.2.1 绕岛环流积分路径示意图（Yang et al.，2013）

对 *BFEAB* 段进行线积分，两者相加，即得到 *CBFEAD* 的线积分结果，从而巧妙地避免了处理西边界 *BA* 段的积分问题，*CBFEAD* 段的结果如下式：

$$\oint_l (f + \zeta)(\boldsymbol{U} \cdot \boldsymbol{n})\,\mathrm{d}s = -\oint_l \frac{h}{\rho_0}(\nabla p_\mathrm{b} \cdot l)\,\mathrm{d}s + \oint_l \left(\frac{\boldsymbol{\tau}_\mathrm{w} - \boldsymbol{\tau}_\mathrm{f}}{\rho_0}\right) \cdot l\mathrm{d}s \qquad (2.2.22)$$

其中，l 表示线积分 *CBFEAD* 段；$\boldsymbol{n}$ 表示垂直于积分线段的法向量。考虑大尺度运动，略去相对涡度项，有

$$\oint_l f(\boldsymbol{U} \cdot \boldsymbol{n})\,\mathrm{d}s \approx -\oint_l \frac{h}{\rho_0}(\nabla p_\mathrm{b} \cdot l)\,\mathrm{d}s + \oint_l \left(\frac{\boldsymbol{\tau}_\mathrm{w} - \boldsymbol{\tau}_\mathrm{f}}{\rho_0}\right) \cdot l\mathrm{d}s \qquad (2.2.23)$$

上式等号的左端可以改写为

$$\oint_l f(\boldsymbol{U} \cdot \boldsymbol{n})\,\mathrm{d}s = \left(\int_{AD} + \int_{DC} + \int_{CB} + \int_{BFEA}\right)\left[f(\boldsymbol{U} \cdot \boldsymbol{n})\right]\mathrm{d}s = (f_\mathrm{N} - f_\mathrm{S})Q \qquad (2.2.24)$$

考虑到无法向流穿透的边界条件，上式在 *DC* 和 *BFEA* 段的积分应当等于 0，那么通过截面 *AD* 或者 *CB* 段的流量 Q 即为岛屿西侧边缘海环流输运的流量 Q。由于整个积分不考虑西边界的情况，摩擦力项也可以忽略掉；再进一步假设海底地形没有变化。最终，绕岛环流的形式为

$$Q_\mathrm{island\text{-}mule} = \frac{1}{\rho_0 (f_\mathrm{N} - f_\mathrm{S})}\oint_l \boldsymbol{\tau}_\mathrm{w} \cdot \mathrm{d}l = \frac{1}{\rho_0 \beta (y_\mathrm{N} - y_\mathrm{S})}\oint_l \boldsymbol{\tau}_\mathrm{w} \cdot \mathrm{d}l \qquad (2.2.25)$$

图 2.2.2 是绕岛环流的理论解，可以看到主要的流动绕过岛屿，在岛屿的东侧形成了强西边界流，而在岛屿的西边界没有流动；同时在大陆的东岸，也能看见西边界流的存在。大型岛屿的存在，相当于是把原来极强的一支西边界流分成了相对较弱的两支西边界流，一支在岛屿东岸，另一支在大陆边界东岸。

应用绕岛规则的最成功实例之一是预测了印度尼西亚贯穿流（Indonesia Through Flow，ITF）的流量。根据直觉判断，人们可能认为贯通流的流量主要由当地外力（例如，风应力和潮汐）所控制。然而，绕岛规则在大尺度风应力与通过相对狭窄海峡的流

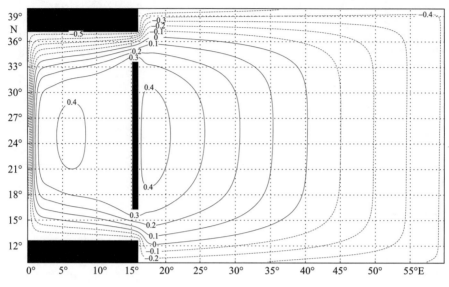

图 2.2.2　绕岛环流的理论解（Yang et al.，2013）

量之间建立了可靠联系。

令人感到惊奇的是，甚至对于流动随时间变化且存在摩擦的情况，绕岛环流也与观测符合良好。世界大洋中有许多大型岛屿，因此，绕岛环流理论对理解那里的环流是一个非常强有力的工具。同时，我们也必须牢记，经典的绕岛环流理论是不考虑地形的，因此在中高纬度地形比较复杂的边缘海应用时，必须对它做出一定程度的修正。

2.2.3　大洋环流的西边界强化

实际大洋里存在着边界区域和内部区域，边界区域包括海面边界层和沿岸边界层。例如，Ekman 漂流理论中的受风应力影响的厚度差不多为 Ekman 深度 D_0 的水层，就是海面边界层。

根据以前讨论的尺度分析，对于大尺度运动来说，由于 $R_0 \ll 1$、$E_l \ll 1$ 和 $E_z \ll 1$，因此，非线性平流项和湍流摩擦项对于科氏力项可以忽略不计，地转运动是最基本的流动，运动方程形式上变得简单了。大洋内部的运动就属于这种情况。然而，对于边界层来说，由于垂直于边界方向的水平尺度（如果边界为海岸）或垂直尺度（如果边界为海面）很小，因此，非线性惯性项和湍流摩擦项变得重要起来了。例如，对于西海岸的边界层来说，由于沿 x 方向的水平尺度 L 很小，因此 $u\dfrac{\partial u}{\partial x}$、$A_l\dfrac{\partial^2 u}{\partial x^2}$ 显得重要了。结果，在边界层里基本方程要比大洋内部的复杂些。

作为整个大洋来说，发生在其中的运动应该有一个统一的解。现在如果将大洋分为边界层和内部区域，根据尺度分析得到描述边界层和内部区域运动的简化方程，然后求得各自的解，那么就有一个如何使边界层的解和内部解"衔接"起来，共同组成一个大洋环流解的问题。这就是所谓的边界层技术。这种方法在分析研究中是一种很有用的工具。

　　为了利用边界层技术，首先要选择切合边界层厚度的长度尺度，对方程进行尺度分析，使边界层中的方程进行简化，从而相对容易地求解，并使其解满足边界条件，而当边界层的坐标尺度很大时，又能接近内部区域的解，从而使边界层与内部区域衔接起来。由于边界层相对于整个大洋很薄，而中部区域的解变化缓慢，因此边界层与内部区域之解的衔接是可能的，可以匹配得使内部解正好与边界层交界处之值相同。

　　前面所讨论的 Ekman 漂流理论就是一个边界层解，由于运动的铅直尺度很小，所以铅直湍流摩擦项很大，由相应的方程所求得之解满足海面边界条件，具有边界层特性。由于流速随深度急剧衰减，在相对于大洋深度是相当薄的边界层之底部，流速基本上为零，这样可以很容易地直接匹配内部的解。

2.2.3.1　Sverdrup 理论

　　设海面有定常的风力作用，产生定常的恒速流动。通常情况下，定常风应力分布不均匀，存在压强梯度力。于是，所形成的大洋中部的流动是压强梯度力、科氏力和铅直湍流摩擦力三者平衡的产物。在 z 轴向上的直角坐标系中，描述上述运动的基本方程可由海水运动基本方程组简化后得到

$$-fv = -\frac{1}{\rho}\frac{\partial p}{\partial x} + A_z \frac{\partial^2 u}{\partial z^2} \tag{2.2.26}$$

$$fu = -\frac{1}{\rho}\frac{\partial p}{\partial y} + A_z \frac{\partial^2 v}{\partial z^2} \tag{2.2.27}$$

$$0 = -\frac{1}{\rho}\frac{\partial p}{\partial z} - g \tag{2.2.28}$$

$$\frac{\partial u}{\partial x} + \frac{\partial v}{\partial y} + \frac{\partial w}{\partial z} = 0 \tag{2.2.29}$$

相应的边界条件为

$$z = \zeta \text{（海面）}, \ \rho A_z \frac{\partial u}{\partial z} = \tau_{x\zeta}, \ \rho A_z \frac{\partial v}{\partial z} = \tau_{y\zeta} \tag{2.2.30}$$

$$\text{很大深度 } z = -h \text{ 处}, \ u = v = 0, \ \frac{\partial u}{\partial z} = \frac{\partial v}{\partial z} = 0, \ \frac{\partial p}{\partial x} = \frac{\partial p}{\partial y} = 0 \tag{2.2.31}$$

若只关心环流的质量运输分布，假定 $\zeta \ll h$，且引进符号

$$M_x = \int_{-h}^{0} \rho u \mathrm{d}z, \ M_y = \int_{-h}^{0} \rho v \mathrm{d}z, \ P = \int_{-h}^{0} p \mathrm{d}z \tag{2.2.32}$$

则有

$$\beta M_y = \mathrm{rot}_z \boldsymbol{\tau}_\zeta \tag{2.2.33}$$

　　此式便是著名的 Sverdrup 方程（Sverdrup，1947）。为了更清楚地阐明 Sverdrup 方程的物理意义，将流量 M_x 和 M_y，表示成两部分之和

$$\left.\begin{array}{l} M_x = M_{x\mathrm{E}} + M_{xg} \\ M_y = M_{y\mathrm{E}} + M_{yg} \end{array}\right\} \tag{2.2.34}$$

其中，M_{xE} 和 M_{yE} 为 Ekman 漂流的流量；M_{xg} 和 M_{yg} 为地转流的流量。这样，便可以得出

$$\left.\begin{array}{r} -fM_{yE} = \tau_{x\zeta} \\ fM_{xE} = \tau_{y\zeta} \end{array}\right\} \qquad (2.2.35)$$

$$\left.\begin{array}{r} -fM_{yg} = -\dfrac{\partial P}{\partial x} \\ fM_{xg} = -\dfrac{\partial P}{\partial y} \end{array}\right\} \qquad (2.2.36)$$

将式(2.2.10)交叉微分，然后相减得 Ekman 漂流的水平散度

$$\frac{\partial M_{xE}}{\partial x} + \frac{\partial M_{yE}}{\partial y} = (-\beta M_{yE} + \mathrm{rot}_z \boldsymbol{\tau}_\zeta)/f \qquad (2.2.37)$$

这表明风海流的水平散度不仅与风应力的旋度有关，还与 f 随纬度的变化有关。同样地，对式(2.2.11)进行交叉微分，然后相减得到地转流的水平散度

$$\frac{\partial M_{xg}}{\partial x} + \frac{\partial M_{yg}}{\partial y} = -\beta M_{yg}/f \qquad (2.2.38)$$

上式表明，所有向南向北的地转运动，必定存在水平散度。方程式(2.2.37)与方程式(2.2.38)之和应等于 0，并得到 Sverdrup 方程式(2.2.33)。这样一来，Sverdrup 方程的物理意义便清楚了：它表示 Ekman 漂流流量的散度和地转流流量的散度正好取得平衡。因此 Sverdrup 方程又称为 Sverdrup 平衡。另外，由式(2.2.33)可以看出，当 $\mathrm{rot}_z \boldsymbol{\tau}_\zeta = 0$ 时，$M_y = 0$，此时只存在 M_x，即只有东西向的质量运输，而无南北向的质量运输。当 $\mathrm{rot}_z \boldsymbol{\tau}_\zeta > 0$ 时，M_y 为正，质量运输向北，反之，当 $\mathrm{rot}_z \boldsymbol{\tau}_\zeta < 0$ 时，M_y 为负，质量运输向南。

将 Sverdrup 解与 Ekman 漂流理论的解做一比较，可以看出 Sverdrup 解不能给出不同深度层的流速，但考虑了大洋有一个东边界，Ekman 的漂流解给出了不同层的流大小和方向，但假定大洋在水平方向上是无限的。从考虑了东边界这一点来讲比 Ekman 漂流理论进了一步。

Sverdrup 解的缺陷除了未考虑流的铅直结构之外，还有它只能应用于临近大洋东岸的中部海区，并且 $|M_x|$ 随 x 向西变化而增大的程度比实际情况要快，这可能是由于侧向摩擦作用被忽略的缘故。另外，在求解基本方程时考虑了东边界条件，又由于当 $\mathrm{rot}_z \boldsymbol{\tau}_\zeta = 0$ 时，只有东西运动，提供了一个自然的南边界和北边界，但没有给出西部的边界条件，所以 Sverdrup 解是不封闭的。为了能够应用更多的边界条件，例如西边界，非滑动的东边界等，需要建立比较复杂的方程。

2.2.3.2　Stommel 理论

前面讨论的 Sverdrup 解不适用于西边界，如果考虑西边界区域需要提出较复杂的模式。在 Sverdrup 之后，Stommel（1948）建立了一个考虑海底摩擦效应、封闭大洋中的漂流模式。其结果指出了 f 随纬度变化，即 β 效应是产生海流西向强化的基本原因。但模式中仍然没有考虑非线性平流项和水平湍流摩擦项。

设大洋为一矩形大洋，静止时海深为一常量 h，海水密度为一常量 ρ。如果忽略非

线性平流项和水平摩擦项，则定常的风生海流可用根据基本方程组简化后的如下方程描述

$$\frac{\partial u}{\partial x} + \frac{\partial v}{\partial y} + \frac{\partial w}{\partial z} = 0 \tag{2.2.39}$$

$$\left. \begin{array}{l} -fv = -g\dfrac{\partial \zeta}{\partial x} + A_z\dfrac{\partial^2 u}{\partial z^2} \\[3mm] fu = -g\dfrac{\partial \zeta}{\partial y} + A_z\dfrac{\partial^2 v}{\partial z^2} \end{array} \right\} \tag{2.2.40}$$

设矩形大洋的边界分别为 $x = 0$ 及 a，$y = 0$ 及 b。作用在大洋海面的风应力通过垂直湍流传递给海水动量，以底摩擦的形式消耗能量。风的分布形式是，在大洋南半部（靠近赤道的一面）盛行信风，在其北半部则盛行西风。相应的风应力以简单的关系式表达

$$\tau_{x\zeta} = \rho A_z\left.\frac{\partial u}{\partial z}\right|_\zeta = -F\cos(\pi y/b) \tag{2.2.41}$$

导入流函数 ψ，它满足

$$u = \frac{\partial \psi}{\partial y}, \quad v = -\frac{\partial \psi}{\partial x} \tag{2.2.42}$$

大洋边界为一流线，则边界条件为

$$\psi(0,y) = \psi(a,y) = \psi(x,0) = \psi(x,b) = 0 \tag{2.2.43}$$

如果 β 为常量，即 f 为 y 的线性函数，则方程式（2.2.40）的满足边界条件式（2.2.43）之解为如下形式

$$\psi(x,y) = \frac{Fb}{k\pi}\sin\frac{\pi y}{b}\left[\frac{e^{\frac{h\beta}{2k}(a-x)}\,\text{sh}\,\alpha x + e^{-\frac{h\beta}{2k}x}\,\text{sh}\,\alpha(a-x)}{\text{sh}\,\alpha a} - 1\right] \tag{2.2.44}$$

其中，

$$\alpha = \sqrt{\left(\frac{h\beta}{2k}\right)^2 + \left(\frac{\pi}{b}\right)^2}, \quad \beta = \frac{\partial f}{\partial y} \tag{2.2.45}$$

首先根据式（2.2.45），取 $\psi(x,y)$ 为某一常数绘制流线，即得 $\beta = 0$ 情况下的大洋流线分布，可以得出 f 平面大洋里的漂流系统的总趋势为一广阔的环流系统，其流线呈东西向对称和南北向对称，没有西向强化现象。再利用式（2.2.44），取 $\psi(x,y)$ 为某一常数绘制流线，可得 $\beta \neq 0$ 情况下的大洋流线分布，呈现出东西向流线的不对称性，西部流线密集，东部流线稀疏，显示出流场的西部强化现象。由此可以断定，f 随纬度的变化，即 β 效应导致了西向强化现象。

以上讨论的是北半球的情形，对南半球有相同的结果。因此，无论是北半球还是南半球，流线均在大洋西部密集，均发生西向强化现象。

2.2.3.3　Munk 理论

Munk（1950）在 Ekman、Sverdrup 和 Stommel 的研究基础上提出了所谓的黏性理论。该理论考虑了水平湍流摩擦和铅直湍流摩擦，但仍忽略非线性惯性项。Munk 的结果较全面地阐明了大洋风生环流的主要特征，并根据风应力的分布得到大洋环流的正确量级。Munk 认为，大洋西部海流强化是风应力涡度、行星涡度和侧向湍流应力涡度三

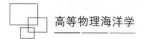

者取得平衡的产物。

Munk（1950）首先研究了矩形大洋的风生环流，后来 Munk 和 Carrier（1950）又针对北太平洋将其抽象成三角形大洋进行了讨论。这里仅介绍 Munk 的矩形大洋中的风生环流。

设矩形大洋的长度为 r，宽度为 $2S$，且西边界和东边界分别位于 $x = 0$ 和 $x = r$ 处，南边界和北边界分别位于 $y = -S$ 和 $y = S$ 处。考虑水平的和铅直的湍流摩擦，对于在定常风力作用下的大洋环流，可用 z 轴指向上为正的直角坐标系中的基本方程组经简化后获得的下列方程组来描述

$$\frac{\partial u}{\partial x} + \frac{\partial v}{\partial y} + \frac{\partial w}{\partial z} = 0 \qquad (2.2.46)$$

$$-fv = -\frac{1}{\rho}\frac{\partial p}{\partial x} + A_l\left(\frac{\partial^2 u}{\partial x^2} + \frac{\partial^2 u}{\partial y^2}\right) + A_z\frac{\partial^2 u}{\partial z^2} \qquad (2.2.47)$$

$$fu = -\frac{1}{\rho}\frac{\partial p}{\partial y} + A_l\left(\frac{\partial^2 v}{\partial x^2} + \frac{\partial^2 v}{\partial y^2}\right) + A_z\frac{\partial^2 v}{\partial z^2} \qquad (2.2.48)$$

$$0 = -\frac{1}{\rho}\frac{\partial p}{\partial z} - g \qquad (2.2.49)$$

相应的海面动力学和海底的运动学边界条件为

$$海面\ z = \zeta\ 处，\rho A_z\frac{\partial u}{\partial z} = \tau_{x\zeta}，\rho A_z\frac{\partial v}{\partial z} = \tau_{y\zeta} \qquad (2.2.50)$$

$$海底\ z = -h\ 处，u = v = 0，\frac{\partial u}{\partial z} = \frac{\partial u}{\partial z} = 0 \qquad (2.2.51)$$

引入流函数 $\psi(x, y)$，并满足

$$M_x = -\frac{\partial \psi}{\partial y}，M_y = \frac{\partial \psi}{\partial x} \qquad (2.2.52)$$

有

$$A_l\left(\frac{\partial^4 \psi}{\partial x^4} + 2\frac{\partial^4 \psi}{\partial x^2 \partial y^2} + \frac{\partial^4 \psi}{\partial y^4}\right) - \beta\frac{\partial \psi}{\partial x} = -\left(\frac{\partial \tau_{y\zeta}}{\partial x} - \frac{\partial \tau_{x\zeta}}{\partial y}\right) \qquad (2.2.53)$$

或

$$A_l\nabla^4\psi - \beta\frac{\partial \psi}{\partial x} = -\mathrm{rot}_z\boldsymbol{\tau}_\zeta \qquad (2.2.54)$$

此方程表示侧向湍流应力涡度、行星涡度与风应力涡度三者平衡。利用边界层技术求解方程式（2.2.54）。将大洋分为 3 个区域：西边界区、中部区和东边界区。将式（2.2.54）在各区中进行简化并求解，然后在交界处用同一边界条件将 3 个区域中的解衔接起来，获得整个大洋的环流解。

首先讨论中部区，由于远离东部和西部边界，因此式（2.2.54）中的与侧向湍流应力有关的第一项可以忽略不计，于是得到

$$\beta\frac{\partial \psi}{\partial x} = \mathrm{rot}_z\boldsymbol{\tau}_\zeta \qquad (2.2.55)$$

此式便是 Sverdrup 方程式（2.2.33）。中部区解的形式为

$$\psi = -\frac{1}{\beta}\frac{\partial \tau_{x\zeta}}{\partial y}(x-r) \tag{2.2.56}$$

当 $x=0$，有

$$\psi(0,y) = \frac{r}{\beta}\frac{\partial \tau_{x\zeta}}{\partial y} \tag{2.2.57}$$

$$\frac{\partial \psi}{\partial x}\bigg|_{x=0} = M_y(0,y) = -\frac{1}{\beta}\frac{\partial \tau_{x\zeta}}{\partial y} \tag{2.2.58}$$

以上两式为中部区的解与西边界区的解在交界处应满足的衔接条件。

对于西边界区，由于侧向湍流应力必须保留，但又因 $x \ll y$，因此式（2.2.53）可简化为

$$A_l \frac{\partial^4 \psi}{\partial x^4} - \beta \frac{\partial \psi}{\partial x} = \frac{\partial \tau_{x\zeta}}{\partial y} \tag{2.2.59}$$

西边界区的解为

$$\psi(x,y) = \left[-\frac{r}{\beta}K \mathrm{e}^{-\frac{1}{2}kx}\cos\left(\frac{\sqrt{3}}{2}kx + \frac{\sqrt{3}}{2kr} - \frac{\pi}{6}\right) + \frac{r}{\beta} - \frac{x}{\beta} \right]\frac{\partial \tau_{x\zeta}}{\partial y} \tag{2.2.60}$$

其中，$K = \frac{2}{\sqrt{3}} - \frac{\sqrt{3}}{kr}$；$k = \sqrt[3]{\beta/A_l}$。

对于东边界区，由于 $\xi \ll r$，所以同西边界区类似，东边界区的简化方程为

$$A_l \frac{\partial^4 \psi}{\partial \xi^4} + \beta \frac{\partial \psi}{\partial \xi} = \frac{\partial \tau_{x\zeta}}{\partial y} \tag{2.2.61}$$

东边界区的解为

$$\psi(x,y) = \frac{r}{\beta}\left\{ 1 - \frac{x}{r} + \frac{1}{kr}\left[\mathrm{e}^{-k(r-x)} - 1 \right] \right\}\frac{\partial \tau_{x\zeta}}{\partial y} \tag{2.2.62}$$

将中部区的解式（2.2.56）、西边界区的解式（2.2.60）和东边界区的解式（2.2.62）合起来，便得到整个大洋环流的解：

$$\psi = -\frac{r}{\beta}f(x)\frac{\partial \tau_{x\zeta}}{\partial y} \tag{2.2.63}$$

其中

$$f(x) = -K\mathrm{e}^{-\frac{1}{2}kx}\cos\left(\frac{\sqrt{3}}{2}kx + \frac{\sqrt{3}}{2kr} - \frac{\pi}{6}\right) + 1 - \frac{1}{kr}\left[kx - \mathrm{e}^{-k(r-x)} + 1 \right] \tag{2.2.64}$$

由式（2.2.64）求得

$$\frac{f'(x)}{k} = K\mathrm{e}^{-\frac{1}{2}kx}\sin\left(\frac{\sqrt{3}}{2}kx + \frac{\sqrt{3}}{2kr}\right) - \frac{1}{kr}\left[1 - \mathrm{e}^{-k(r-x)} \right] \tag{2.2.65}$$

利用风应力分布函数式（2.2.41），根据流函数式（2.2.63）计算得到 ψ 场。可以得出，大洋风生环流（全流）分成几个回旋部分。回旋之间分界处只有东西方向的流动，分界线所对应的地理纬度 ϕ_b 由 $M_y = 0$［即 $f'(x) = 0$］或 $\frac{\partial \tau_{x\zeta}}{\partial y} = 0$ 确定。它们分别位于西风带，南北信风带及赤道无风带处。回旋主轴处只有南北向流动，对应的纬度 ϕ_a

由 $M_x = 0$ $\left[\text{即} f(x) = 0\right]$ 或 $\dfrac{\partial^2 \tau_{x\zeta}}{\partial y^2} = 0$ 确定。

在西边界区内以 $x = x_a$ 为主轴处有一主流，以 $x = x_b$ 为主轴处存在一逆流，逆流的量值仅为主流的17%。该比值与实际观测资料求得的19%很相近。而这正是 Munk 边界层的优越性之一，即得到了西边界的回流区。

对于大洋中部，y 方向的质量运输为一常量。沿 y 方向，西部流动比中部流动要强得多。沿 x 方向，西部流动也比中部流动要强，中部流动随着 x 的增大而不断减小。

对于东边界区，同西部流动和中部流动相比，东部流动最弱。这就是大洋流动的西部强化现象。

Munk 风生大洋环流理论是在 Ekman、Sverdrup 和 Stommel 研究基础上提出的考虑沿岸边界层的黏性理论，但仍不计及非线性惯性效应。Munk 取 $A_l = 5 \times 10^3 \, \text{m}^2/\text{s}$，利用式（2.2.40）所求的波长表达式求得了主流宽度和逆流宽度各为 200 km，此值约为实际观测到的宽度的 3 倍。因此 A_l 应取为 $10^2 \, \text{m}^2/\text{s}$，对于这样的边界层尺度，非线性惯性项已不能略去不计了。另外，依西部解计算得到的西部总流量仅为实测值之半，Munk 认为是由于风应力之值计算偏低。

2.2.3.4 西向强化的惯性理论

前节讨论的 Munk 大洋风生环流理论考虑了水平湍流摩擦项，引进了湍流黏性边界区域，成功地获得了大洋环流模式，阐明了西边界流动的强化现象。可是由于计算得到的西部流动宽度过大，流量过小，致使理论有很大缺陷。近年来，更多的海洋学家认为，惯性效应是控制西边界的重要因子，非线性惯性项比湍流摩擦项大一个量级，后者可以忽略。这样的理论称之为惯性理论。由于惯性理论考虑了非线性惯性效应，因此描述运动的方程变成非线性的了，求解比较困难。但从绝对涡度守恒，可以阐明西向强化现象（Charney, 1955）。

考虑惯性效应后，描述运动的基本方程可取为如下直角坐标系中的形式

$$\left.\begin{aligned} \frac{\mathrm{d}u}{\mathrm{d}t} - fv &= -\frac{1}{\rho}\frac{\partial p}{\partial x} + A_z \frac{\partial^2 u}{\partial z^2} \\ \frac{\mathrm{d}v}{\mathrm{d}t} + fu &= -\frac{1}{\rho}\frac{\partial p}{\partial y} + A_z \frac{\partial^2 v}{\partial z^2} \\ 0 &= -\frac{1}{\rho}\frac{\partial p}{\partial z} - g \end{aligned}\right\} \tag{2.2.66}$$

$$\frac{\partial u}{\partial x} + \frac{\partial v}{\partial y} + \frac{\partial w}{\partial z} = 0 \tag{2.2.67}$$

设大洋仍为矩形，坐标原点位于西岸，$x = 0$ 和 $x = r$ 为西岸和东岸，$y = 0$ 和 $y = s$ 为南岸和北岸。设水深 H 为常量。

大洋中部区域的解为

$$\psi = \frac{2W}{\beta s^2} y(r - x) \tag{2.2.68}$$

对于大洋西岸边界区域，惯性理论认为湍流摩擦项相对于惯性项可以忽略，并近似

地认为在西边界区 $\partial u / \partial y = 0$，以及 v 不随 z 而变，从而有

$$\psi = U^* y \left[1 - \mathrm{e}^{-(H\beta/U^*)^{1/2}x} \right] \qquad (2.2.69)$$

这里 $\dfrac{2W}{\beta s^2} r = U^*$，由此求得

$$M_y = (U^* H\beta)^{1/2} y \mathrm{e}^{-(H\beta/U^*)^{1/2}x} \qquad (2.2.70)$$

表明在西边界区域有一强烈的北向流动，近岸处质量运输很大，随着离岸距离的增加，质量运输迅速减小。这种西向强化现象是非线性惯性项导致的结果。

2.2.4　温跃层与海盆尺度环流的调整

2.2.4.1　温跃层环流理论与斜压海洋

温跃层（thermocline）是广泛存在于世界大洋中的温度或密度跃层（图 2.2.3）。在大洋中低纬度和中纬度的海域，在 200～1 000 m 水层之间的温跃层，由于它不随季节而变，也称之为"永久性温跃层"或"主温跃层"。在纬向上，赤道附近的主温跃层较强、较薄；随纬度增高，主温跃层变弱，上界的深度变深，厚度加大。高纬度水域，主温跃层强度则增大，厚度减小，水层变浅。在极地水域，则不出现永久性温跃层。

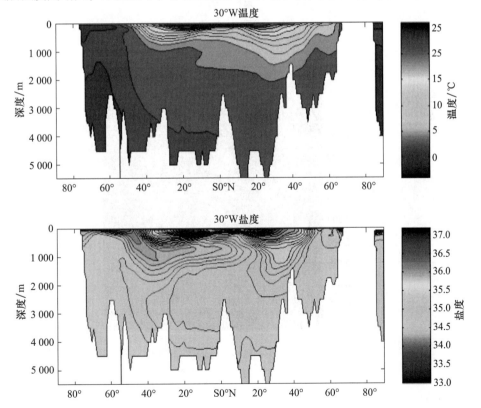

图 2.2.3　30°W 的温度和盐度的南北向断面，可以看到温跃层广泛存在于中低纬度的海洋中，深度为 500～1 000 m

高等物理海洋学

　　由于主温跃层是位于海面以下温度和密度有巨大变化的薄薄一层，是上层的薄暖水层与下层的厚冷水层间出现水温急剧下降的层。并且，海洋的环流基本集中在温跃层之上，而温跃层以下的海水比较均匀，环流很弱。因此，研究主温跃层可以把变化缓慢的深海与变化迅速的上层海洋分隔开来。温跃层环流理论以此为切入点，从 20 世纪 60 年代开始发展，已经有一套比较成熟的理论体系。

　　斜压风生环流理论是温跃层环流理论的起点，该理论的目的是解决大洋上层温跃层的结构及流动问题。由于真实海洋是有层结的非正压流体，而正压理论（即垂向均质海水的 Sverdrup 理论）并没有告诉我们任何关于大洋环流垂直结构的信息，因此需要更复杂的斜压理论，几乎所有的斜压理论都将 Sverdrup 理论作为研究的起点。

　　这里先介绍一种最简单的斜压海洋模型：一层半模式。一层半模式又称为约化重力模式（reduced gravity model），模式假定海洋被温跃层分为两层，流动只发生在上层，下层流体静止且无限深。那么，真实海洋可以被处理成如此简单的物理模型吗？如图 2.2.4 所示，真实海洋可以近似地看成由上混合层、温跃层和深层大洋构成。由于上混合层很浅，深层大洋流动很弱，主要的大尺度环流都发生在温跃层，因此一层半模式这种假定是一种非常好的理想模型，比正压海洋理论前进了一大步，且该模式已经运用于许多物理海洋的研究当中（Luo et al.，2007；Kim and Yoon，1996；Ripa，1982）。

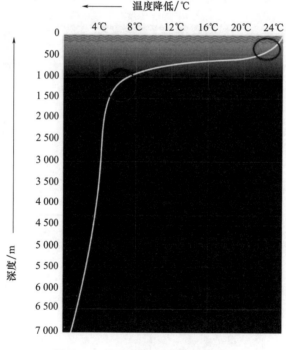

图 2.2.4　海洋典型的垂向温度剖面

500 ~ 1 000 m 的位置为主温跃层

　　由于海洋中每层海水之间的密度差很小，约为 1/1 025 的量级。因此，如图 2.2.5 所示，根据浮力公式：$\eta = h \times \dfrac{\rho_1 - \rho_2}{\rho_1}$，海表面起伏 η 约为温跃层起伏 h 的千分之一，且方向相反，这是一层半模式的一个重要结论。斜压一层半模式的求解过程主要分以下4 步：①确定东边界第一层深度，即确定积分的初始值；②根据 Sverdrup 理论，从东边界开始积分风应力旋度，计算自东向西的每一点流函数，得到海面起伏的分布；③根据海面起伏和温跃层深度之间的关系，计算各点的温跃层深度；④靠近西边界的地方内区的 Sverdrup 流函数和西边界流函数的解要一致。值得一提的是，一层半模式的结论与世界大洋海表面高度和温跃层深度的分布基本吻合，表明斜压风生环流理论可以捕捉世界大洋基本的三维结构。

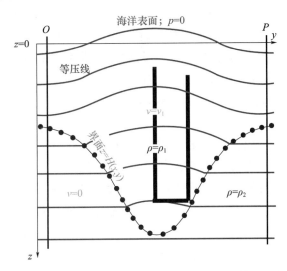

图 2.2.5　一层半模式中海表面起伏与温跃层起伏的示意图

2.2.4.2　海盆尺度的环流场对风应力异常的调整过程

1）正压调整

如果初始扰动的水平尺度很小，那么波动过程会在时间尺度短于 $1/f$ 的时间内将能量消散殆尽。而在如此短的时间内，涡度场（或者速度场）则仍能基本保持不变；然而，压强场则会发生改变以使其与速度场处于地转平衡之中，可以看成地转调整。

如果初始扰动的水平尺度很大，那么调整过程的时间就要相对长得多，这样，新的速度场就建立起来，并且该场与压强梯度场取得了平衡，于是压强场的变化就停止了。结果，大部分初始压强扰动就能保持不变（黄瑞新，2012）。

考虑海面降水引起的海面升高和海底压强的异常是一个标准的正压扰动信号。降水具有数百千米量级的水平尺度，远小于正压变形半径（2 000 km），因此，在地转调整的过程中，海面升高与海底压强中的初始扰动就不能维持下去。结果，在地转调整之后几乎没有信号遗留下来。事实上，从卫星高度计数据中不能鉴别出有关降水的信号。

2）斜压调整

封闭海盆中温跃层的时间演变过程，无论是风生环流的启动过程，还是对已有环流的扰动，都包含了几个关键过程：①在海盆内区，由异常强迫力（如风应力旋度和加热/冷却）所引起的扰动以罗斯贝波的形式向西传播；②罗斯贝波在西边界的反射和频散。其结果形成了沿岸开尔文波；③沿岸开尔文波向赤道传播并且转变成赤道开尔文波，后者沿着赤道波导向东传播；④在东边界处，赤道开尔文波经过反射和频散，形成了沿着封闭海盆的东边界向极运动的开尔文波。向极开尔文波在其向极的路径途中不断发出向西的罗斯贝波。这些罗斯贝波在大洋内区向西运动，完成调整过程的一个循环，不过完全的调整过程可能需要许多循环才能完成（黄瑞新，2012）。

此外，其他的过程，例如摩擦和耗散，在海盆尺度的调整中也是很重要的。这些动力学过程非常复杂，由于本书篇幅所限略去。上面所描述的完成调整过程的一个循环，就叫做大洋本征模态（normal mode）。需要注意的是，大洋本征模态本来是描述海水声学特性的词汇，我们这里借用气象学中对本征模态的描述（Ahlquist，1982），把该词汇运用到海洋中。由于上述循环中，开尔文波都是速度极快的重力波，而波动传播速度最慢的是斜压罗斯贝波。因此，一个封闭海盆的调整周期（即本征模态周期）是由罗斯贝波决定的。

本征模态是一个系统固有的本征波动模态，在一个有边界条件约束的系统中，稳定波动状态下只有本征模态存在。因此，大洋罗斯贝波的本征模态是大洋调整的波动周期，也是大洋记忆的一种表现。需要注意的是，大洋本征模态的时间周期与罗斯贝波波速有关，所以其周期是与纬度和罗斯贝波垂向模态有关的。在副热带海区，一阶斜压罗斯贝波（即一层半模式中所体现的罗斯贝波）完成一次循环的调整周期为 10～30 年；而在高纬度海区，由于罗斯贝波波速显著减慢，其完成一次循环的调整周期可能达到50 年以上。图 2.2.6 是一层半模式中完成一次循环的示意图。

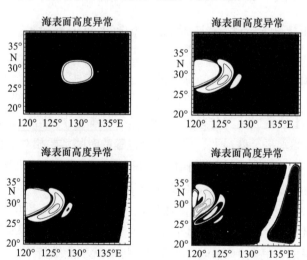

图 2.2.6　一层半模式模拟的封闭海盆调整过程
从左往右依次表示：海表面高度异常产生并以罗斯贝波形式向西传播；
罗斯贝波到达西边界，并频散成边界开尔文波；边界开尔文波通过南边界到达东边界；
东边界往北的开尔文波不断向西发出罗斯贝波，形成一个循环

2.2.5 位涡均一化与通风温跃层理论

在早期研究中，大多数风生环流理论都局限于模拟均质大洋或采用约化重力模式。尽管从约化重力模式得到的解可以解释为第一斜压模态，但是这些模式不能提供环流的垂向结构；因此，尽管为了发展斜压环流理论，此前已经做了很多努力，但是过去几十年来的进展却非常缓慢。其中的一个主要问题是：次表层的海水如何运动？

要回答这个问题，我们首先需要明白在经典理论中的斜压海洋，次表层海水为什么必须是静止不动的。假设海洋是两层半的海水，第一层和第二层可以运动，最底层为静止且无限深。首先，第一层可以接受海表的风应力直接强迫，其位涡方程可以写为

$$\boldsymbol{u}_1 \cdot \nabla_h \left(\frac{f}{h_1} \right) = -\frac{1}{h_1} \left(\frac{\boldsymbol{\tau}}{h_1} \right) \tag{2.2.71}$$

即风应力可以直接对第一层产生位涡输入，驱动第一层海水的运动。但是在第二层，由于其不直接接受风应力，也感受不到底应力，其位涡方程即为

$$\boldsymbol{u}_2 \cdot \nabla_h \left(\frac{f}{h_2} \right) = 0 \tag{2.2.72}$$

可以发现在无外力强迫的情况下，第二层流体实际上是位涡守恒的流体。那么，第二层的流体流动必须沿着等位涡线运动。在大尺度情况下，等位涡线基本由科氏参量决定，即等位涡线基本和纬线重合。由于东边界的存在，第二层海水在流到东边界时，没有办法跨越等位涡线，其流函数无法闭合。无法闭合的流函数在数学上表示其存在无限个解，这种状态在物理空间内是不存在的。因此，第二层流体在定常状态下是不能有流动存在的。由上所述，由于东边界的存在，第二层海水不能产生运动。那么次表层海水既不直接接受风应力的强迫，也不能感受到海底的应力，究竟应该通过什么途径让次表层的海水动起来呢？本节介绍两种可以让次表层产生运动的理论，由于篇幅所限，主要介绍相关理论的基本构想和结论。

2.2.5.1 位涡均一化

位涡均一化理论（Rhines and Young，1982）是温跃层环流领域的一项重大的理论突破。该理论基本思路如下。假设大洋可以分成很多层，并且一开始时所有次表层都是无运动的。作用在最上层的强风应力使其下的界面发生了大的形变；这样，在表层之下出现了闭合的地转等值线（也就是等位涡线）。在理想流体框架内，地转流沿着这些闭合地转等值线可以自由流动。因此，存在着无限多个可能的解，但这与最初关于次表层无运动的假设有矛盾（因为这些解的位涡是未知的，无法满足次表层的位涡守恒）。

我们想找到一个在动力学上自洽的含次表层运动的解。然而，最低阶的动力学平衡，即地转平衡，却不能提供唯一的解。对于两层都运动的情况，斯维尔德鲁普关系只能提供一个约束，故为了找到两层模式之解，我们需要另一个约束。下面将要指出，在第二层中，位涡向着沿该模式北部边界的行星涡度值均一化（homogenization）。因此，在闭合的地转等值线之内，位涡是一个给定的常量。把这个涡度约束与对于垂向积分的

经向流量之斯维尔德鲁普约束相结合，就可以给出两层模式大洋之解，在动力学上，这个解与所有的动力学约束是一致的。

由图2.2.7可以看出，如果强迫力很弱，正压位涡由行星项βy控制，因而涡度等值线接近于直线且没有闭合的涡度等值线。对于这种情况，正如前面所指出的，东边界阻断了第二层中所有可能的流动。然而，如果强迫力足够强，第一层的Ekman泵压造成第二层水体层厚的改变，对第二层的位涡的值就起支配作用，于是，就可能存在闭合的涡度等值线。那么，在这个闭合的小区域内，第二层流体就可以存在流动。

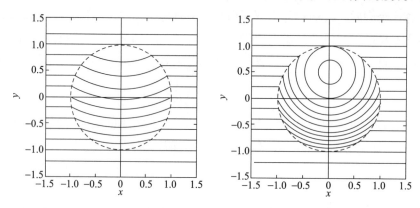

图2.2.7　第二层流体在强迫力很弱时（左）和强迫力很强时（右）
的等位涡线分布（黄瑞新，2012）

在大洋风生流涡垂向结构的研究中，提出了很多重要的动力学概念，本节讨论的位涡均一化理论把这些重要概念漂亮地组合在了一起：①强海面强迫力可以引起次表层的地转等值线闭合；②会有无限多个可能解，不过，可以找到相对于小扰动稳定的唯一解；③当把耗散参量化为侧向位涡扩散时，闭合地转等值线内的位涡是均匀的；④位涡向着其沿着北边界的值而均一化。在多层模式或连续层化模式的情况下，当我们想找到风生环流的解时，这些都是非常有用的。

2.2.5.2　通风温跃层

1）通风温跃层的物理基础

通风温跃层的概念模式：从概念上说，使次表层运动起来的一个主要的困难在于，次表层与大气强迫力没有直接接触。使这些次表层运动起来的一条途径是，通过作用在表层上的强大作用力产生闭合的地转等值线。还有另一条途径，称之为通风（ventilation，Bindoff and McDougall，1994），即由于通风也可以使次表层运动起来。在大洋的亚极地海区，有很多等密度面露出海面，即露头（outcrops）。当一个层露出海面时，就会直接暴露在大气强迫力之下。这样，在风应力的作用下，该露出海面的水层就会动起来，而且会继续运动下去，即使它被潜沉（subduct）到其他层之下。当然，也存在其他类型的通风。例如，水团可以通过模态水（mode water）或深层水的形成而通风，在这里，冷却或海冰生成所导致的盐析（salt rejection）引起了对流翻转，使通风到达很大的深度，相当于几百米或者深达海底。通过西边界流或东边界流也可以使水团通风。

Stommel 精灵：Stommel（1979）在一篇有高度创新性的论文中，假定有一个精灵在作怪，使冬末的特性量被选上了，即实际上进入永久温跃层的水是在混合层最深且密度最大时生成的水。这确实是一个对发生在上层大洋中复杂过程的高度理想化的处理方法。这是一个如此大胆的假定，以至于 Stommel 本人在发表论文后都不太肯定（黄瑞新，2012）。但是从此以后，Stommel 选取冬末的特性量作为冬季水团形成的这一思路，一直是风生环流理论，包括通风、潜沉（subduction）和潜涌（obduction）的中流砥柱。因此，如果我们要模拟年平均的风生环流，我们应该选取冬末海面处的温跃层边界条件（包括混合层密度和深度）；但是，风应力或者 Ekman 泵压速率应该是年平均的，因为我们关心的是温跃层中水质点的年平均运动。亚热带海盆多层模式如图 2.2.8 所示。

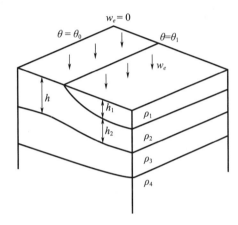

图 2.2.8　亚热带海盆多层模式示意图（黄瑞新，2012）

2）通风温跃层的基本结构

通风温跃层的典型结构由图 2.2.9 给出，按照该模式，第一层的海水在 44°N 附近露头。而在第二层中存在着不同的动力学区域：在露头线以北的区域，第二层中的水直接受到 Ekman 泵压的驱动；露头线以南，第二层有 3 个区域：池区，其水来自西边界区；通风区，其水从露头线（在这里，第二层直接受到 Ekman 泵压的驱动）以北之敞开窗口开始，继续向南运动；东部区，即在运动的顶层之下的阴影区，阴影区的下层海水在定常状态下是静止不动的。

应注意，尽管在这两层中等厚度线都是连续的，但它们的斜度在穿过阴影区的边界线时却是不连续的；不过，上层中的流线在穿过该线时是连续的，但是穿过该线的速度却是不连续的。在横跨阴影区的边界处，层的斜度和速度的不连续性表明，跨过该边界的动力学发生了改变。

在东边界附近存在的这种阴影区是与实测结果一致的。因为实测表明，在亚热带海盆靠近东边界的 600~800 m 深度范围内，其含氧量在整个海盆中是最低的。水块中的氧源来自它与大气的新近接触（通过混合层），或者来自海洋 100 m 以上的光合作用。当离开这些氧源之后，由于生物活动的消耗，氧的浓度逐渐降低。因此，低氧浓度说明该海水已到老龄，在东边界附近 700 m 深度区间中，氧浓度的极小值提示，那里的水几乎不通风（黄瑞新，2012）。

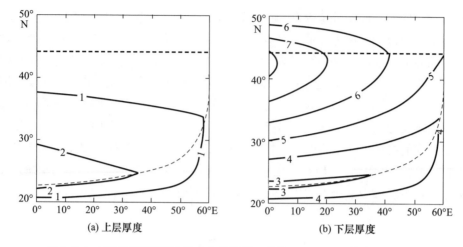

(a) 上层厚度 (b) 下层厚度

图 2.2.9　两层通风温跃层模式中的层厚（单位：100 m）（黄瑞新，2012）

粗虚线表示通风区；细虚线表示阴影区

结合 2.2.5 节的所有内容，大洋 1 000 m 上层中的风生环流包括了下列主要分量：大洋顶部的 Ekman 层直接与大气强迫力（包括风应力、热通量和淡水通量）接触。该层所起的作用是：生成具有适当密度的水块并把它们向下泵压到其下的地转流区。而在 Ekman 层之下的地转流区由动力学上显著不同的几个流区组成（图 2.2.10）：①通风温跃层，在冬末，在每一等密度面的露头窗口内，这里的水块直接面对大气强迫力。在露头线以南，通风层中的水块潜沉到次表层大洋，并在 Sverdrup 动力学的支配下继续运动。尤其是，该层中单个水块的位涡沿着其轨迹守恒。②阴影区，在通风温跃层的理论框架内，该区中的水是不运动的。当然，作为世界大洋热盐环流的一部分，可以把这里的水设为运动的，但是这已经超出了通风温跃层理论的范围。③流池，或者位涡均一化的流区，这里的位涡是由其他过程来建立的，而不是由 Ekman 泵压产生的通风过程来建立的。正是位涡均一化（应用在不露头的等温面）和通风温跃层（应用在露头的等温面）的共同作用，驱动了整个温跃层内的环流。

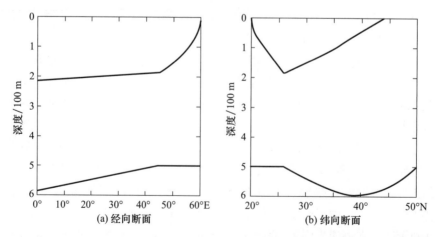

(a) 经向断面 (b) 纬向断面

图 2.2.10　两层通风温跃层模式中的层厚：26°N 经向断面（左）和 45°E 纬向断面（右）（黄瑞新，2012）

下层的平直层厚表示阴影区的层厚是固定的，从而表明阴影区的海水是不运动的

2.3 深渊环流

在 20 世纪中叶，风生环流理论已经可以很好地解释当时所能观察到的上层大洋环流现象。这些理论基本都采用了布西内斯克近似，即不考虑水平方向上的密度变化，并且假设大洋深处存在一个无流面，无流面以下没有海水运动，或者直接研究自海底至海表整个垂向积分的海水柱的运动规律。这些假设是符合实际情况的，风驱动的海洋环流运动，主要集中在密度跃层之上（大约几百米至 1 000 m 的范围内）。那在这之下的广阔深海中，是否有海水流动？这就是本节要学习的内容。

2.3.1 深渊环流的结构

2.3.1.1 深渊环流的形成

实际上在海洋的深层也是有海水流动的，由于海洋温度（海洋表层受热、冷却分布不均匀）和盐度变化（海洋表层蒸发、降水分布不均匀）导致海水密度水平分布不均匀，会在风无法影响到的海洋深渊层驱动出深渊环流（abyssal circulation），因此深渊环流也被称为"热盐环流"，这是一种热力学海洋环流系统。深渊环流的流速很小，其量级只有 1 mm/s。

那么海水密度差是如何驱动深渊环流的呢？这要从深层冷水的形成说起。1751 年，法国船长 Henry Ellis 在北大西洋 25°N、25°W 约 1 630 m 水深处观测到低温水。这与此前人们对低纬度地区深层海水是温暖的常识大相径庭。由此，科学家们开始了对大洋深层冷水的研究。目前观测结果表明，在 1 000 m 以下到 4 000 ~ 5 000 m 深的广阔海洋中，海水到处都是冷的，位温低于 4℃。那么体量如此庞大的冷水究竟来自哪里呢？目前公认的说法是来自高纬度海区。由于高纬度海区海水层结弱，海面寒冷，海水会下沉到海洋深处，形成水团。这些水团会在海洋深处向其他海区扩散，形成全球范围内的深层冷水。深层冷水最终通过混合作用穿过温跃层，重新进入海洋上层，与上层的大洋风生环流汇合，形成一套闭合的大洋环流系统。该环流结构控制着全球大洋 90% 的水体，对全球海水的质量、热量、盐度、溶解氧等海洋要素的输运起到了至关重要的作用。科学家 Schmitz 将其称为"大洋传输带"（图 2.3.1）。

图 2.3.1 描述了"大洋传输带"的具体构造：在大西洋，温暖富盐的西边界流从中低纬度向北流动，随着纬度增高，上层海水向大气进行强烈的热输送，使海水冷却。特别是挪威、格陵兰岛之间的高纬度海区，冬季寒冷空气吹过，海温降低和海水蒸发增加了海水的密度，同时海冰形成过程中盐分的析出使这些海域形成密度较大的海洋表层水，密度大到足以沉至海底，形成"北大西洋深层水"。深层水向南流溢，通过深层西边界流甚至越过赤道最终进入南大洋。在南极绕极流区，风驱动海水上升，使一部分海水回到表层，与来自印度洋的表层水汇合。为了补偿大西洋向南的深层海水流动，在表

层则形成了横贯大西洋向北的海水流动，这个闭合环流结构被称作大西洋经向翻转环流（Atlantic Meridional Overturning Circulation，AMOC）。大西洋经向翻转环流是深渊环流最重要的特征之一。

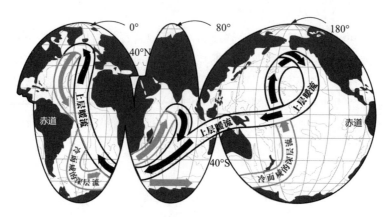

图 2.3.1　"大洋传输带"结构示意图（Schmitz，1996a）

除了挪威、格陵兰岛海域生成深层冷水之外，位于南极洲的威德尔海（Weddell Sea）和罗斯海（Ross Sea）也会由于海冰的形成析出盐分引起海水盐度升高，而来自南极洲的冷空气引起海水温度大幅度下降，使海水密度增大，形成深层冷水，这些深层冷水被称为南极底层水。南极底层水与北大西洋深层水会随着南极绕极流进入太平洋与印度洋，充满各大洋底部。在北太平洋和印度洋广阔的中低纬度海域，冷水通过混合作用上升，来到海洋表层。在太平洋向西南穿过印度尼西亚群岛，即印度尼西亚贯穿流，然后与印度洋中的环流汇合，向西南流去，最终绕过非洲南端的好望角进入大西洋再继续向北流动，完成整个深渊环流的闭合翻转。

值得一提的是，对于世界面积最大的太平洋地区而言，却几乎没有证据显示其有深渊环流形成。北太平洋由于亚洲季风、蒸发降水、陆地径流等因素的影响，导致表面盐度过低，因而具有较为稳定的层结，所以无法形成高密度深层水（刘宇等，2006）。

2.3.1.2　深渊环流定义

对大洋深渊环流的研究不像风生环流那样成熟，还有很多需要解决的问题，甚至对上述环流系统的定义还存在许多争议。

"热盐环流"（thermohaline circulation）是曾被广为使用的名词，它强调了环流是由密度差异引起的。但后来的研究表明密度差异驱动的环流非常弱，比我们观测到的大洋深渊环流要弱很多，极地生成的冷水在没有其他动力机制驱动的情况下也不足以下沉至海底。风产生的向上混合和潮汐混合才是驱动整个环流的主要动力。因此"热盐环流"这个名词现在已经较少被使用（Toggweiler and Russell，2008）。此外，也有人把该环流称为翻转环流（overturning circulation），尽管这也是对该环流结构较形象的定义，但是它容易与大西洋经向翻转环流混淆。

目前使用较多的是深渊环流，本书也沿用了这个定义。我们需要清楚深渊环流系统还应该包括表层流的部分，这样才能形成闭合环流。该环流系统还帮助我们弥补了蒙克西边界理论中低估湾流流量的问题。

2.3.2 深渊环流的主要理论

2.3.2.1 翻转环流

对深渊环流的研究起源于 19 世纪末 20 世纪初。Sandstrom 在 1908 年提出一个最简单的翻转环流模型（图 2.3.2，即大名鼎鼎的"Sandstrom 定理"），该模型的驱动力是高纬度海水冷却和热带海区深层的暖水团。Wyrtki（1961）也使用了相同的翻转环流系统，他将翻转环流分为 4 个部分：①低纬海表受太阳辐射加热升温并向高纬地区流动；②随着海水在高纬地区的冷却，冷水下沉；③冷水在大洋底部向赤道地区扩散；④随后这部分冷水逐渐上涌，穿过温跃层进入表层。Munk（1966）对这个框架做了改进，用海洋内部跨等密度面混合代替了 Sandstrom 提出的深层暖水团上涌。Munk 和 Wunsch（1998）指出驱动深渊环流的是混合过程，而不是高纬度地区的冷水下沉。风和潮汐的混合作用引起的上升流将深渊环流抽吸至温跃层之上，驱动了深渊环流。如果没有混合过程，深层水将不会下沉至海洋底部，深渊环流将仅存在于海洋上层。

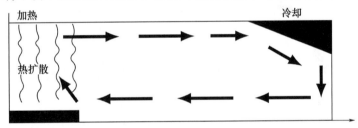

图 2.3.2　Sandstrom 在 1908 年提出的翻转环流模型示意图

尽管深渊环流的驱动机制还有待讨论，但目前大家普遍认同两个观点：一是低纬度地区的垂直混合能驱动深层大洋环流；二是南大洋的风生上升流在深渊环流过程中也起重要作用。对于垂直混合如何影响深层大洋环流，目前的研究表明内波破碎是产生混合的重要原因之一，内潮和海表的风都可以产生内波破碎，发生垂向混合。大洋深渊环流中冷水的混合上升主要发生在大洋中脊之上、海山附近以及边界流区域，这个问题还有待继续探索。对于南大洋风生上升流对深渊环流的影响，Toggweiler 和 Samuels（1995）最早提出 Drake 通道效应，即南大洋海表风场通过南极绕极流的作用使北大西洋热盐环流增强。Wu 等（2011）发现南大洋深度在 300 ~ 1 800 m 的湍流跨密度混合的空间分布受地形控制。

2.3.2.2 深层西边界流

海洋学家们通过理论与实验的方法，发表了一系列论文（Stommel，1957；Stommel，1958；Stommel and Arons，1959），为深渊环流的研究奠定了理论基础。他们将海洋简化为一个由赤道和两条经线围成的扇形海洋（图 2.3.3），假设在最北处有一个深水源，深水源输入的水量为 S，然后将海洋分为上、下两层，下层厚度均匀，大小为 H。

下层海水运动基本以地转流为主。由于上层海水温度高，下层温度低，大洋上层热量通过混合作用向下输送，这就要求大洋底层冷水向上输送，使二者达到平衡。使用位涡守恒也可以解释该过程，由于下层海水上升使下层水体发生拉伸，根据位涡守恒理论，水体会向极地方向运动，形成指向深水源的海水流动。为了平衡各处指向极地的深层流动，Stommel 添加了一个很强的深层西边界流，如果所有地方的深层水体均以相同的速率均匀上升，上升的总体积与深水源输入的水量 S 相等，在极地西边界流的体积输运是深水源产生的水体体积 S 的两倍，在赤道的输运减少为 0。

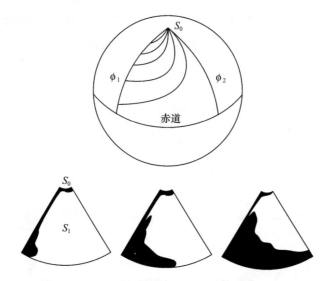

图 2.3.3　上为深渊环流示意图（Stommel and Arons，1959a，b）；下为实验室实验结果
水箱逆时针旋转，在顶部深水源 S_0 处注入染料，可以观察到深层西边界流，
染料在水箱内开始上升，最终流回 S_0（Stommel，1957）

　　Stommel 和 Arons（1959）预测在湾流下方存在一支携带着北欧地区海域和拉布拉多海高盐水的深层西边界流。Swallow 和 Worthington（1961）在出海观测中成功发现了该深层西边界流。

2.3.2.3　深渊环流的多平衡态

　　Stommel（1961）首先认识热盐环流存在多种平衡态，也就是多个解，热盐环流从一种平衡态突变到另一种平衡态可能会引起气候的灾变。依据深水环流理论，Stommel（1961）提出了使用箱式模型来研究深渊环流变异的方法。他大胆地将海洋简化为两个相连的箱子，一个代表高密度、寒冷的高纬度淡水，另一个代表低密度、温暖的低纬度咸水（图 2.3.4）。箱子是相连的，它们之间的流量取决于箱子之间的密度差。高密度水从底部流向低密度水的箱子，在低密度水箱内产生上升流。利用该模型，可以研究两个箱子缓慢加热、冷却或者淡水通量（例如，蒸发或者降水）对整个流动的影响。

　　双箱模型表明，即使是最简单的气候变化模型也可能得出复杂的结果。Stommel 发现，对于给定的一组模式参数（外部施加的温度和盐度、温度和盐度恢复到稳定状态所需要的时间尺度以及箱子之间密度差造成的流动速度等），简单的箱式模型中显示了多

段

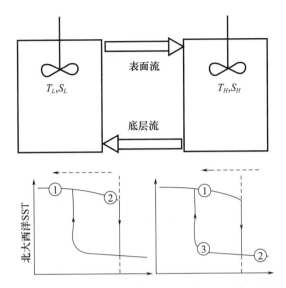

图 2.3.4　上图为 Stommel（1961）经向翻转流双箱模型示意图，假定较高纬度的箱子（右侧）
具有高密度水，低纬度的箱子（左侧）具有低密度水，每个箱子混合均匀；
下图为经向翻转流强度滞后导致的北大西洋海表温度滞后示意图（Stocker and Marchal，2000）

重平衡的现象，即存在几种不同的深渊环流的平衡态。随着基本态的缓慢变化，整个系统也会随之缓慢变化，但当基本态变化到一定程度时，系统可以在不同的平衡态下产生跳跃。在跳跃之后如果基本态改为逆向变化，在一定时刻系统也会产生反向跳跃回到开始的平衡态，但是该跳跃表现出滞后现象，即两次跳跃发生时，基本态是不同的。

　　图 2.3.4 的下图详细描述了这个过程，图中实线箭头所指的方向表示向北大西洋高纬度注入淡水，而虚线箭头则表示北大西洋高纬度淡水蒸发。所有箭头表示的淡水注入与淡水蒸发的量是一样的。左图中起始点①处北大西洋盐度较高，当注入一定量的淡水时，系统发生缓慢变化达到状态②，但还没有达到跳跃到下一个平衡态的程度，此时如果蒸发掉相同量的淡水，系统就会回到初始状态①。右图中起始点①处北大西洋盐度比左图低，当注入与左图相同的淡水时，系统发生跳跃，达到另一个平衡态②，可以想象为表层淡水注入阻止了表层水下沉，大西洋经向翻转环流突然停止。但是此时如果蒸发掉等量的淡水只能到达状态③，系统并没有发生跳跃，不能重启翻转环流，系统存在一定的滞后性。要想重启翻转环流还需要进一步蒸发淡水，增加表层盐度。

　　自然界是大气、海洋、海冰、陆地、生态、化学相互影响的耦合系统，自然界的气候变化远比 Stommel 的双箱模型复杂得多。在 Stommel 提出双箱模型后，该问题一直没有得到广泛关注。但是随着科学家们开始寻找气候变异的可能机制，该模型又被人们重新关注，并对此后的研究产生了重要影响。

2.3.3　深渊环流的重要性

深渊环流对于调节气候变化有着至关重要的作用。相对于风生环流来说，深渊环流流速非常小，但深层水的体积远远大于表层水，因此它们的输运能力与表层相当。深渊环流所携带的热量、盐度、氧气、CO_2 等影响着全球的热量与物质的再分配，深渊环流可以将海气界面的异常信号记忆在水体中，并进入海洋深层，由于深渊环流流速小，这些异常信号会维持几十年到几百年甚至上千年不等，最后会重新进入表层反馈到大气，因此深渊环流被认为是调节气候变化的主要因素。此外，深层冷水具有较强的吸收和存储 CO_2 的能力，这也是深渊环流影响气候变化的重要原因。我们将从深渊环流影响全球热量再分配与海水固碳作用两方面来介绍深渊环流的重要性。

2.3.3.1 全球热量再分配

深渊环流与大气中的三圈环流一起构成了经向环流体系，这一体系在将热量从低纬度地区传输到高纬度地区这一过程中扮演了相当重要的角色。在地球的气候系统中，低纬度地区热量盈余，而高纬度地区热量亏损，因此需要经向环流将低纬度的热量传输至高纬度地区。过去人们认为这一热量输运过程主要由大气环流完成，但是现在的研究成果表明，海洋深渊环流输运的热量占海—气耦合系统中经向热量输运的 50%。在北半球，海洋深渊环流将热量从低纬地区运送至 50°N 附近，在此处经过强烈的海—气交换将热量输送至大气中，再经过大气的经向环流将热量输送至更高纬度的地区。例如，墨西哥湾流和北大西洋暖流从低纬度地区带来大量热量和水汽，使北大西洋的水常年不结冰。因此，虽然北欧的挪威位于 60°N，却比同纬度的格陵兰岛南部和西伯利亚地区温暖得多。

如果深渊环流停止甚至倒转会发生什么？电影《后天》（*The Day After Tomorrow*）中为我们描述了这样的场景：由于全球变暖引起海冰融化，北大西洋深层水的形成受阻，低纬度暖水无法向高纬度地区输送，导致美国东海岸海水温度骤降，随后地球在几周内就进入了冰河时代。这虽然有艺术夸张的成分，但也并非异想天开。约 12 800 年以前，就曾发生过新仙女木事件（Younger Dryas），这是末次冰消期持续升温过程中的一次突然降温事件，冰融化使大量淡水流入北大西洋，从而导致海水表层盐度降低。该低盐海水像盖子一样，阻断了深渊环流的下沉过程，向极的经向热传输急剧下降，欧洲和北美大陆突然降温（黄瑞新，2012）。

深层水的产生受表层海水盐度的影响较大，在冬天表层盐度较高的水比盐度较低的水更容易形成高密度水，然后下沉形成底层水，而温度对深层水生成的影响却相对较小，几乎所有高纬度地区的海水都很冷，但只有冷而淡的水通过温压效应和混合增密过程才会下沉，而其中最具下沉潜力的水主要集中在北大西洋和南极洲大陆架周围。Rahmstorf（1995）在对经向翻转环流进行数值模拟时发现，即使对深层水生成区域输入少量的淡水，也可能会停止深渊环流。但是海洋是一个非常复杂的系统，即使深层水停止生成，深渊环流受到干扰，科学家们目前仍不确定是否还会有其他过程会增加热量从低纬度向高纬度的输运。

但不可否认的是，深层水的生成过程与深渊环流结构的改变会造成难以估测的气候变异。除了高纬度海区淡水输入会影响深层水生成之外，深层水的生成对深层海水混合的细小变化也非常敏感。Munk 和 Wunsch（1998）通过计算发现驱动深渊环流共需要 2.1 TW（$1\,TW = 1 \times 10^{12}\,W$）的混合能量，而深渊环流向高纬度海区输送的热通量可达 2 000 TW。混合所需要的能量来自哪些具体的物理过程，这仍然是科学家们正在探索的问题。

2.3.3.2　海水固碳作用

我们知道 CO_2 是一种重要的温室气体，以它为主造成的"温室效应"是全球变暖的主要原因之一。海洋作为地球 CO_2 的一个大型仓库，存储了 40 000 Gt（$1\,Gt = 1 \times 10^{9}\,t = 1 \times 10^{12}\,kg$）的溶解、微粒和生命形式的碳，而大气中只有 750 Gt 的碳，因此海洋储存的 CO_2 约是大气中的 50 倍。这部分的 CO_2 大部分都储存在深层冷海水中，冷水中能够储存的 CO_2 比温暖海水多，因此海洋中的深层冷海水是 CO_2 的主要存储层，就像一个巨大的"可乐罐"一样。

据统计，自第一次工业革命以来，人类新排放到大气中的碳量只有 150 Gt，比海洋生态系统内 5 年的碳循环流量还小。当化石燃料和树木燃烧时，新的 CO_2 被释放到大气中；排放到大气中的 CO_2 很快有接近一半会溶入海洋，其中大部分储存在海洋深处。由此可见，对未来气候变化的预测在很大程度上取决于预测 CO_2 在海洋中的储存量和时间。如果海洋中的 CO_2 含量发生了变化，比如从大气中吸收的 CO_2 量变少或海洋中的 CO_2 释放到大气中的量变多，大气中的 CO_2 浓度就会发生剧烈的变化，从而影响地球的气候。CO_2 在海洋中的储存量取决于深水的温度，储存时间取决于深水与上层水交换的速率，深层水升温、表层水进入深层速率增加、海洋内部混合的增强都会将大量 CO_2 气体释放到大气中。

2.4　风生 - 热盐环流系统

2.4.1　热盐环流基本理论

前面讨论的风生大洋环流，迄今已有较多的理论研究。在实际大洋里，除了因风力作用产生的海流以外，还存在着因海水受热、冷却等引起的密度分布不均匀所产生的流动——热盐环流，这方面的研究工作还比较少，然而这方面的问题是十分重要的。实际海洋里动力环流和热盐环流是并存的，在海洋的下层则以热盐环流为主，因为风生动力环流主要发生在上温跃层。在海洋深层的温度、盐度和密度的变化都比较小，一般来说，热盐环流的速度是缓慢的，但实际观测表明，并非所有的热盐环流速度都很缓慢。因此，要研究大洋环流，不仅要研究风生大洋环流，而且还要研究热盐环流。对于由热盐因素产生的流动，在理论上进行研究时，除了需要描述海水动力学和运动学规律的运动方程和连续方程以外，还需要描述海水热力学性质的热传导方程和盐扩散方程。下面讨论几种热盐环流理论模式。

2.4.1.1　海底温度扰动引起的热盐环流

设海底平坦。取右手直角坐标系，z 轴指向上为正，原点位于海底。假定在 $z=0$ 处有一温度扰动 $\theta_b = \theta_0 \cos ly$，结果产生对流。对流受海水湍流黏滞性和湍流热传导性的耗散作用，维持着一种定常的缓慢运动。描述这种运动的基本方程可表示为

$$-\rho_0 f v = -\frac{\partial p}{\partial x} + \rho_0 A_z \frac{\partial^2 u}{\partial z^2} \tag{2.4.1}$$

$$\rho_0 f u = -\frac{\partial p}{\partial y} + \rho_0 A_z \frac{\partial^2 v}{\partial z^2} \tag{2.4.2}$$

$$0 = -\frac{1}{\rho}\frac{\partial p}{\partial z} - g \tag{2.4.3}$$

$$\frac{\partial u}{\partial x} + \frac{\partial v}{\partial y} + \frac{\partial w}{\partial z} = 0 \tag{2.4.4}$$

$$w\frac{\partial \theta}{\partial z} = K_{\theta z}\frac{\partial^2 \theta}{\partial z^2} \tag{2.4.5}$$

$$\rho = \rho_0 (1 - K\theta) \tag{2.4.6}$$

其中，K 为热膨胀系量；$\dfrac{\partial \theta}{\partial z}$ 为未受扰动时的温度梯度，为已知，即

$$\frac{\partial \theta}{\partial z} = b \tag{2.4.7}$$

ρ_0 为 $\theta = 0$ 时的常密度。当外加温度扰动之后，由于对流作用，温度场以及密度场，产生不均匀分布。非均匀的密度分布 ρ 只在 z 方向的运动方程中出现，表明只考虑密度的微小扰动所产生的阿基米德浮力（Boussinesq 近似）。

首先，假定 $f=0$，并假定解与 x 无关，$u=0$。于是上述基本方程简化为

$$0 = -\frac{\partial p}{\partial y} + \rho_0 A_z \frac{\partial^2 v}{\partial z^2} \tag{2.4.8}$$

$$0 = -\frac{\partial p}{\partial z} - \rho g \tag{2.4.9}$$

$$\frac{\partial v}{\partial y} + \frac{\partial w}{\partial z} = 0 \tag{2.4.10}$$

$$wb = K_{\theta z}\frac{\partial^2 \theta}{\partial z^2} \tag{2.4.11}$$

$$\rho = \rho_0 (1 - K\theta) \tag{2.4.12}$$

求解的边界条件为

$$\left.\begin{array}{l} z=0 \text{ 处}, \ w=0, \ v=0 \\ \theta_b = \theta_0 \cos ly \end{array}\right\} \tag{2.4.13}$$

由式（2.4.2）和式（2.4.3）分别对 z 和 y 微分后消去 p，得到

$$\rho_0 A_z \frac{\partial^3 v}{\partial z^3} + g\frac{\partial \rho}{\partial y} = 0 \tag{2.4.14}$$

再对 y 求导，上式变成

$$\frac{\partial^4 v}{\partial z^3 \partial y} + \frac{g}{\rho_0 A_z} \frac{\partial^2 \rho}{\partial y^2} = 0 \tag{2.4.15}$$

由式（2.4.5）可得

$$\frac{\partial w}{\partial z} = \frac{K_{\theta z}}{b} \frac{\partial^3 \theta}{\partial z^3} \tag{2.4.16}$$

利用连续方程（2.4.4），上式变为

$$\frac{\partial v}{\partial y} = -\frac{K_{\theta z}}{b} \frac{\partial^3 \theta}{\partial z^3} \tag{2.4.17}$$

再对 z 求导 3 次，结果有

$$\frac{\partial^4 v}{\partial y \partial z^3} = -\frac{K_{\theta z}}{b} \frac{\partial^6 \theta}{\partial z^6} \tag{2.4.18}$$

由式（2.4.8）和式（2.4.9）得到

$$\frac{g}{\rho_0 A_z} \frac{\partial^2 \rho}{\partial y^2} = \frac{K_{\theta z}}{b} \frac{\partial^6 \theta}{\partial z^6} \tag{2.4.19}$$

再将状态方程（2.4.6）代入，上式变为

$$\frac{\partial^6 \theta}{\partial z^6} = -\frac{gbK}{A_z K_{\theta z}} \frac{\partial^2 \theta}{\partial y^2} \tag{2.4.20}$$

考虑到海底扰动形如 $\theta_b = \theta_0 \cos ly$，可设方程（2.4.13）的解为 $\theta = \theta(z) \cos ly$，代入式（2.4.13）有

$$\frac{\mathrm{d}^6 \theta}{\mathrm{d} z^6} = F^6 \theta \ (z) \tag{2.4.21}$$

其中，$F^6 = \dfrac{gbKl^2}{A_z K_{\theta z}}$。求解方程（2.4.21）的边界条件可由边界条件式（2.4.13）转换而来。原来的海底边界条件 $w=0$，可利用式（2.4.21）转变为 $\dfrac{\mathrm{d}^2 \theta(0)}{\mathrm{d} z^2} = 0$，而 $v=0$ 可利用式（2.4.11）和式（2.4.12），再对 y 积分，转变为 $\dfrac{\mathrm{d}^3 \theta(0)}{\mathrm{d} z^3} = 0$；原来的边界条件 $\theta_b = \theta_0 \cos ly$，可转变为 $\theta(0) = \theta_0$。于是求解方程（2.4.21）的边界条件可表示为

$$\left. \begin{aligned} \frac{\mathrm{d}^2 \theta(z)}{\mathrm{d} z^2} \bigg|_{z=0} = \frac{\mathrm{d}^3 \theta(z)}{\mathrm{d} z^3} \bigg|_{z=0} = 0 \\ \theta(0) = \theta_0 \end{aligned} \right\} \tag{2.4.22}$$

满足边界条件的解为

$$\theta(z) = \theta_0 \left[\frac{1}{2} \mathrm{e}^{-Fz} + \frac{1}{2} \mathrm{e}^{-\frac{1}{2}Fz} \left(\cos \frac{\sqrt{3}}{2} Fz + \frac{\sqrt{3}}{3} \sin \frac{\sqrt{3}}{2} Fz \right) \right] \tag{2.4.23}$$

最后得

$$\theta = \theta_0 \cos ly \left[\frac{1}{2} \mathrm{e}^{-Fz} + \frac{1}{2} \mathrm{e}^{-\frac{1}{2}Fz} \left(\cos \frac{\sqrt{3}}{2} Fz + \frac{\sqrt{3}}{3} \sin \frac{\sqrt{3}}{2} Fz \right) \right] \tag{2.4.24}$$

再由热传导方程（2.4.5）和连续方程（2.4.4）可导出

$$v = \frac{F^3 \theta_0 K_{\theta z}}{2bl} \sin ly \left[e^{-Fz} - e^{-\frac{1}{2}Fz} \left(\cos \frac{\sqrt{3}}{2} Fz + \frac{\sqrt{3}}{3} \sin \frac{\sqrt{3}}{2} Fz \right) \right] \tag{2.4.25}$$

$$w = \frac{F^2 \theta_0 K_{\theta z}}{2b} \cos ly \left[e^{-Fz} - e^{-\frac{1}{2}Fz} \left(\cos \frac{\sqrt{3}}{2} Fz - \frac{\sqrt{3}}{3} \sin \frac{\sqrt{3}}{2} Fz \right) \right] \tag{2.4.26}$$

由此可见，海底温暖处海水上升，而海底寒冷处海水下降。

其次，如果 f 为一常量，则 $u \neq 0$，但此解仍与 x 无关。此种情况下，方程组 (2.4.1) 至 (2.4.6) 变为

$$-fv = A_z \frac{\partial^2 u}{\partial z^2} \tag{2.4.27}$$

$$fu = -\frac{1}{\rho_0} \frac{\partial p}{\partial y} + A_z \frac{\partial^2 v}{\partial z^2} \tag{2.4.28}$$

$$0 = -\frac{1}{\rho} \frac{\partial p}{\partial z} - g \tag{2.4.29}$$

$$\frac{\partial v}{\partial y} + \frac{\partial w}{\partial z} = 0 \tag{2.4.30}$$

$$wb = K_{\theta z} \frac{\partial^2 \theta}{\partial z^2} \tag{2.4.31}$$

$$\rho = \rho_0 (1 - K\theta) \tag{2.4.32}$$

消去 θ 以外的变量，得 θ 的微分方程

$$\frac{1}{E^4} \frac{d^7 \theta}{dz^7} - \frac{d^3 \theta}{dz^3} + L^2 \frac{d\theta}{dz} = 0 \tag{2.4.33}$$

其中

$$E^4 = -f^2 / A_z^2, \quad L^2 = g\rho_0 K b l^2 A_z / (f^2 K_{\theta z}) \tag{2.4.34}$$

其解为

$$\theta = \theta_0 \cos ly \left\{ 2e^{-Ez/\sqrt{2}} \left[D_1 \sin \left(\frac{1}{\sqrt{2}} Ez \right) + D_2 \sin \left(\frac{1}{\sqrt{2}} Ez \right) \right] + Ce^{-Lz} \right\} \tag{2.4.35}$$

然后由式 (2.4.27)、式 (2.4.28) 和式 (2.4.30) 可求得 u、v 和 w 的表达式：

$$u = \theta_0 \sin ly \left\{ \frac{\sqrt{2} g K l}{Ef} \left[(D_1 - D_2) \sin \left(\frac{1}{\sqrt{2}} Ez \right) - (D_1 + D_2) \cos \left(\frac{1}{\sqrt{2}} Ez \right) \right] e^{-Ez/\sqrt{2}} - \right.$$

$$\frac{gKl}{Lf} Ce^{-Lz} - \frac{\sqrt{2} A_z K_{\theta z} E^5}{flb} \left[(D_1 - D_2) \cos \left(\frac{1}{\sqrt{2}} Ez \right) + \right.$$

$$\left. (D_1 + D_2) \sin \left(\frac{1}{\sqrt{2}} Ez \right) \right] e^{-Ez/\sqrt{2}} + \frac{A_z K_{\theta z}}{flb} C L^5 e^{-Lz} \right\} \tag{2.4.36}$$

$$v = \theta_0 \sin ly \left\{ \frac{\sqrt{2} g E^3 K_{\theta z}}{lb} \left[(D_1 - D_2) \sin \left(\frac{1}{\sqrt{2}} Ez \right) - (D_1 + D_2) \times \right. \right.$$

$$\left. \left. \cos \left(\frac{1}{\sqrt{2}} Ez \right) \right] e^{-Ez/\sqrt{2}} + \frac{K_{\theta z} L^3}{lb} Ce^{-Lz} \right\} \tag{2.4.37}$$

$$w = \theta_0 \cos ly \left\{ \frac{\sqrt{2} E^2 K_{\theta z}}{b} \left[D_1 \cos\left(\frac{1}{\sqrt{2}} Ez\right) - D_2 \cos\left(\frac{1}{\sqrt{2}} Ez\right) \right] e^{-Ez/\sqrt{2}} + \frac{K_{\theta z} L^2}{b} C e^{-lz} \right\} \quad (2.4.38)$$

以上各式中

$$\left. \begin{array}{l} D_1 = \dfrac{L^2(2L^2 - E^2)}{4L^4 - 2L^2 E^2 + 2\sqrt{2} LE^3 + 2E^4} \\[3mm] D_2 = \dfrac{L^2(E^2 + \sqrt{2} LE)}{4L^4 - 2L^2 E^2 + 2\sqrt{2} LE^3 + 2E^4} \\[3mm] C = \dfrac{E^3}{E^3 - EL^2 + \sqrt{2} L^3} \end{array} \right\} \quad (2.4.39)$$

从以上的解可以看出，考虑地转效应的情况下，对流运动的情形比较复杂，除了海水升降运动外，底层的水平流速矢量随高度呈螺旋状变化。

2.4.1.2　海面温度扰动引起的热盐环流

现在考虑 f 随纬度的变化，即 $\beta = \dfrac{\mathrm{d} f}{\mathrm{d} y} \neq 0$ 的情形，并假定铅直湍流摩擦力可以略去。海面温度扰动取 $\theta_s = \theta_0 \cos lx$ 的形式。若取 z 轴指向下为正的左手坐标系，描述运动的基本方程为

$$-fv = -\frac{1}{\rho_0} \frac{\partial p}{\partial x} \quad (2.4.40)$$

$$fu = -\frac{1}{\rho_0} \frac{\partial p}{\partial y} \quad (2.4.41)$$

$$0 = -\frac{\partial p}{\partial z} + \rho g \quad (2.4.42)$$

$$\frac{\partial u}{\partial x} + \frac{\partial v}{\partial y} + \frac{\partial w}{\partial z} = 0 \quad (2.4.43)$$

$$wb = K_{\theta z} \frac{\partial^2 \theta}{\partial z^2} \quad (2.4.44)$$

$$\rho = \rho_0 (1 - K\theta) \quad (2.4.45)$$

条件为

$$\left. \begin{array}{l} z = 0 \text{处}, \theta_s = \theta_0 \sin lx \\[2mm] z \to \infty \text{；} \theta \to 0 \text{；} u, v, w \to 0 \end{array} \right\} \quad (2.4.46)$$

由式（2.4.40）和式（2.4.41）交叉微分消去 p，得

$$f\left(\frac{\partial u}{\partial x} + \frac{\partial v}{\partial y} \right) + v \frac{\mathrm{d} f}{\mathrm{d} y} = 0 \quad (2.4.47)$$

利用连续方程（2.4.43）和湍流热传导方程，结果可得仅包含温度 θ 的微分方程

$$\frac{\partial^4 \theta}{\partial z^4} = -\frac{\beta g K b}{f^2 K_{\theta z}} \frac{\partial \theta}{\partial x} \quad (2.4.48)$$

令 $\theta = \theta(z) e^{ilx}$，上式可写成

$$\frac{\mathrm{d}^4 \theta(z)}{\mathrm{d} z^4} = -iG^4 \theta(z) \quad (2.4.49)$$

其中，$G = \sqrt[4]{\dfrac{\beta g K b l}{f^2 K_{\theta z}}}$。

由式（2.4.47）解出 $\theta(z)$，然后由 $\theta = \theta(z)\mathrm{e}^{ilx}$ 取实部得

$$\theta = \frac{\theta_0}{2}\left\{\cos lx\left[\mathrm{e}^{-Gz\cos\frac{\pi}{8}}\cos\left(Gz\sin\frac{\pi}{8}\right) + \mathrm{e}^{-Gz\cos\frac{3\pi}{8}}\cos\left(Gz\sin\frac{3\pi}{8}\right) + \right.\right.$$

$$\left.\left.\sin lx\left[\mathrm{e}^{-Gz\cos\frac{\pi}{8}}\sin\left(Gz\sin\frac{\pi}{8}\right) - \mathrm{e}^{-Gz\cos\frac{3\pi}{8}}\sin\left(Gz\sin\frac{3\pi}{8}\right)\right]\right]\right\} \tag{2.4.50}$$

由式（2.4.44）可求得铅直速度

$$W = \frac{\sqrt{2}}{4}\frac{G^2 x\theta_0}{b}\left\{\cos lx\left[\mathrm{e}^{-Gz\cos\frac{\pi}{8}}\cos\left(Gz\sin\frac{\pi}{8}\right) + \mathrm{e}^{-Gz\cos\frac{\pi}{8}}\sin\left(Gz\sin\frac{\pi}{8}\right) - \right.\right.$$

$$\left.\mathrm{e}^{-Gz\cos\frac{3\pi}{8}}\cos\left(Gz\sin\frac{3\pi}{8}\right) + \mathrm{e}^{-Gz\cos\frac{3\pi}{8}}\sin\left(Gz\sin\frac{3\pi}{8}\right)\right] +$$

$$\sin lx\left[-\mathrm{e}^{-Gz\cos\frac{\pi}{8}}\cos\left(Gz\sin\frac{\pi}{8}\right) + \mathrm{e}^{-Gz\cos\frac{\pi}{8}}\sin\left(Gz\sin\frac{\pi}{8}\right) + \right.$$

$$\left.\left.\mathrm{e}^{-Gz\cos\frac{3\pi}{8}}\cos\left(Gz\sin\frac{3\pi}{8}\right) + \mathrm{e}^{-Gz\cos\frac{3\pi}{8}}\sin\left(Gz\sin\frac{3\pi}{8}\right)\right]\right\} \tag{2.4.51}$$

根据以上的解，可以做出等温线及等铅直速度线。由解可见，有一个随深度增加而向西的相移，使有相同符号的温度区域向西倾斜。

2.4.1.3　东边界的热盐环流

前面讨论的热盐环流没有考虑边界的存在，而且认为有一个大的铅直温度梯度是不太切实际的。Robinson 和 Stommel（1958）注意到有一个子午向的东边界流，束缚着纬向流动；并认为由于海面经常存在着子午向的温度梯度而产生流动。假定海面无风，海深无限，流动可认为是地转平衡，在右手坐标系中，运动可以用下述方程描述

$$-f\rho_0 v = -\frac{\partial p}{\partial x} \tag{2.4.52}$$

$$f\rho_0 u = -\frac{\partial p}{\partial y} \tag{2.4.53}$$

$$g\rho_0(1 - K\theta) = -\frac{\partial p}{\partial z} \tag{2.4.54}$$

$$\frac{\partial u}{\partial x} + \frac{\partial v}{\partial y} + \frac{\partial w}{\partial z} = 0 \tag{2.4.55}$$

$$v\frac{\partial \theta}{\partial y} + w\frac{\partial \theta}{\partial z} = K_{\theta z}\frac{\partial^2 \theta}{\partial z^2} \tag{2.4.56}$$

边界条件

$$\left.\begin{array}{l} z = 0(海面)，\ w = 0，\ \theta = \theta_0 + \theta_1 y \\ z \rightarrow -\infty，\ w\ 有限，\ \theta \rightarrow 0 \\ x = 0(东边界)，\ \theta = 0 \end{array}\right\} \tag{2.4.57}$$

在式（2.4.54）中略去 $u\dfrac{\partial\theta}{\partial x}$，是因为 $\dfrac{\partial\theta}{\partial x}$ 小到可忽略。

由于我们所要研究的问题中，θ 和 w 最重要，因此下面只限于讨论这两个变量以及与它们有关的方程。交叉微分式（2.4.50）和式（2.4.52），然后两式相减得

$$f\frac{\partial v}{\partial z}-Kg\frac{\partial\theta}{\partial x}=0 \tag{2.4.58}$$

再交叉微分式（2.4.50）和式（2.4.51）后相减得

$$f\left(\frac{\partial u}{\partial x}+\frac{\partial v}{\partial y}\right)+v\beta=0 \tag{2.4.59}$$

利用连续方程（2.4.53），上式变成

$$v\beta-f\frac{\partial w}{\partial z}=0 \tag{2.4.60}$$

将式（2.4.57）分别代入式（2.4.54）和式（2.4.56），可得所需的方程

$$K_{\theta z}\frac{\partial^2\theta}{\partial z^2}-w\frac{\partial\theta}{\partial z}-\frac{f}{\beta}\frac{\partial w}{\partial z}\frac{\partial\theta}{\partial y}=0 \tag{2.4.61}$$

$$\frac{\partial^2 w}{\partial z^2}-\frac{K\beta g}{f^2}\frac{\partial\theta}{\partial x}=0 \tag{2.4.62}$$

利用边界条件式（2.4.57），可得近似解（景振华，1966）

$$\theta=\theta_0(y)\exp\left\{-\left[\frac{1}{2K_{\theta z}}\frac{K\beta g}{3f^2}\left(\theta_0+\frac{\theta_1 f_0}{\beta}\times10^{-8}\right)\frac{1}{x}\right]\frac{1}{3z}\right\} \tag{2.4.63}$$

$$w=\theta_0(y)\left[\frac{K\beta g}{3f^2}\left(\frac{2K_{\theta z}}{\theta_0+\theta_1 f_0\beta^{-1}\times10^{-8}}\right)^2\frac{1}{x}\right]^{1/2}\times$$

$$\left(1-\exp\left\{-\left[\frac{1}{2K_{\theta z}}\frac{K\beta g}{3f^2}\left(\theta_0+\frac{\theta_1 f_0}{\beta}\times10^{-8}\right)\frac{1}{x}\right]\frac{1}{3z}\right\}\right) \tag{2.4.64}$$

其中，$\theta_0(y)=\theta_0+\theta_1 y+\dfrac{\theta_1 f_0}{\beta}\times10^{-8}$，$f_0=f-\beta y$。

2.4.1.4 密度分布所产生的热盐环流

研究二层或三层海水中非均匀密度分布的海面无风力作用情况下的热盐环流时，首先假定运动与经度无关，并且所有的变量均只是 y 和 z 的函数。运动为定常的大尺度运动，为求解方便，取铅直湍流摩擦力与速度的一次方成比例。于是在坐标原点位于静止海面，z 轴指向下为正的左手直角坐标系中，描述运动的基本方程为

$$\left.\begin{aligned}-f\rho v&=-ku\\ f\rho u&=-\frac{\partial p}{\partial y}-kv\\ 0&=-\frac{\partial p}{\partial z}+\rho g\\ \frac{\partial v}{\partial y}+\frac{\partial w}{\partial z}&=0\\ \rho&=f(y,z)\end{aligned}\right\} \tag{2.4.65}$$

如果现在考虑二层海水，上、下层海水中的物理变量分别以 1 和 2 指示，设上层海水厚度为 H，下层海水厚度为 $(D-H)$，上、下层密度分布为已知形式，于是式 $(2.4.65)$ 可具体写为

$$-f\rho_{1,2}v_{1,2} = -ku_{1,2} \tag{2.4.66}$$

$$f\rho_{1,2}u_{1,2} = -\frac{\partial p_{1,2}}{\partial y} - kv_{1,2} \tag{2.4.67}$$

$$0 = -\frac{\partial p_{1,2}}{\partial z} + \rho_{1,2}g \tag{2.4.68}$$

$$\frac{\partial v_{1,2}}{\partial y} + \frac{\partial w_{1,2}}{\partial z} = 0 \tag{2.4.69}$$

$$\rho_1 = -\Delta\rho\cos\frac{\pi}{l}(y-y_0)\left[\mathrm{ch}(rz) - \mathrm{th}(rH)\mathrm{sh}(rz)\right] + \rho_s, 0 \leqslant z \leqslant H \tag{2.4.70}$$

$$\rho_2 = \beta_1(z-D) + \rho_f, H \leqslant z \leqslant D \tag{2.4.71}$$

其中，l 为海洋长度，$\Delta\rho$、ρ_s、ρ_f、β_1 和 r 均为常数，f 取为常量。在海面 $(z=0)$，有

$$\rho_1 = -\Delta\rho\cos\frac{\pi}{l}(y-y_0) + \rho_s \tag{2.4.72}$$

而在海底 $(z=D)$ 有

$$\rho_2 = \rho_f \tag{2.4.73}$$

求解上述基本方程的边界条件为

$$\left.\begin{array}{l} z=0, w_1=0 \\ z=H, u_1=u_2, v_1=v_2, w_1=w_2 \\ z=D, w_2=0 \end{array}\right\} \tag{2.4.74}$$

根据连续方程 $(2.4.68)$，引进流函数 $\psi_{1,2}$，满足

$$v_{1,2} = \frac{\partial\psi_{1,2}}{\partial z}, w_{1,2} = -\frac{\partial\psi_{1,2}}{\partial y} \tag{2.4.75}$$

由运动方程 $(2.4.65)$ 和 $(2.4.66)$ 中消去 $u_{1,2}$，得到

$$(k^2 + f^2\rho_{1,2}^2)v_{1,2} = k\frac{\partial p_{1,2}}{\partial y} \tag{2.4.76}$$

再由第三个运动方程 $(2.4.68)$ 和 $(2.4.74)$ 交叉微分后相加，得

$$(k^2 + f^2\rho_{1,2}^2)\frac{\partial v_{1,2}}{\partial z} + kg\frac{\partial\rho_{1,2}}{\partial y} = 0 \tag{2.4.77}$$

近似地取 $f^2\rho_{1,2}^2 = f^2$，再将式 $(2.4.73)$ 代入，有

$$(k^2 + f^2)\frac{\partial^2\psi_{1,2}}{\partial z^2} + kg\frac{\partial\rho_{1,2}}{\partial y} = 0 \tag{2.4.78}$$

将密度的具体形式代入上式，得到两个方程

$$(k^2 + f^2)\frac{\partial^2\psi_1}{\partial z^2} = -kg\frac{\pi}{l}\Delta\rho\sin\frac{\pi}{l}(y-y_0) \times$$

$$\left[\mathrm{ch}(rz) - \mathrm{th}(rH)\mathrm{sh}(rz)\right] \tag{2.4.79}$$

$$(k^2+f^2)\frac{\partial^2\psi_2}{\partial z^2}=0 \tag{2.4.80}$$

由边界条件式（2.4.73）转换成适合求解上面两个方程的边界条件

$$\left. \begin{array}{l} z=0,\ \dfrac{\partial\psi_1}{\partial y}=0 \\[2mm] z=H,\ \dfrac{\partial\psi_1}{\partial z}=\dfrac{\partial\psi_2}{\partial z},\ \dfrac{\partial\psi_1}{\partial y}=\dfrac{\partial\psi_2}{\partial y} \\[2mm] z=D,\ \dfrac{\partial\psi_2}{\partial y}=0 \end{array} \right\} \tag{2.4.81}$$

方程（2.4.78）和（2.4.79）的通解为

$$(k^2+f^2)\ \psi_1=-kg\frac{\pi}{lr^2}\Delta\rho\sin\frac{\pi}{l}\ (y-y_0)\ \times \tag{2.4.82}$$

$$[\ \mathrm{ch}\ (rz)\ -\mathrm{th}\ (rH)\ \mathrm{sh}\ (rz)\ ]\ +A_1z+B_1$$

$$(k^2+f^2)\psi_2=A_2z+B_2 \tag{2.4.83}$$

由边界条件式（2.4.80）可确定出积分常数

$$A_1=-kg\frac{\pi\Delta\rho}{lr^2D}\sin\frac{\pi}{l}(y-y_0)[\,1-\mathrm{ch}(rH)+\mathrm{th}(rH)\mathrm{sh}(rH)\,] \tag{2.4.84}$$

$$A_2=A_1 \tag{2.4.85}$$

$$B_1=-kg\frac{\pi\Delta\rho}{lr^2D}\sin\frac{\pi}{l}(y-y_0) \tag{2.4.86}$$

$$B_2=-A_1D \tag{2.4.87}$$

最后得到流函数

$$\psi_1=-\sin\frac{\pi}{l}(y-y_0)\frac{kg\pi\Delta\rho}{lr^2(k^2+f^2)}\left\{\mathrm{ch}(rz)-\mathrm{th}(rH)\mathrm{sh}(rz)+\right.$$

$$\left.\frac{z}{D}[\,1-\mathrm{ch}(rH)+\mathrm{th}(rH)\mathrm{sh}(rH)\,]-1\right\} \tag{2.4.88}$$

$$\psi_2=-\sin\frac{\pi}{l}(y-y_0)\frac{kg\pi\Delta\rho}{lr^2(k^2+f^2)}[\,1-\mathrm{ch}(rH)+\mathrm{th}(rH)\mathrm{sh}(rH)\,]\frac{z-D}{D} \tag{2.4.89}$$

2.4.1.5　风生－热盐环流

风生大洋环流理论只考虑了风应力的作用，而忽略了热盐因子的效应；热盐环流只考虑了热盐因子在形成环流中的作用，而滤掉了风力的影响。尽管风生大洋环流和热盐环流研究的许多成果，阐释了大洋环流的一些主要特征，但毕竟与实际情况有一定的距离。事实上，大洋是一个动力－热力系统，大洋环流是一种风生－热盐环流，是动力因子和热力因子相互制约、相互调整的结果（冯士筰，1984）。

设海水为非均匀不可压缩流体，忽略盐度的变化，密度仅由温度决定。基于这些假定，参照基本方程组，大洋风生－热盐环流可描述为

$$\frac{\partial u}{\partial t}-fv=-\frac{1}{\rho}\frac{\partial p}{\partial x}+A_l\left(\frac{\partial^2 u}{\partial x^2}+\frac{\partial^2 u}{\partial y^2}\right)+A_z\frac{\partial^2 u}{\partial z^2} \tag{2.4.90}$$

$$\frac{\partial v}{\partial t} + fu = -\frac{1}{\rho}\frac{\partial p}{\partial y} + A_l\left(\frac{\partial^2 v}{\partial x^2} + \frac{\partial^2 v}{\partial y^2}\right) + A_z\frac{\partial^2 v}{\partial z^2} \tag{2.4.91}$$

$$0 = -\frac{1}{\rho}\frac{\partial p}{\partial z} - g \tag{2.4.92}$$

$$\frac{\partial u}{\partial x} + \frac{\partial v}{\partial y} + \frac{\partial w}{\partial z} = 0 \tag{2.4.93}$$

$$\frac{\mathrm{d}\theta}{\mathrm{d}t} = K_{\theta l}\left(\frac{\partial^2\theta}{\partial x^2} + \frac{\partial^2\theta}{\partial y^2}\right) + K_{\theta z}\frac{\partial^2\theta}{\partial z^2} \tag{2.4.94}$$

$$\rho = \rho_0(1 - K\theta) \tag{2.4.95}$$

若考虑定常情形，上列方程组变成

$$A_l\left(\frac{\partial^2 u}{\partial x^2} + \frac{\partial^2 u}{\partial y^2}\right) + A_z\frac{\partial^2 u}{\partial z^2} + fv = \frac{1}{\rho}\frac{\partial p}{\partial x} \tag{2.4.96}$$

$$A_l\left(\frac{\partial^2 v}{\partial x^2} + \frac{\partial^2 v}{\partial y^2}\right) + A_z\frac{\partial^2 v}{\partial z^2} - fu = \frac{1}{\rho}\frac{\partial p}{\partial x} \tag{2.4.97}$$

$$-g = \frac{1}{\rho}\frac{\partial p}{\partial z} \tag{2.4.98}$$

$$\frac{\partial u}{\partial x} + \frac{\partial v}{\partial y} + \frac{\partial w}{\partial z} = 0 \tag{2.4.99}$$

$$\frac{\partial \rho u}{\partial x} + \frac{\partial \rho v}{\partial y} + \frac{\partial \rho w}{\partial z} = K_l\left(\frac{\partial^2\rho}{\partial x^2} + \frac{\partial^2\rho}{\partial y^2}\right) + K_z\frac{\partial^2\rho}{\partial z^2} \tag{2.4.100}$$

其中，A_l、A_z 为水平和铅直湍流运动黏滞系量；K_l、K_z 为水平和铅直湍流扩散系量。

方程（2.4.96）至（2.4.100）为非线性的。如果我们仅着眼于描绘大洋环流的体积运输分布，则可以利用全流积分，将非线性问题转化为线性问题。

设斜压层厚度 H 为一常数，并且在 $z = -H$ 处，u、v、ρ、θ 对 z 的导数和 p 对 x、y 的导数以及它们的二阶导数为零，铅直流速 $w = 0$；在海面 $z = \zeta$ 处 $w = 0$，p 为常数。因 $|\zeta| \ll H$，近似取 $\zeta = 0$。引进符号

$$(S_x, S_y) = \int_{-h}^{0}(u,v)\mathrm{d}z \tag{2.4.101}$$

$$(M_x, M_y) = \int_{-h}^{0}(\rho u, \rho v)\mathrm{d}z \tag{2.4.102}$$

$$P = \int_{-h}^{0}p\mathrm{d}z, \quad Q = \int_{-h}^{0}\rho\mathrm{d}z \tag{2.4.103}$$

$$\tau_x = \rho A_z\frac{\partial u}{\partial z}\bigg|_{z=0}, \quad \tau_y = \rho A_z\frac{\partial v}{\partial z}\bigg|_{z=0} \tag{2.4.104}$$

$$\Gamma_0 = K_z\frac{\partial\rho}{\partial z}\bigg|_{z=0} \tag{2.4.105}$$

于是，上述方程组可得全流方程组

$$\rho A_l\left(\frac{\partial^2 S_x}{\partial x^2} + \frac{\partial^2 S_x}{\partial y^2}\right) + \tau_x + fM_y = \frac{\partial P}{\partial x} \tag{2.4.106}$$

$$\rho A_l\left(\frac{\partial^2 S_y}{\partial x^2} + \frac{\partial^2 S_y}{\partial y^2}\right) + \tau_y - fM_x = \frac{\partial P}{\partial y} \tag{2.4.107}$$

$$-gQ = p\big|_{z=0} - p\big|_{z=-H} \tag{2.4.108}$$

$$\frac{\partial S_x}{\partial x} + \frac{\partial S_y}{\partial y} = 0 \tag{2.4.109}$$

$$\frac{\partial M_x}{\partial x} + \frac{\partial M_y}{\partial y} = \varGamma_0 \tag{2.4.110}$$

由式（2.4.106）和式（2.4.107）交叉微分后相减，消去 p，再假定 f 为常数并引入流函数 ψ，满足

$$S_x = -\frac{\partial \psi}{\partial y}, \quad S_y = \frac{\partial \psi}{\partial x} \tag{2.4.111}$$

结果得 f – 平面上的风旋度与热盐梯度方程

$$\rho A_l \nabla^4 \psi = -\mathrm{rot}_z \boldsymbol{\tau} + f\varGamma_0 \tag{2.4.112}$$

式中，

$$\nabla^4 = \frac{\partial^4}{\partial x^4} + 2\frac{\partial^4}{\partial x^2 \partial y^2} + \frac{\partial^4}{\partial y^4} \tag{2.4.113}$$

$$\mathrm{rot}_z \boldsymbol{\tau} = \frac{\partial \tau_y}{\partial x} - \frac{\partial \tau_x}{\partial y} \tag{2.4.114}$$

方程（2.4.114）表明：全流函数 ψ 由风应力旋度和热盐梯度确定，当 $\mathrm{rot}_z \boldsymbol{\tau} = 0$ 时，大洋环流为纯热盐水平环流，而当 $\varGamma_0$ 为 0 时，为风生环流；由于方程（2.4.114）是线性的，因此热盐环流和风生环流的叠加便获得大洋风生 – 热盐环流；热盐梯度 $\varGamma_0$ 与 f 相乘，说明在赤道附近热盐效应对产生水平环流没有显著贡献，赤道附近的水平流动主要是风生流；由于大洋中热盐要素的稳定结构，$\varGamma_0$ 为负，因此在封闭大洋中的纯热盐环流为气旋式的。

如前所述，采用全流技术使非线性问题转化为线性问题，使问题得到了简化。但是这样的处理掩盖了流场和密度场的非均匀的铅直结构。一般来说，大洋风生 – 热盐环流的铅直结构是复杂的，对控制方程组的求解是困难的。然而大洋是密度层化的，并且无论其密度分布的具体形式如何，跃层的存在是其主要特征，因此，可将大洋抽象为一个两层的模型，中间以一个薄层——准不连续面将其分开。两层模型求解比较简单，所获得的大洋风生 – 热盐环流解析解能够阐释实际大洋环流的主要特征。

设两层大洋的水深 D 为常数，密度跃层深度 h 也为常数。描述该大洋中的定常风生 – 热盐环流的方程组仍应是式（2.4.96）～式（2.4.100）所构成的方程组。现在规定：大洋上层中的物理量以下标 1 来指示，大洋下层中的物理量以下标 2 来指示，界面处物理量以下标 i 指示。下面对大洋上层和下层分别采用全流技术。首先假设：在海面 $z = 0$ 处，铅直速度 $w_1 = 0$，压强 p_1 为常数，$\rho A_z \frac{\partial u_1}{\partial z} = \tau_x$，$\rho A_z \frac{\partial v_1}{\partial z} = \tau_y$，$K_z \frac{\partial \rho_1}{\partial z} = \varGamma_0$；在界面 $z = -h$ 处，铅直速度 w_i，密度 ρ_i，$K_z \frac{\partial \rho_i}{\partial z} = \varGamma_i$，$u_i$、$v_i$ 对 z 的导数为 0，p_i 对 x 和 y 的导数以及二阶导数为 0；在大洋底 $z = -D$ 处，$\frac{\partial p_2}{\partial x} = \frac{\partial p_2}{\partial y} = 0$，$w_2$、$\frac{\partial p_2}{\partial z}$ 以及 $\frac{\partial \rho_2}{\partial z}$ 为

0, $\rho A_z \dfrac{\partial u_2}{\partial z} = 0$, $\rho A_z \dfrac{\partial v_2}{\partial z} = 0$。然后，在大洋上层对方程组（2.4.96）~（2.4.100）从 $z = -h$ 到 0 积分，在下层对方程组从 $z = -D$ 到 $-h$ 积分，并利用上述边界条件，消去与压强有关的项之后，最后得到上层和下层的全流闭合方程组：

上层

$$\frac{\partial S_{x1}}{\partial x} + \frac{\partial S_{y1}}{\partial y} = w_i \tag{2.4.115}$$

$$\rho\beta S_{y1} + \rho A_l \left(\frac{\partial^3 S_{x1}}{\partial x^2 \partial y} + \frac{\partial^3 S_{x1}}{\partial y^3} - \frac{\partial^3 S_{y1}}{\partial y^2 \partial x} - \frac{\partial^3 S_{y1}}{\partial x^3} \right) - \mathrm{rot}_z\boldsymbol{\tau} + f(\Gamma_0 - \Gamma_i + \rho_i w_i) = 0 \tag{2.4.116}$$

其中，$\beta = \dfrac{\mathrm{d}f}{\mathrm{d}y}$，$S_{x1} = \displaystyle\int_{-h}^{0} u_1 \mathrm{d}z$，$S_{y1} = \displaystyle\int_{-h}^{0} v_1 \mathrm{d}z$。

下层

$$\frac{\partial S_{x2}}{\partial x} + \frac{\partial S_{y2}}{\partial y} = -w_i \tag{2.4.117}$$

$$\rho\beta S_{y2} + \rho A_l \left(\frac{\partial^3 S_{x2}}{\partial x^2 \partial y} + \frac{\partial^3 S_{x2}}{\partial y^3} - \frac{\partial^3 S_{y2}}{\partial y^2 \partial x} - \frac{\partial^3 S_{y2}}{\partial x^3} \right) + f(\Gamma_i - \rho_i w_i) = 0 \tag{2.4.118}$$

式中，$S_{x2} = \displaystyle\int_{-D}^{-h} u_2 \mathrm{d}z$；$S_{y2} = \displaystyle\int_{-D}^{-h} v_2 \mathrm{d}z$。

由方程组（2.4.115）~（2.4.118）可以得出一些有意义的结论。在这些结论中除去了方程（2.4.114）所包含的那些以外，还有一个重要结论：大洋下层的水平环流的形成，一部分是借助于 $\rho_i w_i$ 和 w_i 沟通上层的铅直对流所致，另一部分是由于跃层这一准不连续面所形成的强大湍流扩散所致；大洋下层的环流是纯热盐环流。

根据上述上层和下层全流闭合方程组的线性性质，如果滤掉对流式的热盐效应，则可得到仅包含风应力和湍流扩散的方程组，类似前面，引进全流函数，可得上层的风旋度—热盐梯度方程

$$\rho A_l \nabla^4 \psi_1 - \rho\beta \frac{\partial \psi_1}{\partial x} = -\mathrm{rot}_z\boldsymbol{\tau} + f(\Gamma_0 - \Gamma_i) \tag{2.4.119}$$

和下层的热盐梯度方程

$$\rho A_l \nabla^4 \psi_2 - \rho\beta \frac{\partial \psi_2}{\partial x} = f\Gamma_i \tag{2.4.120}$$

现考虑以赤道为中心的 $\pm 60°$ 纬度以内的长度为 r 的矩形大洋。相应的边界条件为：

$x = 0$ 和 r 处

$$\psi_n = \frac{\partial \psi_n}{\partial x} = 0, \quad n = 1,2 \tag{2.4.121}$$

$\phi = \pm 60°$ 处

$$\psi_n = \frac{\partial \psi_n}{\partial y} = 0, \quad n = 1,2 \tag{2.4.122}$$

又设风应力只有沿东西向分量，且仅依 y 而变化，即 $\boldsymbol{\tau} = i\tau_x(y)$，于是有

$$-\mathrm{rot}_z\boldsymbol{\tau} = \frac{\mathrm{d}\tau_x(y)}{\mathrm{d}y} \tag{2.4.123}$$

由于跃层处密度梯度足够大，以致满足 $\Gamma_i \gg \Gamma_0$，再由于盐度的保守性，故认为密度分布主要取决于温度分布，自然可以合理地假设 Γ_i 仅随纬度而变化；并且对于密度稳定结构，因此有

$$\Gamma_i = \Gamma_i(y) < 0 \tag{2.4.124}$$

利用上述边界条件、风应力表达式和跃层密度梯度，由方程（2.4.119）和（2.4.120）解得

$$\psi_1 = \frac{r}{\rho\beta} X \left[\frac{\mathrm{d}\tau_x(y)}{\mathrm{d}y} - f\Gamma_i(y) \right] \tag{2.4.125}$$

$$\psi_2 = \frac{r}{\rho\beta} X f \Gamma_i(y) \tag{2.4.126}$$

其中

$$X = -\left(\frac{2}{\sqrt{3}} - \frac{\sqrt{3}}{kr} \right) \mathrm{e}^{-\frac{1}{2}kx} \cos\left(\frac{\sqrt{3}}{2}kx + \frac{\sqrt{3}}{2kr} - \frac{\pi}{6} \right) + 1 - \frac{1}{kr} \left[kx - \mathrm{e}^{-k(r-x)} + 1 \right]$$

$$\tag{2.4.127}$$

式中，$k = \sqrt[3]{\beta/A_l}$。将解（2.4.125）和（2.4.126）与 Munk 大洋风生环流解（2.2.49）进行比较，可得如下结论：大洋上层为风生 - 热盐环流，大洋下层为纯热盐环流，当不考虑热盐梯度 $\Gamma_i(y) = 0$ 时，此解蜕化为 Munk 的风生环流解（2.2.49）；由于 x 独立于强迫函数（无论是风应力旋度还是热盐梯度，或者它们两者），并且 x 与 Munk 大洋风生环流解中的 $f(x)$ [见式（2.2.64）] 在形式上完全相同，因此 Munk 解所具有的特征，比如西向强化，在西部主流之东有一逆流存在，均保留在两层模型的解中，并且上层和下层都有西向强化现象；热盐水平环流增强了西部流，据计算大洋上层西部流总流量，计算值与实测值一致，从而克服了 Munk 风生环流理论的计算值仅为实测值之半的缺点。

2.4.2 风生环流与热盐环流的相互作用

2.4.2.1 风生和热盐环流的结合

在前几节中，我们已经分别讨论了风生环流和热盐环流的各种理论。然而，事实上，大洋总环流是风生环流与热盐环流结合在一起的。而大西洋经向翻转环流，就是一种风生和热盐环流联合驱动的大尺度三维流动。从概念上来讲，可以把大西洋分为 3 层（图 2.4.1）。上面 30 m 层为 Ekman 层，风应力在这里驱动水平 Ekman 输送。其辐聚与辐散引起亚热带海盆中的 Ekman 泵压和亚极带海盆中的 Ekman 上升流。水深 30 ～ 1 500 m 层是以风生亚热带流涡、亚极带流涡和赤道流涡为重要特征的。除了海洋内区的线性斯维尔德鲁普流涡外，在亚热带流涡的西北角有一支强回流。1 500 m 以深的流动以热盐环流为主导，包括在高纬度区的深水形成、向赤道的深层西边界流和海盆内区的缓慢上升流。

叠置于上层大洋风生环流之上的是热盐环流引起的向极质量流量，即经向翻转环流

的上部分支（由图 2.4.1 中间盒子西边的箭头表示）。热盐环流的这个分支穿过上层海洋中以风生流涡为主的整个经度区间，最终离开上层海洋，并通过在海盆东北角的深水形成过程下沉到大洋深层。

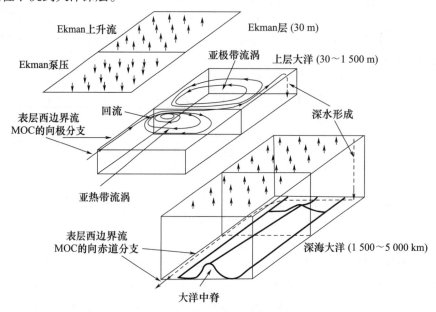

图 2.4.1　典型的北大西洋风生环流与热盐环流相互作用的示意图（黄瑞新，2012）

在大洋深层，环流基本上是热盐类型的。深层环流可以追溯到在海盆东北角的深层水源地。此外，回流区是强烈冷却与模态水形成之地。因此，这也是大洋总环流的一个分支，它将风生环流与热盐环流的较浅部分连接起来。大洋总环流的综合图像应该包括这个分支；然而，为了简单起见，在这个示意图中没有包括这个环流分量。

如图 2.4.1 最下面的盒子所示，深层水逐渐变暖并作为缓慢而宽阔的上升流返回到上层大洋。在整个海洋中深水上升流（deepwater upwelling）并不是均匀分布的。特别是，在任何由机械能维持跨密度面混合的地方（比如，洋中脊附近），那里机械能充沛（Sekine et al.，1986），上升流就更强。需要强调的是，在世界大洋中，最强的上升流系统是与南极绕极流之上的西风带相对应的，但却没有把它包括在这幅图解中。

大洋总环流框架中最突出的特征是在上 1 km 层中的西边界流及其在中/高纬度区中的东北向延续体。此外，有一支源于深水形成地的深层西边界强流及其在上层大洋中对应的返回流。

图 2.4.2 进一步给出了上层大洋中的风生流涡与深层大洋中的热盐环流之间的连接，该图是在四层半模式中的环流的水平视图。该模型海洋包括了一个 50 m 均匀深度的混合层（第一层），其下的 3 个运动层（第二层、第三层、第四层），再加上一个无运动的底层（第五层，Huang，1989b）。

模式由风应力驱动并且让混合层中的温度松弛到具有线性廓线的参考温度。在图 2.4.2 中，粗虚线表示露头线（在第二层与第三层之间和第三层与第四层之间）；带箭头的实线表示上层海洋风生环流的流线；带箭头的虚线表示由深层混合和上升流驱动的缓慢深层环流。

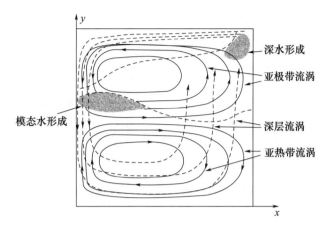

图 2.4.2　多层模式中，北半球双流涡环流结构的示意图（黄瑞新，2012）

在东北角生成的深层水向西流，并且作为由图 2.4.2 中虚线箭头表示的深层西边界流而继续运动。深层水通过维持混合的机械能驱动的上升流返回到大洋内区和上层大洋。由于在东北角形成的深水所驱动的海盆尺度上升流的作用，在深层大洋有一个气旋式环流，如虚线箭头所示。

热盐环流的向下分支非常窄，热盐环流的向上分支则相当宽。当然，这幅图像代表的是在单半球海盆中的高度理想化的环流。许多动力过程（诸如，穿过赤道的流动，在海底地形之上的流动和由深层海洋非均匀混合引起的流动）使动力学图像要远为复杂得多（黄瑞新，2012）。

2.4.2.2　不同坐标系下的经向翻转环流

热盐环流，尤其是经向翻转环流输送的向极热通量和淡水流量是地球上气候系统的关键分量。地理位势高度坐标（geo-potential height coordinate）中的经向翻转环流速率已经被广泛用于表示热盐环流强度的指标。例如，根据 2007 年 SODA 数据（Carton and Giese，2008）中的年平均环流（包括温度、盐度和速度）诊断的大西洋纬向积分的经向流函数由图 2.4.3 所示。该图中最重要的特征之一是环流的双环流胞结构。水柱上部的顺时针经向环流明显与北大西洋深层水有关，并且它包括了在上 1 km 层的暖水北向输送、在高纬度区北大西洋深层水的形成和中等深度（~3.5 km）处的返回流。这个相对浅的环流胞是经向环流的主导部分；还有一个逆时针旋转的次级经向环流胞。该环流胞在 3.5 km 以下，它代表了与南极底层水的北向输送有关的深层翻转分量及其由于南极底层水和北大西洋深层水之间混合导致的水团变性（黄瑞新，2012）。

在许多研究中，特别是在研究副热带海区的翻转流强度时，有学者利用经向翻转流函数之极大值来定义经向翻转环流速率，用以表示热盐环流的特征。热盐环流是三维空间中的复杂现象。由海洋输送的向极热通量是与经向翻转环流、水平流涡以及风生环流和热盐环流的其他特征密切相关的。因此，在 Z 坐标中定义的传统经向翻转环流速率对于气候研究或许不是最佳指标。尤其是在亚极地海区，在这里等密面和等温面完全不重

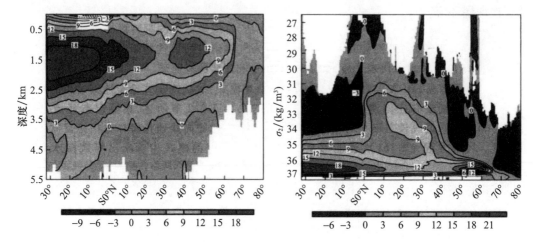

图 2.4.3 大西洋年平均的经向流函数剖面（黄瑞新，2012）

左图为深度坐标，右图为密度坐标

合，前面也提到了这里的密度面存在通风以及深水下沉的过程，因此这里的水团层混合得较好，等密面也比较倾斜。因此，在亚极地海区再使用深度坐标去计算翻转流强度，已经与使用等密度坐标的计算结果产生了较大的偏差，如图 2.4.3 所示。最近的观测结果也表明，在计算北大西洋亚极地海区的翻转流强度时，等密面坐标比深度坐标更能代表亚极地海区水团的特性，是更有物理意义的计算方式，大家在学习和研究翻转流的过程中应当注意这一点。

2.4.3 温跃层的全球调整

古环境替代指标的证据表明，北大西洋深层水的生成量在过去曾不时地大量减少甚至停止，这与全球气候的快速变化相一致（正如在冰芯或其他地方中的记录所表明的；参见 Broecker 和 Henderson，1998）。尽管大气响应主要局限于北半球，但在世界大洋传播的行星波可能已经造成了快速的全球变化。可以通过研究理想化模式来考察行星波的全球调整过程，在这种模式中，全球环流由线性单一模态来代表。

在 Stommel 和 Arons（1959a）提出的深层环流经典理论中，其主要的假定之一是，环流是定常的。对于非定常的环流，沿着海岸和在赤道波导中传播的行星开尔文波以及罗斯贝波通过输运水团而在建立封闭海盆的环流中起了主要作用。在本节中，我们将把该理论应用到多个海盆的世界大洋。利用一个理论模型，可以给出北大西洋深层水形成以后影响世界大洋温跃层的传播路径。该理论模式的定常解是由开尔文波和罗斯贝波建立起来的。当北大西洋深层水形成时，开尔文波在深水形成地生成并传播到世界各大洋的其他区域。

开尔文波的路径如下：首先，它们以沿岸开尔文波的形式沿着北美洲的东岸向南传播。在赤道上，这些波转向东，沿着赤道波导传播。在东边界处它们分叉，成为向极开尔文波。在绕过好望角之后，它们继续沿着非洲的东岸向赤道传播。类似地还有其他通道。当开尔文波沿着每个海盆的东边界向极运动时，它们发出了向西的罗斯贝波，这些罗斯贝波将信号传到大洋内区。

开尔文波传播得很快。对于第一斜压模态，波速为 3 m/s。1 个月之内，这些信号就可以到达赤道西大西洋。开尔文波从这里起沿着赤道传播。到达东边界后，这些信号沿着海岸向两极传播，进入南北半球，产生了向西传播的罗斯贝波。

第一个信号将在 1 年之内到达赤道印度洋，但是大约需要 5 年的时间才可探测到它在那里的振幅。从那里起，再有 5 年时间才能在赤道太平洋生成显著的信号，尽管第一信号的变化将在 1 年之内到达赤道太平洋。

这些信号到达大洋内区就需要更长的时间，因为只有在各个海盆东海岸生成的罗斯贝波才能到达远离赤道的区域。纬度越高，信号回到西边界所需的时间越长。例如，在南大西洋中的一个站（20°S，30°W）上，在第 3 年才能见到信号；信号到达南印度洋的站（20°S，50°E）是在第 5 年；到达南太平洋的站（20°S，170°E）是在第 12.5 年。

在 40°S 处，信号到达的滞后时间就长多了。在第 10 年、第 16 年和第 25 年到达对应的经度位置。非常值得注意的是，信号通过两条路径到达南大西洋的站（40°S，30°W）。第一条路径是来自大西洋内部的向西传播的弱罗斯贝波信号。而当印度洋中的罗斯贝波到达这个位置时，其信号就强得多了，但是这些信号用了 25 年才到达那里。以上温跃层的全球调整和我们介绍过的大洋本征模态实际非常类似，因此温跃层的全球调整可以看作地球系统的一个本征模态，其完成一个调整周期的时间可以达到百年至千年尺度（黄瑞新，2012）。

2.5　浅海海流

2.5.1　浅海海流的定义与特征

浅海海流是发生在浅海的一种非周期性海水流动，通常把浅于 200 m 的水域都称为浅海。一般来说，浅海海流可以由风的吹刮、海水密度分布不均匀、降水或大陆径流使海面形成一定坡度等因素引起，也可以由深海海流流入浅海的分支而形成。发生在浅海的海流和发生于深海的海流本质上没有区别。其研究方法和运动方程基本上相同，但仍然有自己的一些特点。

2.5.1.1　底摩擦效应

研究浅海海流时，无论是严格的理论推导，还是用电子计算机进行数值计算，都不能忽略海底摩擦的存在，只是在处理方式上略有不同，有时假定底摩擦力和流速成一定关系或海底上流速为零。由于底摩擦的存在，海流一部分动能转变为热能，降低了流速。对于风漂流来讲，由于底摩擦的作用，表层流向对风向的偏角 α，实际小于 45°，海越浅，偏角越小，它和海深 h 及摩擦深度 D 有如下关系（表 2.5.1）。

表 2.5.1 h/D 之比值与表层流向对风向的偏角的关系

h/D	1/10	1/4	1/2	3/4	1	2	...	∞
偏角	3.7°	21.5°	45°	45.5°	45°	45°		45°

$$D = \pi \sqrt{\frac{A_z}{A_z \omega \sin \phi}} \qquad (2.5.1)$$

式中，A_z 是垂直方向涡动混合系数。海水深度 $h \geqslant 1.25D$ 时，漂流运动的特征和无限深的海洋中风漂流完全一致。因此有人提出，$h < 1.25D$ 的海区中的风漂流为浅海漂流。

2.5.1.2 季节性变化

造成季节性变化的因子是季风、降水、蒸发、大陆径流、结冰和融冰等。浅海海流有显著的季节性变化。

由于这些海域靠近大陆，风场有显著季节变化。季风对大陆边缘的浅海区海流有显著影响。例如，东海位于亚洲东岸中纬度区域，夏季盛行东南风，冬季则盛行西北风。浙江、福建的沿岸流，冬季携带长江等江河冲淡水经台湾海峡进入南海，但夏季这种海流几乎消失。此外，阿拉伯海及索马里海岸和非洲的西海岸一些浅海海域，海流都受到季风的影响而呈现显著季节性变化。

风的作用可以影响整个水层。在渤海这样的浅海，风的搅拌作用有时可以直达海底；在东海，风的搅拌虽然只达到几十米深，但由于上层水辐合或辐散产生的下层水的补偿流动也可达到海底。从风作用于海面开始到下层水与上层水同步流动为止这段时间称为响应时间。在大洋，这种响应时间有时可达几个月，甚至几年，近似可看作无限长。浅海的海深越浅，响应越快，响应时间在几十分钟至几天之间。

另外，降水、蒸发和径流也有明显的季节性变化，能影响表层海流，例如，我国长江的夏季流量峰值对长江冲淡水和江浙地区的沿岸流有巨大影响。最后，结冰与融冰变化也会影响浅海海流的消失与增长。如果冬季结冰严重，则春季融冰之后，流速就比较快，反之亦然。

2.5.1.3 地形和非线性效应

在许多陆架上，沿陆架方向的低频流（次潮流）大于横陆架流一个量级或更多。为了研究方便，通常假定海岸线平直，向海方向深度逐渐增加。

海流沿着等深线运动，可以用旋转流体中的位势涡度守恒来解释。在正压地转流（稳定、线性、无摩擦、定常旋转）中，Taylor-Proudman 理论表明，速度不能随深度而变，所以海流要沿着等深线流动。

实际的海岸线不一定很直，等深线也不一定与海岸平行。许多陆架的沿岸尺度相当或小于跨陆架尺度。海岬、水下谷地、水下浅滩和水道都是这方面最典型例子。

根据前面研究，如果 R_0、E_v 很小，地转平衡占优势，海流将近似沿着等深线运动。然而，地转并不总是占优势，有时非地转起着主要作用。跨陆架流甚至大于沿陆架流。跨陆架流和沿陆架流都会受到非地转因素影响而变化。此时海流变成三维，或者非线性结构。

一个低频信号（风生或其他原因引起）沿陆架传播，通常是以陆架陷波出现。它的基本理论是频率很低和 $\delta \ll 1$ 的假定。理论推导的结果，已被沿岸流、海平面和海底压强的观测所证实。然而，δ 如果变成 1 或者更大，那么跨陆架速度随着时间局地变化项 $\left(\dfrac{\partial u}{\partial t}\right)$ 就不能忽略。因此，陆架陷波也就不能近似看成长波（沿岸流是非地转的，短波将要被激发）。如此一来，长的陆架陷波能量将要分散成一系列短尺度陆架陷波能量。大量理论研究表明，这一结论是正确的。但是，很少能直接观测到这种发散现象。Griffin 和 Middleton（1986）在澳大利亚东部 Fraser 岛附近直接观测到陆架陷波传播过程中从第一模态变成第三模态的现象。由于大多数陆架信号的非周期性，以及其他过程引起的小尺度流的存在，很难区分陆架陷波的发散现象，也很难比较理论与观测结果。当前研究表明，在稳态沿岸流存在情况下，陆架陷波的发散可以产生更强的散射和更大的短暂模态（被捕捉在地形区域里）。

令人惊奇的是，短的沿岸流，也可以借助次惯性振荡的地形调整，产生或增强陆架上平均流。沿陆架流动的海流，经过海角、水下峡谷或其他短的岸线时，可以以地形 Rossby 波和陆架陷波形式，产生背面波。当然，只有在强迫流等于和小于自由波的相速度时才能产生这种波。

由于陆架陷波总是气旋式运动（在北半球，海岸总在运动方向右面），所以背面陆架陷波只能在海流呈反气旋运动时形成。背面波的激发，又会对反气旋流动产生正向拽拉。这意味着，一个对称的低频振荡沿岸流，将经历非对称的拽拉。

如果海岸弯曲大，沿岸流将离开海岸，形成一种复杂的流动，如大的蛇动和孤立涡出现。在海岬处，海流绕过海岬要减速，导致沿岸压强梯度力反转。近岸浅水中，摩擦力是重要的，所以，海流必须反向，以平衡压强梯度力。大的涡旋形成和离岸运动，输送质量和动量，对海流产生一个附加的拽拉，增加跨陆架交换。

沿着直立墙流动的淡水密度流经过尖锐拐角时，也会产生离岸运动。离心力推动海流离开海岸，但是，科氏力则把海流推回海岸。这两种力量争斗的结果，使界面在海岸处下降或上升。如果上升流很强，界面离开岸墙向外运动，形成傍岸的、较大的半永久涡旋。密度流绕过涡旋向前运动，并向直立墙靠近。有时半永久涡旋也能够脱离海岸，如阿古拉斯流在绕过好望角时甩出的涡旋。

如果离开海岸的海流是不稳定的，伴随着它将出现许多中小尺度特征：如中尺度涡、射流、丝状结构等。海流在起伏的海底流过时，在海底隆起部分的上方，各层海流都向右偏转，在海底凹下部分的上方，各层海流将向左偏转。好像在绕过一个无形的柱子。在海底地形发生较大尺度起伏的情况下，还会形成一个个完整的、分立的环流体系。

此外，离岸、向岸风可以产生明显升降流。离岸、向岸风使近岸表层海水流走或堆积，下层海水出现与表层海水相反的方向流动，从而产生升降流。升降流成为浅海环流的重要组成部分；海流流过沿岸海湾，在海湾前部发生辐散，后部发生辐合，海流被弱化。

2.5.1.4 外海流系的影响

大陆坡强流的海水密度如果与浅海海水密度差别较大，部分海水会脱离强流，流向浅

海。例如，对马暖流、黄海暖流（汤毓祥和 Lie，2001）就是如此。浅海海流的速度比陆坡海流小得多，其分布、宽度、深度也比陆坡海流小得多，因而输送的水量也少得多。

入侵大陆架的海流，也要受到地形和季风等因素的影响，产生明显的季节变化和流型的变化，如我国近海的台湾暖流。有些海域，浅海的所有流动之间都是非线性关系，由观测资料不能分解开来，理论研究也必须合起来进行，这正是浅海环流研究的困难之处。

2.5.1.5　河口

在浅海的河流入海口都受到潮汐的影响。涨潮时，海水涌入河口，有时可以上溯到很远的地方；落潮时，海水与河水一起涌向大海。由于河口内的摩擦，落潮时潮流要比涨潮时弱，潮汐余流指向河口里面，而河水密度小，往往浮在上层入海。因此，河口余流场上层向外，下层向里，下层海水在河道里升入上层，一起返回大海。这就是常见的河口二重流现象。河口的水平流场是复杂的，既有潮摩擦产生的河口两侧的涡旋，也受沿岸流的影响。

总之，尽管浅海海流比深海海流弱，但是，它与军事、航海、工业、渔业、泥沙运动、资源开采、污水排放、废物处理，直到沿岸居民的居住和娱乐都有密切关系。所以对它的研究也是非常重要的，该内容将在后续章节中详细介绍。

2.5.2　河口环流

河口是特殊水系，是淡水与咸水之分界面，是近陆沿岸高生产力区。河口形状多种多样，从平原淤泥质河口到两岸陡峭的岬湾型河口。有的宽仅数十米，有的可达数十千米。但是它们有一个共同点，就是河水和海水在河口区域交汇，有强烈混合、沉淀、运移的过程，加上潮汐和潮流的影响，这里存在很复杂的物理、化学、生物之间的相互作用。

在河口区，水体的运动及涡动混合是水文学家和物理海洋学家感兴趣的。另外，世界上许多海港位于河口，这种海港的通航取决于航道对水深的维护。多少世纪以来，人们习惯把工业污水和其他废水直接排入河道，由于海水与河口水之间混合相当迅速，故在过去河口成了城市排污的集污之处，并且人们一直心安理得。随着排污量的增加和新的、持续性的化学成分的注入，这里成了高污染区，这才引起人们对河口污染状况的极大关注。加之河口上游抽水、农田灌溉以及工业用水等都将大大影响河口的自然径流量及其原先的生态环境。所以，无论从科学上还是从生产实践上都需对河口环流加强研究。

2.5.2.1　河口动力特征

1) 多种动力因子相互交织区域

河口淡水的注入，淡水、咸水在这里相遇。淡水和咸水的混合、潮流的输运、风、浪和科氏力的作用，对河口环流都有重要影响。加之河口复杂的地形，就构成河口特殊系统。要想模拟这个系统，就要知道主要物理过程和它们的变化。

根据河口的盐度分布可以将河口分为充分混合、局部层化和层化 3 种类型。但是，气象的影响对平均环流也起着重要作用。此外，河口锋、羽状流、湍流、混合和内波，以及河流径流的短期变化，河口与陆架相互作用，都是人们关心的内容。

2）河口锋和羽状流

淡水、咸水混合是河口基本物理过程，河口锋就是多盐和少盐水体之间的边界。例如，流量大的河口就会出现很明显的锋。总的来说，锋是局地盐度、温度、密度、颜色和湍流的强梯度处。河口锋又是表面辐合区，许多泡沫、漂浮物、有机质和一些有害物质聚集在这里。潮流运动和地形作用似乎是河口锋生成的主要动力因子，作为河口环流区反向交换的结果，辐散辐合带就形成了。河口锋的另外一个例子是羽状流（也叫羽状锋），它是入海的淡水散布在更咸的沿岸水之上而形成的。在锋面处，海流流速也是不连续的。

3）层化潮流中湍流和混合

河口流是不稳定、不均匀的运动，密度差别起着重要作用。其中湍流过程尤其重要。它们供给动量、热量和进行质量交换，影响速度剖面、溶解和悬移物质的分布。

这些湍流过程在空间和时间上变化很快。由于精确地计算这些湍流过程极不可能，通常只好采用经验或半经验方法。湍流输送通常用动量和质量的经验交换系数来表达。由于物理过程需要这些系数才能在模式中体现出来，所以必须根据特定河口去确定。在河口区模型应用中，湍流应力和质量输送一般是用平均速度和平均盐度或我们感兴趣的某种物质浓度来表达。而这些又与密度梯度相关。但是，即使在稳态的密度梯度条件下，对其湍流特征还是了解得不多。

内部混合是在憩流时占主要地位，当潮流速度很大时，最初的混合就是内部混合。稳定层化效应对混合过程影响是明确的，在显著层化河口，盐水入侵最初都是与低潮憩流有关。

4）内波与内界面不稳定性

内波是层化或局部层化河口的特殊现象，它们是潮流与地形作用的结果。可以从外面进入河口。此外，航船和变化风应力都能产生内波。

在大气和深海大洋中关于内波研究已经很多，然而河口区研究时间则不长。一个重要问题是关于内波产生的湍流的能量和它对混合的影响。当内波破碎时，可以引起混合，但是也能影响湍流能量的产生。大批观测表明，在有限时间间隔内可以引起局地强烈混合。实验结果也表明，在强潮的盐水锋河口底摩擦界面之间不稳定，可以影响到混合。这些现象出现在宽的尺度谱上。

5）河口区细颗粒泥沙输送

由于港口和航道的疏浚价格越来越贵，所以，有关河口颗粒输送问题越来越引起广泛兴趣。同时，由于这些细颗粒泥沙的吸附能力，也是示踪金属、放射性元素和有机微粒污染物的携带者。

河口环流和潮流、波浪联合作用，是细颗粒泥沙运动的主要动力，每一个河口的流型都是特定的，并且是径流、潮流、地形相互作用的结果，还要受密度差、风和地球旋转的影响，河口区细沉淀物的输送还要受到一些特殊过程的影响。诸如，质点的聚集、沉淀、侵蚀和硬化等。因此，细颗粒物输送不同于溶介物质输送，表现出复杂的分布特征。近海底处高浓度流泥层的流动也可给沉积物运动做贡献。

所以，河口区细颗粒泥沙运动是非常复杂的，具有众多影响因子，极端事件是重要的。例如，几天内高径流注入可以引起更多沉积物输送。研究河口首要问题之一是弄清沉积物来源：河流、海洋、侵蚀或生物产生，或者来自工业和城市垃圾废物。根据不同沉淀源可以定量地建立起沉淀物的平衡。

2.5.2.2 河口锋下面水平输送

根据连续方程，在只考虑单宽流量条件下：

$$y_1 u_1 = y_2 u_2 \tag{2.5.2}$$

略去河底和界面间摩擦力，河口锋上面是密度小的流体（河水），在河口锋附近流速较小，δ_2 可以略去，于是断面 1、断面 2 之间动量平衡可以写成：

$$\rho u_1 y_1 + \rho g \frac{y_1^2}{2} + \rho g \left(y_1 + \frac{\Delta y}{2}\right) \Delta y$$
$$= \rho u_2 y_2 \frac{d^2}{2} + \left(\rho_0 g d + \rho g \frac{\Delta y}{2}\right) y_2 \tag{2.5.3}$$

式中，ρ 是外海水密度；ρ_0 是河水密度，u_1、u_2 分别是断面 1、断面 2 处 x 方向流速；g 是重力加速度；δ_1 是外海水位相对平均海平面的低值；δ_2 是河水高出平均海面高度；d 是外海水下潜深度；Δy 是海底地形起伏高度。$\bigtriangledown$ 点是滞流点（图 2.5.1）。

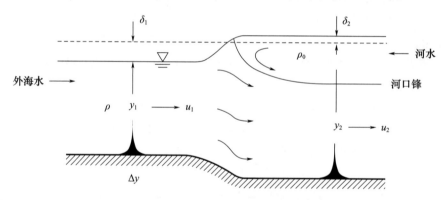

图 2.5.1 河口锋下面水平输送示意图（侍茂崇，2004）

因为沿着自由面压力到处为零，根据伯努利定理有

$$\delta_1 = \frac{u_1^2}{2g} \tag{2.5.4}$$

设 $d = y_1 + \delta_1 + \Delta y - y_2$，再略去二阶项 δ_1^2，式（2.5.2）和式（2.5.3）联合起来，就得到

$$\frac{1}{2} \varepsilon \rho_0 g \left[(y_2 + \Delta y)^2 - y_2^2\right] =$$
$$\rho(u_2^2 y_2 - u_1^2 y_1) + \frac{1}{2} \rho_0 u_1^2 (y_1 + \Delta y) \tag{2.5.5}$$
$$\varepsilon = \frac{1}{\rho_0}(\rho - \rho_0)$$

方程（2.5.4）应用 Boussinesq 假定，同时和方程（2.5.1）结合起来，得

$$\frac{u_1^2}{\varepsilon g y_1} = \frac{y_2 \left[(y_1 + \Delta y)^2 - y_2^2 \right]}{2 y_1^3 - y_1^2 y_2 + \Delta y y_1 y_2} \qquad (2.5.6)$$

或者

$$Fr^2 = \frac{y}{2 - (1 - \Delta y) y} \qquad (2.5.7)$$

$$y = \frac{y_2}{y_1}, \quad \Delta y = \frac{\Delta y}{y_1} \qquad (2.5.8)$$

$Fr = \dfrac{u_1}{\sqrt{\varepsilon g y_1}}$，是密度计的弗劳德数。

如果是平底，式（2.5.5）变为

$$\frac{u_1^2}{\varepsilon g y_1} = \frac{y_2 \left[(y_1^2 + y_2^2) \right]}{2 y_1^3 - y_1^2 y_2} = \frac{y_2 \left[(y_1^2 + y_2^2) \right]}{y_1^2 (2 y_1 - y_2)} \qquad (2.5.9)$$

这是 Benjamin（1968）推导的。

2.5.2.3　河口外部的流动

探讨河水入海处，就是探讨河口外部的流动。由于淡水密度较海水密度小，这样淡水便铺设在海洋的上层。集成密度均匀的冲淡水层，其下密度则逐步增大。为研究方便，认为上层的密度值为 ρ_0 的均匀层，其厚度为 h_0，离河口愈远而愈小；在此密度均匀层下，海水密度逐渐增大，是深度 z 的函数，自到深度 $h - d$ 处，密度为 ρ_d。再往下，密度值又几乎为常量了，形成另一均匀层。两均匀层中间是过渡层，其上、下的密度差为 $\Delta \rho = \rho_d - \rho_0$，而假定海面升高为 $-\zeta$。于是，便提出了这样的密度模式：

$$\left. \begin{array}{l} -\zeta \leqslant z \leqslant h_0, \ \rho = \rho_0 \\ h_0 \leqslant z \leqslant d, \ \rho = \rho_d - \Delta \rho \cdot e^{1 - z/h_0} \\ d \leqslant z, \ \rho = \rho_d \end{array} \right\} \qquad (2.5.10)$$

式中，ρ_0、ρ_d 为恒定密度，其差为 $\Delta \rho = \rho_d - \rho_0$ 为简化计算，可令河口与海岸垂直。海岸也是平直的，有宽为 $2l$ 的出海口（图 2.5.2），入海时的体积运输，即 $\int_{-\zeta}^{d} u \, dz$ 为一常量，与海岸垂直。

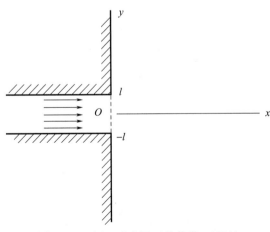

图 2.5.2　河口示意图（侍茂崇，2004）

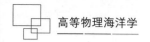

1）不计地转偏向力的情况

在定常、恒速、忽视地转偏向力的情况下，运动方程式为

$$
\left.
\begin{aligned}
A_l\left(\frac{\partial^2 u}{\partial x^2}+\frac{\partial^2 u}{\partial y^2}\right)+\frac{\partial}{\partial z}\left(A_z\,\frac{\partial u}{\partial z}\right)&=\frac{\partial p}{\partial x}\\[6pt]
A_l\left(\frac{\partial^2 v}{\partial x^2}+\frac{\partial^2 v}{\partial y^2}\right)+\frac{\partial}{\partial z}\left(A_z\,\frac{\partial v}{\partial z}\right)&=\frac{\partial p}{\partial y}\\[6pt]
0&=-\frac{\partial p}{\partial z}+g\rho
\end{aligned}
\right\}
\tag{2.5.11}
$$

而在垂直流速也可忽视的情况下，连续方程为

$$
\frac{\partial u}{\partial x}+\frac{\partial v}{\partial y}=0
\tag{2.5.12}
$$

若根据全流方法来讨论，即假定

$$
\int_{-\zeta}^{d}u\mathrm{d}z=M_x,\quad \int_{-\zeta}^{d}v\mathrm{d}z=M_y,\quad \int_{-\zeta}^{d}\rho\mathrm{d}z=M
\tag{2.5.13}
$$

则在 $z=-\zeta$，h_0 和 d 处，$A_z\,\dfrac{\partial u}{\partial z}=A_z\,\dfrac{\partial v}{\partial z}=0$ 时，式（2.5.9）及式（2.5.10）即可写成

$$
\left.
\begin{aligned}
A_l\left(\frac{\partial^2 M_x}{\partial x^2}+\frac{\partial^2 M_x}{\partial y^2}\right)&=\frac{\partial p}{\partial x}\\[6pt]
A_l\left(\frac{\partial^2 M_y}{\partial x^2}+\frac{\partial^2 M_y}{\partial y^2}\right)&=\frac{\partial p}{\partial y}\\[6pt]
\frac{\partial M_x}{\partial x}+\frac{\partial M_y}{\partial y}&=0
\end{aligned}
\right\}
\tag{2.5.14}
$$

引进全流函数 ψ，且

$$
M_x=\frac{\partial \psi}{\partial y},\qquad M_y=-\frac{\partial \psi}{\partial x}
\tag{2.5.15}
$$

则式（2.5.12）中的水平运动方程式便可改写为

$$
\left.
\begin{aligned}
A_l\left(\frac{\partial^2}{\partial x^2}+\frac{\partial^2}{\partial y^2}\right)\frac{\partial \psi}{\partial y}&=\frac{\partial p}{\partial x}\\[6pt]
-A_l\left(\frac{\partial^2}{\partial x^2}+\frac{\partial^2}{\partial y^2}\right)\frac{\partial \psi}{\partial x}&=\frac{\partial p}{\partial y}
\end{aligned}
\right\}
\tag{2.5.16}
$$

对上式的第一式及第二式经过对 y 和 x 的交叉微分，然后相减即得

$$
\nabla^2\psi=0
\tag{2.5.17}
$$

边界条件为

$$
\left.
\begin{aligned}
x=0,\;-l<y<l,\;&M_x=M_0\\
x=0,\;l\le|y|,\;&M_x=0\\
x=0,\;&M_y=0
\end{aligned}
\right\}
\tag{2.5.18}
$$

式（2.5.15）有普遍解为

$$
\psi(x,y)=\frac{2}{\pi}\int_0^{\infty}\mathrm{d}\alpha\int_0^{l}M_0\frac{\cos\alpha\lambda}{\alpha}(1-\alpha x)\,\mathrm{e}^{-\alpha x}\sin\alpha y\mathrm{d}\lambda
\tag{2.5.19}
$$

如让 $\xi = \dfrac{x}{l}$，$\eta = \dfrac{y}{l}$，则可将解（2.5.19）改写为

$$\psi(\xi,\eta) = \frac{M_0 l}{\pi}(1+\eta)\arctan\frac{1+\eta}{\xi}(1-\eta)\arctan\frac{1-\eta}{\xi} \tag{2.5.20}$$

这就是河口外部的全流函数表达式。

2）考虑地转偏向力的情况

若地转偏向力需要考虑时，则水平运动方程和连续方程将为

$$\left.\begin{array}{c} A_l\left(\dfrac{\partial^2}{\partial x^2}+\dfrac{\partial^2}{\partial y^2}\right)u + \dfrac{\partial}{\partial z}\left(A_z\dfrac{\partial u}{\partial z}\right)+f\rho v = \dfrac{\partial p}{\partial x} \\[3mm] A_l\left(\dfrac{\partial^2}{\partial x^2}+\dfrac{\partial^2}{\partial y^2}\right)v + \dfrac{\partial}{\partial z}\left(A_z\dfrac{\partial v}{\partial z}\right)-f\rho u = \dfrac{\partial p}{\partial y} \\[3mm] \dfrac{\partial u}{\partial x}+\dfrac{\partial v}{\partial y}=0 \end{array}\right\} \tag{2.5.21}$$

应用全流方法，上式可改造为

$$\left.\begin{array}{c} A_l\left(\dfrac{\partial^2}{\partial x^2}+\dfrac{\partial^2}{\partial y^2}\right)M_x + fM_y = \dfrac{\partial p}{\partial x} \\[3mm] A_l\left(\dfrac{\partial^2}{\partial x^2}+\dfrac{\partial^2}{\partial y^2}\right)M_y - fM_x = \dfrac{\partial p}{\partial y} \end{array}\right\} \tag{2.5.22}$$

将上式交叉微分并相减，则同样可得

$$\nabla^2\psi = 0 \tag{2.5.23}$$

在满足不计地转偏向力同样的边界条件下，全流函数的解与它完全相同。

$$\psi(\xi,\eta) = \frac{M_0 l}{\pi}\left[(1+\eta)\arctan\frac{1+\eta}{\zeta}-(1-\eta)\arctan\frac{1-\eta}{\xi}\right] \tag{2.5.24}$$

将之代入全流的水平运动方程，积分得

$$p = \frac{M_0}{\pi}\left\{-fl\left[(1+\eta)\arctan\frac{1+\eta}{\zeta}-(1-\eta)\arctan\frac{1-\eta}{\xi}\right]-\right.$$
$$\left.\frac{4A_l}{l}-\frac{\xi^2-\eta^2+1}{[\xi^2+(1-\eta)^2][\xi^2+(1+\eta)^2]}\right\} \tag{2.5.25}$$

对上式 x 和 y 分别微分，得 $\dfrac{\partial p}{\partial x}$ 和 $\dfrac{\partial p}{\partial y}$，另外，由上述密度模式同样求得 $\dfrac{\partial p}{\partial x}$ 和 $\dfrac{\partial p}{\partial y}$，让两次求得的值相等，则得 h_0 随 x 和 y 的变化关系式。这样，求得的 h_0 与科氏参量有关。因此，在考虑地转偏向力的情况下，均匀层的厚度 h_0 是不同的，其水平边界与不计地转偏向力时的对称情况不同，在北半球，它是向右偏转的。如图 2.5.3 所示。

图中标"0"的虚线是不计地转偏向力时上均匀层厚度的水平边界，它与 x 轴是对称的。在 $f=0$ 时，上密度均匀层位于双曲线 $y^2-x^2=l^2$ 和 $x=0$ 的半无限区域里。当 $f\neq 0$ 时，即考虑地转偏向力时的上密度均匀层的界限的情况，分别以 1、2、3、4、5 和 6 等曲线表示，它们分别是在 $R=\dfrac{fl^2}{A_l}$ 取 1/500、2/500、4/500、8/500、16/500、32/500 等情况下的上密度均匀层的边界线。由图 2.5.3 可以看出，随着 R 的值的加大，即科氏参

量加大的情况下，均匀层的边界不断向右偏转，最后冲淡水一同偏至右岸（北半球情况）。

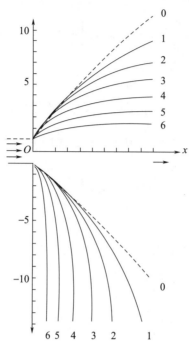

图 2.5.3　考虑地转偏向力之后上密度均匀层的变化（Takano，1954，1955）

2.5.3　海峡

大洋被分为洋盆和许多边缘海，而众多的海之间又以海峡相连接，海峡有许多自身的特点：海峡较窄，设置的断面很少就可将海峡水交换弄清楚，从而将与其相连的海区内质量、热量和化学收支借助于海峡资料模拟出来；海峡较窄，一些数学模型中可以去掉地球的旋转效应（即科氏力项）仍将海峡内水体运动很好地模拟出来，从而大大简化了计算工作；海峡较窄，研究相对容易，其结论性意见，却可推广到广大海区，而在广大海区的研究需要投入大量的人力和物力才可以进行的，如巴布亚新几内亚维提兹海峡研究，使我们对赤道附近次表层流特征可以一目了然；但是，海峡较窄也会出现许多特殊的物理海洋学问题。例如，海流受到海峡的限制，可以出现特殊的动力学结果，其中包括水的堆积或水力学控制。类似于一个水库的大堤作用，涌斗状地形可以导致潮汐增强，潮流速度增加，产生局地不稳定性，即混合和内波、跳跃和其他小尺度现象；海峡虽窄，它却是海上繁忙的交通通道，海洋开发的重点、军事战略要地，素来备受各国重视。因此，海峡的研究已在世界上提到一个应有的高度。1989 年 7 月，由北大西洋公约组织（NATO）和美国海军研究办公室发起并组织会议，一大批科学家聚集在法国LesArcs，讨论海峡物理海洋学问题，1990 年由 L. J. Pratt 编辑出版了《海峡物理海洋学》。一句话，海峡可以提供观测和动力研究的兴奋点，可以包含令人入迷的物理海洋学过程的全部范围。

2.5.3.1　正压流

海峡是连接两个大水体的中间通道。通过海峡的海流具有不同频率：潮流、次惯性流（对应气压扰动和风力作用）。

假定海峡一端连接半封闭海盆，另一端连接更大的水体。正压交换来自半封闭海盆中势能和通过海峡的动能之间平衡。又称之为"Helmholtz 模式"（Lighthill，1978）。

1）海盆质量守恒方程

假定半封闭海盆在东，另一个大水体在西，x 轴指向东为正，则有

$$A_b \frac{\mathrm{d}\eta}{\mathrm{d}t} = Q \tag{2.5.26}$$

式中，A_b 是半封闭海盆面积；η 是海盆水体垂直位移，因而 $A_b \dfrac{\mathrm{d}\eta}{\mathrm{d}t}$ 是海盆中单位时间内增加的水体；Q 是通过海峡的输运量。

2）海峡中动量平衡

若略去地球旋转，则有

$$\frac{\mathrm{d}u}{\mathrm{d}t} = -g\frac{\partial p}{\partial x} - ru \tag{2.5.27}$$

将上式两边同乘以海峡截面积 A，得

$$\frac{\mathrm{d}Q}{\mathrm{d}t} = -gA\frac{\eta - \eta_0}{L} - rQ \tag{2.5.28}$$

式中，η_0 是大水体的海面垂直位移；L 是海峡长度，$\dfrac{\partial p}{\partial x} = \dfrac{\eta - \eta_0}{L}$；$r$ 是线性摩擦系数。

从式中消去 Q，于是有

$$\frac{\mathrm{d}^2\eta}{\mathrm{d}t^2} + r\frac{\mathrm{d}\eta}{\mathrm{d}t} + \frac{gA}{A_b L}\eta = \frac{gA}{A_b L}\eta_0 \tag{2.5.29}$$

式 $\dfrac{gA}{A_b L}$ 是衰减调和振荡器，大水体的表面垂直位移 η_0 是强迫力。

非强迫系统（$\eta - \mathrm{e}^{i\omega t}$）的自然频率是

$$\omega_{\pm} = \pm\left(\frac{gA}{A_b L} - \frac{r^2}{4}\right)^{1/2} + i\frac{r}{2} \tag{2.5.30}$$

对于弱发散，海盆振荡频率最初决定于海盆和海峡的几何尺寸，然后以 $2/r$ 时间尺度慢慢衰减。当摩擦增加时，振荡频率和衰减时间尺度也相应减少。如果摩擦增加到

$$r^2 > 4gA/A_b I \tag{2.5.31}$$

频率变成虚数（即该系统过阻尼），海盆停止振荡。由此表明，海峡对它连接的海盆有很强的控制作用。

除摩擦控制海峡水正压交换之外，Toulany 和 Garrett（1984）又提出地转的控制作用。这个地转控制假设是：在海峡中，如果 $fA_0 L \gg (\omega, r)$，海峡中海流受地转控制，跨海峡的海平面差不能大于它连接的两个海盆的海平面差。这个假定还没有被观测所证实，可能是因为人们很难从摩擦控制中分离出地转控制量来。

对于近惯性流和潮流，在沿海峡运动的动量平衡中，压强、加速度和摩擦力在第 0

级近似中是平衡的。在海峡中沿海峡运动的海流是地转流（与跨海峡方向海面坡度有关），并为观测所证实。

2.5.3.2　斜压流：稳态水力学

海峡分开的两个海盆，具有不同的密度，由于重力作用，将产生斜压交换。斜压交换的研究，就是试图了解在不同的几何尺寸、摩擦、旋转和混合的影响下，海流的最简单结构。目标之一，就是给水交换定值化。一端连接一个半封闭海盆，另一端连接更大水体的海峡，用守恒规律是比较容易估计斜压流的交换，并且给出一个合理的值。

2.5.4　陆架风生海流

风生海流是大洋中一种重要流动，在陆架上更是如此。这是因为陆架水浅（典型的水深浅于 100 m），所以风的能量集中在较浅水体内，可以产生较强的海流，而外海风应力涡度，分布在空间尺度约 1 000 km 的海面上，水深超过几千米，因此流速较低；海岸的固体边界，阻断表层 Ekman 输送，引发了平近岸壁的垂直运动。

2.5.4.1　无海岸存在、深水区的上 Ekman 层输运

深水区无海岸存在的风生海流，其机制类似于大洋的 Ekman 漂流。在远离海岸的深水大洋里，当定常持久的风力作用于海面时，所产生的大尺度流动是定常的。由于风海流的实际铅直尺度 D 与 Ekman 深度同量级，所以，铅直湍流摩擦力必须考虑。此外，假定海水密度是常量，持续的定常风场又是均匀的，因此认为海面无升降，水平压强梯度力为零。根据以上情况可以认为，漂流是铅直湍流所产生的摩擦力与科氏力相平衡的产物。

大量观测和理论研究表明，海洋上混合层存在激烈的湍流混合。这种激烈混合足以破坏任何温跃层或盐跃层。上混合层的典型深度是 10～100 m。具体深度则决定于表层加热（使水层稳定）、风吹、表层冷却、波浪破碎或水柱中非稳定切变（使水层产生不稳定）诸因素之间斗争结果。而在激烈的混合层下面，湍流情况要小于上次表层。这是因为，层化结果使下层流体更加稳定。

但是，风场并非总是定常的，特别是北半球大陆架附近，风随时间有周期性变化。本节采用风场与时间是三角函数关系，它将更接近实际。

1）给定条件

风应力主要影响是在上边界层（上 Ekman 层）中，并且作为时间的周期函数；上边界层内 Rossby 数 $Ro = \dfrac{v_0}{f_0 L_0}$ 一般很小，于是上 Ekman 层的运动方程中非线性项可以略去；略去水平湍流摩擦项。

2）运动方程

减去与水平压强梯度力 $\left(\dfrac{\partial p}{\partial x}, \dfrac{\partial p}{\partial y}\right)$ 有关的流动之后（或者与压强有关的流动较弱，在方程中可以略去），运动方程变为

$$\frac{\partial u_E}{\partial t} - f v_E = \frac{1}{\rho} \frac{\partial \tau^x}{\partial z} \qquad (2.5.32)$$

$$\frac{\partial v_E}{\partial t} + f u_E = \frac{1}{\rho} \frac{\partial \tau^y}{\partial z} \qquad (2.5.33)$$

式中，u_E、v_E 分别表示上 Ekman 层中 x、y 方向速度分量；ρ 是水的密度；τ^x、τ^y 是 x、y 方向的垂直涡动应力；t、z 表示时间和垂直坐标。

如果在混合层之下湍流混合消失，那么对式（2.5.32）和式（2.5.33）垂直积分，结果就变为

$$\frac{\partial U_E}{\partial t} - f V_E = \frac{1}{\rho} \tau_0^x \qquad (2.5.34)$$

$$\frac{\partial V_E}{\partial t} + f U_E = \frac{1}{\rho} \tau_0^y \qquad (2.5.35)$$

式中，τ_0^x、τ_0^y 是海面风应力；x、y 方向分量 U_E、V_E 是 Ekman 层中 x、y 方向单宽水体输运。进一步假定：

$$\begin{aligned} \tau_0^x &= 0 \\ \tau_0^y &= T \cos \omega t \end{aligned} \qquad (2.5.36)$$

式中，T 是海面风应力辐值；ω 是风应力变动频率。于是求得下列解：

$$U_E = \frac{fT}{\rho} (f^2 - \omega^2)^{-1} \cos \omega t \qquad (2.5.37)$$

$$V_E = \frac{-\omega T}{\rho} (f^2 - \omega^2)^{-1} \sin \omega t \qquad (2.5.38)$$

由上式可见，在低频时（$f \gg \omega$），旋转效应占主要地位，Ekman 输运指向风应力方向右面 $90°$ 角；在高频情况下（$\omega \gg f$），输运方向和风向一致，但是位相延迟 $1/4$ 周期。在多数情况下，风向有超过 7 天以上的变化周期，低频是主要的，所以低频情况得到广泛应用。

实际观测证明，在海洋中，当表面 Ekman 层深度超过表面混合层深度时，横向的 Ekman 输运和理论 $(f\rho)^{-1} \tau_0^y$ 非常接近。

与压力有关的流会影响 Ekman 层。最简单的例子是，一个地转的、沿着 y 方向的海流在 x 方向存在变化，即 $v_0(x)$ 存在，那么，式（2.5.37）就变为

$$U_E = \rho^{-1} T \left(f + \frac{\partial v_0}{\partial x} \right)^{-1} \cos \omega t \qquad (2.5.39)$$

全部的涡度是 $f + \dfrac{\partial v_0}{\partial x}$，它是空间的函数。即使风场均匀，在 Ekman 输送中，仍然可以辐合或辐散。

2.5.4.2 有海岸存在、考虑海底摩擦的上 Ekman 层输送

1）运动方程

当表面 Ekman 输送遇到边界，就会在海岸边产生辐合或辐散，就会引起海面升高或降低，因而 $\dfrac{\partial p}{\partial x}$、$\dfrac{\partial p}{\partial y}$ 就不能略去。当然，这里没有考虑非线性和密度变化。对运动方程

进行深度积分，就得到

$$U_t - fV = -\frac{1}{\rho}hp_x + \frac{1}{\rho}(\tau_0^x - \tau_b^x) \tag{2.5.40}$$

$$V_t + fU = -\frac{1}{\rho}hp_y + \frac{1}{\rho}(\tau_0^y - \tau_b^y) \tag{2.5.41}$$

$$U_x + V_y = 0 \tag{2.5.42}$$

式中，τ_b 是底应力；$h(x)$ 是水深；p 是压强；U、V 是 x、y 方向输运。

2）给定条件

（1）假定底应力与深度平均流速成正比

$$\tau_b^x = \rho r h^{-1} U$$
$$\tau_b^y = \rho r h^{-1} V \tag{2.5.43}$$

式中，r 是阻力系数，其量级为 $r = O$（0.05 cm/s），表明边界层相对深度要小得多。

（2）应用长波近似法很容易对式（2.5.5）求解。在这个近似中，时间尺度长于惯性周期（如天气变化的时间尺度远大于一天），即 $f \gg \omega$。

（3）跨越陆架的底应力也略去 $f \gg rh^{-1}$。

（4）沿岸尺度大于横岸尺度（一个天气系统就是如此）：$L^y \gg L^x$。因此，

$$\frac{L^x}{L^y} = O\left(\frac{\omega}{f}\right) = O\left(\frac{r}{hf}\right) \ll 1 \tag{2.5.44}$$

（5）长波近似结果，沿岸流大于横岸流：$V \gg U$。

（6）定常风应力假定：

沿岸风应力在横陆架方向也是均匀的，即

$$r_0^y = \begin{cases} 0, & t < 0 \\ T, & t > 0 \end{cases} \tag{2.5.45}$$

均匀风场在沿岸方向无变化，即

$$\frac{\partial}{\partial y} = 0 \tag{2.5.46}$$

根据连续方程：$u_x = \dfrac{\partial u}{\partial x} = 0$，又由于通过岸壁不能有垂直流速分量（$u = 0$，$x = 0$），所以，深度积分的跨陆架输运到处都为零。但是，这不意味着没有跨陆架的流。

（7）根据条件（6），水位在 y 方向无梯度。

3）方程的解

$$-fv = -\frac{1}{\rho}hp_x \tag{2.5.47}$$

$$v_t + fu = +\frac{1}{\rho}(\tau_0^y - \tau_b^y) \tag{2.5.48}$$

从式（2.5.48）可以得出

$$u = -\frac{1}{f}v_t + \frac{1}{\rho f}\tau_0^y - \frac{rv}{fh} = 0$$
$$\equiv u_I + u_{E_0} + u_{E_B} = 0 \tag{2.5.49}$$

式中，u_I 是内部无摩擦输运；u_{E_0} 是表面 Ekman 输运；u_{E_B} 是底 Ekman 输运。由此可见，表面 Ekman 输运，要被深层水柱中的流补偿。

根据初始条件，$t=0$，$v=0$，求得

$$v = \frac{hT}{\rho r}[1 - \exp(-rh^{-1}t)] \tag{2.5.50}$$

4）讨论

（1）开始，$t \ll h^{-1}$，$v = T/(\rho t)$，是稳定的加速运动，表面 Ekman 输运，由内部流补偿（因为 $u_{E_B} \ll u_I$）。随着时间加大，当 $t \gg h^{-1}$，海流调整到稳态，$u_I = 0$，表层 Ekman 输运完全被底层流动补偿。注意：摩擦时间尺度 h^{-1} 依赖于水深，浅水要比深水更快达到稳定。

（2）海面变化与沿岸流有关。

（3）靠近海岸、浅于 30 m 的水域，表、底边界层合并，水柱中水呈湍流状态，这时就没有"无摩擦的内部"（Chapman and Lentz，1994）。这个复杂的区域，通常叫内陆架，从观测和理论研究的两个方面，我们对此都知之甚少。一些人在做数模时，假定在整个陆架上是一个定常的黏滞系数。他们发现，一个假想的海岸墙放在水深超过 Ekman 层厚度 3 倍的地方，略去内陆架，不会影响深水的解。

思考与讨论

1. 阅读近几年的文献，了解世界大洋西边界流的最新研究理论。

2. 阅读文献综述，了解斯维尔德鲁普理论与绕岛环流理论在中国近海的运用。

3. 搜集资料，学习斜压海洋中经典的一层半模式的运算过程。

4. 阅读文献与书籍，了解大西洋翻转环流的最新观测结果与研究结论，认识风生环流与热盐环流是如何在真实大洋中结合的。

5. 阅读文献与书籍，了解考虑海底摩擦时的陆架风生海流的 Ekman 输送特征。

6. 调查深渊环流的最新研究现状与研究方法，撰写调查报告。

第 3 章 海洋湍流

3.1 引 言

自然界和工程应用中出现的大多数流动都是湍流。我们有很多机会观察日常环境中的湍流。地球大气中的边界层是湍流（除了可能的非常稳定的情况）；对流层上部的喷射气流是湍流；积云的运动是湍流；海洋表面下的水流是湍流；太阳和相似的恒星的光球层运动是湍流；星际气体云（气态星云）也是湍流；附着在飞机机翼表面上的边界层是湍流；大部分燃烧过程也包含了湍流，而且甚至常常依赖于湍流；化学工程师利用湍流进行混合并且使流体混合物均匀，以及加速液体或气体中的化学反应速率。在江河中的水流是湍流；船、汽车、潜艇和飞机的尾迹也都是湍流运动，类似的例子不胜枚举。

海水中的湍流现象至少从 21 世纪初就引起了海洋学家们的注意。1905 年，Ekman 在他发表的著名漂流论文中就曾指出："海水中不规则的涡旋运动及涡旋运动产生的明显的黏滞系数，随漂流的垂直切变而增大，并且是从海面向下递次减小。"现在应当把 Ekman 的不规则涡旋运动称作湍流。初期的海洋湍流研究主要是随着海洋中各要素的混合、交换过程的研究而发展起来的。

目前，海洋湍流的研究已涉及更大规模的大范围涡动，这主要是由于深海浮标技术与长期测流技术的发展而促成的。另外，不仅表层、混合层的湍流，就连跃层及深层的湍流情况也有了进一步的了解。特别是发现了跃层中的温度、盐度的细微构造同海洋湍流的发生有关，这一发现必将成为需待研究的课题之一。

显然，湍流研究是横跨多个学科的科研活动，它有着非常广泛的应用。在流体动力学中，层流是个例外，而不是常态。那么湍流是怎么被发现的呢？湍流又有哪些特性呢？

3.1.1 湍流的起源

1883 年，雷诺做了一个著名的雷诺实验，首先发现了临界 Reynolds 数，从此开始了湍流发生的研究工作。图 3.1.1 是雷诺实验装置和流动显示的示意图。清水从一个有恒定水位的水箱流入等截面直圆管，在圆管入口的中心处，通过一细针孔注入有色液体，以观察管内的流动状态。在圆管的出口端有一节门可调节流量，以改变流动的雷诺数。为减小入口扰动，入口制成钟罩形。

实验时可用容积法测量流过圆管的体积流量 Q、圆管内的平均流速 U 和雷诺数 Re 分别定义为

$$U_\mathrm{m} = \frac{4Q}{\pi d^2} \tag{3.1.1}$$

$$Re = \frac{U_\mathrm{m} d}{\nu} \tag{3.1.2}$$

式中，d 是圆管直径；ν 为水的运动黏性系数。

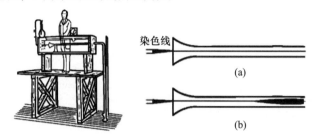

图 3.1.1　雷诺实验装置和流动显示示意图（张兆顺等，2005）

实验过程中，逐渐开大节门，这时管内流速逐渐增大。当管内流速较小时，圆管中心的染色线保持直线状态［图 3.1.1(a)］；当流速增大，Re 达到某一数值时，染色线开始出现波形扰动；继续增大流量时，染色线由剧烈振荡到破碎，并很快和清水剧烈掺混以至不能分辨出染色液线［图 3.1.1(b)］。

上述第一阶段的流动状态称为层流；最后阶段的流动状态称为湍流；中间阶段的流动状态极不稳定，称为过渡流动。在不加特殊控制的情况下，圆管流动出现湍流状态的最低 Re 数约为 2 300。在特殊控制环境下，使外界的扰动非常微弱（如控制环境振动和噪声、管壁粗糙度等），圆管内流动的层流状态可维持到 $Re = 10^5$ 量级。在常见的其他流动中，如边界层、射流或混合层等，随着流动特征雷诺数的增大，也会发生层流到湍流的演变。总之，湍流是一种极普遍的现象，当流动的特征雷诺数足够大时，它就呈现不规则的湍流状态。湍流速度场的不规则性还表现在它的不重复性。具体来说，保持相同流量、相同黏度等条件，重复前面的雷诺实验，每次实验的时间变量均由启动瞬间算起，在这种重复实验的流动中，在同一空间点上的速度时间序列是不重复的。图 3.1.2

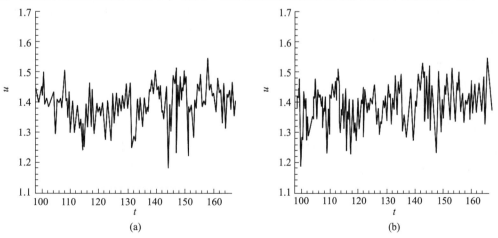

图 3.1.2　圆管湍流中心流向脉动速度的两次时间序列（张兆顺等，2005）

展示在不同时刻采集的圆管湍流中心线上的流向瞬时速度（$Re = 6\,000$）。可以看到，两次采集的速度时间序列都是极不规则的，并且两次采集的结果没有重复性。

看到上述实验，相信每个人都会对湍流的本质产生一些想法，想要给出一个能描述湍流的具体定义。然而，给湍流下一个精确的定义是非常困难的。研究湍流的学者们能够做的就是列出湍流的一些特征，并不断加深对湍流本质的理解。那么湍流的特征有哪些呢？

3.1.2　湍流的特征

这里结合前人不断的实验与观察总结湍流的几个主要特征如下。

1）不规则性

所有湍流的一个特征是不规则性，或叫随机性。这使用确定性方法解决湍流问题是不可能的，人们更多的反而是依赖于统计方法。

2）扩散性

湍流的扩散性是所有湍流的另一个重要特征，它会导致流体的快速混合以及动量、热量和质量传递速率的增加。湍流是大量分子组成的湍涡的宏观运动，湍流扩散也属于宏观运动范畴，有别于大量单个分子微观迁移构成的分子扩散。在湍流大气中湍流扩散能力远比分子扩散强，其输送强度比分子扩散将近大 $10^5 \sim 10^6$ 倍。同样，糖块在静水中的溶解属于分子扩散，其溶解速度也远小于搅拌水中的湍流扩散。

3）高雷诺数

湍流总是发生在高雷诺数的情形下。如果雷诺数变得太大，层流的不稳定性就会逐渐使之变成湍流。不稳定性与运动方程中黏性项和非线性惯性项的相互作用有关。这种相互作用非常复杂，复杂到非线性偏微分方程的数学尚未发展到可以给出一般解的程度。随机性和非线性结合在一起，使湍流方程几乎难以求解；湍流理论缺乏足够强大的数学方法。由于缺乏工具，所有的理论方法都无法解决湍流试错问题，必须在研究过程中开发非线性概念和数学工具。这种情况使湍流研究既令人沮丧又具有挑战性：它是当今物理学中尚未解决的主要问题之一。

4）三维涡量脉动

湍流是有旋的和三维的。湍流的特征之一就是高强度涡旋脉动。因为这个原因，旋涡动力学在描述湍流时起到了一个重要的作用。如果速度脉动是二维的，则表征湍流特征的随机涡度波动无法维持自身，因为二维流中不存在称为涡拉伸的重要涡度维持机制。那些大体上是二维的流动，例如决定天气的大气气旋，它们本身不是湍流，即使它们的特性会强烈地受到小尺度湍流影响（由剪切或者浮力产生于某处），小尺度湍流与大尺度流动相互作用。总而言之，湍流总是展示出高强度涡量脉动。例如，海洋表面的随机波浪不是湍流运动，因为它们基本上是无旋的。

5）耗散性

湍流总是耗散的。黏性剪切应力做变形功，它以消耗湍流动能为代价，增加了流体的内能。湍流需要持续的能量供应以弥补这些黏性损失，如果没有能量供应，湍流将迅速衰减。诸如行星大气层中的重力波和随机声波（噪声）的随机运动，由于它们的黏滞损失微不足道，因此它们不是湍流。换句话说，在随机波动和湍流之间的主要区别是，波动基本上是非耗散的（虽然它常常是弥散的），而湍流基本上是耗散的。

6）连续性

湍流是一个由流体动力学方程控制的连续现象。即使是湍流中出现的最小尺度，也通常要远大于任何分子的长度尺度。我们将在湍流的特征长度章节来讨论这个问题。

7）流动性

湍流不是流体的特征，而是流体流动的特征。如果湍流雷诺数足够大，那么在所有的流体中，无论它们是液体还是气体，大部分湍流动力学是相同的；湍流在流体中出现，但湍流的主要特性不受流体的分子特性控制。由于运动方程是非线性的，每个单独的流动形态都具有一定的、与初始条件和边界条件有关的独特性。众所周知，纳维－斯托克斯方程式没有通解，因此，湍流问题没有通解可供使用。由于每个流动是不相同的，结果就是每个湍流也都是不相同的，即使所有的湍流具有许多共同的特征。

湍流的特征取决于它的环境。正因为如此，湍流理论不试图以一般的方式处理所有类型的流动。理论家们反而把注意力放在具有相当简单的边界条件的流动族群上，像边界层、射流和尾迹等。

3.1.3 湍流的分析方法

湍流已经被研究了一个多世纪，然而正如前面所说，目前还不存在解决湍流问题的通用方法。湍流运动复杂性的根源在于它是强非线性系统的运动。控制湍流运动的方程——Navier-Stokes（N-S）方程是非线性的。在多数情况下，它的解是不稳定的，从而导致了流动的多次分叉，形成了复杂流态，而方程的非线性又使各种不同尺度的流动耦合起来，无法将它们分别研究。物理学家、力学家以及一部分数学家试图从另一途径来解决湍流，即通过直接建立能反映其某些重要特性的模型来认识湍流。解决湍流问题的尝试能否成功，在很大程度上取决于做出关键假设所涉及的灵感。在湍流的研究中，方程并不是全部，我们也必须愿意使用（和能够使用）基于经验的简单的物理概念，来建立运动方程和实际流动之间的桥梁。

湍流理论目前正处于一般流体动力学曾经历的相同困境：当时牛顿流体中应力和应变率之间的斯托克斯关系是未知的。目前的湍流理论也是一样，即假设湍流中的湍应力和应变率之间的关系如同层流中的分子黏度一样。这个方法基于表面上的相似，即分子运动传递动量和热量的方式和湍流速度脉动传递这些量的方式之间有着相同的规律。泰勒（Taylor）、普朗特（Prandtl）和其他人提出了表象上的概念，像"涡黏度"（来代替分子黏度）和"混合长度"（类似于气体分子运动论中的平均自由程）。

在研究分析的相当早的阶段，湍流表象学理论做了关键性假定。近年来，克莱齐纳（Kraichnan）、爱德华兹（Edwards）、奥斯泽格（Orszag）、米查姆（Meecham）等一些理论学家已经发展了非常正式和复杂的湍流统计理论，希望找到不需要特设假定的公式体系（Leslie and Leith，1975）。然而到目前为止，在这些理论中还是需要一些相当任意的假设。

本节中我们将简要介绍湍流研究中几个主要的分析方法以供参考。

1）量纲分析

量纲分析是研究湍流中最有力的工具之一。在许多情况下，可以认为湍流结构的某些方面只取决于几个独立变量或参数。如果这种情况普遍存在，量纲方法通常规定因变量和自变量之间的关系，从而得出除数值系数外已知的解。这方面最突出的例子是所谓的"惯性子域"中湍流动能谱的形式，即耳熟能详的科尔莫戈罗夫（Kolmogorov）-5/3定律。

2）渐近不变性法

另一个常用的方法是开发利用湍流的某些渐近特性。湍流通常由非常大的雷诺数来表征，因此我们有理由相信，当雷诺数趋近无穷大的极限情况下，所提出的湍流的任何描述都应该会循规蹈矩，这经常是一个非常有力的约束，它使得获取相当特殊的结果成为可能，湍流边界层理论的发展就是一个恰当的例子。渐近方法中所涉及的极限过程与分子黏度的极小影响有关。湍流倾向于几乎与黏度无关（除了非常小的运动尺度）；渐近行为导致了诸如"雷诺数相似性"（渐近不变性）等概念。

3）局部不变性法

和渐近不变性有关但又有别于渐近不变性的是"自我保护"或局部不变性的概念。在简单的流动几何学中，在时间和空间的某个点上湍流运动的特征似乎主要受直接环境的控制。水流的时间尺度和长度尺度可能在缓慢沿下游方向变化，但是，如果湍流时间尺度足够小，从而确保能调整到与逐渐变化的环境保持一致，那么如果用局部长度和时间尺度进行无量纲化后，湍流在任何地方都是动态相似的。

由于湍流由大量非线性方程所控制的脉动组成，所以人们可能会期望出现类似于具有极限周期的简单非线性系统所表现出的行为。这种行为应该在很大程度上独立于初始条件；极限周期的特征应仅取决于系统的动力学和对其施加的约束。用同样的方式，可以期望在一类给定的剪切流动里，湍流结构处于动态平衡的某个阶段，其中局部能量输入应当近似等于局部能量损耗。如果湍流中的能量传递机制足够迅速，以至于过去事件的影响不占动力学的主导地位，可以期望这种类型的平衡的极限周期主要由局部参数，例如，长度尺度和时间尺度控制。在这种情况下，简单的量纲分析方法和相似理论是非常有用的。因为人们想找到局部相似律（空间上和谱域上），所以寻找合适的长度和时间尺度成为一件重要的事情。相似律确实是湍流研究的核心。

3.1.4　湍流的特征长度

在湍流的发展过程中，湍涡尺度不仅变幅宽，而且是随时间从大尺度涡到小尺度涡不断演变的，这种尺度演变有可能是渐变的，也有可能是突变的。譬如，1922年英国气象学家理查森（L. F. Richardson，1881—1953）就提出了一种湍涡尺度演变的渐变理论，即湍流的能量串级理论。该理论表明：大尺度涡通过湍动剪切从时均流动中获取能量，然后再通过黏性耗散和色散过程，这些大尺度涡不断分裂成不同小尺度涡，并在涡体的分裂破碎过程中将能量逐级传给更小尺度涡，直至达到黏性耗散为止。湍流运动中，大尺度的涡旋输运了大部分的动量和标量，如海洋中常见的中尺度涡旋等，其尺寸通常与所在流场的平均尺度相关，这是最容易发现和观察到的尺度。然而，其他的长度尺度也是值得我们了解并且必须了解的。

1）湍流中的小尺度

我们将试图寻找湍流中的最小长度尺度。在非常小的长度尺度下，黏性能够有效地抹平速度脉动。小尺度脉动的产生，是由于运动方程中的非线性项；黏性项通过把小尺度能量消耗变成热量，防止了无限小尺度运动的产生。这是具有单调行为的、像 ν 这样的小参数的特点。人们可能期望在大雷诺数下，黏性的相对大小非常小，以至于黏性在流动中的影响小到几乎消失。在纳维－斯托克斯方程中的非线性项，通过产生尺度小到足够被黏性影响的运动，抵消了这个威胁。似乎没有办法消除黏性了：一旦流场的尺度变得足够大，以至于可以想象黏性影响可能被忽略时，流动就产生了小尺度的运动，从而将黏性影响（尤其是耗散率）保持在一个有限的水平上。

由于小尺度运动往往具有小的时间尺度，因此我们可以假定这些运动在统计上独立于相对慢的大尺度湍流和平均流。如果这个假定有意义，小尺度运动应当仅依赖于大尺度运动供应能量的速率和运动黏度。假定能量供应率等于耗散率是合理的，因为小尺度能量的净变化率与作为一个整体的流动的时间尺度相关。因此，与能量的耗散率相比，这个净变化率应当是小的。

以上讨论建议控制小尺度运动的参数至少包括了单位质量的耗散率 $\varepsilon(\mathrm{m^2/s^3})$ 和运动黏度 $\nu(\mathrm{m^2/s})$。用这些参数，就能构成长度、时间和速度尺度如下：

$$\eta \equiv (\nu^3/\varepsilon)^{1/4}, \quad \tau \equiv (\nu/\varepsilon)^{1/2}, \quad v \equiv (\nu\varepsilon)^{1/4} \tag{3.1.3}$$

这些尺度被称为长度、时间和速度的科尔莫戈罗夫微尺度（Kolmogorov microscale）（Friedlander and Topper，1961）。

由 η 和 ν 构成的雷诺数等于 1：

$$\eta v/\nu = 1 \tag{3.1.4}$$

这说明小尺度运动中黏性作用极为重要，而且黏性耗散通过调整长度尺度来提供能量。

2）耗散率的无黏估计

如果能关联耗散率 ε 与大尺度湍流的长度和速度尺度，就能对湍流大尺度和小尺度之间的差异形成印象。一个似乎合理的假定是，大涡向小涡提供能量的速率与大涡时间尺度的倒数成正比。在大尺度湍流中单位质量的动能的量正比于 U^2；假定能量的传递速率正比于 u/l，其中 l 代表着最大涡的尺寸或者流动的特征长度，则给小尺度涡供应能量的速率为 $u^2 \cdot u/l = u^3/l$ 的量级。这个能量以速率 ε 进行耗散，它应当与供应速率相等，因此

$$\varepsilon \sim u^3/l \qquad\qquad (3.1.5)$$

上式表明，能量的黏性耗散可以通过不涉及黏性的大尺度动力学进行估计。在这个意义上，耗散很显然再次被视为一个被动过程，它以大涡的无黏惯性行为主导的速率前行。

上式的估计值得重视，它是湍流理论假设的基石之一；它声称在一个"周转"时间 l/u 内，大涡损失了它们动能 $u^2/2$ 的很大一部分。这意味着使小涡离开大涡的非线性机制，像它的特征时间允许的那样是"耗散的"。换句话说，湍流是一个强阻尼的非线性随机系统。一些研究者认为，这个特点可能与在热力学第二定律中体现的熵增概念相关。然而，应该牢记的是，大涡损失了其能量的可忽略的一部分，用于直接黏性耗散效应。它们衰减的时间尺度为 l^2/ν，所以它们的黏性能量损失以速率 $\nu u^2/l^2$ 消耗，如果雷诺数 ul/ν 很大，这个速率与 u^3/l 相比就会很小。非线性机制是耗散的，因为它产生了越来越小的旋涡，直到旋涡尺寸是如此的小以至于它们的动能的黏性耗散几乎是即时的。读者可以通过观察墨水或者牛奶滴入一杯水中的场景对这个过程有更加生动的理解（图 3.1.3）。

图 3.1.3　一滴墨水滴入水中的非线性分解示意图（Tennekes and Lumley，1972）

3）尺度关系

把式（3.1.5）代入式（3.1.3），得到：

$$\eta/l \sim (ul/\nu)^{-3/4} = Re^{-3/4} \qquad\qquad (3.1.6)$$

$$\tau u/l \sim \tau/t = (ul/\nu)^{-1/2} = Re^{-1/2} \qquad\qquad (3.1.7)$$

$$v/u \sim (ul/\nu)^{-1/4} = Re^{-1/4} \qquad\qquad (3.1.8)$$

这些关系式指出，最小旋涡的长度、时间和速度尺度比最大旋涡的长度、时间和速度尺度要小很多。尺度上的差异随着雷诺数的增加而扩大了，所以人们猜想，湍流小尺度结构的统计独立和动态平衡状态在非常大的雷诺数下将是最显著的。

两个雷诺数不同但积分尺度相同的湍流之间的主要差别，在于最小旋涡的尺寸：一个雷诺数相对较小的湍流具有相对"粗糙"的小尺度结构（图 3.1.4）。

涡量具有频率的量纲（s^{-1}）。小尺度涡的涡量应当正比于时间尺度 T 的倒数。由

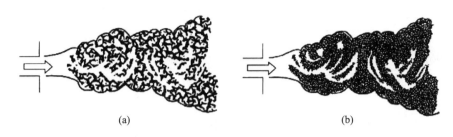

图 3.1.4　不同雷诺数的湍流射流

（a）雷诺数相对较小；（b）雷诺数相对较大［取自斯图尔特（Stewart，1969）的影片］

所用的着色图案很接近地代表在阴影照片中看到的湍流小尺度结构

式（3.1.7），我们总结出小尺度涡的涡量与大尺度运动的涡量相比要大很多。另一方面，式（3.1.8）指出，小尺度能量比大尺度能量要小。对于所有湍流这是典型的：大部分能量与大尺度运动相关，大部分涡量与小尺度运动相关。

3.2　湍流的运动方程

3.2.1　N-S 方程

本节研究牛顿型流体的湍流运动，大部分内容讨论不可压缩牛顿型流体的湍流运动。不可压缩牛顿型流体运动的控制方程是熟知的纳维 – 斯托克斯方程（Navier-Stokes 方程，以下简称 N-S 方程），在直角坐标系下，它可表示为

$$\frac{\partial u_i}{\partial t} + u_j \frac{\partial u_i}{\partial x_j} = -\frac{1}{\rho}\frac{\partial p}{\partial x_i} + \nu \frac{\partial^2 u_i}{\partial x_j \partial x_j} + f_i \tag{3.2.1}$$

$$\frac{\partial u_i}{\partial x_i} = 0 \tag{3.2.2}$$

式中，ρ 是流体的密度；ν 是流体的运动黏性系数；f_i 是质量力强度。以上方程无量纲化后，$\rho = 1$，$\nu = 1/Re$，雷诺数 $Re = UL/\nu$，U 是流动的特征速度，L 是流动的特征长度。当流动的黏性作用很小时，是指 $Re \gg 1$。

给定流动的初边值后，方程（3.2.1）和方程（3.2.2）的解就确定一流动。

初始条件为

$$u_i(x,0) = V_i(x) \tag{3.2.3}$$

边界条件为

$$u_i\big|_\Sigma = U_i(x,t), \ p(x) = p_0 \tag{3.2.4}$$

式中，$V_i(x)$、$U_i(x,t)$ 和 p_0 是已知函数或常数；Σ 是流动的已知边界；x_j 是流场中给定点的坐标。

N-S 方程是非线性的对流扩散型偏微分方程，从形式上来看，它似乎并不复杂。然而，一般情况下，N-S 方程初边值问题解的存在和唯一性尚未完全得到证明，只有

在很苛刻的条件下，N-S 方程解的存在和唯一性才有证明。例如，当质量力有势时，$f_i = -\partial \Pi / \partial x_i$，数学上已经证明，N-S 方程的解具有以下的存在和唯一性（Ladyzhenskaya，1969；Temam，1984）：

（1）定常的 N-S 方程的边值问题至少有一个解，但是只有当雷诺数不大时，解才是稳定的。

（2）非定常平面或轴对称流动的初边值问题，在一切时刻都有唯一解。

（3）一般三维非定常流动的初边值问题，只有当雷诺数 Re 很小时，才在一切时刻都有唯一解。

（4）任意雷诺数的三维非定常流动的初边值问题，只有在某一时间区间 $0 < t < T$ 内解是唯一的。时间区间 T 依赖于雷诺数和流动的边界，雷诺数愈大，存在唯一解的区间愈小。

N-S 方程初边值解存在和唯一的情况都说明在雷诺数较小时，存在唯一的确定性解，也就是定常或非定常层流解，这和实际观察到的现象是一致的。当不满足解的唯一性条件时，N-S 方程可能存在分岔解，那么 N-S 方程是否能够描述湍流呢？

在湍流研究的实践中推测发现，N-S 方程的初边值问题，在大雷诺数的情况下，具有不规则的渐近解。第一个证据是 Lorenz 的奇怪吸引子解，Lorenz（1963）在 N-S 方程有限维近似解中发现，当参数 ν 很小（即 Re 很大）时，它存在长时间的不规则振荡解，他称这种解为奇怪吸引子，正是 Lorenz 的研究揭开了近代混沌理论研究的序幕。另一个证据是用近代超级计算机数值求解 N-S 方程的实验。在一些简单几何边界流动的数值实验中（例如，平面槽道流动、边界层流动），可以模拟出时间、空间上的不规则解，并由这些解的系综统计或时间平均中得到和物理实验相同的统计结果。湍流研究的实践使人们相信 N-S 方程可以描述牛顿型流体的湍流。

综合以上论述，可以认为随着流动雷诺数的增加，流动由层流向湍流过渡的现象是 N-S 方程初边值问题解的性质在变化。层流是小雷诺数下 N-S 方程初边值问题的唯一解；随着雷诺数增加，出现过渡流动，它是 N-S 方程的分岔解；高雷诺数的湍流则是 N-S 方程的渐近（$t \to \infty$）不规则解。就是说，无论是层流还是湍流，不可压缩牛顿型流体的流动都服从 N-S 方程。

3.2.2　雷诺方程

上一节已经论证了湍流服从 N-S 方程。那么对 N-S 方程做系综平均就可以描述湍流统计量的演化。根据上一章的统计平均方法，湍流速度、压强都可以分解为平均量和脉动量之和，即：

$$u_i(x,t) = \langle u_i \rangle (x,t) + u_i'(x,t) \tag{3.2.5a}$$

$$p(x,t) = \langle p \rangle (x,t) + p'(x,t) \tag{3.2.5b}$$

下面分别导出湍流平均量 $\langle u_i \rangle$、$\langle p \rangle$ 和脉动量 u_i'、p' 的控制方程。

雷诺方程

对 N-S 方程（3.2.1），方程（3.2.2）做系综平均，有

$$\left\langle \frac{\partial u_i}{\partial t} \right\rangle + \left\langle u_j \frac{\partial u_i}{\partial x_j} \right\rangle = \left\langle -\frac{1}{\rho}\frac{\partial p}{\partial x_i} \right\rangle + \left\langle \nu \frac{\partial^2 u_i}{\partial x_j \partial x_j} \right\rangle + \langle f_i \rangle \tag{3.2.6}$$

$$\left\langle \frac{\partial u_i}{\partial x_i} \right\rangle = 0 \tag{3.2.7}$$

遵照求导（对时间和空间求导都适用）和系综平均运算可交换的原则，以上公式中线性项的平均值可以直接求出，例如：$\langle \partial u_i / \partial x_i \rangle = \partial \langle u_i \rangle / \partial x_i$，因而平均运动的连续方程为

$$\frac{\partial \langle u_i \rangle}{\partial x_i} = 0 \tag{3.2.8}$$

利用运动的连续方程，平均运动方程中对流导数项的平均值可改写为

$$\left\langle u_j \frac{\partial u_i}{\partial x_j} \right\rangle = \left\langle \frac{\partial u_i u_j}{\partial x_j} - u_i \frac{\partial u_j}{\partial x_j} \right\rangle = \frac{\partial \langle u_i u_j \rangle}{\partial x_j} \tag{3.2.9}$$

将各平均量代回平均运动方程，并稍加整理后可得：

$$\frac{\partial \langle u_i \rangle}{\partial t} + \langle u_j \rangle \frac{\partial \langle u_i \rangle}{\partial x_j} = -\frac{1}{\rho}\frac{\partial \langle p \rangle}{\partial x_i} + \nu \frac{\partial^2 \langle u_i \rangle}{\partial x_j \partial x_j} - \frac{\partial \langle u_i' u_j' \rangle}{\partial x_j} + \langle f_i \rangle \tag{3.2.10}$$

系综平均的 N-S 方程（3.2.8）和方程（3.2.10）称为雷诺平均方程（或雷诺方程）。湍流平均运动的控制方程和 N-S 方程极其相似。换句话说，在质点的平均运动中，除了有平均压强作用力、平均分子黏性作用力、平均质量力 $\langle f_i \rangle$ 外，还有一项附加应力作用项：$-\dfrac{\partial \langle u_i' u_j' \rangle}{\partial x_j}$，附加应力可记作 $-\rho \langle u_i' u_j' \rangle$，并称为雷诺应力，下一节将详细地讨论这一项。这里需要强调指出，正是由于雷诺应力的出现，导致雷诺方程不封闭。

3.2.3 脉动运动方程

将 N-S 方程（3.2.1）、方程（3.2.2）、雷诺平均方程（3.2.8）、方程（3.2.10）相减，得到脉动运动的控制方程。通常质量力是确定性的，即 $f_i = \langle f_i \rangle$，经过简单的代数运算，很容易得到脉动运动的控制方程如下：

$$\frac{\partial u_i'}{\partial t} + \langle u_j \rangle \frac{\partial u_i'}{\partial x_j} + u_j' \frac{\partial \langle u_i \rangle}{\partial x_j} = -\frac{1}{\rho}\frac{\partial p'}{\partial x_i} + \nu \frac{\partial^2 u_i'}{\partial x_j \partial x_j} - \frac{\partial}{\partial x_j}(u_i' u_j' - \langle u_i' u_j' \rangle) \tag{3.2.11a}$$

$$\frac{\partial u_i'}{\partial x_i} = 0 \tag{3.2.11b}$$

式（3.2.11a）称为脉动运动方程，式（3.2.11b）称为脉动运动连续方程。不难发现，在脉动运动方程中也出现了雷诺应力项 $\langle u_i' u_j' \rangle$，因此脉动方程也是不封闭的。下面进一步考察雷诺应力 $-\rho \langle u_i' u_j' \rangle$。

雷诺应力张量

首先，雷诺应力 $-\rho \langle u_i' u_j' \rangle$ 是脉动速度向量的一点相关，容易证明它是二阶对称

张量。可以从动量输运上理解雷诺应力 $-\rho\langle u_i' u_j'\rangle$ 的物理意义。任取一微元控制体，如图 3.2.1 所示。

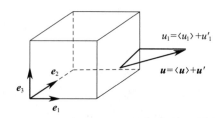

图 3.2.1　雷诺应力示意图

u_1 为通过控制面 $\mathrm{d}x_2\mathrm{d}x_3$ 的垂直速度；$\boldsymbol{u}$ 为通过控制面的速度向量

不难理解，$\rho u_i u_j$ 是通过控制面单位面积的动量通量。例如，ρu_i 是通过法向量为 $\boldsymbol{e}_1$ 面的质量通量，这部分质量通量携带的动量为 $\rho u_1 \boldsymbol{u}\mathrm{d}x_2\mathrm{d}x_3$，同理通过其他两个垂直面的动量通量分别为 $\rho u_2\boldsymbol{u}\mathrm{d}x_1\mathrm{d}x_3$ 和 $\rho u_3\boldsymbol{u}\mathrm{d}x_1\mathrm{d}x_2$。现在来观察动量通量的平均值

$$\langle \rho u_1 \boldsymbol{w}\rangle = \alpha\left(\langle u_1\rangle + u_1'\right)\left(\langle \boldsymbol{u}\rangle + \boldsymbol{u}'\right)$$

利用平均运算的等式 $\langle\langle Q\rangle q'\rangle = 0$，以上动量平均值等于：

$$\rho\langle u_1 \boldsymbol{u}\rangle = \rho\langle u_1\rangle\langle \boldsymbol{u}\rangle + \rho\langle u_1' \boldsymbol{u}'\rangle$$

式中右端第一项是平均运动通过法向量为 $\boldsymbol{e}_1$ 平面的动量通量，第二项是脉动运动通过同一平面的动量通量平均值。因此，上式表示：

湍流运动动量通量的平均值 = 平均运动的动量通量 + 脉动动量通量的平均值

将上式的向量展开成分量，$\boldsymbol{e}_1$ 用任意方向 $\boldsymbol{e}_i$ 取代，则一般的平均动量通量有以下公式：

$$\rho\langle u_i u_j\rangle = \rho\langle u_i\rangle\langle u_j\rangle + \rho\langle u_i' u_j'\rangle$$

现在再来考察平均运动方程，并把它改写成如下形式（第三项为雷诺应力项）：

$$\frac{\partial\langle\rho u_i\rangle}{\partial t} + \langle u_j\rangle\frac{\partial\langle\rho u_i\rangle}{\partial x_j} + \frac{\partial\langle\rho u_i' u_j'\rangle}{\partial x_j} = -\frac{\partial\langle p\rangle}{\partial x_i} + \mu\frac{\partial^2\langle u_i\rangle}{\partial x_j\partial x_j} + \rho\langle f_i\rangle$$

如果测得湍流场中的平均速度和平均压强，就可以发现，质点平均运动的动量增长率（方程左边的前两项之和）并不能和平均压强的合力、分子黏性应力的合力以及质量力相平衡。在方程左边加上 $\dfrac{\partial\langle u_i' u_j'\rangle}{\partial x_j}$ 才能达到平衡，这一项恰好是脉动动量通量平均值的空间增长率。换句话说，作用在控制体上的平均压强、平均分子黏性应力不仅要提供平均运动的动量增长还要提供脉动动量通量的空间增长。

特别需要说明：在湍流平均运动中附加的雷诺应力和流体分子运动的宏观黏性应力有着量级上和本质上的区别。

（1）湍流平均运动中，雷诺应力往往远大于分子黏性应力。设想有一层厚度为 δ 的湍流剪切层，它的平均速度为 U，通常流向脉动速度 u_1' 的均方根是平均速度的 10% 左右，横向脉动速度 u_2' 较 u_1' 小一个量级，这时典型的雷诺切应力 $-\rho\langle u_1' u_2'\rangle \sim 0.001\rho U^2$，而平均分子黏性应力的量级可估计为 $\mu U/\delta$。于是，雷诺切应力和平均分子黏性切应力之比约为 $0.001 U\delta/\nu$。在高雷诺数时，如 $Re = U\delta/\nu = 10^5$，雷诺应力和平均分子黏性应

力之比约为 10^2 量级。由此可见，有剪切的湍流运动中，雷诺应力是不能忽略的，而分子黏性应力常常可以忽略（极靠近固壁区域除外）。

（2）分子运动的特征长度是分子运动平均自由程，它远远小于流动的宏观尺度，而湍流脉动的最小特征尺度仍属于宏观尺度范围内。

（3）产生雷诺应力（即平均湍流脉动动量通量）的机制不同于分子黏性应力（分子运动的平均动量通量）。离散分子之间的动量交换主要是相互碰撞作用，湍流质点的脉动既要受制于连续方程，又要满足宏观的动量平衡方程（N-S 方程），流体质点之间相互作用较之离散的分子间作用要复杂得多。特别是，湍流脉动是多尺度系统，流体质点之间存在多尺度运动的非线性相互作用。

由于分子运动和湍流脉动运动间本质上的差别，简单地袭用分子运动理论来比拟湍流脉动是不正确的。比如说，分子运动产生的黏性应力常常可以用宏观速度梯度的泛函表达，它是一种物质的本构关系，与宏观运动的形态无关。例如，牛顿流体的黏性应力和变形率张量成正比，并且在常温常压下有常数的黏滞系数。湍流运动中，也常常采用梯度形式的雷诺应力模型，假定雷诺应力和平均运动变形率张量之间的线性关系，但是两者之间不存在常数的比例系数。雷诺应力的梯度关系式中的系数不仅在同一流动中随空间坐标而改变，不同流动形态（如湍流边界层或湍流混合层）中系数值相差也很大。

总之，湍流脉动产生的平均输运过程和分子运动产生的宏观输运过程是两种不同的物理过程。下面，首先考察雷诺应力（平均脉动动量输运）的输运方程。

3.2.4 雷诺应力输运方程

从湍流脉动方程（3.2.11a）出发，在 u_i' 脉动方程上乘以 u_j'，再用 u_i' 乘以 u_j' 的脉动方程，两式相加后做平均运算，得到以下方程：

$$\frac{\partial \langle u_i' u_j' \rangle}{\partial t} + \langle u_k \rangle \frac{\partial \langle u_i' u_j' \rangle}{\partial x_k}$$

$$= -\langle u_i' u_k' \rangle \frac{\partial \langle u_j \rangle}{\partial x_k} - \langle u_j' u_k' \rangle \frac{\partial \langle u_i \rangle}{\partial x_k} - \frac{1}{\rho} \left(\langle u_j' \rangle \frac{\partial p'}{\partial x_i} \right) + \left(\langle u_i' \rangle \frac{\partial p'}{\partial x_j} \right) +$$

$$\nu \left(\left\langle u_j' \frac{\partial^2 u_i'}{\partial x_k \partial x_k} + u_i' \frac{\partial^2 u_j'}{\partial x_k \partial x_k} \right\rangle \right) - \frac{\partial}{\partial x_k} \langle u_i' u_j' u_k' \rangle$$

利用求导公式，将上式右边项做简化：

$$\left(\langle u_j' \rangle \frac{\partial p'}{\partial x_i} \right) + \left(\langle u_i' \rangle \frac{\partial p'}{\partial x_j} \right) = \left(\frac{\partial \langle u_j' p' \rangle}{\partial x_i} + \frac{\partial \langle u_i' p' \rangle}{\partial x_j} \right) - \left[p' \left(\frac{\partial u_i'}{\partial x_j} + \frac{\partial u_j'}{\partial x_i} \right) \right]$$

$$\nu \left(\left\langle u_j' \frac{\partial^2 u_i'}{\partial x_k \partial x_k} + u_i' \frac{\partial^2 u_j'}{\partial x_k \partial x_k} \right\rangle \right) = \frac{\partial}{\partial x_k} \left(u_i' \frac{\partial u_j'}{\partial x_k} \right) + \frac{\partial}{\partial x_k} \left(u_j' \frac{\partial u_i'}{\partial x_k} \right) - 2\nu \left(\frac{\partial u_i'}{\partial x_k} \frac{\partial u_j'}{\partial x_k} \right)$$

$$= \nu \left(\frac{\partial^2 \langle u_i' u_j' \rangle}{\partial x_k \partial x_k} \right) - 2\nu \left(\frac{\partial u_i'}{\partial x_k} \frac{\partial u_j'}{\partial x_k} \right)$$

得到雷诺应力输运方程为

$$\underbrace{\frac{\partial \langle u_i'u_j' \rangle}{\partial t} + \langle u_k \rangle \frac{\partial \langle u_i'u_j' \rangle}{\partial x_k}}_{O_{ij}} = \underbrace{-\langle u_i'u_k' \rangle \frac{\partial \langle u_j \rangle}{\partial x_k} - \langle u_j'u_k' \rangle \frac{\partial \langle u_i \rangle}{\partial x_k}}_{P_{ij}} + \underbrace{\left\langle \frac{\rho'}{\rho} \left(\frac{\partial u_i'}{\partial x_j} + \frac{\partial u_j'}{\partial x_i} \right) \right\rangle}_{D_{ij}} -$$

$$\underbrace{\frac{\partial}{\partial x_k} \left(\frac{\langle p'u_i' \rangle}{\rho} \delta_{jk} + \frac{\langle p'u_j' \rangle}{\rho} \delta_{ik} + \langle u_i'u_j'u_k' \rangle - \nu \frac{\partial \langle u_i'u_j' \rangle}{\partial x_k} \right)}_{D_{ij}} - \underbrace{2\nu \left\langle \frac{\partial u_i'}{\partial x_k} \frac{\partial u_j'}{\partial x_k} \right\rangle}_{E_{ij}} \quad (3.2.12)$$

式（3.2.12）称为不可压缩湍流的雷诺应力输运方程，方程中各项分别用 C_{ij}、P_{ij}、Φ_{ij}、D_{ij}、E_{ij} 表示。

（1）$C_{ij} = \partial \langle u_i'u_j' \rangle / \partial t + \langle u_k \rangle \partial \langle u_i'u_j' \rangle / \partial x_k$ 是雷诺应力在平均运动轨迹上的增长率。

（2）$P_{ij} = -\langle u_i'u_k' \rangle \partial \langle u_j \rangle / \partial x_k - \langle u_j'u_k' \rangle \partial \langle u_i \rangle / \partial x_k$ 是雷诺应力和平均运动速度梯度的乘积，它是产生湍动能的关键，称为生成项。

（3）$\Phi_{ij} = \langle p'(\partial u_i'/\partial x_j + \partial u_j'/\partial x_i)/\rho \rangle$ 是脉动压强和脉动速度变形率张量相关的平均值，称为再分配项，后面将予以解释。

（4）$D_{ij} = -\dfrac{\partial (\langle p'u_i' \rangle \delta_{jk}/\rho + \langle p'u_j' \rangle \delta_{ik}/\rho + \langle u_i'u_j'u_k' \rangle - \nu \partial \langle u_i'u_j' \rangle / \partial x_k)}{\partial x_k}$ 梯度形式项，它具有扩散性质，因此称为雷诺应力扩散项。

（5）$E_{ij} = 2\nu \langle \partial u_i'/\partial x_k \partial u_j'/\partial x_k \rangle$ 是脉动速度梯度乘积的平均值，它使湍动能耗散，故称耗散项。在理解雷诺应力输运过程以前，先讨论脉动动能平均量（称为湍动能）：$k = \frac{1}{2} \langle u_i'u_i' \rangle$ 的输运。

3.2.5　湍动能输运过程

将雷诺应力输运方程做张量收缩运算，得

$$\frac{\partial \langle u_i'u_i' \rangle}{\partial t} + \langle u_k \rangle \frac{\partial \langle u_i'u_i' \rangle}{\partial x_k}$$

$$= -2\langle u_i'u_k' \rangle \frac{\partial \langle u_i \rangle}{\partial x_k} - \frac{\partial}{\partial x_k} \left(\frac{2\langle p'u_k' \rangle}{\rho} + \langle u_i'u_i'u_k' \rangle - \nu \frac{\partial \langle u_i'u_i' \rangle}{\partial x_k} \right) - 2\nu \left(\frac{\partial u_i'}{\partial x_k} \frac{\partial u_i'}{\partial x_k} \right)$$

将 $\langle u_i'u_i' \rangle = 2k$ 代入上式，得湍动能输运方程如下：

$$\underbrace{\frac{\partial k}{\partial t} + \langle u_k \rangle \frac{\partial k}{\partial x_k}}_{C_k} = \underbrace{-\langle u_i'u_k' \rangle \frac{\partial \langle u_i \rangle}{\partial x_k}}_{P_k} - \underbrace{\frac{\partial}{\partial x_k} \left(\frac{\langle p'u_k' \rangle}{\rho} + \langle k'u_k' \rangle - \nu \frac{\partial k}{\partial x_k} \right)}_{D_k} - \underbrace{\left\langle \frac{\partial u_i'}{\partial x_k} \frac{\partial u_i'}{\partial x_k} \right\rangle}_{\varepsilon} \quad (3.2.13)$$

式中，$k' = u_i'u_i'/2$：是单位质量脉动运动的动能，简称脉动动能。方程中各项分别用 C_k、P_k、D_k、ε 表示，它们的含义分别是：

（1）C_k 是湍动能在平均运动轨迹上的增长率。

（2）$P_k = P_{ii}/2$，是雷诺应力和平均运动变形率张量的二重标量积。从流体动力学一般原理中知道应力和当地速度梯度的标量积是向质点输入能量的机械功，因此 $P_k = -\langle u_i'u_k' \rangle \partial \langle u_i \rangle / \partial x_k$ 表示雷诺应力通过平均运动的变形率向湍流脉动输入的平均能量。$P_k > 0$ 表示平均运动向脉动运动输入能量，反之，$P_k < 0$ 将使湍动能减小。因此，P_k 称

为湍动能生成项。

（3）D_k 是梯度形式项，它表示一种扩散过程。它由 3 部分组成：①由压力速度相关产生的扩散作用；②由湍流脉动 3 阶相关 $\langle k'u_k' \rangle = \langle u_i'u_i'u_k' \rangle/2$ 产生的扩散，它是由湍流脉动 u_k' 的不规则运动携带的脉动动能平均值，属于湍流的扩散作用，它有别于分子黏性的湍动能扩散；③由分子黏性产生的湍动能扩散：$\nu \partial k/\partial x_k$。

能量的梯度扩散项作用是在流场内传递能量，在有限体积内，梯度扩散项的总和等于有限体边界上能量的输入量。因为有高斯公式

$$\iiint_v \frac{\partial Q_k}{\partial x_k} \mathrm{d}V = \oiint_\Sigma Q_k \boldsymbol{n}_k \mathrm{d}A$$

$\boldsymbol{n}_k$ 为边界面的外法向单位向量，如果边界上 $(Q_k)_\Sigma = 0$，则梯度扩散项在有限体内净贡献量等于 0。例如，在固壁包围的封闭流场中，固壁上 $u_i' = 0$，此时湍流扩散项在有限体内的总和等于 0。

（4）$\varepsilon = \nu \langle \partial u_i'/\partial x_k \, \partial u_i'/\partial x_k \rangle$，它是湍动能的耗散项。从湍动能耗散的表达式可以肯定 $\varepsilon > 0$，而在湍动能方程中这一项总是使湍动能减少（方程中是 $-\varepsilon$），所以 ε 称为湍动能的耗散项。

综合以上分析，可以看到，质点的湍动能增长率主要来源于生成项：$P_k = -\langle u_i'u_k' \rangle \times \partial \langle u_i \rangle/\partial x_k$。由此，可以有结论：在没有外力作用、平均变形率等于零的均匀湍流场中湍流必衰减。因为均匀湍流中所有统计量的空间导数等于 0，加之速度梯度张量等于 0，即 $\partial \langle u_i \rangle/\partial x_j = 0$，这时湍动能方程简化为

$$\frac{\partial k}{\partial t} = -\nu \left\langle \frac{\partial u_i'}{\partial x_k} \frac{\partial u_i'}{\partial x_k} \right\rangle = -\varepsilon < 0$$

由此可见，均匀无剪切平均流场中湍动能不断衰减，直至全部耗尽。在平均变形率不等于零的湍流场中，通过雷诺应力将平均场中一部分能量转移到脉动运动，抵消湍动能耗散，维持湍流脉动。

3.3　湍流的统计描述

湍流是不规则运动，属于随机过程，随机变量最基本的可预测特性是它的概率和概率密度。

3.3.1　随机变量的概率和概率密度

首先，用直观的方法建立概率和概率密度的概念。以图 3.1.2 的圆管湍流中心脉动速度测量结果为例，从表面上来看，每次采样的速度序列都极不规则，而且两次采集的结果没有重复性。如果把采集速度按速度大小分类，并考察出现在某一速度区间上采集到的样本数的分布，那么两次采样结果就有几乎相同的分布规律。具体做法是在速度的

最大值和最小值之间分成 M 个区间，第 m_i 个区间的中心速度为 u_i，则该区间中流体速度值为 $u_i - \Delta u < u < u_i + \Delta u$，$\Delta u = (u_{max} - u_{min})/2M$。在速度时间序列的样本中，把位于上述区间的采集到的点数 N_i 记录下来，并除以总的采集点数 N_T，则 N_i/N_T 表示位于上述指定区间采集到的样本的百分数。上述处理结果可以用直方图表示，图 3.3.1 右图是速度的时间序列，左图是该时间序列按速度大小分布所做的直方图。

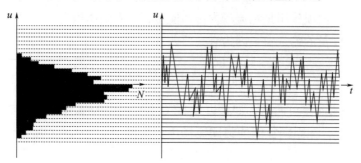

图 3.3.1　不规则序列的直方图制作法示意图（张兆顺等，2005）

把 $\Delta P(u) = N_i/N_T$ 称为速度时间序列中出现速度值为 $u_i - \Delta u < u < u_i + \Delta u$ 的概率；而把 $\Delta P(u)/\Delta u$ 称为速度分布的概率密度。如果取速度区间 Δu 为常数，则速度分布的直方图近似于概率密度分布。如果采集的时间序列很长，速度分布区间分得很细，就可以得到相当光滑的概率密度分布曲线 $p(u)$。以图 3.1.2 所示的圆管湍流中心两次采集速度为例，将这两次时间序列做直方图，其结果示于图 3.3.2。从图中不难看出，虽然两次采集的时间序列没有重复性（图 3.1.2），但是它们的直方图几乎是相同的。

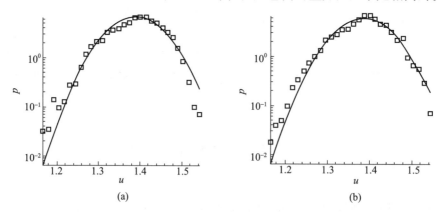

图 3.3.2　两次实验的速度时间序列的概率密度分布（张兆顺等，2005）

综上所述，虽然湍流速度场在时间上具有不规则性，但它具有规则性的概率分布和平均特性。

以上是直观的概率和概率密度的概念，为了对不规则的量进行定量的统计需要严格的概率定义。概率论中，随机变量的定义是事件集合 $\Omega(\varpi)$ 到实数集合 R 的映射：$u: \Omega \rightarrow R$，力学语言即是，湍流速度变量 u 的实数集合就是随机变量，事件集合就是相同边界条件下不同出市场演化出的所有流动状态。那么一组湍流流动实验数据中，速度小于 x 的概率可表述为

$$P(x) = \frac{出现 \ u < x \ 的实验次数}{所有实验次数} \tag{3.3.1}$$

上式表述中的概率又称为累计概率，它具有如下性质：

（1）$P(x)$ 是小于 1 的正值函数，即 $0 < P(x) < 1$；

（2）$P(x)$ 是不减函数，即若 $x_2 > x_1$，则 $P(x_2) \geqslant P(x_1)$；

（3）$P(-\infty) = 0$，$P(\infty) = 1$，因为一切真实的物理量必为 $-\infty < u < \infty$。

由上述定义的概率不难算出 $u_1 < u < u_2$ 的概率为

$$P(u_1 < u < u_2) = P(u_2) - P(u_1)$$

前面用直观方法做出的直方图就是累积概率之差 ΔP。

由累积概率可进一步引出概率密度的概念。如累积概率 $P(x)$ 是可微函数，则它的导数定义为概率密度，并用 $p(x)$ 表示，即

$$p(x) = \frac{\mathrm{d}P(x)}{\mathrm{d}x} \tag{3.3.2}$$

具有概率密度的随机变量，可以用积分方法求出 $u_1 < u < u_2$ 事件的累积概率为

$$P(u_1 < u < u_2) = \int_{u_1}^{u_2} p(x)\mathrm{d}x \tag{3.3.3}$$

概率密度函数具有以下性质：

（1）$p(x)$ 是非负函数，即 $p(x) \geqslant 0$，这是因为累积概率 $P(x)$ 是不减函数：它的导数应是非负数；

（2）$\int_{-\infty}^{\infty} p(x)\mathrm{d}x = 1$，这是因为 $P(-\infty) = 0$，$P(\infty) = 1$；

（3）$p(-\infty) = p(\infty) = 0$，也是因为 $\lim\limits_{x \to -\infty} P(x) = 0$，$\lim\limits_{x \to \infty} P(x) = 1$。

进一步把单个随机变量的概率和概率密度的定义推广到多个随机变量。为了书写简明起见，以两个随机变量为例，读者不难推广到任意维的随机变量。两个随机变量的累积概率称为联合概率，用 $P(x, y)$ 表示，它的定义是

$$P(x, y) = \frac{同时出现 \ u < x \ 和 \ v < y \ 的实验次数}{所有实验次数} \tag{3.3.4}$$

联合概率具有以下性质：

（1）$P(x)$ 是小于 1 的正值函数，即 $0 \leqslant P(x, y) \leqslant 1$；

（2）$P(x, y)$ 对变量 x 和 y 都是不减函数；

（3）$P(-\infty, y) = 0$，$P(x, -\infty) = 0$ 和 $P(-\infty, \infty) = 1$。

同样，如果联合概率函数是可微的，则可定义联合概率密度函数 $p(x, y)$ 为

$$p(x, y) = \frac{\partial^2 P(x, y)}{\partial x \partial y} \tag{3.3.5}$$

一般来说，已知每一随机变量 u、v 的概率分布 $P(u)$、$P(v)$ 或概率密度 $p(u)$、$p(v)$，不能直接推算出联合概率分布 $P(u, v)$ 或联合概率密度 $p(u, v)$，因为联合概率密度取决于两个随机事件之间的约束关系。如果两个随机变量的联合概率密度等于各自的概率密度之积：$p(x, y) = p(x)p(y)$，则称这两个随机变量是相互独立的。

再进一步，可以把随机变量 $u(\varpi)$ 的概率概念推广到随机函数 $u(\varpi, t)$。以流动

为例，由某一种初始状态启动的一个流动（物理实验或数值计算实验），它是系综中的一个事件 ϖ。流动过程受流体力学方程（如 N-S 方程）控制，在一个事件中某一点速度随时间的变化在理论上是可测的，因此一点的速度既是初始事件 ϖ 的不规则函数，又是时间的函数，对于概率事件的系综 $\Omega(\varpi)$ 来说，时间 t 是一个新自变量，因此称 $u(\varpi,t)$ 为随机函数，意指随机变量 $u(\varpi)$ 还随 t 变化。

随机函数（或随机过程）的概率或概率密度的定义是随机变量中相应定义的推广，可以对每一时刻 t 给出 $u(\varpi,t)$ 的概率：

$$P(x,t) = \frac{在\,t\,时刻出现\,u < x\,的实验次数}{所有实验次数} \tag{3.3.6}$$

它的概率密度为

$$p(x,t) = \partial P(x,t)/\partial x \tag{3.3.7}$$

不同时刻随机变量 $u(\varpi,t_1)$ 和 $u(\varpi,t_2)$ 间的关系用随机函数的联合概率来描述，定义如下：

$$P(x_1,x_2;t_1,t_2) = \frac{在\,t_1\,时刻出现\,u_1 < x_1\,的实验次数和在\,t_2\,时刻出现\,u_2 < x_2\,的实验次数}{所有实验次数}$$

$$\tag{3.3.8}$$

还可以把随机函数的概念推广到关于空间变量的随机函数，于是一般的时空四维随机变量场中可以有如下的一点概率分布和两点联合概率分布：

$$P = P(u_1,\ x_1,\ x_2,\ x_3;\ t) \tag{3.3.9a}$$

$$P = P(u_1,\ u_2,\ x_1,\ x_2,\ x_3;\ y_1,\ y_2,\ y_3;\ t_1,\ t_2) \tag{3.3.9b}$$

一点概率分布是时空点 $(x_1,\ x_2,\ x_3;\ t)$ 上变量 u_1 的概率分布；两点概率分布的含义是在时空点 $(x_1,\ x_2,\ x_3;\ t_1)$ 上变量 u_1 和时空点 $(y_1,\ y_2,\ y_3;\ t_2)$ 上变量 u_2 的联合概率分布。

原则上来说，假如知道了湍流场中任意一组点上的概率密度，就完全掌握了它的性质。

3.3.2　统计矩与特征函数

根据概率论及上节知识可知，n 个点上的速度联合概率分布，一般可由这些点上的速度的所有积矩来决定。为了说明这一点，简单地看一下 x 点上速度的一个分量在 u 和 $u + \mathrm{d}u$ 间的概率密度函数 $p(u)$，首先要引入特征函数。特征函数由 $p(u)$ 的 Fourier 变换所定义。即 $p(u)$ 的特征函数 $\phi(\lambda)$ 为

$$\phi(\lambda) = \int_{-\infty}^{\infty} \mathrm{e}^{\mathrm{i}\lambda u} P(u)\,\mathrm{d}u \tag{3.3.10}$$

将 $\exp(\mathrm{i}\lambda u)$ 展开

$$\exp(\mathrm{i}\lambda u) = 1 + \frac{\mathrm{i}\lambda u}{1!} + \frac{(\mathrm{i}\lambda u)^2}{2!} + \cdots + \frac{(\mathrm{i}\lambda u)^n}{n!} + \cdots \tag{3.3.11}$$

将式（3.3.11）代入到式（3.3.10）中，则

$$\sum_{n=0}^{\infty} \frac{(\mathrm{i}\lambda)^n}{n!} \int_{-\infty}^{\infty} u^n P(u) \,\mathrm{d}u$$

收敛, 故

$$\phi(\lambda) = \sum_{n=0}^{\infty} \frac{(\mathrm{i})^n}{n!} \overline{u^n} \lambda^n \tag{3.3.12}$$

式中, $\overline{u^n} = \int_{-\infty}^{\infty} u^n p(u)\,\mathrm{d}u$ 称为 n 次积距。由式 (3.3.12) 可知, 以 λ 的幂级数表示特征函数时, λ^n 的系数与 u^n 的平均值 (即 n 次矩) 成比例。因此, 如果知道了全部的矩 ($n = 0, 1, 2, \cdots$), 则特征函数就可用式 (3.3.12) 表示, 对它做逆 Fourrier 变换, 即可求出 $p(u)$。简言之, 要知道 $p(u)$, 求出 u 的全部矩即可。一点上速度的一个分量存在这种分布关系时, 一般就能很容易地扩展到许多点上的速度。因此, n 点的联合概率分布函数可用 n 个时空点 [即 (x_1, t_1), (x_2, t_2), $\cdots$, (x_n, t_n)] 的 m 个速度分量的积 ($m \geq n$) 的平均值——即 m 次 n 点的速度积矩

$$Q^{(m)}{}_{i_i \cdots P}(x_1, x_2, \cdots, x_n, t_1, t_2, \cdots, t_n) = \overline{u_i(x_1, t_1) u_i(x_2, t_2) \cdots u_P(x_n, t_n)} \tag{3.3.13}$$

来代替。式中, i, j, $\cdots$, p 表示在空间相互成直角的 3 个坐标轴方向上的速度分量脚标。用积矩代替概率分布函数的另外一个优点就在于, 积矩是一个可以直接测定的量。

以上我们所谈的都是极为一般的情况。现在我们再来研究一下较为特殊的湍流场。首先, 湍流场是均匀的, 即在空间各处都是均匀一致的, 那么只要点的相对配列不变, 无论在何处选取坐标系原点, 对 n 个点的联合概率分布来说都是不变的。即

$$\begin{aligned} &P[u_1(x_1, t_1), u_2(x_2, t_2), \cdots, u_n(x_n, t_n)] \\ &= P[u_1(x_1 + \xi, t_1), u_2(x_2 + \xi, t_2), \cdots, u_n(x_n + \xi, t_n)] \end{aligned} \tag{3.3.14}$$

式中, ξ 为任意位置向量。同样, 湍流场如果是定常的, 即不随时间变化, 那么联合概率分布与时间坐标原点无关, 即

$$\begin{aligned} &P[u_1(x_1, t_1), u_2(x_2, t_2), \cdots, u_n(x_n, t_a)] \\ &= P[u_1(x_1, t_i + \tau), u_2(x_2, t_2 + \tau), \cdots, u_n(x_n, t_n + \tau)] \end{aligned}$$

式中, τ 表示任意时刻。如湍流场是均匀的, 那么从属于湍流场的一切量, 例如, 积矩 $g < m$ 等, 都是均匀的。另外, 如果湍流场是定常的话, 那么从属于湍流场的所有量都是定常的。均匀性、定常性的假定会使湍流场的处理变得非常简单。

3.3.3　湍流谱

下面, 我们研究某一方向 ($i = 1$) 上的扰动 u_1'。为简单起见, 假定平均速度为 0。以 $\frac{1}{2}\overline{u_1'^2}$ 表示每单位质量的扰动能量。如将 u_1' 分解 x_1 方向上的各种波数 k_1 的 Fourrier 分量, 则 $\frac{1}{2}\overline{u_1'^2}$ 可用各波数的能量之和来表示。于是, 以 $E_1(k_1)\,\mathrm{d}k_1$ 示波数在 k_1 与 $k_1 + \mathrm{d}k_1$ 之间的能量比率时, 则

$$\frac{1}{2}\overline{u_1'^2} = \int_0^{\infty} E_1(k_1)\,\mathrm{d}k_1 \tag{3.3.15}$$

由于波数的倒数具有长度的量纲，因此，k_1^{-1} 或 $2\pi k_1^{-1}$ 可划分为各自的 Fourier 分量的波长，甚至可以更进一步细分为"每个涡旋的大小"。从数学上来讲，能量密度函数 $E_1(k_1)$ 与 x_1 方向的扰动速度相关 $R_{11}(r_1) = \overline{u_1(x_1)u_1(x_1+r_1)}$ 是以余弦 Fourier 变换相联系着的，即

$$E_1(k_1) = \frac{1}{\pi} \int_0^\infty R_{11}(r_1)\cos k_1 r_1 \mathrm{d}r_1 \qquad (3.3.16a)$$

$$R_{11}(r_1) = 2\int_0^\infty E_1(k_1)\cos k_1 r_1 \mathrm{d}k_1 \qquad (3.3.16b)$$

如图 3.3.3 所示，$k_1 = 0$ 就表示波长为无限大的湍流分量，能量密度为最大。由式（3.3.16a）得

$$E_1(0) = \int_0^\infty R_{11}(r_1)\mathrm{d}r_1 > 0$$

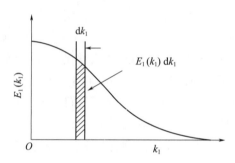

图 3.3.3　湍流能量谱分布

能量强烈地存在于这种波长大的扰动中，这可能会令人感到有些奇怪。但因为湍流有三维构造，所以 $E_1(k_1)$ 也就是波能密度在 x_1 方向上的投影。因此，实际上必须将扰动谱进行 Fourier 分解，使其在 3 个不同方向上分别具有波数 k_1、k_2、k_3。这样，三维相关函数张量 $R_{ij}(\boldsymbol{r},\boldsymbol{x},t)$ 对应的必定是以 Fourier 变换相互联系在一起的能量谱张量 $E_{ij}(\boldsymbol{k},\boldsymbol{x},t)$

$$E_{ij}(\boldsymbol{k},\boldsymbol{x},t) = -\frac{1}{(2\pi)^3}\int R_{ij}(\boldsymbol{r},\boldsymbol{x},t)^{-ik\cdot r}\mathrm{d}\boldsymbol{r} \qquad (3.3.17a)$$

$$R_{ij}(\boldsymbol{r},\boldsymbol{x},t) = \int E_{ij}(\boldsymbol{k},\boldsymbol{x},t)\mathrm{e}^{ik\cdot r}\mathrm{d}\boldsymbol{k} \qquad (3.3.17b)$$

式（3.3.17a）、式（3.3.17b）乃是式（3.3.16a）、式（3.3.16b）的通式。E_{ij} 一般为复数。因 R_{ij} 取实数值，根据对称条件，以 * 表示共轭复数时，则由式（3.3.17a）得

$$E_{ij}(\boldsymbol{k},\boldsymbol{x},t) = E_{ji}^*(\boldsymbol{k},\boldsymbol{x},t) = E_{ii}(-\boldsymbol{k},\boldsymbol{x},t)$$

另外，式（3.3.17b）中，如 $i=j$，$r=0$，则根据张量运算规则得

$$R_{ii}(0,\boldsymbol{x},t) = \overline{u_1'^2} + \overline{u_2'^2} + \overline{u_3'^2} = \int E_{ii}(\boldsymbol{k},\boldsymbol{x},t)\mathrm{d}\boldsymbol{k} \qquad (3.3.18)$$

即 $E_{ii}(\boldsymbol{k})$ 表示扰动动能在波数向量 $\boldsymbol{k} = (k_1,k_2,k_3)$ 间的分配情况。为了更方便起见，就要考虑在波数空间的半径 $k = |\boldsymbol{k}|$ 的球面上，积分 $\frac{1}{2}E_{ii}(\boldsymbol{k})$，得到的标量能量谱

函数 $E(\boldsymbol{k})$

$$E(\boldsymbol{k}) = \frac{1}{2}\int E_{ii}(\boldsymbol{k})\,\mathrm{d}S(\boldsymbol{k}) \tag{3.3.19}$$

$\mathrm{d}S(\boldsymbol{k})$ 表示半径为 k 的球面上的微小面积（图 3.3.4）。因此，$\mathrm{d}\boldsymbol{k} = \mathrm{d}S(k)\mathrm{d}k$，由式（3.3.18）得：

$$\frac{1}{2}R_{ii}(0) = \frac{1}{2}(\overline{u_1'^2} + \overline{u_2'^2} + \overline{u_3'^2}) = \frac{1}{2}\overline{\boldsymbol{u}'^2} = \int_0^\infty E(\boldsymbol{k})\,\mathrm{d}k \tag{3.3.20}$$

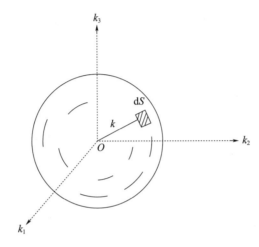

图 3.3.4　波数空间

　　显然，$E(k)$ 与波数向量的方向无关，只是每个绝对值 k 的 Fourier 分量的扰动能量密度。将式（3.3.20）与式（3.3.15）加以比较就可以看出，$E(k)$ 为一维时的 $E_1(x_1)$ 的扩展。由式（3.3.19）也可以想象得出，$E(0) = 0$ 时不存在波数的大小为 $k = 0$，（无限大的波长）的扰动。一个方向 x_1 的速度 u_1 的能量谱就是湍流的三维构造在 x_1 方向上的投影。如图 3.3.5 所示。

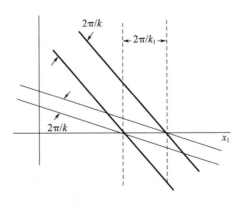

图 3.3.5　湍流的二维分量与一维（投影）分量之间的关系

　　3 种类型的三维扰动的分量波长 $2\pi/k$ 虽然各不相同，但这些分量在 x_1 方向上投影的波长却都是 $2\pi/k$，所以对应这一分量的能量就是将所有三维扰动的 Fourier 分量的有效部分相加的结果，条件是将能量只在 x_1 方向上进行分解，固定 k_1 并满足 $2\pi/k \leqslant 2\pi/k_1$，显

然，k_1 越小，那么更多的三维分量对 $E_1(k)$ 就更为有利。在下面我们要讲到的各向同性湍流中，E_1 与 E 之间有下列关系，

$$E_1(k_1) = \frac{1}{2} \int_{k_1}^{\infty} \frac{E(k)}{k} - \left(1 - \frac{k_1^2}{k^2}\right) dk \qquad (3.3.21)$$

反过来，给出 $E_1(k)$ 求 $E(k)$ 时，则有

$$E(k) = k^3 \frac{\partial}{\partial k} \left[\frac{1}{k} \frac{\partial E_1(k)}{\partial k} \right] \qquad (3.3.22)$$

由式（3.3.21）或式（3.3.22）可以证明，各向同性的三维谱 $E(k)$ 与一维谱 $E_1(k)$ 都同 k 有关，并服从同一幂法则。

3.3.4 各向同性湍流

因为湍流有三维构造，所以只着眼于一个方向的分量时，无论如何也不能完全掌握实际的情况，然而求出实际湍流场中 3 个方向上扰动分量的相关函数后，却也不是轻而易举地就能得到能量函数。因此，就要研究一个极为特殊的湍流场——各向同性的湍流。所谓各向同性扰动是指"扰动的所有统计量，就整体而言，无论使之对坐标轴如何旋转和如何反射，统计量都不变"（各向同性也必须具有均匀性）。

均匀性是指湍流的一切统计平均性质与空间位置无关，所有统计相关函数在空间坐标系的任意平移下不变；而各向同性则意味着湍流的一切统计平均性质与空间方向无关，所有统计相关函数在空间坐标系的任意旋转与反射下都保持不变。各向同性必须以均匀性为前提，因为任何不均匀性必然在流场中引入特殊的梯度方向而与各向同性相矛盾。

在均匀各向同性假设下，湍流的各阶统计相关函数都可以大大简化，因而便于理论分析。现有的湍流统计理论成果中，绝大部分是通过对均匀各向同性流的分析得到的。各向同性湍流是一种理想化湍流模型，在自然界和工程中不存在精确的各向同性湍流。有一些湍流可以近似看作各向同性的，如高空自然风、风洞试验段核心区的流动、圆管中轴线附近的流动等。在高雷诺数下，许多从整体来看确为各向异性的湍流，仅就其中小尺度范围的流动而言，其统计平均性质仍近似是各向同性的。均匀各向同性湍流具有湍流质量、能量输运的基本属性，任何用于一般湍流的理论，也必须在均匀各向同性湍流下检验，与实际试验结果相符合。对均匀各向同性湍流的研究构成了一般湍流研究的基础。

均匀各向同性湍流是对实际流场的一种近似，虽然严格意义上的各向同性湍流并不存在，但远离地面的大气，以及远离海面和海岸的海洋中的湍流可近似为各向同性的；风洞内栅格后平均速度均匀的流场是近似为各向同性湍流的另一个例子。各向同性湍流在数学上比较简单，对它进行研究有助于对非各向同性湍流加深理解。

由于使用了各向同性的概念，湍流场的积矩就变得更简单了。例如，每单位质量的雷诺应力 $\overline{-u_i'(x,t)u_j'(x,t)}$（$i \neq j$）在各向同性的湍流场中为 0。证明很简单，如图 3.3.6 所示。

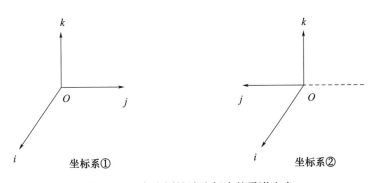

图 3.3.6　各向同性湍流场中的雷诺应力

在 (i, j, k) 方向上选取坐标系①则雷诺应力为 $-\overline{u_i' u_j'}$。其次，如果做一坐标系②，使坐标系②的 j 轴反射于 (i, j)，那么从这一坐标系所看到的雷诺应力为 $-\overline{u_i'(-u_j')} = \overline{u_i' u_j'}$，根据各向同性的条件，因雷诺应力不变，即：

$$-\overline{u_i' u_j'} = \overline{u_i' u_j'}$$

因此，

$$-\overline{u_i' u_j'} \equiv 0 \quad (i \neq j)$$

同样地，在各向同性湍流中，扰动速度分量的二次方平均在各个方向上也可以说是相等的。即

$$\overline{u_1'^2} = \overline{u_2'^2} = \overline{u_3'^2} = \frac{1}{3}\overline{u'^2}$$

其次，关于两点 $(\boldsymbol{x}, \boldsymbol{x} + \boldsymbol{r})$ 速度的相关张量

$$\overline{u_i'(\boldsymbol{x}) u_j'(\boldsymbol{x} + \boldsymbol{r})}$$

在各向同性湍流场中又是怎样的呢？因各向同性兼有均匀性，所以只要研究 $\overline{u_i'(0) u_j(\boldsymbol{r})}$ 就完全可以了。一般来说，相互位置向量 $\boldsymbol{r}$ 的方向同任何一个坐标轴都不一致，因此，为了简单起见，作为一个特殊情况，可取一个坐标轴（譬如 x_1）在 $\boldsymbol{r}$ 的方向上，研究一下以其坐标轴所表现的速度相关张量（图 3.3.7）。

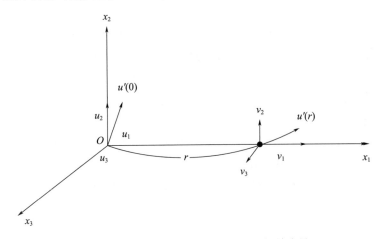

图 3.3.7　各向同性团流场中的双重相关张量

如果使用各向同性的条件，可以证明，$\overline{u_i' u_j'}$ 的 9 个分量中除对角线的分量外均为零。另外，对角线分量中，$i = 2$，$j = 2$ 及 $i = 3$，$j = 3$ 是相等的。结果相关张量只与两点的距离 $r = |\boldsymbol{r}|$ 有关，可以写成下面的式子：

$$R_{ij}(r) = \begin{pmatrix} \overline{u_1'^2} f(r) & 0 & 0 \\ 0 & \overline{u_1'^2} g(r) & 0 \\ 0 & 0 & \overline{u_1'^2} g(r) \end{pmatrix}$$

式中，$f(r)$ 与 $g(r)$ 分别称为纵向与横向相关系数，分别表示连接两点方向的速度相关系数以及垂直于两点连线的直角速度的相关系数（图 3.3.8）。

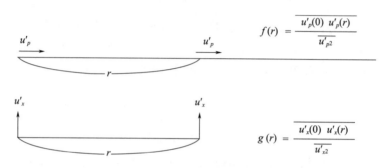

图 3.3.8　纵向与横向相关系数

当 r 与坐标轴不一致时，$R_{ij}(r)$ 的表现形式非常复杂，但本质上可只用 $f(r)$ 与 $g(r)$ 来表现。在不可压缩流体中，两个相关系数之间有下列关系：

$$g(r) = f(r) + \frac{1}{2r} \frac{\partial}{\partial r} f(r)$$

于是，各向同性湍流场的相关张量只用一个换算过的相关系数 $f(r)$ 或 $g(r)$ 就可以确定。因此，为求各向同性湍流场的能量谱 $E(k)$，只要知道了沿着连结湍流场的任意两点方向的速度相关 $\overline{u_1'^2} f(r)$，并把速度相关做 Fourier 变换，就能得到一维的谱函数。因此，根据式（3.3.22），就与三维能量谱函数联系起来了。于是，只要知道了 $f(r)$ 或 $g(r)$ 就可以求出能量谱。

但实际上尽管湍流场是各向同性的，也必须选取各种 r 的相关，所以要完全测定出 $f(r)$ 并不是很容易的。另外，海洋湍流的观测大多是在海中某一点取某一方向的扰动的时间记录：$u_i(x, t)$，$T_1 \le t \le T_2$，此时可作为一组平均流 $\overline{U_1}$ 方向的扰动 $u_i'(x, t)$ 记录。据此就容易求出同 u_i' 的时间有关的相关函数 $\overline{u_1(t) u_1'(t + \tau)}$，如果湍流场是定常的话，那么相关函数只和 τ 有关。进而，假定平均流的大小同扰动强度相比非常大，因为距离观测点为 ξ 的上流处的一点于 $\xi / \overline{U_1}$ 时间之前发生的扰动决不会改变整个扰动形状，所以我们就可以认为在观测点所看到的扰动是刚刚发生的，这就叫 Taylor 的定型假设（也叫泰勒冰冻假设）。虽然叫定型，但也并非每一个速度都要正确的对应，只要统计上的图形相同就可以了。因此，一点上 $u_i'(t)$ 的时间相关同速度 $\overline{U_1}$ 方向的空间相关之间有下列关系式：

$$\overline{u_1'(0) u_1'(\tau)} = \overline{u_1'(0) u_1'(\xi)}$$

上式是以 $\xi = \overline{U}_1\tau$ 联系起来的。因此，与利用时间相关的 Fourier 变换求得的振动数 f_1 有关的能量函数为

$$\phi_1(f_1) = \int_{-\infty}^{\infty} \overline{u_1'(0)u_1'(\tau)}\,\mathrm{e}^{\mathrm{i}f_1\tau}\mathrm{d}\tau$$

另外，根据空间相关的 Fourier 变换求得的波数 k_1 的能量函数为

$$E_1(k_1) = \int_{-\infty}^{\infty} \overline{u_1'(0)u_1'(\xi)}\,\mathrm{e}^{\mathrm{i}k_1\xi}\mathrm{d}\xi$$

两者之间有下列关系：

$$E_1(k_1) = \overline{U}_1\phi_1(f_1), \quad k_1 = f_1(\overline{U}_1)^{-1}$$

在各向同性湍流场中，根据一维振动数的谱函数就可以求出波数谱函数 $E(k)$。最后剩下的一个问题就是：各向同性湍流场在海洋中究竟有无现实意义，海洋在水平方向上有数千千米的范围，而在垂直方向上平均最多只有 4 000 m 的深度。因此，假定把整个海洋看成是一个大规模的涡旋，那么海洋深度（厚度）就像一张打字纸那样薄，所以不能说海洋全是各向同性的。但是，如果将范围变得十分小时，主要因压力的作用可使扰动逐渐变得接近于各向同性。例如，10 cm 以下的涡旋同外界场的构造无关，大体近似于各向同性，Kolmogorov 的湍流相似理论就是参照这一局部各向同性的扰动而建立起来的。

3.4　湍流的数值模拟

研究湍流的最终目的是预测和控制自然界各种复杂湍流，从湍流运动方程的介绍中，已经看到：①湍流的统计方程是不封闭的；②湍流的瞬时流动是有结构的。对于简单的湍流运动，有可能用解析方法对它们的统计特性进行近似的预测。然而，对于复杂湍流，解析方法几乎是无能为力的，因此，实验测量和数值模拟是研究复杂湍流的必要手段。自 20 世纪 70 年代以来，随着电子计算机技术的迅速发展，数值模拟成为研究湍流的有效方法。

根据计算机的条件和研究湍流的不同目的，湍流数值模拟的精细程度有不同的层次。为了对湍流物理性质进行深入的了解，需要最精细的数值计算，这时，必须从完全精确的流动控制方程出发，对所有尺度的湍流运动进行数值模拟，这种最精细的数值模拟称为直接数值模拟（Direct Numerical Simulation，DNS）。实用上，只需要预测湍流的平均速度场、平均标量场和平均作用力时，可以从雷诺平均方程出发，在这一层次上的数值模拟称为雷诺平均数值模拟（Reynolds-Averaged Navier-Stokes，RANS）。雷诺平均方程是不封闭的，必须引入雷诺应力的封闭模型才可解出平均流场。雷诺应力的主要贡献来自大尺度脉动，而大尺度脉动的性质和流动的边界条件密切相关，因此，雷诺应力的封闭模式不可能是普适的，就是说，不存在对一切复杂流动都适用的统一封闭模式。介于 DNS 和 RANS 之间的数值模拟方法称为大涡数值模拟（Large Eddy Simulation，LES）。大涡数值模拟的思想是：大尺度脉动（或大尺度湍涡）用数值模拟方法计算，

只将小尺度脉动对大尺度运动的作用做模型假设。LES 的理论依据是小尺度脉动有局部平衡的性质,很可能存在某种局部普适的统计规律,如局部各向同性或局部相似性等。因而,小尺度脉动对大尺度运动的统计作用可能是普适的。

DNS、LES 和 RANS 3 个层次上的数值模拟方法对流场分辨率的要求有本质上的差别。直接数值模拟要求模拟所有尺度的湍流脉动,具体计算时,最小的模拟尺度应当小于耗散区尺度,就是说网格的尺度 Δ 应当小于 Kolmogorov 尺度乃雷诺平均方法将所有尺度脉动产生的雷诺应力做了模型,因此网格尺度应当大于脉动的积分尺度,或脉动的含能尺度,网格的最小尺度由平均流动的性质确定。大涡数值模拟的网格分辨率介于 DNS 和 RANS 之间,它的网格长度应当和惯性子区尺度同一量级,因为惯性子区以下尺度的脉动才可能有局部普适性规律。

以上简要地说明了 3 种数值模拟方法对网格精细程度的要求,在相同雷诺数条件下,直接数值模拟的网格尺度最小,所以要求计算机的内存最大,计算时间最长。雷诺平均数值模拟方法的网格尺度允许较大,因此要求计算机内存小,计算时间短;大涡数值模拟介于两者之间。

3 种湍流数值模拟方法给出的信息量有很大差别。直接数值模拟可以计算所有湍流脉动,通过统计计算就可以给出所有平均量,如雷诺应力、脉动的能谱、标量输运量等。雷诺平均数值模拟方法只能给出平均速度场、雷诺应力、平均压强、平均热流量、平均合力等。大涡数值模拟方法给出的信息少于直接数值模拟,而大于雷诺平均方法,它可以给出大于惯性子区尺度的脉动信息,特别是大尺度脉动信息,同时,通过统计计算也可以给出所有平均量。

总之,直接数值模拟付出的计算代价最大,获得的信息也最多;雷诺平均方法花费的计算代价最小,获得的信息量也最少。必须根据需要来选择数值模拟的方法,直接数值模拟是计算湍流的最理想方法,由于它要求计算机的容量很大,目前是研究中低雷诺数简单湍流物理机制的有力工具。传统工程计算只需要平均作用力和平均传热量等,所以采用 RANS 就足够了。但是近代工程设计需要知道动态特性,例如,作用在飞行器上气动力载荷的谱是决定疲劳强度的重要参数,气动噪声和湍流脉动密切相关。若要获得动态信息,RANS 就不能满足要求,而大涡数值模拟能够给出以上需要的信息。

3.4.1 湍流直接数值模拟

直接数值模拟可以获得湍流场的全部信息,而实验测量只能提供有限的流场信息。例如,流场中的压强脉动至今没有很精确的测量结果,流场中的涡量分布也是很难测量的,因此湍流场的涡结构只有流动显示的定性观察结果。以上那些很难测量的湍流脉动量很容易在直接数值模拟的数据库中获得,因此湍流直接数值模拟可以为研究人员非常细致地研究湍流性质提供可靠的原始资料。直接数值模拟能够获得实时的流动演化过程,因此它也是研究湍流控制方法的有效工具。利用直接数值模拟的数据库还可以评价已有湍流模型，进而研究改进湍流模型的途径。

湍流是多尺度的不规则运动，湍流直接数值模拟和层流运动的数值计算有很大区别。第一，由于湍流脉动具有宽带的波数谱和频谱，因此湍流直接数值模拟要求有很高的时间和空间分辨率。第二，为了求得湍流统计特性，需要足够多的样本流动；如果湍流是时间平稳态，就要有足够长的时间序列。由于这些特殊要求，需要有内存大、速度快的计算机才能实现湍流直接数值模拟。

直接数值模拟不用任何湍流模型，直接求解完整的三维非定常 N-S 方程组，计算包括脉动在内的湍流所有瞬时运动量在三维流场中的时间演变。

控制方程以张量形式给出如下：

$$\frac{\partial u_i}{\partial t} + u_j \frac{\partial u_i}{\partial x_j} = -\frac{1}{\rho} \frac{\partial p}{\partial x_i} + \nu \frac{\partial^2 u_i}{\partial x_j \partial x_j} + f_i \tag{3.4.1}$$

$$\frac{\partial u_i}{\partial x_i} = 0 \tag{3.4.2}$$

以均匀各向同性湍流为例，假如湍流积分尺度（湍流最大旋涡尺度，相当于特征长度）为 l，Kolmogorov 耗散尺度（湍流最小尺度）为 η。因此，为了捕捉到所有尺度的流动信息，计算区域宏观尺度 L 必须大于湍流积分尺度 l，网格尺度 Δ 必须小于 Kolmogorov 尺度 η，网格数 N 必须满足以下关系式：

$$N = \frac{L}{\Delta} > \frac{l}{\eta}$$

对上式进行整理可知：

$$N > Re^{3/4}$$

其中，$Re = \langle u \rangle l / \nu$。所以，对于实际三维湍流问题，计算网格总数将达到：

$$N\text{total} = N^3 > Re^{9/4}$$

对于时间步长，为保证计算过程的稳定性，时间步长必须满足 CFL 条件，即：

$$\Delta t < \frac{\Delta}{\langle u \rangle}$$

此外，为了获得湍流统计信息，直接数值模拟需要足够多的样本。对于稳态充分发展的瑞流，通常需要以上的时间步长结果。

在初始条件设定方面，直接数值模拟通常可以采用初场加扰动的形式给出。其中，初场可以选用层流场，扰动可以通过随机数来构造。

由于最小尺度的涡在时间与空间上都变化很快，为能模拟湍流中的小尺度结构，具有非常高精度的数值方法是必不可少的。

谱方法或伪谱方法

谱方法或伪谱方法是目前直接数值模拟用得最多的方法，其主要思路为，将所有未知函数在空间上用特征函数展开，成为以下形式：

$$V(x,t) = \sum_m \sum_n \sum_p a_{mnp}(t) \psi_m(x_1) \varphi_n(x_2) \chi_p(x_3)$$

其中，ψ_m、φ_n、χ_p 都是已知的正交完备的特征函数族。在具有周期性或统计均匀性的空间方向一般都采用 Fourier 级数展开，这是精度与效率最高的特征函数族。在其他情形，较多选用 Chebyshev 多项式展开，它实质上是在非均匀网格上的 Fourier 展开。此外，也有用 Legendre、Jacobi、Hermite 或 Laguerre 等函数展开，但它们无快速变换算法可用。如将上述展开式代入 N-S 方程组，就得到一组 $a_{mnp}(t)$ 所满足的常微分方程组，对时间的微分可用通常的有限差分法求解。

在用谱方法计算非线性项例如 $\boldsymbol{V} \times \boldsymbol{\varpi}$ 的 Fourier 系数时，常用伪谱法代替直接求卷积。伪谱法实质上是谱方法与配置法的结合，具体做法是先将两个量用 Fourier 反变换回到物理空间，再在物理空间离散的配置点上计算两个量的乘积，最后又通过离散 Fourier 变换回到谱空间。在有了快速 Fourier 变换（FFT）算法以后，伪谱法的计算速度高于直接求两 Fourier 级数的卷积。但出现的新问题是存在"混淆误差"，即在做两个量的卷积计算时会将本应落在截断范围以外的高波数分量混进来，引起数值误差。严重时可使整个计算不正确甚至不稳定，但在多数情形下并不严重，且有一些标准的办法可用来减少混淆误差，但这将使计算的工作量增加。

高阶有限差分法

高阶有限差分法的基本思想是利用离散点上函数值 f_j 的线性组合来逼近离散点上的导数值。设 F_j 为函数 $\left[(\partial f / \partial x)_j \right]$ 的差分逼近式，则

$$F_j = \sum \alpha_j f_j$$

式中系数 α_j 由差分逼近式的精度确定，将导数的逼近式代入控制流动的 N-S 方程，就得到流动数值模拟的差分方程。差分离散方程必须满足相容性和稳定性。

直接数值模拟的特点

（1）接数值求解 N-S 方程组，不需要任何湍流模型，因此不包含任何人为假设或经验常数。

（2）直接对 N-S 方程模拟，故不存在封闭性问题，原则上可以求解所有湍流问题。

（3）提供每一瞬时三维流场内任何物理量（如速度和压力）的时间和空间演变过程，其中包括许多迄今还无法用实验测量的量。

（4）用数量巨大的计算网格和高精度流体力学计算方法，完全模拟湍流流场中从最大尺度到最小尺度的流动结构，描写湍流中各种尺度的涡结构的时间演变，辅以计算机图形显示，可获得湍流结构的清晰且生动的流动显示。

DNS 的主要不足之处在于：要求用非常大的计算机内存容量与机时耗费。据 Kim、Moin 和 Moser 研究，即使模拟 Re 仅为 3 300 的槽流，所用的网点数 N 就约达到了 2×10^6，在向量计算机上耗时 250 h。

3.4.2 雷诺平均数值模拟

雷诺平均模拟（RANS）即应用湍流统计理论，将非定常的 N-S 方程对时间做平均，求解工程中需要的时均量。利用湍流模式理论，对雷诺应力做出各种假设，即假设各种经验的和半经验的本构关系，从而使湍流的平均雷诺方程封闭。

控制方程

对非定常的 N-S 方程做时间演算，并采用 Boussinesq 假设，得到雷诺方程：

$$\frac{\partial \overline{u_i}}{\partial t} + \overline{u_j}\frac{\partial \overline{u_i}}{\partial x_j} = \overline{f_i} - \frac{1}{\rho}\frac{\partial \overline{p}}{\partial x_j} + v\frac{\partial^2 \overline{u_i}}{\partial x_j \partial x_j} - \frac{\partial \overline{u_i' u_j'}}{\partial x_j}$$

$$\frac{\partial \overline{u_i}}{\partial x_i} = 0$$

式中，附加应力可记为 $\tau_{ij} = -p\,\overline{u_i' u_j'}$，称为雷诺应力。

这种方法只计算大尺度平均流动，而所有湍流脉动对平均流动的影响，体现到雷诺应力 τ_{ij} 中。由于雷诺应力在控制方程中的出现，造成了方程不封闭，为使方程组封闭，必须建立湍流模型。

目前，工程计算中常用的湍流模型与对流模式处理的出发点不同，可以将湍流模式理论分类成两大类：一类引入二阶脉动项的控制方程而形成二阶矩封闭模型，或称为雷诺应力模型；另一类是基于 Boussinesq 的涡黏性假设的涡黏性封闭模式，如零方程模型，一方程模型和二方程模型。

雷诺应力模型

雷诺应力模型（RSM）从雷诺应力满足的方程出发，直接建立以 $u_i' u_j'$ 为因变量的偏微分方程，将方程右端未知的项（生成项、扩散项、耗散项等）用平均流动的物理量和湍流的特征尺度表示出来，并通过模化封闭。封闭目标是雷诺应力输运方程：

$$\frac{\partial \overline{u_i' u_j'}}{\partial t} + \overline{u_k}\frac{\partial \overline{u_i' u_j'}}{\partial x_k} = -\overline{u_i' u_k'}\frac{\partial \overline{u_j'}}{\partial x_k} - \overline{u_j' u_k'}\frac{\partial \overline{u_i'}}{\partial x_k} + \phi_{ij} + D_{ij} - \varepsilon_{ij} \quad\quad (3.4.3)$$

式中，ϕ_{ij} 是雷诺应力再分配项；D_{ij} 是雷诺应力扩散项；ε_{ij} 是雷诺应力耗散项。

典型的平均流动的变量是平均速度和平均温度的空间导数。这种模式理论，由于保留了雷诺应力所满足的方程，如果模拟得好，可以较好地反映雷诺应力随空间和时间的变化规律，因而可以较好地反映湍流运动规律。因此，二阶矩模式是一种较高级的模式，但是，由于保留了雷诺应力的方程，加上平均运动的方程整个方程组总计 15 个方程，应用这样一个庞大的方程组来解决实际工程问题，计算量很大，极大地限制了二阶矩模式的应用。

涡黏模型

在涡黏模型方法中，不直接处理雷诺应力项，而是引入湍流黏度或黏性系数，然后把湍流应力表示成涡黏系数的函数。因此，研究的关键就是确定涡黏系数。该模式的来源是 Boussinesq（1877）仿照分子运动黏性系数提出涡黏假设，建立雷诺应力与平均速度梯度的关系：

$$\overline{u_i' u_j'} = v_t\left(U_{i,j} + U_{j,i} + \frac{2}{3}U_{k,k}\delta_{ij}\right) + \frac{2}{3}K\delta_{ij}$$

式中，$K = \dfrac{\overline{u_i' u_i'}}{2}$ 为湍动能；ν_t 称为涡黏性系数。

所谓涡黏模型，就是把 ν_t 与湍流时均参数联系起来的关系式。涡黏性系数与分子运动黏性系数有相同的量纲，但与之有本质的不同。分子运动黏性是流体本身的属性，而涡黏性是流体运动的特性。一般来说,涡黏性系数不是一个常数,如何确定涡黏性是湍流模式理论的主要任务。根据这种关系所包含偏微分方程的数目,可将湍流模式分为零方程模型、一方程模型及二方程模型等,零方程模型就是不引入附加的偏微分方程而只引入附加的代数关系。一方程模型是指引入一个偏微分方程,二方程模型是指引入两个偏微分方程。

1)零方程模型

零方程模型是由一些近似处理雷诺应力的半经验公式发展而来的,如 Prandtl(1925)的动量输运理论(又称混合长理论)、Karman(1931)的湍流相似理论等。所谓零方程模型就是指不引入微分方程而只用某种代数关系将涡黏性系数表示为时均速度场的函数,故有时也称为代数模型。

以二维平行流场运动为例,在混合长度理论中

$$v_t = l^2 \left| \frac{\mathrm{d}\bar{u}}{\mathrm{d}y} \right|$$

式中,$\bar{u}$ 为平行于壁面的平均速度;y 为垂直壁面的坐标;l 称为混合长度。在靠近壁面处的充分发展湍流区内,混合长度可表示为

$$l = \alpha y$$

其中,α 为比例常数,由试验确定。在 Karman 湍流相似理论中

$$l = \kappa \left| \frac{\mathrm{d}\bar{u}/\mathrm{d}y}{\mathrm{d}^2\bar{u}/\mathrm{d}y^2} \right|$$

其中,$\kappa = 0.4$ 为 Karman 常数。在零方程模式中,二维平行流运动的雷诺应力可表示为

$$-\rho\,\overline{u'v'} = \rho v_t \frac{\partial \bar{u}}{\partial y}$$

由此,建立了雷诺应力与时均速度的关系。

Prandtl 混合长度理论在一定条件下可以解决一些问题,例如在大气科学中用于研究近地面层平均风速铅直分布问题等。但其理论本质上也存在严重的局限,如该理论是以流层存在时均速度梯度为前提的。若 $\partial u/\partial y = 0$,则 $u' = 0$,且 $v_t = 0$,然而试验表明,在时均流速度梯度为零的区域,脉动速度并不为零。Karman 湍流相似理论可从时均速度的空间分布(一阶导数和二阶导数)就可以确定特征长度(即普朗特理论中的混合长度),从而也就完全确定了雷诺应力,这是后者比前者理论优越之处。但是卡门理论也同样存在着本质性的缺陷,例如脉动场的相似性假设缺乏坚实的物理根据。

2)一方程模型及二方程模型

零方程模型只能应用于比较简单的流动问题,这些流动问题往往只有一个剪切应变率起主要作用。对于稍微复杂一些的流动,零方程模型的效果就不理想了,其根本原因还是零方程模型中的涡黏性系数没有直接与表征湍流特性的参量联系起来。在零方程模型中,v_t 和 l 都把雷诺应力与当地平均速度梯度相联系,是一种局部平衡概念,忽略了对流和扩散的影响。

研究表明,湍流中反映脉动与主流相互作用的涡黏性系数由湍动能 K 及湍能耗散率 ε 决定,即

$$v_t = c_\mu \frac{K^2}{\varepsilon}$$

式中，c_μ 为经验系数。上式称为 Prandtl-Kolmogorov 关系式。因此，确定涡黏性的问题就转化为确定湍能 K 及耗散率 ε 的问题。类比浓度、温度等梯度型扩散规律，将湍动能 K 方程中扩散项"模式化"为

$$\frac{\partial}{\partial x_k}\left[\left(v+\frac{v_t}{\sigma_K}\right)\frac{\partial K}{\partial x_k}\right]$$

式中，第一项仍为分子黏性扩散；第二项则为湍流扩散，参数 σ_K 称为 Prandtl 数，其值在 1.0 左右。将雷诺应力输运方程（3.4.3）中的耗散项采用经验的代数关系来"模式化"，例如：

$$\varepsilon=c_d\frac{K^{3/2}}{l}$$

式中，c_d 为相应的经验系数，l 被假定为具有量纲 $K^{3/2}/\varepsilon$ 的湍流特征尺度。湍能方程最终写成可解形式：

$$\frac{\partial K}{\partial t}+\bar{u}_k\frac{\partial K}{\partial x_k}=\frac{\partial}{\partial x_k}\left[\left(\nu+\frac{\nu_t}{\sigma_K}\right)\frac{\partial K}{\partial x_k}\right]+\nu_t\frac{\partial \bar{u}_j}{\partial x_i}\left(\frac{\partial \bar{u}_j}{\partial x_i}+\frac{\partial \bar{u}_i}{\partial xj}\right)-\varepsilon \tag{3.4.4}$$

一方程模型考虑到了湍流的对流输运和扩散输运，比零方程模型合理，但如何确定长度比尺仍为不易解决的问题。

由此构成一方程模型（即指引入了一个关于 K 的偏微分方程）。尽管一方程模型考虑到对流输运和扩散输运，比零方程模型合理，但由于湍流特征长度尺度的经验关系不易把握，从而导致其精度并不明显优于零方程模型。

由 Launder 和 Spalding 在 1972 年提出。在引入湍动能 K 的方程基础上，再引入湍流耗散率 ε 的方程，即利用湍能耗散率方程

$$\frac{\partial \varepsilon}{\partial t}+\frac{\partial(\bar{u}_k\varepsilon)}{\partial x_i}=\frac{\partial}{\partial x_i}\left[\nu\frac{\partial \varepsilon}{\partial x_i}-\overline{\varepsilon'u_k'}-2\nu\overline{\frac{\partial}{\partial x_l}\left(\frac{p'}{\rho}\right)\frac{\partial u_k'}{\partial x_l}}\right]-2\nu\frac{\partial \bar{u}_m}{\partial x_l}\left(\overline{\frac{\partial u_k'}{\partial x_m}\frac{\partial u_k'}{\partial x_l}}+\overline{\frac{\partial u_m'}{\partial x_k}\frac{\partial u_l'}{\partial x_k}}\right)-$$
$$2\nu u_l'\overline{\frac{\partial u_m'}{\partial x_l}\frac{\partial^2 \bar{u}_m}{\partial x_k\partial x_l}}-2\nu\overline{\frac{\partial u_m'}{\partial x_k}\frac{\partial u_m'}{\partial x_l}\frac{\partial u_l'}{\partial x_l}}-2\nu^2\overline{\frac{\partial^2 u_m'}{\partial x_k\partial x_l}\frac{\partial^2 u_m'}{\partial x_k\partial x_l}}$$

来确定耗散项 ε，将其"模式化"为

$$\frac{\partial \varepsilon}{\partial t}+\bar{u}_k\frac{\partial \varepsilon}{\partial x_k}=\frac{\partial}{\partial x_k}\left[\left(\nu+\frac{\nu_t}{\sigma_\varepsilon}\right)\frac{\partial \varepsilon}{\partial x_k}\right]+c_{s1}\frac{\varepsilon}{K}\left[\nu_t\frac{\partial \bar{u}_j}{\partial x_i}\left(\frac{\partial \bar{u}_j}{\partial x_i}+\frac{\partial \bar{u}_i}{\partial x_j}\right)\right]-c_{\varepsilon 2}\frac{\varepsilon^2}{K} \tag{3.4.5}$$

式中，σ_ε、$c_{\varepsilon 1}$、$c_{\varepsilon 2}$ 为经验系数，则 K 方程（3.4.4）加上 ε 方程（3.4.5）以及时间平均方程就构成了一组封闭方程，可通过数值方法求解。由于引入了两个偏微分方程，该模式就称为 $K-\varepsilon$ 两方程模式。目前，$K-\varepsilon$ 两方程模式及其相应的修正形式已广泛地应用于各种工程实践中。

3.4.3　大涡数值模拟

湍流大涡数值模拟（LES）是有别于直接数值模拟和雷诺平均模式的一种数值模拟手段。利用次网格尺度模型模拟小尺度湍流运动对大尺度湍流运动的影响即直接数值模拟大尺度湍流运动，将 N-S 方程在一个小空间域内进行平均（或称之为滤波），以使从

流场中去掉小尺度涡，导出大涡所满足的方程。

湍流运动是由许多尺度不同的旋涡组成的。那些大旋涡对于平均流动有比较明显的影响，而那些小旋涡通过非线性作用对大尺度运动产生影响。大量的质量、热量、动量、能量交换是通过大涡实现的，而小涡的作用表现为耗散。流场的形状，阻碍物的存在，对大旋涡有比较大的影响，使它具有更明显的各向异性。小旋涡则不然，它们有更多的共性，更接近各向同性，因而较易于建立有普遍意义的模型。基于上述物理基础，LE 把包括脉动运动在内的湍流瞬时运动量通过滤波分解成大尺度运动和小尺度运动两部分。大尺度通过数值求解运动微分方程直接计算出来，小尺度运动对大尺度运动的影响在运动方程中表现为类似于雷诺应力一样的应力项，该应力称为亚格子雷诺应力，通过建立模型来模拟。即实现大涡数值模拟，首先要把小尺度脉动过滤掉，然后再导出大尺度运动的控制方程和小尺度运动的封闭方程。

滤波函数

大涡模拟首先要流动变量划分成大尺度量和小尺度量，这一过程称之为滤波。滤波运算相当于在一定区间内按一定条件对函数进行加权平均，其目的是滤掉高波数而只保留低波数，截断波数的最大波长由滤波函数的特征尺度决定。目前较为常用的滤波函数主要有以下 3 种：Deardorff 的盒式（BOX）滤波函数、富氏截断滤波函数和高斯（Gauss）滤波函数。

不可压常黏性系数的湍流运动控制方程为 N-S 方程：

$$\frac{\partial u_i}{\partial t} + \frac{\partial u_i u_j}{\partial x_j} = -\frac{1}{\rho}\frac{\partial P}{\partial x_i} + \frac{\partial(\gamma \cdot 2S_{ij})}{\partial x_j}$$

式中，S 为拉伸率张量，表达式为：$S_{ij} = (\partial u_i/\partial x_j + \partial u_j/\partial x_i)/2$；$\gamma$ 为分子黏性系数；ρ 为流体密度。设将变量 u_i 分解为下述方程中 $\bar{u}_i$ 和次网格变量（模化变量）u'_i，即 $u_i = \bar{u}_i + u'_i$，可以采用 Leonard 提出的算式表示为

$$\bar{u}_i(x) = \int_{-\infty}^{+\infty} G(x-x')u_i(x')\,\mathrm{d}x'$$

上式中，$G(x-x')$ 称为过滤函数，显然 $G(x)$ 满足：

$$\int_{-\infty}^{+\infty} G(x)\,\mathrm{d}x = 1$$

控制方程

将过滤函数作用于 N-S 方程的各项，得到过滤后的湍流控制方程组：

$$\frac{\partial \bar{u}_i}{\partial t} + \frac{\partial(\overline{u_i u_j})}{\partial x_j} = -\frac{1}{\rho}\frac{\partial P}{\partial x_i} + \frac{\partial(\gamma \cdot 2\overline{S_{ij}})}{\partial x_j}$$

由于无法同时求解出变量 $\bar{u}_i$ 和 $\overline{u_i u_j}$，所以将 $\overline{u_i u_j}$ 分解成 $\overline{u_i u_j} = \bar{u}_i \cdot \bar{u}_j + \tau_{ij}$，$\tau_{ij}$ 即称为次网格剪切应力张量（亦称为亚格子应力）。

由此动量方程又可写成

$$\frac{\partial \bar{u}_i}{\partial t} + \frac{\partial(\bar{u}_i \cdot \bar{u}_j)}{\partial x_j} = -\frac{1}{\rho}\frac{\partial P}{\partial x_i} + \gamma\frac{\partial(2\overline{S_{ij}})}{\partial x_j} - \frac{\partial \tau_{ij}}{\partial x_j}$$

式中，τ_{ij} 代表了小涡对大涡的影响。

常用的亚格子模型

目前，在大涡模拟中经常广泛采用的亚格子模型有标准的 Smagorinsky 模型、动态涡黏性模型、动态混合模型、尺度相似模型、梯度模型、选择函数模型等。其中 Smagorinsky 模型被广泛应用。

1）亚格子涡黏和涡扩散模型

不可压缩湍流的亚格子涡黏和涡扩散模型采用分子黏性和分子热扩散形式，即

$$\boldsymbol{\tau}_{ij} = 2\nu_t\,\overline{S_{ij}} + \frac{1}{3}\delta_{ij}\boldsymbol{\tau}_{kk}$$

$$T_i = \kappa_t \frac{\partial \overline{\theta}}{\partial x_i}$$

上式中 ν_t 和 κ_t 分别称为亚格子涡黏系数和亚格子涡扩散系数；$\overline{S_{ij}} = (1/2)\cdot[(\partial\overline{u_i}/\partial x_j) + (\partial\overline{u_j}/\partial x_i)]$ 是可积尺度的变形率张量。上式中第二项是为了满足不可压缩的连续方程，当 $\overline{S_{ij}}$ 收缩时（$\overline{S_{ij}} = 0$）等式两边可以相等。

将亚格子应力的涡黏模型公式 $\boldsymbol{\tau}_{ij} = 2\nu_t\,\overline{S_{ij}} + \frac{1}{3}\delta_{ij}\boldsymbol{\tau}_{kk}$ 代入到 $\dfrac{\partial \overline{u_i}}{\partial t} + \dfrac{\partial(\overline{u_i}\cdot\overline{u_j})}{\partial x_j} = -\dfrac{1}{p}\dfrac{\partial p}{\partial x_i} + \gamma\dfrac{\partial(2\overline{S_{ij}})}{\partial x_j} - \dfrac{\partial\boldsymbol{\tau}_{ij}}{\partial x_j}$ 中，变形得

$$\frac{\partial \overline{u_i}}{\partial t} + \overline{u_j}\frac{\partial \overline{u_i}}{\partial x_i} = -\frac{\partial}{\partial x_i}\left(\frac{\overline{p}}{\rho} + \frac{\boldsymbol{\tau}_{kk}}{3}\right) + \frac{\partial}{\partial x_i}\left[(\nu + \nu_t)\left(\frac{\partial \overline{u_i}}{\partial x_i} + \frac{\partial \overline{u_j}}{\partial x_i}\right)\right]$$

$$\frac{\partial \overline{u_i}}{\partial x_i} = 0$$

2）Smagorinsky 模型

Smagorinsky 模型是由 Smagorinsky 于 1963 年提出来的，该模型是第一个亚格子模型。广泛用于大涡模拟中的涡黏模型认为亚格子应力的表达式如下：

$$\boldsymbol{\tau}_{ij} - \frac{1}{3}\delta_{ij}\boldsymbol{\tau}_{kk} = -2\nu_T\,\overline{S_{ij}}$$

式中，$\overline{S_{ij}} = (1/2)\cdot[(\partial\overline{u_i}/\partial x_j) + (\partial\overline{u_j}/\partial x_i)]$ 是可积尺度的变形率张量；ν_T 是涡黏性系数。

1963 年 Smagorinsky 定义了涡黏系数：

$$\nu_T = (C_S\Delta)^2|\overline{S}|$$

式中，$|\overline{S}| = (2\overline{S_{ij}}\overline{S_{ij}})^{1/2}$ 是变形率张量的大小；Δ 是过滤尺度；C_S 无量纲参数，称为 Smagorinsky 系数。

3）动态亚格子模型

1991 年，Germano 等提出了动态亚格子模型，该模型以 Smagorinsky 模型为基本模型，但克服了 Smagorinsky 模型的部分缺陷。动力模型实际上是动态确定亚格子涡黏模型的系数。动力模型需要对湍流场做两次过滤，一次是细过滤，细过滤后再做一次粗过滤。通过在网格尺度和检验滤波器尺度条件下计算得到的应力差来确定应力模型系数，

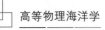

使模型系数成为空间和时间的函数，从而避免了在模拟过程中对系数进行调节。因此，比 Smagorinsky 模型所采用的固定系数值更加合理。

4）相似性模型

1980 年，Bardina 等提出了尺度相似模型。该模式假定从大尺度脉动到小尺度脉动的动量输运主要由大尺度脉动中的最小尺度脉动来产生，并且过滤后的最小尺度脉动速度和过滤掉的小尺度脉动速度相似。通过二次过滤和相似性假定可以导出亚格子应力表达式。采用这种模型能正确预测墙壁面附近的渐近特性，但预测各向不均匀的室内空气复杂流动准确性较差。

3.5　湍流的观测

湍流运动中的速度、压强等物理量都是时间和空间位置的不规则函数。如果湍流场是统计定常的，根据各态遍历定理，获得准确的湍流脉动量的时间序列就能得到湍流脉动的信息。湍流脉动的时间序列具有宽频带，为了准确测得湍流的高频成分，测量仪器不仅要准确，而且需要有很好的响应特性。湍流脉动数据采集必须满足以下要求。

（1）测量的精度。除了测量仪器的精度外，采集系统的精度取决于电子系统和 A/D 转换（模拟信号转换为电子信号）。电子系统要求具有高信噪比和宽频带的频率响应，由于湍流信号具有宽频带，因此电子系统需要同时具有低频和高频的响应。A/D 转换的精度决定于它的转换位数，一般情况下，12 位二进制的 A/D 转换可以达到 1/4 096 的数值精度，或 76 dB 的数字信噪比，已经能够满足湍流测量的精度。

（2）采样频率。准确的湍流数据处理，在于正确地设定采样频率。假如湍流脉动的最高频率为 f_h，则采样频率至少为 $2f_h$（奈奎斯特准则）。如果需要测量脉动量的 n 阶矩，则采样频率至少需要 $2nf_h$。这是因为，脉动量的 n 次乘积的最高频率是 nf_h。湍流脉动的最低频率 f_1 通常取为脉动的积分微时间尺度，采样的最低频率应低于 $f_1/2$。根据采样的最高和最低频率确定采样数列的最小长度：$4f_h/f_1$。假如，水流中低雷诺数湍流的最高频率是 1 kHz，最低频率是 1 Hz，则对于平均速度的测量，采样的数列长度至少应有 4 096，要获得脉动速度的高阶矩，则需要更大的采样长度。

常用的测量湍流脉动的方法有热线/热膜/压电晶体传感器法、激光多普勒测速法，它们属于点测量技术，可以获得测量点的脉动速度的时间序列。应用近代光学和电子技术，发展了各种脉动场时间序列的测量方法，统称为粒子图像测速法（Particle Image Velocimetry，PIV）。有关这些测速技术的原理和使用技巧，可参考相关的专著（Durst et al.，1981；Adrian，1991）。

3.5.1　湍流测量传感器介绍

湍流测量传感器的研制是海洋湍流观测的核心。针对具有随机性、耗散性、三维矢量性等复杂特征的海洋湍流信号，其精确观测具有两个主要挑战：

（1）耗散尺度域内微结构湍流的精确测量；

（2）高频脉动信号快速同步测量。海洋湍流传感器技术的发展经历了热线/热膜和压电晶体两种不同的研究阶段。

由铂热阻丝制成的热线风速仪是海洋湍流观测最早使用的传感器，它是利用金属丝和流体产生的热交换来测量脉动速度。但是由于热线结构受环境（如水温变化、浮游生物撞击）的影响较大，响应时间较长，测量的结果不精确。加拿大的 Grant 等于 1962 年首次研发出薄膜流速计，并测量了湍流热耗散率。由于该传感器受环境温度波动干扰较大，薄膜流速计并未得到广泛的应用。

当前海洋湍流传感器技术是利用湍流脉动压力作用在敏感的压电晶体上，通过压电效应实现力电转换来测量湍流。基于压电陶瓷技术的剪切流传感器最早是由 Siddon 和 Ribner 在 1965 年发明，并应用在大气湍流观测中；压电陶瓷是剪切探头的核心部件。

力作用在橡胶头上然后通过悬臂梁传递。压电陶瓷具有响应速度快和能量密度高的特性。压电陶瓷受力后将产生电荷，该电荷通过导线传输。探头的外部是一个 PTFE 保护套和一个橡胶保护头，以防止探头被碰坏和受潮。探头的后部是探针与实验仪器之间的连接部分，由导线、环氧树脂填料和不锈钢保护套构成。继加拿大哥伦比亚大学 Osborn 之后，鉴于海洋湍流特性有了适当的改进，改进了翼型湍流传感器，1972 年首次在海洋湍流观测中应用，并获得了海洋湍流消散率的数据，测量结果更为理想，并因此作为耗散子域观测的有效传感器。目前，世界上通常使用以下类型的剪切流传感器：由加拿大 Bedford 海洋学研究所的 N. Oakey 等开发的剪切流传感器；以及由美国俄勒冈州立大学 M. Moum 等开发的剪切流传感器；德国 ISW Washer 公司 H. Prandke 等研制的 PNS 系列传感器；加拿大 Rockland Scientific International 公司 T. Osborn 等研制的 SPM 系列传感器（图 3.5.1）。

(a)　　　　　　　　　　(b)

图 3.5.1　翼型剪切流传感器（田川，2012）

（a）SPM 系列剪切探头；（b）PNS 系列剪切探头

上述两种不同的海洋湍流测量传感器的问世，极大地推动了海洋湍流混合测量仪器与设备的发展如图 3.5.2 至图 3.5.4 所示。

图 3.5.2 VMP6000（左）和 HRPⅡ剖面仪（右）（田川，2012）

图 3.5.3 MSS 系列剖面仪（左）和 TurboMAP（右）（田川，2012）

图 3.5.4 集成在水下滑翔机上的湍流观测仪（田川，2012）

　　我国对深海的观测起步较晚，特别是在高性能湍流传感器设计、加工、封装、标定等方面与国外差距较大。直到 21 世纪初，在国家 863 计划支持下，中国海洋大学及天津大学等高校才开始开展湍流传感器及其搭载仪器的研究，天津大学在 2007 年研制出具有自主知识产权的压电剪切流探头，并于同年进行了海洋测试，积累了宝贵的经验和数据。

3.5.2　海洋湍流观测

海洋湍流观测技术和观测平台主要包括：垂向剖面观测、潜标式定点观测和移动式观测等。

1）垂向剖面观测技术

20 世纪 60 年代后，垂向剖面观测技术得到了发展，目前已被广泛使用。垂向剖面仪以自由落体运动形式向下运动，其携带的剪切流传感器可测量运动过程中的数据。由于不受船体运动的影响，该测量方式简单且测量精度较高。在 20 世纪 90 年代末，在深海湍流观测方面取得了长足的进步。美国伍兹霍尔海洋研究所（Woods Hole Oceanographic Institution，WHOI）首次研制出深海无缆投放可回收式湍流高分辨率剖面仪（High Resolution Profiler，HRP），并于 2003 年研制出 HRP-Ⅱ 剖面仪（图 3.5.5 左图）。该剖面仪主要由长度 5 m 左右平台，快速温度、剪切、压力、盐度和慢速温度等传感器，数据采集存储单元和定深抛载控制单元组成，它可以实现对水深 6 000 m 的湍动能耗散率和湍流热耗散率的高分辨率剖面观测。

图 3.5.5　美国 WHOI HRP-Ⅱ 剖面仪（左）和加拿大 Rockland 公司 VMP 系列
剖面仪（右）（郝聪聪，2021）

目前，加拿大 Rockland 海洋技术公司研制的 VMP 系列湍流剖面仪最为成功（图 3.5.5 右图），带缆剖面仪 VMP500、VMP750 和 VMP2000 是根据不同的海域测量要求开发的，测量水深分别为 500 m、750 m 和 2 000 m。还开发了无缆剖面仪，测量深度为 5 500 m 和 6 000 m，有缆剖面仪由水下下放主体、水上通信控制部分及下放绞车 3 部分组成。

国内，天津大学研制出垂直剖面仪实验样机（图 3.5.6 左图），并进行了海上试验，成功取得了海洋湍流数据资料。中国海洋大学在国家 863 计划支持下，研制出最大水深 1 500 m 和 6 000 m 的垂向自容式剖面仪。此外，中国海洋大学和国家海洋技术中心合作，成功研制出在水深 3 000 m 以内进行往复式测量的新型往复式剖面仪（图 3.5.6 右图），该剖面仪根据浮力驱动原理，实现自身的上浮和下潜，并在上浮过程中采集海洋湍流数据。

虽然船载式深海湍流剖面仪的研制成功极大地推动了深海小尺度湍流和大尺度环流内在机制的研究，科学家们所取得的重大发现进一步深化了对深海混合与海底地形关系的认识，同时对揭示北大西洋深海环流复杂空间结构及变异具有重要科学意义。但是，

图3.5.6　天津大学垂向剖面仪（左）和中国海洋大学往复式剖面仪（右）（郝聪聪，2021）

由于仪器布放回收需要专业的船只和大量人员，HRP和VMP等系列剖面仪只能实现在某一时间内对单个剖面进行观测，无法实现深海矩阵式多剖面同步观测，无法对湍流的水平相关性进行深入研究。

2）潜标式定点观测技术

海洋湍流锚系长期连续观测技术的问世深化了海洋湍流时间演化与变异、海—气相互作用过程机制研究。1997年，Lueck等在国际上率先进行了锚系定点式的湍流观测。Ferron等研制的MATS在Norway北部进行了为期两个半月的上层海洋湍流自治式观测，潜标配置在距离海面约128 m处，并基于获取的海洋速度剪切数据集进行了分析处理，研究了海表层及边界混合层中的重力波及波破碎对湍流的影响，给出海洋上层重力波的特点及湍流结构特征。

2013年，中国海洋大学在南海开展了锚定式定点湍流观测（图3.5.7），在国际上首次获得了南海海域长达110天的有效湍流观测数据集，并结合海流、CTD等多种传感器数据进行了湍流时间演化分析。但是，已有该类观测仪器的观测深度均配置于海平面以下500 m以内，无法完成对深海长时间观测，并且缺乏深海湍流时空相关及空间结构的数据描述。

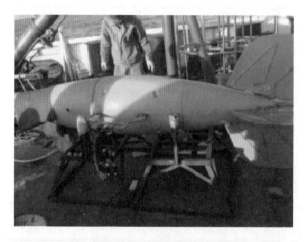

图3.5.7　中国海洋大学湍流潜标（郝聪聪，2021）

3）移动式观测技术

水下滑翔机的设计概念首先是由美国海洋学家 Henry Stommel 于 1989 年提出，是实现低成本、大范围和长时间无人自主巡航的水下移动装备，并且能够携带一定的传感器进行特定的海洋测量。海洋湍流移动观测技术即将湍流仪搭载在移动平台上（图 3.5.8）进行深海试验，如自主式水下航行器（Autonomous Underwater Vehicle，AUV）和水下滑翔机（tether glider）。近期中国海洋大学借助水下滑翔机的优势，也进行了搭载剪切传感器、快速温度传感器的海洋湍流观测，并取得重大进展。

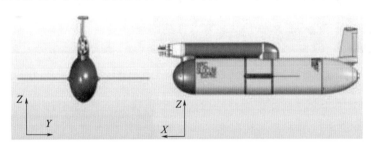

图 3.5.8　移动测量平台（郝聪聪，2021）

移动测量平台相对于其他平台的优点：一是不受船舶海况的影响；二是可以进行长期的大规模连续观测；三是不受操作员的限制。虽然 AUV 在深海探测与工程方面应用很广，但用于观测的并不是很多。其局限性在于湍流观测对平台稳定性要求很高，移动式观测平台虽然具有诸多优势，但其自身的稳定性不足，完成移动所需的内部驱动往往带来振动，影响测量信号，使海洋湍流信号检测的精度受运动稳定性和姿态的影响较大。

此外，海洋观测与陆地观测有许多不同之处，在水下的观测数据无法立即获取，因此，海洋观测工作中的数据回收成为保证海洋观测仪器正常工作的重要环节。自 20 世纪 90 年代以来，在国际上，潜标/锚泊－浮标－天/海基数据链系统得到了大力推广应用。但是数据传输、浮标定位和回收等待往往持续时间较长，需要大量的电量维持浮标系统的正常工作，以及与外界的通信功能。若系统电源电量耗尽，无法进行浮标定位或数据传输，将导致浮标打捞难度加大，或探测数据丢失，造成难以弥补的经济损失。因此，能源供给是数据回收过程中的关键部分，其可靠性高低直接决定了数据回收的成败。

3.5.3　海洋湍流关键特征量计算

海洋湍流耗散率（动能耗散率、热耗散率）是刻画海洋湍流混合强度的重要参量，因此在进行海洋湍流的研究中，湍耗散率一直都是学者们最为关注的一个参数。本节中将以近年来常见的海洋仪器 ADV（Acoustic Doppler Velocimeter）来简要介绍一下海洋湍流的观测和特征参数的计算过程。

近年来，在流体如河流、湖泊、海洋等流速和湍流的混合测量，特别是浅海区域中得到了越来越多的应用（图 3.5.9）。

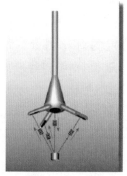

图 3.5.9   固定在支架上的 ADV（左）及 ADV 工作原理示意图（右）（田川，2012）

ADV 利用声学的多普勒原理测量流体的三维高频流速，即 ADV 探头中心处的换能器首先发射一束声波，由于海流的存在，声波发生多普勒频移，经过海水中悬浮微粒的反射，频率改变后的声波可以被探头的 3 个接收器接收，并由此结合仪器姿态角度，可估计海水流速的三维矢量（图 3.5.9 右图）。ADV 采样频率最高可达 64 Hz，这个分辨率足以分辨湍流在惯性对流子域的湍动能谱，因此可以给出湍流在惯性对流子域内的动能波数谱，并根据泰勒冰冻假设计算出湍动能耗散率。

湍动能耗散率计算方法

按照不同的空间尺度，湍流可以分为含能子域、惯性对流子域和耗散子域。在耗散子域内，若假设湍流是各向同性的，利用观测的高频脉动流速剪切，可依据式（3.5.1）给出湍动能耗散率：

$$\varepsilon = \frac{1}{2}\nu\left\langle \frac{\partial u_i'}{\partial x_j}\frac{\partial u_i'}{\partial x_j} \right\rangle = \frac{15}{2}\nu\int_0^\infty \psi(k)\,\mathrm{d}k \tag{3.5.1}$$

在海洋湍流定点观测中，剪切探头直接测量垂直于剪切探头轴线方向的脉动流速 w 的时间导数随时间的变化，通过泰勒冻结定理假设，可得到垂向脉动流速 w 的水平剪切 w_x：

$$w_x = \frac{\mathrm{d}w}{\mathrm{d}x} = \frac{1}{U}\frac{\mathrm{d}w}{\mathrm{d}t}$$

其中，x 方向与海水水平流速方向一致；U 为流经剪切探头轴线方向的水体平均流速。

得到流速梯度 w_x 后，即可在湍流耗散子域内，根据式（3.5.1）计算湍动能耗散率 ε。在实际数据处理中，由于仪器采样频率有限以及仪器电路噪声的影响，所以式（3.5.1）只能对观测波数谱 $\psi(k)$ 在一定波数范围内积分如图 3.5.10 所示，这是一个逐步迭代的过程，其基本计算过程如下（图 3.5.11）。

（1）对流速剪切 w_x 去奇异值，并做频谱分析得其功率谱 $\varphi(f)$。

（2）由于湍流观测仪测量平台集成于一套潜标系统中，系缆和平台振动对剪切探头测量信号造成一定程度的污染，所以需要利用运动补偿校正技术对剪切信号功率谱进行校正，校正后功率谱记为 $\varphi'(f)$。校正方法和理论可参照相关文献和理论。

（3）通过式（3.5.2）将功率谱 $\varphi'(f)$ 转化为波数谱 $\psi(k)$

$$\psi(k) = \varphi'(f)U \tag{3.5.2}$$

（4）由于剪切探头不可能无限小，所以需要对波数谱 $\psi(k)$ 做探头响应校正，校正后波数谱仍记为 $\psi(k)$。

（5）由于受仪器采样频率有限和高频电路噪声等的影响，观测只能分辨有限波数子域 $[k_{\min}, k_{\max}]$ 内的湍流耗散谱，通过拟合观测耗散谱 $\psi_{\mathrm{obs}}(k)$ 与理论的 Nasmyth 谱 $\psi_{\mathrm{theory}}(k)$ 计算耗散率（图 3.5.10），即

$$\varepsilon = \frac{15}{2}\nu \int_{k_{\min}}^{k_{\max}} \psi_{\mathrm{obs}}(k)\,\mathrm{d}k = \frac{15}{2}v \int_{k_{\min}}^{k_{\max}} \psi_{\mathrm{theory}}(k)\,\mathrm{d}k$$

首先取初值 $k_{\min}=1$，$k_{\max}=15$。计算 Kolmogorov 波数 k_s，

$$k_s = \frac{1}{2\pi}(\varepsilon/\nu^3)^{1/4}$$

（6）令 $k_{\max}=k_s$，重复计算步骤（5），通过不断迭代扩大积分区间并计算 ε 和 k_s，若 $k_{\max} \geq k_s$，则终止迭代过程。

（7）利用式（3.5.1），积分步骤（6）最后一次迭代的 Nasmyth 理论谱，可计算湍动能耗散率。

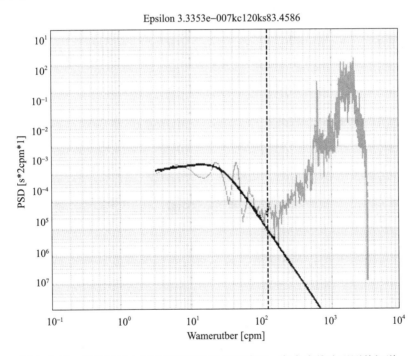

图 3.5.10　耗散子域内湍动能耗散率计算示意图，灰色实线为观测剪切谱，黑色实线为 Nasmyth 理论谱，黑色虚线为积分截止波数 $k_{\max}$（田川，2012）

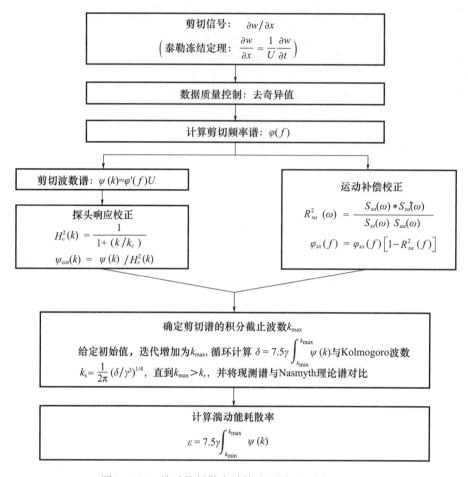

图 3.5.11　湍动能耗散率计算流程图（田川，2012）

思考与讨论

1. 请由张量表达形式的 N-S 方程，推导雷诺平均方程及脉动运动方程，并理解各项含义。

2. 比较讨论并总结目前湍流不同数值模拟方法的优缺点。

3. 查找并阅读相关文献，总结海洋湍流其他关键特征参量的计算方法。

4. 讨论海洋湍流研究目前的研究瓶颈在哪里，可从哪些方面加以解决？

5. 写出你所知道的湍流观测仪器，并介绍其测量原理。

第4章 海 浪

4.1 引 言

海浪是海面常见的海洋现象。海浪包括风浪和涌浪。现代海浪研究起始于"二战"期间 Sverdrup 与 Munk 因军事上对海浪预报的需要而建立的海浪理论。海浪研究的主要内容包括海浪的生成、成长、消衰及传播的规律,通过建立海浪模型,依据给定的海面风场计算海浪场中各点的海浪要素,进行海浪的模拟、后报与预报。在物理海洋学中,海浪研究一般采用两种方法:一是动力学方法;二是统计学方法。在研究中往往将两种方法结合使用。

20 世纪 20 年代开始,研究者更多的是关注海浪现象本身,且大量的研究主要集中在风浪的研究,然而风浪产生的机理依然存在不完善。同时,海浪的破碎使海浪能量耗散,破碎的机理以及耗散能量的衡量也存在不确定。

进入 21 世纪,海浪研究受到了国际物理海洋学界前所未有的重视,所关注的焦点并非为海浪现象本身,而是海浪对其他海洋动力过程的影响和作用。目前对海浪研究关注的焦点可主要归纳为 3 个方面:海浪在海—气交换中的作用;海浪在上层海洋中的混合作用;海浪引起的质量输运对大尺度海洋环流的贡献。

本章主要介绍气—水界面处与海浪相关的动力学过程、海浪生成和破碎相关理论,以及海浪产生的混合效应和大尺度效应。

4.2 波面附近的流动

4.2.1 波面附近流场的描述

波面附近的流场特征可先从空气流场来认知。海浪起源于风,无论风浪还是涌浪,一旦生成后又改变波面附近的空气流场结构,改变后的流场自然又影响海浪的状态,因此海浪是海—气相互作用的产物。在此相互作用中伴随着动量、能量和物质的交换。可以设想界面附近的流场结构必然是十分复杂,其复杂性远较高于固壁边界层内的流场结构。

波面附近的空气流场对于研究风浪的生成具有重要的意义，因此前人进行了许多室内和外海的观测，一种方案是将仪器探头保持在静止水面上固定高度处，另一种方案是将探头保持在瞬变水面上固定高度处。基于这些观测可以给出波面附近空气流场的定性描述。

图 4.2.1 为具有湍流性质的水平流动流过简单波动上侧气流特性随时间变化的示意图。波面上侧在位置 x 及时刻 t 测得的某种流动特性如速度、压力等量 $f(x, t)$ 如图中上部的曲线所示，可以表示为

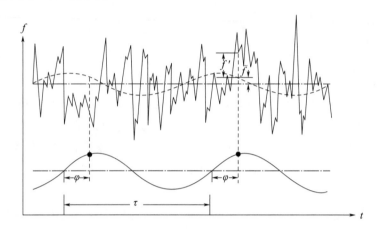

图 4.2.1　简单波动上侧气流特性随时间变化的示意图（Hussain and Reynolds，1970）

$$f(x,t) = \overline{f}(x) + \tilde{f}(x,t) + f'(x,t) \tag{4.2.1}$$

式（4.2.1）中右端三者分别为平均流动、波动诱导产生的流动以及湍流中的随机部分。时间平均的定义为

$$\overline{f}(x) = \lim_{T \to \infty} \frac{1}{T} \int_0^T f(x,t)\, \mathrm{d}t \tag{4.2.2}$$

波动产生的起伏 $\tilde{f}(x, t)$ 具有和原来波动相同的周期，是一种有组织的流动，有别于随机脉动。$\tilde{f}(x, t)$ 代表波动对波面附近空气气流的干扰，空气气流反过来又通过它来影响水面的波动。通过位相平均可以将波动产生的起伏从总的运动中分离出来。对于波动信号 $f(x, t)$ 其位相平均为

$$\langle f(x,t) \rangle = \lim_{N \to \infty} \frac{1}{N} \sum_{n=0}^{N} f(x, t + n\tau) \tag{4.2.3}$$

其中，τ 为原来的波动周期。式（4.2.3）的含义是，就原来的波动选定一位相，求此特定位相对应的 $f(x, t)$ 的平均值。对式（4.2.1）两侧取位相平均得到：

$$\langle f(x,t) \rangle = \overline{f}(x) + \tilde{f}(x,t) \tag{4.2.4}$$

因此，

$$\tilde{f}(x,t) = \langle f(x,t) \rangle - \overline{f}(x) \tag{4.2.5}$$

从而将波动诱导产生的运动从信号记录中分离出来。由式（4.2.1）和式（4.2.4）可以进一步将随机部分分离出来：

$$f'(x,t) = f(x,t) - \langle f(x,t) \rangle \tag{4.2.6}$$

利用上面的一些基本定义，可以得到如下有关位相平均值和时间平均值的关系：

$$\langle f' \rangle = 0, \quad \overline{\tilde{f}} = 0, \quad \overline{f'} = 0 \tag{4.2.7}$$

$$\overline{\overline{f}g} = \overline{f}\,\overline{g}, \quad \langle \tilde{f}g \rangle = \tilde{f}\langle g \rangle, \quad \langle \overline{f}g \rangle = \overline{f}\langle g \rangle \tag{4.2.8}$$

$$\langle \overline{f} \rangle = \overline{f}, \quad \overline{\langle f \rangle} = \overline{f}, \quad \overline{\tilde{f}'} = 0, \quad \langle \tilde{f}' \rangle = 0 \tag{4.2.9}$$

式（4.2.9）中最后一关系式说明，流场中的湍流部分和原来波动诱导产生的有组织流动部分是不相关的。

在波面附近流场的讨论中，常需要了解各种量之间，特别是和波面运动之间的相关。设有记录信号 f_1 与 f_2，其相关系数为

$$r_{12} = \frac{\overline{(f_1 - \overline{f}_1)(f_2 - \overline{f}_2)}}{\left[\overline{(f_1 - \overline{f}_1)^2 (f_2 - \overline{f}_2)^2}\right]^{1/2}} \tag{4.2.10}$$

如果信号由简谐分量组成，同一频率的两个分量间的联系可通过它们间的相干来表示。设两记录信号对应的频谱分别为 $S_1(f)$、$S_2(f)$，交叉谱为

$$S_{12}(f) = c_{12}(f) - \mathrm{i}q_{12}(f) \tag{4.2.11}$$

其中，c、q 分别代表同相谱和异相谱。相干的定义为

$$R_{12}(f) = \left[\frac{c_{12}^2(f) + q_{12}^2(f)}{S_1(f)S_2(f)}\right]^{1/2} \tag{4.2.12}$$

对于某一频率，如果两个简谐分量的大小成比例，相干 R 之值为 1；如 R 等于 0，则此二分量完全不相干。对于相干的两个简谐分量，第二个分量相对于第一个分量的位相超前值为

$$\varphi(f) = \arctan\frac{q(f)}{c(f)} + \varphi_0 \tag{4.2.13}$$

其中

$$\varphi_0 = \begin{cases} \pi & q(f) > 0, c(f) < 0 \\ -\pi & q(f) < 0, c(f) < 0 \\ 0 & q(f) > 0, c(f) > 0 \text{ 或 } q(f) < 0, c(f) > 0 \end{cases} \tag{4.2.14}$$

4.2.2 波面附近平均风速分布

4.2.2.1 平均风速廓线

波面上平均水平风速的分布对风浪生成很重要。在远离海面的上层大气，不受摩擦的影响，仅压强梯度力和科氏力平衡，形成所谓的地转风，做这种运动的大气称为自由大气。

在自由大气下面的近地层或近海表面，摩擦不能忽视，不仅需要考虑压强梯度力和科氏力，还需要考虑黏性力，将这种状态下的大气层称为 Ekman 层或者叫做行星边界层。

最下面贴近边界面的边界层以摩擦力占主导地位，压强梯度力和科氏力相对是小量，这时雷诺平均后的水平动量方程可简化为

$$\frac{\partial}{\partial z}\frac{\tau}{\rho} = 0 \tag{4.2.15}$$

其中，τ 为海面风应力，这意味着水平动量的垂直输送与高度无关，即在这层中水平动量通量不随高度变化，这层称为常通量层。

在海—气相互作用中，常通量层中的平均风速虽然随高度急剧的变化，但是通过海—气界面的水平动量通量却不变。这层的厚度通常为行星边界层厚度的十分之一（100 m 左右）。图 4.2.2 给出了行星边界层的示意图。

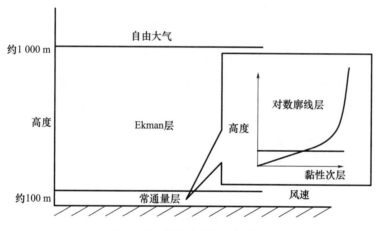

图 4.2.2　行星边界层的示意图

在常通量层中又分为两层：一层是分子黏性力占优，即 $\nu_a \frac{\partial U}{\partial z} \gg -\overline{u'w'}$ 成立的层称为黏性次层；另外一层是湍黏性占优，即 $\nu_a \frac{\partial U}{\partial z} \ll -\overline{u'w'}$ 成立的层称为对数/湍流边界层。对于海面上由于海浪的存在，还在黏性次层和湍流边界层中间形成波边界层。

Monin 和 Obukhov（1954）在假设大气边界层的常通量层是均匀稳定的基础上，认为湍动能主要由剪切和浮力生成，提出

$$U_z - U_0 = \frac{u_*}{\kappa}\left(\ln\frac{z}{z_0} - \Psi \right) \tag{4.2.16}$$

其中，u_* 为摩擦速度，且 $u_* = \sqrt{\tau/\rho_a}$；z_0 为空气动力学粗糙度，它其实是风速廓线外延到平均速度等于零那点所对应的高度；Ψ 为表示大气层结效应的函数，是 Obukhov 长度 L 的函数。Geernaert（1988）给出了其通用形式：

$$\Psi = \begin{cases} 2\ln\left(\dfrac{1+\Phi_m^{-1}}{2}\right) + \ln\left(\dfrac{1+\Phi_m^{-2}}{2}\right) - 2\arctan(\Phi_m^{-1}) + \dfrac{\pi}{2} & z/L < 0 \\ -5z/L & z/L > 0 \end{cases} \tag{4.2.17}$$

其中，$\Phi_m = (1 - 16z/L)^{-1/4}$；$L = -\dfrac{u_*^3 \, T_v}{\kappa g \, \overline{w'T_v'}}$ 为 Monin-Obukhov 长度；T_v 是位温。在高度

L 上，剪切产生的湍与浮力产生的湍相平衡，也就是说，低于这个高度，将不考虑浮力效应。在大气层结为中性条件下，$L \to \infty$，可基本不考虑浮力效应，此时表示大气层结效应的 Ψ 可忽略。将 $-0.5 < \dfrac{Z}{L} < 0.5$ 时，称为近中性条件，此时也按照大气层结为中性条件的状况而忽略浮力效应，只考虑剪切对湍能的贡献。因而，对数廓线简化为

$$U_{zn} - U_0 = \frac{u_*}{\kappa} \ln \frac{z}{z_0} \tag{4.2.18}$$

通常状况下根据黏性边界条件取海表面速度 $U_0 = 0 \text{ m/s}$，因此，平均风速的对数廓线的形式为

$$U_z = \frac{u_*}{\kappa} \left(\ln \frac{z}{z_0} - \Psi \right) \tag{4.2.19}$$

$$U_{zn} = \frac{u_*}{\kappa} \ln \frac{z}{z_0} \tag{4.2.20}$$

其中，U_{zn} 表示中性条件下的风速，由式（4.2.18）和式（4.2.19）可以得到：

$$U_{zn} = U_z + \frac{u_*}{\kappa} \Psi \tag{4.2.21}$$

如果大气层结不是中性条件，则可以根据式（4.2.21）将所测量的风速转换成中性条件下的风速。

在黏性次层，水平速度可视为线性地随高度增大，并可表示为

$$\frac{U_z}{u_*} = \frac{u_*}{v_a} z \tag{4.2.22}$$

有时近似地取 $\tilde{z} = u_* z / v_a < 5$ 的区域为黏性次层，取 $\tilde{z} > 30$ 的区域为湍流边界层，二层之间为逐渐过渡的区域，波动在其间起重要作用。

可以看出，波面上的平均风速依一定规律随高度增大。在 Miles 的风浪生成理论中定义了临界层，其定义为平均风速和气—水界面上波动传播速度相等的高度 z_c。z_c 的大小随风浪成长阶段而异，既可能位于湍流边界层内，也可能位于黏性次层内。

4.2.2.2 与平均风速分布有关的参量和常数

与平均风速分布有关的参量和常数为摩擦速度、粗糙度、风应力和拖曳系数。这些系数彼此相互联系。测量海面风应力有 3 种方法：雷诺应力法、惯性耗散法、对数廓线法。

雷诺应力法又称为涡相关法，是在假设海面风应力是均匀的且与风速方向一致的基础上，根据海面风应力的定义：$\tau = -\rho \overline{u'w'}$ 来计算相关参数。

惯性耗散法是假设平均流剪切产生的湍动能与湍耗散率相平衡，从而得到相关参数。

对数廓线法主要是以 Monin-Obukhov 理论为基础来计算海面风应力等相关参数。假定风速随高度的分布呈对数廓线形式，当获得任意两不同高度处的平均风速就可以得到摩擦速度和海面粗糙度。但实际上，由于测量含有误差，所以最好是做若干个高度点的测量，以最小二乘法用直线来拟合以确定截距和斜率，从而求得相应的摩擦速度和海面

粗糙度。

海面空气动力学粗糙度的概念是从研究下界面是固体的理论上引进来的，虽然空气动力学粗糙度 z_0 不等同于下界面上的粗糙元，但在粗糙元和空气动力学粗糙度之间存在一一对应的关系，而且较高的粗糙元与较大的空气动力学粗糙度相对应。在海洋中，一方面，下界面上的粗糙元如海浪等会受到风的强烈影响，使粗糙元会因风速的大小而改变；另一方面，海浪造成了海表面的起伏，这种起伏使贴近海表面的气流也产生起伏，形成所谓的波生雷诺应力，影响海面风应力。因此以海表面为下界面的空气动力学粗糙度变得比较复杂，不仅随风速的变化而变化，而且反过来还受到下界面上存在的海浪的影响。海上测得的 z_0 大致为 $0.1 \sim 10$ cm。

由空气动力学粗糙度 z_0 可以引入糙度 Reynolds 数：

$$Re_* = \frac{u_* z_0}{v_a} \tag{4.2.23}$$

表示水面的粗糙程度，较大的值对应于显著粗糙的水面，水面的阻力来自水面所受的正压力；较小的值的情形，水面上的凹凸不平位于层流次层内，阻力决定于黏性，即水面空气动力学地光滑。Toba（1990）认为 $Re_* \geqslant 2.3$ 时，气流是完全粗糙的，否则便是光滑流。

考虑到风速对海面粗糙度的影响，Charnock（1955）根据量纲分析提出了著名的 Charnock 关系

$$gz_0/u_*^2 = \alpha \tag{4.2.24}$$

α 称为 Charnock 系数。通过不同的实验和外海观测数据许多作者给出了 Charnock 系数的大小，Kitaigorodskii 和 Volkov（1965）认为 $\alpha = 0.035$，Smith 和 Banke（1975）取 $\alpha = 0.0130$，Garratt（1977）取 $\alpha = 0.0144$，Wu（1980）指出 $\alpha = 0.0185$，Geernaert 等（1986）给出 $\alpha = 0.0192$。同样由不同作者根据观测数据给出的 Charnock 系数也有很大不同。因此人们开始提出疑问，是否还有别的因素影响海面粗糙度。

Charnock 参数为常数意味着空气动力学粗糙度只与风速有关，即只考虑了风向海洋中输入能量，而忽略了构成海表面粗糙元的风浪等不仅与风应力有关，还与风应力存在复杂的非线性相互作用。风浪造成了海表面的起伏，影响了贴近海表面的空气动力场，形成了所谓的波生雷诺应力，改变了海面风应力。因此，不仅海面风速会影响海面粗糙度，海面状态同样会影响海面粗糙度的大小。

基于海面状态会影响海面粗糙度的想法，Stewart（1974）提出了推广的 Charnock 关系，将 Charnock 参数看为波龄的函数

$$\frac{gz_0}{u_*^2} = f\left(\frac{C_p}{U_\lambda}\right) \tag{4.2.25}$$

其中，C_p 为谱峰频率对应的相速度；U_λ 是高度为长波波长处的平均风速。Masuda 和 Kusaba（1987）提出了关于 Charnock 参数与波龄关系的一种简单函数形式

$$\frac{gz_0}{u_*^2} = n\beta_*^m \tag{4.2.26}$$

其中，$\beta_* = C_p/u_*$，n 和 m 为由观测确定的常数，这是国际上常用的推广的 Charnock 关

系的形式。迄今为止许多作者基于实验室和外海观测给出 n 和 m 的数值（表 4.2.1），非常明显这些数值呈现非常大的分散性，特别重要的是海面粗糙度对波龄的依赖性还存在两组矛盾的结果。正 m 值表明在相同风速下成熟风浪的海况比年轻风浪的海况具有更大粗糙度，而负 m 值则是相反的情形。

表 4.2.1 观测确定的式 (4.2.26) 中的系数

作者	n	m
Toba 和 Koga（1986）	0.025	1.0
Masuda 和 Kusaba（1987）	0.0129	−1.1
Toba 等（1990）	0.02	0.5
Donelan（1990）	0.42	−1.03
Maat 等（1991）	0.86	−1.01
Smith 等（1992）	0.48	−1
Monbaliu（1994）	2.87	−1.69
Vickers 和 Marht（1997）	2.9	−2.0
Johnson 和 Kofoed-Hansen（1998）	1.89	−1.59
Sugimori 等（2000）	0.02	0.7
Drennan 等（2003）	1.7	−1.7

在海—气相互作用研究中风应力一般采用如下形式：

$$\tau = \rho_a C_d U^2 \tag{4.2.27}$$

其中，C_d 为相应于海面 10 m 高度处风速的拖曳系数。由式 (4.2.20) 和式 (4.2.27) 可以得到：

$$C_d^{1/2} = \left(\frac{1}{\kappa} \ln \frac{z_{10}}{z_0} \right)^{-1} \tag{4.2.28}$$

其中，$z_{10} = 10$ m。可见海面拖曳系数与海面粗糙度是一一对应的关系。最早人们将海面拖曳系数看为常数，一般取 1.5×10^{-3}。后来认识到海面粗糙度不同于陆地上是固定不变的，因而与它相对应的海面拖曳系数 C_d 也应该不同于陆地上的拖曳系数，于是根据观测将海面拖曳系数作为风速的函数。事实上，将式 (4.2.24) 和式 (4.2.28) 结合可以得到：

$$C_d = \left(\kappa \ln^{-1} \frac{1}{\alpha C_d \tilde{U}^2} \right)^2 \tag{4.2.29}$$

其中，$\tilde{U} = U / \sqrt{g z_{10}}$。显然，在 Charnock 系数为常数的情况下，海面拖曳系数仅为风速的函数。通常以线性函数拟合海面拖曳系数与风速的关系：

$$C_d = (a + bU) \times 10^{-3} \tag{4.2.30}$$

此处，U 的单位为 m/s。有人认为，线性关系仅在 7 ~ 20 m/s 的风速范围内成立。表 4.2.2 给出了不同作者根据观测确定的线性关系中的系数。从表中可以看出这些数据具有很大的分散性，b 的分散程度较 a 更大一些。这说明除了风速外还存在其他影响拖曳系数的因素，最大可能的考虑就是风浪的影响。

表 4.2.2　观测确定的式（4.2.30）中的系数

作者	a	$b/(\text{m/s})$
Sheppard（1958）	0.8	0.114
Deacon 和 Webb（1962）	1.0	0.07
Miller（1964）	0.75	0.067
Zubkovskii 和 Kravchenko（1967）	0.72	0.12
Brocks 和 Krugermeyer（1970）	1.18	0.016
Sheppard 等（1972）	0.36	0.1
Wieringa（1974）	0.86	0.058
Kondo（1975）	1.2	0.025
Smith 和 Banke（1975）	0.61	0.075
Smith（1980）	0.61	0.063
Wu（1980）	0.8	0.065
Donelan（1982）	0.96	0.041
Geernaert（1987）	0.577 7	0.084 7
Yelland 和 Taylor（1996）	0.60	0.07

事实上，式（4.2.30）的线性关系可以得到解释。将式（4.2.29）改写为（Guan and Xie，2004）：

$$Y = C_d^{-1/2} \exp\left(-\frac{\kappa}{2} C_d^{-1/2} \right) \qquad (4.2.31)$$

其中，$Y = \alpha^{1/2} \tilde{U}$。在 C_d 于 $(1.0 \sim 4.0) \times 10^{-3}$ 的范围内，式（4.2.31）可以非常精确地以下式拟合：

$$C_d = (0.78 + 4.7Y) \times 10^{-3} \qquad (4.2.32)$$

在上述 C_d 的范围内式（4.2.31）和式（4.2.32）的相关系数 $r = 0.99$。而 C_d 最常见的观测值范围为：$(1.0 \sim 2.3) \times 10^{-3}$。将式（4.2.32）写成有因次的形式为

$$C_d = (0.78 + 0.475\alpha^{1/2} U_{10}) \times 10^{-3} \qquad (4.2.33)$$

将 Wu（1980）的 $\alpha = 0.018\,5$ 代入式（4.2.33）得到：

$$10^3 \times C_d = 0.78 + 0.064\,6 \times U_{10} \qquad (4.2.34)$$

与 Wu（1980）的公式几乎完全一致。

在实际应用中还需要进行不同高度处的风速进行换算。由对数分布律可以得到：

$$U_z = U\left(1 + \frac{C_d^{1/2}}{\kappa} \ln \frac{z}{z_{10}} \right) \qquad (4.2.35)$$

式（4.2.35）可将 10 m 高度处的风速方便地换算到任意高度 z 处的风速。由其他

高度处的风速换算到 10 m 高度处的风速计算手续略加繁琐。海上和实验室的观测结果表明波面上的平均风速廓线基本上为对数剖线。

4.2.3 波面附近的气流运动

4.2.3.1 波动于水面附近诱生的气流速度和应力

风产生浪后,浪又反转来影响波面附近的风结构。这种影响包括两部分:气流中诱导产生有组织的流动,以及改变气流的湍流结构。

设有二维平行气流沿 x 轴流动,未受扰动前其流速为 $U(z)$,黏性和湍流可忽略。假设气流下侧存在波数为 k、波速为 c、沿 x 轴传播的小振幅水波,水波于气流中产生扰动,诱生的速度沿 x 轴和 z 轴的分量分别为 $\tilde{u}$、$\tilde{w}$,压力的扰动为 $\tilde{p}$。将扰动后的流速、压力:

$$u = U + \tilde{u} \tag{4.2.36}$$

$$w = \tilde{w} \tag{4.2.37}$$

$$p = \bar{p} + \tilde{p} \tag{4.2.38}$$

代入运动方程和连续性方程并实行线性化得到:

$$\tilde{u}_t + U\tilde{u}_x + U_z\tilde{w} = -\frac{1}{\rho_a}\tilde{p}_x \tag{4.2.39}$$

$$\tilde{w}_t + U\tilde{w}_x = -\frac{1}{\rho_a}\tilde{p}_z \tag{4.2.40}$$

$$\tilde{u}_x + \tilde{w}_z = 0 \tag{4.2.41}$$

其中,下标代表微分。引入流函数 ψ 并依定义取:

$$\tilde{u} = \psi_z, \quad \tilde{w} = -\psi_x \tag{4.2.42}$$

将式 (4.2.42) 代入式 (4.2.39) 和式 (4.2.40),并消去 $\tilde{p}$ 得到:

$$\psi_{xxt} + \psi_{zzt} + U(\psi_{xxx} + \psi_{xzz}) - U_{zz}\psi_x = 0 \tag{4.2.43}$$

将流函数取为

$$\psi = \varphi(z)\exp[i(kx - ct)] \tag{4.2.44}$$

将式 (4.2.44) 代入式 (4.2.43) 得到:

$$(U - c)(\varphi'' - k^2\varphi) - U''\varphi = 0 \tag{4.2.45}$$

称为 Orr-Sommerfeld 方程。Conte 和 Miles (1959) 曾给出此方程的数值解。Miles 还提出解析形式的近似解。设满足

$$\frac{kU'}{U''} \ll 1 \tag{4.2.46}$$

则容易验证

$$\varphi = a(U - c)e^{-kz} \tag{4.2.47}$$

为式 (4.2.45) 的解。此处 a 为波动的振幅。

以上说明波生运动的速度分量均为周期性的振动,振幅随高度增加而衰减,周期和气流下界面的波动相同。还可以证明,波面与 $\tilde{u}$ 的位相差为 π,并几乎不随高度而变

化，直到临界层，然后变为负值。波生速度于波面附近产生波生 Reynolds 应力：

$$\tau_w = -\rho_a \overline{\tilde{u}\,\tilde{w}} \tag{4.2.48}$$

海上和实验室的观测也表明波面气流与波面运动之间的联系是明显的，如位相相差为 π。二者间的相关系数随风速增大（出现破碎现象）和距离水面距离的增加而减小。从风浪谱和风速谱的比较而言，风速谱在波面谱峰频率处也出现隆起。也有人发现在波面谱峰频率附近波面与风速间的相干显著。

4.2.3.2 波面附近气流中的湍流运动

波面附近气流中的平均运动、波生运动、湍流运动存在关系。设以 x、y 代表水平坐标轴，z 轴铅直向上。u、v、w 代表 3 个方向的流体运动速度，P 为压力，τ 为时间。设 δ 为特征长度，U_r 为特征速度（文圣常和余宙文，1985）。进行无因次化后，x_i（$i=$ 1，2，3）为坐标，u_i 为速度，t 为时间，p 为压力。无因次的 Navier-Stokes 动量方程和连续性方程为

$$\frac{\partial u_i}{\partial t} + u_j \frac{\partial u_i}{\partial x_j} = -\frac{\partial p}{\partial x_i} + \frac{1}{Re}\frac{\partial^2 u_i}{\partial x_j \partial x_j} \tag{4.2.49}$$

$$\frac{\partial u_i}{\partial x_i} = 0 \tag{4.2.50}$$

其中，Re 为 Reynolds 数。将气流的运动分解为前述的 3 个部分，其速度及压力分别为

$$u_i = \bar{u}_i + \tilde{u}_i + u_i' \tag{4.2.51}$$

$$p = \bar{p} + \tilde{p} + p' \tag{4.2.52}$$

将式（4.2.51）代入式（4.2.50），先进行时间平均，然后进行相位平均，得到 3 种运动的连续性方程：

$$\frac{\partial \bar{u}_i}{\partial x_i} = \frac{\partial \tilde{u}_i}{\partial x_i} = \frac{\partial u_i'}{\partial x_i} = 0 \tag{4.2.53}$$

将式（4.2.51）和式（4.2.52）代入式（4.2.49），先进行相位平均，然后进行时间平均，得到平均运动的动量方程：

$$\bar{u}_j \frac{\partial \bar{u}_i}{\partial x_j} = -\frac{\partial \bar{p}}{\partial x_i} + \frac{1}{Re}\frac{\partial^2 \bar{u}_i}{\partial x_j \partial x_j} - \frac{\partial}{\partial x_j}\overline{\langle u_i' u_j'\rangle} - \frac{\partial}{\partial x_j}\overline{(\tilde{u}_i \tilde{u}_j)} \tag{4.2.54}$$

自相位平均后的动量方程减去式（4.2.54）得到波生运动的动量方程：

$$\frac{\partial \tilde{u}_i}{\partial t} + \bar{u}_j \frac{\partial \tilde{u}_i}{\partial x_j} + \tilde{u}_j \frac{\partial \bar{u}_i}{\partial x_j} = -\frac{\partial \tilde{p}}{\partial x_i} + \frac{1}{Re}\frac{\partial^2 \tilde{u}_i}{\partial x_j \partial x_j} + \frac{\partial}{\partial x_j}\left(\overline{\tilde{u}_i \tilde{u}_j} - \tilde{u}_i \tilde{u}_j\right) + \frac{\partial}{\partial x_j}\left(\langle u_i' u_j'\rangle - \overline{u_i' u_j'}\right) \tag{4.2.55}$$

自式（4.2.49）减去相位平均后的动量方程得到湍流运动的动量方程：

$$\frac{\partial u_i'}{\partial t} + \bar{u}_j \frac{\partial u_i'}{\partial x_j} + \tilde{u}_j \frac{\partial u_i'}{\partial x_j} + u_j' \frac{\partial \bar{u}_i}{\partial x_j} + u_j' \frac{\partial \tilde{u}_i}{\partial x_j}$$

$$= -\frac{\partial p'}{\partial x_i} + \frac{1}{Re}\frac{\partial^2 u_i'}{\partial x_j \partial x_j} + \frac{\partial}{\partial x_j}\left(\langle u_i' u_j'\rangle - u_i' u_j'\right) \tag{4.2.56}$$

显然，3 种运动是相互联系的。式（4.2.55）中最后一项中的量为

$$\tilde{r}_{ij} = \langle u_i' u_j'\rangle - \overline{u_i' u_j'} \tag{4.2.57}$$

代表波面运动在气流中产生的湍流 Reynolds 应力起伏。将 3 个动量方程化成 3 个能量方程，它们的表达式非常复杂，但逐项考察其结构可看出，一方面，波生运动通过波生 Reynolds 应力自平均流动汲取能量；另一方面，通过湍流 Reynolds 应力起伏能量自波生运动转移至湍流。还可以证明

$$\frac{\partial}{\partial x_j}\left(-\overline{u_i'u_j'}-\tilde{u}_i\tilde{u}_j\right)=0 \tag{4.2.58}$$

表明湍流 Reynolds 应力和波生 Reynolds 应力之和与坐标 x_j 无关。如所讨论的为简单水波对二维平均气流的扰动，平均流动沿 x 轴，z 为铅直轴，可得总 Reynolds 应力为

$$\tau=\tau_t(z)+\tau_w(z)=-\rho_a\overline{u'w'}-\rho_a\overline{\tilde{u}\tilde{w}}=\text{const.} \tag{4.2.59}$$

式（4.2.59）表明在不考虑湍流的情形中，波面附近的波生应力将为常值，但若考虑到湍流的作用，波生应力随 z 变化，而总 Reynolds 应力保持不变。

主要观测结果如下：

（1）湍流强度在波面附近受波面运动的影响；

（2）湍流 Reynolds 应力起伏与波面运动密切相关；

（3）$\overline{uw}$ 沿高度几乎没有变化，其中 $u=\tilde{u}+u'$，$w=\tilde{w}+w'$。

4.2.3.3 波面附近气流中的压力分布

19 世纪末，Helmholtz 和 Kelvin 讨论了与气流流过简单波动波面的不稳定性问题。如水平气流速度均匀，其值为 U_0 且忽略黏性，则于高度 z 波动

$$\zeta=a\exp[\mathrm{i}k(x-ct)] \tag{4.2.60}$$

于气流内产生的压力起伏为

$$p_a=-\rho_a g\left(1-\frac{U_0}{c}\right)^2\zeta e^{-kz} \tag{4.2.61}$$

式（4.2.61）表明，在前述假定下，压力起伏与波面高度间的位相为 π，起伏的幅度随高度衰减，但位相不变。在无风情形下（$U_0=0$），式（4.2.61）给出的压力值及位相与在海上测得的结果符合。海上的风具有湍流性质，平均速度随高度增大，因此实际观测表明波面附近的压力变化应与式（4.2.61）有差异。在风、浪间能量传递的讨论中，可将压力分为两个分量，一个与 ζ 位相相同，另一个与 ζ 位相正交。此种情形波面附近的压力变化表示为

$$p_a=(\alpha+\mathrm{i}\beta)\rho_a(U-c)^2k\zeta \tag{4.2.62}$$

其中，U 为某一高度处的风速；α、β 为无因次常数。上式中的虚部的位相与波面正交，或与波面的斜率同相。

当波面很平缓时，单位时间内跨过单位水面空气通过压力传递于水的能量为

$$W=p\overline{\frac{\partial\zeta}{\partial t}} \tag{4.2.63}$$

容易证明式（4.2.62）中只有位相与波面正交的压力分量，即虚部才对式（4.2.63）中的功率有贡献，且其值为

$$W=\frac{1}{2}\beta\rho_a(U-c)^2ck^2a^2 \tag{4.2.64}$$

因此可以看出，通过压力传递的能量取决于压力与波面斜率同位相的分量，β 为一个关键系数。在 Jeffreys 理论中，假定气流流线自波峰附近与波面分离，迎风面的压力大于避风面的，这种不对称的压力分布与波面斜率相同，所以能够导致能量的传递和风浪的成长，称为遮拦理论，将 β 称为遮拦系数。事实上，风浪常在无流线分离情况下成长，实测的遮拦系数远比预期的为小。在 Miles 的理论中假定平均风速随高度依一定形式分布，在临界层产生涡力，于波面导致压力不对称分布，提供能量传递所需的和波面斜率同位相的压力分量。系数 β 系通过数值方法求解 Orr-Sommerfeld 方程得到，下面将看到理论值较实测的为小。

海上和实验室的观测结果表明：

（1）波面运动可于其上方的气流中产生压力起伏，其值远大于湍流压力起伏，并随高度衰减；

（2）作用于波面的压力具有一个和波面斜率同位相的分量，波面与压力间的位相推移值不随高度改变；

（3）实测的 β 值和相对于 180° 的推移角是很分散的，多数作者的结果大于 Miles 的理论值，有的甚至大一个量级；

（4）当风速为 0 或很小时，波面上压力落后于波面运动约 180°，与线性势流理论一致。

4.2.3.4 波面附近气流的流线

设固体水平面上方空气平行流的平均流速 U 随高度 z 分布，其流线为一系列平行线。如果固体平面被具有简单波动的水面代替，流线显然发生周期性的弯曲。进一步假定坐标系也以波速 c 沿着正 x 轴移动，观察到的运动为定常，水平流速为

$$V(z) = U(z) - c \tag{4.2.65}$$

在波面附近，气流方向与原来的波向相反，如图 4.2.3 所示。在临界层高度 z_c，其处的空气质点相对于波面无水平运动，此高度之值沿水平方向随波面位置而异，图中以点划线表示。作为第一次近似，可以设想于紧贴波面部分，流线跟随波面起伏，由于波动的扰动作用随高度减弱，流线起伏减小，直至趋于水平直线。Miles（1957）假定流线的斜率 $\theta = w/V(z)$（此处 w 为铅直速度分量）满足：

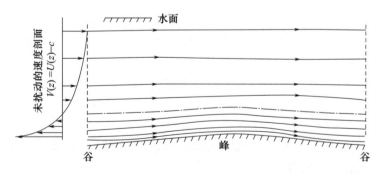

图 4.2.3　简单波面附近气流的速度剖面和流线（Lighthill，1962）

$$\theta = \theta_0 e^{-kz} \sin kx \qquad (4.2.66)$$

其中，θ_0 代表波面的最大斜率。

以上述的流线为基础，在第二次近似中可以证明，于高度 z_c 附近出现封闭的流线。将 z_c 附近气流的流函数（定常运动）写为

$$\psi = \int_{z_c}^{z} (U - c) dz + \varphi(z) e^{ikx} \qquad (4.2.67)$$

式（4.2.67）右端的两项分别代表平均运动和波生运动，函数 $\varphi(z)$ 为 Orr-Sommerfeld 方程的解。于 z_c 附近平均运动速度可视为近似地随高度线性地分布，可取：

$$U - c = (z - z_c)(U_z)_c \qquad (4.2.68)$$

其中，$(U_z)_c$ 表示 dU/dz 于 z_c 之值。将式（4.2.68）代入式（4.2.67）并取实部得到：

$$\psi = \frac{(U_z)_c}{2}(z - z_c)^2 + \varphi(z) \cos kx \qquad (4.2.69)$$

令 r 代表流线的曲率半径，其倒数等于 $\partial\theta/\partial x$，$\theta$ 为流线斜率。单位体积流体沿流线约以速度 $V = U - c$ 运动时受到的离心力为 $\rho_a V^2/r$，它与铅直压力梯度构成平衡，即：

$$\frac{\partial p}{\partial z} = \rho_a V^2 \frac{\partial\theta}{\partial x} \qquad (4.2.70)$$

将式（4.2.66）代入式（4.2.70）并积分之得到：

$$p = p_0 \cos kx \qquad (4.2.71)$$

其中，

$$p_0 = k\rho_a\theta_0 \int_z^\infty V^2 e^{-kz} dz \qquad (4.2.72)$$

式（4.2.71）为气流中的压力分布，它相对于 x 的变化是周期性的。

将 $u = \psi_z$，$w = -\psi_x$，$p = p_0 e^{ikx}$ 代入水平方向的运动方程：

$$u\frac{\partial u}{\partial x} + w\frac{\partial u}{\partial z} = -\frac{1}{\rho_a}\frac{\partial p}{\partial x} \qquad (4.2.73)$$

利用式（4.2.67）并线性化得到：

$$(U - c)\varphi_z - U_z\varphi = -\frac{p_0}{\rho_a} \qquad (4.2.74)$$

将式（4.2.68）代入得到：

$$(z - z_c)\varphi_z - \varphi = -\frac{p_0}{\rho_a(U_z)_c} \qquad (4.2.75)$$

式（4.2.75）右侧为 0 时的解为

$$\varphi = \frac{C(z - z_c)}{\rho_a(U_z)_c} \qquad (4.2.76)$$

当式（4.2.75）为非奇次时，C 则为 z 的函数。将式（4.2.76）代入式（4.2.75）可以确定 C，然后得到：

$$\varphi = \frac{p_0 e^{-kz}}{\rho_a(U_z)_c} \qquad (4.2.77)$$

从而由式（4.2.69）得到流函数为

$$\psi = \frac{1}{2}(U_z)_c(z-z_c)^2 + \frac{p_0 \cos kx}{\rho_a(U_z)_c}e^{-kx} \tag{4.2.78}$$

式（4.2.78）适用于临界层，代表一系列封闭曲线，如图 4.2.4 所示，其中的点划线代表临界层。封闭流线的形成可自波面上侧的压力分布得到解释。由式（4.2.66）和式（4.2.71）可知，在波峰所在的铅直断面压力最大，于波谷上方则存在一低压区。在临界层上侧，质点向右运动，至某一距离，受右侧高压区影响而改变方向，向下跨过临界层，于此层下侧向左运动，然后受左侧高压影响折而向上跨过临界层，向右运动，形成封闭的流线，形状和猫眼相似，故通常以此命名。

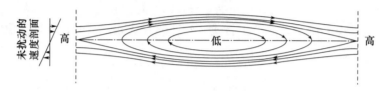

图 4.2.4　临界层附近的流线

还可以说明除临界层附近的封闭曲线外，流线仍和图 4.2.3 相似。

以上假定气流流线的起伏与波面的位相相同。但容易说明它们之间存在着位相推移。设此位相推移随高度变化为 $\varepsilon(z)$，且将波生铅直速度写为

$$\tilde{w} = \hat{w}\sin[kx + \varepsilon(z)] \tag{4.2.79}$$

其中，$\hat{w}$ 为速度振幅，随高度减小。由连续方程得到对应的水平分量为

$$\tilde{u} = -\int \frac{\partial \tilde{w}}{\partial z}\mathrm{d}x \tag{4.2.80}$$

将式（4.2.79）代入式（4.2.80）得到：

$$\tilde{u} = \frac{1}{k}\frac{\partial \hat{w}}{\partial z}\cos[kx + \varepsilon(z)] + \frac{1}{k}\frac{\partial \varepsilon}{\partial z}\hat{w}\sin[kx + \varepsilon(z)] \tag{4.2.81}$$

利用上述的速度分量求平均值 $\overline{\tilde{u}\tilde{w}}$，于是得到：

$$\frac{\partial \varepsilon}{\partial z} = \frac{2k\,\overline{\tilde{u}\tilde{w}}}{\hat{w}^2} \tag{4.2.82}$$

前面曾提到在 Miles 的生成机制中，波生运动于临界层自平均运动摄取能量，然后通过波生 Reynolds 应力 $-\rho_a\overline{\tilde{u}\tilde{w}}$ 将此能量下传至波动，故 $\overline{\tilde{u}\tilde{w}}$ 不为 0，从而 $\partial\varepsilon(z)/\partial z \neq 0$。

实验观测表明：

（1）近水面气流的流线反映出波面运动的影响，但在波峰后侧流线自波面分离；

（2）破碎对波面气流的压力和速度分布有很大的改变，其影响可达平均水面以上几倍波面振幅的高度；

（3）破碎使波面阻力极显著地增大。

4.2.4　波面附近的水流运动

对于气—水界面下侧水流场结构的研究远较界面上侧的气流结构研究为少。其中一

个重要的原因是直到目前盛行的风浪生成机制为 Miles 机制，假定波动为有势，很少涉及真实的水流场结构，注意力几乎全集中于气流场的研究。事实上，在风浪成长的同时伴随着波浪的破碎，即波浪能量的耗散，加强了上层海洋的湍流运动。

令 $V(t)$ 代表静止水面下一固定点处的水质点速度的某一分量，其波生部分及湍流部分分别为 $V_w(t)$、$V_t(t)$，则有：

$$V(t) = V_w(t) + V_t(t) \tag{4.2.83}$$

图 4.2.5 中的曲线 3 和曲线 1 分别为 Efimov 等（1971）在海上测得的波面谱 $S_{\zeta\zeta}(f)$ 和水面下 1.3 m 处水质点铅直速度谱 $S_w(f)$。为了便于比较，纵轴坐标采取任意单位。显然，在波面谱的显著部分所在的频率范围内，此二谱是密切对应的，表明铅直速度主要为波动诱导产生的。但于高频处，曲线 3 与曲线 1 间有较大差异，质点的速度来源于湍流，设其铅直分量的谱为 $S_{wt}(f)$。令波生速度的谱为 $S_{ww}(f)$。因此有

$$S_w(f) = S_{ww}(f) + S_{wt}(f) \tag{4.2.84}$$

由小振幅波动理论可得到深度为 z 处的波生速度谱与波面谱的关系为

$$S_{ww}(\omega, z) = e^{-2\omega^2 z/g} \omega^2 S_{\zeta\zeta}(\omega) \tag{4.2.85}$$

参照式（4.2.84）可将深度 z 处的铅直速度谱写为

$$S_w(\omega, z) = e^{-2\omega^2 z/g} \omega^2 S_{\zeta\zeta}(\omega) + S_{wt}(\omega) \tag{4.2.86}$$

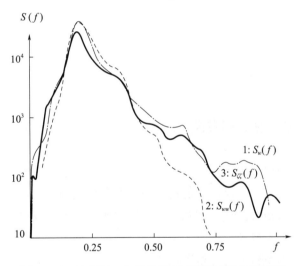

图 4.2.5 波面谱、水质点铅直速度谱和波生速度谱

图 4.2.5 中的曲线 2 代表由式（4.2.85）计算得到的波生速度谱，它与曲线 1 之差代表湍流速度谱。由波面谱形和速度谱形的比较可以推断，水质点的速度包括两部分。Efimov 等（1971）通过相干分析引入过渡频率 ω_t，在速度谱中大于此频率的部分为湍流提供，低于此频率的部分由波动提供。

Kitaigorodskii 等（1983）通过对 Ontario 湖中"Drag spheres"速度仪观测数据进行的分析，指出由于波浪破碎的存在，导致在近海表处出现一湍流生成明显增加的水层（Wave-affected layer），其深度约为 10 倍的波幅，并且发现在近海表层 1 m 的深度内，湍流耗散率增加 1~2 个量级，这表明在该深度内除了平均流的剪切效应生成湍流外，

还存在别的湍流生成源，他们认为该湍流源的形成主要是由于波浪破碎导致的。Thorpe（1984，1992）根据观测也得到了类似的结论，并建议波浪破碎的影响深度为 0.2 倍的波长，Toba 和 Kawamura（1996）也指出该影响深度可达 5 倍的有效波高处。

Terray 等（1996）利用实测数据，采用量纲分析的方法，建议在波浪破碎条件下，湍流耗散率 ε 是深度 z、摩擦速度 U_{**}（从水下向上看水气界面）、有效波高 H_s、谱峰相速 C_p 和风输入能量 F 的函数，根据实测数据以及现有波浪成长关系，给出耗散率与各变量间的关系式。根据湍耗散率的垂向分布，将受到波浪破碎影响的混合层部分划分为 3 层结构：在近表面 0.6 倍有效波高的深度内，湍流耗散率很大，比固壁边界层定律给出的结果大一个量级，但在该层内可近似为常数；其下是中间层，湍流耗散率随 z^{-2} 衰减，该层的厚度与波浪破碎产生的湍能量通量有关；最下层为过渡层，耗散率渐近于固壁定律给出的耗散分布 z^{-1}，该层的厚度和有效波高及海浪成长状态有关，当海浪处于中间成长状态（Intermediate development）时，过渡层深度可达 $25H_s$。

上述实验观测结果表明，波浪破碎促进海表附近的湍流生成，并在混合层上部形成一波浪影响次层（Wave-affected sublayer），在该层中的湍耗散率分布不再遵循对数边界层中与 z 成反比的参数化关系，而是与 z 的 $-n$ 次方成比例。根据上述研究，n 的取值范围在 3 ~ 4.6 之间。

4.3　风浪生成理论

4.3.1　风浪生成理论的发展

风浪的生成是海浪研究中最基本、最困难的问题。它包括两方面内容：一是风的能量如何传递到海浪；二是进入风浪的能量如何分配和变化的。前者涉及气—水间的相互作用，后者主要涉及海浪的波—波相互作用。通常所谓风浪生成机制是指前者。

目前已提出的风浪生成理论远不完善，力学根据比较充分的生成机制理论基于两种概念：一为共振；二为平行流的不稳定性。

Phillips（1957）提出的共振模型中，认为风中的涡，以平均风速于水面上移行并演化，从而水面的压力也产生相应变化。但假定涡和压力的结构不受所生波面运动的影响，是一种非耦合模型。实际上，波动一旦出现后，必然会改变波面附近的气流场。Phillips 共振机制在现今风浪生成理论中是重要的，一方面通过它可较切合实际地解释风浪的发生和成长的初始阶段，另一方面风浪通过此机制成长至一定的尺寸后，有可能为通过其他机制继续成长提供基础。

另一种重要风浪生成理论所根据的平行流不稳定性的概念为：当一种流体（如空气）的平行流流过另一种流体（如水）的表面而界面上的波动随时间增长时，我们称平行流连同界面上的波动失去稳定性。

在可应用于风浪生成问题的 Kelvin-Helmholtz 不稳定性中，取上、下流体分别为空气和水，空气水平流动，速度均匀，当气流速度约超过 6.5 m/s 时，运动变为不稳定，波动随时间成长。但观测表明，在风速小于 1 m/s 的情况下，水面上已出现波浪。

Jeffreys（1924）提出遮拦不稳定机制解释风浪的成长，假定波面附近的气流于波峰避风侧自波面分离，然后在下一个波峰的当风侧与波面再接触，波峰两侧的压力分布不对称，压力变化和波面斜率同位相，空气对波面做功，波动随时间成长。

为了解释风浪生成，还提出了其他形式的不稳定性机制，但对促进海浪研究最有影响的是 Miles（1957）提出的剪切流不稳定机制。该机制的要点为：考虑到风的湍流特性，假定水面上方的平均风速依对数形式分布。在水气界面引入小振幅波动，原来的平行气流受到扰动，气流中诱导产生波生速度及相应的波生 Reynolds 应力。在理论上可证明，风的平均运动于临界层高度损失能量和动量，它们通过上述波生 Reynolds 应力向下传递，最后由和波面斜率同位相的压力分量将能量传输至界面的波动，使后者随时间指数地成长。

随后的生成机制研究围绕着 Miles 机制做了改进。Janssen（1991）通过考虑大气边界层效应和海面粗糙度显式地说明了风与浪之间的相互作用，提出了改进的风浪生成机制，被用于 WAM、SWAN 模式。Chalikov（1995）提出了一个在耦合大气—海浪模型中的波边界层的参数化算法，被用于 WAVEWATCH 海浪模式中。

4.3.2 Phillips 共振机制

4.3.2.1 基本概念和分析方法

当风吹行于水面时，在多数情形下能量自风传输于水并生成波浪或使其成长。此种能量传输最终跨过气水界面。Stewart（1961）解释了此能量来自气流层的何处。由液体波动理论，波动的能量和动量之比等于相速 c。设波面上某高度的风速为 U_i，当给定的动量自此气流向波动输出时，它损失的能量必须至少等于波动获得的能量，即有，

$$\mathrm{d}\left(\frac{1}{2}\rho_a U_i^2\right) \geqslant c\mathrm{d}(\rho_a U_i) \tag{4.3.1}$$

因此，

$$U_i \geqslant c \tag{4.3.2}$$

式（4.3.2）表明传输于波动的动量和能量可追溯至风速大于或等于波速的高度。此概念与 Miles 机制和 Phillips 机制相协调。

海上的风具有湍流性质，并包括不同尺寸的涡，对应于不同波数 k，它们借助风的平均运动对流通过水面，对流的速度随波数 k 而异，约等于高度 k^{-1} 处的平均风速。这些涡在相互作用下不断地产生、变化和消失。对应的压力场也以平均风速对流通过水面。

对于给定的波数 k 有一特征时间尺度 $\vartheta(k)$，如跟随涡的运动，则在这段时间内涡维持其存在。可以预期，这个时间尺度远大于固定点观察到的起伏周期 T。令 λ 代表对

应的波长，U 为平均风速，于是，

$$\vartheta(k) \gg T \sim \frac{\lambda}{U} \sim \frac{1}{kU} \tag{4.3.3}$$

Phillips 分两种情形讨论风对水面的作用。

（1）$t \ll \vartheta(k)$，风浪成长的初始阶段，压力场像刚体一样掠过水面，出现的波为小尺度的波，具有毛细-重力波的性质。

（2）$t \gg \vartheta(k)$，风浪成长主要阶段，压力场处于变化状态，出现的波为重力波。

假定随机的气流压力起伏和波面均由多数波数不同的组成部分构成，每一组成水波的运动为无旋。设风于时间 $t = 0$ 开始吹行，描述水波运动的势函数为 $\varphi(x, z, t)$，满足 Laplace 方程：

$$\nabla^2 \varphi = 0 \tag{4.3.4}$$

及边界条件

$$\lim_{z \to -\infty} \varphi = 0 \tag{4.3.5}$$

假定界面波动的振幅很小，气—水界面上的运动学和动力学边界条件为

$$\frac{\partial \zeta}{\partial t} = \frac{\partial \varphi}{\partial z}\bigg|_{z=0} \tag{4.3.6}$$

$$\frac{\partial \varphi}{\partial t}\bigg|_{z=0} + g\zeta = \frac{p}{\rho_w} + \frac{T}{\rho_w}\nabla^2 \zeta \tag{4.3.7}$$

其中，$\zeta(x, t)$ 为界面形成的波面；p 为波面上的压力；T 为表面张力系数。

将波面以 Fourier-Stieltjes 积分表示：

$$\zeta(x,t) = \int e^{ik \cdot x} dA(k,t) \tag{4.3.8}$$

其中，$dA(k, t)$ 为组成波的复随机振幅。由式（4.3.5）、式（4.3.6）和式（4.3.7）可将式（4.3.4）的解写为

$$\varphi(x,z,t) = \int \frac{1}{k} e^{kz} e^{ik \cdot x} dA'(k,t) \tag{4.3.9}$$

其中的撇号代表对 t 的微分。将压力起伏写成：

$$p(x,t) = \int e^{ik \cdot x} d\Omega(k,t) \tag{4.3.10}$$

其中，$d\Omega(k, t)$ 代表压力的随机复振幅。将式（4.3.8）~式（4.3.10）代入动力学边界条件式（4.3.7）中得到：

$$dA''(k,t) + \omega^2 dA(k,t) = \frac{k}{\rho_w} d\Omega(k,t) \tag{4.3.11}$$

其中，

$$\omega^2 = gk + \frac{Tk^3}{\rho_w} \tag{4.3.12}$$

假定 $d\Omega(k, t)$ 与 $dA(k, t)$ 无关，这意味着波面附近的气流压力结构不受波面运动的影响。在风浪生成后的很短时间内，波的尺寸小，此假定近似地真实，但当浪的尺寸增大后，波面的压力和波面运动是密切相关的。这是 Phillips 模型的重要限制之一。但此假定使问题的处理大为简化。由初始条件：

$$dA(k,t)\big|_{t=0} = dA'(k,t)\big|_{t=0} = 0 \tag{4.3.13}$$

可确定式（4.3.13）的解为

$$dA(k,t) = \frac{ik}{2\rho_w\omega} \int_0^t d\Omega(k,t) \left[e^{-i\omega(t-\tau)} - e^{i\omega(t-\tau)} \right] d\tau \tag{4.3.14}$$

4.3.2.2　风浪生成的初始阶段

在风浪生成后很短一段时间内，即当 $t \ll \vartheta(k)$ 时，压力像固体一样以对流速度 $\boldsymbol{U}$ 掠过水面，可将压力取为

$$p(x,t) = p(x - \boldsymbol{U}t) \tag{4.3.15}$$

依据式（4.3.10）可将压力表示为

$$p(x,t) = \int \varpi(k,t) e^{ik \cdot x} dk \tag{4.3.16}$$

其中，$\varpi(k,t)$ 代表压力的振幅谱。将式（4.3.15）代入式（4.3.16）并进行逆变换得到：

$$\varpi(k,t) = \frac{1}{(2\pi)^2} \int p(x - \boldsymbol{U}t) e^{-ik \cdot x} dx \tag{4.3.17}$$

令 $\boldsymbol{\xi} = x - \boldsymbol{U}t$，于是

$$\varpi(k,t) = e^{-ik \cdot \boldsymbol{U}t} \left[\frac{1}{(2\pi)^2} \int p(\boldsymbol{\xi}) e^{-ik \cdot \boldsymbol{\xi}} d\boldsymbol{\xi} \right] \tag{4.3.18}$$

上式右侧方括号之内的量显然等于在式（4.3.17）中取 $t=0$ 所得压力振幅谱值 $\varpi(k, 0)$，故

$$\varpi(k,t) = e^{-ik \cdot \boldsymbol{U}t} \varpi(k,0) \tag{4.3.19}$$

对应地，

$$d\Omega(k,t) = e^{-ik \cdot \boldsymbol{U}t} d\Omega(k,0) \tag{4.3.20}$$

将式（4.3.20）代入式（4.3.14）得到：

$$dA(k,t) = \frac{ikd\Omega(k,0)}{2\rho_w\omega} \int_0^t \left[e^{-i\omega t} e^{i(\omega-\omega_1)\tau} - e^{i\omega t} e^{-i(\omega+\omega_1)\tau} \right] d\tau \tag{4.3.21}$$

其中，

$$\omega_1 = k \cdot \boldsymbol{U} \tag{4.3.22}$$

引入波面谱和压力谱：

$$S(k,t) = \frac{\overline{dA(k,t) dA^*(k,t)}}{dk_1 dk_2} \tag{4.3.23}$$

$$\Pi(k) = \frac{\overline{d\Omega(k) d\Omega^*(k)}}{dk_1 dk_2} \tag{4.3.24}$$

其中，k_1、k_2 为波数 k 的两个分量。引入符号：

$$\sigma_1 = \omega_1 t, \quad \sigma = \omega t \tag{4.3.25}$$

将式（4.3.21）积分出来，并利用式（4.3.23）和式（4.3.24）谱的定义，得到：

$$S(k,t) = \frac{\Gamma(\sigma_1, \sigma)}{\rho_w^2} k^2 \Pi(k) t^4 \tag{4.3.26}$$

其中，

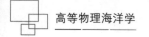

$$\Gamma(\sigma_1,\sigma) = \frac{1}{(\sigma_1^2-\sigma^2)^2}\left[\begin{array}{l}\dfrac{3}{2}+\dfrac{1}{2}\dfrac{\sigma_1^2}{\sigma^2}-\dfrac{\sigma_1+\sigma}{\sigma}\cos(\sigma_1-\sigma)+\\[2mm]\dfrac{\sigma_1-\sigma}{\sigma}\cos(\sigma_1+\sigma)-\dfrac{\sigma_1^2-\sigma^2}{2\sigma^2}\cos 2\sigma\end{array}\right]\tag{4.3.27}$$

令 $\chi=\sigma_1-\sigma$，于是式（4.3.27）变成：

$$\Gamma(\sigma_1,\sigma) = \frac{1}{(2\sigma+\chi)^2\chi^2}\left[\begin{array}{l}\dfrac{3}{2}+\dfrac{1}{2}\dfrac{\sigma^2+2\sigma\chi+\chi^2}{\sigma^2}-\dfrac{2\sigma+\chi}{\sigma}\cos\chi+\\[2mm]\dfrac{\chi}{\sigma}\cos(2\sigma+\chi)-\dfrac{\chi(2\sigma+\chi)}{2\sigma^2}\cos 2\sigma\end{array}\right]\tag{4.3.28}$$

当 χ 为小量时，于是有

$$\Gamma(\sigma_1,\sigma) = \frac{1}{2\sigma^2}\left[\frac{1-\cos\chi}{\chi^2}+O\left(\frac{\chi}{\sigma}\right)\right]\tag{4.3.29}$$

假定 $\sigma\gg 1$，这意味着时间远大于一个波周期，于是有

$$\Gamma(\sigma_1,\sigma) = \frac{1}{2\sigma^2}\frac{1-\cos\chi}{\chi^2}\tag{4.3.30}$$

因此，

$$S(k,t) = \frac{k^2\Pi(k)t^2}{2\omega^2\rho_w^2}\frac{1-\cos\chi}{\chi^2}\tag{4.3.31}$$

上式的使用范围为 $\omega^{-1}\ll t\ll\vartheta(k)$。式（4.3.31）表明当 $\chi=0$，即 $\sigma_1=\sigma$ 时，波面谱具有显著之值，即此条件最有利于风浪的生成。由弥散关系可以确定此条件为

$$U\cos\alpha = \left(\frac{g}{k}+\frac{Tk}{\rho_w}\right)^{1/2}\tag{4.3.32}$$

其中，α 代表波动传播方向和风向间的夹角。式（4.3.32）的右侧为毛细-重力波的波速 $c(k)$。因此，只有当组成波的波速和压力对流速度沿波向的分量相等时，才最有利于此组成波的生成。这显然代表一种共振状态。

式（4.3.32）的右端存在一极小值：

$$c_{\min} = \left(\frac{4gT}{\rho_w}\right)^{1/4}\tag{4.3.33}$$

对应的波长为

$$L_c = 2\pi\left(\frac{T}{\rho_w g}\right)\tag{4.3.34}$$

对于确定的风速，能够发生共振作用的组成波存在角度范围，相对于风向的最大角为

$$\alpha_c = \arccos\left(\frac{c_{\min}}{U}\right) = \arccos\left(\frac{4gT}{\rho_w U^4}\right)^{1/4}\tag{4.3.35}$$

从共振的观点考虑，只有波数与波向、对流速度间满足特定的关系时水波才可以生成。但另一方面，波的生成需要由气流压力起伏提供足够的能量。气流中小尺度的涡迅速为分子黏性所消耗，只有较大的涡才能产生波动，因此存在一个波数上限 $k_{\max}$，大于此波数的压力起伏不足以生成波动。

依湍流理论，

$$k_{\max} \approx (\varepsilon/\nu_a^3)^{1/4} \tag{4.3.36}$$

其中，ε 为湍动能耗散率；ν_a 为空气的分子运动学黏性系数。式（4.3.36）对应的波长估计值为 1.7 cm。与此相对照，式（4.3.33）和式（4.3.34）分别给出 $c_{\min} = 23$ cm/s 和 $L_c = 1.73$ cm。

由波面谱相对于波数的结构来考虑，由式（4.3.31）可知：

$$S(k,t) \sim k^2 \Pi(k) \tag{4.3.37}$$

这表明在波生成的初始阶段，有利于大波数的波的出现，短的压力起伏成分激发短的波较长的压力起伏成分激发长的波更为有效。但大于 $k_{\max}$ 的压力起伏可提供的能量极小，故 $k^2 \Pi(k)$ 有一极大值，在它所对应的波数，$S(k, t)$ 也具有极大值。对于海上的风，$k_{\max}$ 对应的涡的尺寸为 1 cm，初生的浪也应具有此量级的波长。观测证实了这一论断。

4.3.2.3　风浪成长的主要阶段

假定气流压力场为一平稳过程，经过推导得到波面谱的渐进值：

$$S(k,t) = \frac{k^2 t}{2\omega^2 \rho_w^2} \int_0^{\infty} \Pi(k,\tau) \cos\omega\tau \mathrm{d}\tau \tag{4.3.38}$$

也可以证明上述积分值于共振条件下最大，即，

$$U\cos\alpha = \frac{\omega}{k} \tag{4.3.39}$$

时，式（4.3.38）的极大值为

$$S(k,t) = \frac{\pi k^2 t}{2\omega^2 \rho_w^2} \Pi(k,\omega) \tag{4.3.40}$$

4.3.3　Miles 剪切流不稳定机制

4.3.3.1　主要理论结果

Miles 剪切流不稳定机制自提出后一直构成风浪生成机制研究的中心。虽然更多的观测和论证表明，该模型本身作为一种风浪生成主要机制有很大限制，但其核心——剪切流不稳定性仍是目前风浪理论发展所依据的基本概念之一。Benjamin（1959）以不同的方法得到和 Miles 相同的结果。Lighthill（1962）对此理论的物理意义做了进一步的说明。Miles 的数学处理，特别是求解 Orr-Sommerfeld 方程的过程很繁长，本节只给出该机制的主要结果。

模型描述：

$$\zeta = a \exp[\mathrm{i}k(x\text{-}ct)] \tag{4.3.41}$$

平均水平速度 U 随高度 z 减小的空气流的下侧受到小振幅水波的扰动，由于空气对水传输能量的结果，气—水界面失去稳定性且振幅 a 随时间 t 增大。忽略黏性并对气流平均水平速度采用对数分布。为准层流模型。忽略非线性作用，水波扰动的气流运动用

Orr-Sommerfeld 方程描述。气流的上边界为未受波动扰动的平行切流，下边界为水波波面。如果气流平均水平速度像 Kelvin-Helmholtz 不稳定性问题那样不随高度改变而改变，或此速度随高度改变但流线具有图 4.2.3 所示的型式，则波面上的压力和波面高度的位相差为 π，通过此压力不能对波动有净的能量传输。实际上气流流线具有图 4.2.4 所示的"猫眼"式分布，在波面诱导产生与波面位相差为 π/2 的压力分量。Miles 将气流于波面上的压力表示为

$$p_a = (\alpha + i\beta)\rho_a U_1^2 k\zeta \tag{4.3.42}$$

其中，$U_1 = U_*/\kappa$。问题归结为依式（4.3.42）求解 Orr-Sommerfeld 方程。

以下直接引用 Miles 理论的几个重要结果：

$$\beta = -\frac{\pi}{k}\frac{U_c''}{U_c'}\left(\frac{c}{U_1}\right)^2\frac{\overline{\tilde{w}_c^2}}{\overline{\dot{\zeta}^2}} \tag{4.3.43}$$

$$\alpha^2 + \beta^2 = \left(\frac{U_c'}{kU_1}\right)^2\left(\frac{c}{U_1}\right)^2\frac{\overline{\tilde{w}_c^2}}{\overline{\dot{\zeta}^2}} \tag{4.3.44}$$

$$\overline{\tilde{u}\,\tilde{w}} \approx \frac{\pi}{k}\frac{U_c''}{U_c'}\overline{\tilde{w}_c^2}, \quad \text{当 } z < z_c \tag{4.3.45}$$

$$\overline{\tilde{u}\,\tilde{w}} = 0, \quad \text{当 } z > z_c \tag{4.3.46}$$

其中，$\tilde{u}$，$\tilde{w}$ 分别为波动诱生的水平与铅直速度分量，撇号表示对 z 微分，点号表示对 t 微分，下标 c 表示临界层高度 z_c 处的数值。对于给定的平均风速廓线和产生扰动作用的波动，式（4.3.43）~式（4.3.46）左侧与能量传输有关的各量取决于速度 $\tilde{w}$ 于临界层的方均值 $\overline{\tilde{w}_c^2}$，可以由式（4.2.42）及式（4.2.44）得到

$$\tilde{w} = -ik\varphi(z)\,e^{ik(x-ct)} \tag{4.3.47}$$

波生 Reynolds 应力通过气流平均速度梯度单位时间内所做的功为

$$\dot{E} = \frac{dE}{dt} = -\rho_a\int_0^\infty \overline{\tilde{u}\,\tilde{w}}\frac{\partial U}{\partial z}dz \tag{4.3.48}$$

上式中 $\rho_a\overline{\tilde{u}\,\tilde{w}}\frac{\partial U}{\partial z}$ 代表平均运动于单位体积，单位时间内损失的能量，将它在二维的流场中相对于 z 积分后给出单位水平面积、单位时间内自平均运动汲取的功。将式（4.3.45）代入式（4.3.48）得近似的功率：

$$\dot{E} = -\rho_a\int_0^{z_c}\frac{\pi}{k}\frac{U_c''}{U_c'}\overline{\tilde{w}_c^2}\frac{\partial U}{\partial z}dz \tag{4.3.49}$$

考虑到 $U(z_c) = c, U(0) = 0$，

$$\dot{E} = -\frac{\pi\rho_a c}{k}\frac{U_c''}{U_c'}\overline{\tilde{w}_c^2} \tag{4.3.50}$$

自平均运动汲取的能量最终传递于波动。对于波动，单位面积内的能量为

$$E = \rho_w g\,\overline{\zeta^2} \tag{4.3.51}$$

以 $g = \omega^2/k$，$\overline{\zeta^2} = \overline{\dot{\zeta}^2}/\omega^2$ 代入，

$$E = \frac{\rho_w}{k}\overline{\dot{\zeta}^2} \tag{4.3.52}$$

引入无因次量

$$Z = \frac{1}{ck}\frac{\dot{E}}{E} \qquad (4.3.53)$$

$1/ck = 1/\omega$ 代表波动经历一个弧度的位相角所需的时间，因此 Z 代表波动能量的每弧度增长率。将式（4.3.50）和式（4.3.52）代入式（4.3.53）得到：

$$Z = -\frac{\pi}{k}\frac{\rho_a}{\rho_w}\frac{U_c''}{U_c'}\frac{\overline{\tilde{w}_c^2}}{\overline{\dot{\zeta}^2}} \qquad (4.3.54)$$

式（4.3.53）表明风浪的能量随时间指数的成长，大的 Z 对应大的成长率。以波动的振幅表示时，此成长关系为

$$a^2(t) = a_0^2 e^{\omega Z t} \qquad (4.3.55)$$

由式（4.3.43）和式（4.3.54）得

$$\beta = \frac{\rho_w}{\rho_a}\left(\frac{c}{U_1}\right)^2 Z \qquad (4.3.56)$$

Miles 采用对数风速廓线，即

$$U = U_1 \ln\left(\frac{z}{z_0}\right) \qquad (4.3.57)$$

将式（4.3.54）和式（4.3.57）代入式（4.3.56）后可以将 β 归纳为

$$\beta = \beta(z_0, c/U_1) \qquad (4.3.58)$$

引入无因次量

$$\Omega = gz_0/U_1^2 \qquad (4.3.59)$$

则式（4.3.58）变为

$$\beta = \beta(\Omega, c/U_1) \qquad (4.3.60)$$

Conte 与 Miles（1959）就不同的 Ω 给出 $\beta \propto c/U_1$ 的数值解，发现当 $c/U_1 < 10$（相当于 $c/U_{10} < 1$）时，β 才是显著的。

于 $\tilde{z} = \dfrac{U_* z}{\nu_a} < 10$，气流形成层流次层，此处平均风速的垂直分布接近线性。如果临界层位于层流次层，$U''(z) = 0$，从而 Z 为 0，意味着通过 Miles 机制不能向波动提供能量。因此要求

$$\frac{c}{U_*} = \frac{U_* z}{\nu_a} > 10 \qquad (4.3.61)$$

此时临界层高度位于层流次层之上，Miles 机制才起作用。因此，Miles 机制的适用范围为

$$10 < \frac{c}{U_*} < 25 \qquad (4.3.62)$$

4.3.3.2 剪切流不稳定性机制的物理解释

Lighthill（1962）对 Miles 的理论给出了物理解释。设未受扰动前气流的平均水平流速为 $U(z)$ 其下侧受到小振幅波动的扰动后，速度变为

$$\boldsymbol{V} = \boldsymbol{i}u + \boldsymbol{j}v + \boldsymbol{k}w \qquad (4.3.63)$$

其中，

$$u = U + \tilde{u} , \quad v = \tilde{v} , \quad w = \tilde{w} \tag{4.3.64}$$

将气流的运动方程写为

$$\rho_a \frac{\partial \boldsymbol{V}}{\partial t} = -\nabla\left(p + \frac{1}{2}\rho_a V^2\right) - \rho_a \boldsymbol{\omega} \times \boldsymbol{V} \tag{4.3.65}$$

其中涡度为

$$\boldsymbol{\omega} = \boldsymbol{i}\omega_x + \boldsymbol{j}\omega_y + \boldsymbol{k}\omega_z \tag{4.3.66}$$

$$\omega_x = \frac{\partial w}{\partial y} - \frac{\partial v}{\partial z}, \quad \omega_y = \frac{\partial u}{\partial z} - \frac{\partial w}{\partial x}, \quad \omega_z = \frac{\partial v}{\partial x} - \frac{\partial u}{\partial y} \tag{4.3.67}$$

对于二维运动有

$$\rho_a \boldsymbol{\omega} \times \boldsymbol{V} = \rho_a \left[\boldsymbol{i}(\omega_y w) + \boldsymbol{k}(-\omega_y u) \right] \tag{4.3.68}$$

式（4.3.65）右侧第一项代表单位体积所受的动力压强梯度力，第二项代表单位体积所受的涡力。写成分量的形式为

$$\rho_a \frac{\partial u}{\partial t} = \rho_a \omega_y w - \frac{\partial p_T}{\partial x} \tag{4.3.69}$$

$$\rho_a \frac{\partial w}{\partial t} = -\rho_a \omega_y u - \frac{\partial p_T}{\partial z} \tag{4.3.70}$$

其中总压力为

$$p_T = p + \frac{1}{2}\rho_a(u^2 + w^2) \tag{4.3.71}$$

对于以波速水平移动的坐标系，波面附近的气流流线近似地如图4.2.3所示。于一个波长内对式（4.3.69）实行平均后，有

$$\rho_a \frac{\partial \bar{u}}{\partial t} = \rho_a \overline{\omega_y w} \tag{4.3.72}$$

其中总压力梯度项由于具有周期性平均值为0。式（4.3.72）的含义为：由于涡力作用的结果，气流的动量产生变化。

由式（4.3.67），ω_y 的平均值为 $U'(z)$。对于 Miles 采用的对数风速分布 $U''(z) < 0$，因此 ω_y 随高度减小。忽略湍流和黏性的扩散作用，ω_y 的变化可视为气流受到波面上、下推移的结果，并可将推移铅直距离 h 后的涡度近似地表示为

$$\omega_y = U'(z+h) \approx U'(z) + hU''(z) \tag{4.3.73}$$

将式（4.3.73）代入式（4.3.72）得到：

$$\rho_a \frac{\partial \bar{u}}{\partial t} = \rho_a U'(z)\bar{w} + \rho_a U''(z)\overline{hw} \tag{4.3.74}$$

在一个波长范围内 $\bar{w} = 0$，于是

$$\rho_a \frac{\partial \bar{u}}{\partial t} = \rho_a U''(z)\overline{hw} \tag{4.3.75}$$

在高度 z 气流质点相对于所取运动坐标系的平均水平速度为 $U(z) - c = U(z) - U(z_c)$。在质点水平移动的过程中受到波面的推移而产生周期性起伏，因此铅直速度分量为一简谐形式的振动以相速度 $U(z) - U(z_c)$ 传播，并在产生气流扰动的波动的一个

波长 L 内完成一个循环，对应的圆频率为

$$\omega = \frac{2\pi\left[U(z)-U(z_c)\right]}{L} \tag{4.3.76}$$

质点在一个周期 $T=2\pi/\omega$ 内移动的水平距离为 L。质点的铅直速度分量可写为

$$w = w_0(z)\cos\omega t \tag{4.3.77}$$

将式（4.3.77）相对于时间 t 积分得铅直位移：

$$h = \frac{w_0(z)}{\omega}\sin\omega t \tag{4.3.78}$$

式（4.3.77）乘以式（4.3.78）给出：

$$hw = \frac{w_0^2(z)}{2\omega}\sin 2\omega t \tag{4.3.79}$$

设 $z\neq z_c$，式（4.3.79）于一个周期内的平均值为

$$\langle hw\rangle = \frac{1}{T}\int_0^T \frac{w_0^2(z)}{2\omega}\sin 2\omega t\mathrm{d}t = 0 \tag{4.3.80}$$

$\langle\ \rangle$ 代表相对于时间的平均值，即跟随质点得到的平均值。如波动的扰动不大，可以视为与一个波长内的平均值相等。此时，$\rho_a\frac{\partial\bar{u}}{\partial t}=0$，表明于临界层以外的高度，涡力不改变气流的动量。

当 $z=z_c$ 时，讨论如下。依 Lighthill，

$$\lim_{t\to\infty}\frac{\sin\chi t}{\chi} = \pi\delta(\chi) \tag{4.3.81}$$

因此有

$$\lim_{t\to\infty} hw = \lim_{t\to\infty}\frac{w_0^2(z_c)}{2\omega}\sin 2\omega t = w_0^2(z_c)\pi\delta(2\omega) \tag{4.3.82}$$

根据式（4.3.76）和 δ 函数的性质得到：

$$\delta(2\omega) = \frac{L}{4\pi U'(z_c)}\delta(z-z_c) \tag{4.3.83}$$

将式（4.3.83）代入式（4.3.82）得到：

$$\lim_{t\to\infty} hw = \frac{Lw_0^2(z_c)}{4U'(z_c)}\delta(z-z_c) \tag{4.3.84}$$

上式右侧为一常数，于一个波长内的平均值仍为此值，于是

$$\overline{hw} = \frac{Lw_0^2(z_c)}{4U'(z_c)}\delta(z-z_c) \tag{4.3.85}$$

将式（4.3.85）代入式（4.3.75）得到，当 $z\to z_c$ 时的动量方程：

$$\rho_a\frac{\partial\bar{u}}{\partial t} = \frac{1}{4}\rho_a L\frac{U''(z_c)}{U'(z_c)}w_0^2(z_c)\delta(z-z_c) \tag{4.3.86}$$

式（4.3.86）表明，气流的运动有一个特点：只于临界层涡力开始改变气流的动量，而且对于对数的风速分布，由于 $U'(z)$ 为正，$U''(z)$ 为负，从而 $\frac{\partial\bar{u}}{\partial t}$ 为负，意即，涡

力使临界层的平均运动减缓，换言之，涡力自气流汲取动量和能量。这是 Lighthill 对 Miles 理论所做的重要物理解释之一。

在运动坐标系中，相当于使流场以波速 c 移动。将式（4.3.86）乘以 c 并相对于 z 积分可得单位水平面积、单位时间内气流损失的能量，即最终传递于波动的能量（取负号）：

$$\dot{E} = -\frac{1}{4}\rho_a L c \frac{U''(z_c)}{U'(z_c)} w_0^2(z_c) \tag{4.3.87}$$

与 Miles 所得到的式（4.3.50）完全一致。将式（4.3.86）相对于 z 积分可得单位水平面积、单位时间内气流损失的、最终传递于波动的动量：

$$\dot{M} = -\frac{1}{4}\rho_a L \frac{U''(z_c)}{U'(z_c)} w_0^2(z_c) \tag{4.3.88}$$

将以上两式相比给出：

$$\frac{\dot{E}}{\dot{M}} = \frac{E}{M} = c \tag{4.3.89}$$

以上的讨论假定扰动是小的，并忽略其平方项；还忽略扩散和黏性的作用。Lighthill 的论证表明，这些因素使涡力集中的面变为具有一定厚度的临界层，但不改变涡力的强度。

Lighthill 根据涡力分布说明与波面起伏相差 $\pi/2$ 的压强分量是如何产生的。如未受扰动的气流为均匀的平行流，或平均速度随高度减小但流线具有跟随波面的形式，则在波动扰动下，涡度的扰动于波峰及波谷上方具有极值，在涡度扰动诱生的速度场中，水平分量于峰、谷上方具有极值，铅直分量于波节上方具有极值，诱生的速度场不改变原来的速度分布模式。在此情形下，压力与波面起伏的位相差为 π，能量不能传递于波动。

但当临界层具有"猫眼"式的封闭形式时，空气质点的铅直速度分量于波节上方具有极值，从而涡度扰动亦于波节上方最显著。此涡度场诱生一速度场，其水平分量于波节具有极值，铅直分量于峰、谷上方具有极值。诱生的速度场改变涡度的分布，新的涡度分布又诱生新的速度场，如此循环不已。但在这复杂的相互影响的每一阶段中，气流水平速度的极值恒出现于波节上方，而铅直分量的极值恒出现于峰、谷上方。因此，产生一个于波节具有极值，或和波面起伏位相相差 $\pi/2$ 的压强分量。

4.3.4　共振与切流不稳定性联合模型

将压力场改为两部分之和：

$$d\Omega(k,t) = d\Omega_1(k,t) + d\Omega_0(k,t) \tag{4.3.90}$$

其中，右侧两项分别为切流不稳定性机制和共振机制。式（4.3.11）变为

$$dA''(k,t) + \omega^2 dA(k,t) = \frac{k}{\rho_w}\left[d\Omega_1(k,t) + d\Omega_0(k,t)\right] \tag{4.3.91}$$

因压力分量 $d\Omega_1(k,t)$ 和水波中对应的组成波波面升降速度 $\dot{\zeta}(k,t)$ 的位相相差

为 π，因此可取：

$$d\Omega_1(k,t) = -\gamma dA'(k,t) \tag{4.3.92}$$

确定比例系数 γ 的过程如下。此压力分量对波动的平均功率为

$$\overline{-d\Omega_1(k,t)dA'^*(k,t)} = \overline{\gamma dA'(k,t)dA'^*(k,t)} = \gamma\overline{\dot{\zeta}^2} \tag{4.3.93}$$

式（4.3.93）的值应和式（4.3.50）中的 $\dot{E}$ 相等，即

$$\gamma\overline{\dot{\zeta}^2} = -\frac{\pi\rho_a c}{k}\frac{U''_c}{U'_c}\overline{\tilde{w}_c^2} \tag{4.3.94}$$

由此式并考虑式（4.3.94）得到：

$$\gamma = c\rho_w Z \tag{4.3.95}$$

将式（4.3.95）和式（4.3.92）代入式（4.3.91）得到

$$dA''(k,t) + 2mdA'(k,t) + \omega^2 dA(k,t) = \frac{k}{\rho_w}d\Omega_0(k,t) \tag{4.3.96}$$

其中

$$m = \frac{1}{2}\omega Z \tag{4.3.97}$$

取 $Z = 0$ 即化为纯共振的情形。

假定 $m \ll \omega$，即 $Z \ll 1$，代表波动能量变化缓慢的情形。式（4.3.96）的解为

$$dA(k,t) = \frac{ik}{2\rho_w\omega}\int_0^t d\Omega_0(k,t)e^{m(t-\tau)}\left[e^{-i\omega(t-\tau)} - e^{i\omega(t-\tau)}\right]d\tau \tag{4.3.98}$$

可以建立联系波面能谱 $S(k, t)$ 和气流压力能谱 $\Pi(k, t)$ 的一个表达式，然后就 $t \to \infty$ 得到渐近结果：

$$S(k,t) = \frac{k^2 t}{2\omega^2\rho_w^2}\frac{e^{2mt}-1}{2m}\int_0^\infty \Pi(k,\tau)\cos\omega\tau d\tau \tag{4.3.99}$$

施行余弦变换得到：

$$S(k,t) = \frac{k^2 t}{2\omega^2\rho_w^2}\frac{e^{2mt}-1}{2m}\Pi(k,\omega) \tag{4.3.100}$$

把上式右边第二项简化记为

$$F(m,t) = \frac{e^{2mt}-1}{2m} \tag{4.3.101}$$

当 $mt \ll 1$ 时，$F(m, t) \to t$，表明联合模型化为 Phillips 模型；当 $mt \gg 1$ 时，$F(m, t) \propto e^{mt}$，表明谱通过不稳定性机制随时间指数地成长。

4.4　海浪破碎理论

4.4.1　海浪破碎标准

当一个海浪破碎时，其表现为湍流的两相流形式，它不能用线性或弱非线性理论进

行解析描述。海浪破碎问题具有复杂性，甚至可以说，目前还不能完全清楚是什么原因导致波浪破碎。长期以来，科学家们一直在寻找一个确定海浪破碎开始的通用标准。破波标准通常大致分为 3 类：几何标准、运动学标准和动力学标准。

最常用的是 Stokes 极限给出的波浪陡度的几何极限

$$\frac{H}{\lambda} = \frac{1}{7} \approx 0.142 \tag{4.4.1}$$

定义波陡为

$$\Delta = ak = \pi \frac{H}{\lambda} \tag{4.4.2}$$

则

$$\Delta_{\text{limiting}} = (ak)_{\text{limiting}} \approx 0.043 \tag{4.4.3}$$

在这种极限陡度的波中，波峰取角度，

$$\theta_{\text{limiting}} = 120° \tag{4.4.4}$$

经常有研究者建议波浪必须达到这种陡度才会破碎，但 Stokes 极限似乎不能提供一个可靠的、通用的破碎标准，这可以在几项研究中看到，显示波浪在 Stokes 极限以下发生破碎（Holthuijsen and Herbers，1986；Rapp and Melville，1990；Banner and Pierson，2007；Drazen et al.，2008）。相反，其他的研究（Babanin et al.，2007，2010）显示了实验和数值证据表明波浪在破碎前已达到极限陡度。不管怎样，至少看起来波在 Stokes 极限时将会破碎，尽管三维影响可能会略微改变极限值（Stokes 极限仅为二维波推导）。

Stokes 极限也可以转化为运动学极限，Stokes 极限与另一种建议的标准有关，即当波峰处的水平水流速度超过波相速度时，其中水质点速度为

$$u_{\text{orbital}} = a\omega = c \tag{4.4.5}$$

或向下加速度，即动力学极限

$$a_{\text{downward}} = \frac{1}{2}g \tag{4.4.6}$$

这虽然有物理意义，但这种运动学准则的验证也有歧义。尤其是 Stansell 和 Macfarlane（2002）在实验室水槽中测量了破波的水质点速度 U 和波相速度 c_p，发现对 c_p 的任何几个定义，运动学破碎标准都不成立，即破碎时

$$U < c \tag{4.4.7}$$

因此，陡度和运动极限可能只提供海浪破碎的充分条件，而不是必要条件。Banner 和 Tian（1998），Song 和 Banner（2002）以及 Banner 和 Pierson（2007）的工作建议一种不同类型的波浪破碎标准，被称为"动态标准"：

$$\delta = \frac{1}{\omega_p E} \frac{\mathrm{d}\overline{E}}{\mathrm{d}t} \tag{4.4.8}$$

这些研究表明，当波能（势能加动能）的增长率超过一个普遍的阈值时，波浪破碎发生。

图 4.4.1 所示的是模拟的阈值变化。破碎波的波谷 - 波峰被定义在两个连续波谷之

间，坐标为 $X_{f\min}$（前波谷）和 $X_{b\min}$（后波谷）。图中显示了 Song 和 Banner（2002）标准的演变情况。$\bar{E}$ 是波长 $X_{f\min} - X_{b\min}$ 上的势能和动能的和。

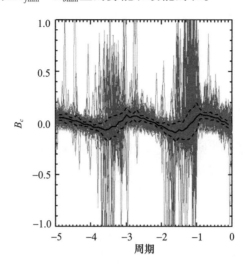

图 4.4.1　标准 δ 式（4.4.8）的破碎前演变（Song and Banner，2002）

B_c 表示随波周期的时间序列变化；横轴的 0 表示断裂的开始，负数表示断裂前的第 x 个周期

这一准则特别适用于调制波群的情况。在这种情况下，Benjamin-Feir 不稳定导致波能量缓慢收敛到波群的中心，导致中心波破碎并迅速耗散能量，或不中断并重复调制周期，这被称为"递归"。Song 和 Banner（2002）表明，动态标准能够区分最初非常相似的破碎和重复的实验案例。

许多因素使这些波浪破碎标准的评估变得困难，特别是在受控的实验室环境之外。一方面，很难测量波浪破碎前和破碎期间的表观结构（陡度或势能）和水的速度（水质点速度和动能）。动力学破碎标准的应用尤其具有挑战性。另一方面，在波谱环境中甚至很难定义波陡、相位速度和能量增长等量。

4.4.2　白冠覆盖率

在给定的波场中有多少波会破碎？这可以表示为破碎频率、破碎概率，或者是最常见的现象，即白冠覆盖率 W，所谓白冠覆盖率是指白冠面积占白冠所在海面的百分比，W 经常用于参数化气体传输和海洋飞沫气溶胶生产通量。W 经常被发现与风速相关，通常定义为 10 m 风速 U_{10} 的函数。Monahan（1971）提出如下参数化方案

$$W = 0.00135 U_{10}^{3.4} \tag{4.4.9}$$

其中，U_{10} 的单位是 m/s，W 是白冠覆盖率。Monahan（1971）回顾了早期的观察结果，并发现可用的参数化在定性上是相似的，但定量偏差是必定存在的。

Wu（1979）进一步给出了基于一些半理论/半经验的方案

$$W = \alpha U_{10}^{3.75} \tag{4.4.10}$$

其中，系数 α 取 1.30 ~ 2.90 主要随大气边界层稳定条件的变化而变化。Stramska 和 Petelski（2003）在这种依赖关系中引入了风速阈值：

$$W = \begin{cases} 4.18 \times 10^{-5}(U_{10} - 4.93)^3 & 若\ U_{10} \geqslant 4.93 \\ 0 & 若\ U_{10} < 4.93 \end{cases} \qquad (4.4.11)$$

如果风速低于阈值，则没有观察到破碎，否则 W 取决于高于其阈值的过量风速，而不是风速本身。该阈值被确定为

$$U_{10\text{threshold}} = 4.93\ \text{m/s} \qquad (4.4.12)$$

由于形式简单，Monahan 和 O'Muircheartaigh（1980）提出参数化关系被广泛使用

$$W = 3.84 \times 10^{-6} U_{10}^{3.41} \qquad (4.4.13)$$

尽管 W 到 U_{10} 的关系很常见，但有学者提出风并不直接导致海浪破碎。Zhao 和 Toba（2001）对比了 W 与各种海浪状态参数的相关性，提出了利用破波雷诺数参数化 W，

$$W = 3.88 \times 10^{-5} R_B^{1.09} \qquad (4.4.14)$$

其中，R_B 为破波雷诺数，具体表示为

$$R_B = u_*^2 / \nu \omega_p \qquad (4.4.15)$$

其中，ν 是海水运动学黏性系数；ω_p 是风浪谱峰频率。各种海浪状态参数与白冠覆盖率之间的相关性如表 4.4.1 所示，表中显示 R_B 相对于其他参数在观测数据中均有较好的相关系数。

表 4.4.1　各种海浪状态参数与白冠覆盖率之间的相关性（Zhao and Toba，2001）

参数	不含实验室数据	包括实验室数据
β	0.43	0.21
T_s	0.78	0.65
U	0.79	0.69
u_*	0.80	0.70
R_B	0.88	0.87

同时，Banner 等（2000，2002）表明，随着平均波陡的增加，白冠覆盖率也会增加。因此，近年来在 W 参数化中，人们建议用平均波陡参数来代替风变量。在有限水深的海浪中，Kleiss 和 Melville（2010）显示了 W 和平均波陡之间的良好一致性，尽管对风速的拟合仍然略好。另外，Goddijn-Murphy 等（2011）和 Salisbury 等（2013）建议使用波陡作为次要变量，以修正风速参数化存在的不足。

计算 W（以及其他基于可见泡沫存在的测量）的模糊性之一是，泡沫与主动破波和旧泡沫（即以前的碎浪留下的残留泡沫）之间的区别。人们经常注意到活动的白冠覆盖率是只依赖于波动动力学，而残余泡沫衰变也与气泡和水的化学性质相关。虽然对波浪破碎性质的研究已有 60 余年，但直到今天，白冠覆盖的参数化仍存在许多不确定性。鉴于这一海洋特征的重要性随着海洋遥感手段的发展而增加，必须认识到这些不确定问题并解决这些不确定问题。

4.4.3 波浪破碎能量耗散

海浪的破碎是海浪能量耗散的主要体现。能谱传输方程，也称辐射传递方程或能谱平衡方程，在破波和破波耗散研究中起着重要的作用。它在本节中不会被明确地用于推导或建模，但它将被提及，因此在与波浪破碎过程相关的其他相关定义中被提到和描述。

能谱传输方程自 Hasselmann（1960）首次提出以来，已被广泛应用于与风生波演化相关的科学研究和实际应用中。在有限深度的水中，该方程采用一般形式（Komen et al.，1994）

$$\left[\frac{\partial}{\partial t} + (\boldsymbol{c}_g + \boldsymbol{U}_c) \cdot \frac{\partial}{\partial x} - \nabla \Omega \cdot \frac{\partial}{\partial k}\right]\frac{\Phi}{\omega} = S_{in} + S_{nl} + S_{ds} + S_{bf} \tag{4.4.16}$$

方程左边代表波作用密度的演变，方程右边为源函数项，包括的物理过程有：风能输入项（S_{in}），非线性波相互作用项（S_{nl}），海浪破碎能量耗散项（S_{ds}）和底部摩擦项（S_{bf}）。$\Phi(f, k, \theta)$ 是二维海浪谱，即 θ 是海浪传播方向，这些源函数项都是沿波数 - 频率 - 方向的海浪谱以及其他参数的函数。$\boldsymbol{U}_c$ 为表面海流，$\Omega(k)$ 为多普勒位移频率 $\Omega(k) = \omega(k) + k \cdot \boldsymbol{U}_c$。

也有人认为，破波产生的能量耗散率 S_{ds} 与 W 可能有关。第一个提出这一观点的是 Cardone（1970），他注意到风速受大气稳定性的不确定性影响。考虑从风到波的总能量通量，因此在准平稳情况下的波浪破碎导致的能量耗散率近似为

$$S_{ds} = \tau U \tag{4.4.17}$$

其中，

$$\tau = \rho_a u_*^2 = \rho_a C_D U_{10}^2 \tag{4.4.18}$$

式中，τ 是风应力也是从空气到水的动量通量；U 是在低大气边界层中能量传播的一些特征速度；u_* 是所谓的摩擦速度；ρ_a 是空气密度。

$$C_D = \frac{u_*^2}{U_{10}^2} \tag{4.4.19}$$

式中，C_D 是海面拖曳系数，为方便将 U_{10} 风转换为 u_* 而引入的一个参数。因此，根据式（4.4.17）和式（4.4.18），耗散与某些风速立方成正比，但这个比例的精确性取决于特征速度 U。

如果 $U = u_*$，则

$$S_{ds} = \rho_a u_*^3 = \rho_a C_D^{3/2} U_{10}^3 \tag{4.4.20}$$

如果 $U = U_{10}$，则

$$S_{ds} = \rho_a u_*^2 U_{10} = \rho_a C_D U_{10}^3 \tag{4.4.21}$$

显然，关于速度 U 的结论取决于所采用的边界层模型，在上述两个极端之间可能有其他选择，包括由剪切边界层气流的积分特性定义的更复杂的特征速度。然而，S_{ds} 的价值存在很大的不确定性，这使这种关系的实际应用具有挑战性。Kraan 等（1996）基于

WAM 耗散源函数和 JONSWAP 谱对 W 进行了理论预测，该预测与实测的白冠覆盖率有合理的一致性。Hanson 和 Phillips（1999）使用了 Phillips（1985）平衡域理论的耗散估计，并显示出了优于 U_{10} 拟合的相关性。

对于能谱传输方程的源项，一般认为波浪破碎耗散项是约束最小的（Babanin，2011）。波浪破碎并不适合在海浪谱框架内讨论。波浪破碎过程是一个在空间和时间上局部化的强非线性过程，而频谱则是一个在长空间和时间尺度上演化的平均量。在目前的模型中，波浪破碎能量耗散往往是基于 Hasselmann（1974）模型得到，其中随机分布的白浪通过对海浪正面施加向下的压力来做负功，虽然破碎波现象在局部上是一个高度非线性的过程，但平均来说，它通常是弱非线性。在最低阶，谱耗散应为海浪谱 Φ 和阻尼系数的准线性函数，与频率 ω 的平方成正比，即，

$$S_{ds}(\omega) = \rho_w g \eta \omega^2 \Phi(\omega) \qquad (4.4.22)$$

其中，η 是一系数。Komen 等（1984）认为

$$\eta = \frac{c_0}{\omega} \left(\frac{\bar{\alpha}}{\bar{\alpha}_{PM}} \right)^2 \qquad (4.4.23)$$

其中，$c_0 = 3.33 \times 10^{-5}$，$\bar{\alpha} = m_0 \bar{\omega}^{-4} g^{-2}$ 为波陡的量度，$\bar{\alpha}_{PM} = 4.57 \times 10^{-3}$ 为 $\bar{\alpha}$ 相应于 PM 谱的理论值。$E = \int \Phi(\omega) \, d\omega$ 为总的表面波能量，$\bar{\omega} = \int \omega \Phi(\omega) \, d\omega / E$ 是波谱的平均频率。

从历史上来看，该模型的改进通常是基于与观测结果的经验比较，而不是改进的物理理解（例如，海浪模式中常使用 S_{ds} 作为一个调参项），直到最近，海浪谱模型中才实现了涌浪耗散和破波的阈值等影响。

进一步的进展主要是通过实验室实验。Duncan(1981) 的实验尤其重要，因为他们描述了一个物理尺度，将破碎波的速度与其能量耗散率联系起来。这是通过拖曳一个水翼型装置以恒定的速度和深度通过一条长长的水道，在尾流中形成稳定的破碎波来实现的。Duncan 确定能量损失率按比例，

$$\varepsilon_l \propto \frac{\rho_w c^5}{g} \qquad (4.4.24)$$

其中，ε_l 是每个波峰长度的能量耗散；ρ_w 是水的密度；g 是重力加速度；c 是水翼和断路器的速度。

此后，人们用更真实的破波器进行了其他实验。Rapp 和 Melville(1990) 的研究率先使用分散聚焦技术，在沿波槽选定的距离诱发断裂。随后的实验，如 Lamarre 和 Melville（1991）显示了在由此产生的耗散中，波陡度的依赖性。Drazen 等（2008）将这种陡度依赖关系纳入式（4.4.24）中，结果如下

$$\varepsilon_l \propto \frac{\rho_w c^5 (hk)^{5/2}}{g} \qquad (4.4.25)$$

同时，Banner 和 Pierson（2007）提出用波能收敛率参数化破碎强度比用波陡度参数化更好。

在破碎过程中损失的大部分能量变成了湍流的产生，而湍流本身主要消散在海洋的

上层。这在测量湍流耗散率的垂直剖面时可以观察到。在近地表区域，湍流在边界上的耗散比"壁面定律"预测得要显著。关于能量通量和湍流耗散的确切结构仍存在一些问题，但 Thomson 等（2016）表明，近表面总湍流耗散和破碎波耗散之间总体上有很好的一致性。该研究使用了来自漂流的 SWIFT 浮标（表面波仪浮子跟踪）的测量结果，该浮标在波浪参考系中测量湍流耗散剖面。

4.4.4　平衡域谱

在许多条件下，可以观察到破浪耗散近似等于风输入。换句话说，风和白浪接近平衡。这与 Phillips（1985）的研究结论有关。该研究假设对小于峰值波长的波浪，存在一个平衡范围，使风的输入、非线性传输和耗散都是相同的顺序，近似处于平衡状态。

在高于风浪谱峰频率的一段谱段称为平衡域，其谱的形式为

$$S(\omega) \propto \omega^{-n} \tag{4.4.26}$$

其中，$n > 0$。因为此谱段的较陡，Phillips（1957）认为，由于波面破碎使此谱段的能量趋于饱和，谱只依赖于重力加速度 g 和波的频率 ω。根据量纲分析得出：

$$S(\omega) = \alpha g^2 \omega^{-5} \tag{4.4.27}$$

其中，α 称为 Phillips 常数。若采用运动学的破碎判据，应取波速 C 为一控制因素，由量纲分析有：

$$S(\omega) = \alpha c^2 \omega^{-3} \tag{4.4.28}$$

对于深水和浅水中的波速，分别有：

$$c^2 = \frac{g}{k} = \frac{g^2}{\omega^2} \tag{4.4.29}$$

$$c^2 = gd \tag{4.4.30}$$

Toba（1972）根据观测资料发现平衡域谱的形式为

$$S(\omega) = \alpha' g U_* \omega^{-4} \tag{4.4.31}$$

Phillips（1985）讨论了平衡域的能量平衡机制是风能输入、波—波相互作用和破碎波耗散三者平衡的结果，取代了原来的饱和观念，得到平衡域能谱的形式为式（4.4.31），解释了 Toba（1972）的观测分析结果。

Toba（1972）基于实验室观测 Toba 提出了著名的 3/2 指数律，其表达式为

$$H_* = B_* T_*^{3/2} \tag{4.4.32}$$

其中，$B_* = 0.062$；$H_* = gH/u_*^2$；$T_* = gT/u_*$；u_* 为摩擦速度。Toba 认为，在纯风浪的情况下，单个波的波高和周期不能随意取值，它们在风的强迫作用下在统计意义上通过式（4.4.32）彼此联系，风的作用以摩擦风速体现。Toba（1972）论述了 3/2 指数律与 -4 次方平衡域指数间的协调性，设风浪频谱可以简化为

$$S(\omega) = \begin{cases} c\omega^{-m}, & \omega \geqslant \omega_0 \\ 0, & \omega < \omega_0 \end{cases} \tag{4.4.33}$$

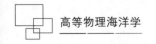

得到计算谱的零阶矩：

$$m_0 = \int_{\omega_0}^{\infty} c\omega^{-m}\mathrm{d}\omega = \frac{c}{m-1}\omega_0^{-(m-1)} \tag{4.4.34}$$

我们知道 $m_0 \propto H^2$，$\omega_0 \propto \frac{1}{T}$，由 3/2 指数律，必然有

$$m = 4 \tag{4.4.35}$$

还可以由 Stokes 漂流来解释 3/2 指数律。Stokes 漂流速度为

$$u_0 = c\,(ka)^2 = \frac{1}{g}a^2\omega^3 \tag{4.4.36}$$

考虑 $a \propto H$，$\omega \propto T^{-1}$，$u_0 \propto U_*$，则式（4.4.36）可以变成 3/2 指数律的形式。

根据平衡域理论，Phillips（1985）也推导出平衡域内耗散函数的谱形式的表达式，

$$\varepsilon(c) = 4\gamma\beta^3 I(3p)\rho_{\mathrm{w}}u_*^3 c^{-1} \tag{4.4.37}$$

其中，$I(3p) = \int_{-\pi/2}^{\pi/2}(\cos\theta)^{3p}\mathrm{d}\theta$，为方向权函数；$\gamma$、$\beta$、$p$ 为常数；u_* 为风摩擦速度。

此外，Phillips（1985）认识到 Duncan（1981）耗散尺度的实用性，作为一种通过观测白冠速度来确定谱耗散的方法，并可验证式（4.4.37）。因此，Phillips（1985）引入了一个破碎分布函数 $\Lambda(c)$，为每面积破碎波峰长度与速度的函数 c 的分布。利用定义，Phillips（1985）结合 Duncan（1981）提出的能量损失率公式 $\varepsilon_l \propto \dfrac{\rho_{\mathrm{w}}c^5}{g}$，于是提出了关于海浪谱的破碎引起的耗散关系，即，

$$S_{ds}(c) = \frac{b\rho_{\mathrm{w}}}{g}c^5\Lambda(c) \tag{4.4.38}$$

其中，b 为"破碎强度"比例因子；c 为相速度（假定为破碎机速度）。

Phillips 等（2001）利用海上雷达在现场对 $\Lambda(c)$ 进行了第一次测量。从那时起，大量的研究已经用数字摄像机测量了 $\Lambda(c)$。在 $\Lambda(c)$ 的形状上已经有了总体一致，它的峰值大约是海浪谱峰相速度的一半。然而，对于 b 的值还没有达成共识，这表明它可能不是一个常数。Romero 等（2012）首先将 Drazen 等（2008）的波陡修正纳入 b。具体来说，他们使用了谱饱和度，定义为

$$\sigma = \frac{(2\pi)^4 f^5 E(f)}{2g^2} \tag{4.4.39}$$

作为谱波陡代表。使用饱和度是因为它与波均方斜率密切相关（Banner et al.，2002）。

上述研究中的一个潜在问题是"微破碎"，这一现象最早见于 Banner 和 Phillips（1974）。微碎波是在小尺度下发生的波，不夹带空气，它们不会形成白浪，因此，依赖于可见泡沫的测量（如标准数码相机）会忽略微破裂。Jessup 和 Phadnis（2005）表明，红外摄像机可以用于测量实验室微破仪中的 $\Lambda(c)$。Sutherland 和 Melville（2013）使用红外摄像机测量海洋中的微断裂，发现与传统摄像机相比，这种方法将 $\Lambda(c)$ 中的峰值移到了更短的波长。

4.5　海浪产生的混合效应

4.5.1　海浪破碎的混合作用

关于海浪破碎的混合作用是较早受到观测重视的课题。Kitaigorodskii 等（1983）分析湖中观测数据指出，在近湖面处存在湍流生成明显增加的水层，其深度约为波振幅的 10 倍，并认为在该深度内除剪切生成湍流外，还存在波浪破碎导致的湍流生成源。Toba 和 Kawamura（1996）根据观测指出波浪破碎的影响深度可达 5 倍有效波高。Terray 等（1996）根据对观测结果的分析，将受波浪破碎影响的混合层分成 3 层：①在近表面 0.6 倍有效波高的深度内，湍流耗散率比固壁定律给出的结果大一个量级；②以下为中间层，其厚度与波浪破碎产生的湍能通量有关；③最下层为过渡层，湍流耗散率渐近于固壁定律给出的结果，当海浪处于中等成长状态时，其深度可达 25 倍有效波高。总结这些观测结果，可认为波浪破碎为海表附近的湍流生成源，在混合层上部形成一个波浪影响次层，该层中的湍流耗散率分布不再服从固壁定律所规定的结果，波浪破碎的影响深度为 5 ~ 10 倍有效波高。

Sun 等（2005）利用湍封闭混合层模式，将波浪破碎作为海表湍流源，数值研究波浪破碎的混合作用的结果表明，考虑波浪破碎效应的湍封闭混合层模式可以较好地反映上述观测特征，采用一维混合层模式，平均运动的水平动量方程可表示为

$$\frac{\partial U}{\partial t} - fV = \frac{\partial}{\partial z}\left[K_M \frac{\partial U}{\partial z}\right] \tag{4.5.1}$$

$$\frac{\partial V}{\partial t} + fU = \frac{\partial}{\partial \sigma}\left[K_M \frac{\partial V}{\partial z}\right] \tag{4.5.2}$$

$$\frac{\partial T}{\partial t} = \frac{\partial}{\partial z}\left[K_H \frac{\partial T}{\partial z}\right] - \frac{\partial R}{\partial z} \tag{4.5.3}$$

$$\frac{\partial S}{\partial t} = \frac{\partial}{\partial z}\left[K_H \frac{\partial S}{\partial z}\right] \tag{4.5.4}$$

上式中，U、V 分别为平均运动在 x、y 方向的水平速度分量，T、S 分别为温度和盐度，z 为垂向坐标，取其向上为正，在海底处，$z = -H$，而在海表面，$z = 0$，t 为时间，f 为科氏参数，R 为穿透海面的太阳短波辐射，K_M、K_H 分别为水平速度和温度的垂向湍流扩散系数，它们可以通过 Mellor 和 Yamada（1982）导出的 2.5 阶湍封闭方程（以下简称为 M-Y2.5 阶湍封闭模式）来确定，

$$K_M = qlS_M, \quad K_H = qlS_H \tag{4.5.5}$$

其中，l 为湍流混合长；q 为湍流速度尺度；S_M 和 S_H 为稳态函数，依赖于 Richardson 数 G_H。

为使方程组闭合，M-Y2.5 阶湍封闭子模式包括了湍动能方程和混合长方程，通过

计算 q 和 l 确定湍流垂直扩散系数。两方程的垂向一维形式表示为

$$\frac{Dq^2}{Dt} = \frac{\partial}{\partial z}\left[K_q \frac{\partial q^2}{\partial z}\right] + 2P_s + 2P_b - 2\varepsilon + F_q \tag{4.5.6}$$

$$\frac{Dq^2 l}{Dt} = \frac{\partial}{\partial z}\left[K_q \frac{\partial q^2 l}{\partial z}\right] + E_1 l(P_s + E_3 P_b) - \widetilde{W} l\varepsilon + F_{q^2 l} \tag{4.5.7}$$

其中，q^2 为湍动能的两倍；K_q 为湍流垂向扩散系数，$K_q = qlS_q$；S_q 为经验常数；P_s、P_b 和 ε 分别表示湍动能的剪切生成项、浮力生成项和耗散率，体现了湍动能与其他形式的能量（即与平均动能、势能和内能）间的相互转换。

水平动量方程（4.5.1）和方程（4.5.2）、温度方程（4.5.3）和盐度方程（4.5.4），以及湍动能方程（4.5.5）和混合长方程（4.5.6）在海表面的边界条件可分别表示为

在海表面：$z = 0$

$$\rho_w K_M\left(\frac{\partial U}{\partial z}, \frac{\partial V}{\partial z}\right) = (\tau_x, \tau_y) \tag{4.5.8}$$

$$\rho_w C_w K_H\left(\frac{\partial T}{\partial z}, \frac{\partial S}{\partial z}\right) = (Q_{net}, Q_S) \tag{4.5.9}$$

$$q^2 = B_1^{2/3} u_*^2 \tag{4.5.10}$$

$$q^2 l = 0 \tag{4.5.11}$$

其中，ρ_w 为海水密度；$\boldsymbol{\tau} = (\tau_x, \tau_y)$ 为海表风应力矢量；C_w 为海水的定压比热容；Q_{net} 为向上的净热通量；Q_S 为净的淡水通量；$u_* = \sqrt{\tau/\rho_w}$ 为海水中的摩擦速度，以下除特别说明外，该符号均指海水中的摩擦速度。

上述海表面边界条件分别考虑了海表风应力、通过海气界面的净热通量和淡水通量的作用。

在海底：$z = -H$

$$\rho_w K_M\left(\frac{\partial U}{\partial z}, \frac{\partial V}{\partial z}\right) = (\tau_x^b, \tau_y^b) \tag{4.5.12}$$

$$\rho_w K_H\left(\frac{\partial T}{\partial z}, \frac{\partial S}{\partial z}\right) = 0 \tag{4.5.13}$$

$$q^2 = B_1^{2/3} u_{*b}^2 \tag{4.5.14}$$

$$q^2 l = 0 \tag{4.5.15}$$

其中，$\boldsymbol{\tau}_b = (\tau_x^b, \tau_y^b)$ 为海底应力，可根据海底拖曳系数来确定，温度和盐度的底边界条件表明海底无热量和盐度通量输入；u_{*b} 为海底摩擦速度。

上述平均运动方程（4.5.1）~ 方程（4.5.4）和湍封闭方程（4.5.6）和方程（4.5.7）及相应边界条件式（4.5.8）~式（4.5.15）共同构成海洋上混合层的物理模型。

根据文献（Kraus et al.，1967），可将海浪破碎在海表形成的向下输入的湍动能通量参数化为

$$-\overline{\left(\frac{p'}{\rho} + \frac{1}{2} u_i' u_i'\right) w'}(0) = m u_*^3 \tag{4.5.16}$$

其中，p' 为压力扰动；$u_i'(i = 1, 2)$ 和 w' 为湍流扰动速度，m 为波能因子，在模式计算中可取为 100（Craig et al.，1994）。

通过式（4.5.16）确定湍动能方程的海表边界条件，以此在模式中引入波浪破碎对湍动能通量的影响，采用式（4.5.10）给定的边界条件：$q^2 = B_1^{2/3} u_*^2$。但是，如果考虑波浪破碎的影响，这种边界条件将不再合适，必须对 M-Y2.5 阶湍封闭模式中的湍动能方程的上边界条件做些改动。

在 M-Y2.5 阶湍封闭模式中，式（4.5.16）左侧参数化为式（4.5.6）中等号右侧第一项的形式，即湍流垂直扩散项 $\dfrac{\partial}{\partial z}\left[K_q \dfrac{\partial q^2}{\partial z}\right]$。因此，当考虑波浪破碎对海洋上混合层的影响时，将在海表形成一向下输入的湍动能通量，此时可将式（4.5.10）给定的边界条件改为

$$K_q \frac{\partial q^2}{\partial z} = m u_*^3 \qquad (4.5.17)$$

在垂向一维混合层模式中引入海浪破碎影响，通过理想数值计算结果表明（20 m/s 的风速条件下敏感实验，如图 4.5.1 所示），考虑或不考虑海浪破碎时，湍动能的生成和耗散都主要集中在混合层上部约 25 m 的水层中。海浪破碎的影响在该次层中形成了存在于湍动能的剪切生成、耗散及垂直扩散间的一种新的局部平衡关系。这一结论与观测资料得到的研究结果基本相同。在该次层以下，湍能量收支的局部平衡关系主要存在于湍流的剪切生成与耗散之间，与传统壁层定律结论一致。波浪破碎的混合作用对加深混合层深度和提高海表温度模拟能力作用不显著（管长龙等，2014）。

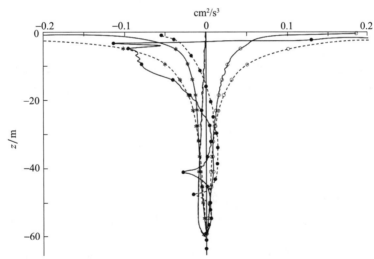

图 4.5.1　湍动能收支的湍流扩散项 D（实心点线）、剪切生成项 P_s（空心圆线）、耗散项 ε（星号线）和浮力生成项 P_b（无符号线）的垂向分布（Sun et al. , 2005）

实线和虚线分别代表考虑和不考虑海浪破碎的结果。图中给出的浮力生成项 P_b 和垂直扩散项 D 分别为计算结果的 10 倍

4.5.2　波生运动的混合作用

由于实际的海浪运动并非是严格有序的，有可能表现为有旋的运动，这又可能使能

量从波生运动向湍流运动传递。波生运动生成的湍流已得到实验室观测的证实（Huang et al.，2010；Cheung and Street，1988；Babanin and Haus，2009）和外海观测的支持（Cavaleri and Zecchetto，1987）。

Yuan 等（1999）将海水的运动分解成平均运动和扰动运动，并将扰动运动视为波生运动和湍流运动的叠加。他们借用混合长的概念将波生雷诺应力参数化，得到波生运动导致的混合系数 B_V。该系数表达式中含有待定参数，需根据观测经验地加以确定。一旦给定待定参数，就可由海浪谱计算任意深度处的 B_V。混合系数 B_V 随深度按 e 指数衰减，其 e 折尺度的量阶为波长。Qiao 等将混合系数 B_V 加入到一个全球环流模式中发现可以有效地改进对海洋混合层的模拟。波生运动导致的混合系数 B_V 的推导如下。

认为海流的速度、温度和盐度可以分解为两个组成部分：平均部分和扰动部分，

$$U_i = \overline{U_i} + u_i, \quad T = \overline{T} + \theta, \quad S = \overline{S} + s \tag{4.5.18}$$

其中，$\overline{U_i}$、$\overline{T}$、$\overline{S}$ 和 u_i、θ、s 分别表示速度、温度和盐度的平均值和波动，下标 $i=1$、2、3 表示笛卡尔坐标轴（x、y、z）。波动可以进一步分解为湍流部分和波致扰动部分，即

$$u_i = u_{iw} + u_{ic} \tag{4.5.19}$$

因此，雷诺应力可以写成

$$-\overline{u_i u_j} = -\overline{u_{iw} u_{jw}} - \overline{u_{iw} u_{jc}} - \overline{u_{ic} u_{jw}} - \overline{u_{ic} u_{jc}} \tag{4.5.20}$$

其中，右边的第一项是波诱导雷诺应力。第四项是湍流黏度，它可以遵循 Mellor-Yamada 方案或普朗特理论（Fang and Ichiye，1983）。同样，温度和盐度的雷诺扩散系数也可以写成，

$$-\overline{u_i \theta} = -\overline{u_{iw} \theta} - \overline{u_{ic} \theta} \tag{4.5.21}$$

$$-\overline{u_i S} = -\overline{u_{iw} S} - \overline{u_{ic} S} \tag{4.5.22}$$

其中，右边的第二项代表湍流的扩散系数。

从海浪的线性理论（Yuan et al.，1999），在波数谱水平上，波致扰动可以表示为

$$u_{iw} = \begin{cases} \iint_k \omega \dfrac{k_x}{k} A(k) \exp(kz) \exp[i(k \cdot \boldsymbol{x} - \omega t)] dk \\[2ex] \iint_k \omega \dfrac{k_y}{k} A(k) \exp(kz) \exp[i(k \cdot \boldsymbol{x} - \omega t)] dk \\[2ex] \iint_k -i\omega A(k) \exp(kz) \exp[i(k \cdot \boldsymbol{x} - \omega t)] dk \end{cases} \tag{4.5.23}$$

其中，$A(k)$ 为波幅；ω 为波角频率；k 为波数；z 为垂直坐标轴，表面 $z=0$。

在 Mellor-Yamada 方案之后的波致湍流和海流湍流的垂直尺度是可以比较的（Ezer，2000）。根据普朗特理论和方程（4.5.23）与方程（4.5.20）的第二项和第三项以及方程（4.5.21）和方程（4.5.22）的第一项可以表示为

$$- (\overline{u_{iw}u_{jc}} + \overline{u_{ic}u_{jw}}) = \begin{pmatrix} 0 & 0 & B_V \dfrac{\partial \overline{U_1}}{\partial z} \\ 0 & 0 & B_V \dfrac{\partial \overline{U_2}}{\partial z} \\ B_V \dfrac{\partial \overline{U_1}}{\partial z} & B_V \dfrac{\partial \overline{U_2}}{\partial z} & 2B_V \dfrac{\partial \overline{U_3}}{\partial z} \end{pmatrix} \qquad (4.5.24)$$

$$(-\overline{u_{iw}\theta}, -\overline{u_{iw}S}) = \begin{pmatrix} 0 & 0 \\ 0 & 0 \\ B_V \dfrac{\partial \overline{T}}{\partial z} & B_V \dfrac{\partial \overline{S}}{\partial z} \end{pmatrix} \qquad (4.5.25)$$

参数 B_V 定义为波诱导的垂直运动黏度（或扩散系数），

$$B_V = \overline{l_{3w}u'_{3w}} \qquad (4.5.26)$$

其中，波致湍流的混合长度 l_{3w} 与波浪水质点位移的范围成正比，

$$l_{3w} \sim \iint_k A(k)\exp(kz)\exp[i(k \cdot \boldsymbol{x} - \omega t)]dk \qquad (4.5.27)$$

u'_{3w} 为混合长度为 l_{3w} 时垂直波速 u_{3w} 的增量，可以表示为

$$u'_{3w} = l_{3w}\frac{\partial}{\partial z}\left[\iint_k \omega^2 E(k)\exp(2kz)dk \right]^{1/2} \qquad (4.5.28)$$

式中，$E(k)$ 表示包含波浪和膨胀的波数谱。

从方程（4.5.27）和方程（4.5.28）可知，

$$B_V = \overline{l_{3w}^2}\frac{\partial}{\partial z}\left[\iint_k \omega^2 E(k)\exp(2kz)dk \right]^{1/2} \qquad (4.5.29)$$

根据方程（4.5.27），

$$\overline{l_{3w}^2} = \alpha \iint_k E(k)\exp(2kz)dk \qquad (4.5.30)$$

其中，系数 $\alpha = O(1)$ 应通过观测结果进行校准。

因此，B_V 的表达式如下：

$$B_V = \alpha \iint_k E(k)\exp(2kz)dk \frac{\partial}{\partial z} \cdot \left[\int_k \int^2 E(k)\exp(2kz)dk \right]^{1/2} \qquad (4.5.31)$$

从方程（4.5.24）和方程（4.5.25）中可以看出，B_V 是决定波致混合强度的关键因素，应该作为垂直运动黏度（或扩散系数）的一部分添加到海洋环流模型中。

$$K_m = K_{m_C} + B_V, \quad K_h = K_{h_C} + B_V \qquad (4.5.32)$$

其中，K_m 和 K_h 分别为模型中使用的垂直黏度和扩散系数；K_{m_C} 和 K_{h_C} 表示 Mellor-Yamada 方案后的湍流混合；B_V 是本研究中讨论的波的附加项。

Babanin（2006）认为，波生运动生成的湍流是通过海浪运动的速度场的剪切生成的，并假定由海浪引起的水质点运动速度和运动轨迹的幅度来定义的波雷诺数 Re 可以刻画所生成的湍流。如此定义的波雷诺数 Re 正比于波高的平方和频率，并且同上述混合系数 B_V 一样随深度按 e 指数衰减，其 e 折尺度的量阶为波长。

Babanin（2006）假定存在一个临界波雷诺数，当波雷诺数 Re 大于此临界值，波生运动就由层流（laminar）形态转向湍流形态。同样地，临界波雷诺数为待定参数，被经验地取为 3 000。他将临界波雷诺数所对应的深度与美国海军研究实验室的 30°N 断面混合层深度估计比较，发现二者具有较好的一致性，并假定其可作为波生湍流导致的混合层深度。Babanin 等（2009）表明，由临界波雷诺数确定的可变混合层深度代替混合层深度月平均值，可显著地改进对海表温度、上层海洋热结构和总混合层深度的模拟。

波雷诺数的假设如果被证明存在，将有 3 个结论。

第一，即使在没有破波的情况下，波动也应该能够产生湍流，因为这种湍流已经观测了一段时间。然而，人们没有认识到的是这种湍流来源的潜在意义，因为海洋中的波浪一直存在，波浪引起的水运动速度至少比通常被认为是湍流供应的剪切流和朗缪尔环流的速度大一个数量级。

第二，波浪引起的非破碎性湍流与通常用于描述此类湍流的壁层定律传统的类比（Agrawal et al.，1992）。根据目前的假设，与没有特征长度的壁面湍流相比，波浪湍流的主要区别在于存在特征长度尺度（波轨半径）。

第三，这种波致湍流会代表风应力的法向分量增强上层海洋混合。风应力在上层海洋动力中起着双重作用，风应力的切向分量产生表面剪切流，并进一步诱导湍流和促进混合，然而，在中强风下，风应力的法向分量占主导地位，这是由风到浪的动量通量所支持的（Kudryavtsev and Makin，2002）。这意味着，在动量以湍流和平均流的形式被上层海洋接收，从而在进入进一步的海—气相互作用循环之前，它需要经历一个表面波浪运动阶段，这种运动可以直接影响或影响上层海洋混合等过程，因此跳过动量转换的波相，会削弱上层海洋因风直接混合假设的准确性和有效性。

因此，波雷诺数的假设试图将 3 种通常被视为独立性质的海洋特征联系在一起：风浪、近海表湍流和上层海洋混合层。加深混合层深度的机制被认为受到一些海洋属性和过程的影响，即风应力、加热和冷却、平流、波浪破碎、朗缪尔环流、内波。在许多情况下，表面风强迫是主要因素（Martin，1985）。如果假设得到支持，那么在海洋表面的风应力作用，可能需要从由于风产生的波浪运动而在整个水柱中混合的角度重新考虑。下面我们给出波雷诺数 Re 的假设推导。

设在时间 t 和空间 x 上传播的面波起伏为 η，

$$\eta(x,t) = a_0 \cos(\omega t + kx) \tag{4.5.33}$$

其中，$\omega = 2\pi f$ 为角频率；$k = 2\pi/\lambda$ 为波数，具有两个特征长度尺度：波长 λ 和波振幅 a。在深水中，振幅 a 在远离水面时呈指数衰减，

$$a(z) = a_0 \exp(-kz) \tag{4.5.34}$$

其中，z 是到平均水位的垂直距离。

波长 λ 不依赖于深度 z，它定义了波振荡改变相位的水平尺度。它还表征了波振荡的穿透深度（距离海表面可以感知到波振荡的深度，约为 $\lambda/2$）。然而，这个尺度不包括水质点的物理运动。参与波振荡的水质点的运动用另一个标度 a 来描绘，a 也是波轨道的半径。

假设是基于 a 的雷诺数，

$$Re = \frac{aV}{\nu} = \frac{a^2 \omega}{\nu} \tag{4.5.35}$$

式中，$V = \omega a$ 为轨迹速度；ν 为海水的运动黏度，表示从层流轨迹运动向湍流的转变。后续的所有结果都是基于这一单一假设。可以发现，波雷诺数可以消除速度尺度，若色散关系 $\omega^2 = gk$，用两个长度尺度表示，

$$Re = \frac{a^2 \sqrt{gk}}{\nu} = \sqrt{2g\pi} \frac{a^2}{\nu \sqrt{\lambda}} \tag{4.5.36}$$

由式（4.5.34）可知，对于给定的波长 λ（波频 ω），雷诺 Re 随深度的变化迅速衰减，

$$Re_\lambda(z) \sim a(z)^2 \sim \exp(-2kz) \tag{4.5.37}$$

在表面 $[z=0, \exp(-2kz)=1]$，相同振幅 a_0 的更长的波会产生更小的雷诺数。

设临界为波雷诺数式（4.5.35）和式（4.5.36）的临界值。若靠近表面 $Re_\lambda(z) > Re_{\text{critical}}$ 则对应的波轨迹运动将是湍流性质。在深度处 z_{critical}，依赖式（4.5.37）将导致 $Re_\lambda(z_{\text{critical}}) = Re_{\text{critical}}$，从该深度开始，轨迹运动将成为层流。因此，$z_{\text{critical}}$ 将被定义为混合层深度——这是由于表面波轨迹运动产生的湍流导致混合的上层海洋层深度。显然，在现实中，对流、平流、加热等过程都可以改变这个值。此外，背景海水几乎总是湍流的，因此，z_{critical} 不是指不存在湍流的深度，而是指没有波浪引起的湍流的深度。

从式（4.5.35）到式（4.5.36），给定 $\lambda(\omega)$ 处的雷诺数关于 z 的函数为

$$Re = \frac{\omega}{\nu} a_0^2 \exp(-2kz) = \frac{\omega}{\nu} a_0^2 \exp\left(-2\frac{\omega^2}{g}z\right) \tag{4.5.38}$$

因此，如果临界雷诺数为 Re_{cr}，那么临界深度，也就是波引起的混合层深度，就很容易得到：

$$z_{\text{cr}} = -\frac{1}{2k} \ln\left(\frac{Re_{\text{cr}}\nu}{a_0^2 \omega}\right) = \frac{g}{2\omega^2} \ln\left(\frac{a_0^2 \omega}{Re_{\text{cr}}\nu}\right) \tag{4.5.39}$$

对于同波频率 ω，如果波高增加，则混合层深度将增加。如果同时出现几个相同高度但不同尺度的波，混合层将主要由最低频率 ω（最长长度 λ）决定，因为它的 z_{cr} 将是最大的。

真正的风生波是谱状的，除了罕见的纯涌浪外，多个波尺度总是叠加在海面上。然而，海浪频谱有一个尖锐的峰值，频谱密度（波高）从峰值频率 ω_p 开始衰减得非常快，既朝着更小的尺度（频率更高）衰减，也朝着更大的尺度（频率更低）衰减。因此，对于风波谱，ω_p 和相关波高可作为确定混合层深度 MLD-z_{cr} 的特征波尺度。应指出的是，Yuan 等（1999）提出的海浪混合机制与 Babanin（2006）提出的海浪混合机制体现的是不同的物理过程，前者反映的是波生雷诺应力的动量输运作用，后者则代表海浪速度场的剪切生成。

4.5.3 波—湍相互作用

涌浪是波谱中预测最不准确的部分，经常给海上和海岸上的行动带来意外。

Snodgrass 等（1966）观察到一种惊人的地表波能量守恒现象，由南大洋的风暴产生的周期为 15~20 s 的海浪，未受干扰地从新西兰传播到阿拉斯加，穿过带有东风和强气流的湍流赤道地区。除了与风速同向且比风速快或逆风传播的海浪与气流发生相互作用之外，长期以来人们一直怀疑海浪还与海洋湍流相互作用。

Ardhuin 和 Jenkins（2006）通过比较海上观测和海浪模式进行涌浪消衰率的研究指出，引起涌浪消衰的原因之一是波—湍相互作用，这意味着涌浪的能量会向湍流传递。他们认为波能的变化平衡了湍流动能（TKE）的产生的变化。在表面黏性层和底边界层外，湍流通量与波致剪切无关，因此不能应用涡流黏度参数化。除此之外，假设波的运动和湍流通量在波周期的尺度上并不相关。利用广义拉格朗日平均发现，尽管涡度为零，但平均波诱导剪切会产生 TKE，就像 Stokes 漂移剪切是平均流动剪切一样。

因为大部分波浪能量不会直接消散为热，波浪能量的损失可以通过相应的 TKE 的产生来研究。毫无疑问，破碎的波浪应该是海洋顶部几米的 TKE 的主要来源，这在之前的章节已经介绍。这种 TKE 的产生被认为主要是通过破碎波前面的大剪切和破碎时携带的上升气泡周围的剪切产生。

Ardhuin 和 Jenkins（2006）将讨论重点集中在湍流对非破碎波的影响，在这种情况下，由有组织的波和平均流场运动产生的每单位体积的剪切诱导的 TKE 量值可表示为

$$P_s = \overline{\rho_w u_i' u_j' \frac{\partial u_i}{\partial x_j}} \qquad (4.5.40)$$

式中，ρ_w 为水密度；下标 i 和 j 指的是 3 个笛卡尔坐标 x、y 或 z 中的任意一个。上撇号表示湍流波动，上划线是对湍流的平均值。用 u_i 表示雷诺平均速度的第 i 个分量，通常是平均流速与波致速度之和。

为了进一步进行研究，假设湍流性质与讨论的波相不相关，同时，由于表面剪切的重要性，将使用表面跟随坐标，并选择广义拉格朗日均值（Andrews and McIntyre，1978），用带有 L 上标表示，于是将式（4.5.40）中的三重速度相关性近似为

$$\overline{P}_s^L = \overline{\rho_w u_i' u_j'}^L \overline{\frac{\partial u_i^L}{\partial x_j}} \qquad (4.5.41)$$

图 4.5.2 显示了波长较长的非破碎波浪和上层海洋的混合过程所诱发的波速示意关系。除了平均流的剪切外，这些平均波诱导的剪切产生的 TKE 为

$$P_{ws} = \overline{\rho_w u_1' u_3'}^L \overline{\frac{\partial u_s}{\partial x_3}} \qquad (4.5.42)$$

其中，u_s 为浪致 Stokes 漂移速度。

根据能量守恒，TKE 的源显然是波能量和波谱 $E(k)$ 变化率的汇，这种效应可以用源函数项的形式表示，

$$\frac{\mathrm{d}E(k)}{\mathrm{d}t} = S_{\mathrm{turb}}(k) = -\frac{2k\sigma E(k)}{g \sinh^2 kD} \int_{-D}^{0} \boldsymbol{\tau} \cdot k\sinh(2kz + 2kD)\,\mathrm{d}z \qquad (4.5.43)$$

波矢量 k 指向波传播方向。考虑深水波则为

$$S_{\mathrm{turb}}(k) = -\frac{4k\sigma E(k)}{g} \int_{-D}^{0} \boldsymbol{\tau} \cdot k\exp(2kz)\,\mathrm{d}z \qquad (4.5.44)$$

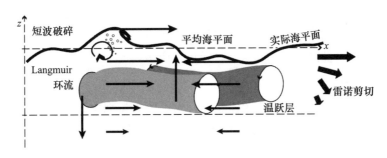

图 4.5.2　波长较长的非破碎波浪和上层海洋的混合过程所诱发的波速（细箭头）。
主要由短波破碎引起的湍流通量可能部分由 Langmuir 环流（灰色"卷"）携带。
受限的这些过程（斜率较小的长波）不产生影响，长波诱导的平均剪切没有被改变
（湍流运动的相对剪切较小）。由波浪和湍流相互作用产生的 TKE 由湍流动量通量
（粗箭头）与波浪诱导剪切的体积平均相乘得到，后一个量由波峰下的剪切所主导
（Ardhuin and Jenkins，2006）

式（4.5.44）表明，湍流会抑制沿风应力方向传播的波浪，而逆风传播的波浪会从湍流中提取能量。反向涌浪的增长可以解释为能量从风浪转移到涌浪，因为反向涌浪的加入减少了因风浪产生的平均切变。在这种情况下，总波场损失能量特征好像是一个耗散较小的较弱的风浪场，差值被注入涌浪。人们可以进一步将目前的结果解释为斯托克斯漂移切变对朗缪尔环流的拉伸或压缩（McWilliams et al.，1997）。在海洋尺度上，式（4.5.44）产生的结果表明，在中纬度地区产生并沿主导风方向向东传播的涌浪与穿过赤道的涌浪的情况不同，这可能是 Snodgrass 等（1966）注意到的新西兰—阿拉斯加整个距离与巴尔米拉岛—阿拉斯加距离上衰减系数之间差异的原因。

Huang 和 Qiao（2010）引入了波—湍相互作用导致的湍动能耗散率，

$$\varepsilon_{\mathrm{w}} = 15\beta\pi^2\sqrt{\delta}\frac{u_{s0}u_*^2}{L}e^{2kz} = 148\beta\sqrt{\delta}\frac{u_{s0}u_*^2}{L}e^{2kz} \tag{4.5.45}$$

该式依赖于波龄 β、波陡 δ 和海—气界面海侧的摩擦速度 u_*，u_{s0} 为 Stokes 漂流海表流速，并且随深度按 e 指数衰减，其 e 折尺度的量阶为波长，β 为无量纲常数，可取为 1.0。

Huang 等（2011）将此湍动能耗散率加入到 Mellor-Yamada（M-Y）湍封闭模式中，同时也考虑波浪破碎生成湍流的贡献。他们的研究表明，波—湍相互作用可以有效地改正经典 MY 模式混合不足的问题，所产生的混合作用比波浪破碎重要。

4.6　海浪产生的大尺度效应

4.6.1　浪致 Stokes 漂流地转效应

Stokes（1847）最早提出 Stokes 漂流的概念，认为表面重力波的非线性作用，导致

海表水质点轨迹不封闭，使它在波浪传播方向上，产生一个拉格朗日净输运，称之为 Stokes 漂流。在海洋混合层中，Stokes 漂流是 Coriolis-Stokes 力和 Langmuir 环流（Langmuir circulations）的重要源项，起着举足轻重的作用。

4.6.1.1　Coriolis-Stokes 力

Hasselmann（1970）提出，Stokes 漂流与大尺度行星涡度的相互作用，会诱导产生一项欧拉平均下的作用力，称之为 Coriolis-Stokes 力（图 4.6.1）。

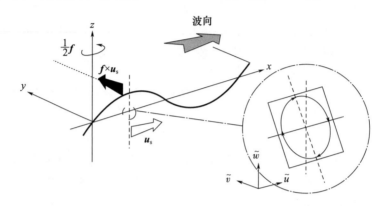

图 4.6.1　水质点沿波峰方向倾斜运动。新的 $\tilde{v}$ 分量与 $\tilde{w}$ 分量相关，产生非零应力，这种力可以写成 $-\rho f \times u_s$。此图为南半球受力情况（Hasselmann，1970）

由于 Coriolis-Stokes 力的存在，使海洋上层混合层的能量输入发生变化，并且改变了海表流场分布和上层流速剖面结构。下面通过 Coriolis-Stokes 力对经典 Ekman 模型的改变，来讨论 Coriolis-Stokes 力对上层混合层的影响。

假定海水密度是常量，海面无升降，水平压强梯度为 0，则包含 Coriolis-Stokes 力的非定常 Ekman 漂流可以表示为

$$\frac{\partial \boldsymbol{u}}{\partial t} + f\hat{z} \times (\boldsymbol{u} + \boldsymbol{u}_s) = \frac{\partial}{\partial z}\left(K_M \frac{\partial \boldsymbol{u}}{\partial z}\right) \tag{4.6.1}$$

其中，$\boldsymbol{u} = (u, v)$ 为水平 Eulerian 平均流；$\boldsymbol{u}_s$ 为 Stokes 漂流；K_M 为垂向湍黏性系数。

边界条件：

海面边界 $z = 0$ 处，

$$\rho K_M \frac{\partial \boldsymbol{u}}{\partial z} = \tau \tag{4.6.2}$$

底边界 $z \rightarrow -\infty$，

$$\boldsymbol{u} \rightarrow 0 \tag{4.6.3}$$

其中，ρ 为海水密度；τ 为海面风应力。Wu 等（2008）将包含 Stokes 漂流的 Ekman 层称之为 Ekman-Stokes 层。

若有定常持久的风力作用于海面，并假定垂向湍黏性系数 K_M 为常数。将矢量 $\boldsymbol{u} = (u, v)$，$\boldsymbol{u}_s = (u_s, v_s)$，$\tau = (\tau_x, \tau_y)$ 表示为复数的形式 $\boldsymbol{u} = u + \mathrm{i}v$，$\boldsymbol{u}_s = u_s + \mathrm{i}v_s$，$\tau = \tau_x + \mathrm{i}\tau_y$ 可以推导得到定常 Ekman-Stokes 方程的解析解

$$w = \left[\frac{\tau}{\rho K_{\mathrm{M}} j} - \frac{2kjU_{s}(0)}{(2k)^{2} - j^{2}} \right] \mathrm{e}^{jz} + \frac{j^{2} U_{s}(0)}{(2k)^{2} - j^{2}} \mathrm{e}^{2kz} \qquad (4.6.4)$$

其中,

$$j^{2} = \frac{\mathrm{i} f}{A_{z}} = \frac{(1 + \mathrm{i})^{2} f}{2 A_{z}} = \frac{(1 + \mathrm{i})^{2}}{d^{2}} \qquad (4.6.5)$$

解析解式(4.6.4)可以分解为 3 项,

$$w = w_{e} + w_{es} + w_{s} \qquad (4.6.6)$$

其中,

$$w_{e} = \frac{\tau}{\rho K_{\mathrm{M}} j} \mathrm{e}^{jz}, \quad w_{es} = - \frac{2kjU_{s}(0)}{(2k)^{2} - j^{2}} \mathrm{e}^{jz}, \quad w_{s} = \frac{j^{2} U_{s}(0)}{(2k)^{2} - j^{2}} \mathrm{e}^{2kz} \qquad (4.6.7)$$

其中,第一项 w_{e} 为不考虑 Stokes-drift 时的经典 Ekman 解析解;第三项 w_{s} 与 Stokes 漂流 $[\boldsymbol{u}_{s} = U_{s}(0) \mathrm{e}^{2kz}]$ 直接相关,随 Stokes 影响深度指数递减;第二项 w_{es} 介于两者之间,为 Ekman 和 Stokes 相互作用项。w_{s} 和 w_{es} 为考虑 Stokes-drift 后新生成的项,它们的共同作用,改变了整个 Ekman 层的流速剖面结构。

对于考虑 Stokes-drift 前后,Ekman 输运的变化,可以对 Ekman-Stokes 层方程 (4.6.1)进行垂向积分,得

$$\frac{\partial \boldsymbol{T}}{\partial t} + \hat{f z} \times (\boldsymbol{T} + \boldsymbol{T}_{S}) = \frac{\boldsymbol{\tau}}{\rho_{0}} \qquad (4.6.8)$$

其中,

$$\boldsymbol{T} = \int_{-d_{e}}^{0} \boldsymbol{u} \mathrm{d} z, \quad \boldsymbol{T}_{S} = \int_{-d_{e}}^{0} \boldsymbol{u}_{S} \mathrm{d} z \qquad (4.6.9)$$

若有定常持久的风应力作用于海面,则

$$\boldsymbol{T} = - \hat{z} \times \frac{1}{f\rho} \boldsymbol{\tau} - \boldsymbol{T}_{S} \qquad (4.6.10)$$

方程(4.6.10)右端第一项为经典 Ekman 输运量。此式表明考虑 Stokes 漂流后,此时 Ekman 输运为经典 Ekman 输运量减去 Stokes 输运的值,又称为欧拉 Ekman 输运。

定义拉格朗日输运

$$\boldsymbol{T}_{L} = \boldsymbol{T} + \boldsymbol{T}_{S} \qquad (4.6.11)$$

结合式(4.6.10)和式(4.6.11)可以看出,定常状态下,考虑 Stokes 漂流后整体拉格朗日输运未发生,但是欧拉 Ekman 输运发生改变,Stokes 输运对整体具有贡献。McWilliams 和 Restrepo(1999)计算得到,高纬度的 Stokes 输运甚至可以达到整体输运量的 40%。

为保证质量守恒,在海面 $z = 0$ 处,$w = - w_{s}$。在 Ekman 深度上,对连续方程进行垂向积分,可以得到

$$w_{d_{e}} = \nabla_{h} \cdot (\boldsymbol{T} + \boldsymbol{T}_{S}) = \mathrm{curl} \left(\frac{\boldsymbol{\tau}}{f\rho_{0}} \right) \qquad (4.6.12)$$

为 Ekman-pumping 速度。可以看出,考虑 Stokes 漂流前后 $w_{d_{e}}$ 恒为 $\mathrm{curl} \left(\dfrac{\boldsymbol{\tau}}{f\rho_{0}} \right)$,而没有体现波浪的直接作用。这也从非 Stokes 影响深度的角度,再次证明了 Stokes 虽然影响 Ekman 层，但是也受限于 Ekman 层，不会对下层地转流产生直接影响。

进一步地，可以结合式（4.6.12）和经典地转流方程，得到新的 Sverdrup 表达式

$$\beta(V + V_S) = \mathrm{curl}\left(\frac{\tau}{\rho_0}\right) \tag{4.6.13}$$

其中，

$$V = \int_{-d_e}^{0} v \mathrm{d}z, \quad V_S = \int_{-d_e}^{0} v_s \mathrm{d}z \tag{4.6.14}$$

式（4.6.13）表明，定常风应力作用下，整体拉格朗日输运的 Sverdrup 平衡没有被打破，但是 Stokes 输运对 Sverdrup 平衡有贡献项。

然而，我们也要注意到式（4.6.8）~式（4.6.12）是建立在忽略对流项和假定湍混合系数为常数的基础上，单独对动量方程和连续方程进行分析得到的结论。尽管在此条件下，Coriolis-Stokes 力对整体拉格朗日输运和下层地转流没有直接贡献，但是 Stokes 漂流会通过影响对流和温盐等对输运进行间接作用，因此，需要建立完整三维流场模型。

Coriolis-Stokes 力的存在，改变了上层 Ekman-Stokes 层的流速剖面结构，进而通过 Stokes 漂流的对流效应，使温盐分布发生变化，密度也随之改变。这样，湍动能方程中，流速剖面的改变，使流速剪切项发生变化，不稳定性增强，而密度的改变又使得方程右端浮力项发生变化。这些变化的结果是湍混合系数发生改变，进而各个分量随之变化，如此循环，对整个上层混合层产生影响。

4.6.1.2 Stokes-Vortex 力

Craik 和 Leibovich（1976）提出朗缪尔（Langmuir）环流是由于 Stokes 漂流与表面海流相互作用产生，该理论被广泛接受，被称为 Craik-Leibovich Mechanism（图 4.6.2）。

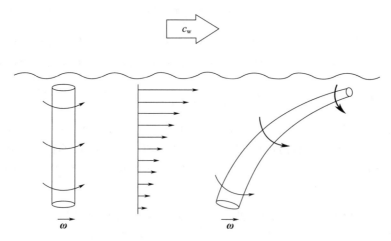

图 4.6.2 多个波上的表面波的 Stokes 漂流所产生的
垂直涡度的倾斜（Teixeira and Belcher, 2002）

Stokes 漂流与风驱水平流的相互作用，是引起 Langmuir 环流的核心机制，它们之间的相互作用力，$u_s \times \omega$（ω 为涡度矢量），称之为"Stokes-Vortex 力"。

经典 Craik-Leiboyich（以下简称 C-L）为

$$\frac{\partial \boldsymbol{u}}{\partial t} + \boldsymbol{u} \cdot \nabla \boldsymbol{u} = -\frac{1}{\rho} \nabla \phi + \boldsymbol{u}_\text{s} \times \boldsymbol{\omega} + \boldsymbol{F} \tag{4.6.15}$$

其中，$\boldsymbol{\omega}$ 为涡度矢量；ϕ 为调整后的压强作用项。

对式（4.6.15）两边求涡度，并根据表达式

$$\boldsymbol{u} \cdot \nabla \boldsymbol{u} = \nabla \frac{|\boldsymbol{u}|^2}{2} + (\nabla \times \boldsymbol{u}) \times \boldsymbol{u} \tag{4.6.16}$$

可以得到涡度方程

$$\frac{\partial \boldsymbol{\omega}}{\partial t} + (\boldsymbol{u} + \boldsymbol{u}_\text{s}) \cdot \nabla \boldsymbol{\omega} - \boldsymbol{\omega} \cdot \nabla (\boldsymbol{u} + \boldsymbol{u}_\text{s}) = \frac{\nabla \rho \times \nabla \phi}{\rho^2} + \nabla \times \boldsymbol{F} \tag{4.6.17}$$

式中，$\dfrac{\nabla \rho \times \nabla \phi}{\rho^2}$ 为包含波浪修正作用的斜压项；$\boldsymbol{u}_\text{s} \cdot \nabla \boldsymbol{\omega}$ 为考虑 Stokes 漂流后增加的输运扩展项，改变了涡度输运结构。而增加项 $\boldsymbol{\omega} \cdot \nabla \boldsymbol{u}_\text{s}$ 的一个重要作用是在沿着 Stokes 漂流传播方向上，将 Eulerian 平均涡度转为 Langmuir 环流，如图 4.6.2 所示。

考虑垂向平均涡度时，斜压项被略掉，得位涡方程

$$\frac{\partial}{\partial t}\left(\frac{\boldsymbol{\omega}}{H}\right) + (\boldsymbol{u} + \boldsymbol{u}_\text{s}) \cdot \nabla \left(\frac{\boldsymbol{\omega}}{H}\right) = \nabla \times \overline{\boldsymbol{F}} \tag{4.6.18}$$

考虑 Lagrange 流速 $\boldsymbol{u}_\text{L} = \boldsymbol{u} + \boldsymbol{u}_\text{s}$，忽略摩擦力，依据 Kelvin 定理，或质量守恒，同样有位涡守恒

$$\frac{\mathrm{d}}{\mathrm{d}t}\left(\frac{\boldsymbol{\omega}}{H}\right) = 0 \tag{4.6.19}$$

通常来说，Langmuir 环流的水平尺度为几米到几千米的量级，垂向深度不等，最深甚至可以影响到整个混合层。此外，Langmuir 环流的一个重要特征是下降流速要远大于上升流速，并且最大下降流速有与表层风驱漂流可比的量级。

这样一来，通过参数化方案，将 Stokes-Vortex 力导致的 Langmuir Turbulence 进行参数化处理，并且利用 Stokes-drift 的输运作用，可以将小尺度的湍流效应，与大尺度 Coriolis-Stokes 力影响的环流有效地结合在一起。进而通过完整的三维数值模型，研究大中尺度下，Stokes 漂流对上层混合层的影响。Li 等（1995，1997）指出 Langmuir 环流的存在，导致垂向剪切不稳定性加强，从而引起上层混合层混合加剧，深度加深。McWilliams 等（1997）在 C-L 理论的基础上，提出了 Langmuir 湍效应的理论。他认为上层湍动能，除了需要考虑传统的雷诺效应外，还需要考虑由 Langmuir 环流导致的湍动能增加项，它与 Stokes drift 有关，称之为 Stokes TKE production。他以 Langmuir 数作为衡量 Langmuir 湍效应和雷诺效应相对大小的标准，Langmuir 数越小，表明该海区 Langmuir 湍效应越占主导作用。

Li 等（2005）指出在充分成长的海洋状态下，上层海洋混合以 Langmuir 湍效应为主。Polton 和 Belcher（2007）对 Langmuir 环流的特征进行研究，认为 Langmuir 环流导致下降流加强，Stokes 剪切生成的湍动能，通过垂向输运跨过 Stokes 尺度，从而加深混合，但是受限于 Ekman 深度。Grant 和 Belcher（2009）认为，上层海洋随着 Langmuir 数的变化，Langmuir 湍效应和剪切湍效应可以相互转换。

以上研究表明，Stoke 漂流主要通过 Stokes-Vortex 力产生 Langmuir 环流，而 Langmuir 环流的存在又对湍动能和小尺度效应产生影响，其主要物理机制主要围绕湍动能方程。首先，Langmuir 环流的存在，增加了混合层的剪切不稳定性，而 Stokes 漂流的剪切效应也对湍动能的生成具有贡献；其次，与 Coriolis-Stokes 力相同，Stokes-Vortex 力的存在也会对浮力项和压强作用产生间接作用；再次，Stokes 漂流的对流效应，对湍动能的对流项和输运项产生影响。并且，Langmuir 环流诱导的垂向对流加大了垂向水交换，起到"卷挟"的作用，从而使 Langmuir 湍效应影响加深，甚至能够达到整个混合层深度。

4.6.2　浪致辐射应力地转效应

辐射应力的概念由 Longuet-Higgins 和 Stewart（1960）发表的一系列文章中首先提出。辐射应力是由于表面水波运动的存在而产生的一种动量流，其影响等价于作用在表面水波下方水体上的正应力和切应力，从而引起平均水位的升降和环流的产生。后来，研究者们几乎同时将这一概念应用于沿岸流的研究。

地球自转效应对波浪辐射应力的影响由 Hasselmann（1970）首先提出。保留 Coriolis 力，波浪对其下方水体施加一个垂直向右的剪切应力，它是地转参数与 Stokes 漂流速度的乘积。表明，由于地球自转，一个高频的表面重力波场将会产生一个作用于其下方水体的横向切应力。这一结论是 Hasselmann（1970）在不涉及波浪的具体解的情况下获得的。为进一步证实这一结论，Xu 和 Bowen（1994）给出一个按地转角速度的垂向分量旋转的坐标框架下的有限水深波动解，并根据此解讨论了上述浪致横向剪切应力，获得了与 Hasselmann（1970）相同的结论。但是，他们均忽略了地转角速度水平分量的作用，而且都没有考虑小振幅波动速度的垂向分量和水平分量为同一量级这一事实。为此，孙孚等（2003）进一步指出，由于在理论上存在严重缺陷，上述这些工作并不是真正地转意义下的结果。这也使在大尺度环流研究中，一直以来未能将波浪辐射应力这一重要驱动因素充分考虑进来。

孙孚等（2006）推导了地转条件下单位质量水体所受浪致作用力的数学表达式，

$$\boldsymbol{F} = F_x \boldsymbol{i} + F_y \boldsymbol{j} + F_z \boldsymbol{m} \tag{4.6.20}$$

$$F_x = -\frac{\partial}{\partial x}\left(\frac{2Ek}{\sinh 2kh}\right) - \frac{\partial}{\partial y}\left[\frac{Ek\overline{f}}{\sigma}\sin\alpha\,\frac{\sinh 2k(z+h)}{\sinh 2kh}\right] \tag{4.6.21}$$

$$F_y = -\frac{\partial}{\partial x}\left[\frac{Ek\overline{f}}{\sigma}\sin\alpha\,\frac{\sinh 2k(z+h)}{\sinh 2kh}\right] + \frac{\partial}{\partial y}\left[\frac{2Ek\sinh^2 k(z+h)}{\sinh 2kh}\right] - \left[\frac{2Ek^2 f\cosh 2k(z+h)}{\sigma\sinh 2kh}\right] \tag{4.6.22}$$

$$F_z = -\frac{\partial}{\partial y}\left[\frac{2Ekf}{\sigma}\frac{\sinh 2k(z+h)}{\sinh 2kh}\right] \tag{4.6.23}$$

其中，$E = 1/2\rho g a^2$；h 为水深；k 为波数。

根据地转条件下单位质量水体所受浪致作用力的表达式（4.6.22），只要存在海浪场，由于地转作用其下方水体将受到与浪向垂直的力 F_y 的作用。式（4.6.22）中第一项由沿浪向（x 方向）波浪场的不均匀性和地转角速度的水平分量引起；第二项由波浪场的横向不均匀性引起；而第三项即为 Hasselmann（1970）提出的仅由垂向 Coriolis 力引起的波浪应力。式（4.6.21）为沿浪向的作用力，它包括两项：第一项由沿浪向波浪场的不均匀性引起；第二项由波浪场的横向不均匀性和地转角速度的水平分量引起。如果海浪场是横向不均匀的，则其下方水体还将受到与海面垂直的力的作用，即式（4.6.23），此力的存在对海水的垂向混合起重要作用，齐鹏和陈新平（2018）通过引入数值模式对渤海海域海流进行了模拟，发现地转意义下的波浪辐射应力对海流模式结果的影响不容忽略。

思考与讨论

1. 描述波面上方气流运动特点。
2. 了解 Phillips 模型和 Miles 模型的区别。
3. 描述海浪破碎标准的种类。
4. 哪些海洋遥感方式可以获取白冠覆盖率？
5. 描述各类海浪混合作用的区别。
6. 考虑地转时海浪会出现哪些大尺度效应？

第 5 章 潮 汐

5.1 引 言

5.1.1 潮汐现象与研究意义

海洋潮汐是由太阳、月球和近地行星对地球的引力变化所导致的海水周期性波动现象，习惯上把海面在铅直向的涨落称为潮汐，而海水在水平方向的流动称为潮流。我国古代将潮汐认为是地球的脉搏、地球的呼吸，自古就有用月和潮言景抒情的传统，于是就有了"明月几时有，把酒问青天"，"春江潮水连海平，海上明月共潮生"等千古名句。事实上，早在 2000 年前，汉朝人王充就发现了潮汐和月相的内在联系，提出"涛之起也，随月盛衰，小大满损不齐同"，这里的"涛"指的就是海潮。之后，唐朝人窦叔蒙和宋朝人沈括又分别提出了类似于现代的"大小潮"的周期变化和"高潮间隙"的相关概念。这比建立现代潮汐科学的西方早了近千年。更为可贵的是，在测量手段和观测条件都不完善的情况下，估算的涨、落潮时刻与我们用现代计算手段所预报的数值结果几乎没有差别。也体现了我国古代先贤对潮汐变化规律的深刻认识。

图 5.1.1 表示潮位（即海面相对于某一基准面的铅直高度）涨落的过程曲线。图中纵坐标是潮位高度，横坐标是时间。涨潮时潮位不断增高，达到一定的高度以后，潮位短时间内不涨也不退，称之为平潮，平潮的中间时刻称为高潮时。平潮的持续时间各地有所不同，可从几分钟到几十分钟不等。平潮过后，潮位开始下降。当潮位退到最低的时候，与平潮情况类似，也发生潮位不退不涨的现象，叫做停潮，其中间时刻为低潮时。停潮过后潮位又开始上涨，如此周而复始地运动着。从低潮时到高潮时的时间间隔叫做涨潮时，从高潮时到低潮时的时间间隔则称为落潮时。一般来说，涨潮时和落潮时在许多地方并不是一样长。海面上涨到最高位置时的高度叫做高潮高，下降到最低位置时的高度叫做低潮高，相邻的高潮高与低潮高之差叫做潮差。

随着地球科学的发展，海洋潮汐逐渐成为联系天文学、地球物理学和大地测量学的重要交叉学科。海洋潮汐变化导致海水质量的空间分布变化，进而导致整个地球的形变和重力场变化，这称为海洋潮汐负荷效应。它与地球的物理特征密切相关，对其的观测和研究是了解地球内部结构的重要依据。在深海中，海洋中的潮汐是驱动海洋

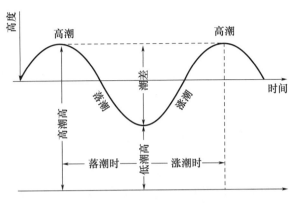

图 5.1.1 潮汐要素示意图

内部混合的主要能量来源，混合是控制大洋环流的重要因素，对于海洋大尺度运动的研究，若要建立完善的物理模式，则必须考虑其最终的能量耗散过程。同时，潮汐现象是沿海地区最常见的一种自然现象，与人类的生产和生活有着密切的联系，对国防建设、交通航运、海洋资源开发、能源利用、环境保护、海港建设和海岸带防护等诸多方面都起着重要的作用。据不完全统计，目前全球有一半以上的人口居住在离海岸100 km 之内的沿海地区，而我国的沿海地区以天津、上海、深圳等城市为主，集中了大部分的经济特区和大量人口。随着陆地人口、资源、环境压力的增大，人们逐渐把视线投向海洋，海洋作为有待开发的资源宝库，将成为世界社会经济可持续发展的重要支柱。21 世纪的海洋开发与竞争是人类社会发展的焦点之一，应对这一挑战需要深入透彻开展潮汐研究工作，掌握包括精细的潮汐场结构在内的海洋资源环境信息，为海洋科技、海洋经济的可持续发展提供技术保障，为建设创新型国家做出更大的贡献。

5.1.2 潮汐类型

潮汐的周期一般是 12 h25 min，也就是半天左右，如某一港口的潮汐属于这种情况，称它为半日潮港。但是也有少数地区在大多数日子里每天只有一次高潮和低潮，即平均周期为 24 h50 min 左右，这样的港口叫做日潮港。我国大多数港口是半日潮性质，但是北部湾则是世界上少数的典型的日潮海区之一。还有些港口的潮汐情况则介于这两者之间，叫做混合潮港。实际上，任何一个港口的潮汐变化中均包含有日周期的振动和半日周期的振动两部分，这两部分振动的相对大小则决定了潮汐的类型。在实际应用中为了方便和统一，常常根据日分潮和半日分潮的振幅之比划分潮汐类型。在日分潮中最主要的是 K_1 和 O_1 两个分潮，在半日分潮最主要的是 M_2 分潮，在我国通常根据 K_1 和 O_1 两个分潮的振幅之和对 M_2 分潮的振幅的比值大小把潮汐划分为各种类型。

1）半日潮港

当主要的半日分潮的半潮差远大于日分潮的半潮差时，该海港便是半日潮。半日潮在每个太阴日（24 h50 min）中有两个高潮和两个低潮，且两个相邻高潮或低潮的时间

间隔约为 12 h25 min。

$$\frac{H_{K_1} + H_{O_1}}{H_{M_2}} < 0.5$$ 者，属于半日潮港，例如，我国的厦门内港为 0.23，青岛为 0.38，大沽为 0.45，均为半日潮港。上述比值越大，日潮不等现象越显著。有些港口（如厦门港）的比值虽然不大，可是该港的潮差也可能较大。

上面的 H 为分潮的振幅（潮汐调和常数），H_{M_2} 为太阴主要半日分潮 M_2 的振幅，H_{K_1} 为太阴太阳主要全日分潮 K_1 的振幅，H_{O_1} 为太阴主要全日分潮 O_1 的振幅，H_{S_2} 为太阳主要半日分潮 S_2 的振幅。

而落潮与涨潮时间的差别，一般可由 $\frac{H_{M_4}}{H_{M_2}}$ 比值算出，H_{M_4} 为太阴浅水 1/4 日分潮的振幅，当上述比值小于 0.01 时，在实用上可以不考虑浅水分潮的影响；若比值等于 0.04 时，则落潮与涨潮时间约相差 30 min；若比值等于 0.08 时，则涨潮与落潮时间约相差 1 h。

2）混合潮港

混合潮港分为不规则半日潮混合潮港和不规则日潮混合潮港。

凡 $0.5 \leqslant \frac{H_{K_1} + H_{O_1}}{H_{M_2}} < 2.0$ 者为不规则半日潮混合潮港，其实质还是半日潮盛行，这种类型的港口在一个太阴日中也有两次高潮和两次低潮，但是相邻的高潮和低潮的高度不相等，也就是说相邻的潮差不等，而且涨潮时间和落潮时间也不相等，此种潮高和时间的不等，叫做日潮不等。必须指出：半日潮浅水潮港的两个相邻高（低）潮是约相等的，涨潮时间与落潮时间不等的性质每天是相似的，而混合潮港和日潮港的潮高不等，涨潮和落潮时间的不等是每天在变化着的。福建的诏安为 0.84，我国香港为 1.4，我国台湾的马公为 0.52，安平为 1.6，皆为不规则半日潮混合潮港。

凡 $2.0 \leqslant \frac{H_{K_1} + H_{O_1}}{H_{M_2}} \leqslant 4.0$ 者，为不规则日潮混合潮港。此类潮港在回归潮时，有一天出现一次高潮的日潮现象，日潮天数的多少，主要视上述比值而定，如我国台湾的高雄，回归潮时通常有 1~2 d 的日潮现象，榆林的比值为 2.7，该港在半个月中出现日潮现象约有 1/2 弱的天数，其余 1/2 强的天数则为不规则半日潮性质。广东的碣石为 2.82，陵水湾为 3.36，皆为不规则日潮混合潮港。

3）日潮港

凡 $\frac{H_{K_1} + H_{O_1}}{H_{M_2}} > 4.0$ 者，属于日潮港，此类潮港在半回归月中通常由多数的日期时一天一次高潮和一次低潮的日潮现象，比值越大，出现日潮的天数越多，而在其余天数为混合潮性质，且潮差较小。如我国的北黎、北海、乌石、涠洲岛和流沙湾等均属于此类潮港。

5.1.3 全球潮汐特点

全球海洋多数地点为半日潮的类型，少数地点为混合潮（又分为不规则半日潮和不规则全日潮两种）和全日潮的类型。海洋水域大多为旋转潮波，还有另一些水域为前进波。对于旋转潮波系统，无潮点附近潮差小，四周潮差大。在北半球，入射潮波方向右岸的潮差比左岸为大。近海潮位、潮流比外海和大洋的潮位、潮流为大。大洋岛屿的潮差一般在 1 m 左右，且多为半日潮类型。而最大潮差发生在海湾的顶部。

大西洋非洲沿岸为半日潮，最大潮差多数地点为 2 m 左右。欧洲沿岸也以半日潮为主，潮差一般可达 3 ~ 4 m。美洲沿岸潮汐类型稍复杂些，30°N 以北大多是半日潮，加勒比海为不规则半日潮，南美除 20°S 到 40°S 附近为不规则半日潮外均为半日潮。潮差的变化范围大，为 1.5 ~ 10 m，其中潮型以墨西哥湾最为复杂。印度洋非洲沿岸赤道以南为半日潮，潮差 4 ~ 5 m；马尔加什岛东岸为不规则半日潮、西岸为半日潮。索马里半岛和阿拉伯海沿岸为不规则半日潮，孟加拉湾为半日潮，潮差 3 ~ 6 m，苏门答腊岛和爪哇岛为不规则半日潮，潮差 1 ~ 3 m。印度洋澳洲西南角为全日潮和不规则全日潮，潮差仅 1 ~ 1.4 m。而北冰洋沿岸几乎全为半日潮，潮差一般为 1 ~ 2 m。太平洋西北岸和西岸是世界海洋潮型复杂的地带。从北向南，堪察加半岛两岸为不规则全日潮，鄂霍次克海，日本海多数地点为不规则半日潮，东海为半日潮，北部湾是典型的全日潮，南海两岸多为不规则全日潮，爪哇海为全日潮，澳洲北面为不规则半日潮，而其东南岸为半日潮。北太平洋北岸和东岸为不规则半日潮，南太平洋美洲热带海区至 30°S 为半日潮，30°S 以南为不规则半日潮。

太平洋潮差分布的特点南美沿岸为 1 ~ 3 m，北美稍大些为 4 ~ 6 m，亚洲、澳洲沿岸一般为 2 ~ 4 m。世界海洋潮差最大出现在海湾内。比如，北美芬地湾，潮差可达 15 ~ 16 m。鄂霍次克海品仁湾为 13 m，黄海江华湾（仁川）10 m，杭州湾（澉浦）9 m 等。

潮流以湾口或海峡为最强，一般可达几节，个别地方可超过 10 kn，其声音犹如万马奔腾。辽阔浅海一般地说潮流速度大，是全球潮能耗散的主要地带。海区潮汐与毗邻大洋的潮汐构成协调的振动，而大洋潮汐则是由地、月、日三者的相对运动决定的。因此，各个海区的潮汐间接地也取决于地、月、日三体的运动。

5.2 潮汐基本理论

5.2.1 引潮力与引潮势

引潮力是潮汐的原动力，海洋潮汐是太阳、月球和近地行星的引潮力共同作用的结果，但相对于月球与太阳的引潮力，近地行星的引潮力非常小，可忽略不计。由于地球上的点距离月球和太阳的相对位置不同，因此每个点受到的引力也有所差异，这些差异导致了地球上海水的相对运动，从而产生潮汐。由月球作用而产生的潮汐，称为太阴潮，由太阳作用而产生的潮汐，称为太阳潮，两者原理相同。

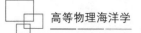

高等物理海洋学

根据牛顿万有引力定律，地球上任意一点单位质量的物体受到引潮天体的引力 $\boldsymbol{F}$ 的大小为

$$F = \frac{\mu M}{L^2} \tag{5.2.1}$$

其中，μ 为万有引力常数；M 为引潮天体的质量；L 为该点到引潮天体中心的距离。以月球为例，地球上任意一点 P 所受到的月球引潮力如图 5.2.1 所示，其中 E 为地心，M 为月球中心，P 离地心和月球中心的距离分别为 r 和 L，地月中心的距离为 R，$\theta = \angle PEM$ 是月球天顶距。P 点的月球引潮力记为

$$\boldsymbol{F}_t = \boldsymbol{F} + \boldsymbol{W} \tag{5.2.2}$$

其中，$\boldsymbol{F}$ 为月球引力；$\boldsymbol{W}$ 为绕公共质心公转产生的惯性离心力。作用在地球上各处的惯性离心力相同，为了维持地球和月球之间的距离，引力和离心力在地心处于平衡，即：

$$\boldsymbol{F}_t = \boldsymbol{F} + \boldsymbol{W} = 0, \quad \mu \frac{M}{R^2} + W = 0 \tag{5.2.3}$$

其中，M 为月球质量，惯性离心力沿着平行于 EM 的方向，且大小为

$$W = -\mu \frac{M}{R^2} \tag{5.2.4}$$

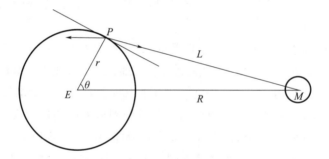

图 5.2.1　月球引潮力示意图

将引力和惯性离心力分解到垂直方向（沿 EP 方向）和水平方向（垂直 EP 方向），两个力的垂直分量和水平分量之和，则为引潮力的垂直分量和水平分量，也称为铅直引潮力 F_v 和水平引潮力 F_h：

$$\begin{cases} F_v = \frac{\mu M}{R^2}\left[\frac{R^3}{L^3}\left(\cos\theta - \frac{r}{R}\right) - \cos\theta \right] \\ F_h = \frac{\mu M}{R^2}\left[\frac{R^3}{L^3}\sin\theta - \sin\theta \right] \end{cases} \tag{5.2.5}$$

由于

$$\frac{R}{L} = \left[\left(\frac{L}{R}\right)^2 \right]^{-1/2} = \left[1 - \frac{2r}{R}\cos\theta + \left(\frac{r}{R}\right)^2 \right]^{-1/2} \tag{5.2.6}$$

由于 r/R 实际为微小量，因此上式可按泰勒级数展开，并将展开式代入式（5.2.5），得到：

$$\begin{cases} F_{\mathrm{v}} = \dfrac{\mu M r}{R^3}(3\cos^2\theta - 1) + \dfrac{3}{2}\dfrac{\mu M r^2}{R^4}(5\cos^2\theta - 3)\cos\theta + \cdots \\[3mm] F_{\mathrm{h}} = \dfrac{3}{2}\dfrac{\mu M r}{R^3}\sin 2\theta + \dfrac{3}{2}\dfrac{\mu M r^2}{R^4}(5\cos^2\theta - 1)\sin\theta + \cdots \end{cases} \tag{5.2.7}$$

上式中的第一项为引潮力的主要项，第二项为次要项，仅为第一项的 1/60，只有很小的实际意义，后面被省略的项量级更小。

由于引力是保守力，引潮力作为两个引力的矢量和也属于保守力。相应地，引力场是一种保守力场，因此引潮力也是有势的，称为引潮力位或者引潮势。引潮势是天体引起潮汐的位能函数，引潮力的研究可以通过对引潮势的研究来实现。根据物理大地测量学基本知识，点 P 处的月球引力位表示为

$$V = \frac{\mu M}{L} = \frac{\mu M}{R}\left[1 - 2\frac{r}{R}\cos\theta + \left(\frac{r}{R}\right)^2\right]^{-1/2} \tag{5.2.8}$$

按照泰勒级数展开，可得：

$$V = \frac{\mu M}{R}\left[1 + \frac{r}{R}\cos\theta + \left(\frac{r}{R}\right)^2\left(\frac{3}{2}\cos^2\theta - \frac{1}{2}\right) + \left(\frac{r}{R}\right)^3\left(\frac{5}{2}\cos^2\theta - \frac{3}{2}\right)\cos\theta + \cdots\right] \tag{5.2.9}$$

上式中的第一项是一个与地点无关的量，相应的引力值为 0，不会引起潮汐。第二项是一个均匀力场的位势，该项对应的引力不随地点变化，也不能引起潮汐，实际上，该力与地球绕地月质心的公转的离心力相平衡。因此，从第三项开始的各项才能引起潮汐效应，故月球引潮势可表示为

$$V = \frac{\mu M}{R}\left[\left(\frac{r}{R}\right)^2\left(\frac{3}{2}\cos^2\theta - \frac{1}{2}\right) + \left(\frac{r}{R}\right)^3\left(\frac{5}{2}\cos^2\theta - \frac{3}{2}\right)\cos\theta + \cdots\right] \tag{5.2.10}$$

勒让德函数的表现形式为

$$V = \mu M \sum_{n=2}^{\infty} \frac{r^n}{R^{n+1}}P_n(\cos\theta) \tag{5.2.11}$$

上式中，$P_n(\cos\theta)$ 为 n 次勒让德多项式。

上述的推导过程对于太阳引潮力和引潮势是完全适用的。式（5.2.7）与式（5.2.11）表明，引潮力和引潮势与引潮天体的质量成正比，而与天体中心到地心距离的 3 次方成反比，因此，尽管太阳的质量比月球大，但地球离太阳更远，在量级上，太阳的引潮力仍小于月球的引潮力，仅为月球引潮力的 0.46 倍，而其他近地行星的引潮力，可忽略不计。

另外，垂直引潮力几乎不能产生海水垂直方向的运动，只能稍微改变海水的质量。水平引潮力能使海水产生辐聚或辐散，引起海水运动，从而形成海洋潮汐。水平引潮力和铅直引潮力的量级约为地球重力的 10^{-7}，与科氏力的量级相当，通常仅考虑主要项（$n = 2$）。地球上各点所受到的引潮力因地而异，与此同时，随着地球、月球和太阳的相对位置的周期性的变化，海水也将产生多种周期组合在一起的复杂波动，这种波动在日、月引潮力的作用下，在海陆分布、海底地形以及海岸形状等因素的影响下，潮高因时因地而异。式（5.2.7）表明，对于垂直引潮力，当 $\theta = 0°$（向月点）或 $180°$（背月

点）时，F_v 正值最大且相等，垂直引潮力向上，方向指向地球外部，当 $\theta = 90°$ 或 $270°$ 时，F_v 负值最大且相等，方向指向地心；对于水平引潮力，当 $\theta = 45°$、$\theta = 135°$、$\theta = 225°$ 或 $\theta = 315°$ 时，F_h 绝对值最大，大小约为 F_v 的 $3/4$，当 $\theta = 0°$、$\theta = 90°$、$\theta = 180°$ 或 $\theta = 270°$ 时，$F_h = 0$。

5.2.2　引潮势的调和展开

5.2.2.1　引潮势的 Laplace 展开

天顶距作为引潮势表达式中的主要变量，是计算引潮势的关键。但由于月球、太阳等引潮天体沿着各自的轨道公转，天顶距的变化主要取决于引潮天体在轨道中的位置，因此天顶距随时间的变化很复杂，使用它计算引潮势较为不便，可将其展开为赤纬和地方时角的函数。

图 5.2.2 所示为天球坐标系，N 表示北天极，XOY 表示天赤道，D 表示引潮天体的视位置，δ 与 λ_d 分别为它的赤纬和地心经度，P 为观测点在天球上的投影，地心坐标为 (λ, ϕ)，θ 为天顶距，在球面三角形 NPD 应用余弦公式，可得

$$\cos\theta = \sin\phi\sin\delta + \cos\phi\cos\delta\cos H \tag{5.2.12}$$

上式中，$H = \lambda - \lambda_d$ 是引潮天体的时角。根据球函数的加法公式（Hobson，1965），式（5.2.11）中的 $P_n(\cos\theta)$ 可以表示为

$$P_n(\cos\theta) = \sum_{m=0}^{n} (2-\delta_{0m})\frac{(n-m)!}{(n+m)!}P_{nm}(\sin\phi)P_{nm}(\sin\delta)\cos(mH) \tag{5.2.13}$$

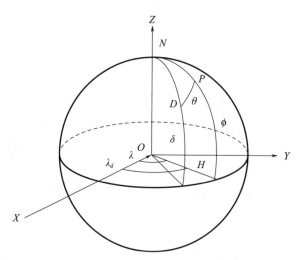

图 5.2.2　引潮势展开天体坐标示意图

将式（5.2.12）和式（5.2.13）代入式（5.2.11）中，可得

$$V = \frac{GM}{R}\sum_{n=2}^{\infty}\left(\frac{r}{R}\right)^n\sum_{m=0}^{n}(2-\delta_{0m})\frac{(n-m)!}{(n+m)!}P_{nm}(\sin\phi)P_{nm}(\sin\delta)\cos(mH) \tag{5.2.14}$$

式中，$P_{nm}(x)$ 是 n 阶 m 次缔合勒让德函数；δ_{0m} 是 Kronecker delta 函数。此时，引潮势

的主要项，即二阶项可以展开为

$$V_2 = \sum_{m=0}^{2} V_{2m} = \frac{3\mu Mr^2}{4R^3} \left[\cos^2\phi \, \cos^2\delta \, \cos 2H + \sin 2\phi \, \sin 2\delta \, \cos H + \right.$$

$$\left. (1 - 3\sin^2\phi)\left(\frac{1}{3} - \sin^2\delta\right) \right] \qquad (5.2.15)$$

从上式中可以明显看到，引潮势二阶项被分成 3 个部分。第一部分（$m=0$）与时角 H 无关，主要决定于赤纬 δ。月球赤纬 δ 变化的周期是一个回归月，太阳赤纬 δ' 变化的周期是一个回归年，那么 $\sin^2\delta$ 的变化周期是赤纬 δ 周期的一半，故这一部分的变化是长期的。第二部分（$m=1$）与 δ 和 H 有关。其中赤纬 δ 变化缓慢，时角 H 变化一个周期，δ 变化不大，所以这一部分呈现出全日周期摄动。第三部分（$m=2$）主要取决于 $2H$，表现为半月周期的摄动。引潮势的三阶项（一般只考虑月球）同样可以展开成类似式（5.2.15）的形式：

$$V_3 = \sum_{m=0}^{3} V_{3m} = \frac{3\mu Mr^3}{4R^4} \left[5\cos^2\phi \, \sin\phi \, \cos^2\delta \, \sin\delta \, \cos 2H + \right.$$

$$\frac{1}{2}\cos\phi \, \cos\delta (1 - 5\sin^2\phi)(1 - 5\sin^2\delta)\cos H + \qquad (5.2.16)$$

$$\left. \frac{1}{3}\sin\phi \, \sin\delta (3 - 5\sin^2\phi)(3 - 5\sin^2\delta) + \frac{5}{6}\cos^3\phi \, \cos^3\delta \, \cos 3H \right]$$

这里的前 3 项分别为半日分潮、全日分潮和长周期分潮，出现的第四项与 $\cos 3H$ 有关，相应的潮汐变化周期为也称之为 1/3 日，也称之为 1/3 日分潮。

5.2.2.2　引潮势的调和展开

引潮势的 Laplace 展开将引潮势展开成观测点坐标和天体赤道坐标的函数，在实际计算过程中，根据月亮和行星轨道理论，引潮天体的位置可以表示为随时间呈线性增加的 6 个基本天文变量（表5.2.1）的三角函数级数形式（Smith，1999）。

表 5.2.1　基本天文参数

参数	含义	角速率/[(°)/h]	周期
τ	平太阴时	14.492 052 1	平太阴日
s	月球平均经度	0.549 016 5	回归月
h	太阳平均经度	0.041 068 6	回归年
P	月球近地点平均经度	0.004 641 8	8.85 回归年
N'	月球升交点平均经度	0.002 206 4	18.61 回归年
p_s	太阳近地点平均经度	0.000 002 0	20940 回归年

Darwin（1886）首先对引潮势进行了调和展开，并把展开的每一项看成分潮，然而达尔文展开式中各项的系数还包含着随时间变化的因子，相角随时间的变化不均匀，并不是纯调和项，只是接近调和量。Doodson（1921）引用布朗月理和纽康太阳历书，首次给出了引潮势的纯调和展开式，包括近 400 项由日、月引起的分潮。随着科技的进步，天文

参数和地球形状信息不断更新，到 21 世纪初，引潮势调和展开能够得到近 20 000 项的分潮。

在引潮势二阶项中的每个分潮族可表示为

$$V_{2m} = G_m(\phi) \sum_k |\eta_k| \cos(\Theta_k + \chi_k + m\lambda) \tag{5.2.17}$$

其中，$G_m(\phi)$ 是 Doodson 展开的大地系数；Θ_k 为格林威治天文相角；χ_k 附加相位改正；η_k 是调和展开系数。Θ_k 可以表示成平太阴时 τ 和月球平均经度点 s、太阳平均经度 h、月球近地点平均经度 p、升交点平均经度 N' 和太阳近地点平均经度 p_s 这 6 个天文变量之和的形式：

$$\Theta_k = A\tau + Bs + Ch + Dp + EN' + Fp_s \tag{5.2.18}$$

其中，各分潮的系数在局地为常数，而天文相角随时间匀速变化，只需先算出某一时刻的基本天文元素，便可得到该时刻的天文相角，通过长期的天文观测，可以得到 6 个天文变量 τ、s、h、p、N' 和 p_s 的值：

$$
\begin{cases}
\tau = t - s + h \\
s = 270°\times43\,659 + 481\,267°\times829\,057T + 0°\times00\,198T^2 + 0°\times000\,002T^3 \\
h = 279°\times69\,660 + 36\,000°\times76\,892T + 0°\times00\,030T^2 \\
p = 334°\times32\,956 + 4\,069°\times03\,403T - 0°\times01\,032T^2 - 0°\times000\,010T^3 \\
N' = 259°\times18\,328 - 1\,934°\times14\,201T + 0°\times00\,208T^2 + 0°\times000\,002T^3 \\
p_s = 281°\times22\,083 + 1°\times71\,902T + 0°\times00\,045T^2 + 0°\times000\,003T^3
\end{cases} \tag{5.2.19}
$$

其中，t 为格林威治平太阳时；T 为从格林威治时间 1899 年 12 月 31 日 12 时开始计算的儒略世纪数，一个儒略世纪的时间长度是 36 525 个平太阳日。式（5.2.19）中右边第一项代表格林威治 1899 年 12 月 31 日 12 时的各天文要素的角度，第二项的系数显示了各天文要素的变化速度，即每 36 525 个平太阳日之内角度的变化值，第三项是订正角。由这些系数可以知道相应天文元素的每太阳日和平太阳时的角度变化。

式（5.2.18）中的 A、B、C、D、E、F 可表示为

$$k_1 k_2 k_3 k_4 k_5 k_6 = A(B+5)(C+5)(D+5)(E+5)(F+5) \tag{5.2.20}$$

即 Doodson 数的形式，天文相角可表示为

$$\Theta_k(t) = \Theta_k(t_0) + \dot{\Theta}k(t - t_0) \tag{5.2.21}$$

式（5.2.21）中，$\dot{\Theta}k$ 为分潮的角速率；Θ_k 为天文相角。式（5.2.17）中的各项可用一组 Doodson 数表示，Doodson 数与分潮一一对应，其中相同的各分潮组成个分潮族，表示周期分潮，其中 k_1 相同的各分潮组成一个分潮族，0 表示周期分潮，1 表示全日周期分潮，2 表示半日周期潮族。引潮势则被展开成一系列特定频率的调和项之和，如表 5.2.2 所示。

表 5.2.2　主要分潮

分潮名称	缩写	Doodson 数	角速率/[（°）/h]	周期/h
主要太阴半日分潮	M_2	255.555	28.984 104 24	5.235 206 012 0

分潮名称	缩写	Doodson 数	角速率/[（°）/h]	周期/h
主要太阳半日分潮	S_2	272. 555	30. 000 000 00	12. 000 000 00
大太阴概率半日潮	N_2	245. 655	28. 439 729 54	15. 227 348 220
太阴太阳合成半日潮	K_2	275. 555	30. 082 137 28	11. 967 234 79
太阴太阳合成全日潮	K_1	165. 555	15. 041 068 64	23. 934 469 59
主要太阴全日分潮	O_1	145. 555	13. 943 035 59	25. 819 341 68
主要太阳全日分潮	P_1	163. 555	14. 958 931 36	24. 065 890 22
太阴概率全日潮	Q_1	135. 655	13. 398 661 88	26. 868 356 71

5.2.2.3 平衡潮

如果作用于海水的外力只有重力，那么平衡状态下，海面将保持处处与重力相垂直。否则，就会有沿着海面方向的重力分力，它将促使海水流动。如果考虑到引潮力，那么在重力和引潮力的合力作用下，海面将偏离原来的平衡位置。我们假定地球表面完全为海水所覆盖，且假定在每一时刻的海面起伏能够保持与上述合力处处垂直，则这样的海面状态被称为平衡潮。当然事实上，与单纯的重力不同，合力是随时间变化的，要想达到这种平衡状态，海水必须流动；而一旦海水在运动，海底地形、海水惯性及摩擦等作用便要影响海水的运动。因此，实际上海面不可能形成平衡状态。所谓平衡潮纯系一种假象的状态。不过它也还能给我们关于海洋潮汐的一些初步的概念。

因为平衡潮面要处处与重力和引潮力的合力相垂直，故这个面应当是合力的一个等势面。前面我们已给出引潮力势的表达式。而地球表面附近高度为 h（h 向上为正）处的重力势 W 则等于

$$W = -gh \tag{5.2.22}$$

这里的负号是为了与引力势表达式的规定相一致，即力指向位势增加的方向。合力的力势等于重力势和引潮力势之和。在平衡潮面上这个和为常量，即应有 $V + W =$ 常数。因此，则太阴平衡潮高 h 为

$$h = aU\left[\left(\frac{\overline{R}}{R}\right)^3\left(\frac{3}{2}\cos^2\theta - \frac{1}{2}\right) + \frac{a}{R}\left(\frac{R}{R}\right)^4\left(\frac{5}{2}\cos^2\theta - \frac{3}{2}\right)\cos\theta + \cdots\right] + C \tag{5.2.23}$$

上式中常量 C 应受到这样一种限制：引潮力改变了海面高度的分布，但海水的总体积应保持不变。这就要求：

$$\iint_{\Sigma} h\,\mathrm{d}\sigma = 0 \tag{5.2.24}$$

这里积分对整个地球表面施行，这个积分等于：

$$\int_0^\pi 2\pi a(\sin\theta)h\,\mathrm{d}\theta = \pi U a^2\left(\frac{\overline{R}}{R}\right)^3\int_0^\pi(3\cos^2\theta - 1)\sin\theta\,\mathrm{d}\theta + \pi U\frac{a^3}{R}\left(\frac{\overline{R}}{R}\right)^4\int_0^\pi(5\cos^2\theta - 3)$$

$$\cos\theta\sin\theta\,\mathrm{d}\theta + 2\pi aC\int_0^\pi\sin\theta\,\mathrm{d}\theta \tag{5.2.25}$$

这个等式右边的前两个积分为 0，第三个积分等于 2。而根据前面的要求，上式必

须为 0，因而必须有 $C=0$。由此得：

$$h = aU\left(\frac{\overline{R}}{R}\right)^3\left(\frac{3}{2}\cos^2\theta - \frac{1}{2}\right) + aU\frac{a}{R}\left(\frac{\overline{R}}{R}\right)^4\left(\frac{5}{2}\cos^2\theta - \frac{3}{2}\right)\cos\theta + \cdots \quad (5.2.26)$$

如将上式中 U、R、θ 换为有关太阳的相应的量 sU、R'、θ'，则可得太阳平衡潮高 h' 的公式，潮高为

$$h + h' = (V + V')/g = \frac{3}{4}aU\sum \Phi C\cos v \quad (5.2.27)$$

由式（5.2.26）可得出重力加速度在平衡潮潮面上的分量为

$$-g\frac{\mathrm{d}h}{a\mathrm{d}\theta} = \frac{3}{2}U\left(\frac{\overline{R}}{R}\right)^3\sin 2\theta + \frac{3}{2}U\frac{a}{R}\left(\frac{\overline{R}}{R}\right)^4(5\cos^2\theta - 1)\sin\theta \quad (5.2.28)$$

它与水平引潮力 F_h 相等。不过这个力指向 θ 增加的方向，而 F_h 指向 θ 减小的方向，故两者刚好互相抵消。因为平衡潮面既然是重力和引潮力合成力场的一个等势面，合力在沿着平衡潮面方向的分量应等于 0。

在朔日，月球和太阳在天球上的经度基本相同，此时 $\theta' \approx \theta$；在望日，则有 $\theta' \approx \theta + 180°$。这两种情况下，太阴潮和太阳潮互相加强，而太阳平衡潮的最大潮差（在 $R' = \overline{R}'$ 条件下）为月球的 $s = 0.4592$ 倍，即 24.6 cm，故太阴和太阳合成潮差最大为 78 cm。反之在上、下弦，$\theta' \approx \theta \pm 90°$，太阴潮和太阳潮互相削弱，合成潮差为 29 cm。当 $s = h = p = p'$ 时，$\overline{R}/R = 1.071$，$\overline{R}'/R' = 1.017$，从而得 $(\overline{R}/R)^3 = 1.23$，$(\overline{R}'/R')^3 = 1.05$。故太阴平衡潮差最大可达 65.7 cm，太阳平衡潮差最大可达 25.8 cm，此时朔望潮差最大为 91.5 cm。这是平衡潮能够达到的最大的潮差值。

以上这些数值是在平衡潮的假设下得到的。实际潮汐的运动要复杂得多。大洋里许多地方观测到的潮差的量级与上述数值还算相差不大，但在陆架海区，潮差往往比上述数值大得多。如我国杭州湾曾测得最大潮差 8.93 m。而世界上潮差最大的地方，北美洲的芬地湾，最大潮差甚至比杭州湾还要大 1 倍左右。

平衡潮面是一个等势面，处处与重力和引潮力的合力相垂直。合力的位等于重力位和引潮力位之和，在平衡潮面上等于常数量。假设平衡潮的高度为 $\overline{\zeta}$，以向上为正，海面处的重力势 $W = -g\overline{\zeta}$，满足：

$$-g\overline{\zeta} + V = c \quad (5.2.29)$$

由于海水的总体积保持不变，对整个地球表面积分的过程中必须保证 $c=0$。又因为地球表面单位质量所受到的重力平均值为 $\mu E/a^2$，即 g，所以

$$\mu = ga^2/E \quad (5.2.30)$$

其中，a 是地球平均半径；E 是地球的质量。

综上所述，可得月球引起的太阴潮的平衡潮潮高 $\overline{\zeta}$：

$$\overline{\zeta} = -\frac{Ma^2}{Er}\left[\left(\frac{r}{R}\right)^3\left(\frac{3}{2}\cos^2\theta - \frac{1}{2}\right) + \left(\frac{r}{R}\right)^4\left(\frac{5}{2}\cos^2\theta - \frac{3}{2}\right)\cos\theta + \cdots\right] \quad (5.2.31)$$

同理可得太阳潮的平衡潮潮高。

平衡潮解释了诸如潮汐日不等现象，大、小潮现象以及潮汐的长周期变化规律，但实际的潮汐运动要更为复杂，平衡潮理论无法解释高潮间隙、潮令等现象，计算得到的潮高也与实际不符，无法用于潮汐预报。

5.2.3 潮汐动力理论

海洋潮汐现象实质上是一种长波运动。大洋中的潮汐是月、日引潮力引起的强迫（或受迫）潮波，而大洋附属海一般可看作自由潮波。因为后者能量的来源，主要是由毗邻的大洋维持的，而不是引潮力直接作用在该海区的结果。比如，东海、黄海、渤海的潮波主要是太平样的潮波日以继夜传入东海所致，所以可作为自由潮波处理。

潮波运动表现为水平方向上的周期性流动和铅直方向上的周期性涨落。其中，水平引潮力是引起潮汐的主要因素，垂直引潮力的作用只是使重力加速度产生极微小的变化。在实际的海洋中，除了受到引潮力的作用外，海水还受到多种力的影响，这些力可分成产生运动的原始力，如重力、压强梯度力等，和由运动产生的次生力，如科氏力和摩擦力。

5.2.3.1 潮波动力学基本方程

潮波运动可以用运动方程和连续方程描述。前者是牛顿第二定律在潮波运动中的特定形式，后者反映海水运动过程所遵循的质量守恒定律。这些基本方程表述了潮波运动过程中，在引潮力、压强梯度力、摩擦力和科氏力等因素作用下的波形形态和潮位变化与潮流变化之间的联系。

采用图 5.2.3 所示局部直角坐标系来描述流体的运动，其中坐标原点选在平均海面（或海底），x 轴沿纬圈方向指向东，y 轴沿经圈方向指向北，z 轴垂直于海平面指向天顶方向。在该坐标系下，流体元的速度矢量可以写成 $V = ui + vj + wk$，i、j、k 是 x、y、z 方向的单位矢量，u、v、w 是速度矢量在 i、j、k 方向的分量，那么在空间中采用速度

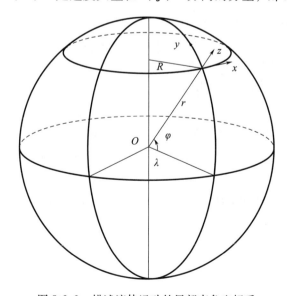

图 5.2.3 描述流体运动的局部直角坐标系

矢量描述流体元运动的欧拉方程为

$$\boldsymbol{V}_t + (\boldsymbol{V} \cdot \nabla)\boldsymbol{V} + 2\boldsymbol{\omega} \times \boldsymbol{V} = \boldsymbol{F} - \frac{1}{\rho}\nabla p \qquad (5.2.32)$$

其中，左边第一项 $\boldsymbol{V}_t$ 是空间固定点流速随时间的变化，它在 x、y、z 方向的分量分别为 $\frac{\partial u}{\partial t}$、$\frac{\partial v}{\partial t}$、$\frac{\partial w}{\partial t}$；第二项是运动引起的对流变化率，一般称为速度的对流微商，或者非线性场加速度；第三项是科氏力项。式中右边第一项是所有作用在流体元上的外力，包括重力、引潮力和摩擦力等，第二项是流体元所受到的压强梯度力。式（5.2.32）的标量形式可表示为

$$\left.\begin{aligned}
\frac{\partial u}{\partial t} + u\frac{\partial u}{\partial x} + v\frac{\partial u}{\partial y} + w\frac{\partial u}{\partial z} &= F_x - \frac{1}{\rho}\frac{\partial p}{\partial x} + fv - \hat{f} \\[2mm]
\frac{\partial v}{\partial t} + u\frac{\partial v}{\partial x} + v\frac{\partial v}{\partial y} + w\frac{\partial v}{\partial z} &= F_y - \frac{1}{\rho}\frac{\partial p}{\partial y} - fu \\[2mm]
\frac{\partial w}{\partial t} + u\frac{\partial w}{\partial x} + v\frac{\partial w}{\partial y} + w\frac{\partial w}{\partial z} &= F_z - \frac{1}{\rho}\frac{\partial p}{\partial z} + \hat{f}u
\end{aligned}\right\} \qquad (5.2.33)$$

其中，$f = 2\omega\sin\phi$；$\hat{f} = 2\omega\cos\phi$。

直角坐标的潮波运动方程适用于面积小的海区和海湾，如果考虑全球范围内的海水运动，则采用球坐标系，地理位置使用球坐标系中的经度 λ、纬度 ϕ 和地心距 r 表示，则速度分量可表示为 $u = r\cos\phi\frac{\mathrm{d}\lambda}{\mathrm{d}t}$、$v = r\frac{\mathrm{d}\phi}{\mathrm{d}t}$、$w = \frac{\mathrm{d}r}{\mathrm{d}t}$，式（5.2.33）可转换至球坐标系下：

$$\left.\begin{aligned}
\frac{\partial u}{\partial t} + \frac{u}{r\cos\phi}\frac{\partial u}{\partial \lambda} + \frac{v}{r}\frac{\partial u}{\partial \phi} + w\frac{\partial u}{\partial r} &= F_x - \frac{1}{\rho r\cos\phi}\frac{\partial p}{\partial \lambda} + fv - fw + \frac{uv\tan\phi}{r} - \frac{uw}{r} \\[2mm]
\frac{\partial v}{\partial t} + \frac{u}{r\cos\phi}\frac{\partial v}{\partial \lambda} + \frac{v}{r}\frac{\partial v}{\partial \phi} + w\frac{\partial v}{\partial r} &= F_y - \frac{1}{\rho r}\frac{\partial p}{\partial \phi} - fu - \frac{u^2\tan\phi}{r} - \frac{vw}{r} \\[2mm]
\frac{\partial w}{\partial t} + \frac{u}{r\cos\phi}\frac{\partial w}{\partial \lambda} + \frac{v}{r}\frac{\partial w}{\partial \phi} + w\frac{\partial w}{\partial r} &= F_z - \frac{1}{\rho}\frac{\partial p}{\partial r} + \hat{f}u + \frac{u^2 + v^2}{r}
\end{aligned}\right\} \qquad (5.2.34)$$

为方便实际应用，在讨论连续方程之前，需先根据潮波的特点对方程进行化简。海洋潮波是海洋运动中典型的长波运动，它与重力加速度和海深密切相关。海潮波长 λ 与重力加速度 g，海深 h 以及分潮周期 T 之间存在如下关系：

$$\lambda = T\sqrt{gh} \qquad (5.2.35)$$

如果取海深为 $1\,\mathrm{km}$，对于周期为 $12.420\,6\,\mathrm{h}$ 的 M_2 分潮来说，分潮波长可达到 $4\,426\,\mathrm{km}$。由于分潮振幅很少超过几米，可见海水在水平方向上的移动距离远远大于其在铅直方向上的移动距离，即铅直方向上的速度远远小于水平方向上的速度，可忽略不计。同时在铅直方向上，引潮力和科氏力的量级仅为重力的 10^{-7} 倍，也可以忽略不计。因此，式（5.2.33）中第三式的外力就只包含重力 $\rho g = -\frac{\partial p}{\partial z}$。

设坐标原点在海底，从距离海底 z_0 处到海面求积分，得到海水中任意点的压力 p 为

$$p = p_s + \rho g(h + \zeta - z_0) \qquad (5.2.36)$$

其中，p_s 为海面大气压；h 是海区平均深度；ζ 是从海平面起算的分潮波自由表面的高度。由式（5.2.36）可将式（5.2.33）中前两式的压强梯度力变形为：$-\dfrac{1}{\rho}\dfrac{\partial p}{\partial x}=-g\dfrac{\partial\zeta}{\partial x}$，$-\dfrac{1}{\rho}\dfrac{\partial p}{\partial y}=-g\dfrac{\partial\zeta}{\partial y}$。若外力仅取引潮力，引潮力可表示为：$F_x=g\dfrac{\partial\overline{\zeta}}{\partial x}$，$F_y=g\dfrac{\partial\overline{\zeta}}{\partial y}$。

归结起来，对于强迫潮波，式（5.2.33）在忽略非线性项和摩擦力的情况下可写成：

$$\left.\begin{array}{l} \dfrac{\partial u}{\partial t}-2\omega v\,\sin\phi=-g\dfrac{\partial(\zeta-\overline{\zeta})}{\partial x} \\[3mm] \dfrac{\partial v}{\partial t}+2\omega u\,\sin\phi=-g\dfrac{\partial(\zeta-\overline{\zeta})}{\partial x} \end{array}\right\} \tag{5.2.37}$$

从而把三维流体化简成二维流体来处理。

从另一个角度分析，海水在运动过程中引起的质量变化遵守质量守恒定律。对于均质流体来说，质量守恒与体积守恒等效。同时在海洋中，我们认为海水是不可压缩的，则在直角坐标系下的连续方程为

$$\nabla\cdot\boldsymbol{V}=\frac{\partial u}{\partial x}+\frac{\partial v}{\partial y}+\frac{\partial w}{\partial z}=0 \tag{5.2.38}$$

在球坐标系下可以表示为

$$\frac{1}{r\cos\phi}\left[\frac{\partial u}{\partial\lambda}+\frac{\partial}{\partial\phi}(v\cos\phi)\right]+\frac{\partial w}{\partial r}=0 \tag{5.2.39}$$

联合式（5.2.39）和式（5.2.34）则构成了完整的潮波运动基本方程。

5.2.3.2 潮汐摩擦与潮能耗散

海湾若是自由振动，在扰动力消除之后，由于摩擦作用使得振动周期愈来愈长，而振幅也随之愈来愈小，振动逐渐趋向平息。但对于胁迫振动，摩擦作用不能改变其振动周期，如前所述，它使无潮点发生偏移，这是因为反射潮波变弱所致。在摩擦效应特别显著的情况下，由于入射潮波很快衰减，因而不出现反射波，所以潮波具有前进波的特征。关于摩擦消耗问题，许多科学家均做过研究。

Taylor（1920）研究了爱尔兰海潮汐摩擦问题，给出潮波通过一横断面的功率为

$$g\rho\iint\zeta u\mathrm{d}s \tag{5.2.40}$$

式中，u 表示和横断面垂直的流速；$\mathrm{d}s$ 为面积元。取

$$\zeta=A\cos\frac{2\pi t}{T},\quad u=U\cos\left(\frac{2\pi t}{T}-\delta\right) \tag{5.2.41}$$

上式改写成

$$g\rho\iint AU\cos\frac{2\pi t}{T}\cos\left(\frac{2\pi t}{T}-\delta\right)\mathrm{d}s \tag{5.2.42}$$

对于一个潮周期的平均值为

$$\frac{1}{2}g\rho\iint AU\cos\delta\mathrm{d}s \tag{5.2.43}$$

泰勒由此式估算了大潮日期间分潮波通过断面的平均功率为 $6.4 \times 10^7 \, \text{kW}$，它应与同一期间内有关海区因摩擦而消耗的平均功率相等。如果考虑潮能消耗主要是由于底摩擦引起的，而底摩擦力一般与流速的平方成比例，即：

$$F = k'\rho \, |u_b| \, u_b \tag{5.2.44}$$

式中对底层流速，一个取绝对值，这样可以反映摩擦力与流速方向有关的这一客观事实。设 $u_b = U_b \cos \dfrac{2\pi t}{T}$，那么在一个潮周期内，单位面积上的摩擦耗散率的平均值为

$$\frac{k'\rho U_b^3}{T} \int_0^T \left| \cos \frac{2\pi t}{T} \right| \cos^2 \frac{2\pi t}{T} \mathrm{d}t = \frac{4}{3\pi} k'\rho U_b^3 \tag{5.2.45}$$

对爱尔兰海区做估算，摩擦耗散率应等于 $2.5 \times 10^{10} k'$（kW），于是

$$2.5 \times 10^{10} k' = 6.4 \times 10^7$$

故

$$k' = 0.002\,6$$

以上引用分潮波通过断面输入的功率，应与该海区同时期内由于摩擦导致的潮能消耗相等的办法，是确定与摩擦有关的参量的方法之一。

由于底摩擦对潮流的影响，使海洋底层附近存在一个底边界层，在浅海潮流较大的区域，这一边界层可扩展到海面。普劳德曼指出，当某一深度上摩擦力和有效压强梯度力达到平衡时，该深度的潮流速度达最大。而有效压强梯度是压强梯度力与引潮力的合力，对于可以忽略引潮力的海区，有效压强梯度力近似地等于压强梯度力。

对于底边界层，设想越靠近海底摩擦力越大，因此，从海面到海底，深度愈大，出现最大流速的时刻愈提前。据计算，在一个 25 m 深的观测站，表面最大流速的时刻为 1.73 h，10 m 为 1.55 h，23 m 则为 0.85 h，而且，最大流速的方向，也从表面的 52.9° 增大到 65.0°，这里是取涡动黏滞系量为恒量时计算所得的结果。事实上，涡动黏滞系量并非恒量，对于具体地点、不同时刻其变化规律如何，是一个尚待研究的问题。

总体来说，潮波是最典型的长波，对于平均水深 5 000 m 的大洋，其传播速率为 220 m/s，当它传播到 100 m 深的陆架时，速率减为 31 m/s，能量在这里聚集。世界大洋是反映月、日引潮力力作用的辽阔水域，它是海洋潮汐的动力源泉，大陆架、浅海却是潮能消耗的主要地带。对整个世界海洋来说，潮能收入与支出近于平衡状态，因而潮汐现象只随地、月、日运行做有规律地升降、涨落。

5.3 潮汐的观测、分析与预报

5.3.1 潮汐观测

潮汐观测属于潮汐研究的基础工作，可以通过测量水位随时间的变化，获取潮汐调和常数，从而掌握潮汐变化规律。传统的潮汐观测手段是通过建立验潮站来获取当地的

海平面高度，为用户提供实时和近实时的潮汐观测资料，获取潮汐变化规律，并对海啸或者风暴潮等海洋灾害进行预警。早期的验潮站一般选择建立在大陆沿岸或岛屿进行定点测量，对于远离岸边的海域则采用临时海上定点的方式进行验潮。验潮站一般需要外部建筑的保护，避免其受到海浪、漂浮物等周围环境的影响，因此验潮站的修建及维修成本高。同时验潮站的观测数据往往受到海流、气候和海底地形等因素的影响，不能很好地代表整个海区的水位特点，难以真实地反映海区的潮汐特性。但验潮站的观测数据质量一般较高，是检验全球潮汐模型结果至关重要的数据资料。

潮汐的实时观测已有多年的历史，国际合作组织实施了多个海洋和气候研究计划，为扩大全球验潮站观测网络提供了重要支持。如政府间海洋学委员会（Intergovernmental Oceanographic Commission，IOC）和世界气象组织（World Meteorological Organization，WMO）联合发起为期 10 年的热带海洋和全球大气研究计划（Tropical Ocean and Global Atmosphere，TOGA），提高和改善了热带海洋环境和气候预测能力。TOGA 海平面数据中心并入夏威夷大学海平面数据中心（University of Hawaii Sea Level Center，UHSLC），接收和提供全球准实时的海平面变化数据，数据下载地址为 https：//uhslc. soest. hawaii. edu/network。GESLA（Global Extreme Sea Level Analysis）计划也提供了全球约 1 450 个验潮站点的数据，下载地址为 https：/gesla. org/。

利用全球分布的验潮站数据，可以建立全球和区域的高程基准并对海平面变化进行监测。但相比于漫长的海岸线，现有的验潮站网络还是显得过于稀疏，并且不同国家和地区间验潮站的分布存在重大差距。远海地区，验潮站只能零星分布在孤岛上，仅代表了周边部分地区的海平面变化。得益于空间对地观测技术的发展，GPS 验潮和卫星测高等已成为新一代的潮汐观测技术。GPS 验潮技术是基于差分 GPS 发展起来的新技术，通过测得一段时间内水面载体上的 GPS 天线的系列高程值计算得到潮位数据。试验研究表明，GPS 验潮技术可达到亚分米级的精度水平（Shannon and Hubbard，2000）。卫星测高技术是利用星载雷达高度计，以一定的采样时间间隔向海面发射预制波长的微波脉冲，通过测量信号从高度计传播到海面的往返时间，得到星下点圆形波迹内的平均海面高度。测高卫星技术几乎可以获取全球海洋的潮位资料，是建立海洋潮汐模型的理想数据源，极大地促进了大洋潮汐理论的发展。

5.3.2　潮汐数据分析

潮汐理论一般只能给出海洋潮汐现象变化的基本规律和特点，要想准确地了解具体区域潮汐的大小及其变化规律需要根据实际观测数据进行潮汐分析，确定主要调和项的调和常数，从而了解实际潮汐的分潮组成，掌握其规律，以便进行潮汐预报或者其他应用。常用的潮汐数据分析方法包括调和分析、响应分析以及正交响应分析。

5.3.2.1　调和分析

经典潮汐调和分析是使用最广泛的潮汐数据分析方法。该方法是把潮位看作许多个分潮余弦振动之和，实际潮位可以表示为

$$\zeta(t) = h_0 + a(t - t_0) + \sum_i f_i H_i(\lambda, \phi) \cos\left[\sigma_i t + (V_0 + u)_i - g_i(\lambda, \phi)\right] + r \quad (5.3.1)$$

其中，r 为噪声；σ 为分潮的角速度；h_0 是平均海平面；a 为海面变化的长期趋势；t_0 为参考初始时间；f 和 u 分别表示月球轨道 18.6 年变化引入的平均振幅和相角的订正值；H 和 g 分别是分潮的振幅和格林威治专用迟角，也是实际潮汐分潮的调和常数。调和常数反映了海洋对这一频率外力的响应，由海洋本身的动力学性质决定。在经典潮汐调和分析方法中，在一定的时期内、一定海区内的调和常数可近似地认为是常数。

在实际调和分析中，一般只选取有限个较为主要的分潮进行分析。为获取其调和常数，将潮位的表达式转化为

$$\zeta(t) = h_0 + a(t - t_0) + \sum_i f_i C_i(\lambda, \phi) \cos\left[\sigma_i t + (V_0 + u)_i\right] +$$
$$\sum_i f_i S_i(\lambda, \phi) \sin\left[\sigma_i t + (V_0 + u)_i\right] + r \quad (5.3.2)$$

其中，$C_i = H_i \cos g_i$；$S_i = H_i \sin g_i$。只需通过潮汐分析得到各分潮的 C_i、S_i 值，即可得到分潮的振幅和迟角：

$$H_i = \sqrt{C_i^2 + S_i^2}$$
$$g_i = \arctan\left(\frac{S_i}{C_i}\right) \quad (5.3.3)$$

5.3.2.2 响应分析

潮汐响应分析方法又称卷积法，是 Munk 和 Cartwright（1966）提出的一种潮汐谱分析方法。它把月球、太阳引潮势和太阳辐射势作为输入函数，实际观测的潮汐变化作为输出，输入与输出之间构成一个线性（或非线性）系统进行潮汐分析。这种方法脱离了分潮的概念，不必事先规定存在何种频率的振动，允许出现各种本底"噪声"，能客观地分析出各种可能的连续振动。

引潮势随时间和地点变化的球谐函数形式为

$$V = \sum_{n=2}^{3} \cdot \sum_{m=-n}^{n} C_n^{m*}(t) Y_n^m(\lambda, \theta) \quad (5.3.4)$$

其中，$*$ 表示共轭函数；λ 和 θ 分别是地点的经度和余纬；$C_n^m(t)$ 是时间的函数，由月球和太阳的位置所决定，可写成 $a_n^m(t) + i b_n^m(t)$ 的复数形式。球谐函数可展开为

$$Y_n^m(\lambda, \theta) = U_n^m(\lambda, \theta) + i V_n^m(\lambda, \theta) = (-1)^m \left(\frac{2n+1}{4\pi}\right)^{1/2} \left[\frac{(n-m)!}{(n+m)!}\right]^{1/2} P_n^m(\cos\theta) e^{im\lambda}$$
$$(5.3.5)$$

其中，$P_n^m(\cos\theta)$ 称为缔合勒让德函数，则：

$$V = g \sum_{n=2}^{3} \sum_{m=0}^{n} \left[a_n^m(t) U_n^m(\lambda, \theta) + b_n^m(t) V_n^m(\lambda, \theta)\right] \quad (5.3.6)$$

根据 Munk 和 Cartwright 的假设，响应分析把海洋作为个物理响应系统，它通过一个响应权函数把平衡潮和潮位联系起来，将某固定点在时刻 t 的潮位用过去、现在和未来的平衡潮加权求和来表示，即：

$$\zeta(\lambda,\theta,t) = \sum_{s=-S}^{S} w(s)\bar{\zeta}(\lambda,\theta,t-s\Delta T) \tag{5.3.7}$$

其中，$\bar{\zeta} = \dfrac{V}{g}$ 为平衡潮潮高，将式（5.3.5）代入式（5.3.7），可得：

$$
\begin{aligned}
\zeta(\lambda,\theta,t) &= Re\left[\sum_{n=2}^{3}\sum_{m=0}^{n} C^{m^*}(t) * w_n^m(\lambda,\theta,t)\right] \\
&= \sum_{n=2}^{3}\sum_{m=0}^{n}\sum_{s=-s}^{n}\left[a_n^m(t-s\Delta T)w(s)U_n^m(\lambda,\theta) + b_n^m(t-s\Delta T)w(s)V_n^m(\lambda,\theta)\right]
\end{aligned}
$$

$$\tag{5.3.8}$$

其中，Re 代表复数的实部；$*$ 代表卷积；$w_n^m(\lambda,\theta,t)$ 是潮位对单位脉冲的响应或者权函数，具体表示为

$$
\begin{aligned}
w_n^m(\lambda,\theta,t) &= \sum_{s=-S}^{S} w_{n,s}^m(\lambda,\theta)\delta(t-s\Delta T) \\
&= \sum_{s=-S}^{S}\left[u_{n,s}^m(\lambda,\theta) + iv_{n,s}^m(\lambda,\theta)\right]\delta(t-s\Delta T) \\
&= \sum_{s=-S}^{S}\left[w(s)U_n^m(\lambda,\theta) + iw(s)V_n^m(\lambda,\theta)\right]\delta(t-s\Delta T)
\end{aligned}
\tag{5.3.9}
$$

其中，$s=0$，±1，±2，±3；ΔT 为时间间隔，一般取 2 d；$\delta(t)$ 为 Delta 函数；$u_{n,s}^m(\lambda,\theta)$ 和 $V_n^m(\lambda,\theta)$ 代替响应权函数作为描述固定点潮汐规律的参数，可以在模型与数据最小二乘拟合意义下求解。求得 $w_n^m(\lambda,\theta,t)$ 后，通过傅里叶变换得到频率为 f 的分潮的导纳函数，即：

$$Z_n^m(f) = X_n^m(f) + iY_n^m(f) = \int_{-\infty}^{\infty} w_n^m(\lambda,\theta,t)e^{-i\cdot 2\pi fs}dt \tag{5.3.10}$$

其中，

$$
\begin{cases}
X_n^m(f) = \sum_{s=-S}^{S}\left[u_{n,s}^m(\lambda,\theta)\cos(2\pi fs\Delta T) + v_{n,s}^m(\lambda,\theta)\sin(2\pi fs\Delta T)\right] \\
Y_n^m(f) = \sum_{s=-S}^{S}\left[v_{n,s}^m(\lambda,\theta)\cos(2\pi fs\Delta T) - u_{n,s}^m(\lambda,\theta)\sin(2\pi fs\Delta T)\right]
\end{cases}
\tag{5.3.11}
$$

因此，ΔT 和 s 决定了导纳函数的平滑度。平滑的导纳函数可以给出较好的潮汐推算，更容易区分在调和分析中频率相近的相关分潮。导纳函数清楚地表明了在连续的频域谱上实际潮汐对引潮势的响应。式（5.3.10）得到的导纳参数提供了与调和常数等价的频域表示形式，其中 $|Z(f)|$ 表示实际潮汐对平衡潮振幅在频率 f 处放大的倍数，$\mathrm{Arg}[Z(f)]$ 表示实际潮汐在频率 f 上超前于平衡潮的相位。

5.3.2.3　正交响应分析

响应分析相比于调和分析引入的参数较少，稳定性更强，同时能够对观测资料做更透彻的分析，它容许我们从观测值中消除潮汐过程，而对剩下的余差检查其辐射含量。但是在式（5.3.8）中推算潮汐的时间函数 a_n^m 和 b_n^m 不是正交的，若观测时间尺度不够长，容易导致计算过程中方程病态。同时，响应权参数必须进行必要的时间转换，获得

调和常数后才能进行潮汐预报，表明响应参数与分析数据的时间是对应的，因此响应权或者导纳函数是时变的。为此，Groves 和 Renold（1975）对响应权函数做了正交化处理，有效地克服了响应法这一缺点。该方法利用了导纳函数固有的平滑度和它的正交性，提出了正交潮的概念。

在只考虑主要项 $n=2$ 的情况下，类似式（5.3.8）的正交潮响应分析中，潮高可表示为

$$\zeta(t) = \sum_{m=1}^{2} \sum_{j=0}^{S} \left[U_j^m(\lambda,\theta) P_j^m(t) + V_j^m(\lambda,\theta) Q_j^m(t) \right] \qquad (5.3.12)$$

其中，U_j^m 和 V_j^m 是实际待求的正交潮系数；$P_j^m(t)$ 和 $Q_j^m(t)$ 是引潮势中时间函数 a_n^m 和 b_n^m 的线性组合。一般情况下，正交潮展开为 3 项（$j=1$，2，3），$S=1$ 已经足够解大多数潮位的变化。在实际展开中，这种正交展开式根据各潮族进行，即针对每一个潮族给出一组正交权，其物理意义明确，认为只有在以潮族为单位的频率段内，才应该有连续的导纳函数。式（5.3.12）考虑了半日潮族和全日潮族的情况，根据正交关系：

$$\begin{cases} P_0^m(t) = p_{00}^m a_2^m(t) \\ P_1^m(t) = p_{10}^m a_2^m(t) - p_{11}^m a_2^{m+}(t) \\ P_2^m(t) = p_{20}^m a_2^m(t) - p_{21}^m a_2^{m+}(t) + q_{21}^m b_2^{m-}(t) \\ Q_0^m(t) = p_{00}^m b_2^m(t) \\ Q_1^m(t) = p_{10}^m b_2^m(t) - p_{11}^m b_2^{m+}(t) \\ Q_2^m(t) = p_{20}^m b_2^m(t) - p_{21}^m b_2^{m+}(t) - q_{21}^m a_2^{m-}(t) \end{cases} \qquad (5.3.13)$$

其中，p_{ij} 和 q_{ij} 为常数系数，$a_2^{m\pm}(t)$ 和 $b_2^{m\pm}(t)$ 分别为

$$\begin{cases} a_2^{m\pm}(t) = a_2^m(t+\Delta T) \pm a_2^m(t-\Delta T) \\ b_2^{m\pm}(t) = b_2^m(t+\Delta T) \pm b_2^m(t-\Delta T) \end{cases} \qquad (5.3.14)$$

根据最小二乘法求解参数 $U_j^m(\lambda,\theta)$ 和 $V_j^m(\lambda,\theta)$，它们本身就是某点潮汐规律的内在参数，与相应潮族的导纳函数之间存在如下关系：

$$\begin{cases} X(\omega) = p_{00} U_0 + [p_{10} - p_{11}c(\omega)] U_1 + [p_{20} - p_{21}c(\omega) - q_{21}s(\omega)] U_2 \\ Y(\omega) = p_{00} V_0 + [p_{10} - p_{11}c(\omega)] V_1 + [p_{20} - p_{21}c(\omega) - q_{21}s(\omega)] V_2 \end{cases} \qquad (5.3.15)$$

其中，$c(\omega) = 2\cos\omega\Delta T$；$s(\omega) = 2\sin\omega\Delta T$；$\omega$ 对应于指定调和分潮的角频率。

利用导纳函数与调和常数之间的关系和性质，调和常数余弦和正弦分量如下：

$$\begin{cases} H_c(\omega) = (-1)m\overline{H}(\omega)X(\omega) \\ H_s(\omega) = (-1)m\overline{H}(\omega)Y(\omega) \end{cases} \qquad (5.3.16)$$

其中，$\overline{H}(\omega)$ 为对应于角频率 ω 的平衡潮振幅，根据式（5.3.3）可求得指定分潮的调和常数。

5.3.3 潮汐预报

潮汐调和分析是我们认识海洋规律的过程，潮汐预报则是我们利用规律来改造客观

世界的过程。潮汐预报可分为预报分潮和预报余水位两个部分。采用调和常数预报的实际上是分潮值，即已知余弦波的振幅和初相，对余弦波进行外推。余水位是潮汐观测值中除去分潮值的部分。由于余水位中常包含潮汐的非线性效应，难以建模，所以对余水位进行预报主要是利用人工智能算法，如人工神经网络等（Ali et al.，2010）或 LS 回归（Tadesse et al.，2020）。因为余水位具有极大的时变性特征，所以对余水位的短期预报效果较好。除此之外，也有采用人工智能算法对分潮和余水位一同进行的预报的研究，如人工神经网络、机器学习和遗传算法等（Riazi，2020）。从一定程度上来讲，人工智能算法可以认为是一个"黑箱子"，单纯地对输入的数据进行处理，缺乏物理层面上的解释。除上述方法外，还存在其他的预报方法，如用混沌理论预报潮汐余水位（李燕初等，2012），建立物理模型预报潮汐（吴中鼎，2003）等。采用调和常数进行潮汐预报，在长期预报上比人工智能算法的效果要好，预报精度高于 80～200 mm。这是因为在长期预报过程中，由余水位导致的预报误差被平均化了，所以采用调和常数预报长期效果较好。在短期预报上，因为人工智能算法能够较准确地描述余水位的短期变化，所以人工智能算法的预报效果较好，预报精度在 60～90 mm。

随着声学反射和雷达反射验潮设备的投入使用，验潮站的潮高观测精度已经提高到毫米级，这为我们从微观上研究潮汐性质提供了新的机遇。同时，随着高精度测高卫星的发射，我们已经能获得覆盖全球大部分海域的厘米级海面高数据，这为我们从宏观上研究和预报潮汐演化提供了新的机遇。

5.4　潮致混合

5.4.1　海洋混合

在海洋中的各种动力因素的综合作用下，海水不断发生混合。混合是海水的一种普遍运动形式，混合的过程就是海水各种特性（例如，热量、浓度、动量等）逐渐趋向均匀的过程（冯士筰等，1999）。海水混合的形式主要有 3 种：①分子混合，通过分子的随机运动与相邻海水进行特性交换，其交换强度小，并且只与海水性质有关；②湍流混合，它以海水微团（小水块）的随机运动与相邻海水进行交换，其交换强度比分子混合大许多量级，它与海水的运动状况密切相关；③对流混合，是热盐作用引起的，主要表现在铅直方向上的水体交换。通常对流混合是湍流运动状态，而不是层流运动状态，只不过引起该类湍流运动的原因是热力的而不是动力的（范植松，2002）。

海洋中存在各种类型的大、中、小尺度的运动，其能量传递过程一般是由大尺度到小尺度，最终以湍流混合的形式耗散。混合是控制大洋环流的重要因素，对海洋大尺度运动的研究，若要建立完善的物理模式，则必须考虑其最终的能量耗散过程。越来越多的观测表明，海洋内部小尺度湍流的强度（$1 \times 10^{-5} \mathrm{m}^2/\mathrm{s}$）远低于由海洋大尺度运动平衡得出的估计结果（$1 \times 10^{-4} \, \text{m}^2/\text{s}$，赵骞，2006）。

在全球海洋中，海水以多尺度形式运动，不同尺度运动之间相互作用并发生能量串级，使能量发生消散，最终使海水发生混合。大气中的风力以及海洋中的潮汐是驱动海洋内部混合的主要能量来源，其中风场主要作用于上混合层，而在深海中，潮汐是海水混合最主要的能量来源（Munk and Wunsch，1998）。

深海潮汐与起伏不平的地形（洋脊、海山、岛屿等）相互作用，使正压能转变为斜压能，并在运动过程中通过一系列的消散机制，比如底部散射、剪切不稳定性以及陆坡反射等方式，使能量从大尺度的潮流运动向小尺度的湍流运动级串，最终使海水混合，因此在地形变化剧烈的深海，潮汐能量通过消散机制使潮能耗散，并对能量在不同尺度间转换具有调控作用。另外，斜压潮具有较强的斜压剪切，对海底表层沉积物的再悬浮、海水中营养物质以及浮游生物在垂向上的重新分配具有重要作用。据估算，天体引潮力对全球海洋输入的正压潮总能量为 3.7 TW，如图 5.4.1 所示，维持全球海水的深海海水层结、经向反转流循环需约 2 TW 的能量，并且约有一半的能量来自深海潮汐。随后，他们在 Egbert（1997）、Munk 和 Wunsch（1998）工作的基础上给出了海洋的能量平衡图，认为深海潮汐和地形的相互作用提供约 0.9 TW 的能量，风向海洋混合提供

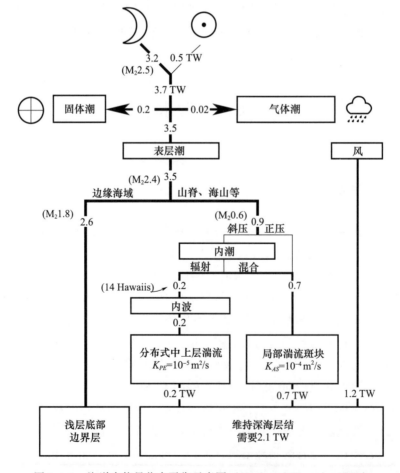

图 5.4.1　海洋中能量收支平衡示意图（Munk and Wunsch，1998）

约 1.2 TW 的能量。在潮汐提供的 0.9 TW 能量中，0.7 TW 用于维持靠近地形处的强混合，另外，0.2 TW 能量以内波的形式向海洋内区传播，并通过内波破碎来维持大洋内区 $1 \times 10^{-5} m^2/s$ 的平均混合率。当然关于外来机械能源具体量值的估计是比较粗糙的（黄瑞新，1998），相信随着观测资料的累积和认识水平的不断深入，对这个问题会有更全面和准确的认识。

5.4.2　内潮耗散与潮致混合

内潮（斜压潮）是发生在稳定层化海洋中潮频段的内波，由正压潮流与海脊、岛弧、海沟等复杂海底地形相互作用生成。内潮生成包括三要素：天文潮、层结海水和变化的海底地形。其中，天文潮是海水做周期运动的能源，层结海水是内潮存在的载体，变化的海底地形是层结海水发生扰动的激发源。内潮本身具有丰富的垂向结构，其水平流场的剪切作用容易引起不稳定的湍流，同时内潮与地形，内潮之间以及内潮与其他海洋动力过程的非线性相互作用，都会将内潮能量向更小尺度转移，从而引起能量的重新分配以及海水混合。因此，内潮是海洋中正压潮能量转移、传播和耗散的重要载体，是驱动海洋营养盐垂向运输，影响海洋结构和海洋环流，从而影响全球气候变化的不可缺少的动力过程。

大部分潮能耗散在边缘海区域的底边界层中，潮能耗散的量级受河口与海湾形状、岸线曲直和海底地形等因素影响。底摩擦引起的潮能耗散表示为海底拖曳系数与摩阻流速 3 次方的乘积 $0.0025\rho < u^3 >$，即 Taylor（1920）首次利用潮能底边界层（Bottom Boundary Layer，BBL）耗散公式，计算了爱尔兰海潮能底摩擦耗散。随后，Jefferys（1981）利用 BBL 耗散公式估算了全球的潮能耗散，并指出浅水海域中的耗散平衡由湍流底边界层主导。

潮致混合是强的潮流遇到粗糙地形时的必然产物，一方面，正压潮在底摩擦作用下引起海洋底层混合增强；另一方面，正压潮在传播过程中遇到陡峭地形时激发出内潮，内潮在耗散过程中为混合提供能量。

由内潮耗散引起的海水潮致混合是海洋内部最重要的物理过程之一，尤其在陆架浅海区，是水体能量传递的关键性物理过程，是海洋能量平衡中的一个重要环节，想要利用数值模式模拟好水文环境就不能将其忽视。如何改进当前海洋环流模式中对这一过程的刻画，即潮致混合参数化方案，以提高海洋环流模式的模拟精度，是当前海洋科学研究的前沿课题之一。

5.4.3　潮致混合的影响

潮致混合是海洋内部最重要的物理过程之一，维持全球大洋径向翻转环流所需的 2 TW 能量，其中的一半由潮致混合提供（Hu and Wang，2010）。潮致混合对水团特性、海洋环流、气候变化乃至生态环境等都有重要影响。

以印度尼西亚海（以下简称"印尼海"）为例，印尼海位于热带太平洋和印度洋交汇的海域，是印度尼西亚贯穿流和大气沃克环流上升支所在的海域。印尼海有着除大洋中脊外最为崎岖的海底地形，受到来自太平洋和印度洋潮波系统的共同影响，尤其是其几乎封闭的海盆导致潮能几乎都被限制在印尼海内部，这些因素使得印尼海成为全球最大的内潮生成海域。全球约 10% 的内潮产生于此，从而引起剧烈的潮致混合（Nagai and Hibiya, 2015），并产生显著的天气和气候效应。印尼海具有显著的跃层结构，当印度尼西亚贯穿流携带太平洋海水进入印尼海后，在潮致混合的作用下与局地海水充分混合，海水性质发生显著改变后流入印度洋（Hatayama, 2004）。潮致混合不仅是印度尼西亚贯穿流水团在印尼海变性的主要驱动机制，而且它通过改变海水层结，产生浮力效应，导致西太平洋—东印度洋海平面压力梯度，增强了印度尼西亚贯穿流。此外，潮致混合将温跃层以下的海水卷入混合层，使海表温度降低 0.3 ~ 0.8℃（Koch-Larrouy et al., 2010），海洋从大气吸收的热量因此增加 20 W/m²，大气深对流活动减弱，降水随之减少可达 20%（Jochum et al., 2008）。由于印尼海及邻近海域大气风场和温跃层深度均对潮致混合有不可忽视的响应，潮致混合间接地影响该海域上层海洋热量充放，从而对包括大气季节内振荡（Madden Julian Oscillation, MJO）、季风、印度洋偶极子（Indian Ocean Dipole, IOD）和厄尔尼诺 – 南方涛动（El Niño-Southern Oscillation, ENSO）等热带印太气候异常事件均有着重要的调制作用。数值模拟研究也表明，考虑印尼海的潮致混合能够显著提升气候模式对 MJO、IOD 和 ENSO 的模拟能力（Sprintall et al., 2014）。

中国近岸属于陆架浅海，水深浅且潮差大，渤海潮差最大可达 4 m，黄海潮差最大可达 8 m。强潮汐过程产生剧烈的潮致混合作用，在很大程度上调整该海域的海洋环流和温盐结构。赵保仁等（2001）认为，潮致混合是黄海冷水团边界问题的控制因素，夏季潮致混合在黄海不仅控制冷水团的边界，还影响混合层的深度，以及环流的结构和强弱。Lü 等（2010）的数值结果显示，黄海的潮致混合会在黄海冷水团边缘形成明显的潮致锋面，并且在锋区周围的海洋表层存在着与之相关的显著的上升流，锋面两侧的斜压梯度力会在锋区驱动出一个次级环流。Ren 等（2014）对夏季黄海 3 处主要的水平温度锋面：苏北浅滩锋面、山东半岛沿岸锋面、朝鲜半岛西南角的木浦锋面进行了研究，认为这些锋面的形成均与潮致混合及潮致上升流有关。

南海北部由于其复杂的地形和伴随产生的内潮现象，潮致混合效应十分显著。尤其是在吕宋海峡处，剧烈的海底地形变化加上潮汐潮流的作用，使该地的海底混合十分剧烈（图 5.4.2）。可以发现，海峡口处的两个海脊以其谷底处的能量频散及混合率都显著比海表面要大 2 ~ 3 个量级（Wang et al., 2016）。

5.4.4 潮致混合研究现状

考虑潮致混合的影响能大大提升海洋环流和气候模式的模拟预报能力，如何在环流和气候模式中恰当地引入潮致混合过程最为关键，最理想的解决方式是与潮波数值模式耦合，但其超高的水平分辨率要求所带来的计算量剧增，对现有的计算能力仍是极大的

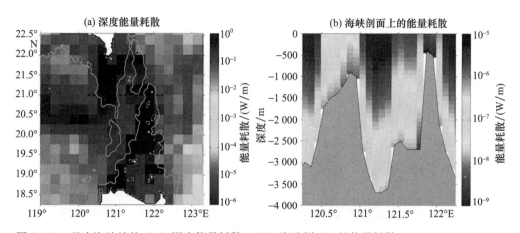

图 5.4.2 吕宋海峡处的 (a) 深度能量耗散, (b) 海峡剖面上的能量耗散 (Wang et al., 2016)

挑战, 如果对于全球海洋和气候模式而言则更加难以实现。因此, 目前通常采用两种方法: 一种是引入潮致混合参数化方案; 另一种是将引潮势直接引入海洋环流模式的动力框架中。

目前, 海洋模式考虑潮汐作用大部分是对潮致混合进行参数化, 包括大洋内潮耗散、浅海内潮耗散以及浅海摩擦耗散。Koch-Larrouy 等 (2010) 在全球海气耦合模式中引入了内潮耗散参数化方案, 更为真实地体现了印尼海域强混合引起海表降温, 从而影响印尼海域降水的现象。Wei 等 (2018) 基于调和分析方法, 建立了潮致混合的调和分析参数化方案, 能够鲜明地刻画潮致混合与潮周期密切相关的周期性变化特征, 在黄海冷水团环流的模拟研究中, 取得了与潮波数值模式耦合相当的模拟效果, 且计算效率大大提高。海洋环流模式采用参数化方案可以直接体现潮汐的混合作用, 对海洋环流模式模拟作用显著。然而通过理论推导或少量观测得到的参数化方案存在大量经验性参数, 会增加模式模拟结果的不确定性。

另一种将潮汐加入海洋环流模式的方案是直接将引潮势加入到海洋环流模式动力方程中。Schiller (2004) 将八大重要分潮加入到海洋环流模式, 模拟结果表明, 由于引潮势的引入, 印度尼西亚贯穿流海域的海表温度的模拟偏差减小了 0.3℃, 海表面盐度偏差减小了 0.15。Müller 等 (2010) 研究发现, 将引潮势加入到耦合模式中提高了模式对于西欧气候的模拟能力, 但由于分辨率的不足, 模式中仍然需要对内潮耗散进行参数化。Sakamoto 等 (2013) 采用将二维潮汐模式直接嵌套到海洋环流模式的方案代替了在海洋环流模式正压方程引入引潮势的方案, 提高了计算效率, 从而可以采用精确的地球自吸引作用和负荷潮效应计算方案, 提高潮汐的模拟能力。

现在广泛使用的潮致混合参数化方案和加潮强迫分别存在准确度刻画不足和计算效率太低的问题。随着对全球海洋动力过程及其环境和气候效应研究的不断深入, 需要在时间和空间上加强对潮致混合的观测, 同时从潮致混合产生的原理出发, 结合观测事实, 给出更优的方案, 将潮致混合过程加入海洋环流和气候模式。

5.4.5　潮致混合参数化方案

在潮致混合如何应用于海洋环流数值模式这一难题方面，最理想的解决方式是与潮波数值模式耦合，但其超高的水平分辨率要求所带来的计算量剧增对现有的计算能力仍是极大的挑战，如果对于全球海洋和气候模式而言则更加难以实现。潮—流的耦合通过开边界加入潮位来实现，之后再利用湍封闭模型计算得到的垂向混合系数，便将潮致混合效应包含在了数值模式中。而对于参数化试验，利用潮致混合参数化方案来代替潮强迫的作用。

5.4.5.1　基于湍封闭模型的潮致混合参数化

在海洋数值模式发展的初期，由于计算资源有限，包含潮致混合效应的垂向混合系数往往被赋予为一个常数或者一个常值场，但这显然与实际情况不符，一是因为混合系数随着时空的不同有着不同的分布，二是忽略了一些非线性过程。潮致混合从本质上来说，是潮能量输入后海洋中产生的小尺度湍流混合过程，但在海洋数值模式中，湍流混合的模拟对网格精度的要求更高，这将带来巨大的计算量，因此需通过参数化的手段去模拟真实的湍流混合过程。如 Mellor 和 Yamada（1982）建立的湍封闭模型中，引入了一系列求解各种湍流场的诊断方程，其中垂向混合系数是 Richardson 数、湍流速度尺度和特征长度的函数。通过湍流参数化模型计算包含潮致混合效应的垂向混合系数，可以将潮致混合效应包含在湍流参数化模型中，同时考虑了多个分潮的影响，相比于常值方案，基于湍封闭模型的潮致混合参数化方案的模拟准确性得到了很大的提高。

5.4.5.2　基于半经验公式的潮致混合参数化

Munk 和 Anderson（1948）、James（1977）等给出的公式：

$$A_\nu = A_0 (1 + \sigma Ri)^{-p} \tag{5.4.1}$$

其中，A_ν 为潮致垂向混合系数；A_0 是无垂向密度梯度时的潮致垂向混合系数平均场，可取为 $1.59 \times 10^{-3} Vh$，V 为潮流振幅，h 为水深；σ、p 为常数，取值只要令模式计算结果比较合理即可，前人曾取 $\sigma = 0.1 \sim 3.33$，$p = 1 \sim 2$，Ri 为 Richardson 数，其表达式如下：

$$Ri = ga(\partial T/\partial z)/(\partial U/\partial z)^2 \tag{5.4.2}$$

其中，g 为重力加速度；a 为常数，可近似取为 $2 \times 10^{-4}℃$，$(\partial U/\partial z)^2$ 又可由下式计算得到：

$$(\partial U/\partial z)^2 = 0.5[A/(z+h)]^2 \tag{5.4.3}$$

其中，$A = W/k$，W 为潮汐所引起的摩擦速度，$W = C^{1/2}V$，C 为摩擦系数，k 为 von Karman 常数，可取为 0.41。

可以看出，James 在计算潮致垂向混合系数时，依赖水深及潮流振幅。

通过半经验公式，去拟合潮致混合效应，也取得了一定的效果，如通过水深及潮流振幅计算潮致垂向混合系数（James，1977）。鉴于潮是周期性的，具有显著的全日或半日周期，故潮致混合在时间上也应该存在一定的周期性。通过半经验公式以及湍封闭模型对潮致混合进行参数化的缺点就在于，仅考虑了水深和振幅的作用，没有考虑潮的周期性波动引起的潮致混合系数周期性变化。

5.4.5.3 基于调和分析的潮致混合参数化

考虑到潮强迫下的垂向混合系数有明显的周期性特征以及垂向变化，提出基于调和分析的潮致混合参数化方案（Wei et al.，2018）。通过对垂向混合系数进行调和分析，得到与之相关的调和常数，由此进行长时间序列的潮致垂向混合系数的后报，得到具有周期性变化的潮致垂向混合系数。

$$K_{\mathrm{H}}(m,h) = M_h \left(\sum_{i=1}^{P} + \sum_{i=P+1}^{P+Q} \right) \left[\alpha_i(t) X_i + \beta_i(t) Y_i \right]$$
$$\alpha_i(t) = \cos(\omega_i t)$$
$$\beta_i(t) = \sin(\omega_i t) \tag{5.4.4}$$
$$X_i = A_i \cos G_i$$
$$Y_i = A_i \sin G_i$$

其中，K_{H} 为垂向扩散系数；m 表示该点所处的经纬度；h 表示该点所处的水深；M_h 表示水深为 h 时垂向混合系数的平均值，垂向混合系数存在季节变化性，因此不同季节的 M_h 应该取不同的值，$\sum_{i=1}^{P}$ 代表模式中最初加入的分潮，例如，M_2、K_1 分潮等，$\sum_{i=P+1}^{P+Q}$ 表示 M_2、K_1 分潮加入模式中后衍生出来的分潮；A_i 和 G_i 表示利用该点的垂向混合系数的时间序列进行调和分析得到的第 i 个分潮的振幅和迟角；ω_i 表示第 i 个分潮的角速度；t 为时间。

陈俊天（2019）在黄海选取了两个代表性站点进行分析：a（35.04°N，124.04°E）和 b（33.12°N，124.04°E）。结果显示，垂向混合系数存在明显的季节变化性，分别对 12 个月的垂向混合系数时间序列进行了调和分析，分别用于各月的垂向混合系数的后报，这样能更加真实地模拟实际的潮致混合效应。在进行垂向混合系数的调和分析时，对潮信号十分微弱的区域的振幅赋予了零值，以 a 点和 b 点为代表给出重构的结果（图 5.4.3）。可以看出，后报的垂向混合系数与控制试验中直接得到的垂向混合系数符合较好，无论是变化周期还是值域范围均十分一致。说明这种参数化方法对于近底层潮致混合的刻画是比较准确的。

不过二者并非绝对吻合，仍存在一些细微的差别，这主要是由于后报出的垂向混合系数反映的仅是潮致混合，而控制试验中输出的垂向混合系数还包含了风、浪带来的影响，且参数化方法没有将一些非线性作用过程考虑进去。

该参数化方案能够在开边界不加入潮强迫的情况下，刻画出潮致混合在海洋数值模式中的作用。结果表明，该参数化方案使数值模式很好地再现了夏季黄海的垂向温度结构。该方案对数值模式的时间步长无特殊要求，在提高模拟准确性的同时，不影响模式的运行效率，这对大尺度模式及全球模式的计算来说尤为重要。此外，该方案还能够避免加入潮强迫后数据处理时过滤潮流场后才能获得环流场的繁琐性。

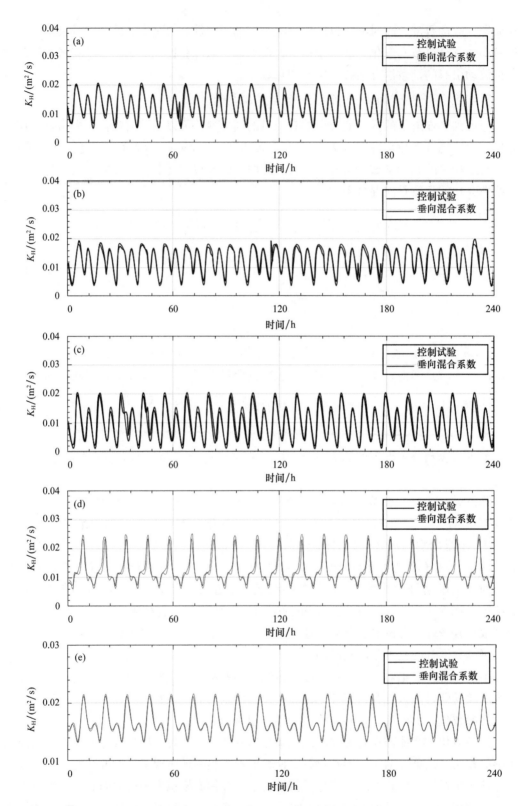

图 5.4.3　站点 a［（a）～（d）］和站点 b［（e）～（h）］春季［（a）、（e）］、夏季［（b）、（f）］、
秋季［（c）、（g）］和冬季［（d）、（h）］参数化的垂向混合系数与控制试验直接输出
的垂向混合系数对比（陈俊天，2019）

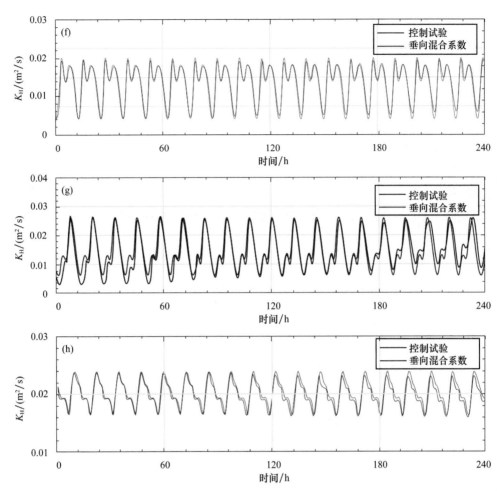

图 5.4.3 站点 a〔(a) ~ (d)〕和站点 b〔(e) ~ (h)〕春季〔(a)、(e)〕、夏季〔(b)、(f)〕、
秋季〔(c)、(g)〕和冬季〔(d)、(h)〕参数化的垂向混合系数与控制试验直接输出
的垂向混合系数对比（续）（陈俊天，2019）

5.5 平均海平面与海图深度基准面

要测量陆地各点的高程和海洋的深度，都必须有一个起算面，起算面就是起算的零面，也称为基准面。其中，平均海平面和海图深度基准面是具有代表性的两个基准面。潮汐资料对确定陆地基准面和海图深度基准面具有重要作用。

5.5.1 平均海平面

5.5.1.1 平均海平面

平均海平面是由自记验潮仪（或水尺）长期观测记录的水位的平均值。如用坐标

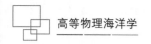

表示，设横坐标表示观测时间，纵坐标表示该时海面高度，则

$$A_0 = \frac{1}{T} \int_0^T y \mathrm{d}t \qquad (5.5.1)$$

式中，A_0 为平均海平面高度；T 为观测时间。具体较方便的计算办法，就是对观测记录每一整小时的潮高进行统计。

平均海平面是作为计算陆地高度（山高）的起算面。我国以黄海（青岛验潮站）平均海平面为计算我国陆地山高的标准。美国以波特兰验潮站（太平洋海平面），日本以东京灵岸岛验潮站，欧洲地区以阿姆斯特丹验潮站的多年平均海平面，分别为国家或该地区的高程基准面。

平均海平面的高度每天是不相同的，每月不同，每年也不一样，真实的平均海平面不易求出，但可以利用多年的平均海平面逼近。

在我国近海区，根据观测时间的长短，将平均海平面的偏差概数，见表 5.5.1。

表 5.5.1　不同观测时长对应平均海平面偏差概数

观测时长	1 个月	3 个月	半年	1 年	2 年	5 年
平均海平面与多年平均海平面的最大偏差	60 cm	40 cm	25 cm	10 cm	8 cm	5 cm

从沿海各站的多年潮汐观测资料算出的各站平均海平面高度，与用高精度的水准测量将各点连测的结果，沿海各站的平均海平面的高度是不相同的，这种海平面不一致的现象，既与重力异常有关，也与水体流动互为因果，例如，我国琼州海峡有西向海流时，海岸的平均海平面比海口约高几厘米。

正如表 5.5.1 所示，通常用一年水位资料的平均值，仍会有偏差。如果海面涨落只取决于天文原因，最短的可靠观测时长，应为 19 年，短于 19 年者，不能保证得出精确的平均海平面值。

5.5.1.2　平均海平面的变化

海平面的变化是一个很复杂的问题，是天文、气象、水文、地理和海洋诸要素综合作用的结果，而其作用过程和变化是多种多样的。平均海平面的时间变化可大致分为：长期变化、年变化、长周期、短期变化和突然变化。

1）长期变化

虽然变化比较慢，但它与地壳升降和地震预报等问题以及陆地高程的标准有关系，是一个很有实际意义的问题，日本、美国等学者对此研究很重视。平均海平面长期变化的原因至今尚未被人们充分认识。目前存在几种意见。

由于引潮力的 18.61 年的周期性作用，在地壳较稳定的地区，一般为 19 年左右，与天文潮 18.61 年周期是相近的。平均海平面的长期变化与太阳黑子等有关，因而海平面变化有 11 年左右的周期，据日本学者分析，这个周期较明显。极地移动有一个 6～7 年的综合周期，日本学者用谱分析结果也得出海平面变化有 6～7 年的周期现象。极地海冰和陆冰的长期变化以及气候的长期变化也使海平面产生变化。此外，有人认为海平面变化还有 42 ~ 50 年周期。

平均海平面的各年变化，虽然有其复杂的原因和过程，但从各海区的长期平均海平面变化来看，每个海区有其相似之处，这就为研究一站或几个站的平均海平面异常提供了条件，也为大地震的趋势预报提供了参考资料。

2）年变化

由于地球绕太阳公转一周为一年，可以这样认为：地球上的气象、海洋因素的年变化现象大都受此公转周期所制约。

从表 5.5.2 中可以看出，平均海平面各月的高度是不同的，渤海区一般在 1 月为最低，7—8 月为最高，两者的月平均海平面相差 60 cm 左右，黄海沿岸以 1—2 月为最低，8 月为最高，相差 45 cm 左右。

表 5.5.2 渤海、黄海平均海平面各月变化情况（单位：cm）

	1 月	2 月	3 月	4 月	5 月	6 月	7 月	8 月	9 月	10 月	11 月	12 月
渤海	−30	−24	−17	−3	+8	+20	+30	+30	+20	+4	−13	−25
黄海	−21	−20	−16	−7	+1	+12	+20	+24	+19	+7	−5	−17

东海沿岸以 2—4 月为最低，9 月为最高，相差 35 cm 左右，台湾西岸以 1—2 月为最低，8 月为最高，相差 25 cm 左右。南海沿岸最低发生在 3—6 月，最高发生在 10 月前后，相差 20 ~ 30 cm。

总之，可以认为，我国沿岸的平均海平面，最低值一般在冬季和春季，最高值在夏季和秋季。每年月平均海平面峰值的出现，由北方的 7 月中旬向南逐步推进至 10 月。

地球公转的年周期制约着气象和海洋因素的变化，如气压、气温、风、降水、海水温度、密度和海流等，其中有的影响海平面的变化，有的与之互为因果的关系。

很多人做了大气压力对海平面影响的研究，甚至有的认为海平面年变化是由大气压力变化引起的。日本有人提出气压和海水密度是日本近海的海平面变化的主要原因。

日本学者山口生知试图改正大气压和海水温度对平均海平面的影响，采用下式：

$$\Delta L'' = \Delta L' - P\Delta b' = q\Delta T' \tag{5.5.2}$$

式中，$\Delta L'$、$\Delta b'$、$\Delta T'$ 为海平面、大气压和海水温度的每月偏离 40 年平均的月偏差。

山口生知在《大地震前平均海平面高度的变化》一文中利用日本的油壶、细岛及和岛等约 60 年资料，求出 $\Delta L''$。对此改正方法，大多数日本学者认为对全部影响的改正只能达到 10% ~ 30%。用此类似的式子，对我国的一些港口利用了电子计算机做了计算，所得的结果也只对全部影响的改正达到 30% 左右。

看来，大气压力对海面的作用，除了静止作用外，还要考虑动力的作用，大气动力作用在于压力梯度引起风和流，现在要考虑这些而达到高精度结果的计算尚难做到。

鉴于直接消去影响因子方法的困难和不足，有人把月平均海平面通过静压订正，平均年周期变化订正和地区平均异常订正以消除共同干扰因素的影响，使之显示出地壳的相对变化，以便试图在大地震前为趋势预报提供参考资料。

3) 长周期

虽然科学家们对半日分潮和全日分潮进行过全面研究，但对长周期分潮的探讨却相当不够。就整体而言，这些分潮是不能忽略的。根据 Doodson（1921）的分析，长周期分潮有 99 个，可是大多数的长周期分潮没有实际的意义。

海洋中长周期分潮是根据下面所示的平衡潮的方程计算：

$$W = V(1 - 3\sin^2\varphi)\cos\psi \tag{5.5.3}$$

$$\Delta H = \frac{W}{g}(1 + k - h) \tag{5.5.4}$$

式中，W 为分潮的势；V 为相对系数；ψ 为相角；φ 为地理纬度；g 为地球重力加速度；ΔH 为根据平衡潮理论由有关长周期分潮引起的海平面偏差，而 $1 + k - h$ 是代表地球的弯曲地壳回弹与弹性性质的因子。通常的估计 $k = 0.27$，$h = 0.60$，这样 $1 + k - h = 0.67$。

根据 Maximov 等（1970）的研究，6 个主要的长周期分潮如下：

$$W_{M_N} = -857.0(1 - 3\sin^2\varphi)\cos N' \tag{5.5.5}$$

$$W_{S_a} = 153.8(1 - 3\sin^2\varphi)\cos(h' - p') \tag{5.5.6}$$

$$W_{S_{sa}} = 953.1(1 - 3\sin^2\varphi)\cos 2h' \tag{5.5.7}$$

$$W_{M_m} = 1\,079.6(1 - 3\sin^2\varphi)\cos(s\text{-}p) \tag{5.5.8}$$

$$W_{M_{sf}} = 179.2(1 - 3\sin^2\varphi)\cos(2s - 2h') \tag{5.5.9}$$

$$W_{M_f} = 2\,046.0(1 - 3\sin^2\varphi)\cos 2s \tag{5.5.10}$$

必须提出的是，在式（5.5.5）中，月球赤纬（平均为 23°27′）在 18.61 年周期间在 ±28°35′ 与 ±18°19′ 的范围内变化，M_N 分潮表示的正是这个变化，一般叫做 18.61 年分潮或交点潮。

交点潮的势是长周期分潮组中较显著的一个，所以，可观测到这个周期对海洋、气象和地震等一些自然现象的影响。在中国海，18.6 年分潮的振幅约为 3 cm。

根据平衡潮理论，这 6 个分潮的相对系数加在一起的作用约为最主要的太阴主要半日分潮 M_2 的一半稍弱一些，但是，这并不是可忽略的。除 M_N 分潮外，还有其余 5 个分潮。采用潮汐分析的理论，只要潮汐观测存在一年的连续记录，就能算出与海平面变化有密切关系的这 5 个分潮：太阳年分潮 S_a（近点年周期），太阳半年分潮 S_{sa}（半个回归年周期），太阴月分潮 M_m（近点月周期），太阴半月分潮 M_f（半个回归月周期）：和月日合成半月分潮 M_{sf}（半个朔望月周期），并得出这 5 个分潮的振幅和迟角。在中国海区，S_a 和 S_{sa} 分潮的振幅和迟角的分布是较有规律的，S_a 的振幅为 S_{sa} 分潮的 3 ~ 5 倍，所以 S_a 分潮在我国海区是最主要的，有的港口最大振幅可达 40 余厘米，算出这两个分潮的振幅和迟角，从而可估计出年变幅、半年变幅和大概出现时间。实测的 S_a 分潮的振幅既然比 S_{sa} 大得多，是年变化的主要因素，它与上面的平均海平面各月变化表所出现最大值的幅度和时间是一致的。必须指出的是，在天文的引潮力方面，S_a 分潮的相对系数比 S_{sa} 小，因此，分析我国近海实测资料的结果，S_a 的振幅比 S_{sa} 大好几倍，所以海平面的季节变化，气象因素占主导地位，这两个分潮也被称为气象分潮。

太阴半月分潮 M_f 和太阴月分潮 M_m 的振幅在中国海区都较小，一般在 1 ~ 4 cm。

如果忽略摩擦，M_{sf} 的振幅在理论上约等于 $0.02\ MS_4$，但若考虑到摩擦，M_{sf} 的振幅在江河附近将增大，有的可能等于或者甚至超过 MS_4，我国部分位于出海口附近的港口，其 M_{sf} 的振幅可达 20 余厘米。

4）短期变化和突然变化

海平面的短期变化和突然变化指的是几天或十几天的变化，主要是由气压、风、降水和径流变化等原因产生的。

在通常情况下，气压高时海面低，气压低海面就高。海面高度的变化量为 13.6/1.028 = 13.2，就是 13.2 mm 的变化，表 5.5.3 所示将任意气压下的潮高，订正至标准大气压下的校正值。

表 5.5.3　任意气压下的潮高订正至标准大气压下的校正值

B/mmHg	730	740	750	760	770	780	790
校正值/cm	−39.6	−26.4	−13.2	0	+13.2	+26.4	+39.6

理论上讲，气压系数为 13.2，根据研究分析，各站气压系数的数值是不相同的，一般在 7～20 之间，最多在 10～15 之间。通常用所求的气压系数是从实测的海面消去偏差，但还要遗留一些，这主要是由风和海水密度等影响所致。

海平面的突然变化，指的是低气压，强台风袭来所引起的增水或风暴潮现象。台风是我国沿海常见的一种天气现象，在我国沿海登陆的强台风，可能造成风暴潮。我国北方港湾出现的海面异常增水多与寒潮有关。关于风暴潮的预报，有极值、过程和剖面预报方法等，一般要求误差在 30 cm 以内，在个别情况下，可能要超过 30 cm。对预报精度要求不甚高的航海、建筑、防汛等部门这种订正是可以的，但是要使平均海平面达到 ±1 cm 以内的高精度以满足地震预报趋势的需要，现在尚难做到。

5.5.2　海图深度基准面

5.5.2.1　潮高基准面

1）水尺零点

通过潮汐观测（验潮）获取潮汐资料。我国设有若干长期验潮站，进行长期连续观测。为了完成海道测量、港口建设等项目，还设立了大量的短期验潮站，进行短期的验潮。

在短期验潮站，可以设立水尺进行人工观测。每个验潮站均确定自己的水尺零点（水位零点），作为水位的起始面（图 5.5.1）。水尺零点的位置相对来说是任取的，一般定在低潮潮线之下的某一个位置上。各站的水尺零点不在同一水平上。水尺零点一经确定，不能随意改动，以便保持资料的连续性和完整性。再设立永久水准点或临时水准点，通过测量水尺零点与水准点之间的高度差来确定水尺零点的位置并检查其是否变动。

长期验潮站建有验潮井，采用验潮仪进行验潮，例如，安德拉水位仪能够自动地记录置于其上水柱压力的变化，从而换算成潮汐资料。这种自记水位仪能够消除海浪等短周期水位变化的影响，但也需要设立水尺以检测仪器零点（水尺零点）的位置及其变化情况。

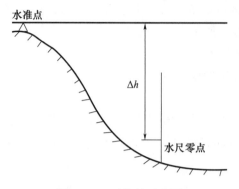

图 5.5.1　验潮站示意图

依据每月的验潮资料整理成潮汐月报表，记录每天 24 h 的潮位值、高低潮的潮时和潮高及有关的潮汐特征值。

2）水准联测

由于各验潮站的水尺零点不同，各站测得的潮汐资料以本站的水尺零点为基准点，与其他验潮站的资料无法建立联系，在此次观测后，这些资料将很难再利用。水准联测的目的是解决水尺零点高程的问题。水尺零点高程的基准面一般为潮高基准面，一般与海图深度基准面相同。

海图深度基准面（潮高基准面）：海图深度基准面就是算水深时的起算水面，海图上的水深就是该水面至海底的深度。海图深度基准面一般也是潮汐表的潮高起算面，因此，也叫潮高基准面。

在水深测量和编制海图时，通常采用低于平均海平面的一个面作为海图深度基准面，它与平均海平面的距离视当地的潮差大小而定。这个面在绝大部分时间内都应在水内，但它又不是表示最小深度的面，在某些很低的低潮时还能露出，忽视这一点，船只就可能有搁浅的危险。如果深度基准面定得高，船只则较易出事故；如果基准面定得低，一般不易干出的在海图上干出了，就会降低航道的使用率。同时确定方法应力求统一，以保持连续性。

海图深度基准面各地的高度不同，潮差大的海区深度基准面低，潮差小的海区，深度基准面高。同一幅海图上各点的深度基准面的高度也不相同。海图上潮信表内标明的若干站（当地）平均海面的高度是从深度基准面起算的高度。如果各站的高度不同，而非平均海平面不同海区的深度基准面已经确定，不能任意改动，以免发生错误。理论深度基准面为我国的法定深度基准面。

5.5.2.2　外国所采用的海图深度基准面

世界各国所采用的海图深度基准面很不一致，就是同一个国家出版的海图，深度基准面的算法也不一致表（5.5.4）。如英国在过去是以测量员选的面为深度基准面。海图深度基准面的确定通常无一定准则，故偏高偏低是可能的。近年来，英国为了统一全国的基准面，采用了所谓"最低天文潮面"，即取潮汐预报中出现的最低水位为基准面。

表 5.5.4 外国采用的深度基准面情况

序号	名称	深度基准面公式	采用地区
1	略最低低潮面	$L = H_{M_2} + H_{S_2} + H_{K_1} + H_{O_1}$	印度、日本、中国（1956 年前）
2	平均低潮面	$L = H_{M_2}$	美国大西洋沿岸、瑞典的北海地区、荷兰等
3	平均低潮面	$L = H_{M_2} + (H_{K_1} + H_{O_1}) \cos 45°$	美国太平洋沿岸、菲律宾、夏威夷岛
4	最低潮面	$L = 1.2 (H_{M_2} + H_{S_2} + H_{K_2})$	法国、西班牙、葡萄牙、巴西等
5	平均大潮低潮面	$L = H_{M_2} + H_{S_2}$	在意大利、德国、阿尔巴尼亚、希腊、丹麦、比利时等

（1）在印度洋沿岸和日本等国，采用略最低低潮面（亦即印度大潮低潮面），略最低低潮面是用潮汐调和常数计算求出的。

$$L = H_{M_2} + H_{S_2} + H_{K_1} + H_{O_1} \qquad (5.5.11)$$

由于上面所述的各个深度基准面不适用于日潮港，或者是有的要用实测资料，观测区间不好选取，因此，英国潮汐学家 Darwin 考察印度洋潮汐提出用上式算得的面为深度基准面。略最低低潮面的优点是计算方法仍很简便，且考虑了日潮的作用，但它不能反映潮汐变化本身的复杂关系，特别是高潮或低潮不等的特征不能体现出来。实际工作表明，有的港口的很多低潮面在此基准面之下。

（2）在美国（大西洋沿岸）、瑞典（北海地区）和荷兰等国，采用平均低潮面为深度基准面：

$$L = H_{M_2} \qquad (5.5.12)$$

此式比平均大潮低潮面更差，除了具有平均大潮低潮面的缺点外，更大的缺点是没有考虑主要太阳半日潮，因此，在我国是不适用的。

（3）在美国（太平洋沿岸、阿拉斯加）和菲律宾采用平均低低潮面为深度基准面，近似式为

$$L = H_{M_2} + (H_{K_1} + H_{O_1}) \cos 45° \qquad (5.5.13)$$

式中，H_{K_1}、H_{O_1}分别为主要太阴太阳和太阴日分潮的振幅。如果采用这个面为基准面，将有各 50% 的低低潮面要露出此面，显然此面偏高，因此，我国不能采用此面为深度基准面。

（4）在法国、西班牙、葡萄牙和巴西等国，采用观测的最低潮面为深度基准面。当观测期间短且在月平均海平面较高的季节观测时，得到的最低潮面，会有偏高的现象。而在月平均海平面较低的季节，观测所得的最低潮面可能有偏低现象。因为受观测期间的长短及气象条件的影响，观测的最低潮不准确，因而在实际工作中，法国采用下式计算：

$$L = 1.2(H_{M_2} + H_{S_2} + H_{K_2}) \qquad (5.5.14)$$

式中，H_{K_2}为 K_2 分潮的平均半潮差。上面的公式，也只能适用于半日潮港，因为没有考虑或基本上没有考虑日分潮。

（5）在意大利、阿尔巴尼亚、希腊、加拿大（大西洋沿岸）、丹麦、比利时、挪威、印度尼西亚、阿根廷和巴拿马等国，对半日潮港，采用平均大潮低潮面为深度基准面，当日潮不等很大时，采用平均大潮低低潮面。

$$L = H_{M_2} + H_{S_2} \tag{5.5.15}$$

式中，A_0 为平均海平面在水尺（或验潮仪）零点上的高度，A_0、H_{S_2} 分别为主要太阴与太阳半日分潮的振幅。所以平均大潮低潮面就是比平均海平面低 $H_{M_2} + H_{S_2}$ 的面。如果没有全日分潮，约有 50% 的大潮低潮面降落在这个基准面之下。因为只考虑半日分潮，而不考虑日分潮，故在实际中，由于日分潮的存在，低潮面落于此面的数据，就可能随日分潮的增大而增加。这个面，一般不适用于我国，因为我国有的港口的日分潮较大，甚至有些为日潮性质。

5.5.2.3 理论深度基准面

理论深度基准面由苏联学者 Vladimir 提出，依据潮汐调和常数计算理论最低潮面作为深度基准面，被苏联及 1956 年后的中国采用。

下面介绍理论最低潮位的计算方法。

当 $H_{M_4} + H_{MS_4} + H_{M_6} \leqslant 20\,\mathrm{cm}$ 时，用 M_2、S_2、N_2、K_2、K_1、O_1、P_1、Q_1 共 8 个分潮的调和常数计算理论最高、最低潮位，从平均海面起算的潮位。

$$
\begin{aligned}
\zeta(t) &= \sum_{j=1}^{8} (fH)_j \cos\left[\sigma_j t + (V_0 + u)_j - g_j\right] \\
&= \sum_{j=1}^{8} R_j \cos \varphi_j
\end{aligned} \tag{5.5.16}
$$

式中，f 为交点因子，其变动很慢 18.61 年为一个周期；$V_0 + u$ 为格林威治 1 月 1 日 0 时的天文相角；t 为平太阳时，由区时 1 月 1 日 0 时起算；σ 为分潮的角速度；H 和 g 为分潮的调和常数，且 $R_j = (fH)_j$，有：

$$
\begin{cases}
\varphi_{M_2} = 30t - 2s + 2h - g_{M_2} \\
\varphi_{S_2} = 30t - g_{S_2} \\
\varphi_{N_2} = 30t + 2h - 3s + p - g_{N_2} \\
\varphi_{K_2} = 30t + 2h - g_{K_2} \\
\varphi_{K_1} = 15t + h + 90° - g_{K_1} \\
\varphi_{O_1} = 15t + h - 2s + 270° - g_{O_1} \\
\varphi_{P_1} = 15t - h + 270° - g_{P_1} \\
\varphi_{Q_1} = 15t + h - 3s + p + 270° - g_{Q_1}
\end{cases} \tag{5.5.17}
$$

其中，h 为太阳平均经度；s 为月球平均经度；p 为月球轨道近地点平均经度；t 为从子夜（0 时）算起的时间（平太阳时），以时表之（$1\,\mathrm{h} = 15°$）。

思考与讨论

1. 有一种观点认为月球引力作用形成潮汐是世纪谎言，真相是质心改变和公转速差；还有种观点认为，根据爱因斯坦的"广义相对论"，潮汐现象的罪魁祸首是时空弯曲或者时空曲率，你怎么看？

2. 潮汐耗散会导致地球自转变慢，但是地球自转变慢释放的能量比潮汐耗散大得多，这是因为其中一部分能量来自月球轨道的变化。这表明，尽管月球增加了能量，但它的角速度和轨道速度都下降了，思考这是为什么？

3. 潮汐的成因是什么？为什么每个地方的潮汐各不相同？

4. 从引潮势的 Laplace 展开，到 Darwin 展开，到 Doodson 展开，这个部分工作解决的主要问题是什么？是否还存在不足之处？

第6章 海洋内波

6.1 引言

6.1.1 内波的定义与基本特征

海洋内波，顾名思义，是发生在海洋内部的波动，简称为"内波"。1893—1896年，南森（Nansen）在北极探险过程中，发现船只莫名其妙地减速，仿佛被一股神秘力量拖住，他把这种现象称为"死水现象"。1904年，埃克曼（Ekman）对"死水现象"给出了解释：在巴伦支海域，由于表面冰的融化，海水表面形成薄的淡水层，当船行驶到这个淡水层区域时，对水体造成了扰动，继而在淡水层和盐水层的界面处产生了波动。船的动能很大一部分转化为内波的能量，从而导致船速减慢甚至停滞不前。自那以后，越来越多的观测资料都揭示出内波的存在，这时大家才意识到，原来观测资料中很多被认为的"噪声"，其实是海洋中真实存在的动力过程——内波。

"内波"从字面上来看，就是发生在流体内部的波动。内波既出现在大气当中，也普遍出现在海洋当中。通常来说，可以用两层密度不同的流体来建立模型简要描述内波的各种过程，这种内波称为界面内波，如图6.1.1所示。界面内波的产生，应具备两个条件：①流体密度稳定分层；②要有扰动源，两者缺一不可。表面波即为界面内波的一种极端情况。海水与空气的密度不一样，加上风力的扰动作用，海面上就会出现表面波，当风扰动较强时，就会产生狂涛巨浪。而在海洋内部，海水因温度、盐度等变化会出现密度分层，这时若有扰动存在，例如，大气压力变化、潮汐、中尺度涡、地震影响以及船舶运动等，就很可能在海水内部引发内波。由于本书主要探讨海洋中的现象，因此后文中"内波"均指代海洋内波。

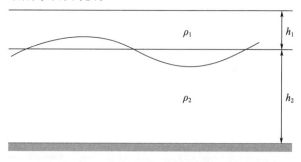

图6.1.1 两层流体界面处内波示意图

内波通常具有以下基本特征。其一，内波的最大振幅出现在海洋内部，在海表面起伏相对很小，这是内波显然区别于表面波的特征。其二，内波的频率介于惯性频率和浮力频率之间，时间尺度在几分钟到几十小时之间，通常大于表面波的周期。其三，内波的恢复力为重力与浮力的合力，又称为约化重力，其大小明显小于表面波的恢复力——重力。内波克服重力所做的功仅约为表面波的千分之一，使其振幅通常比表面波大得多。其四，内波在铅直方向存在复杂的震动结构，其对应的波致流场也是如此。表面波则不具备这个特性。

6.1.2　内波的分类与研究意义

内波这种海洋现象广泛存在于世界大洋中，尤其是在边缘海区域更为显著。科学家们利用各种观测数据已经在许多海域观测到频繁的内波活动。内波可以根据不同的分类方法进行分类。若按周期长短来分，则有：①短周期内波。内波周期显著小于 12 h，大部分在 5 ~ 20 min 之间，最短的可能只有 2.5 min，最长的也只有 5 h。振幅在 0.2 ~ 40 m，典型振幅是几米。波长在 100 ~ 1 000 m 之间。②长周期内波。周期大于 12 h，振幅为 2 ~ 10 m，波长约 30 km，相速度为 2 ~ 2.5 m/s。若按层化情况分，则有：①界面波。这种内波出现在两种密度截然不同的流体界面上。在强跃层附近产生的内波多为界面波，与表面波类似；②平面波。当流体的密度随深度线性增加的条件下，就会产生平面内波；③混合内波。当流体密度随深度连续变化，但并非线性递增时就会产生混合内波，即上述两种内波的混合。

除了上述两种分类方法外，目前较为典型的分类方法是依据内波的产生原因。海洋中内波的能量主要有两个来源。一个是海表面风向海洋上混合层的能量输入。当瞬时风经过海洋表面时，在地转调整的过程中，会在海洋混合层内激发出波动频率接近于惯性频率的内波，随后混合层内的近惯性能量可能在局地耗散，也可能继续向海洋深层传递（Gill，1984），为深海混合提供能量。由于该内波的波动频率接近于但并非严格等于局地惯性频率，因此称其为近惯性内波。另一个主要能量来源是正压潮流经变化地形时与之相互作用后产生的斜压能量输入。据估算，全球海洋的正压潮总能量约为 3.7 TW，尽管其中大部分在浅海因海底摩擦力的作用而耗散，但仍有约 30% 的能量在经过海底变化地形时转变为斜压能量并产生内潮（Egbert and Ray，2001）。正压潮虽然主要在水平方向上流动，但是当其流经海底突变地形时会产生垂直方向上的流动，进而使等密度面发生起伏，产生向外传播的波动。内潮频率与正压潮频率相同，大洋中最为典型的内潮即为全日内潮与半日内潮，周期分别约为 24 h 和 12 h。近惯性内波和内潮是全球海洋中普遍存在的两种内波，后面将进行更加详细的介绍。

内波在海洋中的物质运输、能量传递、生态平衡方面都发挥着重要的作用，例如，内波在近岸的破碎，可以引起水层强烈混合（图 6.1.2），对沿岸环流中扩散和生物初级生产力有显著影响。而内波引起的混合过程，对海洋次表层以下的能量守恒和能量串级（图 6.1.3），乃至对全球气候系统都有巨大的影响。对海底沉积物的搬运，底层流的影响远不如内波的起动力大。内波对人类活动包括船只潜艇的航行、军事活动、海上工程的影响也不容小觑。例如，低频率、大振幅内波对潜艇潜航有很大威胁。这是因为内波最大振幅发生在水体内部，波峰可以将潜艇拱出水面，暴露给敌人；波谷又能使潜艇下沉超过最大潜航深度而永远浮不起来；内波波流在跃层两侧方向相反，具有极强的剪切应力，能导致潜艇失衡而翻转。因此，内波研究的重要性不言而喻。

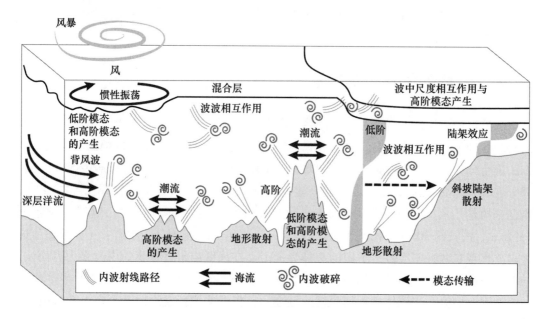

图 6.1.2　内波引起的混合过程示意图（Whalen et al.，2020）

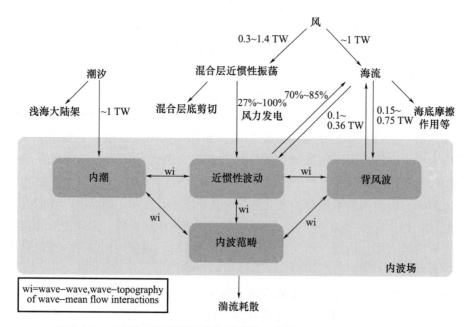

图 6.1.3　内波与其他海洋过程能量传递示意图（Whalen et al.，2020）

6.2 内波的基本方程与基本理论

6.2.1 浮性频率

上一节中指出，内波产生的必要条件是海水的层化。密度在垂直方向存在变化的流体通常被称作层化流体。对于海洋而言，其密度的分布一般随着深度增加而增大，即轻的海水始终存在于重的海水之上。直观而言，海洋中海水密度的这种垂向分布结构是比较稳定的，海水在垂向上一般不会发生由于垂向密度差异而导致的对流。然而，海水层化结构是否稳定，靠直观定性的刻画显然是不够的，那么是否存在可以刻画该特征的定量参数呢？

以海洋为例，忽略海水密度随时间和水平方向的变化，海水密度仅为垂向坐标 z（z 向上为正）的函数，即 $\rho(z)$。下面分类讨论不同层化结构下，海水的稳定性特征。首先考虑密度随深度减小的情形，即 $\dfrac{\mathrm{d}\rho}{\mathrm{d}z} > 0$。这时，若某一深度处的海水水团在外力或者其他外加干扰下，从 z 处移动到 $z + \Delta z$ 处，由于该过程时间较短，可认为水团在移动过程中绝热，该水团在 $z + \Delta z$ 处所受的合力为它在该深度处所受浮力和自身重力的合力，即

$$F = \rho(z + \Delta z)g - \rho(z)g = \Delta\rho g = \frac{\mathrm{d}\rho}{\mathrm{d}z}\Delta z g \tag{6.2.1}$$

该力通常被称为约化重力。由于 $\dfrac{\mathrm{d}\rho}{\mathrm{d}z} > 0$，故 $F > 0$。这意味着水团在受扰动被抬升之后，由于浮力作用，会继续向上运动，从而远离起始点。显然，初始的密度结构会在初始扰动发生之后产生改变。对于这种情形，可以认为海水层化结构是不稳定的。当密度随深度增加时，即 $\dfrac{\mathrm{d}\rho}{\mathrm{d}z} < 0$，此时，若同样有一水团绝热从 z 处移动到 $z + \Delta z$ 处，该水团所受合力仍与上述情形一致。然而，由于在该种情形下，密度的垂直梯度小于 0，所以该水团此时受到的合力向下，即 $F < 0$。这意味着，被抬升的水团因受到向下的约化重力的作用，会向下朝着起始点运动。当水团到达起始深度后，此时虽然其受到的约化重力为 0，但水团却不会停止在起始深度，它自身具有的初速度会让其冲过起始深度继续向更深的深度运动。当其冲过起始点后，由于此时自身的密度要小于其周围海水的密度，故会受到向上的浮力作用，该浮力会使水团向下运动的速度最终减为 0 并转为向上运动。如此周而复始，如果不考虑能量的耗散，该水团会在其起始深度之间来回运动。对于这种层化结构，可以认为海水是稳定的。

显然，对于海水的层化结构是否稳定，可以通过考察密度梯度的符号来进行衡量，因此定义参数：

$$E = -\frac{1}{\rho}\frac{\mathrm{d}\rho}{\mathrm{d}z} \tag{6.2.2}$$

该参数的正负和大小反映了海水是否稳定及其稳定性程度，称作海水稳定度。若 $E < 0$，则表明海水层化不稳定，绝对值越大，说明越不稳定；若 $E > 0$，则表明海水层化处于稳定状态，值越大，说明海水越稳定；当 $E = 0$ 时，表明没有垂直密度梯度，海水密度均匀。

基于约化重力表达式，可以给出水团在外力消失之后的运动方程：

$$\rho(z + \Delta z)g - \rho(z)g = \rho(z)\frac{\mathrm{d}^2(\Delta z)}{\mathrm{d}t^2} \tag{6.2.3}$$

整理上述表达式，水团的运动加速度可写成：

$$\frac{\mathrm{d}^2(\Delta z)}{\mathrm{d}t^2} - \frac{g}{\rho(z)}\frac{\mathrm{d}\rho(z)}{\mathrm{d}z}\Delta z = 0 \tag{6.2.4}$$

定义

$$N^2 = -\frac{g}{\rho(z)}\frac{\mathrm{d}\rho(z)}{\mathrm{d}z} \tag{6.2.5}$$

此时，有

$$\frac{\mathrm{d}^2(\Delta z)}{\mathrm{d}t^2} + N^2\Delta z = 0 \tag{6.2.6}$$

显然，上述方程是否存在波动解取决于 N^2 的符号。当 $N^2 > 0$ 时，上述方程存在波动解，且其恢复力为浮力和重力的合力，即约化重力；而当 $N^2 < 0$，上述方程没有波动解，对应的指数解不具有实际物理意义。而对于上述提及的稳定层化的流体，由于 $\frac{\mathrm{d}\rho}{\mathrm{d}z} < 0$，显然 $N^2 > 0$。

基于 N 的定义可以知道，其单位为 Hz，通过分析该波动方程解的特征可以发现，若解为波动解，那么其振荡的频率为 N，也即波动会以 N 为频率做上下振荡。N 通常被称作浮力频率，也被称为布伦特－维赛拉（Brunt-Väisälä）频率。它的大小反映了海洋层化或者层结的稳定性和强度。上述的分析忽略了海水压缩性的影响，而在较深的水层，海水的压缩性会影响海水密度大小，进而影响浮力频率的大小。

图 6.2.1 给出了南海海盆冬季和夏季的浮力频率的深度剖面。从图中可以看出，浮力频率的分布随深度呈现出先增加后减小的趋势，在跃层处存在着最大值，这与密度梯度的垂向分布相对应。此外，浮力频率在不同季节也表现出一定的差异。在冬季，强的季风过程通过搅拌作用会使上混合层加深，从而导致浮力频率最大值对应的深度加深，也即跃层加深；而夏季，季风减弱，混合层变薄，于是跃层变浅。同时，不同季节层结的强度也存在着差异，夏季层结的最大值明显大于冬季最大值。冬季由于季风强、辐射弱，层结较弱；夏季弱的季风和较高的海面温度使密度梯度增加，从而导致层结加强。上述差异仅局限于海洋上层，而在深层，浮力频率的季节性差异便不再明显。

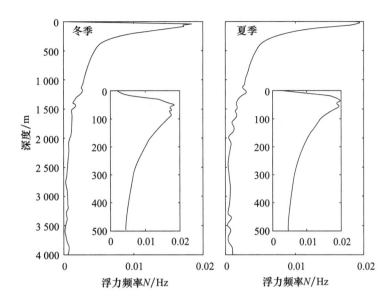

图 6.2.1　南海海盆冬季和夏季的浮力频率深度剖面

6.2.2　内波的基本控制方程

对于实际海洋中密度的分布，它是空间变量 x、y、z 和时间变量 t 的函数，可以将其拆分为 3 个量的叠加，将密度写为

$$\rho(x,y,z,t) = \rho_0 + \bar{\rho}(z) + \rho'(x,y,z,t) \tag{6.2.7}$$

它是一个密度常数 ρ_0，仅与深度 z 有关的密度场 $\bar{\rho}(z)$ 和密度扰动 $\rho'(x,y,z,t)$ 的叠加。ρ_0 是参考密度，为常数；$\bar{\rho}(z)$ 通过密度减去参考密度后对时间和水平方向取平均后得到。相应的，压强也类似地可分解为如下形式：

$$p(x,y,z,t) = \bar{p}(z) + p'(x,y,z,t) \tag{6.2.8}$$

此时，对于水平运动方程（忽略外力作用）：

$$\frac{\mathrm{d}\boldsymbol{u}_\mathrm{h}}{\mathrm{d}t} + f\boldsymbol{k} \times \boldsymbol{u}_\mathrm{h} = -\frac{1}{\rho}\nabla_\mathrm{h}p \tag{6.2.9}$$

将密度和压强的分解形式代入，并对上述方程作变换，可得

$$\left(1 + \frac{\bar{\rho} + \rho'}{\rho_0}\right)\frac{\mathrm{d}\boldsymbol{u}_\mathrm{h}}{\mathrm{d}t} + \left(1 + \frac{\bar{\rho} + \rho'}{\rho_0}\right)f\boldsymbol{k} \times \boldsymbol{u}_\mathrm{h}$$

$$= -\frac{1}{\rho_0}\nabla_\mathrm{h}(\bar{p} + p') \tag{6.2.10}$$

对于密度，扰动项和随深度变化的 z 相对于密度常量 0 而言，都是小量。将上述分解形式代入，水平运动方程式（6.2.9）此时可简化为

$$\frac{\mathrm{d}\boldsymbol{u}_\mathrm{h}}{\mathrm{d}t} + f\boldsymbol{k} \times \boldsymbol{u}_\mathrm{h} = -\frac{1}{\rho_0}\nabla_\mathrm{h}(\bar{p} + p') \tag{6.2.11}$$

对于垂向运动方程（忽略外力作用）：

$$\frac{\mathrm{d}w}{\mathrm{d}t} = -\frac{1}{\rho}\frac{\partial p}{\partial z} - g \qquad (6.2.12)$$

同样将密度和压强的分解形式代入，有

$$\frac{\mathrm{d}w}{\mathrm{d}t} = -\frac{1}{\rho_0 + \bar{\rho} + \rho'}\frac{\partial(\bar{p} + p')}{\partial z} - g \qquad (6.2.13)$$

对于式（6.2.13），整理方程右端第一项

$$-\frac{1}{\rho_0 + \bar{\rho} + \rho'}\frac{\partial(\bar{p} + p')}{\partial z} = -\frac{1}{\rho_0}\left(\frac{1}{1 + \dfrac{\bar{\rho} + \rho'}{\rho_0}}\right)\left(\frac{\partial\bar{p}}{\partial z} + \frac{\partial p'}{\partial z}\right) \qquad (6.2.14)$$

对于分母含有密度扰动的那一项，利用幂级数进行展开

$$\frac{1}{1 + \dfrac{\bar{\rho} + \rho'}{\rho_0}} = 1 - \frac{\bar{\rho} + \rho'}{\rho_0} + O(\rho'^2)\cdots \qquad (6.2.15)$$

保留到一阶项，忽略更高阶项：

$$-\frac{1}{\rho_0}\left(\frac{1}{1 + \dfrac{\bar{\rho} + \rho'}{\rho_0}}\right)\left(\frac{\partial\bar{p}}{\partial z} + \frac{\partial p'}{\partial z}\right) = -\frac{1}{\rho_0}\frac{\partial\bar{p}}{\partial z} - \frac{1}{\rho_0}\frac{\partial p'}{\partial z} + \frac{1}{\rho_0}\frac{\bar{\rho}}{\rho_0}\frac{\partial\bar{p}}{\partial z} +$$

$$\frac{1}{\rho_0}\frac{\bar{\rho}}{\rho_0}\frac{\partial p'}{\partial z} + \frac{1}{\rho_0}\frac{\rho'}{\rho_0}\frac{\partial\bar{p}}{\partial z} + \frac{1}{\rho_0}\frac{\rho'}{\rho_0}\frac{\partial p'}{\partial z} \qquad (6.2.16)$$

此时，假设背景态仍满足静力平衡，即

$$-\frac{1}{\rho_0}\frac{\partial\bar{p}}{\partial z} = g \qquad (6.2.17)$$

并忽略二阶项，可得

$$-\frac{1}{\rho_0}\frac{\partial\bar{p}}{\partial z} - \frac{1}{\rho_0}\frac{\partial p'}{\partial z} + \frac{1}{\rho_0}\frac{\bar{\rho}}{\rho_0}\frac{\partial\bar{p}}{\partial z} + \frac{1}{\rho_0}\frac{\bar{\rho}}{\rho_0}\frac{\partial p'}{\partial z} + \frac{1}{\rho_0}\frac{\rho'}{\rho_0}\frac{\partial\bar{p}}{\partial z} + \frac{1}{\rho_0}\frac{\rho'}{\rho_0}\frac{\partial p'}{\partial z}$$

$$= g - \frac{1}{\rho_0}\frac{\partial p'}{\partial z} - \frac{\rho' + \bar{\rho}}{\rho_0}g \qquad (6.2.18)$$

将上述结果代入垂向运动方程，简化为

$$\frac{\partial w}{\partial t} = -\frac{1}{\rho_0}\frac{\partial p'}{\partial z} - g\frac{\rho' + \bar{\rho}}{\rho_0} \qquad (6.2.19)$$

对于密度守恒方程

$$\frac{\mathrm{d}\rho}{\mathrm{d}t} = 0 \qquad (6.2.20)$$

将密度的分解形式代入，可得

$$\frac{\mathrm{d}(\rho_0 + \bar{\rho} + \rho')}{\mathrm{d}t} = 0 \qquad (6.2.21)$$

对上述全微分展开可得

$$\frac{\mathrm{d}\rho'}{\mathrm{d}t} + w\frac{\partial\bar{\rho}}{\partial z} = 0 \tag{6.2.22}$$

此密度守恒方程表明，密度扰动项并非守恒量，其变化与背景密度垂向梯度和垂向流速有关。基于上述推导，可以得到流体运动方程组：

$$\begin{cases} \dfrac{\partial u}{\partial t} - fv = -\dfrac{1}{\rho_0}\dfrac{\partial p'}{\partial x} \\[2mm] \dfrac{\partial v}{\partial t} + fu = -\dfrac{1}{\rho_0}\dfrac{\partial p'}{\partial y} \\[2mm] \dfrac{\partial w}{\partial t} = -\dfrac{1}{\rho_0}\dfrac{\partial p'}{\partial z} - g\dfrac{\rho'+\bar{\rho}}{\rho_0} \\[2mm] \dfrac{\partial \rho'}{\partial t} + w\dfrac{\partial\bar{\rho}}{\partial z} = 0 \\[2mm] \dfrac{\partial u}{\partial x} + \dfrac{\partial v}{\partial y} + \dfrac{\partial w}{\partial z} = 0 \end{cases} \tag{6.2.23}$$

该方程组即为布西内斯克近似下的线性方程组。需要注意的是，上述线性方程组认为背景海水静止，即平均态的流速为 0，这可以大大简化运动方程组。若背景海水流速不为 0，此时流场也可以进行类似分解，分解为平均场和扰动场之和。显然，此时的方程组是否为线性方程组取决于平均流场的分布特点。

6.2.3　线性内波的本征值问题

6.2.3.1　线性内波的本征模态

上节中，推导得到了小扰动假定下内波的线性控制方程组，方程组中有 5 个方程 5 个未知量，理论上可以得到内波方程的解。针对方程组（6.2.23）中前 3 个方程，分别可以两两做运算消去方程右侧的压力项

$$\frac{\partial}{\partial t}\left(\frac{\partial u}{\partial z} - \frac{\partial w}{\partial x}\right) - \frac{g}{\rho_0}\frac{\partial \rho'}{\partial x} - f\frac{\partial v}{\partial z} = 0$$

$$\frac{\partial}{\partial t}\left(\frac{\partial v}{\partial z} - \frac{\partial w}{\partial y}\right) - \frac{g}{\rho_0}\frac{\partial \rho'}{\partial y} + f\frac{\partial u}{\partial z} = 0 \tag{6.2.24}$$

$$\frac{\partial}{\partial t}\left(\frac{\partial v}{\partial x} - \frac{\partial u}{\partial y}\right) + f\frac{\partial w}{\partial z} = 0$$

对式（6.2.24）中的前两式分别做 x、y 微分，再做时间微分并相加，可得

$$\frac{\partial^2}{\partial t^2}\left[\frac{\partial}{\partial z}\left(\frac{\partial u}{\partial x} + \frac{\partial v}{\partial y}\right) - \frac{\partial^2 w}{\partial x^2} - \frac{\partial^2 w}{\partial y^2}\right] - \frac{g}{\rho_0}\left(\frac{\partial^2}{\partial x^2} + \frac{\partial^2}{\partial y^2}\right)\frac{\partial \rho'}{\partial t}$$

$$-f\frac{\partial^2}{\partial t\partial z}\left(\frac{\partial v}{\partial x} - \frac{\partial u}{\partial y}\right) = 0 \tag{6.2.25}$$

基于式（6.2.23）中的连续性方程，将上述方程化简，可得

$$-\frac{\partial^2}{\partial t^2}(\nabla^2 w) - \frac{g}{\rho_0}\left(\frac{\partial^2}{\partial x^2} + \frac{\partial^2}{\partial y^2}\right)\frac{\partial \rho'}{\partial t} - f\frac{\partial^2}{\partial t\partial z}\left(\frac{\partial v}{\partial x} - \frac{\partial u}{\partial y}\right) = 0 \tag{6.2.26}$$

针对式（6.2.26）中的第二项，利用方程组（6.2.23）中密度方程，可将其表示为

$$-\frac{g}{\rho_0}\left(\frac{\partial^2}{\partial x^2}+\frac{\partial^2}{\partial y^2}\right)\frac{\partial\rho'}{\partial t}=\frac{g}{\rho_0}\frac{\partial\bar\rho}{\partial z}\left(\frac{\partial^2}{\partial x^2}+\frac{\partial^2}{\partial y^2}\right)w \qquad (6.2.27)$$

考虑浮力频率的定义$\left(N^2=-\dfrac{g}{\rho_0}\dfrac{\partial\bar\rho}{\partial z}\right)$，代入式（6.2.27），同时针对式（6.2.26）中的第三项，利用式（6.2.24）中的最后一式，最终方程可以写成

$$\frac{\partial^2}{\partial t^2}(\nabla^2 w)+N^2\nabla_{\mathrm h}^2 w+f^2\frac{\partial^2 w}{\partial z^2}=0 \qquad (6.2.28)$$

其中，$\nabla_{\mathrm h}=\boldsymbol{i}\dfrac{\partial}{\partial x}+\boldsymbol{j}\dfrac{\partial}{\partial y}$，上述方程仅包括未知量 w，表明不考虑边界影响或边界影响确定的条件下，线性内波的垂向流速分布与海洋垂向层结 N 和局地科里奥利参数 f 有关。该方程刻画线性内波垂向流速的结构特征，包括空间分布和时间变化，被称为内波的垂向本征方程。

在实际海洋中，海面和海底可看作上边界和下边界，因此对于垂向速度 w 的控制方程，可以考虑如下形式的波动解：

$$w(x,y,z,t)=W(z)\mathrm{e}^{\mathrm{i}(k_x x+k_y y-\omega t)}=W_0\mathrm{e}^{\mathrm{i}k_z z}\mathrm{e}^{\mathrm{i}(k_x x+k_y y-\omega t)} \qquad (6.2.29)$$

这里认为该波动满足变量分离。在海面边界处，满足"刚盖近似"，即 $W_{(z=0)}=0$；海底边界处，满足平底条件，即 $W_{(z=-d)}=0$。考虑波动解为 x、y、z、t 的函数，显然在边界处只能有

$$W(z)=W_0\mathrm{e}^{\mathrm{i}k_z z}=0,\quad z=-d,\ 0 \qquad (6.2.30)$$

在海表面处 $z=0$，有

$$W=W_0(\mathrm{i}\cdot\sin k_z z+\cos k_z z)=0 \qquad (6.2.31)$$

考虑到仅实部具有物理意义，故上式若要成立，需

$$W_0=\mathrm{i}\cdot A=A\mathrm{e}^{\mathrm{i}\cdot\frac{\pi}{2}} \qquad (6.2.32)$$

其中，A 为任意常数。再利用海底边界条件，考虑在海底边界处，满足平底条件，即 $W_{(z=-d)}=0$，有

$$A\sin k_z d=0 \qquad (6.2.33)$$

于是，可得到内波垂向波数与水深之间的关系

$$k_z=j\frac{\pi}{d},\quad j=1,2,3,\cdots \qquad (6.2.34)$$

该式表明，不止一类具有特定垂向波数的内波满足上述条件，即只要垂向波数与水深满足上述关系，皆是上述本征方程的内波解。因此，垂向本征方程的解为

$$W=A\sin k_z z,\quad k_z=j\frac{\pi}{d},\quad j=1,2,3,\cdots \qquad (6.2.35)$$

通过上述表达式可以知道，对不同的 j，W 会存在不同的垂向结构，这些不同的垂向结构被称为内波的垂向模态（图6.2.2）。当 $j=1$ 时，W 仅有 1 个极值点，没有零点（不考虑上、下边界处的零点），被称为第一模态；当 $j=2$ 时，W 出现 2 个极值

点，并存在 1 个零点，为第二模态（图 6.2.3）。随着 j 取值的增加，W 的极值点、零点也随之增加，模态数便增加，表现为更高模态。可以看出，内波的模态反映了其垂向波数的大小，模态越高，垂向波数越大，垂向波长越小。对于内波而言，模态越高，其尺度通常越小，这种内波通常对应强剪切效应，因此越容易耗散掉。实际海洋中，常见的内波便为第一模态内波，这种内波尺度大，传播速度快，因此可以传播很远的距离。海洋中高模态内波传播慢，往往在局地耗散，因此高模态内波出现的区域通常对应强混合区。

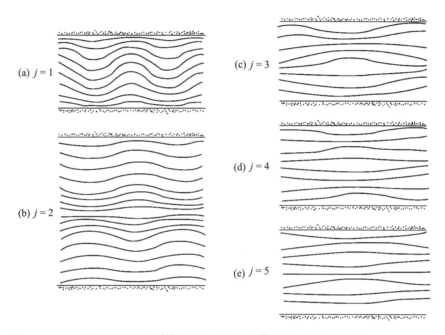

图 6.2.2　不同模态驻内波引起的等密度面的波动图案

6.2.3.2　两层流体的内波解与流场特征

实际海洋为连续层结且层结的强度随深度而变化，要得到内波的理论解是十分复杂的。本小节中仅考虑两层流体，即除两层流体界面处存在层结之外，其他位置处流体密度均一致。这一简化模型可以认为是第一模态内波的简化形式，因为在界面处垂向起伏最大，符合第一模态单一极值的特点。此模型可以较为容易地在实验室通过物理模型实验再现，并且与实际海洋中发生在跃层处的内波在动力特征上有许多相似之处。因此，两层流体界面波模型有助于从理论上直观地认识内波，具有十分重要的实用价值。

基于两层流体，仅考虑二维模型（略去 y），并忽略科里奥利力的作用（即 $f=0$）。此时，由于是两层流体，除在二者界面处存在垂向层结之外，在两层流体各自内部，垂向层结为 0（即 $N=0$）。在两层流体内部分别应用垂向本征方程，于是方程中含有浮力频率 N 和惯性频率 f 的两项皆可略去，垂向本征方程式（6.2.28）简化为如下形式

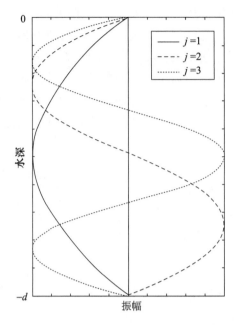

图 6.2.3　不同模态驻内波引起的水质点运动垂向位移的振幅

$$\frac{\partial^2}{\partial t^2}(\nabla^2 w) = 0 \qquad (6.2.36)$$

同样，利用分离变量法，垂向流速可写为

$$w(x,y,z,t) = W(z)\mathrm{e}^{\mathrm{i}(kx-\omega t)} \qquad (6.2.37)$$

代入式（6.2.28）可得

$$W'' - k^2 W = 0 \qquad (6.2.38)$$

该表达式也可以由求解频散关系时得到的本征方程直接简化获得。对于上述方程，其通解满足以下形式：

$$W = A\mathrm{e}^{-\mathrm{i}kz} + B\mathrm{e}^{\mathrm{i}kz} \qquad (6.2.39)$$

要确定该波动解的具体形式，还需要利用边界条件。此时边界条件与求解内波本征模态时略有不同，这里的边界条件可以通过以下方法获得。对于两层流体模型，假定上层流体厚度为 d_1，下层流体厚度为 d_2，若取初始两层流体界面深度作为坐标零点，那么对于流场流速，对应的边界条件为在表面及底边界处，垂向流速满足 $W_{(z=d_1)} = 0$ 和 $W_{(z=-d_2)} = 0$，在两层流体界面处，上、下两层流体的垂向流速要相等，即 $W(z=0,$ 界面以上 $) = W(z=0,$ 界面以下 $)$。将上述边界处的边界条件代入可得

$$W = \begin{cases} A\sinh\left[k(d_1-z)\right], & 0 \leqslant z \leqslant d_1 \\ B\sinh\left[k(d_2+z)\right], & -d_2 \leqslant z < 0 \end{cases} \qquad (6.2.40)$$

其中，sinh 为双曲正弦函数。同时，考虑界面处需满足 W 相等，于是，可以得到系数 A 和系数 B 满足

$$B = A\frac{\sinh(kd_1)}{\sinh(kd_2)} \qquad (6.2.41)$$

代回垂向流速表达式，可得两层流体界面处的内波垂向流速的表达形式：

$$W = \begin{cases} A \sinh[k(d_1 - z)], & 0 \leqslant z \leqslant d_1 \\ A \dfrac{\sinh(kd_1)}{\sinh(kd_2)} \sinh[k(d_2 + z)], & -d_2 \leqslant z < 0 \end{cases} \tag{6.2.42}$$

若假定界面处内波的振幅为 ζ_0，那么界面处的起伏为

$$\zeta = \zeta_0 e^{i(kx - \omega t)} \tag{6.2.43}$$

考虑界面处，垂向流速和振幅起伏满足：

$$w = \frac{\partial \zeta}{\partial t} \tag{6.2.44}$$

则有

$$\zeta_0 = -\frac{A}{i\omega} \sinh(kd_1) \tag{6.2.45}$$

即

$$A = -i\omega \frac{\zeta_0}{\sinh(kd_1)} \tag{6.2.46}$$

于是，对于振幅为 ζ_0，对应的垂向流速的大小为

$$w = \begin{cases} -i\omega \dfrac{\zeta_0}{\sinh(kd_1)} \sinh[k(d_1 - z)] e^{i(kx - \omega t)}, & 0 \leqslant z \leqslant d_1 \\ -i\omega \dfrac{\zeta_0}{\sinh(kd_2)} \sinh[k(d_2 + z)] e^{i(k - \omega t)}, & -d_2 < z \leqslant 0 \end{cases} \tag{6.2.47}$$

基于方程式（6.2.44），可得振幅的大小为

$$\zeta = \begin{cases} \dfrac{\zeta_0}{\sinh(kd_1)} \sinh[k(d_1 - z)] e^{i(kx - \omega t)}, & 0 \leqslant z \leqslant d_1 \\ \dfrac{\zeta_0}{\sinh(kd_2)} \sinh[k(d_2 + z)] e^{i(kx - \omega t)}, & -d_2 \leqslant z \leqslant 0 \end{cases} \tag{6.2.48}$$

根据体积守恒 $\dfrac{\partial u}{\partial x} + \dfrac{\partial w}{\partial z} = 0$，则水平流速的大小为

$$u = \begin{cases} -\omega \dfrac{\zeta_0}{\sinh(kd_1)} \cosh[k(d_1 - z)] e^{i(kx - \omega t)}, & 0 < z \leqslant d_1 \\ -\omega \dfrac{\zeta_0}{\sinh(kd_2)} \cosh[k(d_2 + z)] e^{i(kx - \omega t)}, & -d_2 \leqslant z \leqslant 0 \end{cases} \tag{6.2.49}$$

基于上述表达式，可以将内波引起的振幅、流场结构通过作图直观展现出来（图 6.2.4），其中，实线为内波振幅，虚线为流线，矢量箭头为流场。可以看出，对于界面内波，其振幅在界面处最大，并以双曲正弦形式衰减，到自由表面和底面时衰减为 0；垂向流速的振幅具有同样的变化特征。而水平流速则在界面上下位置处具有最大振幅，但方向相反，以界面为水平流速的间断面，离自由表面和底面越近，振幅越小，并以双曲余弦的形式递减，但在自由表面和底面处振幅不为 0。需要注意的是，为直观表现内波的流场结构，图 6.2.4 中垂向流速进行了放大处理，实际内波水平速度一般要比垂直速度大得多。低频内波的水平速度甚至要比垂直速度大 2～3 个量级。此外，两层流体

水平速度的平均深度值也不相等，流体层的厚度越薄，速度越大，这可以使两层体的体积通量保持一致，并且方向相反，以保证从海面到海底断面的流量通量为0。

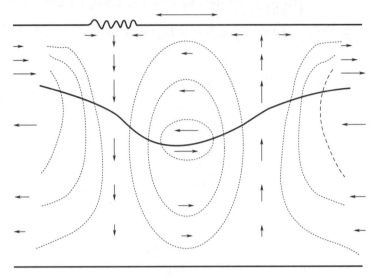

图 6.2.4　界面内波引起的流场示意图

同时还可以看出，上、下两层的垂向运动相位是相同的，垂向速度相位比垂向位移相位早 $\frac{\pi}{2}$。下层水平流速与垂直位移具有相同的相位，而上层正好相反，因此在波峰和波谷处有最大的水平速度，而垂向速度则为 0；在波峰与波谷的中间点具有最大的垂向速度。波峰的前方为上升流区，界面以下辐聚而界面以上辐散；波峰的后方为下沉流区，界面以下辐散而界面以上辐聚。当 d_1 较小时这种流动反映在自由表面上，即自由表面上峰前辐散，辐散区的波变缓，表面平滑；峰后辐聚，辐聚区的波变陡，表面粗糙。此现象可以在合成孔径雷达（SAR）卫星图像上被观测到（图 6.2.5）。

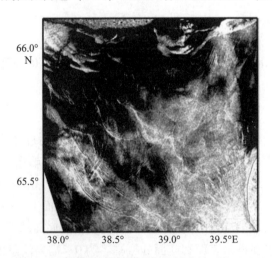

图 6.2.5　利用 SAR 观测到的俄罗斯白海海域内波（Kozlov et al.，2014）

6.2.3.3　频散关系

基于内波的垂向本征方程，可以求解其对应的内波解。与前面求解波动方程的方法类似，假设上述本征方程对应的内波垂向流速 w 满足如下波动解形式：

$$w(x,y,z,t) = W_0 \mathrm{e}^{\mathrm{i}(k_x x + k_y y + k_z z - \omega t)} \tag{6.2.50}$$

其中，W_0 为常数。考虑波动的实际物理意义，上述波动解在计算中仅取实部。将式 (6.2.50) 代入式 (6.2.28) 中，可得

$$\omega^2 (k_x^2 + k_y^2 + k_z^2) - N^2 (k_x^2 + k_y^2) - f^2 k_z^2 = 0 \tag{6.2.51}$$

并化简可得

$$\omega^2 = \frac{N^2 (k_x^2 + k_y^2) + f^2 k_z^2}{k_x^2 + k_y^2 + k_z^2} \tag{6.2.52}$$

上式反映了内波频率和自身水平、垂直波数、浮力频率以及惯性频率之间的关系，即为内波的频散关系式。将上述表达式移项，内波频散关系式可写为如下形式：

$$k_h^2 = \frac{\omega^2 - f^2}{N^2 - \omega^2} k_z^2 \tag{6.2.53}$$

其中，$k_h^2 = k_x^2 + k_y^2$，为水平波数。上述表达式表明，波动解要存在，波动频率需满足：

$$f < \omega < N \tag{6.2.54}$$

因此，对于内波而言，其存在的条件之一是频率需介于惯性频率和浮力频率之间。基于内波的频散关系式，可以得出内波的传播特点。基于内波的水平和垂直波数，可以得出内波的传播方向与垂直方向的夹角为

$$\tan \alpha = \frac{k_h}{k_z} \sqrt{\frac{\omega^2 - f^2}{N^2 - \omega^2}} \tag{6.2.55}$$

通过该式可以看出，内波的传播方向并非固定，不但与其自身的频率有关，还与背景场的浮力频率和惯性频率有关。不同于表面波的二维传播过程，它是一种在三维空间传播的波，而且是斜向传播的波。若背景浮力频率和惯性频率一定，内波传播方向取决于其自身频率的大小，与垂直方向夹角 $\arctan\left(\sqrt{\dfrac{\omega^2 - f^2}{N^2 - \omega^2}}\right)$。显然，对于内波而言，由于频率介于惯性频率和浮力频率之间，其传播为斜向传播。当内波自身频率 ω 趋近于惯性频率 f 时，其传播方向趋近于沿垂直方向；当其频率 ω 趋近于浮力频率 N 时，其传播方向趋近于沿水平方向。

此外，基于频散关系式可以分别计算相速度和群速度的表达式，其相速度

$$c = \frac{\omega}{k^2} \boldsymbol{K} = \frac{\sqrt{k_h^2 N^2 + k_z^2 f^2}}{k^3} \boldsymbol{K} \tag{6.2.56}$$

其中，$\boldsymbol{K} = (k_x, k_y, k_z)$，为内波的波数矢量；$k^2 = k_x^2 + k_y^2 + k_z^2$，它反映了内波信号的传播，其大小和方向与波数有关，故内波为频散波。同样的，对于群速度

$$c_g = \frac{\partial \omega}{\partial K} = \left(\frac{(N^2 - f^2) k_x k_z^2}{k^3 \sqrt{k_h^2 N^2 + k_z^2 f^2}}, \frac{(N^2 - f^2) k_y k_z^2}{k^3 \sqrt{k_h^2 N^2 + k_z^2 f^2}}, -\frac{(N^2 - f^2) k_z k_h^2}{k^3 \sqrt{k_h^2 N^2 + k_z^2 f^2}} \right) \tag{6.2.57}$$

群速度大小和方向反映了内波能量的传播特点，因此是内波研究极为重要的参量。

对比相速度和群速度矢量，可以发现，二者的点乘乘积为 0，即

$$c \cdot c_g = 0 \tag{6.2.58}$$

这意味着，内波的相速度和群速度矢量垂直，这与之前提及的水平传播的表面波截然不同。这也说明了，从具体物理过程来讲，内波信号的传播方向与能量的传播方向并非平行，而是垂直，这是内波传播所具有的十分重要的动力学特征。

6.2.4　WKB 理论

当浮性频率 $N(z)$ 为 z 的任意函数时，一些近似解法就成了解决问题的有效工具。在本节中讨论 WKB 近似，它适用于内波方程中的 $N(z)$ 为 z 的慢变化函数，而且 ω 离 f 和 N 都较远的情况，亦即垂向波数 k_3 是 z 的慢变化函数。

根据汪德昭和尚尔昌（2013）的论述，WKB 并不是近年提出的新方法，它出现于 19 世纪后期和 20 世纪早期。它的命名来自下列 3 位学者姓氏的首字母：Wentzel，Kramer 和 Brillouin。后来发现 Jeffreys 在 1923 年就已经提出此方法，于是也称此方法为 WKBJ 近似。

若用通俗的说法来讲，WKB 方法的实质是很简单的：在不同的 z 处采用各自的 $N(z)$ 值，但忽略 $\dfrac{\partial N}{\partial z}$ 的影响。根据这一基本思想，下面由浅入深地介绍几种处理方法。

根据方欣华（1993），若微分方程

$$\frac{\mathrm{d}^2 y}{\mathrm{d} x^2} + I y = 0 \tag{6.2.59}$$

的系数 I 为正且与 x 无关，则其解的形式可写成

$$y = A \mathrm{e}^{\mathrm{i}\sqrt{I} x} + B \mathrm{e}^{-\mathrm{i}\sqrt{I x} x} \tag{6.2.60}$$

若 I 是 x 的函数时，

$$y = A \mathrm{e}^{\mathrm{i}\int \sqrt{I} \mathrm{d}x} + B \mathrm{e}^{-\mathrm{i}\int \sqrt{I} \mathrm{d}x} \tag{6.2.61}$$

能否作为式（6.2.59）之解？

将式（6.2.61）右侧第一项作为一个特解，二次微分后得

$$y'' + \left(I - \mathrm{i} \frac{\mathrm{d}\sqrt{I}}{\mathrm{d}x} \right) y = 0 \tag{6.2.62}$$

显然只要

$$\frac{\mathrm{d}\sqrt{I}}{\mathrm{d}x} \ll I \tag{6.2.63}$$

式（6.2.62）即可还原为式（6.2.59），但此时的 I 是 x 的函数，且因为 $\dfrac{\mathrm{d}\sqrt{I}}{\mathrm{d}x}$ 很小，表明 I 是 x 的慢变化函数。此时，解已不是 x 的简单正弦函数，而与 I 有关，I 又是 x 的慢变化函数。

若再进一步取特解的形式为

$$y = A \exp \left[\mathrm{i} \int W \sqrt{I} \mathrm{d}x \right] \tag{6.2.64}$$

即指数中加了权函数 $W(x)$。

式（6.2.64）二次微分后得

$$y'' + \left[W^2 - \mathrm{i}\frac{W}{I}\frac{\mathrm{d}\sqrt{I}}{\mathrm{d}x} - \mathrm{i}\frac{1}{\sqrt{I}}\frac{\mathrm{d}W}{\mathrm{d}x} \right] Iy = 0 \qquad (6.2.65)$$

若上式左侧第二项系数的括号中之内容近似为 1，则又近似地蜕化为式（6.2.59）。为做到这一点，首先设

$$\frac{W\mathrm{d}\sqrt{I}}{\mathrm{d}x} \gg \frac{1}{\sqrt{I}}\frac{\mathrm{d}W}{\mathrm{d}x} \qquad (6.2.66)$$

即可以忽略式（6.2.65）系数括号中之第三项，于是，系数括号中之内容近似为 1，可简化为

$$W^2 - \mathrm{i}\frac{W}{I}\frac{\mathrm{d}\sqrt{I}}{\mathrm{d}x} = 1 \qquad (6.2.67)$$

即 W 必须满足

$$\begin{aligned} W &= \frac{1}{2}\left[\frac{\mathrm{i}}{I}\frac{\mathrm{d}\sqrt{I}}{\mathrm{d}x} \pm \sqrt{-\frac{1}{I^2}\left(\frac{\mathrm{d}\sqrt{I}}{\mathrm{d}x}\right)^2 + 4} \right] \\ &= \frac{\mathrm{i}}{4I^{3/2}}\frac{\mathrm{d}I}{\mathrm{d}x} \pm \sqrt{1 - \frac{1}{16I^3}\left(\frac{\mathrm{d}I}{\mathrm{d}x}\right)^2} \end{aligned} \qquad (6.2.68)$$

可以得到式（6.2.59）之近似解

$$y = I^{-1/4}\left\{ A\exp\left[\mathrm{i}\int\sqrt{1 - \frac{1}{16I^3}\left(\frac{\mathrm{d}I}{\mathrm{d}x}\right)^2}\sqrt{I}\mathrm{d}x \right] + B\exp\left[-\mathrm{i}\int\sqrt{1 - \frac{1}{16I^3}\left(\frac{\mathrm{d}I}{\mathrm{d}x}\right)^2}\sqrt{I}\mathrm{d}x \right] \right\} \qquad (6.2.69)$$

按 WKB 的基本思想，设

$$\frac{1}{16I^3}\left(\frac{\mathrm{d}I}{\mathrm{d}x}\right)^2 \ll 1 \qquad (6.2.70)$$

于是，式（6.2.69）化简为

$$y = I^{-1/4}\left\{ A\exp\left[\mathrm{i}\int\sqrt{I}\mathrm{d}x \right] + B\exp\left[-\mathrm{i}\int\sqrt{I}\mathrm{d}x \right] \right\} \qquad (6.2.71)$$

由此式可得出，这时波函数的振幅不再是常量，而是 x 的慢变函数。

以上做法清楚地显示出 WKB 方法的物理含义，但其数学处理不够规范。奈弗（1984）用严格的数学方法演绎给出了 WKB 解。它采用如下含小参数 ε 的方程

$$y'' + p(\varepsilon x, \varepsilon)y' + q(\varepsilon x, \varepsilon)y = 0 \qquad (6.2.72)$$

将 p、q 对 ε 展开成级数形式

$$p = \sum_{n=0}^{\infty}\varepsilon^n p_n(\xi), q = \sum_{n=0}^{\infty}\varepsilon^n q_n(\xi) \qquad (6.2.73)$$

式中，$\xi = \varepsilon x$。

可得式（6.2.72）的通解渐近展开式

$$y = \sum_{n=0}^{\infty}\varepsilon^n A_n(\xi)\mathrm{e}^{\theta_1} + \sum_{n=0}^{\infty}\varepsilon^n B_n(\xi)\mathrm{e}^{\theta_2} \qquad (6.2.74)$$

式中，

$$\frac{\mathrm{d}\theta_1}{\mathrm{d}x} = \lambda_1(\xi), \quad \frac{\mathrm{d}\theta_2}{\mathrm{d}x} = \lambda_2(\xi) \tag{6.2.75}$$

λ_1 和 λ_2 是下述方程的根

$$\lambda^2 + p_0(\xi)\lambda + q_0(\xi) = 0 \tag{6.2.76}$$

设 λ_1 和 λ_2 在所讨论的区间内是不相同的，在式（6.2.74）中 θ_1、θ_2 和 ξ 是互相独立的，于是导数可按下式进行变换

$$\frac{\mathrm{d}}{\mathrm{d}x} = \lambda_1\frac{\partial}{\partial\theta_1} + \lambda_2\frac{\partial}{\partial\theta_2} + \varepsilon\frac{\partial}{\partial\xi}$$

$$\frac{\mathrm{d}^2}{\mathrm{d}x^2} = \lambda_1^2\frac{\partial^2}{\partial\theta_1^2} + 2\lambda_1\lambda_2\frac{\partial^2}{\partial\theta_1\partial\theta_2} + \lambda_2^2\frac{\partial^2}{\partial\theta_2^2} + 2\varepsilon\lambda_1\frac{\partial^2}{\partial\theta_1\partial\xi} +$$

$$2\varepsilon\lambda_2\frac{\partial^2}{\partial\theta_2\partial\xi} + \varepsilon\lambda_1'\frac{\partial}{\partial\theta_1} + \varepsilon\lambda_2'\frac{\partial}{\partial\theta_2} + \varepsilon^2\frac{\partial^2}{\partial\xi^2}$$

式中，$\lambda_1' = \dfrac{\mathrm{d}\lambda_1}{\mathrm{d}\xi}$，$\lambda_2' = \dfrac{\mathrm{d}\lambda_2}{\mathrm{d}\xi}$。

记

$$A = \sum_{n=0}^{\infty} \varepsilon^n A_n(\xi), \quad B = \sum_{n=0}^{\infty} \varepsilon^n B_n(\xi) \tag{6.2.77}$$

将式（6.2.74）代入式（6.2.72），并使 $\exp(\theta_1)$ 和 $\exp(\theta_2)$ 的系数等于零，得

$$(\lambda_1^2 + \lambda_1 p + q)A + \varepsilon(2\lambda_1 + p)A' + \varepsilon\lambda_1'A + \varepsilon^2 A'' = 0 \tag{6.2.78}$$

$$(\lambda_2^2 + \lambda_2 p + q)B + \varepsilon(2\lambda_2 + p)B' + \varepsilon\lambda_2'B + \varepsilon^2 B'' = 0 \tag{6.2.79}$$

将式（6.2.77）代回式（6.2.78）和式（6.2.79），并使 ε 的同次幂的系数相等，可得到逐次求 A_n 和 B_n 的方程。首项 A_0 和 B_0 由以下两式给出

$$(2\lambda_1 + p_0)A_0' + (\lambda_1' + \lambda_1 p_1 + q_1)A_0 = 0 \tag{6.2.80}$$

$$(2\lambda_2 + p_0)B_0' + (\lambda_2' + \lambda_2 p_1 + q_1)B_0 = 0 \tag{6.2.81}$$

它们的解

$$A_0 \propto \exp\left[-\int\frac{\lambda_1' + \lambda_1 p_1 + q_1}{2\lambda_1 + p_0}\mathrm{d}\xi\right] \tag{6.2.82}$$

$$B_0 \propto \exp\left[-\int\frac{\lambda_2' + \lambda_2 p_1 + q_1}{2\lambda_2 + p_0}\mathrm{d}\xi\right] \tag{6.2.83}$$

在 $p \equiv 0$，并且当 $n \geq 1$ 时 $q_n = 0$，则有

$$\lambda_1 = \lambda_2 = \pm\mathrm{i}\left[q_0(\xi)\right]^{1/2} \tag{6.2.84}$$

$$A_0 = \frac{a}{\sqrt{\lambda_1}}, \quad B_0 = \frac{b}{\sqrt{\lambda_1}} \tag{6.2.85}$$

式中，a、b 为常数。

于是，方程

$$y'' + q_0(\varepsilon x)y = 0 \tag{6.2.86}$$

的首阶近似解为

$$y = \left[q_0(\xi) \right]^{-1/4} \left\{ c_1 \cos \int \left[q_0(\xi) \right]^{1/2} \mathrm{d}x + c_2 \sin \left[q_0(\xi) \right]^{1/2} \mathrm{d}x \right\} \qquad (6.2.87)$$

式中，$\xi = \varepsilon x$。

式（6.2.87）即为方程（6.2.86）的 WKB 近似解。显然，式（6.2.87）和式（6.2.69）等价。

若将式（6.2.59）中的 y 视为波函数 W，I 为垂向波数的平方 k_3^2，则式（6.2.59）即为

$$W'' + k_3^2 W = 0 \qquad (6.2.88)$$

式（6.2.72）和式（6.2.86）分别为不含 Boussinesq 近似和含 Boussinesq 近似的内波方程，所得的解即为内波方程的 WKB 解。在此后的分析中，一般采用的 WKB 的解为式（6.2.71）或式（6.2.87）。

6.2.5 内波的反射与折射

由于海洋内波是斜向传播的，且实际的海洋在垂向上是有界的，因此海洋内波的传播必然会受到海面与海底的影响，产生反射现象。当海洋内波在非均匀分层（不是常数）的海洋中传播时，同一频率的海洋内波会因浮力频率 N 的变化而变化，从而出现折射现象；同样，当海洋内波沿着经向由一个海区传播到另一个海区时，惯性频率 f 也会发生变化，也将出现折射现象。

6.2.5.1 海洋内波的反射

理论分析与实验研究表明，与光波、声波以及海洋表面波不同，海洋内波的反射不遵循镜面反射原理。海洋内波的反射之所以具有独有的特征，是由于海洋内波的能量传输方向与波形传播方向相互垂直所造成的。

波的反射体现的是能量的反射，波形的反射是通过能量的反射来实现的。在海洋内波的研究中，为了使海洋内波的传播分析更加简单有效，通常把内波能量的传输方向用射线来描述，就如同波形的传播方向用波向线描述一样。

内波能量的反射方向可以通过频散关系式得出。内波的波形传播方向，即波向线或者波数向量 k 的方向与垂直方向的夹角 α 满足表达式：

$$\alpha = \arctan \sqrt{\frac{\omega^2 - f^2}{N^2 - \omega^2}} \qquad (6.2.89)$$

其中，α 为波向线与垂直方向的夹角，由于波向线传播方向（相速度方向）与波射线传播方向（群速度方向）垂直，因此 α 为波射线与水平方向的夹角。无论反射面是倾斜还是水平，入射射线和水平面夹角与反射射线和水平面夹角总是相等的。

如图 6.2.6 所示，当海底水平时（左图），波能量通过海面及海底不断反射，在水平方向仍是向前传播。当海底倾斜时，海底的反射特性根据海底地形的倾斜程度不同而不同。只有当海底地形倾斜角度 $\beta < \alpha$ 时（中图），即亚临界地形时，波能量才能不断地在水平方向上向前传播。当 $\beta > \alpha$ 时（右图），即超临界地形时，波能量在水平方向

也将反射并向回传播。这种反射特性已经得到海洋调查资料的证实。陆架外缘形成内潮后，在平缓的陆架上只能观测向岸传播的内潮波而无离岸方向的内潮波；反之，在陡峭的陆坡上则只能观测向海洋传播的内潮波。

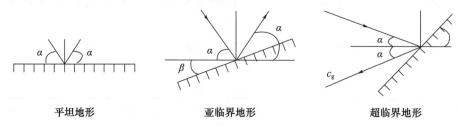

平坦地形　　　　　　亚临界地形　　　　　　超临界地形

图 6.2.6　不同地形条件下的内波反射特征

6.2.5.2　海洋内波的折射

在海洋内波反射特性的分析中，把射线看作直线，这实际是浮力频率 N 和惯性频率 f 无变化的情形。当 $N(z)$ 和 $f(y)$ 变化时，内波将产生折射现象，射线将变成曲线。

下面通过两种特殊的情况考虑海洋内波的折射特性。

（1）惯性频率 f 不变而浮力频率 N 是深度 z（z 向上为正）的单调函数。假设在一个强分层的海洋中的某一深度 $z = -d$ 处，有一给定频率 ω 的海洋内波开始向外传播，当射线（能量传输方向）射向海底时，因为 $N^2 - \omega^2$ 不断减小，故射线与水平线的夹角 α 不断增大，即产生折射，最终在 $\omega \equiv N$ 处垂直于水平线。此时按反射定律折回上层海洋，把 $\omega \equiv N$ 对应的深度称为转折深度，在这一深度处，群速为 0。因此，实际垂直区间 $[0, H(\omega \equiv N)]$ 可看作是对应某一频率的内波波导，海洋内波的传播被限制在这一波导区域中。

（2）浮力频率 N 不变而惯性频率 f 变化。此时，海洋内波沿水平方向传播并存在经向分量。假设北半球存在指向北方的射线，f 增加，$\omega^2 - f^2$ 减小，射线与水平线的夹角不断减小，折向水平面，最终在 $\omega^2 \equiv f^2$ 处，射线产生反射。把 $\omega = \pm f$ 所对应的纬度叫作转折纬度，或称为临界纬度（critical latitude）。显然，海洋内波的频率不同，所对应的转折纬度也不同。对具有某一确定频率 ω 的海洋内波，在其南北半球的转折纬度以外将不能存在，它会被限制在转折纬度以内的区域。实际情况下，浮力频率 N 和惯性频率 f 都会发生变化，海洋内波的折射特性将更加复杂。

6.3　潮成内波

6.3.1　潮成内波的定义与基本特征

6.3.1.1　潮成内波的定义

潮成内波（tide-generated internal waves）是世界各大洋及其边缘海中经常出现的一

种中、小尺度海洋内波现象。潮成内波现象与海水的表面潮波（又称正压潮波）运动有着非常密切的关系。海洋中普遍存在的潮汐、潮流运动为潮成内波的产生提供了能源。在海底地形变化剧烈的地方，在密度稳定层化的海洋中有潮汐、潮流运动时，变化的地形对层化海水潮流运动的扰动激发或诱发了潮成内波的产生。此时，地形的扰动是潮成内波的激发源；稳定层化的海水是潮成内波的载体。所以，能源、激发源和载体是潮成内波产生的 3 个必要条件。任何海洋内波的产生都需要这两源一体，只是能源和激发源的具体形式不同而已。目前普遍认为，在层化海洋中正压潮流与变化的底地形相互作用是产生内潮的一种有效机制。在陆架坡折处、大洋的边缘海域、岛屿和海峡等海区，海底地形变化剧烈，由海底地形与层化海水的潮流运动共同作用产生的潮成内波现象通常是很显著的。相比之下，在大洋中由于水较深，地形变化的扰动对密度变化较大的上层影响相对较小，由此产生的潮成内波就相对弱一些。关于潮成内波的生成机制，还将在后面做进一步的讨论。

潮成内波的波形或表现形式与它的非线性强弱有着非常密切的关系。当潮成内波的非线性较弱时，它会以接近标准正弦波的形式存在。此时的潮成内波又被称为内潮波，因为它具有与表面潮相同或相近的周期。实际观测得到的内潮波可能由多个频率的内潮波构成，且由于非线性等因素的影响，其波形会有不同程度的变形。当潮成内波的非线性较强且处于某种稳定（或动态稳定）状态时，它会以内孤立波（或波列）的形式出现；更强的非线性也会使潮成内波以内涌（internal bore）的形式存在。内涌是由内潮波波峰迅速增高而产生的一种不连续面的传播，使内孤立波进一步非线性变异。如果这种不连续面不传播，它就是与水跃对应的一种现象，可称为内水跃（internal hydraulic jump）。在本书中，把内潮波及与内潮波特性密切相关的内孤立波和内涌统称为潮成内波。

6.3.1.2　潮成内波的基本特征

内潮波是一类内波，它具有内波的明显的特征。例如，在传播过程中由于海面和海底的反射，在垂向可形成驻波模态结构。在某些海湾内，由于湾顶的反射，内潮在水平方向上也会形成驻波。内潮引起的水质点最大垂向位移和最大垂向波动振幅既不在海面也不在海底，而是在海水内部。在整个水深范围内，第一模态内潮波的垂向波动振幅有一个极大值，而高模态的内潮波则有多个极大值。内潮最大水平流速不在最大位移点而在最大位移点之上或之下，其垂向分布和海水的层化结构密切相关。如果海水的层化状况可以用两层结构近似，那么在内界面处水质点垂向位移最大，水平流速为 0，向上或向下离开内界面水平流速在相反方向上迅速达到最大，使界面上下形成水平流动的强剪切；继续向上或向下，流速不断减小。在海面上垂向位移几乎消失，但水平流速并不消失。如果密度跃层并不特别显著，那么在最大垂向位移上、下，最大水平流速并没有紧接着迅速出现，而是缓慢增大，甚至最大水平流速可能出现在近表层和近底层。由于内潮波是潮成内波，所以它的最显著的特征是频率常常等于或接近内潮源地的天文潮频率。

潮成内孤立波最令人关注的特征是它独特的波形及其在海洋中的远距离传播，它的传播距离通常可达上百千米。在很多情况下内孤立波与内潮波同时出现，在一个内潮周期内可能由一列或多列内孤立波。若在各内潮周期内只有一列内孤立波，则相邻内孤立波之间的时间间隔具有明显的天文潮周期或接近天文潮周期的特征。内孤立波有时只有单个波形，有时是一列波形。对于后者，通常从第一个到最后一个它们的振幅按从大到小、波长按从长到短顺序排列；但有时并非第一个内孤立波具有最大振幅，可能第二个或第三个内孤立波反而具有最大振幅。内孤立波列中所含波的数量也不是自始至终固定不变的，它视传播过程中的具体情况而定，可由一个裂变为多个（在初生或成长期），也可能后面的内孤立波逐渐消衰，使波列中的孤立波总数减少（在消衰期）。内孤立波可以是下凹型的，也可以是上凸型的；在从深水向浅水传播的过程中，随着水深和层化状况的改变，当跃层下部的水深从大于跃层上部的水深变到小于跃层上部的水深时，内孤立波将从下凹型转变为上凸型。如果内孤立波列的波是下凹型的，那么在目前的 SAR 遥感图像上它们的特征是亮、暗相间的条纹，以亮条纹在前；反之，若波是上凸型的，则在 SAR 遥感图像上的特征是暗、亮相间的条纹，以暗条纹在前。内孤立波既可以出现在内潮波的波峰前，也可以出现在内潮波的波峰后。同样，内孤立波的最大垂直波动也一定是在水体内部。

潮成内孤立波与内潮波之间的主要区别是由于非线性强弱不同，使它们在时间和空间上的尺度存在较大的差异。与非线性较弱的内潮波相比，非线性较强的内孤立波之垂向振幅和水平波长之比值要大得多。内孤立波的时间变化尺度（周期）也远小于内潮波的时间变化尺度。南海是内孤立波活动最频繁的海域之一，已有许多针对南海北部的内孤立波的观测和研究工作，都取得了大量的研究成果。

内涌的最大特征就是不连续波面的传播。它的产生除了要求产生它之前的内潮波要有较大振幅外，还要求地形是亚临界的。一般认为它是内波破碎前的一种过渡状态，但在地形和层化条件合适的情况下，它也能传播比较远的距离。所以，它也被看作是一类特殊的内孤立波。

6.3.2 潮成内波的生成机制

根据马尔丘克和卡岗（1982）论述，早在 1907 年，Petterson 就根据瑞典船"Skagerak"号在 Great Belt 获得的具有半日潮周期内振动的观测资料，第一次提出了海洋内波包含起源于潮汐的内潮波，从而将海洋内潮波的产生与潮汐现象联系起来。随后，围绕内潮波的生成机制问题进行了大量探讨。1912 年，Zeilon 首先提出了关于分层液体在不平坦地形上移动导致内波产生的假说。1934 年经过实验后，Zeilon 又指出：内波的周期与大洋中的潮周期是相同的，这项工作首次给出了潮汐与海洋中跃层内波的产生有必然联系的实验证明。1930 年，Petterson 提出了在大洋中天体引潮力垂向分量的作用下形成内潮波的概念。这个概念受到了 Defant 的批评。

Haurwitz（1950）和 Defant（1950）各自提出在大洋中"有限宽"的地区内由于科氏力的存在，使某些频率的海洋内波与引潮力发生共振作用导致产生强内潮波的假说。

自 20 世纪 60 年代起，潮地作用生成内潮的理论逐渐被接受。该理论认为，当密度稳定层化的海水在正压潮的驱动下流过剧烈变化的地形（如陆架坡折处，海峡，海山、海岭和海沟等）时，由于流动与地形的相互作用在稳定层化的海水中产生了持续的周期性扰动，该扰动向外传播，最终形成内潮波。Rattray（1960）用具有阶梯状地形的两层模式，首先提出了潮地作用生成内潮的理论模型。

6.3.2.1　内潮波的生成机制

潮地作用生成机制在解释发生于陆架陆坡周围海域及浅海中的内潮波时，是比较令人满意的。然而，无论是内潮生成的潮地作用机制，还是在引潮力直接作用下产生内潮以及与科氏力共振产生内潮的提法，都不能很好地对深海大洋中的内潮波进行解释。关于大洋中的内潮波，是否存在与上述各种机制相异的其他生成机制现在还不清楚。或许上面提到的产生内潮波的某种成因会成为大洋中某个区域内潮波生成的主要因素，或许它们都不起主要作用，或许它们的共同作用导致了大洋内潮波的产生，这些问题在大洋内潮波生成机制的研究中尚无定论。但有一点是可以肯定的，上述各种成因在大洋内潮波的生成过程中如果不起主要作用的话，也会有各自的贡献（杜涛和方欣华，1999）。Krauss（1999）提出了内潮波的一种新的生成理论：当正压潮通过斜压涡场时，两者之间的非线性相互作用会产生内潮波，内潮波的波长和垂向模态结构由涡场决定；静止涡场产生内潮驻波，运动涡场产生内潮行波。这一最新理论是否能够圆满解释大洋内潮现象还需要大量的观测进行验证。下面通过一个两层模式（Maze，1987）对内潮波的潮地作用生成机制进行简单介绍。

假定根据海洋中海水的密度层化状况，可以将全部海水近似分为上、下两层（图6.3.1）。底部的斜坡代表陆坡或其他不平坦的地形。若各层中的海水都是理想流体，且上、下层海水的密度分别为 ρ_1、ρ_2；上层静止厚度为 h_0，瞬间厚度为 h_1；下层瞬间厚度为 h_2，总水深 H；上、下层的流速分别为 $U_{(1)}$、$U_{(2)}$；上、下层的压强分别为 P_1、P_2；下标 $i=1$ 表示上层，下标 $i=2$ 表示下层；上、下层的控制方程为

$$\begin{cases} \dfrac{\partial U_{(i)}}{\partial t} + [U_{(i)} \cdot \nabla] U_{(i)} + f z_0 \times U_{(i)} = -\dfrac{1}{\rho_i} \nabla P_i \\ \nabla \cdot [h_i U_{(i)}] = -\dfrac{\partial h_i}{\partial t} \end{cases} \quad (6.3.1)$$

式中，f 为科氏力参数；z_0 为垂向单位矢量。其中式（6.3.1）的第二式即为连续方程。

在边缘海中，天体引潮力的直接作用与压强梯度力相比较小，因此，可以忽略不计。假定有天文（正压）潮波从深水向陆架浅水区传播。在潮波传播的过程中，由于地形变化产生的扰动会在密度稳定层化的海水中诱发一种新的运动。不妨先假定这种运动就是内潮。因此，实际海水的运动使天文潮与内潮的叠加。令 U 表示无层化海水中的正压潮流流速，u_i（$i=1,2$ 分别表示上、下层）是内潮流速。则上、下层海水中的实际流速可以近似表示为

$$U_{(i)} = U + u_i \quad (6.3.2)$$

同样，由于内潮的产生，海面高度的变化也应是正压潮 ζ 和内潮 η_1 共同作用的结

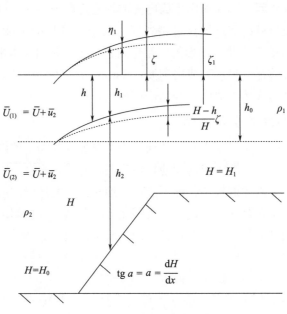

图 6.3.1　两层模式分层示意图

果。即，自由海面的高度

$$\zeta_1 = \zeta + \eta_1 \tag{6.3.3}$$

令 h 表示由内潮引起的，上、下层水体的界面相对于静止海面的高度，则上、下层水体的瞬间厚度分别为

$$h_1 = h + \frac{h}{H}\zeta + \eta_1 \tag{6.3.4}$$

$$h_2 = H - h + \frac{H-h}{H}\zeta \tag{6.3.5}$$

上面各式中与海水正压潮运动相关的参数——正压潮流速 U 和海面高度 ζ，可由下面的方程得出

$$\begin{cases} \dfrac{\partial \boldsymbol{U}}{\partial t} + (\boldsymbol{U} \cdot \nabla)\boldsymbol{U} + f_z \times \boldsymbol{U} = -g\,\nabla\zeta \\[2mm] \dfrac{\partial \zeta}{\partial t} = -\nabla \cdot \left[(H+\zeta)\boldsymbol{U} \right] \end{cases} \tag{6.3.6}$$

采用静压近似，上、下层水体中的压强梯度力分别为

$$\nabla P_1 = \rho_1 g\,\nabla(\zeta + \eta_1) \tag{6.3.7}$$

$$\nabla P_2 = \rho_2 g\,\nabla(\zeta + \eta_1) - g\delta\rho\,\nabla h_1 \tag{6.3.8}$$

式中，$\delta\rho = \rho_2 - \rho_1$。

将式（6.3.2）、式（6.3.7）和式（6.3.8）代入式（6.3.1）的第一式，得

$$\begin{cases} \dfrac{\partial \boldsymbol{u}_1}{\partial t} + \left[(\boldsymbol{U} + \boldsymbol{u}_1) \cdot \nabla \right]\boldsymbol{u}_1 + (\boldsymbol{u}_1 \cdot \nabla)\boldsymbol{U} + f z_0 \times \boldsymbol{u}_1 = -g\,\nabla\eta_1 \\[2mm] \dfrac{\partial \boldsymbol{u}_2}{\partial t} + \left[(\boldsymbol{U} + \boldsymbol{u}_2) \cdot \nabla \right]\boldsymbol{u}_2 + (\boldsymbol{u}_2 \cdot \nabla)\boldsymbol{U} + f z_0 \times \boldsymbol{u}_2 = -g\,\nabla\eta_1 + g'\nabla h_1 \end{cases} \tag{6.3.9}$$

式中，$g' = g\delta\rho/\rho_2$ 是约化重力。

将上、下层的连续方程相加，并代入式（6.3.6）的第二式，得

$$\frac{\partial \eta_1}{\partial t} + \nabla \cdot (\eta_1 \boldsymbol{U}) = - \nabla \cdot (h_1 \boldsymbol{u}_1 + h_2 \boldsymbol{u}_2) \tag{6.3.10}$$

再将式（6.3.4）和式（6.3.5）代入上式，得

$$\frac{\partial \eta_1}{\partial t} + \nabla \cdot [(\boldsymbol{U} + \boldsymbol{u}_1) \eta_1] = - \nabla \cdot \left\{ \left(1 + \frac{\zeta}{H} \right) \left[h\boldsymbol{u}_1 + (H-h)\boldsymbol{u}_2 \right] \right\} \tag{6.3.11}$$

将式（6.3.5）和式（6.3.6）的第二式代入下层水体的连续方程，可得

$$\frac{\partial h}{\partial t} = - \boldsymbol{U} H \cdot \nabla \frac{h}{H} + \nabla \cdot [(H-h)\boldsymbol{u}_2] + (H-h)\boldsymbol{u}_2 \frac{H}{H+\zeta} \cdot \nabla \left(1 + \frac{\zeta}{H} \right) \tag{6.3.12}$$

因此，由内潮引起的内界面的垂直运动速度为

$$\frac{\mathrm{d}h}{\mathrm{d}t} = \frac{\partial h}{\partial t} + (\boldsymbol{U} + \boldsymbol{u}_2) \cdot \nabla h = \frac{\boldsymbol{U}h}{H} \cdot \nabla H + \boldsymbol{u}_2 \cdot \nabla H + (H-h) \nabla \cdot \boldsymbol{u}_2 +$$

$$(H-h)\boldsymbol{u}_2 \cdot \frac{H}{H+\zeta} \nabla \left(1 + \frac{\zeta}{H} \right) \tag{6.3.13}$$

从上式可以看出，在正压潮波由深水向陆架浅水区传播的过程中，在正压潮没有传播到的地方，没有内潮产生。即 $\boldsymbol{u}_1 = 0$，$\boldsymbol{u}_2 = 0$，$\boldsymbol{U} = 0$，所以，垂直运动速度 $\frac{\mathrm{d}h}{\mathrm{d}t} = 0$。当传播中的正压潮波遇到变化的地形后，地形变化产生的 ∇H 迫使做正压运动的层化海水产生一个附加的垂向运动速度 $\mathrm{d}h/\mathrm{d}t$。该速度从海底到海面线性递减，在海底为 $\boldsymbol{U} \cdot \nabla H$，在内界面处为 $\frac{\boldsymbol{U}h}{H} \cdot \nabla H$。相应于这个附加的垂向运动速度，内界面上下起伏。对于层化水体而言，由于上、下层水体密度的不同，伴随着内界面的起伏，在下层水体中将产生一个额外的压强梯度力，即式（6.3.8）右边第二项；该力驱动下层水体做内潮运动并产生速度分量 $\boldsymbol{u}_2$［式（6.3.9）］。通过连续方程（6.3.10）和上层的运动方程（6.3.9）先后可得到内潮引起的海面垂向位移 η_1 和上层中的内潮流速 $\boldsymbol{u}_1$。另一方面，内潮运动的产生反过来也（通过下层的内潮速度 $\boldsymbol{u}_2$）影响内界面的垂向运动速度［式（6.3.13）中右边最后 3 项］。所以，最终的内潮是天文潮波和变化的地形在垂向密度稳定层化海水中共同作用的结果。

事实上，内潮波的潮地相互作用生成机制还只是对内潮生成过程的一种比较初步的认识，它尚不能详细地刻画内潮的整个生成过程。例如，在不同地形、不同层化条件下，如何度量非线性相互作用在整个潮地相互作用中的影响？内潮从天文潮中获得了多少能量？是什么因素决定着内潮获得能量的多少？等等。已经知道，有很多因素，如天文潮的流速大小、频率，内潮产生地的总水深，地形的斜率、高度或水平长度尺度，浮力频率和科氏力参量等都影响着内潮的产生过程。概括起来，是以下几个无量纲参数控制着潮地作用机制生成内潮的过程（Legg and Adcroft，2003）。

（1）地形坡度与内潮波群速度特征线坡度之比

$$\alpha = \frac{\mathrm{d}h/\mathrm{d}x}{\sqrt{(\omega^2 - f^2)/(N^2 - \omega^2)}} \tag{6.3.14}$$

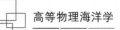

式中，$\mathrm{d}h/\mathrm{d}x$ 表示地形的坡度（相当于 ∇H）。

$\tan \varphi = \sqrt{(\omega^2 - f^2)/(N^2 - \omega^2)}$ 是内潮波群速度特征线的坡度，而 φ 是特征线与水平线之夹角。当 $\alpha < 1$ 时，地形为亚临界地形；当 $\alpha = 1$ 时，为临界地形；而当 $\alpha > 1$ 时，则为超临界地形。需要注意的是，无论是亚临界地形还是超临界地形，它们都不是一成不变的。对某种频率的内潮波是超临界地形，对另一种频率的内潮波可能就变为亚临界地形。即使是对同一频率的内潮波，层化状况的改变，也会使地形的亚临界特性或超临界特性发生改变。而在较小尺度范围内的地形变化，也会使此参数的变化更加复杂。

（2）内弗劳德数

$$Fr = U/c_p \tag{6.3.15}$$

式中，U 表示内潮水平流速的振幅；c_p 是内潮相速度的水平分量。内弗劳德数用来描述内潮流动的非线性，流动速度越大，非线性就越强，内弗劳德数也就越大。

（3）内潮的水平波长尺度与地形坡度的水平尺度之比

$$s = \lambda/L \tag{6.3.16}$$

式中，λ 表示内潮的水平波长；L 表示地形坡度的水平尺度。

另外，其他一些较重要的无量纲参数包括雷诺数和内潮波的斜入射角等。

由于现场观测等方面的困难，对内潮生成过程的研究大部分仍处于数值模拟和实验室实验的阶段。所使用的地形多数为二维地形，对三维地形的研究进行得较少，而对地形的小尺度变化所产生的影响研究得就更少（Laurent and Garrett，2002），这些问题有待于进一步研究。

6.3.2.2 内孤立波的生成机制

在对海洋内波的研究中，经常遇到内孤立波（internal solitary wave）、内孤立子（internal soliton）、内孤立波列或内孤立波包这样的名词，它们都是从对表面孤立波的研究中直接借鉴过来的，尚没有严格的定义。

内孤立波的产生主要需要满足 3 个基本条件，即：

（1）强的背景流场；

（2）海水的稳定层化；

（3）剧烈变化的海底地形。

通常情况下，内波的生成模型假定内孤立波是由一个穿越海脊的正压潮激发的。基于该假定，已经有许多二维、2.5 维以及三维海洋模型（包括 Regional Ocean Modeling System，ROMS 和 Massachusetts Institute of Technology general circulation model，MITgcm 等）被开发出来。这些模型诊断了海脊坡度，正压潮流强度和层化等因素对内孤立波生成的影响（Du et al.，2008；Xie et al.，2010；Warn-Varnas et al.，2010；Zhang et al.，2011）。但是，以上这些经典的内孤立波生成机制依然存在一些问题（Cai et al.，2012），针对不同的海域，其独有的内波生成机制也是今后内孤立波研究的工作重点。同时，也有一些研究者注意到了其他的内波形成机制，比如重力破碎机制。

关于地形机制，一些新的研究表明，双马鞍形的海脊可能也是内波生成的重要条件（Cai et al.，2012）。在南海就存在这种海峡口附近的双马鞍形海脊（图 6.3.2）。观察该海脊可以发现，东部的 Lan-Yu 海脊更陡峭，而西侧的 Heng-Chun 海脊稍平缓。这种双马鞍形海脊可以对内孤立波生成所产生的作用如下：①西侧的 Heng-Chun 海脊可以以滤波器的形式影响西传的内潮，内涌和内孤立波等；②在强潮流的作用下，Kelvin-Helmholtz 不稳定可以在这种双马鞍形海脊中的相对高的那座海脊建立起来；③内潮在双马鞍形海脊中共振，会引起正压潮的不对称性，最终导致东传的内孤立波显著小于西传的内孤立波；④正压到斜压能量的转换在海脊处显著加强，这种正压潮到斜压潮能量的转化增大了西传的内潮和内孤立波；⑤双马鞍形海脊配合科氏力以及温跃层深度的上移，当背景潮流产生时，最终可以导致南海北部产生极强的内潮和内孤立波事件。

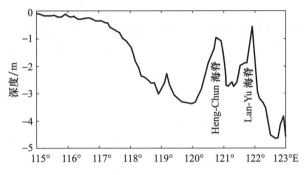

图 6.3.2　吕宋海峡口的双马鞍形海脊（Cai et al.，2012）

海水的层化同样是影响内孤立波生成的重要因素。还是拿吕宋海峡举例子，在该海域，由于其温跃层终年保持向东倾斜（即海峡西侧比东侧浅），这样的温跃层分布为西向（东向）传播的内波提供了振幅持续增长（消减）的条件（Zheng et al.，2008）。在海脊处层化越强，则对应产生的内孤立波就越强。在吕宋海峡西侧，在春、夏两季，温跃层的上移以及海脊处的层化变强可以帮助内潮的生成，从而使在 4 月到 7 月南海北部海域的内孤立波活动最为频繁；而在冬季，由于垂向混合和温跃层的加深，内孤立波活动也被抑制了，因此在冬季观测到的南海北部内孤立波是最少的。而在吕宋海峡东侧，由于黑潮的存在，其温跃层没有显著的变化，进而导致向东传播的内孤立波振幅逐渐衰减，因此在海峡东侧很少观测到内孤立波（Shaw et al.，2009）。

另外，内孤立波的产生和海洋中的混合有着密切的联系。只要混合区内的势能大于周围层化流体的势能，它在趋向于平衡的过程中就有可能在周围的层化流体中激发内孤立波。实际海洋中，混合的产生有多种原因。目前普遍认为有 3 种明显的方式产生混合，它们是：

（1）某种形式的剪切失稳；

（2）机械混合，如地形对潮流的扰动；

（3）由于垂直方向或水平方向上的温度差产生的对流混合。

实际海洋中有很多混合过程，它们基本上可以归属于其中的某一种。如内波的破碎混合可归属于第一种方式，而潜艇在跃层中运动产生的混合可归属于第二种方式等。由第三种方式产生内孤立波的情况在大气中比较常见。在海洋中，逆温跃层处、不同水团之间或海洋锋面附近都可能产生混合，但由这类混合产生内孤立波的情形尚

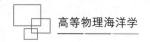

未见报道。

由不同方式产生的混合具有不同的特点。因此，由它们激发的内孤立波也就具有不同的特征。例如，潮流与海底地形相互作用产生混合所激发的内孤立波就有潮周期的特征（在传播过程中，受环境因素影响，其周期可能会变，使之具有准潮周期），而其他混合激发的内孤立波则一般不具备这种特征。所以，虽然有很多种混合都可能激发内孤立波，但对潮成内孤立波的辨别仍然比较容易。

6.3.3　潮成内波的传播

潮成内波的传播变化包含非线性较弱的内潮波和非线性较强的内孤立波在传播过程中的变化，对后者的描述需要用到 KdV 理论，因此先对此进行简单介绍。对该理论更详细的学习，可参考非线性波动理论方面的书籍。

6.3.3.1　KdV 理论

1895 年，Korteweg 和 de Vries 首先推导出了表面波的 KdV 方程并得到了特定的周期解和孤立波解。Djordjevic 和 Redekopp（1978）得到两层流体中的内波 KdV 方程：

$$\zeta_t + c_0\zeta_x + \frac{3}{2}\frac{H_1 - H_2}{H_1 H_2}c_0\zeta\zeta_x + \frac{1}{6}H_1 H_2 c_0\zeta_{xxx} = 0 \qquad (6.3.17)$$

式中，ζ 是内界面垂向位移；H_1、H_2 分别是上、下层流体的厚度；$c_0^2 = g\Delta\rho\dfrac{H_1 H_2}{H_1 + H_2}$；$\Delta\rho = \dfrac{\rho_2 - \rho_1}{\rho_2}$；$\rho_1$、$\rho_2$ 分别是上、下层流体的密度；c_0 是微振幅长内波的相速度。

将上式无量纲化，令 a、L、L/c_0 分别为振幅尺度、波长尺度和波传播的时间尺度，上式变为

$$\zeta_t + \zeta_x + \varepsilon\zeta\zeta_x + \delta\zeta_{xxx} = 0 \qquad (6.3.18)$$

式中，$\varepsilon = \dfrac{3(H_1 - H_2)a}{2H_1 H_2}$ 是非线性系数；$\delta = \dfrac{1}{6}\dfrac{H_1 H_2}{L^2}$ 是频散系数。

尽管 KdV 方程假定内孤立波是（有限）小振幅的和（有限）长波长的（相对于微振幅和极长的波长而言），这两个参数仍然是小参数。

假定内波波长相对于上、下层的厚度是无限长的，从而有 $\delta \to 0$。式（6.3.18）变为

$$\zeta_t + \zeta_x + \varepsilon\zeta\zeta_x = 0 \qquad (6.3.19)$$

在特征线上，$\dfrac{dx}{dt} = 1 + \varepsilon\zeta$，$\zeta$ 满足 $\dfrac{d\zeta}{dt} = 0$，即特征线是直线，且 ζ 在特征线上为常数。对于任意的特征线 $x = x(t)$ 有

$$\zeta(t,x) = f(x_0) \qquad (6.3.20)$$

因为 $x_0 = x(0)$ 和 $f(x_0) = \zeta(0, x_0)$，所以特征线方程也可以写为

$$x = [1 + \varepsilon f(x_0)]t + x_0 \qquad (6.3.21)$$

将式（6.3.20）和式（6.3.21）对 x_0 求导数，得到

$$\frac{\partial \zeta}{\partial x} = \frac{f'(x_0)}{1 + \varepsilon f'(x_0) t} \tag{6.3.22}$$

当 $t = -\dfrac{1}{\varepsilon f'(x_0)} = O(1/\varepsilon)$ 时，ζ_x 变为无穷大，内波发生破碎。亦即，若仅有非线性的作用，无论它多小，只要非线性系数 $\varepsilon > 0$，都会使波面不断变陡并最终破碎。故非线性作用使振幅增加。当然，当波面很陡时，$\delta \to 0$ 的假定就不再成立了。

对于两层流体中微振幅平面重力内波，频散关系为

$$\omega^2 = \frac{gk\Delta\rho}{\coth kH_1 + \coth kH_2} \tag{6.3.23}$$

若相对于每一层的厚度，波长都很长，则 kH_1、kH_2 为小量（k 为波数），上式可展开成

$$\omega^2 = c_0^2 k^2 \left(1 - \frac{1}{3} H_1 H_2 k^2 + \cdots\right) \tag{6.3.24}$$

对式（6.3.24）做代换 $\omega \leftrightarrow \mathrm{i}\dfrac{\partial}{\partial t}$，$k \leftrightarrow -\mathrm{i}\dfrac{\partial}{\partial x}$ 得到式（6.3.17）的线性形式。也就是说，两层流体中的内波 KdV 方程［式（6.3.17）］表示振幅有限小、波长有限长的内波，若只有频散作用，最终将变为微振幅波。即频散作用使振幅减小。

6.3.3.2　内潮波的传播及地形对传播的影响

在内潮波向生成区外传播的过程中，受到一些稳定或不太稳定的因素（如地形、垂向速度剪切、科氏力、海水底部及内部的耗散以及大气压力、风应力和来自跃层垂向或水平分布变化等）的影响，内潮波的波形要发生变化。当非线性因素的影响越来越强时，波形会变得越来越陡；反之，当频散效应的影响越来越大时，波形会变得越来越平坦。这两种因素互相制约，决定着内潮波的波形变化情况。如果非线性项的作用不能被频散效应平衡或者被耗散掉，内潮波会变得越来越陡并最终发生破碎。伴随内潮波的破碎，会发生海水混合，从而可能将底部富含营养盐的低温海水带到表层，使表层的生态环境发生改变。相反，较强的频散效应会克服非线性项的作用使内潮波的波形越变越平坦，并由于耗散作用而最后消失。

大量的观测和数值模拟研究表明，内潮波的破碎现象在浅海海域时有发生，这说明非线性项的作用在内潮波的传播过程中并不总能够被平衡或耗散掉。非线性项的作用与频散效应的平衡尺度可分为两种情况：第一种情况是，这种平衡发生在内潮波波长的尺度上，这时内潮波以大约接近正弦波的形式进行传播；第二种情况是，在众多地形变化复杂的浅海区中的内潮波，由于受到来自地形的强非线性影响，非线性在整体上要远大于频散效应，两者的平衡仅能够在比内潮波波长小得多的尺度上达成，这时将从内潮波中裂变产生波幅按大小顺序排列的孤立波包，这也是内孤立波产生的又一种机制。所以，在内潮波的传播过程中，其非线性与频散效应是否达到平衡，在什么尺度上达到平衡决定着是否有孤立波包从内潮波中裂变出来。

图 6.3.3 所示的是不同斜坡地形条件下内波的传播演变情况。在遇到斜坡地形倾角小于内波群速度特征线角的情况下（亚临界地形），内波可能变为内涌（图 6.3.3 的左

下图）。此时，斜坡地形的出现使垂向空间减小、能量积聚，以致内波的波面迅速增高成为不连续波面，这种波面的继续传播就是内涌；若波面持续增高，最终内涌将破碎产生混合。如果内波在传播过程中遇到斜坡地形倾角近似等于内波群速度特征线角的情况（临界地形），内波将在斜坡地形上破碎、消失，并激发出小尺度的湍流运动（图 6.3.3 的右下图）。

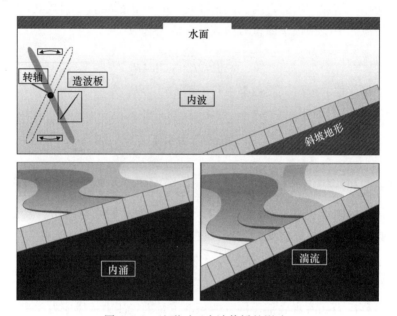

图 6.3.3　地形对于内波传播的影响

图 6.3.4 给出了海洋底地形的不同坡度对内潮能量传播的影响。图 6.3.4（a）显示，当内潮波的能量沿其群速度特征线传播时，若特征线坡度大于所遇到的陆坡地形坡度（亚临界地形），则能量在陆坡和混合层底部之间不断反射，在水平方向上继续向前（向浅水方向）传播。而能量在垂向的反射，也是促使内涌产生或者至少使内潮波波形改变的一个原因。图 6.3.4（b）显示，当特征线坡度小于所遇到的陆坡地形坡度时（超临界地形），能量经过陆坡的反射后在水平方向向后（向深水方向）传播。图 6.3.4（c）显示，当特征线坡度近似等于所遇到的陆坡地形坡度时（临界地形），内潮能量没有反

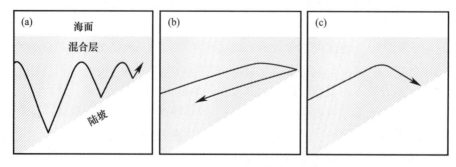

图 6.3.4　不同地形对内潮波能量传播的影响

（a）亚临界地形；（b）超临界地形；（c）临界地形

射，而是被陆坡底部捕获，这时内潮波的能量全部用来产生底部湍流运动，使海底沉积物悬浮或者至少使海底沉积在这里难以发生。

6.4　近惯性内波

6.4.1　海洋中近惯性运动对风场的响应

潮成内波通过正压潮与地形相互作用产生，能量来源较为单一，与潮成内波相比，海洋中近惯性内波的能量来源和生成过程更为丰富。大量研究表明，海洋近惯性能量的主要来源为非稳定风场（随时间或空间变化）的能量输入。其中，热带气旋具有较为强烈的风应力，风场的时空变化特征十分明显，是激发海洋近惯性内波的典型过程之一，海洋上层对热带气旋的响应研究要追溯到 20 世纪 60 年代，受当时条件限制，人们主要通过走航式海洋观测、在风影响范围内的浮标资料以及数值模式对其进行研究，近些年来，随着海洋科学技术的迅猛发展，卫星遥感、深海潜标、水下滑翔机、浮标等一系列的观测手段逐渐应用于上层海洋对大气风场响应的研究中；近惯性内波是台风—海洋相互作用的主要过程之一且对台风发展具有重要的潜在反馈作用，前人利用模式模拟、现场观测和理论推导等方法对台风经过时近惯性内波的生成和传播过程进行了较为详尽和系统的研究，其生成过程可分为两个阶段：首先台风强烈的风应力在混合层激发较强的表层流动［量级（1 m/s）］，流动频率接近局地惯性频率，发生时间集中在台风经过期间，这一阶段称之为"强迫阶段"；其次，风场激发的混合层流动为非地转流，台风过后，混合层流动开始地转调整过程，其辐聚辐散效应导致近惯性能量向温跃层传播，形成一个沿台风轨迹的近惯性内波场，这一阶段称之为"松弛阶段"。一般认为，混合层近惯性能量衰减主要是由近惯性内波的下传引起的。非台风风场激发近惯性内波过程与台风类似，但近惯性内波的振幅明显偏小。

理论上，非地转流在地转调整过程中均可辐射近惯性内波，而非地转流的能量可来自风场的能量输入（如台风等）或大尺度环流的失稳等过程。例如，Alford 等（2013）通过走航式观测的流速和温盐剖面观测资料发现，在北太平洋中纬度锋面及其南部的流速和剪切具有明显的近惯性内波主导特征，而观测时间内风场极为微弱，因此推测该能量来源于由锋面辐射并向赤道传播的近惯性内波。Kunze 和 Sanford（1984）也在海洋锋面附近发现了活跃的近惯性内波。

另外，近惯性内波的能量也可来自海洋内潮波的次谐频不稳定机制（PSI），近 10 年来的观测和数值模拟研究表明，在全日内潮（约 14°）和半日内潮（约 29°）的临界纬度处，均存在着明显的 PSI 效应，能量由内潮波向高模态近惯性内波转移，并显著促进了内潮能量的耗散。

6.4.2 近惯性内波的季节变化

近惯性内波的能量主要来自风场的能量输入，而风场通常具有较强的间歇性，使得观测中近惯性内波在时间上呈现出杂乱的间歇性变化特征。但是在统计意义上，全有风场一般具有较为明显的季节变化特征，局地近惯性能量（特别是混合层）也可能随之具有相应的季节变化特征。Alford 和 Whitmont（2006）搜集了全球 2 480 个潜标的流速观测数据，统计结果表明，在 25°—45°N 之间，冬季近惯性能量比夏季强 4 ~ 5 倍，且这种差异主要是由风场向海洋混合层近惯性能量输入的差异导致的。Silverthorne 和 Toole（2009）利用位于中纬度北大西洋的一套潜标资料分析了近惯性振荡的季节变化，同样发现了近惯性能量的冬季加强现象。总体来讲，由于同一海域长期连续现场观测资料（至少一年以上）的匮乏，目前对海洋中近惯性内波季节变化的认知较少；而且，Alford 和 Whitmont（2006）与 Silverthorne 和 Toole（2009）所用的潜标主要分布在北大西洋和中高纬度北太平洋，但是在西北太平洋和南海，并没有相关的潜标观测资料。

6.4.3 近惯性内波的研究意义

从短时间尺度上来说，近惯性内波及其造成的混合效应影响着海—气界面的动量和热量交换过程，尤其是台风情况下，对台风强度发展具有重要的反馈作用，加深对该过程的理解并据此改进热带气旋模式预报，对减少人民的生命财产损失具有重要作用；在较长时间尺度上，近惯性内波的季节变化、空间分布及能量下传为大洋混合提供了重要的能量来源，揭示近惯性内波的生成、传播与耗散过程并详细考虑海洋背景场特别是中尺度涡的调制作用，对正确刻画海洋混合的时空分布特征及参数化具有重大意义。

6.4.4 近惯性内波的研究现状

受限于现场观测资料的极度匮乏，目前针对近惯性内波的直接观测研究相对较少，特别是在台风等极端海洋环境下的观测研究稀少，多数研究是基于数值模式模拟或卫星观测资料。Chu 等（2000）利用 POM 模式模拟了南海对 1996 年 Ernie 台风的三维响应，并指出南海与开阔大洋呈现出的响应特征相类似；Lin 等（2003）首次利用 SeaWiFs 卫星图像发现台风 Kai-Tak 过后，局地叶绿素 a 浓度增大了 3 倍以上，并猜测这与上升流和混合导致的营养元素上浮有关；Shang 等（2008）综合分析了热带气旋 Lingling 引起的热力学和生物化学响应；Chiang 等（2011）利用数值模式实验阐明了中尺度涡对海洋热力学响应的重要调制作用；Xie 等（2011）基于短期的潜标观测资料发现，近惯性内波可与半日内潮发生显著地非线性相互作用，特别是半日内潮的 PSI 效应在南海也可发生（20°N）。

针对台风过程，Sun 等（2011）在台风 Fengshen 过后，在南海北部陆架海域布放了 3 套潜标观测到上层海洋较强的近惯性流速响应，并结合卫星高度计资料分析了背景涡度对近惯性运动的调制作用。Chen 等（2013）利用连续 3 年的潜标流速观测资料分析了南海西北部海域近惯性振荡的季节变化，发现近惯性能量在秋季最强且主要与台风过境有关（图 6.4.1）；并重点分析了中尺度涡对近惯性内波传播的调制作用。管守德（2014）分析了南海北部多套连续 11 个月的潜标观测资料，发现由于台风激发近惯性内波与内潮发生非线性相互作用，导致近惯性能量向次级波动转移，限制了近惯性流的成长，导致南海台风激发的近惯性振荡振幅偏弱（最大振幅仅为 0.4 m/s）且耗散速度更快，也发现了冬半年的近惯性能量比夏半年偏大。综上所述，南海近惯性能量来源多样化，且中尺度涡、内潮等复杂背景场都对近惯性内波的生成、传播及耗散等过程具有重要的调制作用，然而受限于现场观测资料的稀缺，目前人们对南海近惯性内波的时空分布及变化特征认知水平较为有限。

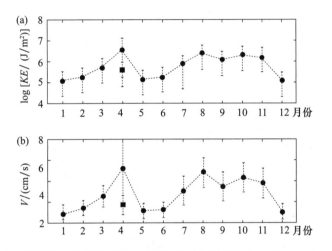

图 6.4.1　南海西北部潜标观测的近惯性能量随时间变化（Chen et al.，2013）

思考与讨论

1. 讨论潮成内波与内孤立波之间关系，进一步综述内孤立波的描述理论。
2. 综合对比分析界面内波与连续分层内波之间的区别和联系。
3. 近惯性内波的运动周期主要是在什么范围。
4. 比较内波与表面波的区别与联系。

第 7 章 海洋锋面

7.1 海洋中的锋面现象

海洋锋面是一种普遍存在于海洋中的物理现象，海洋锋面拥有多种类型，由其生成源地和形成机理不同而差异显著，其规模可以小至几分之一米，大至全球范围的所有空间尺度，尤其在大洋表面存在的概率最大。例如，海表面温度锋，不同区域识别海表温度锋的概率分布如图 7.1.1 所示。

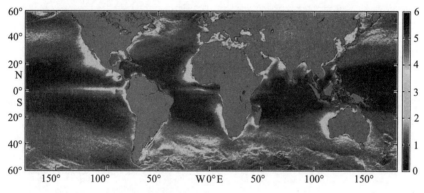

图 7.1.1　海洋温度锋概率分布（McWilliams，2021）
基于高分辨率的卫星 AVHRR 高度计和辐射计，得到水平分辨率为 4 km 的海表信息，
利用 Cayula-C 算法得到的晴空温度锋出现的概率

由图 7.1.1 可知，海洋温度锋面在近岸出现的概率很高，锋区大多集中在大洋环流的强切变海域，相应锋区的流场较强，如太平洋黑潮和亲潮交汇海域，大西洋湾流延伸海域等，从时间角度而言，有许多海洋锋表现为半永久性存在于某些海域，还有许多海洋锋，其尺度较小，生命周期较短，由于其宽度小于卫星数据的分辨能力而不能被识别出来。

7.1.1　海洋锋面的定义

"锋"源自大气科学中的天气学概念，代表水平方向上毗连而性质不同的气团之间的边界。在海洋中，表示性质不同的水团之间的边界或过渡带，海洋锋在物理上定义为水平梯度较大的狭窄带，即海洋锋面宽度较窄，沿着等密度线或其他物理要素等值线是海洋锋的轴线。锋区是辐合区，并有相当强烈的垂直运动，锋面可以用温度、盐度、密度、速度、海况、叶绿素等要素的水平梯度或更高阶微商的分布特征来描述。

7.1.2 海洋锋面的分类和特征

在海洋表层中，由密度或其他物理要素的汇聚形成的海洋锋面是一种普遍存在的现象，它的跨锋面水平尺度为几米至几千米。根据海洋锋发生的尺度，可分为以下两个类型。

1）气候尺度类型的海洋锋面（气候态海洋锋面）

长期的观测发现，在一些特定的海域中存在一类半永久性的海洋锋面，这类锋面常出现在大尺度流轴的边缘、Ekman 输送带的辐合区、水团边界处或者受特殊海盆地形影响的区域。比如，位于西边界流靠近极地分界处的极地锋区，位于太平洋和大西洋副热带环流和副极地环流圈的纬向锋区（Roden，1981；Rudnick and Luyten，1996），位于地中海的盐度锋区（Tintore et al.，1988）和位于南极绕极流周围的多个纬向锋区（Sokolov and Rintoul，2009）等。

温度锋和盐度锋常常也是密度锋，由于温度和盐度对密度的贡献呈相反的作用，因此，有时也会出现密度补偿的现象，水团中密度梯度很弱，但温盐梯度却很强。近海的离岸 Ekman 输送作用常伴随着强烈的边界上升流，因此在上升流区域，表现出剧烈的跨海岸温度梯度（比如，加利福尼亚近海上升流区），但是，该区域形成的翻转环流在表层一般为辐散特征，因此，这种背景条件也为周期性锋生过程的出现提供了可能性，如美国、秘鲁、西北非和西南非的西海岸，中国东海舟山群岛东缘等区域。

2）次（亚）中尺度海洋锋面

随着海洋数据空间分辨率的提高，人们发现在海洋表面，一些次中尺度物理过程非常普遍，比如，次中尺度海洋锋、密度细丝（filaments）以及由于涡度不稳定产生的亚中尺度过程，这些物理过程多发于层结性较弱的表面边界层中，相比而言，弱层结流体的边界层厚度较大，海水混合作用显著（图 7.1.2，McWilliams，2016，2019）。驱动这些亚中尺度物理过程的能量来源为近表面的有效势能释放，湍流热成风生成过程是重要的物理机制（Thompson，2000；Gula et al.，2016；McWilliams et al.，2015；McWilliams，2017；Bodner et al.，2019）。在锋生过程中，海表为强烈的辐合运动，散度小于 0（D'Asaro et al.，2018；Barkan et al.，2019），同时伴随着气旋性涡度的生成，涡度大于 0。次中尺度海洋锋和密度细丝在侧向物质能量交换中发挥着重要的作用，尤其是在海洋 $10^2 \sim 10^4$ m 尺度的物质交换过程中，此外，次中尺度海洋锋的另一个作用是通过流场的辐合和下沉运动，使 $10^2 \sim 10^4$ m 尺度的侧向物质交换过程达到平衡或抑制（D'Asaro et al.，2018；Dauhajre et al.，2017）。随太阳加热作用的日周期变化，边界层湍流混合率（Dauhajre and McWilliams，2018）呈现出日循环现象。因此，次中尺度海洋锋锋生和锋消过程也呈现出一种日循环的特征。

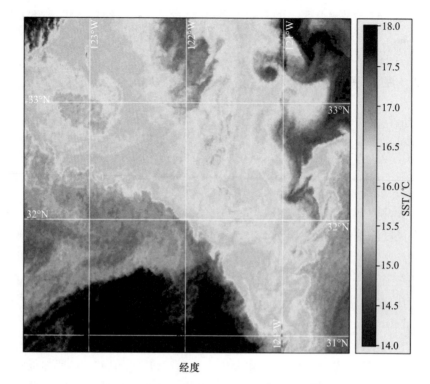

图 7.1.2　加利福尼亚附近海域的海表面温度分布，可以发现 5～10 km
尺度的亚中尺度温度锋面（McWilliams，2019）

海洋锋面不仅可以根据其空间尺度划分为气候尺度和亚中尺度类型，还可以根据海洋锋生原因，划分为以下不同类型。

1）重力型海洋锋面

重力型海洋锋出现的海区常呈现出重力作用占主导的动力特征，具有显著的非平衡、大振幅、重力变陡（steepening）或重力塌陷等动力特征。比较熟悉的有海表交界面上的波浪破碎现象、浅滩潮汐现象、海啸等，还有因河流入流作用以及受潮汐影响的（Garvine，1974；Horner-Devine and Chickadel，2017；Akan et al.，2018），如海洋浅滩内潮（Lamb，2014）、海峡高密度水溢出（Spall et al.，2019）等引起的海洋内部重力锋。当这类海洋内部的密度锋以周期为 $1/f$ 的时间间隔传播时，随着沿锋面速度的增加，其特征从流场散度远大于涡度向流场散度与涡度同量级过渡，通过垂向混合作用削弱水平密度异常，最终使流场趋于平衡。

图 7.1.3 是由内潮事件引起的海洋近岸浅化案例，在这一特殊情形中，受垂向层化和地形的作用，在一次潮汐周期内，形成了双锋面结构，一支出现于前进波等高线的前端，另一支出现于凹陷波的消散尾部。这两支海洋锋的垂向速度符号相反，在仰角波面处为上升流，而在后面为下降流。因此，局地位势能量与动能的转换方向在这类海洋锋区内也呈相反的特征，使整个波动区域内能量进行重新分配，并随着线性内波传播方向发生移动。除了这一特殊情况外，还有许多方式能够使重力锋生区别于地转影响下的锋生过程，此处只是重力锋生不同于在地转影响下锋生过程的几种方式之一。

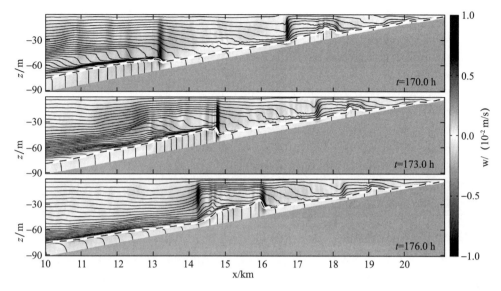

图 7.1.3 内潮事件引起的近岸锋生（McWilliams，2021）

2）河口型海洋锋面

所谓的河口是指河流入海口附近的深度较浅的半封闭海盆，这一区域内水体的典型特征是由海水和淡水交汇而形成的剧烈的盐度梯度，尤其是在强大的潮流影响下，盐度锋可通过多种机制而在河口区域生成。

3）变形流场海洋锋面

变形流场海洋锋出现在背景流场应力与表面浮力呈特定关系的锋生海区，比如，在两支或多支边界流的汇合区域，在沿着海洋急流轴的大弯曲海域，或围绕在中尺度涡的涡边缘海域等。每当锋生过程开始时，局地动能转换、湍流混合和能量耗散等物理过程将会非常剧烈（Nagai et al.，2009；D'Asaro et al.，2011）。这类锋面常位于风和潮汐充分混合的近岸浅水与密度成层的外海深水之间，在红外卫星照片上清晰可见。

4）垂直混合型海洋锋面

在层结性海洋的表层，由潮汐诱导的垂直浮力混合可以产生一个从表层到底层、平行于海岸的密度锋，该密度锋的流场呈现出一个偶极子的二级环流，在海表呈现为辐合状（Hill et al.，1993；Loder et al.，1993；van Heijst，1986）。类似的现象也出现在混合强烈的分层离岸波浪破碎带中。

5）地形强迫海洋锋面

当海底附近的洋流流经变化剧烈的地形时，通过流场的辐合运动或因地转适应过程中由边界阻力产生的涡度异常机制，使流场分离导致密度锋的出现，如陆架坡边缘的底部海洋锋就是个典型的例子（Gawarkiewicz and Chapman，1992；Chapman，2000），这类海洋锋同样可以出现在海表面（Wang and Jordi，2011），其显著特征是沿着海岬或岛屿处有边界分明的流场。

该类锋面持续时间常为数小时至数月，平行于锋面的流分量在垂直于锋的方向上常

有强烈的水平切变，这种切变对大尺度锋面来说常处于地转平衡状态，而浅海小尺度锋面附近的流场，受局地加速度、底摩擦效应、界面摩擦效应等的影响往往比科氏力的影响强得多，因此也更难掌握其具体特征。

7.1.3 研究海洋锋面的意义

海洋锋面对环境方面的影响是十分重要的。单侧或双侧海面辐合，能十分有效地聚集漂浮碎屑及其他颗粒物质。已测得辐合带中重金属的浓度比污染的沿岸水域中的本底浓度大 2～3 个数量级。油膜常常排列在海面辐合带上，无论是在水平方向还是在垂直方向都影响漏油的弥散。

了解持久的局地锋的特征，对下水道和发电厂热污水出口的设计与选位，海上石油平台的选位，以及包括放射性废料在内的海洋污染物的倾弃也是重要的。持久的锋带的位置对承担海上搜寻拯救任务的机构可能有重要的意义。因为小船、游泳者和尸体很容易被带到辐合带中去。沿岸锋区中海雾，在一定条件下对航海是有害的。

为了制定最大渔获量的捕捞计划，需要有关海洋锋面位置的详细资料，因为那里总是生物的高生产力区。在锋带附近稳定的水体中，常常出现浮游植物的大量繁殖，在适宜条件下可能发展成有毒的赤潮。此外，大陆架上的鱼类活动规律也可能与沿岸锋的时空尺度有关。人们都知道，鱼群是朝锋区游动的，那里是漂浮的颗粒有机质丰富的区域。遗憾的是这些区域常常也是污染比较严重的海区。

水声学家通过实地观测和理论研究，证实了外海锋确实起着声学透镜的作用，锋带是环境噪声异常强烈的区域。

7.2 海洋锋面动力学

海洋锋面在物理上定义为水平梯度较大的狭窄带，即海洋锋面宽度较窄，沿着等密度线或其他物理要素等值线是海洋锋面的轴线，锋生过程是指系统性的海洋锋面生成和变窄的过程。锋生过程的本质是由水平梯度力引起的流场输送，如果锋面流场使物理要素不停地辐合，那么海洋锋面的加深将随时间呈指数型增长；如果在锋生过程中是密度的水平输运，那么，由于跨锋面次级环流的作用会通过重力作用使锋生过程加速，在一些动力学近似框架下，这一过程将导致一条无限狭窄的海洋锋面，在大多数锋生理论中，速度水平梯度量级随着密度水平梯度量级的增加而增加，对海洋锋生过程而言，地球旋转作用也是一个重要的动力因子。

海洋锋面能够发生在海洋的任何区域，但是它们之间却也分界清晰，对尺度小于海洋中尺度涡 100 km 的海洋系统，温度场分布的水平波数近似呈 k^{-2} 分布。动力学成因的海洋锋面，由压强梯度力和重力作用下的流场也具有局地强速度梯度的特征，这也加速

或促进了海洋锋面流场的演变。海洋锋面具有典型的生命周期，从微小的密度梯度或其他物理要素梯度发展而来，在适宜的流场配置下，海洋锋生过程则迅速发生，对于一个正的梯度，直到海洋锋面宽度尺度达到 $L \sim \sqrt{\dfrac{k}{|\nabla \boldsymbol{u}|}}$ 的量级，其中 k 为水平扩散系数。对于动力型成因的海洋锋面，在适宜的密度梯度和流场梯度配置下，海洋锋生将持续发展，直到这一配置被锋面不稳定过程或跨锋区的密度、动量输送所抑制。在锋消阶段，海洋锋面逐渐变弱并趋于消散，这一过程持续的时间取决于海洋锋区的流场及其物理要素的分布。

以下介绍简单的锋生运动学分析，动力理论及锋面模拟，不同类型的海洋锋面等内容。

7.2.1 锋面运动学特征分析

在研究锋生流体动力学之前，给出运动学守恒原则，对物理量 F 求全导，可以写为

$$\frac{\mathrm{D}F}{\mathrm{D}t} = \frac{\partial F}{\partial t} + u\frac{\partial F}{\partial x} + v\frac{\partial F}{\partial y} + w\frac{\partial F}{\partial z} = F_{\text{out}} \tag{7.2.1}$$

当外强迫为 0 时，物理量 F 不随时间发生变化，即具有保守性。如果物理量 F 的分布对流场无影响，则对上式进行梯度算子运算后得到关于物理量 F 的拉格朗日锋生倾向方程为

$$\frac{1}{2}\frac{\mathrm{D}}{\mathrm{D}t}(\nabla F \cdot \nabla F) = -\left[\begin{array}{l} \left(\nabla F \cdot \dfrac{\partial \boldsymbol{V}}{\partial x}\right)\dfrac{\partial F}{\partial x} \\[2mm] +\left(\nabla F \cdot \dfrac{\partial \boldsymbol{V}}{\partial y}\right)\dfrac{\partial F}{\partial y} \\[2mm] +\left(\nabla F \cdot \dfrac{\partial \boldsymbol{V}}{\partial z}\right)\dfrac{\partial F}{\partial z} \end{array}\right] + (\nabla F \cdot \nabla)F_{\text{out}} \tag{7.2.2}$$

可以简写为

$$\frac{1}{2}\frac{\mathrm{D}}{\mathrm{D}t}(F_k F_k) = -u_k^l F_k F_l + F_k \cdot \nabla F_{\text{out}} \equiv T^F \tag{7.2.3}$$

其中，F_k、F_l 为该物理量在两个方向上的梯度，上式显示，物理要素 F，它梯度的平方将以 $2T^F$ 的速率随着时间发生变化，这一速率与速度梯度张量 u_k^l 相关（即流场的切变情况）。T^F 为锋生指数，当 T^F 大于 0 时，为锋生，相反为锋消。拉格朗日框架下诊断锋生过程的优势在于它将物理量的梯度和运动区分了开来。

在一维情形中，$T^F = -u_k^k F_k^2$。当锋生发生时，必然有流场散度小于 0，即流场为辐合状，锋生发生在辐合区域。其中散度可表示为 $\delta = u_k^k$，为负数，表征辐合。

在二维情形中，流场梯度张量（切变张量）可以写为散度项、涡度项、水平变性率、切变的线性组合，如图 7.2.1 所示的情形。

对于纯散度场，即无旋运动，例如，$u_k = \delta k$，$u_l = 0$，则锋生倾向方程的右端变为 $T^F = -\delta F_k^2$，锋生过程则同一维情形相同，此时物理要素 F 的梯度随着时间将呈现指数

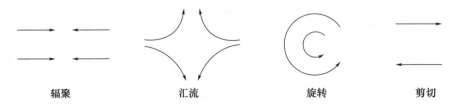

| 辐聚 | 汇流 | 旋转 | 剪切 |

图 7.2.1　流场梯度张量对应的 4 种情形

型增长，增长率正比于 $|\nabla F|^2 \sim e^{-2\delta t}$。

对于纯涡度场，即无散运动，此为刚体旋转的简单运动，可用极坐标进行表示，例如，$u^r = 0$，$u^\theta = \Gamma r$，其结果是 $T^F = 0$。部分区域对应锋生过程，而部分区域对应锋消过程，相比辐合运动来说，这一情形下，海洋锋生过程为一缓慢过程，锋生因子随时间的增长率较小。

对于变形场，例如，$u_k = -\alpha k$，$u_l = \alpha l$，当系数大于 0 时，表征沿着 x 方向为辐合流，而在 y 方向为辐散流，即物理要素 F 的梯度在 x 方向增加，而在 y 方向减小，锋生增长率则正比于 $|\nabla F|^2 \sim e^{2\alpha t}$。

对于纯切变场，见图 7.2.1 中的最后一种情形，可假设 $u_k = Sl$，$u_l = 0$，此时锋生增长率呈线性增长趋势。

对于由式（7.2.2）表示的三维海洋锋生过程，在海表处，垂直速度很小，可是垂直速度的垂向梯度较大，这一情形在海底边界层也是成立的，在表层辐合带的下面，为下沉流，但是垂直速度的垂向切变大于 0，在海底辐合带处为对应的上升流。需要注意的是，垂直速度的垂向切变同样大于 0，这一配置引起锋生过程，对于锋生成长因子的主要贡献为水平速度的切变项。而对于由垂向速度切变的贡献中，物理要素的垂向梯度在混合层中往往较小，而且垂直速度的垂向切变相对而言较小，且常具有抵消水平梯度的作用。此外，在局地垂直速度的垂直梯度大于 0，在拉格朗日涡度方程中，使维持一种气旋性涡度，此时有垂直涡度守恒方程 $D\xi/Dt \sim fw$，$z > 0$。

7.2.2　锋面动力学过程

在锋面动力学观点中，锋生过程总是与浮力环流过程紧密相关，对于简化后的状态方程而言，拉格朗日浮力锋生倾向方程可写为式（7.2.2），相应的流场梯度量级也可分解为相似的形式，其中 i，j，k 为 3 个方向：

$$\frac{1}{2}\frac{D}{Dt}(u_k u_k) = -u_i^j u_i^k u_i^j - w_i u_i^i u_j^j - u_i^j \phi_{ij} + u_i^j \cdot \nabla F_{\text{out}} \equiv T^u \qquad (7.2.4)$$

其中，等式右端前两项为平流输送项；第三项为压强梯度力项；第四项为外强迫项；而 T^u 为锋生指数，在传统 f 平面近似下的科氏力对锋生增长率没有显性贡献，重力同样无显性贡献。将锋生倾向方程中等式右端平流项和压力梯度力项结合起来是一种有效的做法，在许多情景中，浮力梯度和流场梯度是同步变化的。

准地转理论框架的基础是将水平速度分解为地转部分和非地转部分，其中地转部分与压强梯度力平衡,即压强场处于稳定地位,流场适应于压强场,系统的运动尺度应该大于罗斯贝变形半径。在垂直方向取静力平衡近似,基于垂直涡度方程、浮力守恒方程和连续性方程,通过消除垂直速度而得到诊断准地转位势涡度演变的守恒方程,其中位势涡度可写为 $q = f + \xi + fb/N^2$,其中 ξ 表示相对涡度,基于此,则可将准地转理论框架写为

$$
\left.
\begin{aligned}
&\frac{d_g u_g}{dt} - f_0 v_a = 0 \\
&\frac{d_g v_g}{dt} + f_0 u_a = 0 \\
&\frac{\partial p}{\partial z} = -\rho g \\
&\frac{\partial v_a}{\partial y} + \frac{\partial w}{\partial z} = 0 \\
&\frac{d_g b}{dt} + N^2 w = F
\end{aligned}
\right\}
\tag{7.2.5}
$$

其中,u_g 和 v_g 表示地转速度;u_a 和 v_a 表示非地转速度;$\frac{d_g u_g}{dt}$ 和 $\frac{d_g v_g}{dt}$ 表示纯地转过程的全导数。

在准地转动力框架下,地转流场的散度为 0,则在流场梯度倾向方程中,由地转流平流输送项引起的锋生贡献为 0,地转流引起的压强梯度贡献和科里奥利力贡献也为 0,即地转平衡作用,则准地转流场梯度倾向方程中由非地转流引起的科氏力项便为重要项。

针对前文所述的流场类型,辐合场的情形无法在准地转动力框架下研究,因为地转流散度为 0,仅有变形场情形才能在准地转动力框架下研究,基于这一理论可得到诊断垂直速度的方程,称为 omega 方程,如下式所示:

$$
f^2 w_{zz} + N^2 w_{ii} = 2 Q_i^i
\tag{7.2.6}
$$

引入无量纲数 Burger 数,表征层结性与地转作用的相对大小,以此作为依据来化简上式,在小罗斯贝数(Ro)假设下,利用 omega 方程进行垂直速度的诊断是一种非常有效的做法,可以用来揭示锋生过程中次级环流的发生和演变过程(McWilliams,2021)。

在过去的 10 年中,针对海洋锋面的研究呈现出繁荣景象,人们关注海洋锋面的生命周期、海洋锋面的影响等,但是,关于海洋锋面多样性的深入研究还很滞后,由于海洋锋面的多尺度耦合及快速演变或瞬变特征使得观测它的变化成为一大挑战,随着海洋模式分辨率的提高,基于海洋模式模拟海洋锋面已成为可能,由此引出的锋消过程的物理本质问题、海洋锋面及其小尺度湍流现象的相互作用问题等成为研究的焦点。

7.2.3　海洋次中尺度锋生

7.2.3.1　简介

海洋锋面和涡丝是海洋表面次中尺度的基本特征,锋面空间宽度从百米至几千米,

跨锋面常伴随着强烈的浮力梯度、速度剪切、气旋性涡度和辐合运动，罗斯贝数接近于1，基于此中尺度海洋锋生渐进模型，揭示出海洋锋面锐化速率的贡献因子，其中非地转次级环流相关的近地表辐合运动决定了要素梯度的锐化速率，这与传统的变形场锋生机制完全不同。基于墨西哥湾北部的实际锋生个例，边界层湍流、压强梯度作用、地转效应是驱动该地区锋生过程中地表辐合运动的关键因素，该渐进模型可适用于一切罗斯贝数接近1的海洋锋生过程解释。

7.2.3.2 基本特征

海洋次中尺度流系中常见的次中尺度现象为锋面、涡丝、涡旋等，其空间尺度为0.1~10 km，时间尺度为几小时至几天，McWilliams（2021）指出，次中尺度现象的典型特征为接近于1的罗斯贝数和理查森数（Ri），由于该类系统中强烈的非地转垂直运动作用，使它们被公认为是海洋表面物质、能量向海洋内部输送的重要过程，也是影响能量耗散的主要途径，甚至影响大洋环流的基本状态。

现有解释次中尺度锋面形成机理的有：①混合层不稳定；②变形场锋生过程；③边界层湍流理论。从能量角度来说，都依赖于有效势能与动能之间的转化过程，此外，由于局地平流作用、边界层湍流过程、表面波动和内波等与锋面动力学演变之间的复杂关系，使研究次中尺度锋面动力学过程存在一定的挑战。

Hoskins（1982）研究了大气中变形场锋生机制，得到水平浮力梯度 b 的拉格朗日倾向方程：

$$\frac{1}{2}\frac{\mathrm{D}}{\mathrm{D}t}(b_j \cdot b_j) = -u_{k,j}b_k b_j - N^2 w_j b_j + V_{\mathrm{mix}b} + H_{\mathrm{diff}b} \tag{7.2.7}$$

其中，上式左边为拉格朗日算子；右边最后两项分别表示与垂直混合和水平扩散相关的黏性强迫过程，若右边第一项大于0，则表征锋区流场使得侧向浮力梯度随时间增强（锐化），即锋生过程，Hoskins认为，此情形对应的流场为变形流场，在准地转理论框架中，这一项中的流场为地转流；在半地转理论中，这一项中的流场为非地转流，其中包含由锋面次级环流导致的跨锋面非地转流的贡献，在锋面处形成的次级环流在锋面表层附近呈辐合状，具有加强侧向浮力梯度锐化速度的作用，即加强锋生过程。随着研究的深入，人们提出，为了定量描述锋面锐化速率及锋面在垂直通量输送过程中的作用，非地转平流贡献必须加以考虑。等式右边第二项为垂直浮力通量项，在锋生过程中这一项与海水再层化和侧向浮力梯度锐化均有关联。

在海洋中，除了经典的变形场锋生作用外，还有多种能够在混合层中产生次级环流的物理机制，而强烈的侧向浮力梯度也可能由于特定流场的非平衡运动而产生（Srinivasan et al.，2017），一般而言，锋面强的侧向浮力梯度常伴随着强的速度梯度、强烈的气旋性涡旋或强烈的辐合运动，如图7.2.2所示。

因此，为了理解锋生过程中具体的动力学过程，可分别导出类似式（7.2.7）的流场拉格朗日梯度倾向方程、涡度和散度倾向方程。

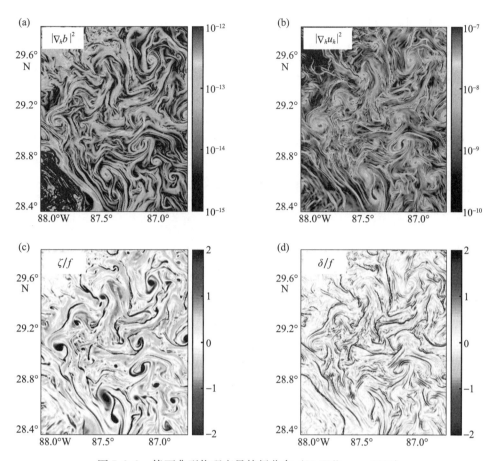

图 7.2.2　锋面典型物理变量特征分布（McWilliams，2021）

$$\frac{1}{2}\frac{\mathrm{D}}{\mathrm{D}t}(u_{i,j} \cdot u_{i,j}) = \underbrace{-u_{k,j}u_{i,k}u_{i,j}}_{\mathfrak{I}_{\mathrm{hor}_u}} \underbrace{-\Lambda_i w_j u_{i,j}}_{\mathfrak{I}_{\mathrm{vert}_u}} \underbrace{-u_{i,j}\Phi_{i,j}}_{\mathfrak{I}_{\mathrm{pres}_u}} + V_{\mathrm{mix}_u} + H_{\mathrm{diff}_u} \tag{7.2.8}$$

则垂直涡度分量倾向方程可写为

$$\frac{\mathrm{D}}{\mathrm{D}t}\zeta = \underbrace{-\delta\zeta}_{\mathfrak{I}_{\mathrm{hor}_\zeta}} \underbrace{-f\delta}_{\mathfrak{I}_{\mathrm{cor}_\zeta}} \underbrace{-\varepsilon_{ij}\Lambda_j w_i}_{\mathfrak{I}_{\mathrm{vert}_\zeta}} + V_{\mathrm{mix}_\zeta} + H_{\mathrm{diff}_\zeta} \tag{7.2.9}$$

对应水平散度倾向方程可写为

$$\frac{\mathrm{D}}{\mathrm{D}t}\delta = \underbrace{-u_{k,i}u_{i,k}}_{\mathfrak{I}_{\mathrm{hor}_\delta}} \underbrace{-f\zeta}_{\mathfrak{I}_{\mathrm{cor}_\delta}} \underbrace{-\Lambda_i w_i}_{\mathfrak{I}_{\mathrm{vert}_\delta}} \underbrace{-\Phi_{i,i}}_{\mathfrak{I}_{\mathrm{pres}_\delta}} + V_{\mathrm{mix}_\delta} + H_{\mathrm{diff}_\delta} \tag{7.2.10}$$

其中，$\Lambda_i = (u_z, v_z)$ 表示水平速度场的垂直切变，ε_{ij} 为 Levi-Civita 标记。式中含义同式（7.2.7）相同。当锋区流场动量的平流项 $\mathfrak{I}_{\mathrm{hor}_u}$ 和涡度平流项 $\mathfrak{I}_{\mathrm{hor}_\zeta}$ 大于 0 时，对应于锋区侧向速度梯度和气旋性涡度的加强，反之亦然。当锋区流场水平散度平流项呈负值，对应锋区正散度的减小，即辐合运动的加强。

锋区非地转次级环流的发展能够促进锋区有效势能的释放，使混合层趋于再层化，这一过程中垂直通量输送项的作用是抑制由平流项引起的锋面梯度锐化过程。

7.2.3.3　锋生渐进模型

长期观测和理论研究显示，海洋中次中尺度系统的动能、势能能量谱具有 $k_h^{-\beta}$ 的分布形式，其中 β 约等于2（Capet et al.，2008），基于此，可得到对应变量梯度能谱的分布形式为

$$E[\nabla_h u_h(k_h)] = k_h^2 E[u_h(k_h)] \sim k_h^{2-\beta} \tag{7.2.11}$$

如果梯度场白能谱斜率与物理空间中随机分布的 Dirac Delta 函数有关，则场本身将与 Heaviside 函数相联系，这些单边或双边 Heaviside 函数可以表示为各向异性的海洋锋面或涡丝的简单函数，因此，可以用一个能谱恒等式 $E[\quad]$ 的形式将速度梯度场的能谱密度函数与涡度、散度能谱密度函数联系起来，即为

$$E[\nabla_h u_h(k_h)] = E[\zeta(k_h)] + E[\delta(k_h)] \tag{7.2.12}$$

上式揭示了在一般情况下，涡度和散度项的变化如何改变或影响速度梯度的变化。为了不失一般性，设 u 为跨锋面的速度，v 为沿锋面的速度，则沿锋面的长度尺度记为 L 为 y 方向，跨锋面的长度尺度记为 l 为 x 方向，浮力尺度记为 $b = -g\rho/\rho_0$，垂直层结参数记为 $N^2 \sim \eta b/h_{ml}$，写为浮力与垂直尺度的比值，引入了参数 η，当 $\eta \ll 1$ 时表示上混合层的完全混合效应，则有下列尺度参数：

$$\begin{cases} x \sim l; \; y \sim L; \; z \sim h_{ml}; \; v \sim V; \; u \sim RoV; \; w \sim RoVh_{ml}/l \\ T \sim l/RoV; \; \Phi \sim fVl; \; b \sim fVl/h_{ml}; \\ \Lambda_1 = u_z \sim \xi RoV/h_{ml}; \; \Lambda_2 = v_z \sim \xi V/h_{ml}; \\ Ro = V/fl; \; \varepsilon = l/L; \; \lambda = h_{ml}/l; \\ \xi \sim \eta \sim \varepsilon \ll 1; \; |\nabla_h u_h|^2 \sim \zeta^2 + \delta^2 \end{cases} \tag{7.2.13}$$

在 Hoskins 半地转理论中，有涡度尺度远大于散度尺度，则流场梯度的尺度为涡度尺度，将式（7.2.13）中的尺度量纲代入式（7.2.7）至式（7.2.8），则得到无量纲梯度场方程为

$$b_j b_j = b_x^2 + \varepsilon^2 b_y^2; \; u_{i,j} u_{i,j} = v_x^2 + Ro^2 u_x^2 + \varepsilon^2 v_y^2 + Ro^2 \varepsilon^2 u_y^2$$
$$\zeta = v_x + \varepsilon Ro u_y; \; \delta = Ro u_x + \varepsilon v_y \tag{7.2.14}$$

在 $\lambda \ll 1$，$\varepsilon \ll 1$，$Ro \sim O(1)$ 假设下，即表征静力平衡，各向异性，次中尺度流场等特征，得到简化后的梯度方程为

$$\frac{1}{2}\frac{\mathrm{D}}{\mathrm{D}t}|\nabla_h b|^2 = \underbrace{-\delta |\nabla_h b|^2}_{\Im_{\mathrm{hor}_b}} + V_{\mathrm{mix}b} + H_{\mathrm{diff}b} \tag{7.2.15}$$

$$\frac{1}{2}\frac{\mathrm{D}}{\mathrm{D}t}|\nabla_h u_h|^2 = \underbrace{-\delta |\nabla_h u_h|^2}_{\Im_{\mathrm{hor}_u}} \underbrace{-\delta \zeta_g}_{\Im_{\mathrm{pres}_u}} + V_{\mathrm{mix}_u} + H_{\mathrm{diff}_u} \tag{7.2.16}$$

$$\frac{\mathrm{D}}{\mathrm{D}t}\zeta = \underbrace{-\delta\zeta}_{\Im_{\mathrm{hor}_\zeta}} \underbrace{-f\delta}_{\Im_{\mathrm{cor}_\zeta}} + V_{\mathrm{mix}_\zeta} + H_{\mathrm{diff}_\zeta} \tag{7.2.17}$$

$$\frac{\mathrm{D}}{\mathrm{D}t}\delta = \underbrace{-\delta^2}_{\Im_{\mathrm{hor}_\delta}} \underbrace{+f\zeta_{ag}}_{\Im_{\mathrm{cor}_\delta}+\Im_{\mathrm{pres}_\delta}} + V_{\mathrm{mix}_\delta} + H_{\mathrm{diff}_\delta} \tag{7.2.18}$$

7.2.3.4　锋生倾向及速率

在简化后的渐进模型中，表征锋生倾向平流项贡献的是 $\mathfrak{I}_{\mathrm{hor}_b}$，因此从物理过程的角度出发，定义锋生速率量：

$$T_b = \frac{\mathfrak{I}_{\mathrm{hor}_b}}{|\nabla_h b|^2}; \quad T_u = \frac{\mathfrak{I}_{\mathrm{hor}_u}}{|\nabla_h u_h|^2}; \quad T_\zeta = \frac{\mathfrak{I}_{\mathrm{hor}_\zeta}}{\zeta}; \quad T_\delta = \frac{\mathfrak{I}_{\mathrm{hor}_\delta}}{\delta} \tag{7.2.19}$$

则有关系式：

$$T_b = T_u = T_\zeta = T_\delta = -\delta \tag{7.2.20}$$

由上式可得，在渐进模型中，由平流项引起的锋生速率均相同，且等于水平辐合量级，则回到物理量表达式中，平流项分别为

$$\mathfrak{I}_{\mathrm{hor}_b} = -S_{kj} b_k b_j; \quad \mathfrak{I}_{\mathrm{hor}_u} = -\delta |\nabla_h u_h|^2; \quad \mathfrak{I}_{\mathrm{hor}_\zeta} = -\delta \zeta; \quad \mathfrak{I}_{\mathrm{hor}_\delta} = -u_{k,i} u_{i,k} \tag{7.2.21}$$

其中无量纲算子 S_{kj} 和 $b_k b_j$ 可以写为

$$S_{kj} = \begin{bmatrix} Ro\, u_x & \frac{1}{2}(v_x + \varepsilon Ro\, u_y) \\ \frac{1}{2}(v_x + \varepsilon Ro\, u_y) & \varepsilon v_y \end{bmatrix}; \quad b_k b_j = \begin{pmatrix} b_x^2 & \varepsilon b_x b_y \\ \varepsilon b_x b_y & \varepsilon^2 b_y^2 \end{pmatrix} \tag{7.2.22}$$

第一项为应变率张量包含法向应变和剪切应变的贡献，由此可见，在变形场锋生过程中，初始阶段的浮力梯度锐化由汇聚和剪切流控制，随着罗斯贝数的增加，辐合分量逐渐变为主导。

7.2.4　对锋生过程的讨论

到目前为止，海洋锋面动力学还没有完全建立起来。但是有一点是很清楚的：有几种类型的海洋锋面具有不同的动力过程。地转流中的密度锋是一个重要的例子。地转流中的密度锋可能与外陆架、陆坡和开阔海所发现的密度锋相差不多，我们的目的是要说明这种情况中哪些因子可以影响横向环流。把锋产生（锋生）的依时模式公式化是可能的，因为锋生与时间有关，并为非弥散性质。但稳态锋模式和锋消模式则需要弥散项（既要求依赖时间，又要考虑弥散）。因此，为了讨论具有普遍性，在公式中既包含弥散项，又包含了随时间的变化项。

假定锋沿 y 轴取向，那么海洋内部（远离海面或海底边界层）旋转的（f-平面）层化海水的简化方程组为

$$-fv = -\frac{1}{\rho_0} \frac{\partial p}{\partial x} \tag{7.2.23}$$

$$\frac{\partial v}{\partial t} + u\frac{\partial v}{\partial x} + w\frac{\partial v}{\partial z} + fu = -\frac{1}{\rho_0}\frac{\partial p}{\partial y} + \frac{\partial}{\partial z}\left(A_z \frac{\partial v}{\partial z}\right) \tag{7.2.24}$$

$$0 = -\frac{1}{\rho_0}\frac{\partial p}{\partial z} + b \tag{7.2.25}$$

$$\frac{\partial u}{\partial x} + \frac{\partial w}{\partial z} = 0 \tag{7.2.26}$$

$$\frac{\partial b}{\partial t} + u\frac{\partial b}{\partial x} + w\frac{\partial b}{\partial z} = \frac{\partial}{\partial z}\left(k_z\frac{\partial b}{\partial z}\right) \tag{7.2.27}$$

式中，b 为浮力；其他变量都是标准的参数，其中包括科氏参数 f，铅直涡动黏滞系数 A_z 和铅直涡动扩散系数 k_z。这些方程是在假定沿锋尺度远大于横锋尺度、横锋速度远小于沿锋速度的条件下得到的。

由式（7.2.23）和式（7.2.25）可知，沿锋的流动处于地转平衡，而铅直方向则处于流体静力学平衡。物理复杂性都在式（7.2.24）和式（7.2.27）中。特别是式（7.2.24），在横锋速度驱动下，它包含有沿锋流的局地和平流加速度（非线性项）、沿锋的压强梯度和沿锋动量垂直混合。在局地 Rossby 数 $\left(\frac{\partial v}{\partial x}\big/ f\right)$ 和里查森数 $\left[\frac{\partial b}{\partial z}\big/\left(\frac{\partial v}{\partial z}\right)^2 = \frac{f^2}{\frac{\partial b}{\partial z}\cdot\left(\frac{\partial z}{\partial x}\big/ b\right)^2}\right]$ 量级为 1 的条件下，锋带中非线性才是重要的。

有几种情况可用该方程组得出。例如，作为一般情况，假定 v 和 b 为 (x, z, t) 的已知函数，给出 $\frac{\partial p}{\partial y}$，并估算出摩擦项，那么，根据式（7.2.24）和式（7.2.27）不能得到 u 和 w 的诊断解（代数解）。这样，连续方程（7.2.26）就作为约束条件，即作为横锋流的连续条件。再举一个有较强说服力的例子：既然式（7.2.23）和式（7.2.25）表示热成风关系式 $\left(f\frac{\partial v}{\partial z} = \frac{\partial b}{\partial x}\right)$，适用于任何时间，那么，只要交叉微分式（7.2.24）和式（7.2.27）就能够消去时间相关项：

$$\frac{\partial}{\partial z}\left[uf\left(f+\frac{\partial v}{\partial x}\right) + wf\frac{\partial v}{\partial z}\right] - \frac{\partial}{\partial x}\left(u\frac{\partial b}{\partial x} + w\frac{\partial b}{\partial z}\right)$$
$$= \frac{\partial}{\partial z}\left[\frac{\partial}{\partial z}\left(A_z f\frac{\partial v}{\partial z}\right) - \frac{\partial}{\partial x}\left(k_z\frac{\partial b}{\partial z}\right)\right] \tag{7.2.28}$$

式中假定沿锋方向压强梯度为正压（即随深度的变化是均匀的）。为了方便起见，引进流函数 ψ 和类压函数 Q，即：

$$\begin{cases} u = -\dfrac{\partial \psi}{\partial z}, \quad w = \dfrac{\partial \psi}{\partial x}; \quad Q = \dfrac{p(x,z)}{\rho_0} + \dfrac{1}{2}f^2x^2 \\[2mm] f\left(f+\dfrac{\partial v}{\partial x}\right) = \dfrac{\partial^2 Q}{\partial x^2}; \quad f\dfrac{\partial v}{\partial z} = \dfrac{\partial^2 Q}{\partial x\partial z} = \dfrac{\partial b}{\partial x}, \quad \dfrac{\partial b}{\partial z} = \dfrac{\partial^2 Q}{\partial z^2} \end{cases} \tag{7.2.29}$$

即式（7.2.28）就简化为

$$\frac{\partial^2 Q}{\partial x^2}\frac{\partial^2 \psi}{\partial z^2} - 2\frac{\partial^2 Q}{\partial x\partial z}\frac{\partial^2 \psi}{\partial x\partial z} + \frac{\partial^2 Q}{\partial z^2}\frac{\partial^2 \psi}{\partial x^2} = -\frac{\partial}{\partial z}\left[\frac{\partial}{\partial z}\left(A_z\frac{\partial^2 Q}{\partial x\partial z}\right) - \frac{\partial}{\partial x}\left(k_z\frac{\partial^2 Q}{\partial z^2}\right)\right] \tag{7.2.30}$$

由于 Q 对 x，z 的偏微商中微商次序的互换性，故含有 ψ 的一阶偏微商的各项互相相消而等于 0。$A_z = k_z =$ 常数是等式右边等于 0 的充分条件。如果 $\Delta = \frac{\partial^2 Q}{\partial z^2}\frac{\partial^2 Q}{\partial x^2} - \left(\frac{\partial^2 Q}{\partial x\partial z}\right)^2 > 0$

（通常情况），则这是一个 ψ 的椭圆问题。式中 Δ 实际上是绝对位涡度（$\Delta < 0$ 是对称斜压不稳定性的必要条件）。一旦 Q（v 和 b）、混合项和 ψ 的边界条件被确定，就能求出 ψ 的诊断解来。式（7.2.30）一个引人注目的特征是，横锋向环流（u 和 w）似乎是惯性（非线性）和内摩擦效应引起的次生流动，仅涉及给定的浮力和沿锋流场。其他驱动力是由边界条件得到的。这一点将在下面讨论。因为式（7.2.30）中含有 z 的二阶微商，所以只能应用两个垂直边界条件。另一方面又给出了 ψ 的诊断模式。同理得到绝对涡度方程：

$$\frac{\mathrm{D}}{\mathrm{D}t}(\Delta) = \frac{\partial^2 Q}{\partial z^2} \frac{\partial^2}{\partial x \partial z}\left(A_z \frac{\partial^2 Q}{\partial x \partial z} \right) + \frac{\partial^2 Q}{\partial x^2} \frac{\partial^2}{\partial z^2}\left(k_z \frac{\partial^2 Q}{\partial z^2} \right) - $$
$$\frac{\partial^2 Q}{\partial x \partial z}\left[\frac{\partial^2}{\partial x \partial z}\left(k_z \frac{\partial^2 Q}{\partial z^2} \right) + \frac{\partial^2}{\partial z^2}\left(A_z \frac{\partial^2 Q}{\partial x \partial z} \right) \right] \tag{7.2.31}$$

如果不存在扩散，Δ 在 (x, z) 平面中沿着质点轨迹是守恒的。Pedlosky（1977）曾用这个关系式（$\Delta =$ 常数）建立了沿岸上升流的锋生理论。

另一方面，如果不存在与时间有关项，只要

$$A_z k_z \frac{\partial^2 Q}{\partial x^2} \frac{\partial^2 Q}{\partial z^2} - \frac{(A_z + k_z)^2}{4}\left(\frac{\partial^2 Q}{\partial x \partial z} \right)^2 > 0 \tag{7.2.32}$$

则该方程就是 Q 的（非线性）的椭圆问题，如果 $A_z = k_z$ 且 $\Delta > 0$，上面不等式就能成立。

从以上分析可知，对于涡动黏滞系数和扩散系数的函数关系的了解是问题的关键。确定 A_z 和 k_z 的合理函数规律始终是困难的。而在锋区尤其困难，因为这里的质量和动量混合可能是强烈的，一个地方一个样子，而且是间歇性的。忽略质量和动量的水平混合，只考虑垂直混合的水平变化，这会更符合实际。因为在锋带内垂直混合的水平变化比较强烈。

各种观测结果都证实了锋带中垂直混合与"平均流"的切变不稳定性有关。这里所说的"平均流"切变是指缓慢变化的热成风（与 f^{-1} 相比）加低频的惯性内波切变。

Johnson（1977）指出，$A_z = A_z(Ri)$（Ri 为基于热成风的理查森数）给出在沿岸上升流锋中能够产生"双环"环流形态的 $\frac{\partial}{\partial z}\left(A_z \frac{\partial v}{\partial z} \right)$ 的垂直结构。他成功地验证了各种函数形式，而 $A_z \propto 1/Ri$ 才能对任何情况适用。Johnson 针对 4 种情况中的每一种情况研究了中陆架（锋带附近）上一个测站，和另一个位于陆架边缘或陆架外的测站资料，并把理论结果与实测的横锋速度做了比较。在锋带密跃层底部，得到一个相当大的 A_z 值。（他没有明确地采用水平关系式，也没有考虑非线性项）。由于 $A_z \frac{\partial v}{\partial z} \propto \frac{\partial v}{\partial z} / A_z^2$ 的垂直变化，所以产生"双环"（或内 Ekman 层）流，这种流已普遍地观测到。这里摩擦横向流动的机制与 Thompson（1974）的双层、双侧挟带模式十分相似。这种积分模式在锋带界面上加强了向下湍流挟带。

在浅海锋数值模式中，James（1977）使用类似的垂直涡动黏滞系数和扩散规律（对 Ri 成反相关），但与风应力（模拟海面搅动）和潮输送（模拟海底搅动）之和成正

相关，而风应力和潮输送分别在海面和海底耗散。这些结果是很有用的。

7.3 全球海洋锋面分布特征

7.3.1 太平洋中的主要海洋锋面

北太平洋是海洋锋面现象非常丰富的海域，尤其在日本以东的西北太平洋，常年存在四支海洋锋面，有黑潮延伸体锋、黑潮延伸体北分岔锋、亚北极边界锋和亚北极锋，这些锋面伴随着不同水团的边界，是通过温度、盐度等参数在次表层的等值线位置来定义的。对应 7.1.2 小节中锋面的分类，这些锋面既存在于气候态尺度，也存在于亚中尺度；而根据锋生原因，主要以变形流场海洋锋面以及地形强迫海洋锋面为主。Mizuno 和 White（1983）以 300 m 深处位温 12℃ 的等值线定义了黑潮延伸体锋，以 300 m 深处位温 8℃ 等值线定义了黑潮延伸体北分岔锋。Favorite（1976）以 100 m 深处的盐度 34 等值线定义了亚北极边界锋，以 100 m 深处的位温 4℃ 等值线定义了亚北极锋面。同时，锋区常伴随着强烈的流场，如沿着亚北极锋面的流称为亚北极流。

海洋锋面的分布多受流场的调制，而地形则是限制流场路径的重要因素之一，在西北太平洋海域，位于日本以东 20 个经度处的 Shatsky 隆起是一个典型的地形特征，它由 3 部分海底山丘组成，最南边为地球上最大的独立火山。由于黑潮延伸体锋具有显著的正压特性，因此，Shatsky Rise 在动力学上对黑潮延伸体锋和黑潮延伸体北分岔锋影响显著。Mizuno 和 White（1983）的研究显示，黑潮延伸体锋和黑潮延伸体北分岔锋倾向于横过 Shatsky 隆起 3 个山丘之间的通道，由于地形作用，堵塞产生了分叉射流，形成分叉锋。

此外，海洋锋面易受大量中尺度涡旋和盆地尺度的风切变影响，海洋表层中，由密度或其他物理要素的汇聚形成的海洋锋面是一种普遍存在的现象，它的跨锋面水平尺度为几米至几千米。

7.3.2 浅海中的主要海洋锋面

7.3.2.1 浅海锋

这种锋位于风和潮汐充分混合的近岸浅水与密度成层的外海水之间，按成因可以划分为重力型海洋锋面。由图 7.3.1 可以看出，这种浅海锋的形成机制和结构。

图 7.3.1 表示，在靠近海岸处，水浅且潮流又比外海强，在海岸、海底的摩擦力作用下，很容易出现湍流，形成温度和盐度的均一层；外海虽然水比近岸深，但是近海底处受潮流影响，仍然会形成近底的均匀层，于是形成浅海锋。在海面上它是沿着海岸方向分布的一个条带，从表层向下则逐渐向外海加深。由于浅海锋形成主要动力因素是潮

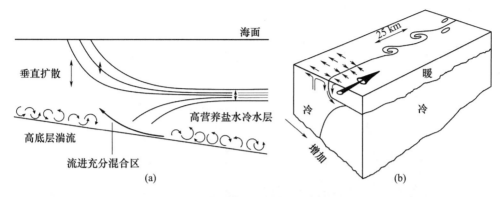

图 7.3.1　浅海锋面分布特征（Simpson，1981）

流，所以浅海锋又称为潮锋。

图 7.3.1 中给出浅海锋的锋面、结构与环流。在近岸浅水一边，形成上升流，在锋面处海水辐合形成下降流。锋面处是动力不稳定区域，少量水体离开地转平衡，形成许多涡旋，有的已经离开锋面，变成孤立涡。

浅海锋中有较高的生产力。其产生机制是这样：在大潮期间（月球朔望）潮流速度大，用于破坏海水层化的涡动能量就多，这时锋面就向深海移动，并且厚度变薄。相反，在小潮期间（月球上下弦），潮流速度小，用于破坏海水层化的涡动能量就少，于是锋面就向岸边移动，垂直方向厚度加深。锋面附近水体不断有营养盐向其中输送，因此生物量增多。

图 7.3.2 给出浅海锋中温度和叶绿素浓度的分布。从图中可以看出，锋面中叶绿素浓度显著高于两边 3~4 倍。

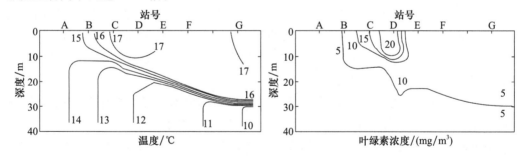

图 7.3.2　浅海锋中温度（℃）（左）、叶绿素浓度（mg/m³）（右）分布（Pingree et al.，1975）

7.3.2.2　河口锋

在河水与河水流入的海水之间混合的区域，常常会形成羽状锋，属于河口型海洋锋面。排出水以漂浮的羽状在接受水体上扩散，如图 7.3.3 所示。

如果没有来自下层水的挟带和界面间摩擦，羽状就会像一个稳定的薄片，无限制地扩展开来。但是界面摩擦迟滞了这种扩散进程，从而在这些羽状的前缘上形成明显的锋面边界。

锋生作用的驱动机制，是由较轻水在海面堆积、倾斜而产生的压强梯度，以及分隔

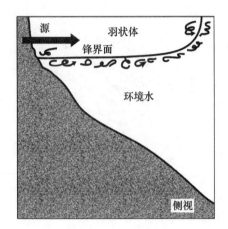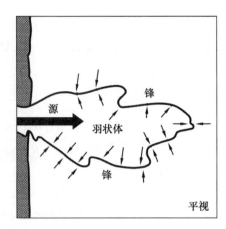

图 7.3.3 河口锋形成过程概念图

羽状的下伏环境水的反方向界面倾斜而产生的水平压强梯度共同引起的。只有当这两个水体合流，锋才会持久存在，这种合流发生机制，或者是原排出水的驱动，或者是环境水在潮汐或风力或者两者联合作用下，发生辐合而引起。与河口锋不同，只要水体足够深而海底混合非常弱时，浅的羽状锋就应该不依赖于等深线，而在各个方向四散开来。对于低流量河口，如果存在强大的往复潮流，那么，只有在河口退潮时，才会形成有代表性的沿岸羽状锋。当河口开始涨潮时，整个羽状锋倾斜发生逆变，锋迅速消散。这一作用从河口向外海许多千米的范围内都能观测到。

河口锋通常与河口轴平行，轴向延伸可达数十千米。锋的界面朝河口或水道中心区的下方倾斜。它们形成于岸边浅水域。在那里潮汐产生的海底湍流混合非常强，足以破坏任何垂直层化现象，所以参数 $\lg(h/V^3)$ 对局地河口锋同样是有用的。远岸深水中持续存在的层化现象，可能是由于侧向来的径流或降水超过蒸发，或两者兼有的原因，使表面海水密度变低所致。在增温季节，日照将使表层水密度变得更低。涨潮时，锋常常减弱或消失。这类锋一旦形成，就可能被平流送离它们的源区且继续存在，直到两侧的位能差转变为动能然后被耗尽为止。

由于锋面倾斜率可达 10^{-2}，故 3 条界限可相隔数十米。与这些锋有关的为 $10\sim20\,\mathrm{cm/s}$ 的强大辐合速度，对于积聚漂浮物质和碎屑是非常有效的（图 7.3.4）。

Klemas 和 Polis 等发现，特拉华湾锋区内铬、铜、铅、汞、银和锌等重金属浓度要比本底值高 3 个数量级。河口羽状流对沿岸物理与生物过程的空间和时间影响，取决于河流排水的多少和类型。在亚得亚海中长约 100 km 的尺度上，可观测到波河的影响（Revelante and Gilmartin，1976）。密西西比河（Riley，1937）和哥伦比亚河（Anderson，1964）对近岸环境的影响，可长达 400 km 左右，而亚马孙河可达 1000 km（Ryther et al.，1967）。

与河口锋相反，河口羽状效应的时间尺度依季节排放形式和水体稳定性而变，量级为数周到数月。河口羽状水，可通过对透光带内营养物的富集，促使局地浮游生物的生长，或者通过平流，把浮游生物从河口附近的生长茂密区输送到近岸水域。

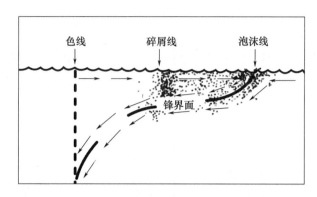

图 7.3.4　河口锋断面结构示意图（Klemas and Polis，1977）

7.3.2.3　上升流锋

风生离岸输送的表层水导致沿岸上升流，冷的、富营养盐的底层水上升到表层并与表层水一起做离岸运动，不断挤压外面暖而少营养盐的海水产生下降运动，并形成锋面，属于变形流场及垂直混合海洋锋面。开始锋面靠近海岸，然后向外海移动，到一定位置，上升的水和下降的水达到平衡，这时锋面不动。当风力减弱时，锋面也相应减弱并消失。

图 7.3.5（a）给出上升流锋的内部结构。图 7.3.5（b）是北半球大洋东边界上升流产生模式。风是对着观测者吹，因此 Ekman 输送由岸指向外海。导致上升流产生，密度等值线由于上升流的影响，呈向上倾斜的分布。但是，近岸 Ekman 输送多，外海 Ekman 输送少，因此在 C 点海水辐合，形成下降流；D 点海水辐散，再次出现上升流。

图 7.3.5 表明，C 点和 D 点之间出现上升流锋，在垂直剖面上，形成 4 个涡旋：最靠近海岸是反气旋涡，它是由于近岸上升流受海岸摩擦引起；近岸和 C 点之间气旋涡，它是侧向 Ekman 输送受到海洋锋面下沉影响形成的；D 点向外又是一个气旋涡，Ekman 侧向输送是其直接原因；深层的反气旋涡，是上升流受到下沉水体的影响而形成的。

图 7.3.6 是海南岛东部沿 19°N 断面夏季的盐度分布。由图 7.3.6 中可以看出，112°E 附近，是上升流区域，中心盐度为 34.65，上升流的高盐水明显影响到 40 m 水层。有两个明显的下降流区：一个位于 111°E 附近；另一个位于 113°E 区域。各与上升流中心相距 100 km。近岸下降流强度弱，远岸的下降流强度大，影响范围可以直达海底。300 m 以下广泛分布着盐度为 34.5 的低盐水，最低盐度为 34.4，甚至切断近岸上升流的底层水的来源。上升流锋表层不明显，30 m 层以下，才逐渐明显起来。一个位于 113°10′E，另一个位于 112°E 附近。由此可见，上升流锋要比其他锋复杂得多。

7.3.2.4　陆架坡折锋

在大陆架边缘，由于地形的变化，也会形成锋面，属于地形强迫海洋锋面。例如，中国东海的陆架边缘、美国东北部的陆坡上缘都存在这种锋面。Flagg 和 Beardsley（1978）给出罗德岛南面横越陆架的温度、盐度、位密断面分布如图 7.3.7 所示。

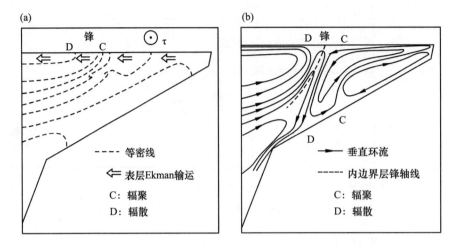

图 7.3.5　北半球大洋东边界上升流锋内部结构

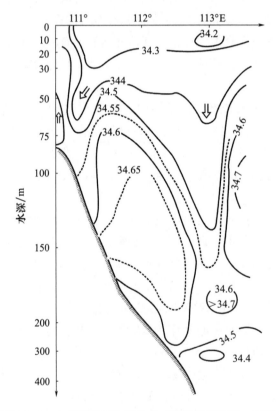

图 7.3.6　上升流锋面盐度分布（郭飞和侍茂崇，1998）

　　由图 7.3.7 中可以看出，充分混合的陆架水，温度为 5～10℃，盐度为 32.6～34.4。而远岸水是层化的，表层水温度为 14～16℃，盐度为 36。在陆架边缘形成明显的锋面。黑潮通过苏沃—与那国间水道进入东海后，其西侧与东海陆架水相汇，形成明显的海洋锋面，即东海黑潮锋，如图 7.3.8 所示。

　　由图 7.3.8 中可以看出，在大陆坡附近，黑潮水沿着陆坡向上爬升，形成近表层较

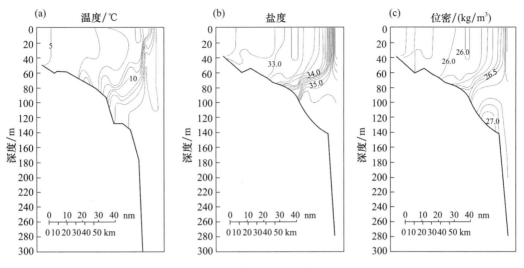

图 7.3.7　1974 年 4 月罗德岛南面横越陆架的温度、盐度、位密断面（Flagg and Beardsley，1978）

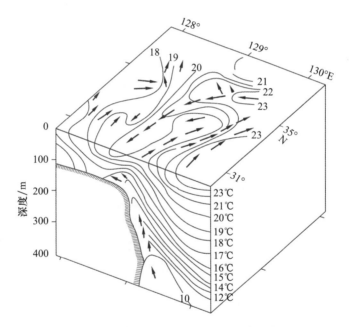

图 7.3.8　东海黑潮锋涡旋特征（郑义芳和郭炳火，1986）

大的温度梯度，这是陆坡锋形成的基本机制。在水平方向，受地形影响，黑潮路径产生弯曲，因此锋面形成许多中尺度涡。

7.3.3　海洋锋面的观测与识别

7.3.3.1　海洋锋面的卫星观测

利用海洋卫星观测和捕捉海洋锋面是一种非常有效的手段，对渔业和海洋经济活动有重要影响。在高空飞行（离地球超过 500 km）的卫星可以迅速地提供覆盖全球大部分海域的海表面变量。当今先进的卫星传感器在 1 天内可以对单个格点提供 4 次观测数据，再加上其相对较高的空间分辨率（10～25 km），其观测数据可以应用于中尺度甚至某些亚中尺度锋面的识别和研究当中。利用 SST 数据识别海洋的温度锋面最早可以追溯到 20 世纪 60 年代，美国、英国和日本等国家的气象海洋部门已经可以捕捉到部分大尺度及气候态的海洋锋面。

当人类能随时随地获取到卫星观测图像时，如何从图像中准确提取海洋锋面的信息也成为下一个问题。本小节我们介绍从卫星图像提取海洋锋面信息的其中几个常用的方法（Belkin，2021），而这些方法大多以发明人命名。

（1）Canny 算法（Canny，1986）：最传统的海洋要素梯度提取锋面的方法虽然可以在背景水团性质较为均一的海域中，提取出准确的锋面位置，但是在近海或者水团比较复杂的海域，其水平梯度的计算会受到许多噪声的影响，最终的计算结果并不理想。而 Canny 算法旨在最大限度地消除这种噪声的影响。其本质还是一种二维卫星图像的边缘算法。目前其算法已经可以安装在 Matlab、C++、Java 等运算工具中，并被用来提取 SST 图像、叶绿素图像和 SAR 图像中的海洋锋面信息，较为成熟。

（2）Cayula-Cornillon 算法（CCA，Cayula and Cornillon，1992，1995）：在海洋卫星图像领域最复杂的边缘检测算法是由 Cayula 和 Cornillon 发现的，并且最先运用于 SST 图像的检测中。CCA 方法本质上是基于一种质量分布图的方法：在一个锋面的图像中，所有像素点上的 SST 值可以排列成一个直方图，并且可以显著地分为 M1 水团和 M2 水团。当 M1 水团和 M2 水团在某些位置呈现相关性的最小值时，则该位置为锋面的轨迹点。CCA 方法其实早在 1992 年就已经运用到了 AVHRR 的卫星观测结果中，并取得了非常不错的成果，指导了许多全球性的锋面观测计划。值得一提的是，虽然 CCA 算法是起源于 SST 的卫星图像，但是也可以将其运用于叶绿素、海表面盐度等海洋锋面的识别当中。

（3）Shimada 算法（Shimada et al.，2005）：Vázquez 等（1999）把熵方法应用于 SST 图像的边缘识别中，该方法首先设定一个图像中的滑动窗口，然后把其计算得到的 Jensen-Shannon 辐散作为一个评判标准，评估图像的边缘。该方法随后被 Shimada 等改进并运用于卫星海洋学中。Shimada 算法被广泛运用于黄海、东海和日本海等海域海洋锋面的识别和研究中。

（4）Belkin-O'Reilly 算法（BOA，Belkin and O'Reilly，2009）：该算法是一个比较先进的算法，其由传统的梯度算法发展而来，并可以运用于 SST 或叶绿素计算中。该算法主要的先进性在于其包含一个锐度保留，尺度敏感且前后关联的中位数过滤器，并且该过滤器可以运用于选定的区域并迭代计算。该过滤器可以在保护海洋要素信息的同时消除噪声信号。值得一提的是，BOA 方法是普适的，并且可以应用于各种不同尺度的海洋锋面信息识别和提取中。该方法已经成功运用于 SST、叶绿素、SSH 以及卫星红外图像中。

7.3.3.2 海洋锋面的走航观测

由于卫星观测的时空分辨率有限，关于亚中尺度锋面的许多研究无法仰仗其资料。而高分辨率的海洋模式由于各种参数化方案的引入，则会使许多亚中尺度和小尺度过程失真。最近一些模式结果也表明涡旋能量的耗散可以通过涡旋形成的亚中尺度锋等一些具有强侧向梯度的海域来实现，且其水平尺度一般为 1 ~ 10 km（McWilliams，2016）。这些不稳定的亚中尺度锋面可以补全从锋面（或其他亚中尺度过程）到耗散的能量串级。

这些模式结果同样指出，锋面对海表面的"混合层"有着极强的影响力。举个例子，海表面边界层如果是完全层化的，不是混合的，那么其边界层的加深可以由湍流的垂向运动产生，而湍流的垂向运动是直接从锋面环流获取能量的，不需要大气供给能量。这样的理论成果就与传统观点中认为的：海气边界层的运动完全由大气获取能量这一观点是截然不同的（D'Asaro et al.，2011）。因此，要厘清亚中尺度锋面及其能量传递过程，必须要开展高时空分辨率的走航观测。

下面我们给出一次在黑潮延伸体海域进行的走航观测示意图（图 7.3.9，D'Asaro et al.，2011）。该航次的观测时间为 2007 年 5 月 18 日至 21 日，地理位置位于黑潮延伸体的起点。在该海域，来自亚极地流涡的亲潮携带的冷而淡的海水，与来自亚热带流涡的黑潮携带的暖而咸的海水交汇。同时，该海域也有大量的海洋涡旋活动（观察图 7.3.9 中的黑色等值线）。该航次的核心观测位置为 SF2 处，即 "sharpest front 2"，该锋面是由两个分别来自亲潮和黑潮的涡旋相遇时的水平流动产生的极窄且极强的中尺度和亚中尺度锋面。在观测时，首先在起始位置放置一个中性的拉格朗日浮标，随后，科考船跟着浮标不断沿着锋面前进，并每隔 5 km 处，做一次剖面观测，其最终的观测结果如图 7.3.9(b) 所示，在图中可以看见 SF2 锋面附近对应的强位势密度梯度。由上述观测过程可以总结，对中尺度到亚中尺度锋面的观测，其观测站位并不固定，需要根据漂流浮标临时定制站位，并做到足够的空间分辨率，其观测结果才有研究价值。

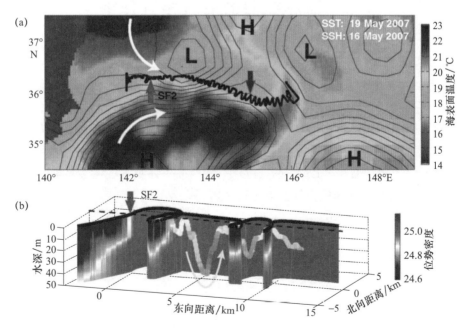

图 7.3.9　黑潮延伸体处中尺度和亚中尺度锋面的一次走航观测（D'Asaro et al.，2011）

（a）海表面温度，图中黑色实线表示走航轨迹；（b）一个漂流浮标沿着锋面移动轨迹及其对应的位势密度

7.3.3.3 海洋锋面的识别

以传统实测温盐数据识别和研究锋面时，锋面被定义为不同水团之间的边界，其识别标准与水团的性质和结构特征密切相关。因而，温盐等值线密集、等密度面倾斜、温度梯度大、次表层冷水舌、盐度极值层出现等特点常作为识别海洋锋面的依据。大体上，这些锋面识别标准总体可分为两类：一类是物理现象标准；另一类是温盐量值标准。前者常以水团边界处特定的物理现象来确定锋面的位置，后者则通过选取特定的温度和/或盐度值进行锋面的识别。

一般情况下，海洋锋面的判断标准的确定主要遵循以下几个原则：①物理现象类标准要能够反映锋面的水团定义，且该物理现象较易捕捉；②量值类标准应具有较高的认可度和较广泛的使用度；③为了尽量减少海—气交换带来的短期变化影响，均选取表层以深的指标（权陕媛和史久新，2019）。这里以亚南极锋面和极地锋面为例，介绍其锋面的判断标准：一般选用次表层（核心深度：100～300 m）温度极小值层的北界进行锋面的识别，具体判断标准如表7.3.1所示。

表 7.3.1　亚南极锋和极地锋的两类识别方法（权陕媛和史久新，2019）

锋面	物理现象类	量值类
亚南极锋	中层深度上盐度极小值层的南边界	200 m，4℃等温线
极地锋	次表层温度极小值层的北边界	200 m，2℃等温线

7.4　海洋锋面的海气相互作用

7.4.1　大气对海洋的反馈

海表面温度（SST）对大气的影响，以及在大气受到海表面温度的影响后，反过来对海洋施加新的强迫，这一过程已经被许多工作研究过（Chelton et al.，2004；O'Neill et al.，2005）。在该过程中，以风应力旋度以及 Ekman 抽吸强度的变化最为重要。而 Ekman 抽吸的强度可以从风应力旋度中得到，如下式所示：

$$w_E = \frac{1}{\rho_0} \nabla \times \frac{\boldsymbol{\tau}}{f} \tag{7.4.1}$$

式中，ρ_0 指海水平均密度。对于由 Ekman 抽吸引起的罗斯贝波，其海表面起伏可以表示为

$$\frac{\partial \eta}{\partial t} - c_R \frac{\partial \eta}{\partial x} = -\frac{\rho'}{\rho_0} w_E + \cdots \tag{7.4.2}$$

式中，ρ' 表示上层海洋与内部海洋之间的密度差，c_R 表示斜压罗斯贝波的相速度。海表面高度与风应力旋度对应联系为：正的风应力旋度对应 Ekman 泵压，海表面辐散降低；而负的风应力旋度对应 Ekman 泵吸，海表面辐聚升高。需要注意的是，海表面的压力

场及其伴随的 Ekman 抽吸过程是由大气的风速及其稳定性，以及海洋表面环流同时控制的。前者对海洋压力场的作用在本小节讨论，而后者对海洋表面压力场的作用将在下小节讨论。

由风应力旋度引起的海表面高度变化，以及由海水辐聚辐散运动引起的海表面高度变化，已经广泛地被卫星数据所捕捉到，并进行了长时间的研究（Chelton et al.，2001，2004，2006；O'Neill et al.，2003，2005）。在世界大洋中，风应力旋度及海水辐合辐散运动变化最为剧烈的海区是西边界流的湾流和黑潮海域，这也与这两个海区内风的强烈的季节性变化有关。为了证明风应力旋度以及海水辐合、辐散运动潜在的重要性，Chelton 等（2007）发现受夏季锋面等中尺度现象引起的风应力旋度所控制的 Ekman 泵吸，比起全年平均的风应力旋度，具有更强的动力学意义和更大的影响范围。在某些情况下，由中尺度现象引起的风应力旋度异常会被纠正回气候平均态，比如，在赤道锋面处（Kessler et al.，2003）和阿拉伯海的 Great Whirl 海域（Vecchi et al.，2004）。以上这些研究成果表明，大气对海洋的反馈是海洋中尺度过程生命周期中必不可缺的一环。

Chen 等（2003）利用一个理想的海气耦合模式来研究大陆坡上的海洋锋生过程与海气相互作用，在该模式中，一个海岸线海洋的原始方程与 MABL 大气模式相耦合。该团队受到由散射计观测到的，在春季东海上黑潮陆坡锋面上平行吹过的强劲风场启发，运行了一个二维的跨越锋面的理想实验。在该实验中，初始条件设置为一个偏弱的沿着大陆坡的温度梯度，以及更深的离岸水。在该情况下，沿着锋面的风场通过 Ekman 输运，驱动出了深层的向岸流动，而离岸流动则被压制在海底。于是深层海水的层结被强化；而上层海水则被强劲的风场混合得更均匀，层化更弱，且伴随着失热过程。所以大陆坡的锋面会在两个条件满足下生成：即大陆坡之上存在强劲风场，以及该风场平行于大陆坡。该例子是一个非常有用的场景，足以证明一个简单的动力模型一样可以探究海气耦合的内在过程，激发了更多的细致的研究工作。

大量工作表明，在非赤道纬度带上，SST 异常领先于海表面高度变化，这也与经向涡旋环流首先改变的平均 SST 锋面位置有关；而在赤道纬度带上，海表面高度变化通常领先于 SST 变化，而这也与赤道冷舌的经向位移有关。另外，当赤道冷舌的经向梯度为正时，上述过程则会反转。Spall（2007）利用一个准地转模式研究了 SST 对斜压海洋涡旋上方的风应力旋度的影响，在该模式中，Ekman 抽吸的强度被设定为 SST 梯度的一个函数。该数值模式的初始状态是一个纬向均匀的 SST 锋面，并且伴随着从南往北的穿越锋面的流动。利用该模式，Spall 简化了经典的垂向剪切流的 Eady 斜压不稳定问题。在沿着锋面的方向，风应力扰动不断成长，并且向东传播的异常扰动为背景流流速的 1/2。根据 Chelton 等（2001）风应力旋度的扰动是由垂直于风场的 SST 梯度决定的，并且当不稳定增长时，其扰动会不断发展，所以这种情况下的 Ekman 抽吸强度可以定义为

$$w_{\mathrm{E}} = \frac{\gamma}{\rho_0 f} \frac{\partial T}{\partial x} \tag{7.4.3}$$

式中，γ 表示耦合系数。该研究发现在流动从暖水流向冷水时，不稳定的增长率可能

与非耦合流动的 Eady 问题有更强的关联性，并且快速成长的不稳定波波数也在该情况中变小。该问题可以简要地显示为示意图 7.4.1：根据式（7.4.3），对一个从南往北的背景风场，上升流会在暖 SST 弯曲（即东侧）以及冷 SST 弯曲（即西侧）的中心形成，并且伴随该上升流形成的气旋式涡度使得该 SST 锋面的弯曲得以不断发展，并最终导致不稳定系统的形成。相对应地，如果有一个背景风场从北往南，即从冷水吹向暖水，中心海域出现下降流和海水辐聚，对应一个反气旋式环流，不稳定系统也会发展起来。需要说明的是，该模式并没有考虑当风场平行于 SST 锋面方向时不稳定的发展情况。

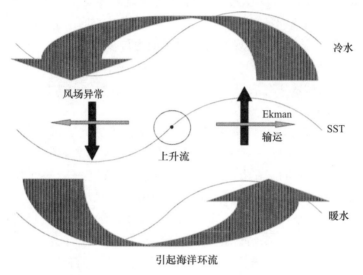

图 7.4.1　由经向跨锋面流动（从南往北）引起的海洋环流示意图（Spall，2007）
小的 SST 扰动会导致风场的异常，并伴随发生 Ekman 输运、上升流以及一个气旋式的水平环流。
该环流会使东侧的暖水向北，西侧的冷水向南，并导致更大的 SST 水平梯度，使扰动不断发展起来

海表面压力场对海洋的调整，同样可以通过热量传递。当大气受到 SST 梯度的强迫产生变化时，其产生的热量异常也可以通过海表面热通量的变化影响海洋。在锋面处存在大量的海气热量交换过程，Bunker 和 Worthington（1976）记录了湾流附近海域发生的强烈的蒸发和感热失热。Wothington（1977）认为，持续的海洋失热，可以导致湾流流量的显著变化。Adamec 和 Elsberry（1985）则提出观测到的湾流锋面的南北移动也与该海域冬季强烈的非绝热海洋失热过程有关。

7.4.2　海气耦合中流动对压力场的调整

上小节主要讨论的过程是 SST 通过海表面通量和压力梯度影响海表面风场，并在随后影响表面压力场和 Ekman 抽吸。但是要探究完全耦合的海气相互作用时，另一个过程必须被考虑进来：即海表面压力场不仅是由大气场决定的，也同样由海表面环流场决定。本小节将着重考虑中小尺度的海气相互作用。

海表面压力场实际上是一个大气风场与海表面流场剪切大小的函数。由于大气风场通常远大于海面流场，因此在块体公式中海面流场对表面压力的贡献通常忽略不计。然而，在一些靠近赤道的海区，当风速很小、海面流动很强时，海面流场对海表面压力场的影响则会显著提高。

在海洋锋面之上的海气相互作用研究工作中，把风应力分解为由海表面流场产生（即本小节内容）和由 SST 梯度产生（即 7.4.1 小节中介绍的内容）两部分，是十分必要的一步。然而不幸的是，在实际操作中，由于大部分海洋锋面区域同时存在很强的 SST 梯度以及表面流动，因此上述分解的实现是十分困难的。现在和未来的针对海洋锋面的研究工作，主要是利用海气耦合模式处理上述分解的困难，处理方法将在下面的小节中做介绍。

7.4.3 完全耦合的海气相互作用

7.4.1 小节和 7.4.2 小节中讨论了海气耦合系统的单向强迫过程，在 7.4.1 小节中表示大气到海洋，而 7.4.2 小节中则为海洋到大气。然而，通过上面的介绍，想要完整地描述锋面之上的海气相互作用，大气—海洋双向耦合模式是必须的。大尺度全球的海气耦合模式有能力探究许多海区的海洋锋面，但是其较低的分辨率（大气 1° 左右，垂向 20 层；海洋也是 1° 左右）依然限制了更进一步的研究，同时这些模式的分辨率也不足以分辨边界层以及一些更细致的物理过程。

为了详细探究某一海域的海气耦合过程，区域耦合模式应运而生。由于包含了真实的边界层条件以及更高的分辨率和更细致的物理过程，这些区域耦合模式可以更加接近真实情况地模拟区域海洋。通过模拟选定的地理海域，这些区域耦合模式的分辨率可以达到（1/4）°，这样的分辨率允许科学家们通过更细致的计算诊断中小尺度过程。区域耦合模式的模拟与全球模式不同，是被侧边界条件限制的。大气的侧边界条件一般是从再分析产品或者其他全球模式数据中得到的；而海洋的侧边界条件，在海盆边缘一般采用辐射边界条件或者固壁边界。在模式运行时，海洋与大气的模拟结果一般在一天以内交换一次或者多次。通常来说，海洋模式传递 SST 信息给大气模式，该 SST 信息可以用来与大气变量一并利用块体公式计算海气通量（比如，风应力），并在随后由大气模式传递给海洋。值得一提的是，在最近的区域耦合模式中，海洋不光传递 SST 给大气，同样传递了海表面流场的信息给大气，通过 7.4.2 小节中描述的过程，最终调整海表面的压力场。

由于区域耦合模式是一个创新的模拟技术，本小节不再赘述其详细的模拟结果。但是，作为展示其模拟能力的例子，这里展示了热带不稳定波区域的 SST、风应力、风应力旋度以及其造成的辐聚辐散运动，如图 7.4.2 所示。在图中可以看到，当风场跨越锋面时，在锋面处有很强的辐散运动，同时在赤道上也有很强的风应力旋度。通过与观测结果的对比，该模式成功重现了赤道锋面的结构和形态。

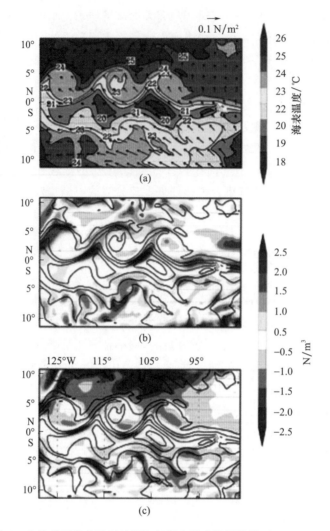

图 7.4.2　在热带不稳定波区域的海气耦合模式模拟结果（Seo et al.，2007）

（a）SST 和风应力矢量；（b）风应力辐散运动和 SST；（c）风应力旋度和 SST

思考与讨论

1. 海洋锋面有哪些类型？
2. 锋面运动学特征分析有哪些？
3. 什么是准地转锋生理论？
4. 全球海洋锋面有何分布特征？
5. 浅海中的主要海洋锋面有哪些？
6. 锋面处发生的海气相互作用主要有哪些过程？

第8章　海洋中尺度涡

8.1　概　述

海洋具有多尺度运动特征，中尺度涡是海洋中普遍存在的一种物理现象，是叠加在大尺度平均环流上的涡旋。一般将海洋中水平直径在 10 ~ 500 km、持续时间由数天至数月之间的水平旋转水体通称为中尺度涡（郑全安等，2017）。相对于大尺度环流，海洋中尺度涡的空间尺度以及时间尺度都较小，但其"旋转速度"比大尺度环流的特征值要高出一个量级，是海洋中的一种短暂而强烈的信号。

中尺度涡在全球海洋中广泛存在，卫星遥感技术的应用实现了人类对全球海洋中尺度涡的观测。图 8.1.1 给出了基于全球海表面高度数据绘出的世界海洋中尺度涡分布，可见中尺度涡在海洋中几乎无处不在。

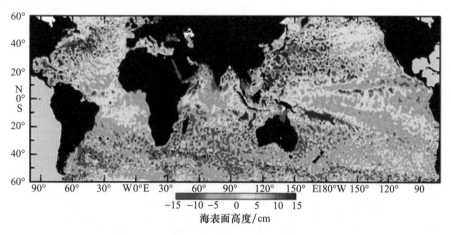

图 8.1.1　1996 年 8 月 28 日全球海表面高度分布，正值和负值分别对应
反气旋式中尺度涡旋和气旋式中尺度涡旋（Chelton et al. ，2011）

8.1.1　中尺度涡的分类

海洋中的中尺度涡可以根据不同的分类方式进行分类。根据中尺度涡旋转方向的不同，通常可分为气旋涡（Cyclonic Eddy，CE）和反气旋涡（Anticyclonic Eddy，AE）两类。在北半球，气旋涡表现为逆时针涡旋，反气旋涡表现为顺时针涡旋，南半球中尺度涡旋转方向与北半球相反。

根据涡旋的冷暖属性，还可分为暖涡和冷涡。如图 8.1.2 所示，在北半球，逆时针旋转的气旋涡在科氏力的作用下，海表面的水体向外辐散，海表面高度为负异常，涡旋中心形成垂直向上的水体运动，深层的冷水使其内部水体降温；相反，顺时针旋转的反气旋涡，其海表面处的水体则向涡旋中心辐聚，海表面高度为正异常，同时涡旋中心处的水体向下运动，造成其内部水体的增温。因而北半球的气旋涡一般为冷涡，而反气旋涡为暖涡。

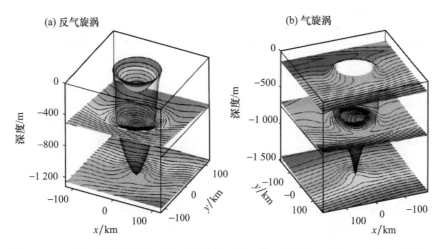

图 8.1.2　北半球反气旋涡（a）和气旋涡（b）的三维结构（Zhang et al.，2014）

　　根据中尺度涡的垂向密度结构和旋转流速核心位置不同，还可将中尺度涡分为表层中尺度涡（surface-intensified eddy）和次表层中尺度涡（subsurface-intensified eddy），一般简称为表层涡和次表层涡。其中，表层涡并非只出现在表层，而是其旋转速度的最大核心出现在表层或上混合层，且随深度递减。表层涡在近海表处的等密度线有较大的变形，依据涡旋的极性表现为上凸型（气旋涡）或下凹型（反气旋涡），如图 8.1.3 所示，利用卫星遥感资料很容易识别出这一类型的涡旋。

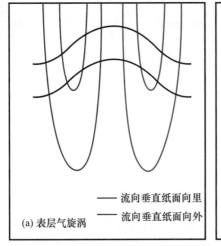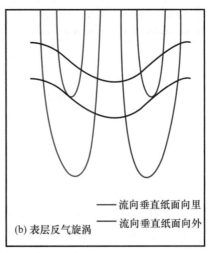

图 8.1.3　北半球表层中尺度涡的密度（黑实线）和流速等值线分布示意图（南峰等，2022）

次表层涡是垂向结构不同于表层中尺度涡的一类特殊涡旋,其中心密度等值线不是单一的向上凸或向下凹,而是同时存在上翘和下凹,呈现透镜式结构,如图 8.1.4 所示。特殊的密度结构决定了次表层涡的最大流速出现在次表层也就是混合层以下,通常是位于等密度线上凸和下凹变化反向的深度。不同于表层涡,次表层涡温度异常通常出现正—负双核结构。对于次表层反气旋涡,在最大旋转流速深度以上/以下,等密度线上凸/下凹,造成温度负异常/正异常。次表层气旋涡情况相反。图 8.1.4 给出的是理想情况下的次表层涡垂向断面结构。实际海洋中次表层涡中心等密度面上凸幅度、下凹幅度和深度不一样,造成温盐密异常值和最大旋转流速出现的深度也不一样。这类涡旋因海表信号弱难以被传统的卫星遥感资料观测到,其发现需依赖实测资料。而相比于卫星资料,现场观测资料要少得多,且时间和空间都不连续,因而目前报道观测到的次表层涡数量很少。

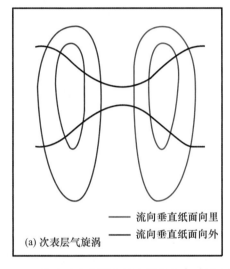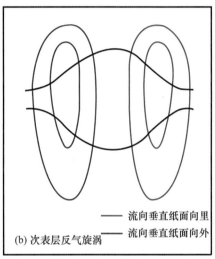

图 8.1.4　北半球次表层中尺度涡的密度(黑实线)和流速等值线分布示意图(南峰等,2022)

8.1.2　海洋中尺度涡的主要动力学特征

已有的大量研究对海洋中尺度涡的动力学特性进行了总结,如 McWilliams 指出,海洋中尺度涡的流场、温度、盐度、海表面高度异常等特征满足准地转平衡,其流场具有较小的罗斯贝数以及弗劳德数,并且其水平空间尺度远远大于垂向空间尺度(McWilliams,2008)。

Chelton 等(2007)发现,全球 50% 以上的中尺度涡旋振幅在 5~25 cm,直径在 100~200 km 范围,且绝大部分涡旋都是非线性的。

Chelton 等(2011)采用 16 年的 AVISO 和高度计资料融合数值集,对全球大洋中尺度涡的空间分布、动力学特征进行了更为详细的统计分析。得出以下结论:中尺度涡在全球大洋广泛存在,除东北和东南太平洋的"涡旋沙漠"以及低纬赤道南北 10° 以内区域外,中尺度涡的数量在大洋东边界流和副热带逆流区明显较多(虽然西边界流及延伸体涡动能很大，但涡旋数量并非最多）；绝大多数中尺度涡的 Rossby 数远小于 1，满足准地转动力平衡；中尺度涡生成后以西向传播为主，气旋涡和反气旋涡还分别存在轻微的向极和向赤道传播的倾向；中尺度涡的传播速度与第一斜压 Rossby 波的相速接近；全球 90% 以上的中尺度涡的半径（最大流速所在位置）在 50 ~ 150 km 之间，随纬度增高呈递减的趋势；除赤道海区外，中尺度涡半径要大于第一斜压 Rossby 变形半径；中尺度涡的生命周期主要在 4 ~ 16 周之间，但少数中尺度涡的寿命可超过两年，小振幅涡旋通常寿命较短，而大振幅涡旋通常寿命较长；中尺度涡具有很强的非线性（流速大于传播速度），在纬度高于 20°的范围，中尺度涡基本上都是非线性的（$U/c > 1$），其中 U 是涡旋内部的最大平均地转速度，c 是涡旋的平移速度，而在低纬度的区域，由于涡旋传播速度较快，这个比例会有所降低，然而即便如此，也有 90% 的涡旋是非线性的，非线性使得涡旋在迁移过程中能够携带水体。

中尺度涡一个突出的特性是它们的动能分布极不均匀。例如，在北大西洋和北太平洋西边界强流区的表层，其动能约为东边界流区和弱流区的 10 倍。涡场动能主要集中在表层，在强流区，从海面至 1 000 m 的深度内直线减小至表面的 1/1 087。

中尺度涡还是一个深厚的系统，其垂向深度会影响到几十米至几百米，甚至上千米。不同海域的中尺度涡具有典型的垂向结构，Dong 等（2012）利用 12 年高分辨率数值模式资料对南加利福尼亚湾中尺度涡的统计研究表明，该海域涡旋主要包括碗状、圆台状和腰鼓状 3 种垂向结构，其中碗状涡旋表面具有最大半径，圆台状涡旋在其底部具有最大半径，腰鼓状涡旋在温跃层附近具有最大半径，如图 8.1.5 所示，南加利福尼亚湾约 65% 的涡旋为碗状结构，其次约有 20% 的为中间大两头小的腰鼓状，圆台状比例最低，约占 15%。

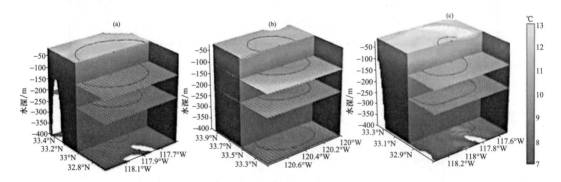

图 8.1.5　中尺度涡的垂向 3 种结构（Dong et al.，2012）

（a）碗状；（b）圆台状；（c）腰鼓状

上述关于涡旋的垂向特征主要从涡旋形态的角度来阐述其垂向结构，相对比较直观。张正光（2013）还利用卫星高度计资料结合 Argos 浮标温盐剖面资料，利用坐标转换和合成分析的方法得到中尺度涡全球统一的动力学三维结构。中尺度涡的水平结构可以由一个简单的解析函数来刻画：

$$R(r_n) = \left(1 - \frac{r_n^2}{2}\right) \cdot \exp(-r_n^2/2) \tag{8.1.1}$$

如图 8.1.6 所示，图中黑色实线代表着全球不同区域内归一化合成的中尺度涡压强异常的水平结构，其坐标是归一化距心距离 $r_n = r/R_0$，而灰色粗实线则代表了它们的平均曲线。红线为拟合曲线，可以看到图中的曲线非常集中，代表中尺度涡水平结构的统一性。

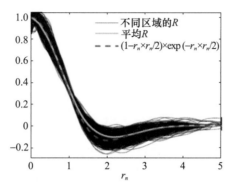

图 8.1.6　中尺度涡全球统一的压强异常场的水平结构（Zhang et al.，2014）

　　中尺度涡垂向也具有统一的动力结构，可以用正弦函数很好的逼近，近似地有

$$H_n(z_n) = \sin(z_n) \tag{8.1.2}$$

其中，

$$z_n = kz_s + \theta_0; \quad H_n = \left[G(z_s) - H_{ave} \right]/H_0 \tag{8.1.3}$$

$$z_s = \int_0^z \frac{N}{f} \mathrm{d}z \tag{8.1.4}$$

式中，N 为局地层结，f 为科氏参数。图 8.1.7 给出了中尺度涡全球统一的压强异常场的垂直结构，其中黑色实线代表着不同区域内归一化合成的中尺度涡压强异常的垂直结构，其坐标是经过拉伸归一化垂向坐标 z_n，灰色粗实线则代表了它们的平均曲线，黑色实线与红线都非常接近，这说明中尺度涡在归一化意义下存在全球统一的垂直结构。

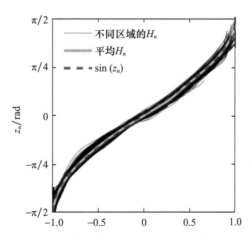

图 8.1.7　中尺度涡全球统一的压强异常场的垂直结构（Zhang，2014）

　　上述特征研究更多的是基于经典的流体力学观点，将中尺度涡看作一个涡旋单体来分析其形态特征。针对海洋中尺度涡的大量研究还发现中尺度涡存在自发的、自东向西

的运动规律，并且这种运动与地球旋转的 β 效应有关，为了解释这一效应的作用，有研究者提出了中尺度涡是 Rossby 波的模型（Larichev and Reznik，1976；Berestov，1981），甚至根据中尺度涡局地孤立的特性提出其是 Rossby 孤立波的模型（Berestov，1979）。有研究还从波动的角度来阐述涡旋在实际海洋中的分布特征，如以南海研究为例，如果将南海中尺度涡的分布作为群体运动现象，南海中尺度涡具有驻波模态及罗斯贝标准模态特征（Zheng et al.，2014；Xie et al.，2018）。

8.1.3　中尺度涡的研究意义

观测资料揭示，海洋中 90% 的动能是以中尺度涡旋形式存在的，其研究在海洋科学中具有重要的意义（魏泽勋等，2019）。中尺度涡位于大洋能量级串的中间环节，研究其生成与消亡机制对理解大洋能量级串过程具有重要意义；海洋中尺度涡携带极大的动能，其海水运动速度比洋流平均流速快几倍甚至一个量级，涡旋的垂向深度会影响到几十米至几百米，甚至上千米，从而将海洋深层的冷水和营养盐带到表面，或将海表暖水压到较深的海洋中，从而影响海洋上混合层、密度跃层甚至更深的海洋；涡旋的高旋转速度和伴随着的强剪切，使其具有很强的非线性，从而具有保持自身特征的记忆性和保守性，使其在全球海洋物质、能量、热量和淡水等的输运和分配中起着不可忽视的作用，进而对海洋生态、大气响应、气候变化以及其他尺度海洋运动产生影响；中尺度涡的存在还会改变海洋中的温盐分布特征，从而影响声传播，影响水下军事活动。因此，对海洋中尺度涡的研究具有非常重要的科学意义和应用价值。

8.2　海洋中尺度涡的产生和消亡机制

海洋中的丰富的中尺度涡旋是如何产生的？一般来说，中尺度涡的产生包括以下几种机制：①由背景流不稳定产生，即背景流通过斜压（正压）不稳定释放其有效位能（动能），为中尺度涡的产生和成长提供能量，这种机制多位于强流区、强剪切区或锋面区，如副热带逆流区；②海面风强迫机制，在岛屿或高山的背风侧，局地风应力旋度驱动可生成中尺度涡；③海底地形产生机制等。

8.2.1　不稳定产生机制

不稳定产生机制是中尺度涡产生的最主要机制。大气和海洋的运动本质上是一种能量的传送过程，使地球的气候可以维持在一个近似平衡的过程。大气海洋中主要的不稳定系统包括斜压不稳定和正压不稳定。通过这些不稳定的系统，能量可以从大尺度平均流的动能传递为涡旋动能，从而激发中尺度涡的产生。

已有的研究较为常见的方法是利用线性不稳定理论来阐述不稳定导致的涡旋发展

（Pedlosky，1987）。大气与海洋环流中的波动可以归结为由于基本流动对叠加在基本流上的波状小扰动的不稳定性（刘式达和刘式适，1990）。在海洋中，这些扰动是经常存在的，如基本状态流动对这些小扰动是稳定的，则这些扰动将趋于衰减，直至消失，对基本流动的影响也是短暂的。但如基本流动状态是不稳定的，则小扰动的振幅将随时间增长，其时间和空间尺度决定于初始的扰动和基本状态运动结构间的动力相互作用。

8.2.1.1 线性不稳定理论

对于中纬度的中尺度海洋涡旋，有 $f_0 \sim 10^{-4}\,\mathrm{s}^{-1}$，$\beta_0 \sim 10^{-11}\,\mathrm{m}^{-1}\cdot\mathrm{s}^{-1}$，$U \sim 5\,\mathrm{cm/s}$，$L \sim 10^2\,\mathrm{km}$，$D \sim 4\,\mathrm{km}$，令 r_0 表示地球的平均半径，约为 6 371 km，那么 $\dfrac{L}{r_0} \sim 0.016$，$\varepsilon \sim 0.005$，$\beta \sim 3$，层结参数 $S \sim 0.39$，$F \sim 2.6 \times 10^{-3} \sim \varepsilon$，$\delta \sim 0.04$，因此在这种情形下，以下关系成立

$$1 \gg \frac{L}{r_0} \sim \varepsilon$$

那么地转流函数 φ 满足以下准地转位势涡度方程：

$$\left(\frac{\partial}{\partial t} + \frac{\partial \varphi}{\partial x}\frac{\partial}{\partial y} - \frac{\partial \varphi}{\partial y}\frac{\partial}{\partial x} \right)\left[\frac{\partial^2 \varphi}{\partial x^2} + \frac{\partial^2 \varphi}{\partial y^2} + \frac{1}{\rho_s}\frac{\partial}{\partial z}\left(\frac{\rho_s}{S}\frac{\partial \varphi}{\partial z} \right) + \beta y \right] = 0 \tag{8.2.1}$$

考虑基本状态为严格的纬向流，且满足地转关系，令其地转流函数为 $\psi = \psi(y,z)$，基本状态的无量纲纬向流速大小为 U_0，则有

$$U_0 = -\frac{\partial \psi}{\partial y} \tag{8.2.2}$$

基本状态纬向流有量纲速度与 U_0 及水平速度尺度 U 满足以下关系：

$$U_{0*} = U U_0(y,z)$$

与纬向流式（8.2.2）相对应的位温满足热成风关系：

$$\frac{\partial U_0}{\partial z} = -\frac{\partial \Theta_0}{\partial y} \tag{8.2.3}$$

以下提出基本状态纬向流的稳定性问题。显然基本状态流函数 $\psi = \psi(y, z)$ 是式（8.2.1）的解。现在以流函数：

$$\varphi(x,y,z,t) = \psi(y,z) + \phi(x,y,z,t) \tag{8.2.4}$$

表示流体扰动状态的演变。函数 ϕ 表示叠加的扰动场的结构。将式（8.2.4）代入式（8.2.1），可得到关于 ϕ 的非线性方程：

$$\left(\frac{\partial}{\partial t} + U_0\frac{\partial}{\partial x} \right)q + \frac{\partial \phi}{\partial x}\frac{\partial \Pi_0}{\partial y} + \frac{\partial \phi}{\partial x}\frac{\partial q}{\partial y} - \frac{\partial \phi}{\partial y}\frac{\partial q}{\partial x} = 0 \tag{8.2.5}$$

其中，q 为扰动场位势涡度：

$$q = \nabla^2 \phi + \frac{1}{\rho_s}\frac{\partial}{\partial z}\left(\frac{\rho_s}{S}\frac{\partial \phi}{\partial z} \right) \tag{8.2.6}$$

Π_0 为基本状态要素场的位势涡度：

$$\Pi_0 = \beta y + \frac{\partial^2 \psi}{\partial y^2} + \frac{1}{\rho_s}\frac{\partial}{\partial z}\left(\frac{\rho_s}{S}\frac{\partial \psi}{\partial z} \right) \tag{8.2.7}$$

这里的 β 为科氏参数随纬度的变化率，S 为无量纲层结参数：

$$S = \frac{N^2}{f_0^2} = \left(\frac{L_D}{L}\right)^2 \qquad (8.2.8)$$

式中，N^2 为层结参数。如果基本状态纬向流 U_0 与 y、z 无关，则相应位势涡度 Π_0 简化为 βy。由式（8.2.7）显然有

$$\frac{\partial \Pi_0}{\partial y} = \beta - \frac{\partial^2 U_0}{\partial y^2} - \frac{1}{\rho_s}\frac{\partial}{\partial z}\left(\frac{\rho_s}{S}\frac{\partial U_0}{\partial z}\right) \qquad (8.2.9)$$

为研究基本纬向流对任意振幅扰动的稳定性，需要对式（8.2.5）线性化，假设扰动的振幅足够小，即 $\phi \ll 1$，可得

$$\left(\frac{\partial}{\partial t} + U_0\frac{\partial}{\partial x}\right)q + \frac{\partial \phi}{\partial x}\frac{\partial \Pi_0}{\partial y} = 0 \qquad (8.2.10)$$

实际基本纬向流的稳定性问题就是要确定基本纬向流 U_0 的结构和叠加在其上的振幅无限小的扰动流函数 ϕ 的演变之间的关系。也就是说给定经圈平面一定分布的基本纬向流 $U_0(y, z)$，稳定性问题就是要决定叠加在基本纬向流上的扰动场 ϕ 是趋于增强还是衰减。如果扰动随时间增强，则基本纬向流对扰动场是不稳定的，反之是稳定的。要完整地提出对 ϕ 的稳定性问题，必须求解式（8.2.10）的边值问题。为使 β 平面近似成立，区域的纬度范围必须是球面的一部分，所以要给出关于 y 的边界条件。考虑通道流动，假定在南北边界 $y = \pm 1$ 处是包围基本纬向流和扰动运动的刚体壁，这样就可以把所考虑的区域和周围区域有效的分开，故一切导致不稳定的扰动之源都存在于所考虑区域的内部。因此，式（8.2.10）的经向边界条件为

$$y = \pm 1, \quad \frac{\partial \phi}{\partial x} = 0 \qquad (8.2.11)$$

在 $z = 0$ 处有

$$\left(\frac{\partial}{\partial t} + U_0\frac{\partial}{\partial x}\right)\frac{\partial \phi}{\partial z} + \left(S\frac{\partial \eta_B}{\partial y} - \frac{\partial U_0}{\partial z}\right)\frac{\partial \phi}{\partial x} = -\frac{E_V^{1/2}S}{2\varepsilon}\left(\frac{\partial^2 \phi}{\partial x^2} + \frac{\partial^2 \phi}{\partial y^2}\right) \qquad (8.2.12)$$

在 $z = z_T$ 处，对于自由表面的海洋有

$$\left(\frac{\partial}{\partial t} + U_0\frac{\partial}{\partial x}\right)\frac{\partial \phi}{\partial z} - \frac{\partial U_0}{\partial z}\frac{\partial \phi}{\partial x} = 0 \qquad (8.2.13a)$$

对于刚性边界的海面有

$$\left(\frac{\partial}{\partial t} + U_0\frac{\partial}{\partial x}\right)\frac{\partial \phi}{\partial z} - \frac{\partial U_0}{\partial z}\frac{\partial \phi}{\partial x} = \frac{E_V^{1/2}S}{2\varepsilon}\left(\frac{\partial^2 \phi}{\partial x^2} + \frac{\partial^2 \phi}{\partial y^2}\right) \qquad (8.2.13b)$$

将式（8.2.10）乘以 $\rho_s\phi$，然后对整个流体体积积分，利用扰动场在 x 方向的周期性及 $y = \pm 1$、$z = 0$、$z = z_T$ 的边界条件，可以得到扰动场的能量方程：

$$\frac{\partial E(\phi)}{\partial t} = -\int_0^{z_T}\int_{-1}^1 \mathrm{d}y\mathrm{d}z\rho_s\left[\overline{v_0 u_0}\frac{\partial U_0}{\partial y} - \frac{\overline{v_0\theta_0}}{S}\frac{\partial U_0}{\partial z}\right] \qquad (8.2.14)$$

其中，$E(\phi)$ 为扰动的总能量：

$$E(\phi) = \int_0^{z_T}\int_{-1}^1 \mathrm{d}y\mathrm{d}z\frac{\rho_s}{2}\left[\overline{\left(\frac{\partial \phi}{\partial x}\right)^2 + \left(\frac{\partial \phi}{\partial y}\right)^2 + \frac{1}{S}\left(\frac{\partial \phi}{\partial z}\right)^2}\right] \qquad (8.2.15)$$

u_0、v_0 和 θ_0 为扰动场，其定义分别是：

$$u_0 - U_0 = -\frac{\partial \phi}{\partial y}$$

$$v_0 = \frac{\partial \phi}{\partial x}$$

$$\theta_0 - \Theta_0 = \frac{\partial \phi}{\partial z}$$

S 表示势能和动能的占比，当 S 大于 1 时，势能影响较小，S 小于 1 时，势能影响较大。从式（8.2.14）中可知，背景场的速度 U_0 要存在水平或者垂直切变，扰动能量才能随时间有变化，也就是说，背景流基本场要存在可供转换的位能或者势能，不稳定才能发展。

8.2.1.2　斜压不稳定机制

由于加热冷却的不均匀、垂向混合等因素，海洋是一种经典的斜压流体，但是大部分情况下，海洋的斜压结构是稳定的（即海面密度小，海底密度大）。斜压不稳定是平均流场有垂直剪切和满足特定的条件，平均流场的势能（包括热力和重力）可以转换为涡旋运动的动能，使涡旋生长。

已有研究表明，海洋中大多数中尺度涡最初是由斜压不稳定性驱动的，主要从平均流中提取可用的势能（Pedlosky，1987）。一般情形下，处理斜压不稳定问题在数学上是比较困难的，常采用简化的模式来进行说明，比较常见的包括 Eady 模式、Charney 模式等，下面分别介绍这几种模型来解释涡旋的产生机理。

1）斜压不稳定的 Eady 模式

Eady（1949）提出一个极好的简单模式来说明斜压不稳定产生过程。在该模式中，假定背景场环流 U_0 为纯斜压流，与 y 无关，且水平温度梯度是常数，即：

$$U_0 = z \tag{8.2.16}$$

因此，

$$\frac{\partial \Theta_0}{\partial y} = -\frac{\partial U_0}{\partial z} = -1 \tag{8.2.17}$$

不考虑 β 效应，S 和 ρ_s 均为常数，摩擦效应也忽略不计，流体运动的垂直范围限于在 $z=0$ 和 $z=1$ 的两个刚性边界之内。

根据基本假定，由式（8.2.9）可得基本场位势涡度的水平梯度为 0，即：

$$\frac{\partial \Pi_0}{\partial y} = 0$$

那么，由式（8.2.7）和式（8.2.10）可得：

$$\left(\frac{\partial}{\partial t} + U_0 \frac{\partial}{\partial x} \right) \left(\nabla^2 \phi + \frac{1}{S} \frac{\partial^2 \phi}{\partial z^2} \right) = 0 \tag{8.2.18}$$

扰动位涡方程的求解通常采用标准模方法，设扰动解的形式为

$$\phi(x, y, z, t) = \text{Re } \Phi(y, z) \, e^{ik(x-ct)} \tag{8.2.19}$$

式中，Re 表示取其后面表达式的实数部分，其中 $\Phi(y, z)$ 为扰动的振幅；k 为波数；

c 为相速度。振幅函数 $\varPhi$ 和频率 kc 可以是复数。c 可以表示成复数的形式：

$$c = c_r + \mathrm{i}c_i$$

将上式代入式（8.2.19），可得：

$$\phi(x,y,z,t) = \mathrm{Re}\left[\varPhi(y,z)\,\mathrm{e}^{\mathrm{i}kc_it} \cdot \mathrm{e}^{\mathrm{i}k(x-c_rt)}\right]$$

可以看出，如果扰动不稳定，那么扰动振幅随时间呈指数增长，其增长率即为 kc_i。不同波数扰动增长率表示基本状态流动对该波数扰动的不稳定程度，由增长率的大小可以确定哪种波动最容易发展。将式（8.2.19）代入式（8.2.18），可以得到关于 $\varPhi$ 的标准波形问题：

$$(z-c)\left\{ S^{-1}\frac{\partial^2 \varPhi}{\partial z^2} + \frac{\partial^2 \varPhi}{\partial y^2} - k^2 \varPhi \right\} = 0 \tag{8.2.20}$$

相应的边界条件可以改写。

在 $z=0$ 处，当没有摩擦和底边界坡度时，

$$-c\frac{\partial \varPhi}{\partial z} - \varPhi = 0 \tag{8.2.21}$$

在 $z=1$ 处，

$$(1-c)\frac{\partial \varPhi}{\partial z} - \varPhi = 0 \tag{8.2.22}$$

设方程（8.2.20）满足边界条件的解可以有如下形式：

$$\varPhi(y,z) = A(z)\cos l_n y \tag{8.2.23}$$

式中，

$$l_n = \left(n + \frac{1}{2}\right)\pi, \quad n = 0,1,2,\cdots$$

于是 $A(z)$ 满足常微分方程：

$$(z-c)\left[\frac{\mathrm{d}^2 A}{\mathrm{d}z^2} - \mu^2 A\right] = 0 \tag{8.2.24}$$

其中，

$$\mu^2 = (k^2 + l_n^2)S \tag{8.2.25}$$

边界条件如下：

$$z=0\text{处}：c\frac{\mathrm{d}A}{\mathrm{d}z} + A = 0 \tag{8.2.26a}$$

$$z=1\text{处}：(c-1)\frac{\mathrm{d}A}{\mathrm{d}z} + A = 0 \tag{8.2.26b}$$

设满足式（8.2.24）的通解为

$$A(z) = a\cosh\mu z + b\sinh\mu z \tag{8.2.27}$$

式中，a 和 b 是任意常数，利用式（8.2.26）的边界条件，可得

$$a + \mu bc = 0 \tag{8.2.28a}$$

$$a\left[(c-1)\mu\sinh\mu + \cosh\mu\right] + $$
$$b\left[(c-1)\mu\cosh\mu + \sinh\mu\right] = 0 \tag{8.2.28b}$$

仅当式（8.2.28a）和式（8.2.28b）中 a 和 b 的系数行列式为 0 时，才能求得 a 和 b 的

非零解。这个条件作为式（8.2.24）有解的条件给出 c 的二次方程：

$$c^2 - c + \mu^{-1}\coth\mu - \mu^{-2} = 0 \qquad (8.2.29)$$

解之可得：

$$c = \frac{1}{2} \pm \frac{1}{\mu}\Big[\Big(\frac{\mu}{2} - \coth\frac{\mu}{2}\Big)\Big(\frac{\mu}{2} - \tanh\frac{\mu}{2}\Big)\Big]^{1/2} \qquad (8.2.30)$$

对于任何 μ 都有 $\mu/2 > \tanh\mu/2$，所以当 $\mu/2 > \coth\mu/2$ 时，式（8.2.30）根号中表达式的值为正，c 的两个根均为实数。另一方面，对于使 $\mu/2$ 小于 $\coth\mu/2$ 的那些 μ 值，根号中的值为负，c 是复数。因此 μ 的临界值满足：

$$\frac{\mu_c}{2} = \coth\frac{\mu_c}{2}$$

其值为 $\mu_c = 2.3994$。当 $\mu > \mu_c$ 时，对于每个 k 和 n，解由两个中性波组成，每个波都有式（8.2.30）的根给出的实相速 c，此时扰动是稳定的。而当 $\mu < \mu_c$ 时，式（8.2.30）可给出 c 的两个互为复共轭的根，存在非 0 的 c_i，此时扰动不稳定。此时：

$$c_r = \frac{1}{2}$$

$$c_i = \pm\frac{1}{\mu}\Big[\Big(-\frac{\mu}{2} + \coth\frac{\mu}{2}\Big)\Big(\frac{\mu}{2} - \tanh\frac{\mu}{2}\Big)\Big]^{1/2}$$

由式（8.2.25）可知，对于某些实数 k 值，为了出现不稳定，S 必须满足条件：

$$S < \frac{\mu_c^2}{l_n^2} = 4\frac{\mu_c^2}{\pi^2(2n+1)^2} = \frac{2.333}{(2n+1)^2}$$

显然，这个不稳定条件对 $n = 0$ 的波形最易满足，即在 y 方向上波数最小的波是最不稳定的。此时 $S = 2.333$。不稳定的增长率为

$$kc_i = \frac{k}{\mu}\Big[\Big(\coth\frac{\mu}{2} - \frac{\mu}{2}\Big)\Big(\frac{\mu}{2} - \tanh\frac{\mu}{2}\Big)\Big]^{1/2} \qquad (8.2.31)$$

对给定的 l_n 和 S 来说，μ 是 k 的函数，扰动增长率也是 k 的函数。图 8.2.1 给出了 $n = 0$ 的最不稳定波且 $S = 0.25$ 时的扰动增长率和波数的关系。

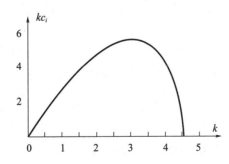

图 8.2.1 不稳定扰动增长率和波数 k 的关系

从图 8.2.1 中可以看出，当 $k_m = 3.12$ 时，增长率达到极大值，这个波是最不稳定波。对于 $S = 0.25$，与波数 k_m 相应的有量纲波长为

$$\lambda_* = \frac{2\pi}{k_m}L = \frac{4\pi}{k_m}L_D = (4.018)L_D \qquad (8.2.32)$$

在海洋中，L_D 为 100 km，所以最不稳定的波长约为 400 km。该结果与实测的海洋中尺度涡尺度较为一致，所以斜压不稳定机制可以解释波动的产生。

有了 c，还可用式（8.2.28）中的任一个方程，通过 a 来确定 b，从而得到不稳定波的结构：

$$A(z) = \cosh \mu z - \frac{\sinh \mu z}{\mu_c} \tag{8.2.33}$$

对于 $\mu < \mu_c$，还可给出不稳定波动可以表示为

$$\phi = \mathrm{Re}\, e^{kc_i t} e^{i(kx - 0.5t)} \left[\left(\cosh \mu z - \frac{0.5}{\mu |c|^2} \sinh \mu z \right) + \frac{ic_i \sinh \mu z}{\mu |c|^2} \right] \cos l_n y \tag{8.2.34}$$

波振幅随高度的分布由下式给出：

$$|\varPhi(z)| = \left[\left(\cosh \mu z - \frac{0.5 \sinh \mu z}{\mu |c|^2} \right)^2 + \frac{c_1^2 \sinh^2 \mu z}{\mu^2 |c|^4} \right]^{1/2} \tag{8.2.35}$$

而相角 $a(z)$ 为

$$a(z) = \tan^{-1} \left\{ \frac{c_i \sinh \mu z}{\mu |c|^2 \cosh \mu z - 0.5 \sinh \mu z} \right\} \tag{8.2.36}$$

图 8.2.2 给出最不稳定波的振幅和相角随高度的变化。不稳定波动在上下边界处振幅最大，由于 α 是 z 的增函数，故等位相线必须随高度西倾（与流动方向相反），这恰好是能量从平均场向扰动场斜压转换之条件。

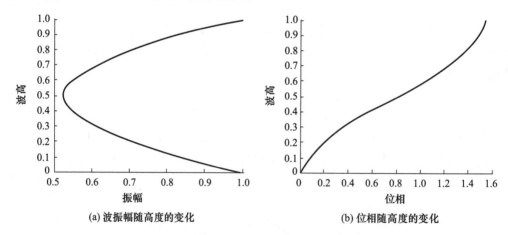

(a) 波振幅随高度的变化　　　　　　　　　(b) 位相随高度的变化

图 8.2.2　最不稳定波的振幅和位相随高度的变化

从以上分析可知，Eady 模式虽然用了一个高度简化的背景场，但是其仍显示了斜压不稳定扰动增长的基本特性。但该模式中缺少内部的位涡梯度，特别是没有考虑行星涡度梯度，这与实际海洋涡旋发展的条件不一致。

2）斜压不稳定的 Charney 模式

Charney（1947）提出了一个比较逼真的斜压不稳定模式。该模式除保留了 Eady 模式的几个简化特点，包括 U_0 与 y 无关，忽略黏性效应，垂直切变为常数，还引进了某些重要而逼真的动力学要素，如考虑了 β 效应，因此在流体内部，环境位涡梯度会影响流体元的运动。此外，考虑密度随深度的变化，取无量纲密度标高：

$$h^{-1} = -\frac{1}{\rho_s}\frac{\partial \rho_s}{\partial z} \tag{8.2.37}$$

为有限值。为使数学上处理简单，h 和 S 均取为常数，基本状态的纬向速度为

$$U_0 = \lambda z \tag{8.2.38}$$

λ 是垂直切变的无量纲量度。由于考虑了 β 效应，由式（8.2.8）可得基本场位势涡度的水平梯度为

$$\frac{\partial \Pi_0}{\partial y} = \beta + \frac{\lambda}{hS}$$

那么，由式（8.2.10）可得：

$$\left(\frac{\partial}{\partial t} + U_0 \frac{\partial}{\partial x}\right)\left[\nabla^2 \phi + \frac{1}{S}\frac{\partial^2 \phi}{\partial z^2} + \frac{1}{Sh}\frac{\partial \phi}{\partial z}\right] + \frac{\partial \phi}{\partial x}\frac{\partial \Pi_0}{\partial y} = 0 \tag{8.2.39}$$

同样设满足经向边界条件式（8.2.11）的扰动解的形式为

$$\phi(x,y,z,t) = \operatorname{Re} A(z)\cos\left(n+\frac{1}{2}\right)\pi y\, \mathrm{e}^{ik(x-ct)} \tag{8.2.40}$$

那么

$$(\lambda z - c)\left[\frac{1}{S}\frac{\mathrm{d}^2 A}{\mathrm{d}z^2} - \frac{1}{hS}\frac{\mathrm{d}A}{\mathrm{d}z} - \mu^2 A\right] + \frac{\partial \Pi_0}{\partial y}A = 0 \tag{8.2.41}$$

其中，μ 为总波数，由下式给出：

$$\mu^2 = k^2 + \left(n+\frac{1}{2}\right)^2\pi^2 \tag{8.2.42}$$

可以看出，非零的基本场的位势涡度梯度的存在对扰动的动力机制有很大影响。如果 $\frac{\partial \Pi_0}{\partial y}\neq 0$，那么式（8.2.41）在 $z = z_c$ 有奇点，在这里

$$z_c = \frac{c}{\lambda} \tag{8.2.43}$$

对于发展的扰动，必须有 $c_i > 0$，故式（8.2.41）的奇性只出现在 z 的复值。在 z 的复平面上考虑问题的奇性对扰动的物理和数学结构都有重要的意义。特别是对于 c_i 值很小的发展波或 $c_i = 0$ 的中性波，此时若 c_r 是在式（8.2.43）定义的范围内，则奇性的影响将非常大。z_c 是式（8.2.41）的临界深度，与它紧邻的区域叫临界层。当 c 为实数时，若 c 处于 U_0 的范围内，则临界点位于 z 的范围内，而当 c_i 很小且 c_r 处于 U 的范围内时（像在 Eady 模式中那样），扰动结构中的临界层是明显的。

　　Charney 模式的垂直结构函数 $A(z)$ 所满足的方程可以改写为

$$\frac{\mathrm{d}^2 A}{\mathrm{d}z^2} - \frac{1}{h}\frac{\mathrm{d}A}{\mathrm{d}z} - S\left(\mu^2 - \frac{\dfrac{\partial \Pi_0}{\partial y}}{\lambda(z - z_c)}\right)A = 0 \tag{8.2.44}$$

上式在 $z = z_c$ 有奇点，不过是正则奇点。为求解上述方程，需要给出式（8.2.43）关于 A 的边界条件。在没有摩擦和地形坡度时，$z = 0$ 处的边界，

$$c\frac{\mathrm{d}A}{\mathrm{d}z} + \lambda A = 0 \tag{8.2.45}$$

在 $z = z_T$ 的边界：

$$(\lambda z - c)\frac{dA}{dz} - \lambda A = 0 \tag{8.2.46}$$

当 $z \to \infty$，上式要能成立，则 A 必须有界，因此上边界条件可以写成当 $z \to \infty$ 时 $\rho_s |A|^2$ 保持有界。

为了把式（8.2.41）简化为标准型，对 A 做变量代换，令

$$A(z) = \left(z - \frac{c}{\lambda}\right)e^{vz}F(\xi) \tag{8.2.47}$$

其中，

$$v = \frac{1}{2h} - \frac{1}{2}\sqrt{\frac{1}{h^2} + 4S\mu^2} \tag{8.2.48}$$

ξ 是新的自变量：

$$\xi = \sqrt{\frac{1}{h^2} + 4S\mu^2}\left(z - \frac{c}{\lambda}\right) \tag{8.2.49}$$

把上式代入式（8.2.44），则得 $F(\xi)$ 的满足的方程为

$$\xi\frac{d^2 F}{d\xi^2} + (2 - \xi)\frac{dF}{d\xi} - (1 - r)F = 0 \tag{8.2.50}$$

其中，

$$r = \frac{\beta S/\lambda + \dfrac{1}{h}}{\sqrt{4S\mu^2 + \dfrac{1}{h^2}}} \tag{8.2.51}$$

边界条件也需做变量代换，可得

$$\text{在 } \xi = \xi_0 = -\frac{c}{\lambda}\sqrt{\frac{1}{h^2} + 4S\mu^2} \text{ 处，} \quad \xi_0^2\left[\frac{dF}{d\xi} - \frac{a_1 - \dfrac{1}{2}}{2\alpha_1}F\right] = 0 \tag{8.2.52}$$

式中，

$$a_1 = \frac{1}{2}\left[1 + 4S\mu^2 h^2\right]^{1/2} \tag{8.2.53}$$

方程（8.2.50）是合流超几何方程，其通解可以写为

$$F(\xi) = c_1 M(a, 2, \xi) + c_2 U(a, 2, \xi) \tag{8.2.54}$$

式中，c_1 和 c_2 是任意常数，而

$$a = 1 - r \tag{8.2.55}$$

M 定义如下：

$$M(a, 2, \xi) = 1 + \frac{a\xi}{2} + \frac{a(a+1)\xi^2}{2 \times 3 \times 2!} + \cdots + \frac{(a)_n \xi^n}{(2)_n n!} + \cdots$$
$$= \sum_{m=0}^{\infty} \frac{(a)_m \xi^m}{(2)_m m!} \tag{8.2.56}$$

式中对任意数 b 有

$$(b)_n = b(b+1)(b+2)\cdots(b+n-1), \quad (b)_0 = 1 \tag{8.2.57}$$

当 r 不是正整数时，第二个解 U 可以写为

$$\Gamma(a)U(a,2,\xi) = \frac{1}{\xi} + \sum_{m=0}^{\infty} \frac{\Gamma(a+m)\left[\log\xi + \psi(a+m) - \psi(1+m) - \psi(2+m)\right]}{\Gamma(a-1)m!(m+1)!}\xi^m \tag{8.2.58}$$

其中，

$$\Gamma(x) = \int_0^{\infty} t^{x-1}\mathrm{e}^{-t}\mathrm{d}t \tag{8.2.59}$$

对整数 x 它可化为阶乘函数，即

$$\Gamma(n) = (n-1)! \tag{8.2.60}$$

式（8.2.58）中的函数 ψ 是 $\Gamma(x)$ 的对数导数，即：

$$\psi(x) = \frac{\mathrm{d}}{\mathrm{d}x}\log\Gamma(x) \tag{8.2.61}$$

方程（8.2.50）求解较为复杂，这里直接给出经典的计算结果，$F(\xi)$ 的解为

$$F(\xi) = \begin{cases} c_1 M(a,2,\xi), & r = n \\ c_2 U(a,2,\xi), & r \neq n \end{cases} \tag{8.2.62}$$

式中，n 是任意大于 0 的整数。

Kuo（1973）针对密度标高远大于扰动尺度的垂向尺度的极限情况之标准波形问题做了详细计算，在该极限情况下，当 $a_1 \to \infty$，得出：

$$\xi = \xi_0 \text{处}, \quad \xi_0^2\left[\frac{\mathrm{d}F}{\mathrm{d}\xi} - \frac{1}{2}F\right] = 0 \tag{8.2.63}$$

在关于 F 的问题中，唯一的参数是 r，因此 ξ_0 的根只是 r 的函数。图 8.2.3 给出了郭晓岚的计算结果，这里使用了变换：

$$\eta_{br} = \mathrm{Re}\,\zeta_0, \quad \eta_{bi} = \mathrm{Im}\,\zeta_0 \tag{8.2.64}$$

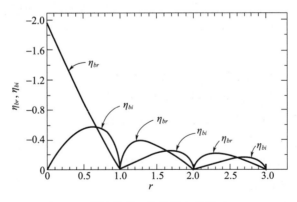

图 8.2.3　Kuo（1973）所计算的 c 的实部和虚部 $\eta_{br} = \mathrm{Re}\,\zeta_0$，$\eta_{bi} = \mathrm{Im}\,\zeta_0$

对于很大的 h，由式（8.2.51）得

$$-\xi_0 = 2\frac{c}{\lambda}\mu S \tag{8.2.65}$$

所以频率和增长率分别与 η_{br} 和 η_{bi} 成正比。

图 8.2.3 中表明，实际最大增长率出现在 $r \approx 0.55$ 附近，而且从一个不稳定范围过渡到另一个不稳定范围均出现在 r 的整数值上。如前所述，具有较复杂垂直结构的 n 值较高（即 r 值大）的模态，其相应的增长率较低。图 8.2.4 给出了 Kuo 计算的最不稳定波的结构。可以看出，波动振幅在下边界附近增强，而波位相随深度的加深减小。

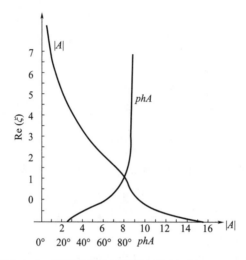

图 8.2.4　最不稳定波的振幅与位相（Kuo，1973）

在 $\mathrm{Re}(\xi) = 1$ 以下的深度范围内，波的位相随深度增加减小，这对释放有效位能是必须的，故有效位能主要是在下边界附近的低层内释放。

Charney 模式中的能量转换机制与 Eady 模式相同，都是由倾斜的背景流释放有效位能。不过，Charney 模式中引进的基本场位势涡度梯度则影响了流体的运动而产生新的不稳定波形。在这种不稳定波形中，位势涡度梯度具有阻滞波动传播速度的作用。在 Charney 模式中，不稳定波的相速度非常接近于纬向气流的最小速度，而不像 Eady 模式中相速度接近于纬向气流的平均速度。

3）两层半模式

Qiu（1999）根据北太平洋副热带逆流（STCC）和北赤道流（NEC）系统的地转流垂向剪切分布形式，构建了一个 2.5 层约化重力模型，来讨论中尺度涡的斜压不稳定生成机制。

假设海洋由两个活动的上层和一个无限深的深海层组成，如图 8.2.5 所示。

在表层中，假设平均层厚度为 H_1，平均纬向流为 U_1，代表向东流动的 STCC，第二层的平均层厚度为 H_2，平均带向流为 U_2，对应于向西流动的 NEC。假设每一层的密度为 $\rho_n(n = 1，2 和 3)$。在准地转近似下，扰动位势涡度 q_n 满足的线性化方程为

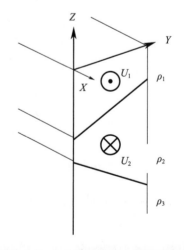

图 8.2.5　2.5 层约化重力模型示意图

$$\left(\frac{\partial}{\partial t}+U_n\frac{\partial}{\partial x}\right)q_n+\frac{\partial\Pi_n}{\partial y}\frac{\partial\phi_n}{\partial x}=0 \tag{8.2.66}$$

其中，ϕ_n 为第 n 层的扰动流函数；Π_n 为第 n 层的平均位势涡度（$n=1$，2）。

为简单起见，假设平均流 U_n 在经向是均匀的，这样就在研究的问题中消除了正压不稳定性机制的影响。考虑恒定的 U_n，在 2.5 层约化重力模型中，扰动流函数和 Π_n 的经向梯度可以表示成

$$q_1=\nabla^2\phi_1+\frac{1}{\gamma\delta\lambda^2}(\phi_2-\phi_1) \tag{8.2.67}$$

$$q_2=\nabla^2\phi_2+\frac{1}{\gamma\lambda^2}(\phi_1-\phi_2-\gamma\phi_2) \tag{8.2.68}$$

$$\Pi_{1y}=\beta+\frac{1}{\gamma\delta\lambda^2}(U_1-U_2) \tag{8.2.69}$$

$$\Pi_{2y}=\beta-\frac{1}{\gamma\lambda^2}(U_1-U_2-\gamma U_2) \tag{8.2.70}$$

其中，

$$\delta\equiv\frac{H_1}{H_2},\quad \gamma\equiv\frac{\rho_2-\rho_1}{\rho_3-\rho_2} \tag{8.2.71}$$

$$\lambda\equiv\frac{1}{f_o}\sqrt{\frac{(\rho_3-\rho_2)}{\rho_o}gH_2} \tag{8.2.72}$$

其中，δ 表示层深度比；γ 为层化系数；ρ_o 表示参考密度；λ 为罗斯贝变形半径。

根据标准模方法，设波动解的形式为

$$\phi_n=\mathrm{Re}\left[A_n\exp i(kx+ly-kct)\right] \tag{8.2.73}$$

代入等式（8.2.66）并使用等式（8.2.67）~（8.2.70），我们可以得到：

$$(U_1-c)\left[-K^2A_1+\frac{1}{\gamma\delta\lambda^2}(A_2-A_1)\right]+\Pi_{1y}A_1=0 \tag{8.2.74}$$

$$(U_2-c)\left[-K^2A_2+\frac{1}{\gamma\lambda^2}(A_1-A_2-\gamma A_2)\right]+\Pi_{2y}A_2=0 \tag{8.2.75}$$

其中，总波数 $K^2\equiv k^2+l^2$。要求得 A_n 的通解：

$$c^2-\left(U_1+U_2-\frac{P+Q}{R}\right)c+\left(U_1U_2+\frac{\Pi_{1y}\Pi_{2y}}{R}-\frac{U_1P}{R}-\frac{U_2Q}{R}\right)=0 \tag{8.2.76}$$

其中，

$$P=\left(K^2+\frac{1}{\gamma\delta\lambda^2}\right)\Pi_{2y},\quad Q=\left(K^2+\frac{1+\gamma}{\gamma\lambda^2}\right)\Pi_{1y} \tag{8.2.77}$$

$$R=\left(K^2+\frac{1+\gamma}{\gamma\lambda^2}\right)\left(K^2+\frac{1}{\gamma\delta\lambda^2}\right)-\frac{1}{\gamma^2\delta\lambda^4} \tag{8.2.78}$$

可以发现，如果我们取 $\gamma\to0$，以及 $\gamma\lambda^2\to(\rho_2-\rho_1)gH_2/\rho_0f_0^2$，那么这个 2.5 层约化模式就是经典的菲利普斯双层模型的结果（Pedlosky，1987）。

在表 8.2.1 中，根据 Levitus 每月气候数据集估算了 STCC-NEC 系统在春季和秋季的参数值，可以看出春季和秋季条件之间的主要区别在于两个参数：U_1 和 γ。图 8.2.6 给

出了 STCC-NEC 系统的垂向速度剪切和 STCC 的涡动能随时间的变化，如图所示，春季 STCC（或 U_1）相对较快，但由于上温跃层变平，它的速度在秋季下降。秋季 U_1 的减少量约为 0.02 m/s。STCC-NEC 系统层化比 γ 在春季约为 1.2，由于表面加热，它在秋季增加到 1.8，从而降低了表层的密度 ρ_1。值得注意的是，在第二层中，无论季节如何，NEC 的温度结构和流场都是相对稳定的。STCC-NEC 系统的垂向速度剪切和 STCC 的涡动能都具有明显的季节变化，且垂向速度剪切要比涡动能快两个月。

表 8.2.1 适用于 STCC-NEC 系统的参数值

（第三列中的"—"表示与春季相同的秋季值）（Qiu，1999）

参数	春季值	秋季值
f_o	$5.23 \times 10^{-5} \, s^{-1}$	—
β	$2.15 \times 10^{-11} \, s^{-1} m^{-1}$	—
U_1	0.03 m/s	0.01 m/s
U_2	−0.03 m/s	—
H_1	150 m	—
H_2	300 m	—
ρ_1	$23.90 \sigma_\theta$	$22.85 \sigma_\theta$
ρ_2	$26.00 \sigma_\theta$	—
ρ_3	$27.75 \sigma_\theta$	—
γ	1.2	1.8
$2\pi/l$	300 km	—

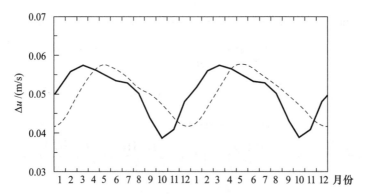

图 8.2.6 STCC 与其下方 NEC 之间垂直速度切变的季节变化（实线）与 T/P 观测的
STCC 平均涡动能的季节变化（虚线）（Qiu，1999）

这里的垂直速度切变是基于气候态 Levitus 逐月 T-S 数据集在区域 19°—25°N，
140°—170°E 以及 0 m 和 400 m 垂向层之间的纬向速度的平均切变

利用式（8.2.76）、$c \equiv c_r + \mathrm{i} c_i$ 以及表 8.2.1 中列出的参数值，图 8.2.7 中绘制了 STCC-NEC 系统的相速度实部（c_r）和不稳定增长速率（$k c_i$）随区域波数 k 的变化趋势，实线和虚线分别表示春季和秋季条件下的结果。从图中可以看出，虽然 STCC-NEC 系统在这两种情况下都是不稳定的，但不同季节之间的不稳定增长速率存在显著差异。

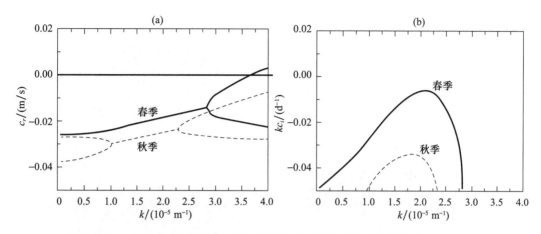

图 8.2.7　（a）相速度实部和（b）不稳定增长率随波数 k 的变化（Qiu, 1999）

实线是春季的结果，虚线是秋季的结果

春季最不稳定的波有 $kc_i = 0.0156\,\mathrm{d}^{-1}$，或时间尺度为 O（60 d），而秋季条件下时间尺度为 O（180 d）。此外，秋季允许不稳定波的窗口比春季窄得多［图 8.2.7（b）］。注意，这两个季节之间的差异也体现在最不稳定模态的相位速度上：春季，c_r 为 $-1.8\,\mathrm{cm/s}$，而秋季，c_r 为 $-2.6\,\mathrm{cm/s}$。

计算结果显示，在春季，STCC-NEC 系统的斜压不稳定比秋季更不稳定，这归因于春季更强的垂直切变 $U_1 - U_2$ 以及较弱的层化比 γ，在物理上，这可以用 2.5 层约化重力系统的稳定性准则来理解。我们将式（8.2.74）乘以系数 $A_1 H_1 / (U_1 - c)$，式（8.2.75）乘以 $A_2 H_2 / (U_2 - c)$，两者相加可以得到：

$$K^2\left(H_1 A_1^2 + H_2 A_2^2\right) + \frac{H_2}{\gamma\lambda^2}\left(A_1 - A_2\right)^2 + \frac{H_2}{\lambda^2}A_2^2 = \frac{H_1 \Pi_{1y}}{U_1 - c}A_1^2 + \frac{H_2 \Pi_{2y}}{U_2 - c}A_2^2 \qquad (8.2.79)$$

由于等式（8.2.79）的实部和虚部不能同时消失，可以得到：

$$c_i\left(\frac{H_1 \Pi_{1y}}{|U_1 - c|^2}A_1^2 + \frac{H_2 \Pi_{2y}}{|U_2 - c|^2}A_2^2\right) = 0 \qquad (8.2.80)$$

对于不稳定波，$c_i \neq 0$，所以由上式可以得出：

$$\Pi_{1y}\Pi_{2y} < 0 \qquad (8.2.81)$$

也就是说上两层的位势涡度符号必须相反，由于 $U_1 - U_2 > 0$，所以 STCC-NEC 系统的 Π_{1y} 总是正的，也就是说 STCC-NEC 系统的不稳定条件就是 $\Pi_{2y} < 0$。利用 Π_{2y} 的表达式，可以得到：

$$U_1 - (1 + \gamma)U_2 > \gamma\lambda^2\beta \qquad (8.2.82)$$

显然，较强的垂直速度剪切 $U_1 - U_2$ 和较小的层化比 γ 将有助于满足这一条件，从而增加斜压不稳定性的可能性。这就可以解释春季斜压不稳定发生的可能更大的问题。

Ling 等（2021）通过线性稳定性分析获得了全球大部分海区的斜压不稳定特征，将其归纳为如图 8.2.8 所示 4 种类型：表面和底部同时强化，中间减弱的 Eady 型；表层最强、向底层递减的 Charney 表面型（Charney_s）；底层最强、向表层递减的 Charney 底部型（Charney_b）；次表层最强、向表层和底层递减的类 Phillips 型。并给出了全球

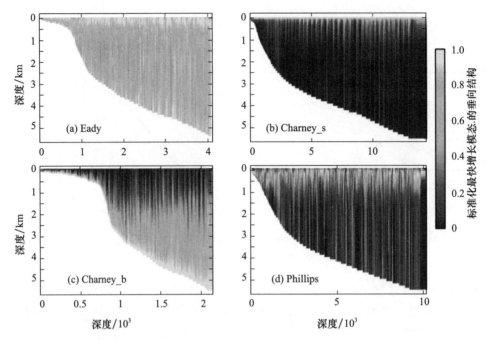

图 8.2.8　全球斜压不稳定垂向结构分类（Ling et al.，2021）

不稳定类型的分布，其中 Eady 型主要分布在南极绕极流主轴和北半球高纬度区域；Charney_b 型零星分布在 Eady 型周围；Charney_s 型分布最为广泛，遍布全球大部分区域，集中在副热带（10°~35°）区域；Phillips 型则主要分布在低纬度（5°~20°）及黑潮以南、秘鲁智利以西和北大西洋中高纬度区域。

8.2.1.3　正压不稳定机制

一般把由基本流的水平切变提供能量使扰动发展的不稳定称为正压不稳定。此时平均流场的动能可以转换为涡旋运动的动能，使得涡旋生长。

为了研究纯正压不稳定，可取基本态纬向流 U_0 与 z 无关，仅是 y 的函数，即令：

$$U_0 = U_0(y) \tag{8.2.83}$$

根据基本状态要素场的位势涡度公式（8.2.7），可得

$$\frac{\partial \Pi_0}{\partial y} = \beta - \frac{\mathrm{d}^2 U_0}{\mathrm{d}y^2} \tag{8.2.84}$$

相应的准地转位势涡度方程（8.2.10）可以简化为

$$\left(\frac{\partial}{\partial t} + U_0 \frac{\partial}{\partial x}\right)\left(\nabla^2 \phi + \frac{1}{\rho_\mathrm{s}} \frac{\partial}{\partial z}\left(\frac{\rho_\mathrm{s}}{S} \frac{\partial \phi}{\partial z}\right)\right) + \left(\beta - \frac{\mathrm{d}^2 U_0}{\mathrm{d}y^2}\right)\frac{\partial \phi}{\partial x} = 0 \tag{8.2.85}$$

于是，设线性小扰动为 $\phi(x,y,z,t) = \mathrm{Re}\,\Phi(y,z)\mathrm{e}^{ik(x-ct)}$，其振幅函数满足的方程为

$$(U_0 - c)\left[\frac{1}{\rho_\mathrm{s}} \frac{\partial}{\partial z}\frac{\rho_\mathrm{s}}{S} \frac{\partial \Phi}{\partial z} + \frac{\partial^2 \Phi}{\partial y^2} - k^2 \Phi\right] + \left[\beta - \frac{\mathrm{d}^2 U_0}{\mathrm{d}y^2}\right]\Phi = 0 \tag{8.2.86}$$

在不计摩擦和底坡度的情况下，边界条件成为

$$z = 0, \quad \frac{\partial \Phi}{\partial z} = 0 \tag{8.2.87a}$$

$$z = -h, \quad \frac{\partial \Phi}{\partial z} = 0 \tag{8.2.87b}$$

设扰动振幅分离变量形式的解为

$$\Phi(y,z) = A(y)\chi(z) \tag{8.2.88}$$

式中，$\chi(z)$ 是任意一个斯特姆 – 刘维尔问题的离散本征函数族，即：

$$\frac{1}{\rho_s} \frac{\mathrm{d}}{\mathrm{d}z} \frac{\rho_s}{S} \frac{\mathrm{d}\chi}{\mathrm{d}z} = -\lambda\chi \tag{8.2.89}$$

边条件是 $z = 0, -h$ 处有：

$$\frac{\partial \chi}{\partial z} = 0 \tag{8.2.90}$$

式中，λ 是有关的本征值。函数 $A(y)$ 满足正压不稳定方程：

$$\left[U_0(y) - c \right] \left[\frac{\mathrm{d}^2 A}{\mathrm{d}y^2} - \mu^2 A \right] + \left[\beta - \frac{\mathrm{d}^2 U_0}{\mathrm{d}y^2} \right] A = 0 \tag{8.2.91}$$

式中，

$$\mu^2 = k^2 + \lambda \tag{8.2.92}$$

式（8.2.91）对每个 A 所提出的稳定性问题，恰好等价于正压流对 χ 的波数为 μ 的正压扰动的稳定性问题。所以正压基本流的任何一个斜压扰动的动力学特性，可以完全用等价的正压模态来描述。

假设我们讨论的基本流场区域为有限宽，根据式（8.2.11），A 满足的侧向边界为

$$当 y = \pm 1, \quad A(y) = 0 \tag{8.2.93}$$

要讨论不稳定产生问题，首先可以排除 $U_0 - c$ 的解，因为这时 c 为实数，扰动稳定。

当 $U_0 - c \neq 0$，将方程（8.2.91）两边同除以 $(U_0 - c)$，得：

$$\frac{\mathrm{d}^2 A}{\mathrm{d}y^2} - \left(\mu^2 - \frac{\beta - \dfrac{\mathrm{d}^2 U_0}{\mathrm{d}y^2}}{U_0 - c} \right) A = 0 \tag{8.2.94}$$

如果扰动是不稳定的，扰动流函数的振幅必须随时间增长，则必须 c 为复数，这时振幅一般也为复数，即

$$c = c_r + \mathrm{i}c_i$$

解之可得正压不稳定的必要条件简化成如下的郭氏定理（1949）：

$$c_i \int_{-1}^{1} \left(\beta - \frac{\mathrm{d}^2 U_0}{\mathrm{d}y^2} \right) \frac{|A|^2}{|U_0 - c|^2} \mathrm{d}y = 0 \tag{8.2.95}$$

由于 $|U_0 - c|^2 > 0$，$|A|^2 > 0$，要使上式成立，按照罗尔定律，必须 $\left(\beta - \dfrac{\mathrm{d}^2 U_0}{\mathrm{d}y^2} \right)$ 在区间 $(-1, 1)$ 内变号，即要求在区间 $(-1, 1)$ 内某一点 $y = y_k$ 处，有

$$\left(\beta - \frac{\mathrm{d}^2 U_0}{\mathrm{d}y^2} \right)_{y = y_k} = 0 \tag{8.2.96}$$

这就是正压不稳定的必要条件。在北半球，β 为正，所以基本流的剪切必须在某些地方大于 β 才能实现不稳定。

如果不考虑 β 效应，上式可以简化为

$$\left(\frac{\mathrm{d}^2 U_0}{\mathrm{d}y^2}\right)_{y=y_k} = 0 \qquad (8.2.97)$$

该式表明，因基本流正压不稳定使扰动增长的最主要特点是水平流必须具有侧向切变。当然，如果考虑了 β 效应，只要 β 够大，总可使基本流趋于正压稳定。

关于正压不稳定机制在实际海洋中产生中尺度涡的实例，Qiu 等（2009）利用正压不稳定的理论解释了珊瑚海和北斐济海盆 70 d 中尺度涡旋变化的动力机制。资料分析发现，珊瑚海涡动变化以 70 d 左右的振荡为主。其中由向东流动的珊瑚海逆流（CSCC）及其邻近的、向西流动的北加里东和北瓦努阿图急流（NCJ 和 NVJ）之间的纬向流切变（图 8.2.9）引起的正压不稳定是产生该海域中尺度涡的主要原因。

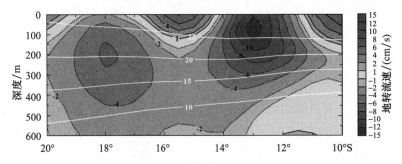

图 8.2.9　160°—165°E 气候平均的平均纬向地转流速随纬度的变化（Qiu and chen，2009）

该研究采用一个排除了斜压不稳定可能性的 1.5 层约化重力模型讨论了背景流正压不稳定的产生中尺度涡机制。在该模型中，上层的扰动位涡 q 的线性方程为

$$\left(\frac{\partial}{\partial t} + U\frac{\partial}{\partial x}\right)q + v\frac{\partial \Pi}{\partial y} = 0 \qquad (8.2.98)$$

其中，平均位涡 Π 和扰动位涡 q 为

$$\Pi = \frac{f - U_y}{H} \qquad (8.2.99)$$

$$q = \frac{1}{H}\left(\frac{\partial v}{\partial x} - \frac{\partial u}{\partial y}\right) - \frac{h}{H}\Pi \qquad (8.2.100)$$

这里，$H(y)$ 为上层平均厚度，与背景流 U 满足地转平衡关系 $fU = -g'H_y$，g' 为约化重力系数，u、v 为上层扰动流速，h 为上层扰动厚度。利用准地转近似，并设波解为

$$h = \mathrm{Re}\left[A \exp \mathrm{i}(kx - kct)\right] \qquad (8.2.101)$$

可以得到关于振幅 A 的方程：

$$A_{yy} - (k^2 + \lambda^{-2})A + \frac{\beta - U_{yy} + U\lambda^{-2}}{U - c}A = 0 \qquad (8.2.102)$$

该方程对应于前面得到的式（8.2.91），同样可以通过把复相速度 c 看作本征值数值求解 $A(y)$。具体求解过程这里不再详述，直接来看一下结果。参照 Chelton 等（1998）的方法，将 λ 设置为 70 km。如图 8.2.10 所示，根据 165°E 附近的纬向地转速度分布，图 8.2.10（a）给出了 8—9 月 1.5 层 NCJ-CSCC – NVJ 系统上层纬向平均速度分布随经向

的变化，图 8.2.10（b）绘制了利用 1.5 层约化重力模型计算的增长率 kc_i 与纬向波数 k 的关系，最不稳定波的纬向波数为 1.533×10^3 个/km，对应波长为 650 km，它与观测到的 70 d 振荡信号相吻合。其对应的上层厚度异常非常类似于 2.5 层模型的空间模式。结果证实，NCJ-CSCC – NVJ 系统中的背景流水平剪切是造成沿 CSCC 带观察到的不稳定波的原因，并且增加垂直剪切的影响不会显著改变系统最不稳定模式的特征，正压不稳定是产生不稳定波的主要原因。

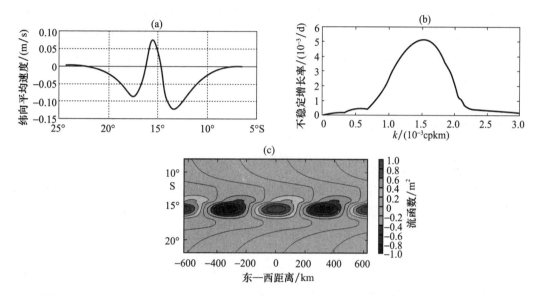

图 8.2.10　（a）8—9 月 1.5 层 NCJ-CSCC-NVJ 系统上层纬向平均速度分布随经向的变化；

（b）不稳定增长率与纬向波数 k 的关系；

（c）最不稳定波数 $k_{max} = 1.533 \times 10^3$ cpkm 对应的上层海洋厚度异常图，

振幅已被归一化（Qiu and chen，2009）

8.2.2　风应力产生机制

在海上，岛屿的存在会影响风应力旋度，如图 8.2.11 所示。在岛屿的背风区，由于岛屿的存在减弱了该区域的风，于是在岛屿的下风位置分别产生了风应力旋度负值区和正值区。在这种风应力旋度的作用下，可能产生中尺度涡。

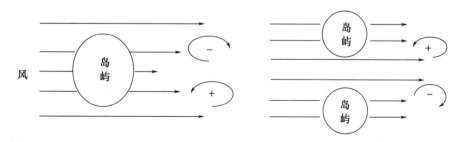

图 8.2.11　山峰地形海域背风区产生风应力旋度示意图

台湾西南海域、吕宋海峡以西海域是中尺度涡旋的频发区域。该区域涡旋的产生可能与风应力旋度变化有关，王桂华（2004）利用 QulksCAT 风场驱动 1.5 层约化重力模式的计算结果表明，指出风应力旋度是台湾岛西南的反气旋涡、吕宋岛西北的气旋涡以及吕宋岛西南反气旋及气旋涡的重要形成机制之一。

另外，在越南东的南海区，中尺度涡经常以涡对的形式出现，且主要发生在夏秋季节（Wang et al.，2006）。对于该中尺度涡对的生成，研究认为主要跟越南东南局地的风应力旋度和离岸急流有关：西南季风由于受到越南安南山脉的阻隔，在越南东南侧产生了一个北正南负的风应力旋度偶极子，同时在海洋里产生了一股强劲的离岸急流，风应力旋度对海洋的涡度输入以及离岸急流的失稳均对涡对的产生具有重要作用（Wang et al.，2006）。

8.2.3 地形产生机制

在海洋中，岛屿作为障碍物，其尾流可导致涡旋的产生。障碍物尾流问题实际是一个古老的流体力学问题。对于一个圆柱形的障碍物，在经典的无旋、密度均匀分布且来流为水平的假定下，用雷诺数 Re 可表征绕障碍流：

$$Re = \frac{UD}{\nu} \tag{8.2.103}$$

其中，U 是上游未受扰动的流体速度；D 是圆柱体的直径；ν 是分子运动黏性系数。Van Dyke（1982）给出了不同雷诺数下流的结构。当 $Re < 1$，那么流就不会分离且上下游的流对称；当 $1 < Re < 40$，那么可以在障碍物的后方形成两个稳定的涡旋；在一般雷诺数下，即 $40 < Re < 10^3$，上述两个稳定的涡旋被周期性"冯卡门涡街"所取代；如果 $Re > 10^3$，则会出现湍流，流会变得没有规则。

对于海水这种密度分层稳定且处于旋转坐标系下的流体，旋转和层化效应影响较大，Re 值较大，海洋中岛屿后方的尾流明显不同于 Re 值相对较低的无旋均匀尾流。此时，一般采用通常使用涡黏性系数 $\nu_e(\nu_e \gg \nu)$ 作为参照，雷诺数表示为

$$Re_e = \frac{UD}{\nu_e} \tag{8.2.104}$$

这是模拟地球流体尾流的一个重要的无量纲参数。

在均匀且有旋的流体中，雷诺数和罗斯贝数共同决定了涡旋的脱落。这里罗斯贝数 Ro 的定义为

$$Ro = \frac{U}{fD} \tag{8.2.105}$$

实验室实验、理论以及数模的研究均表明，增加旋转速度会抑制涡旋的脱落。Heywood 等（1996）利用一个旋转约化重力模型，发现增加旋转速率，即减小罗斯贝数，会抑制涡旋脱落。McCartney 的研究表明在自转频率不同的情况下，即 $\beta \neq 0$，尾流的结构可能发展成罗斯贝波的驻波形式。流的分离和涡的形成受入射流方向的影响，而入射流与罗斯贝波的传播方向有关。当向东移动的流经过一个岛屿时，β 效应会抑制流的分离及

涡旋的产生，但当流向西移动时影响不大（McCartney，1975）。

对于分层流中的尾流，斜压弗劳德数：

$$Fr = \frac{U}{DN} \tag{8.2.106}$$

式中，Fr 表示惯性力和浮力的比值，其中 N 是 Brunt-Väisälä 频率。Lin 和 Pao（1979）认为，当 $Fr < 1$ 时，层化且无旋的尾流会出现衰竭，即障碍物后尾流深度减小，内波辐射以及下游涡旋垂向深度变浅的特殊现象。

当旋转和层化效应的影响都较大时，情况则不同于上面所述。Boyer 和 Chen（1987）的实验表明，在中等的 Re 数下，当流经过一个水下固体障碍物时，密度层化（弗劳德数减小）的增加会抑制垂直动量和越过障碍后的流，并且会导致在雷诺数较小的情况下周期性的涡旋从障碍物后面的流中脱落。引入伯格数：

$$Bu = \left(\frac{Ro}{Fr}\right)^2 = \left(\frac{R_d}{D}\right)^2 \tag{8.2.107}$$

和斯特劳哈尔数：

$$Sr = \frac{D}{TU} \tag{8.2.108}$$

其中，R_d 为第一斜压变形半径。实验结果表明，随着伯格数的变化，在时间间隔（T）没有显著改变的情况下，斯特劳哈尔数和周期性的涡旋脱落有关系。

岛屿背风处的涡旋形成的物理过程受到海洋旋转与层化效应的影响相当显著，具体机制可分为两类：一类是海洋对风的响应；另一类是流绕过障碍物，或是受到障碍物后尾流的影响。正是由于以上两种影响的非线性结合，最终形成的真实岛屿尾流非常复杂。

对于前者，受风应力旋度影响产生涡旋的机制已在前面介绍过，这里不再赘述。对于后者，根据涡度产生的机制可以将海洋中的岛屿尾流分为两类：深水岛屿尾流与浅水岛屿尾流。在海洋学中，深水尾流与浅水尾流有着很大的区别，涡度产生有 3 个来源：①侧边界应力；②底边界应力；③斜压流倾斜。如果涡度产生的主要原因是侧边界应力，那么岛屿尾流应该作为深水岛屿尾流来考虑；如果涡度产生的主要原因是底边界应力，那么岛屿尾流则应该视为浅水岛屿尾流。

Dong 等（2007）关于深海岛屿尾流产生涡旋的研究表明，密度分层和旋转效应使得三维岛屿后的尾流明显区别于绕障碍物的经典流体动力学流动。他们采用数值模拟的方法，研究了水平均匀的表面强化入射流在方形实验海域内部有一深水圆柱形岛屿周围的尾流，分析了涡旋的形成和演变。

图 8.2.12 给出了 Dong 等采用的方形实验海域边界入射流及海域密度分层的垂向剖面。

观察岛屿后方尾流的特征，从均匀流的初始条件开始，经过一个平流的时间尺度，尾流迅速发展演变。岛屿南北部的流线受到挤压而被迫分离。流在局地加速，由于流的速度在岛屿南北边增大，岛屿后压力下降，从而在岛屿后形成回流。在前期阶段，由回流和主流在岛屿后形成了一对相反的水环。大约在 1 天之后，岛屿北边的一个涡旋会与

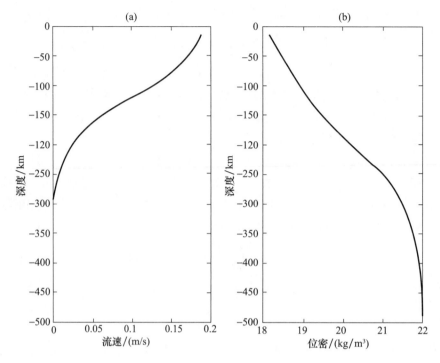

图 8.2.12　在 $y = y_0$ 处来流流速和密度的垂直剖面（Dong et al.，2007）

岛屿分离且向下游传播。当脱落的反气旋涡向下游移动时，另一个气旋涡会在岛屿的南边生长，而后与岛屿分离。当第一对涡旋从岛屿脱落之后，新的一对涡旋就会形成并再一次发生脱落，依此循环，大概 4 天之后，尾流充分发展并成型。涡旋脱落的过程是准周期性的，主周期大约为 5 天。

图 8.2.13 描述了涡旋生命周期的大致情形。两个涡旋生成并分别从岛屿的北边和南边脱落。在南边的流首先演变成光滑的波浪形图案，然后变成一连串气旋涡，如果它们在下游靠得足够近则有可能合并形成更大的涡旋。在北边的情况则大为不同，反气旋涡生长扩大并破碎成许多小碎片，这些小碎片的尺寸随着碎片的不断分离而减小，由于涡旋破碎的一部分与水平网格分辨率差不多，因此这些部分被数值噪声掩盖。在岛屿后方的某地反气旋涡停止破碎并合并成几个继续消散的涡旋。气旋涡和反气旋涡之间呈现较为明显的不对称性。

在垂向上，受来流的限制，尾流在深处变得很弱。在 200 m 深的地方，尾流仅能在下游两倍岛屿直径的地方可见，300 m 深的地方尾流已没有清晰的结构。

在控制实验中，岛屿尾流中出现了 3 种类型的流体不稳定：离心不稳定、正压不稳定和斜压不稳定。敏感性实验主要测试了尾流对几个无量纲参数：雷诺数（Re）、罗斯贝数（Ro）和伯格数（Bu）的敏感性。Re 的相关性与经典岛屿尾流向湍流过渡的相关性相似，但相反，无论 Re 值多大，岛尾流都包含相干涡流。当 Re 足够大时，岛上的剪切层很窄，涡量的垂直分量大于近尾流的科里奥利频率，导致反气旋侧的离心不稳定。随着 Bu 的减小，涡的尺度由岛屿宽度向斜压变形半径方向收缩，涡的生成过程由正压

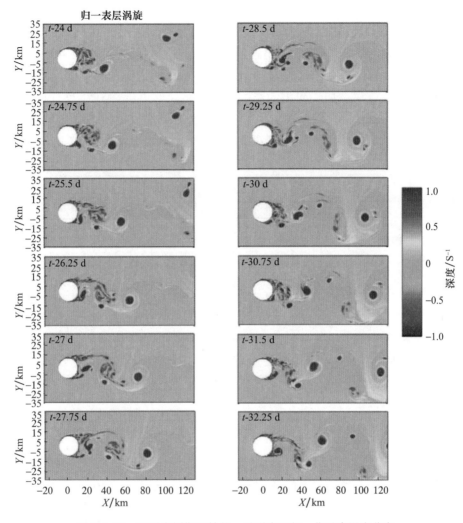

图 8.2.13　准平衡周期开始的一系列表面归一化垂直涡度分布
（两个涡旋脱落周期）（Dong et al.，2007）

不稳定向斜压不稳定转变。对于小 Ro 值，尾流动力学相对于气旋和反气旋涡旋是对称的。在中等 Ro 和 Bu 值时，反气旋涡旋随 Ro/Bu 的增大而增强，但在较大的 Re 和 Ro 值时，离心不稳定性减弱了反气旋涡旋，而气旋涡旋保持一致。

　　上述机制在海洋上层产生岛屿后涡旋比较常见，在海洋深层，海山尾流也可能导致深层中尺度涡的产生。Chen 等（2015）的观测和模拟发现，在某海域离水面 400 m 上下处的海山的存在，是该海域深层涡旋产生的主要原因之一。

　　海山尾流伴随的深海涡旋产生机制可以做如下阐述，当垂直剪切海流流过海山时，海流与海山之间的摩擦力破坏了海底附近的层结，并诱发了底部混合层或底部边界层，即具有垂直均匀密度的层，这种底边界层会导致水平密度锋的产生，伴随水平锋的是受地转约束的锋面急流。锋面急流的不稳定性可导致相干涡流结构，特别是当海洋上层涡的分支流从海山左侧经过时，在海山右侧会形成反气旋涡。与过岛水流引起的上层涡旋相比，与海山有关的涡旋在深层更强。

这一机理可以通过数模的结果看得非常清晰，图 8.2.14 给出了某海域不同深度流场的模拟结果。该模式可以再现观测到表层气旋性涡旋和深层涡旋。在 400 m（模型中海山的高度）及以上位置可以清楚地看到气旋性涡旋［图 8.2.14（a）和图 8.2.14（b）］。在 600 m 及更深一层，海山的影响是明显的：在其北侧产生反气旋涡旋［图 8.2.14（c）～图 8.2.14（e）］。模拟中去除海山后，新的模拟结果没有发现反气旋深涡［图 8.2.14（f）］，模拟结果证实了深涡的生成机制为经过海山的转向流。

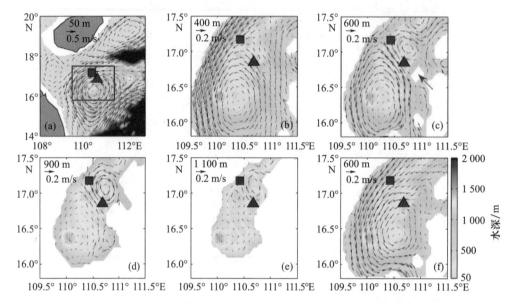

图 8.2.14　数值模拟不同深度的海流（Chen et al.，2015）

（a）—（e）模拟 50 m、400 m、600 m、900 m 和 1 100 m 处的海流矢量

（f）与（e）相同，但（c）所示的海山被移除。三角形和正方形分别表示系泊系统 A 和 B 的位置。

（b）—（f）中的区域在（a）中用红框标记。颜色表示水深，白色表示陆地

8.2.4　海洋中尺度涡的消亡机制

不同于中尺度涡的生成机制，目前海洋学家对中尺度涡的消亡机制只有较初步的认识。Sen 等（2008）基于全球 290 个站位的深海海流观测资料，粗略估算出底摩擦对大洋地转流的耗散率在 0.2～0.8 TW 之间，并认为底摩擦耗散是海洋机械能主要的汇。但不可否认的是，由于观测的稀疏，这种估算存在很大的不确定性。张志伟（2016）利用中国海洋大学于 2013 年 10 月至 2014 年 6 月间在南海北部针对中尺度涡开展的南海中尺度涡观测实验（简称 S-MEE）所获得的资料，通过分析中尺度涡能量方程，定量分析了不同物理过程对位于吕宋海峡以西的暖涡 AE 的耗散作用。

中尺度涡垂向积分的动能方程为

$$\frac{\mathrm{d}}{\mathrm{d}t}\int EKE\mathrm{d}z = \overline{\boldsymbol{\tau}_{\mathrm{w}} \cdot \boldsymbol{v}'_{\mathrm{top}}} + \overline{\boldsymbol{\tau}_{\mathrm{b}} \cdot \boldsymbol{v}'_{\mathrm{b}}} - \int\rho_0\frac{\partial\overline{u}_i}{\partial x_j}\overline{u'_iu'_j}\mathrm{d}z - \int\nabla\cdot\overline{\boldsymbol{v}'p'}\mathrm{d}z - \int g\,\overline{\rho'w'}\mathrm{d}z -$$

$$\int\rho_0 A_{\mathrm{h}}\Big(\frac{\partial\boldsymbol{v}'_{\mathrm{h}}}{\partial x}\cdot\frac{\partial\boldsymbol{v}'_{\mathrm{h}}}{\partial x} + \frac{\partial\boldsymbol{v}'_{\mathrm{h}}}{\partial y}\cdot\frac{\partial\boldsymbol{v}'_{\mathrm{h}}}{\partial y}\Big)\mathrm{d}z - \int\rho_0 A_{\mathrm{v}}\frac{\partial\boldsymbol{v}'_{\mathrm{h}}}{\partial z}\cdot\frac{\partial\boldsymbol{v}'_{\mathrm{h}}}{\partial z}\mathrm{d}z \qquad (8.2.109)$$

其中，A_{h} 是与亚中尺度过程相关的水平涡动黏性系数；A_{v} 是垂向涡动黏性系数。

中尺度涡垂向积分的有效位能方程为

$$\frac{\mathrm{d}}{\mathrm{d}t}\int EPE\mathrm{d}z = \int g\,\overline{\rho'w'}\mathrm{d}z - \int\frac{g^2}{\rho_0 N^2}\overline{\boldsymbol{v}'\rho'}\cdot\nabla_{\mathrm{h}}\overline{\rho}\mathrm{d}z - \int K_{\mathrm{v}}\frac{g^2}{\rho_0 N^2}\Big[\Big(\frac{\partial\rho'}{\partial z}\Big)^2 + \frac{\partial\rho'}{\partial z}\frac{\partial\overline{\rho}}{\partial z}\Big]\mathrm{d}z$$
$$(8.2.110)$$

其中，K_{v} 是垂向涡动扩散系数。

将方程（8.2.109）和（8.2.110）相加，可以得到垂向积分的中尺度涡能量收支方程：

$$\frac{\mathrm{d}}{\mathrm{d}t}\int(EKE + EPE)\mathrm{d}z$$

$$= \overline{\boldsymbol{\tau}_{\mathrm{w}} \cdot \boldsymbol{v}'_{\mathrm{top}}} + \overline{\boldsymbol{\tau}_{\mathrm{b}} \cdot \boldsymbol{v}'_{\mathrm{b}}} - \int\frac{g^2}{\rho_0 N^2}\overline{\boldsymbol{v}'\rho'}\cdot\nabla_{\mathrm{h}}\overline{\rho}\mathrm{d}z - \int\rho_0\frac{\partial\overline{u}_i}{\partial x_j}\overline{u'_iu'_j}\mathrm{d}z -$$

$$\int\nabla\cdot\overline{\boldsymbol{v}'p'}\mathrm{d}z - \int\rho_0 A_{\mathrm{h}}\Big(\frac{\partial\boldsymbol{v}'_{\mathrm{h}}}{\partial x}\cdot\frac{\partial\boldsymbol{v}'_{\mathrm{h}}}{\partial x} + \frac{\partial\boldsymbol{v}'_{\mathrm{h}}}{\partial y}\cdot\frac{\partial\boldsymbol{v}'_{\mathrm{h}}}{\partial y}\Big)\mathrm{d}z -$$

$$\int\rho_0 A_{\mathrm{v}}\frac{\partial\boldsymbol{v}'_{\mathrm{h}}}{\partial z}\cdot\frac{\partial\boldsymbol{v}'_{\mathrm{h}}}{\partial z}\mathrm{d}z - \int K_{\mathrm{v}}\frac{g^2}{\rho_0 N^2}\Big[\Big(\frac{\partial\rho'}{\partial z}\Big)^2 + \frac{\partial\rho'}{\partial z}\frac{\partial\overline{\rho}}{\partial z}\Big]\mathrm{d}z \qquad (8.2.111)$$

为了方便起见，可以将方程（8.2.111）写为

$$\frac{\mathrm{d}}{\mathrm{d}t}\int(EKE + EPE)\mathrm{d}z = W_{\mathrm{w}} + W_{\mathrm{b}} + BC + BT + P_{\mathrm{d}} - D_{\mathrm{h}} - D_{A\mathrm{v}} - D_{K\mathrm{v}} \qquad (8.2.112)$$

其中，W_{w} 表示海表风应力做功；W_{b} 表示海底摩擦做功；BC 和 BT 分别表示中尺度涡与背景环流相互作用的斜压转化项和正压转化项；P_{d} 表示扰动压强做功的辐合辐散；$-D_{\mathrm{h}}$ 表示由水平涡黏性造成的动能耗散；$-D_{A\mathrm{v}}$ 表示由垂向涡黏性造成的动能耗散；$-D_{K\mathrm{v}}$ 表示由垂向涡扩散造成的势能耗散。为了表示简单，进一步将 $-D_{A\mathrm{v}}$ 和 $-D_{K\mathrm{v}}$ 合称之为 D_{v}，即能量的垂向耗散项。

通过计算，图 8.2.15 形象地刻画了方程（8.2.112）右端各项对 AE 能量衰减的贡献，各项能量的具体数值在表 8.2.2 中给出。方程（8.2.112）各项之和的余量（即 dEE 减去右端各项，dEE 为动能和势能的变化）仅占 dEE 的 11%，考虑到各项的估算误差，涡旋 AE 的能量收支方程基本平衡。各项中，BC 仍为正，但仅为 dEE 的 10%，说明虽然 AE 逐渐减弱，但在它与背景环流相互作用的过程中，背景流仍然通过斜压不稳定向其传递能量。这一结果说明，AE 的衰亡并不是由于逆级串过程将能量传递给大尺度环流。海表面风应力和海底摩擦均对 AE 做负功，其消耗的能量分别占 dEE 的 3% 和 18%。此结果表明，风场对 AE 消亡的作用非常微弱，底摩擦的作用不可忽略，但对 AE 的消亡不起主导作用。南海北部较强的垂向混合对 AE 的消亡也起到了不可忽略的作用，其耗散的能量占 dEE 的 20%。水平耗散（即 D_{h}）在各项中能量最大，占 dEE 的

比例高达 58%。这说明将能量正级串给亚中尺度过程，或者说生成亚中尺度过程，是 AE 的主要消亡机制。

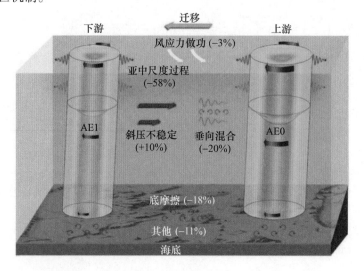

图 8.2.15　暖涡 AE 消亡过程的示意图（张志伟，2016）

该暖涡从吕宋海峡西口向西传播过程中发生耗散，各动力学过程对涡旋耗散的贡献见图中黑色标识，

自上而下分别是"风应力做功""生成亚中尺度过程""斜压不稳定""垂向混合""底摩擦"

表 8.2.2　暖涡 AE 消亡过程的各能量项总结（张志伟，2016）

	dEE	$BC \cdot dt$	$W_w \cdot dt$	$W_b \cdot dt$	$D_v \cdot dt$	$D_h \cdot dt$	Resi
能量/（10^{14} J）	-19.7	1.9 ± 1.1	-0.6 ± 0.5	-3 ± 1.5	-4.0 ± 1.6	-11.5 ± 2.3	-1.4
贡献/%	-100	10 ± 5	-3 ± 2	-18 ± 8	-20 ± 8	-58 ± 12	-11

通过对中尺度涡能量收支方程的各项进行定量分析发现，将能量正级串给亚中尺度过程是所观测中尺度涡个例的主要消亡机制，底摩擦做功和垂向混合的作用次之。

8.3　海洋中尺度涡的运动及变化

海洋中尺度涡形成之时就在地转偏向力、局地环流和地形等的共同作用下运动，除了自身水体转动外，涡旋整体的水平移动也会经常发生，这就是中尺度涡的传播现象。

8.3.1　大洋中尺度涡的运动

大洋中尺度涡通常是指发生在深海大洋而非陆架海域的中尺度涡。位涡守恒是大洋中尺度涡水平迁移的物理机制，受行星 β 效应的影响，大洋中尺度涡以向西迁移为主。

由位涡守恒：

$$q = \frac{\zeta + f}{h} \qquad\qquad (8.3.1)$$

中尺度涡迁移时，高位涡线在其迁移方向的右手边，由于大洋中行星涡度比较重要，因此大洋中尺度涡主要向西移动。这一特点在 Chelton 等（2011）的工作中得到了证实，他们使用长达 16 年的卫星高度计数据对全球海洋中尺度涡旋的运动路径做了统计分析，海洋中绝大部分涡旋（超过 75%）生成后，具有向西运动的特征（图 8.3.1）。仔细观察还可以发现，气旋和反气旋往往有相反的小经向偏转，气旋有向极地传播的倾向，反气旋有向赤道传播倾向。净位移向东的涡旋主要发生在强东向的南极绕极流、湾流及其在大浅滩东北方向的延伸区，以及黑潮及其向东延伸区。在这些地区，强东向的海流会对涡旋产生平流作用。向东传播的涡旋最显著的特点是它们的传播距离比向西传播的涡旋短得多。

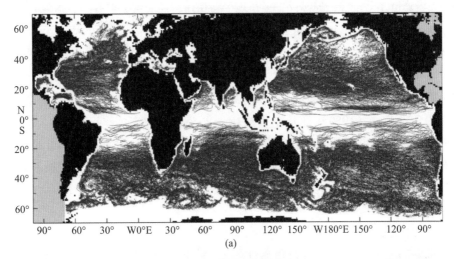

(a)

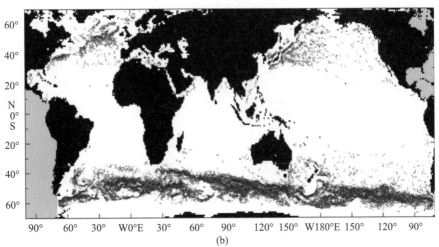

(b)

图 8.3.1　1992 年 10 月—2008 年 12 月的 16 年期间（Chelton et al.，2011）

（a）生命周期≥16 周的向西传播的涡旋轨迹

（b）生命周期≥16 周的净位移为东向的涡旋。每一极性的涡流数标在每幅图的顶部，

气旋（蓝线）和反气旋（红线）

8.3.2　陆架中尺度涡的运动及衰变

陆架海区也会出现中尺度涡，按其来源可分为两类：一类是由局地斜压不稳定性产生的；另一类是由强海流（如湾流或黑潮）分离出来后，通过平移运动由深海进入陆架区。观测表明，进入陆架区的海洋中尺度涡旋的运动会迅速衰变，主要表现为涡旋表面积随时间不断扩展，而旋转角速度随时间逐渐衰减。

目前，已有很多工作基于资料分析的方法对陆架海区的中尺度涡运动特征进行了分析。例如，Chen 等（2011）利用 17 年的卫星测高资料统计了中尺度涡的传播和演变特征。可以得出以下南海海域中尺度涡在海面的水平传播大致规律：在南海深海盆的北部，涡旋沿着陆坡向西南传播，平均传播速度为 5.0 ~ 9.0 cm/s；在海盆中（13°—17°N，108°—121°E），涡旋的传播方向稍有发散，但大致向西，平均传播速度为 2.0 ~ 6.4 cm/s；在 8°N 以南，涡旋向西或西南传播，平均传播速度为 2.0 ~ 7.7 cm/s；存在两个明显低速区：一个是深海盆东边界区；另一个是深海盆西南部部分海域（8°00′—12°30′N，111°—114°E）。

郑全安和袁业立（1989）还从垂直层化、水平均匀的流体涡度方程出发，对中尺度涡离开母体进入陆架后，在摩擦耗散作用下的衰变过程进行了动力学分析。在考虑上、下边界层 Ekman pump 效应和侧向摩擦条件下，得出了涡旋表面积扩展和角速度衰减的解析模式。

1）陆架中尺度涡尺度分析

主要依据卫星遥感图像对海洋中尺度涡旋在陆架上的运动进行尺度分析。由 NOAA - 7 气象卫星提供的"高级甚高分辨力辐射计"（AVHRR）拍摄的一张红外波谱段卫星图像，可非常清晰地观测到日本本州岛东北部的近圆形中尺度涡。该中尺度涡为一暖涡，中心位置约为 39°30′N，144°30′E，即北海道以南的黑潮与亲潮汇流区，这一暖涡的外径约 150 km。大量资料显示，在其他海区发现的中尺度涡外径通常不超过 300 km。因此，取陆架中尺度涡的水平尺度为 200 km，即：

$$L = O(200\ \text{km}) = O(2 \times 10^7\ \text{cm})$$

陆架区的水深典型值为 500 m，即：

$$D = O(500\ \text{m}) = O(5 \times 10^4\ \text{cm})$$

卫星观测表明，中尺度涡进入陆架之后，其旋转运动迅速衰减，其半衰期（角速度衰减为初始值一半的时间）约为 2 天，即其时间尺度为

$$T = O(2\ \text{d}) = O(1.8 \times 10^5\ \text{s})$$

卫星遥感和现场直接测量结果都表明，中尺度涡的旋转角速度为 $5 \times 10^{-6}\text{s}^{-1}$ 量级，因此，其外缘的对流速度应为 50 cm/s，即其特征速度：

$$U = O(50\ \text{cm/s})$$

对此类海洋现象，一般的有：$A_H = 1 \times 10^7\ \text{cm}^2/\text{s}$，$A_v = 5 \times 10^2\ \text{cm}^2/\text{s}$，$f_0 = 10^{-4}\text{s}^{-1}$，$A_H$、$A_v$ 分别为水平与垂直端流黏性系数，f_0 为柯氏参数。于是，陆架中尺度涡的各动力学参数如下：

$$\varepsilon = \frac{U}{f_0 L} = 2.5 \times 10^{-2}$$

$$\varepsilon_1 = \frac{1}{f_0 T} = 5.5 \times 10^{-2}$$

$$\delta_1 = \frac{D}{L} = 0.25 \times 10^{-2}$$

$$\delta = \frac{L}{r_0} = 3 \times 10^{-2}$$

$$(8.3.2)$$

其中，r_0 为地球半径，为 6 378 km，而

$$F = \frac{f_0^2 L^2}{gD} = 8 \times 10^{-2} \tag{8.3.3}$$

$$\frac{1}{Re} = \frac{A_H}{UL} = 1 \times 10^{-2} \tag{8.3.4}$$

$$\frac{\gamma}{2} = \frac{1}{\varepsilon}\left(\frac{A_v}{2f_0 D^2}\right)^{1/2} = 1.3 \tag{8.3.5}$$

2）涡度方程

当考虑侧向摩擦效应时，垂直层化、水平方向密度均匀的准地转运动可以用如下涡度方程来描述：

$$\frac{d_0}{dt}(\Delta\varphi + \beta y) - \frac{1}{Re}\Delta^2\varphi = w_1(z=1) - w_1(z=0) \tag{8.3.6}$$

式中，

$$\frac{d_0}{dt} = \frac{\varepsilon_1}{\varepsilon}\frac{\partial}{\partial t} + \frac{\partial\varphi}{\partial x}\frac{\partial}{\partial y} - \frac{\partial\varphi}{\partial y}\frac{\partial}{\partial x}$$

$$\Delta\varphi = \zeta_0 = \frac{\partial v_0}{\partial x} - \frac{\partial u_0}{\partial y} = \left(\frac{\partial^2}{\partial x^2} + \frac{\partial^2}{\partial y^2}\right)p_0$$

在我们考虑的中尺度涡运动的时间尺度内，可以认为运动过程是绝热的，即温度场的变化可以忽略，同时假设海面风应力和压力的作用可以忽略，在这种情况下，海面和海底边界条件简化为

$$w_1(z=1) = F\frac{d_0\varphi}{d\tau}$$

$$w_1(z=0) = \frac{d_0\eta_B}{dt} + \frac{\gamma}{2}\Delta\varphi$$

$$(8.3.7)$$

将上式代入式（8.3.6）得：

$$\frac{d_0}{dt}(\Delta\varphi + \beta y) - \frac{1}{Re}\Delta^2\varphi = F\frac{d_0\varphi}{dt} - \frac{d_0\eta_B}{dt} - \frac{\gamma}{2}\Delta\varphi \tag{8.3.8}$$

即

$$\frac{d_0}{dt}(\Delta\varphi - F\varphi + \beta y + \eta_B) + \frac{\gamma}{2}\Delta\varphi - \frac{1}{Re}\Delta^2\varphi = 0 \tag{8.3.9}$$

其中，

$$\gamma = \frac{E_v^{1/3}}{\varepsilon} \qquad (8.3.10)$$

对陆架中尺度涡的衰变问题，有如下条件可用于简化方程（8.3.9）。

（1）由尺度分析知，$F = 8 \times 10^{-2} \ll 1$，因此，方程（8.3.9）中的 F 相关项为小量。

（2）由尺度分析知，$\varepsilon_1 \gg \varepsilon$，于是

$$\frac{\mathrm{d}_0}{\mathrm{d}t} = \frac{\varepsilon_1}{\varepsilon}\frac{\partial}{\partial t} + \frac{\partial \varphi}{\partial x}\frac{\partial}{\partial y} - \frac{\partial \varphi}{\partial y}\frac{\partial}{\partial x} \approx \frac{\varepsilon_1}{\varepsilon}\frac{\partial}{\partial t}$$

（3）中尺度涡在特征时间尺度内，通常纬向平移运动的范围不大，因而可不计 β 效应，即方程（8.3.9）中的 β 项可忽略。

（4）中尺度祸的水平尺度和特征时间尺度内的平移距离与海底地形变化相比，可以认为海底近似水平。为简化讨论，不计海底地形变化的影响，因而方程（8.3.9）中的 η_B 项可以略去。

于是，方程（8.3.9）的简化形式：

$$\frac{\varepsilon_1}{\varepsilon}\frac{\partial}{\partial t}(\Delta \varphi) + \frac{r}{2}\Delta \varphi - \frac{1}{Re}\Delta^2 \varphi = 0 \qquad (8.3.11)$$

这样，讨论中尺度涡在陆架上的衰变问题，可归结为求解如下定值问题：

$$\begin{cases} \dfrac{\partial}{\partial t}(\Delta \varphi) + A(\Delta \varphi) - B(\Delta^2 \varphi) = 0 \\ \Delta \varphi \big|_{t=0} = f(r) \end{cases} \qquad (8.3.12)$$

其中，

$$A = \frac{\varepsilon r}{2\varepsilon_1}, \quad B = \frac{\varepsilon}{\varepsilon_1 Re} \qquad (8.3.13)$$

下面来求解方程（8.3.12）。

假定解是轴对称的，则方程（8.3.12）可化简为

$$\begin{cases} \dfrac{\partial}{\partial t}(\Delta \varphi) + A(\Delta \varphi) - B\dfrac{1}{r}\dfrac{\partial}{\partial r}\left(r\dfrac{\partial}{\partial r}\Delta \varphi\right) = 0 \\ \Delta \varphi \big|_{t=0} = f(r) \end{cases} \qquad (8.3.14)$$

设方程（8.3.14）的解具有如下形式：

$$\Delta \varphi = \mathrm{e}^{-At}\phi(r,t) \qquad (8.3.15)$$

则 $\phi(r,\ t)$ 应满足：

$$\begin{cases} \dfrac{\partial \phi}{\partial t} - B\dfrac{1}{r}\dfrac{\partial}{\partial r}\left(r\dfrac{\partial \phi}{\partial r}\right) = 0 \\ \phi(r,t=0) = f(r) \end{cases} \qquad (8.3.16)$$

显然

$$uD\mathrm{e}^{-u^2 Bt}J_0(ur) \qquad (8.3.17)$$

是方程（8.3.16）在 $r = 0$ 和 $r \to \infty$ 时有限值的解。更一般地，$\phi(r,\ t)$ 可写成

$$\phi(r,t) = \int_0^\infty uD(u)\mathrm{e}^{-u^2Bt}J_0(ur)\,\mathrm{d}u \tag{8.3.18}$$

其中待定系数 $D(u)$ 可由初始条件

$$f(r) = \int_0^\infty uD(u)J_0(ur)\,\mathrm{d}u \tag{8.3.19}$$

确定。这一关系式恰与 Fourier-Bessel 变换一致，即：

$$f_H(u) = \int_0^\infty xf(x)J_p(ux)\,\mathrm{d}x$$

$$f(x) = \int_0^\infty uf_H(u)\cdot J_p(ux)\,\mathrm{d}u \quad (0 < x, u < \infty) \tag{8.3.20}$$

因此，待定系数：

$$D(u) = \int_0^\infty \xi f(\xi)J_0(u\xi)\,\mathrm{d}\xi \tag{8.3.21}$$

于是方程（8.3.16）的解可以写成：

$$
\begin{aligned}
\phi(r,t) &= \int_0^\infty \int_0^\infty u\xi f(\xi)J_0(u\xi)J_0(ur)\mathrm{e}^{-u^2Bt}\,\mathrm{d}u\mathrm{d}\xi \\
&= \int_0^\infty \xi f(\xi)\,\mathrm{d}\xi \int_0^\infty uJ_0(u\xi)J_0(ur)\mathrm{e}^{-u^2Bt}\,\mathrm{d}u
\end{aligned}
\tag{8.3.22}
$$

注意到积分关系：

$$\int_0^\infty \mathrm{e}^{-p^2t^2}J_\nu(at)J_\nu(bt)t\,\mathrm{d}t = \frac{1}{2p^2}\exp\left\{-\frac{a^2+b^2}{4}\right\}I_\nu\left(\frac{ab}{2p^2}\right)\cdot\left[Re(\nu)>-1,\quad |\arg p|<\frac{\pi}{4}\right] \tag{8.3.23}$$

其中，I_ν 为 ν 阶第一类变形 Bessel 函数：

$$\int_0^\infty uJ_0(u\xi)J_0(ur)\mathrm{e}^{-u^2Bt}\,\mathrm{d}u = \frac{1}{2Bt}\exp\left\{-\frac{\xi^2+r^2}{4Bt}\right\}I_0\left(\frac{\xi r}{2Bt}\right) \tag{8.3.24}$$

于是

$$
\begin{aligned}
\phi(r,t) &= \int_0^\infty \xi f(\xi)\frac{1}{2Bt}\exp\left\{-\frac{\xi^2+r^2}{4Bt}\right\}I_0\left(\frac{\xi r}{2Bt}\right)\mathrm{d}\xi \\
&= \frac{1}{2Bt}\exp\left\{-\frac{r^2}{4Bt}\right\}\int_0^\infty \xi f(\xi)\exp\left\{-\frac{\xi^2}{4Bt}\right\}I_0\left(\frac{\xi r}{2Bt}\right)\mathrm{d}\xi
\end{aligned}
\tag{8.3.25}
$$

将 $\phi(r,\ t)$ 代入式（8.3.15），得方程（8.3.14）的解为

$$\Delta\varphi = \frac{1}{2Bt}\exp\left\{-\left(At+\frac{r^2}{4Bt}\right)\right\}\int_0^\infty \xi f(\xi)\exp\left\{-\frac{\xi^2}{4Bt}\right\}I_0\left(\frac{\xi r}{2Bt}\right)\mathrm{d}\xi \tag{8.3.26}$$

式（8.3.26）即为中尺度涡涡度随时间衰变的理论模式，其中积分部分由初始条件 $f(\xi)$ 确定。从该式出发，可以对衰变过程中的各种表现进行理论分析与解译。

3）涡度方程解的应用

如前所述，式（8.3.26）是中尺度涡在陆架上的衰变过程满足前述各项假定条件的理论表达。从数学上来说，只要初始条件 $f(\xi)$ 给定，则 $\Delta\varphi$ 唯一被确定。但是，只有在 $f(\xi)$ 的函数形式很特殊的情况下，式（8.3.26）的定积分才能给出解析结果。

为了直观地说明涡度方程解的意义，我们假定 $f(\xi)$ 具有简单的、物理意义明确的

函数形式，并且使式（8.3.26）中的定积分给出解析表达。

首先，考虑最简单的情况，即

$$f(\xi) = 0$$

也就是在初始时刻，中尺度涡不存在旋转运动。由式（8.3.26）我们得出

$$\Delta\varphi(r,t) \equiv 0$$

这就是说，单靠摩擦作用不会使本来不转的中尺度涡旋转起来。

然后，考虑另一种简单情况：

$$f(\xi) = \frac{1}{2\pi r_0}\delta(\xi - r_0)$$

这种情况的物理含义是在初始时刻，只有在中度涡外缘（即 $\xi = r_0$）存在一环状转动运动。此时，由式（8.3.26）可以得出：

$$\Delta\varphi = \frac{1}{4\pi Bt}\exp\left\{-\left(At + \frac{r^2 + r_0^2}{4Bt}\right)\right\}I_0\left(\frac{r_0 r}{2Bt}\right) \tag{8.3.27}$$

式中，

$$A = \frac{\varepsilon r}{2\varepsilon_1} = \frac{Ev^{1/2}}{2\varepsilon_1} = \frac{T}{2\tau}$$

其中，

$$\tau = \frac{D}{(2A_V f_0)^{1/2}}$$

为 Spin-up 时间尺度。而

$$B = \frac{\varepsilon}{\varepsilon_1 Re} = \frac{UT}{L}\frac{1}{Re}, \quad Re = \frac{UL}{A_H}$$

即 A、B 两个参数分别与 A_V 和 A_H 有关。

下面我们从式（8.3.27）出发，来探讨中尺度涡在衰变过程的某些表现。

（1）表面积的扩展。

中尺度祸的表面积定义为外缘（即是速度边界也是温度边界）包括的面积。从涡度角度来看，外缘所在位置正是涡度变化最大的位置。假定中尺度涡为圆形，那么由涡度变化最大的半径（外缘）随时间的变化即可推出其表面积扩展过程。

由式（8.3.27）知，涡度变化最大的半径应满足：

$$\frac{\partial^2}{\partial r^2}(\Delta\varphi) = 0$$

即

$$\frac{\partial^2}{\partial r^2}\left[\exp\left\{-\frac{r^2 + r_0^2}{4Bt}\right\}I_0\left(\frac{r_0 r}{2Bt}\right)\right] = 0 \tag{8.3.28}$$

注意到第一类变形 Bessel 函数的性质：

$$I_0'(z) = I_1(z)$$

$$I_\nu'(z) = I_{\nu-1}(z) - \frac{\nu}{2}I_\nu(z)$$

由式（8.3.28）得：

$$I_0\left(\frac{r_0 r}{2Bt}\right)\left[\frac{r^2}{2Bt}-1\right]-I_1\left(\frac{r_0 r}{2Bt}\right)\left(2\frac{r_0 r}{2Bt}\right)+\frac{r_0^2}{2Bt}\left[I_0\left(\frac{r_0 r}{2Bt}\right)-\frac{1}{\frac{r_0 r}{2Bt}}I_0\left(\frac{r_0 r}{2Bt}\right)\right]=0 \quad (8.3.29)$$

第一类变形 Bessel 函数近似式为

$$I_\nu(z)\sim\frac{\mathrm{e}^z}{\sqrt{2\pi z}}\left\{-\frac{\mu-1}{8z}+\frac{(n-1)(\mu-9)}{2!(8z)^2}-\frac{(\mu-1)(\mu-9)(\mu-25)}{3!(8z)^3}+\cdots\right\}, \quad \left(|\arg z|<\frac{\pi}{2}\right)$$

其中，

$$\mu=4\nu^2$$

将 $I_0(z)$ 和 $I_1(z)$ 的一级近似式代入式（8.3.29）得：

$$r^2=r_0^2+(8r_0^2 Bt)^{1/2}$$

对圆形中尺度涡，则其表面积 A 与半径 r 有如下关系：

$$A=\pi r^2$$

于是，我们有 $A=A_0+(8\pi A_0 Bt)^{1/2}$，即

$$A=A_0+2U(2\pi A_0 A_\mathrm{H} t_*)^{1/2} \quad (8.3.30)$$

其中，t_* 为有量纲时间。从式（8.3.30）中可以看出，中尺度涡表面积的扩展主要取决于水平湍流黏性系数 A_H。

（2）涡度的衰减。

①任一半径上的涡度衰减。

由式（8.3.27）可直接得出涡度 $\Delta\varphi$ 在任一半径 r_a 上的衰减过程，即

$$\Delta\varphi(r_\mathrm{a},t)=\frac{1}{4\pi Bt}\exp\left\{-\left(At+\frac{r_\mathrm{a}^2+r_0^2}{4Bt}\right)\right\}I_0\left(\frac{r_0 r_\mathrm{a}}{2Bt}\right) \quad (8.3.31)$$

式中，r_0 表征涡度为极大值的半径。

如前所述，应用 $I_0(z)$ 的大数近似得：

$$\Delta\varphi(r_\mathrm{a},t)=\frac{1}{4\pi^{3/2}(r_0 r_\mathrm{a} Bt)^{1/2}}\exp\left\{-\left[At+\frac{(r_\mathrm{a}-r_0)^2}{4Bt}\right]\right\} \quad (8.3.32)$$

式（8.3.32）表明，r_a 处的涡度随时间大致呈指数形式衰减。

②初始最大涡度圆上的涡度衰减。

最大涡度圆即为满足圆：

$$\frac{\partial}{\partial r}(\Delta\varphi)=0$$

此时有

$$\Delta\varphi(r_0,t)=\frac{1}{4\pi^{3/2}r_0(Bt)^{1/2}}\exp\left\{-\left(A+\frac{B}{4r_0^2}\right)t\right\} \quad (8.3.33)$$

由上式可知，$\Delta\varphi(r_0,t)$ 也呈指数衰减。

4）讨论

以上在对陆架中尺度涡衰变过程进行动力学分析时，采用了如下假设：

（1）在涡度方程建立中，以垂直层化、水平方向密度均匀的准地转运动流体为模型，考虑了侧向摩擦效应，而忽略了温度场变化、海面风应力和压力的作用；

（2）为得出涡度方程解的解析形式，以便对中尺度涡衰变过程中的典型表现进行物理机制探讨，假设初始条件为

$$f(\xi) = \frac{1}{2\pi r_0}\delta(\xi - r_0)$$

即涡度只在中尺度涡外缘存在。由此，导出了中尺度涡度表面积扩展模式［即式（8.3.30）］和涡度衰减模式［即式（8.3.32）与式（8.3.33）］。

由上述理论抽象得出的结果，是否具有典型性？对此，下面以测量数据与理论结果进行了对比，结果如下。

（1）关于表面积扩展。

收集了湾流北侧中尺度涡表面积随时间扩展的测量数据。这些测量数据与本章导出的解析模式［式（8.3.30）］的对比见图8.3.2。

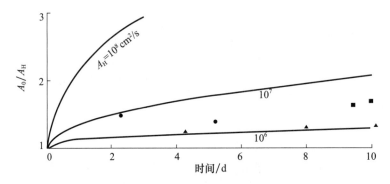

图 8.3.2　中尺度涡表面积扩展理论模式与测量数据的对比

数据点系对湾流北侧 3 个中尺度暖涡，分别出现于 1978 年 5 月，1980 年 4 月和 1982 年 3 月的测量结果

从图 8.3.2 中可以看出，测量数据点的变化趋势与理论曲线一致，并且均落在 A_H 为 $10^6\,\mathrm{cm^2/s}$ 和 $10^7\,\mathrm{cm^2/s}$ 两条曲线之间。这说明，理论模式可以概括实际例子的变化过程。

（2）关于涡度衰减。

对中尺度涡而言，涡度与旋转角速度有相同物理意义。因此，可用角速度的测量数据与涡度衰减理论模式进行对比。其中测量数据是对 1979 年 5 月下旬出现在东海陆架上的中尺度暖涡 ESE795 的测量结果。该暖涡因是从黑潮北侧分离产生的，外观呈椭圆形，长轴约 130 km，短轴 90 km，观测时的中心位置在 30.5°N，129°E。暖涡的角速度用 GMS 静止气象卫星图像的时间系列求得。测量结果与解析模式［式（8.3.33）］的对比见图 8.3.3。

图 8.3.3 中标有 $\alpha = 1$ 的两条曲线是按式（8.3.33）绘出的，它们分别代表 A_H 为 $10^6\,\mathrm{cm^2/s}$ 和 $10^7\,\mathrm{cm^2/s}$。可以看出，这两条曲线的变化趋势与测量数据是一致的，但定量地说，它们之间不够吻合，理论曲线衰减过快。这说明，本章在动力分析中采用的模式，特别是导出式（8.3.33）时采用的初始条件表达不能精确地概括这一实际例子，但它们之间相差不大。

为了弥补理论模式的缺欠，引入一个参数 α 对原模式进行线性校正，此时涡度衰减的有量纲形式为

$$\Delta\varphi(r_0,t) = \frac{\alpha U/L}{4\pi^{3/2}(Bt)^{1/2}}\exp\left\{-\left(A+\frac{B}{4r_0^2}\right)t\right\} \tag{8.3.34}$$

当 $\alpha=1$ 时，即为原模式。将 $\alpha=10$ 的两条曲线（对应于 A_H 为 $10^6\,\mathrm{m^2/s}$ 和 $10^7\,\mathrm{cm^2/s}$）也绘在图 8.3.2 中。可以看出，$\alpha=10$，$A_H=10^7\,\mathrm{cm^2/s}$ 的一条曲线与测量结果完全吻合。这说明，这里导出的中尺度涡涡度衰减解析模式［式（8.3.33）］，概括了实际过程的主要趋势，只要进行简单修正便可与测量数据吻合。

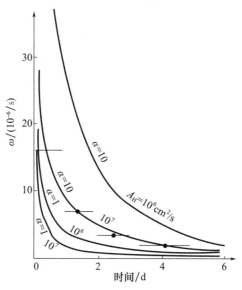

图 8.3.3　中尺度涡涡度衰减理论模式与测量数据的对比
数据点系对东海陆架中尺度涡 ESE795 的测量结果

8.4　海洋中尺度涡的探测方法

与其他科学研究依赖于观测数据一样，海洋中尺度涡的研究也强烈依赖于实际观测提供真实的物理特征，如涡旋的产生、发展、消亡过程和水动力条件，以揭示涡旋的动力机制。利用多源观测资料进行海洋中尺度涡的探测是研究中尺度涡的基础。

现场观测是物理海洋学最传统、最经典的观测手段，同时也是最直接、最可靠的观测方法。但由于海洋中尺度涡产生地点和时间上的不确定性，以及海洋现场观测费用昂贵等因素，现场涡旋观测资料至今仍非常稀少。

随着高分辨率海洋卫星遥感资料的出现、大量海洋浮标资料的投入使用，以及数值计算技术的不断发展，为海洋中尺度涡旋的研究提供了大量的观测资料。当前常用于海洋中尺度涡旋研究的观测资料主要包括：卫星高度计提供的海表面高度（SSH）资料、卫星遥感海表面温度（SST）资料、水色卫星遥感资料、SAR 资料、全球漂流浮标数据（Global Drifter Program，GDP）、Argo 浮标资料、高分辨率数值模拟产品等。这些观测数据一般可分为欧拉型数据和拉格朗日型数据。其中，欧拉型数据是指一个时刻的快照数据或者空间场的数据，拉格朗日型数据是指水团或者物质颗粒的轨迹数据。如 SSHA、SST、水色、合成孔径雷达（SAR）等卫星遥感资料属于欧拉型数据，而全球漂流浮标数据、Argos 浮标资料属于拉格朗日型数据。根据数据的不同类别可将中尺度涡旋的识别方法分为两类：欧拉型涡旋探测方法和拉格朗日型涡旋探测方法。下面分别对这两种类型的探测方法进行介绍。

8.4.1　欧拉型涡旋探测方法

卫星高度计资料是海洋中尺度涡研究使用最为广泛的资料，海洋科学研究中常利用卫星高度计测量的海面高度异常（SLA）及其导出量—地转流来识别海洋中尺度涡。使用卫星高度计资料探测海洋中尺度涡是基于欧拉观点的方法，常用的方法主要包括海面高度异常（SLA）闭合等值线法、Okubo-Weiss 方法、绕角方法和流矢量法等。

8.4.1.1　海面高度异常闭合等值线法

海面高度异常（SLA）闭合等值线法的基本原理是利用涡旋的几何特征。反气旋涡（AE）能够引起海表海水幅聚，涡旋中心海水比周围高，而气旋涡（CE）引起海表海水幅散，涡旋中心海水比周围低，它们的几何形状都类似于圆锥体。

由 SLA 数据所绘制的海面高度异常大面图中，中尺度涡最为直观的特点是与一系列闭合的等值线平行或者重合。于是中尺度涡模型可被简化为一个点、一条闭合的等值线以及这条线包围的所有格点，因此可以借助海面高度场来寻找中尺度涡的中心点，进而找到包含这个中心点的边界。通过寻找闭合的海面高度（异常）等值线来识别一个中尺度涡，这样就无需计算地转流场，避免了计算两次导数而引入的噪声问题，是探测中尺度涡最为简洁和直观的方法。

Chelton 等（2011）在 2011 年提出了一种无阈值的海面高度等值线算法，它的基本思路是：在海洋高度场中，每一个中尺度涡都可以看成是由许多相互连接的像点组成的一个像点集，如果一个像点位于区域内部，那么与它相邻的 4 个像点也一定位于该区域的内部或边缘；如果区域内部的一个像点，比它所有邻近的像点的 SSH 都小（大），那么它就是一个局部最小（大）值。则可将中尺度涡定义为满足以下 5 个约束的像点集：

（1）对于（反）气旋涡来说，所有像点的 SSH 值均（高）低于某一特定 SSH 值；

（2）为了剔除半径过小的涡旋，一个中尺度涡至少需要有 8 个像点，至多可以有 1 000 个像点；

（3）对于（反）气旋涡来说，至少有一个 SSH 最（大）小值；

（4）涡旋的振幅（即涡旋边缘与中心点的海面高度差）不小于 1 cm；

（5）一个涡旋内任意两个像点间的距离均小于某一特定阈值。

为了寻找条件（1）中的最小（大）SSH 值，从 100 cm（−100 cm）开始以 1 cm 幅度不断减小（增大）等值线的值，直至上述 5 条约束不能全部满足，此时边界上的像点就构成了中尺度涡的边界。

以反气旋涡为例，首先搜索局部极大值点，将其对应的 SLA 值作为阈值初始值，然后在此基础上以 1 cm 为步长减小阈值，如果该点周边邻近像点的 SLA 值比此阈值大，那么这些像点属于这个反气旋涡，重复上述步骤，直至步骤（1）～步骤（5）中某条判据得不到满足，就可以得到一个完整的反气旋涡探测结果。

该方法的优点是：①简单易用，物理特征清晰；②不需要人为给定参数，只需利用卫星高度计观测的 SLA 即可识别追踪中尺度涡旋；③无需计算地转流场，避免了计算两次导数而引入的噪声问题。

该方法的主要缺点是：①依赖于高度计卫星观测沿轨资料插值得到的逐日格点 SLA，在识别中尺度涡时可能存在不连续的问题，这也是利用卫星高度计识别中尺度涡的共性问题；②可能会出现包含细长锋面或者涡丝的情况；③包围的区域内可能会出现不止一个极值。尽管如此，该方法仍然是识别中尺度涡比较有效、简便的方法。Chelton 等（2011）利用该方法对全球中尺度涡进行了详细识别，并统计了相关特征。

8.4.1.2 Okubo-Weiss 方法

Okubo-Weiss 方法又称为 OW 参数法，是 Isern-Fontanet 等（2006）借鉴数值模式研究中的 Okubo-Weiss 数检测流体的旋转和形变的方法，是使用卫星高度计资料来自动检测追踪中尺度涡旋应用最广泛的一种方法。Okubo-Weiss 参数定义如下：

$$W = s_n^2 + s_s^2 - \omega^2 \tag{8.4.1}$$

其中，$s_n = v_x + u_y$ 代表剪切形变率；$s_s = u_x - v_y$ 代表拉伸形变；$\omega = v_x - u_y$ 代表相对涡度。u 和 v 分别表示流场的纬向和经向分量，脚标 x 和脚标 y 分别为变量在 x 轴和 y 轴方向上的微分。上式可进一步转化为

$$W = 4(v_x u_y - u_x v_y) + (u_x + v_y)^2 \tag{8.4.2}$$

若假设流场满足地转平衡关系，即 $u_x + v_y = 0$，Okubo-Weiss 数可简化为

$$W = 4(v_x u_y - u_x v_y) = 4(v_x u_y + u_x^2) \tag{8.4.3}$$

流速分量由海面高度异常（SLA）计算的地转流异常表示：

$$u = -\frac{g}{f}\frac{\partial h'}{\partial y}, \quad v = \frac{g}{f}\frac{\partial h'}{\partial x}$$

代入 Okubo-Weiss 数，W 可以表示为

$$W = 4g^2 f^{-2}(h_{xy}'^2 - h_{xx}' h_{yy}') \tag{8.4.4}$$

判断中尺度涡旋时，定义 W 小于一定阈值来识别中尺度涡。一般将阈值选为 W 标准差 σ_W 的 -0.2 倍，即 $W < -0.2\sigma_W$ 即为中尺度涡。可辅以 SLA 的平均值是负是正来判断是气旋涡还是反气旋涡。

OW 方法主要有以下不足。

（1）没有一个固定的客观量可以满足全球范围内海洋涡旋的检测，阈值定得太高可能检测尺度较小的涡旋，定得太低则可能在一定区域内检测到多个涡旋，如图 8.4.1 所示，不同阈值识别出来的效果有明显差异。

（2）物理参数的推导过程会带来一些噪声（如使用 SLA 计算地转流），增加涡旋的错误检测率。

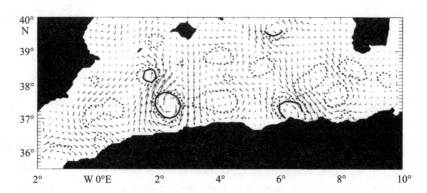

图 8.4.1 利用 Okubo-Weiss 算法在某海域识别的涡旋（Isern-Fontanet et al.，2003）
实线和虚线分别为当初始值取 $W_0 = 2 \times 10^{-11} \mathrm{s}^{-2}$ 和 $W_0 = 0.3 \times 10^{-11} \mathrm{s}^{-2}$ 的结果

（3）不能很好地区分中尺度涡和其他类涡旋特征信号，容易将其他具有高涡度特征的现象误判为涡旋，如湾流、黑潮或其他强流区域的蛇形现象。

为了去除这些干扰项，Williams 等（2011）添加了 1 个限定条件，即通过计算每两个相邻点的速度矢量的角度，以向东为正，由此可以分为 4 个象限：$0° \sim 90°$（东北方向）、$90° \sim 180°$（西北方向）、$180° \sim 270°$（西南方向）和 $270° \sim 360°$（东南方向）。由于涡旋是个旋转闭合的流体，所以假定 1 个涡旋必须包含 4 个象限，而且中心点位置位于 4 个象限的交汇处。在一些强流区域，如"S"形弯曲和突然的大转弯区域，尽管占据了 4 个象限，但仍属于误判，所以要求每个象限必须都大于等于 8% 才能算作涡旋。

8.4.1.3 绕角方法

绕角（Winding-Angle，WA）方法识别中尺度涡是以海表面高度异常计算得到的地转流场为基础进行的，其基本思想是：当从随涡旋中心移动的参考坐标系观察时，映射到与涡旋中心在同一平面瞬时流线呈圆形或者螺旋形，即涡旋。

该方法将 SLA 极值点作为涡旋的中心。然后，通过流线螺旋式围绕一个中心点来确定涡旋的范围。主要包括如下两个步骤。

第一步确定绕角，根据绕角来判断是否属于一个完整的涡旋。

Winding-Angle 的基本假设是二维流线由点 P_i 和线段（P_i，P_{i+1}）组成，它起始点位于 P_1，如图 8.4.2 所示。那么流线的绕角（WA）定义为从起点到终点所有角度总和：

$$\mathrm{WA} = \sum_{j=2}^{N-1} P_{j-1}, P_j, P_{j+1} = \sum_{j=2}^{N-1} \alpha_j \qquad (8.4.5)$$

绕角正值对应于逆时针旋转曲线，负值对应于顺时针旋转曲线。在 WA 涡识别方法中，如果流线的绕角绝对值大于 2π，则流线与涡相关联。如果绝对值小于 2π，说明旋转的流线不是一个完整的旋转，在实际应用中，判断反气旋式涡旋的条件为旋角小于等于 -2π，判断气旋涡旋的条件为旋角大于等于 2π，并且流线的起始点和终点之间距离还应保持足够小。

第二步将属于选定涡旋的流线进行聚类，并确定最外围流线作为涡旋的边界。

与 OW 方法类似，WA 方法的主要缺点是基于 SLA 获得地转速度场放大了噪声，尤

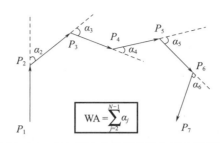

图 8.4.2　WA 算法中分段流线的绕角示意图

绕角是所有边线夹角的和

其在低纬度处被 $f-1$ 因子放大。但 WA 方算法是基于流线的几何形状确定涡旋，与涡旋的强度无关，因此该方法算法能够很好地检测较弱的旋涡，相比较设定临界值而忽略部分弱涡旋的判定方法在较弱的旋涡探测上是有优势的。

Chaigneau 等（2008）使用 WA 方法、OW 方法对南半球秘鲁沿岸的中尺度涡进行了识别，结果如图 8.4.3 所示，发现相比于 OW 方法，基于流函数拐角的 WA 方法在这一区域更为精确。

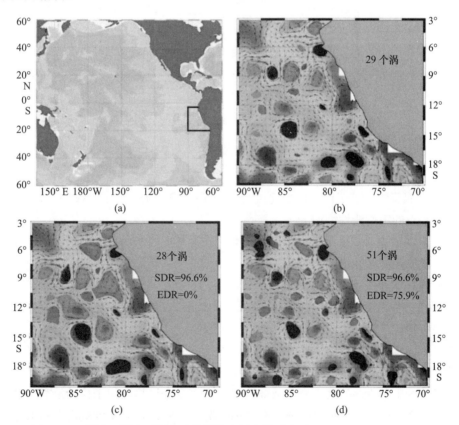

图 8.4.3　研究区域和不同方法检测的中尺度涡对比（Chaigneau et al.，2008）

（a）研究区域（黑框）；（b）通过专家人工识别的结果

（c）"绕角法"检测结果；（d）"Okubo-Weiss 法"检测结果

图中涂色显示的是 SLA，黑色箭头为地转流，浅色阴影为已识别的涡旋。顺时针旋转的
涡旋为气旋涡旋（南半球）。图中还标注了识别的中尺度涡数量以及成功和过量检测率

8.4.1.4 流矢量法

流矢量法是一种基于流场几何特征识别中尺度涡旋的方法，由 Nencioli 等（2010）提出。涡旋可以直观地定义为速度场呈现旋转流动的区域：即速度矢量围绕涡旋中心顺时针或逆时针旋转的区域。根据这一思想，该方法主要利用地转平衡关系，将海表面异常场转化为地转速度异常场，从速度场中自动探测海表面中尺度涡旋。

流矢量法首先进行涡旋中心的探测。涡旋的中心是由速度矢量的几何图形通过以下4 个约束条件确定，如图 8.4.4 所示。

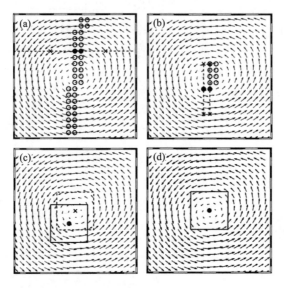

图 8.4.4　满足 4 个约束条件的矢量场示意图（Nencioli et al.，2010）

黑点和"＊"号为探测得到的和可能的涡旋中心；黑色边框为局部区域；矢量为地转速度异常

（1）沿涡旋中心点东西方向的速度分量 u 在远离中心点的两侧数值符号相反，大小随距中心点的距离线性增加。

（2）沿涡旋中心点南北方向的速度分量 v 在远离中心点的两侧数值符号相反，大小随距中心点的距离线性增加。

（3）流速大小在涡旋中心有个极小值。

（4）在近似涡旋中心点附近，速度矢量的旋转方向必须一致，即两个相邻的速度矢量方向必须位于同一个象限或相邻的两个象限。

满足上述 4 个条件的格点被自动判定为涡旋的中心点。

约束条件中需要确定两个参数：一个用于第一个、第二个和第四个约束条件，一个用于第三个约束条件。用第一个参数 a 来确定有多少个网格点用于检验沿着东西方向速度 u 分量和沿着南北方向速度 v 分量的增加情况。此外，参数 a 也决定着检验速度矢量方向变化的绕涡旋中心的曲线（4 条边界线）；第二个参数 b 用来确定局地最小速度的区域范围（网格点）。在算法中参数 a 和参数 b 的取值是弹性的，以便用来设定涡旋检测的最小尺度，并使算法可适用于不同分辨率的网格。

确定涡旋中心点后，再探测涡旋外围的闭合流线。本方法以流函数的等值线来确定涡旋的边界，由于涡旋速度场具弱辐散性，速度矢量与流函数等值线相切，且流的切向速率沿法向方向增加，将涡旋边界定义为围绕中心点的最外围闭合等值线。

采用该方法识别中尺度涡存在的主要问题有：①需要使用到两个参数（a 和 b）来约束涡旋的选取，尽管为算法提供了灵活性，但是需要仔细选择，且 a 值和 b 值的选取依赖于流场数据集的空间分辨率；②对不同尺寸涡旋的识别有一定的敏感性，特别是在小涡旋的识别方面存在局限性。Nencioli 等（2010）使用该方法对高分辨率数值模式和高频雷达测量海表面流场进行中尺度涡识别，证明该方法具有较好的适用性。

8.4.2　拉格朗日型涡旋探测方法

上面介绍的涡旋识别方法都属于欧拉方法，常用于识别涡旋的方法还有拉格朗日型探测方法。Dong 等（2011）将基于海表浮标轨迹数据探测涡旋的拉格朗日方法分为 4 类：①拉格朗日随机模型法；②椭圆形识别法；③拉格朗日动力系统方法；④几何方法。拉格朗日型涡旋探测方法可以使用全球漂流浮标数据（Global Drifter Program，GDP）基于拉格朗日观点，利用浮标运动轨迹中的"回路"部分来识别涡旋。全球漂流浮标数据下载网址为 http：//www. aoml. noaa. gov/envids/gld/Ftplnterpolatedlnstructions. php。

下面简单介绍由 Dong 等（2011）提出的采用全球漂流浮标拉格朗日轨迹中回路部分（涡旋）自动识别涡旋特征的几何方法。这里的回路就是指一条连续封闭的曲线，其起始点和终点相重叠，即一个浮标经过一段时间后返回到某一先前的位置。浮标的运动轨迹形成一个回路表明该浮标回到它先前经过的位置，该位置附近有涡旋存在。为了自动检测浮标轨迹中的这个回路，估计浮标所显示的涡旋特征，他们提出了以下的涡旋检测方法，主要通过 4 个步骤来识别漂流浮标中的回路部分，用 5 个参数来表示回路的信息，包括位置、起止时间、极性、强度和离心率，并探测得到同一涡旋的连续回路。具体步骤如下。

步骤一：回路的识别。

当浮标的当前位置与之前位置的距离小于阈值 D_0 时，认为浮标返回到先前位置。阈值 D_0 可以由背景流速和样本时间间隔的乘积来估计。由于轨迹样本时间间隔均匀，因此实际上是用这个区域内轨迹的平均空间间隔来估计的。考察一系列沿浮标轨迹 r 的点 $P(i)$，$i=[1, M]$，M 是总节点数。$D(i, j)$ 是 $P(i)$ 与 $P(j)$ 之间的距离。在点 $P(i)$，我们搜索第一个与其距离 $D(i, k)$ 小于 D_0 的点 $P(k)$。搜索的范围是 $[i+\tau$，$\min(i+N, M)]$，τ 是移去高频振荡的截断时间所用的数据点个数。N 是用来搜寻回路所用最长时间的数据点的个数。换言之，如果返回 $P(i)$ 所用搜寻步数大于 N 即停止搜索。如果在 $P(i)$ 点没有检测到回路，则自动探测下一个点 $P(i+1)$。因此点 $P(k)$满足下列条件：

$$D(i,k) \leqslant D_0, \quad i+\tau < k < \min(i+N,M) \tag{8.4.6}$$

其中，$D(i, k)$ 是 $P(i)$ 和 $P(k)$ 间的距离。从 $P(i)$ 到 $P(k)$ 所有的点被记录为一个

回路点集。浮标从点 $P(i)$ 运动到点 $P(k)$ 的时间是回路的旋转周期，从点 $P(i)$ 到点 $P(k)$ 间所有点的平均位置，被认为是回路中心。然后移动到点 $P(k+1)$ 重复上述过程来寻找新的回路，如果在点 $P(i)$ 没有检测到回路或者不满足条件公式（8.4.6），移动到点 $P(i+1)$ 重复上述过程来寻找新的回路。当考虑了轨迹上所有点时，所有存在的回路将被自动识别出来。

步骤二：回路的旋转角度和极性。

识别出浮标运动轨迹中的回路后，需要确定它的旋转方向是顺时针还是逆时针。一个处在北（南）半球的反气旋涡区域的浮标，将会沿顺时针方向（逆时针方向）运动。为了确定回路的旋转方向，我们计算了从回路中心指向回路上每个点（起始点到终点）的矢量的总角度 θ。图 8.4.5 给出浮标做回转运动时每个时间点的矢量位置。一般情况下，总角度 θ 绝对值接近 360°，角度的符号代表了涡旋的极性，正值表示顺时针旋转，负值表示逆时针旋转。

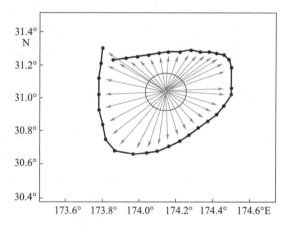

图 8.4.5　确定回路极性示意图（Dong et al.，2011）
粗实线是 7711687 号漂流浮标轨迹的一段，实心圆圈是回路的几何中心，
几何中心外围细实线上的箭头显示的回路旋转的方向

为排除部分轨迹中的小扰动情况，规定当 θ 大于最小的角度 θ_0（默认值为 300°），这个部分才会被作为一个回路。

图 8.4.6 给出了应用上述方法得到的一个气旋和一个反气旋回路的例子。在图 8.4.6(b) 中，标记为 A 和 B 的轨迹部分作为小扰动没有被记录为回路。

步骤三：回路的特征参数。

一般来说，回路的主要特征参数包括：位置（中心）、时间（起始和结束）、旋转周期、极性、强度、离心率等。

在前面的步骤一中，可以从浮标的轨迹中识别出回路，确定回路的中心、时间（起始点和终点）和回路的旋转周期。在步骤二中，可使用辐射矢量估计出回路的极性，辐射矢量 $\boldsymbol{R}$ 的长度可以认为是回路的大小。近似地，选择矢量的平均长度，使用一系列的辐射矢量也可以估算出涡旋的离心率。

$$\varepsilon = \left[\max(r) - \min(r)\right] / \left[\max(r) + \min(r)\right] \tag{8.4.7}$$

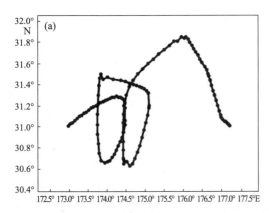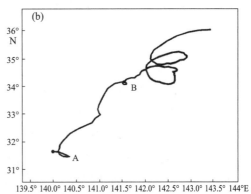

图 8.4.6　浮标回路的识别（Dong et al.，2011）

式中，r 是矢量 $\boldsymbol{R}$ 的大小。

用回路所代表涡旋的涡度来表征回路的强度：

$$\Omega = \sin\theta U / \mathrm{avg}(r) \tag{8.4.8}$$

式中，U 是回路上所有点的平均剪切速度；$\mathrm{avg}(r)$ 表示 r 的平均值，即回路的大小；θ 是辐射矢量完成回路的总角度。

步骤四：涡旋的追踪。

虽然大多数的浮标并不是在涡旋的整个生存期间都随着涡旋运动，但是识别与同一涡旋相关的一组回路能够为认识涡旋的演化特征提供部分信息。在这一步中，用回路的位置和时间信息，将记录同一个涡旋信息的所有回路进行归组。

考虑下面两个条件：①两个相邻时间的回路具有相同的极性；②两个回路之间的距离小于平均流的平流距离。其中平均流由沿着两个回路所有点的平均值计算得到，平流距离由两个回路时间间隔乘以平均流速得到。当满足这两个条件时，两个回路被视为同一个涡旋的轨迹。然后程序循环到下一个回路来判断第三个回路是否与前两个回路为同一组。

依照上面 4 个步骤，在使用该探测方法前需要指定 4 个参数。步骤二中，最小的旋转度 θ 默认值为 $300°$，其他 3 个参数的选取如下。

（1）小于距离阈值 D_0 表明浮标返回到先前位置。流速的尺度为 U_0，浮标样本的时间间隔为 Δt，两个邻近点距离 $\Delta t U_0$ 是浮标网格大小的尺度。考虑到搜索过程会遍历每一个点，可选择格点距离作为标准距离：

$$D_0 = \alpha \Delta t U_0 \tag{8.4.9}$$

式中，$0 < \alpha < 1$，默认值设置为 0.5 个或者 1 个平均格点距离，格点大小定义为 $D(i, i+1)$，如果时间步长相同，指数 i 遍历所有时间。

（2）截断时间 τ 用来移除惯性振荡，由局地惯性频率 $f = 2\Omega \sin A$ 来决定，Ω 是地球旋转频率，A 是搜索开始时的浮标纬度。

$$\tau = \mathrm{int}\left[\beta \Delta t / (2\pi / f)\right] \tag{8.4.10}$$

式中，β 是一个调整因子，默认值是 2。

（3）一般来说，考虑涡旋（回路）季节内变化时，建议将 90 天作为回路搜索的最长时间 N。

$$N = 90/\Delta t \qquad\qquad (8.4.11)$$

如上，可通过 4 个步骤来识别漂流浮标中的回路部分及涡旋的主要特征。

在实际海洋中，浮标的轨迹可能非常复杂，特别是如果背景流速大于涡旋的切向速度，浮标遇到涡旋后并不能形成一个回路，而是一条曲线。一般在大洋中，除西部边界流等部分区域，如黑潮延伸体，海洋涡旋总是比周围流场携带更高的动量和能量。因此，在大多数海洋区域中，可以直接使用上述方法识别涡旋特征。但为了使该方法能在全球适用，需引入一个前处理过程，去掉背景流场（平均流）并重构拉格朗日轨迹。虽然我们没有精确的背景流速资料，但可以将所有浮标资料得到的平均速度作为近似值。

将浮标数据记录中的速度减去平均流速度，由下面的公式重构所有的轨迹：

$$X'(t) = X(t) - \int_0^t u[X(t), Y(t)]\,\mathrm{d}t$$
$$Y'(t) = Y(t) - \int_0^t v[X(t), Y(t)]\,\mathrm{d}t \qquad\qquad (8.4.12)$$

式中，(X, Y) 和 (X', Y') 分别是轨迹原始和重构的位置；u、v 是平均速度。

8.4.3　中尺度涡三维结构合成方法

海洋中尺度涡可以影响到水面以下几十米到几百米的深度，具有显著的三维结构。关于海洋中尺度涡三维结构的探测相关研究较多。

比较简单的方法是直接将表层中尺度涡探测方法推广到水面以下各层次，利用高分辨数值产品进行不同垂向层中尺度涡的分析，合成分析涡旋的三维结构。如 Dong 等（2012）将流矢量法推广到三维涡旋的探测，发现南加州湾能够穿透 400 m 的三维涡旋可分为碗状、圆台状和腰鼓状 3 类。

大量 Argo 浮标资料的投入使用为研究者更准确地了解中尺度涡的水下结构提供一个有效手段。将卫星高度计观测海表面高度数据和 Argo 浮标的水下数据相结合，利用涡旋识别程序，也可以合成出中尺度涡三维结构。下面简单介绍孙博雯（2019）使用的三维结构合成方法。

第一步仍然需要将 Argo 剖面的位置与涡旋进行匹配，筛选出于涡旋时刻相距不超过 ±3 天、距离涡心位置不超过 3 倍半径的 Argo 浮标，这里要求与涡旋匹配的浮标在所合成的区域内的数目需要足够多，足以得到一个水平格点为 −3:0.2:3 的合成结构。然后根据这个浮标的时刻和空间位置，减去对应当天、对应空间位置的数值产品平均温度盐度剖面，这样得到了与涡旋匹配的温盐异常 T'/S' 剖面。我们事先对 Argo 浮标的温盐剖面数据进行处理，垂直方向上插值到 10 m 为步长，从海表面到 1 000 m 共计 101 层的深度层上。以 1 000 m 为参考深度，通过计算得到动力高度异常剖面。同样地，我们能够得到该剖面在涡心坐标系当中的归一化的相对坐标 $(\Delta X, \Delta Y)$，其中：

$$\Delta X = (\mathrm{Lon}_{\mathrm{Argo}} - \mathrm{Lon}_{\mathrm{eday}})/\mathrm{Radius}_{\mathrm{eday}} \qquad (8.4.13)$$

$$\Delta Y = (\mathrm{Lat}_{\mathrm{Argo}} - \mathrm{Lat}_{\mathrm{eday}})/\mathrm{Radius}_{\mathrm{eday}} \qquad (8.4.14)$$

然后将每个 Argo 浮标的位势温度异常剖面和动力高度异常剖面，按照其相对坐标 $(\Delta X, \Delta Y)$，在逐个深度层上，用反距离加权平均法插值到分辨率为 0.2×0.2、东西范围和南北范围均为 $[-3, 3]$ 的网格点上。这样，最终可以得到涡旋温度异常与动力高度异常的平均空间三维结构，再借用地转关系，可以进一步得到涡旋流场的空间三维结构。

思考与讨论

1. 海洋中尺度涡具有哪些动力学特征?
2. 对比斜压不稳定的 Eady 模式和 Charney 模式的异同点。
3. 综述海洋中尺度涡的形成机制。
4. 简述海洋中尺度涡的消亡机制。
5. 对比利用卫星高度计资料探测海洋中尺度涡的几种方法的优缺点。

第9章 海 冰

9.1 引 言

全球大约有 10% 的海洋会出现海冰，海冰在太阳、大气、海流、海浪和潮汐的影响下增长、消融和漂移。绝大多数海冰出现在高于纬度 60° 的南、北极海域，但是某些低纬度的海域也会有季节性海冰，甚至在低于 40°N 的中国渤海海域也会有海冰。开阔海域中的海冰冰盖处于一种不稳定的静态，它们破碎变为浮冰，形成流冰。这些浮冰在开裂或闭合中运动，呈现出令人惊叹的海冰景观。

海冰的形成过程是：因冷却引起的垂直对流，使对流层间的（或到海底的）海水达到结冰温度之后会再进一步冷却，随后海面开始结冰。对流停止之后，由于冷却使表面薄层过冷却，产生结晶核，然后即生成小的冰结晶——冰晶。刚生成的冰晶很小，用肉眼不易分辨。在海面几乎无波浪时，这些冰晶会平静地成长，相互冻结从而形成比较硬的尼罗冰或者是被称为冰壳的冰枝，以后逐渐增加厚度。

但在多数情况下，海面有波长不一的波浪。因为风愈大、波浪就愈高，海面冷却也就愈快，于是生成的陈冰也就随之增多。但冰晶被波浪不断拆散，所以不能形成前述的那种冰壳。同时刚形成的冰晶也不断破碎。另外，波浪滔天时，不仅在海面而且在海水内部也会产生冰晶，并上浮到表面。这样，在海面的一定厚度范围内破碎的冰晶就更为集中，好像冰激凌似的漂在水面上而成为油脂状的海冰。这时的海面看起来似乎很平稳，因波浪作用使油脂状冰不断地做上下运动，在运动过程中，大小约为波长一半的油脂状冰就被集合在一起，于是这些油脂状冰相互碰撞而成为圆盘状的冰块，冰块的边缘微有上卷，形成的圆盘状冰，称为饼状冰。自形成油脂状冰到进一步形成饼状冰之后，由于上浮冰的摩擦作用而使波浪逐渐平静。一般来说，饼状冰是小碎冰片的集合体，因而很柔软，用手指一压就会立即出现洞穴。如果波浪一直是平稳的，那么饼状冰之间也就冻结，同时饼状冰本身的冰也变得更硬，不久即因厚度的增加而形成初期冰。

下面给出关于海冰动力学国际标准的必要术语列表（Armstrong et al.，1966；WMO，1970）。

1）海洋中的冰

（1）海冰：海洋中海水结成的任何形式的冰。

（2）陆源冰：起源于陆地的冰架或冰，漂浮在水上。

2）冰龄

（1）新冰：一般定义为新近形成的冰。

水内冰：漂浮在水面的针状或盘状冰。

尼罗冰：薄的、有弹性的冰壳，在海浪作用下可轻易弯曲，在压力作用下形成冰筏（表面无光泽，厚度可达 10 cm）。

（2）年轻冰：新冰向当年冰过渡期间的冰（冰厚 10～30 cm）。

（3）当年冰：由年轻冰发展，冰龄不超过 1 年的冰（冰厚 30 cm～2 m）。未变形前是平整的，但是当冰脊和冰丘产生时，变得粗糙并有尖锐的棱角。

（4）多年冰：冰龄超过 1 年的冰（冰厚超过 2 m）。冰丘和冰脊比较光滑，冰内几乎无盐。

3）冰的形态

（1）陆缘固定冰：浅水区沿岸固定冰，或搁浅冰山之间的冰（亦称固定冰）。

（2）搁浅冰：浅水区搁浅的浮冰。

（3）漂移冰：泛指除固定冰之外的冰（或称为流冰群）。

（4）冰原：至少跨越 10 km 的大面积浮冰。

（5）饼冰：新冰块，通常为近似圆形，直径 30 cm～3 m，其边缘通常因为相互碰撞而翘起。

（6）浮冰：相对平整，长度超过 20 m 的浮冰块。

（7）平整冰：没有经过形变的海冰（或称为未变形冰）。

（8）形变冰：挤压在一起的冰，或由于压力而高低不平（或称为挤压冰）。

（9）冰筏：冰受压后叠加在其他冰块上面的冰。常见于尼罗冰，冰筏相互交叉上下层叠，也称为"堆积指状浮冰"。

（10）碎冰：长度不超过 2 m 的碎冰积累而成（其他形态海冰的碎块）。

（11）冰丘：由压力冰形成，冰块杂乱地堆积，相互叠加，表面不平整。

（12）冰脊：在压力强迫下抬高而成的冰脊或冰墙（水面上的部分称为冰帆，水面下的部分称为龙骨）。

4）冰覆盖的开裂

（1）冰紧密度：考虑整片海域时，覆盖着海冰的水面总量所占的比例（也称为海冰密集度）。

（2）碎裂：不大于 1 m 的冰块破碎。

（3）破裂：形变过程产生的断裂或破碎（长度由数米至数千米）。

（4）水道：可通航水面船只的任何海冰破裂形态。水道由风或海浪强迫产生。

（5）冰间湖：由海冰包围任意非线性形状的开阔水域。典型的有沿岸冰间湖，由持续的离岸风驱动形成；还有开阔洋面冰间湖，主要由暖的深层水上升而成。

（6）冰边缘：开阔水域与海冰之间的界线。

冰紧密度或冰密集度用 A 表示，通常以百分数或十分数的形式给出，进一步可以分为 6 个标准类别（表 9.1.1）。除非海冰融化，海冰和水域表面之间有强烈对比，用卫星遥感方法可以探测到。冰密集度可以预示漂移冰区的移动性，因而是关键的动力学变量。

表 9.1.1　冰密集度的分类（WMO，1970）

文字描述	数值	文字描述	数值
无冰	$A = 0\%$	密集浮冰	$50\% \leqslant A < 70\%$
非常稀疏浮冰	$0\% < A < 30\%$	非常密集浮冰	$70\% \leqslant A < 90\%$
稀疏浮冰	$30\% \leqslant A < 50\%$	密实浮冰	$90\% \leqslant A \leqslant 100\%$

极区海洋还包含陆源冰。在崩解作用下，冰块从陆源冰上面断裂并漂至海洋。根据这些碎片的大小进行分类：冰山（水面以上部分高于 5 m）；冰岛（高于水面 5 m，面积可达数千平方米）；冰山块（高于水面 1 ~ 5 m，面积 100 ~ 300 m²）以及残碎冰山（比冰山块还小）。这些碎片的性质（淡水冰）、厚度及三维特征等不同于海上浮冰。

9.2　海冰介质变化

9.2.1　海水冻结

正常海水的冰点（T_f）是 – 1.9℃，而最大密度（T_D）时的冰点温度远低于该值。因此，海水密度在整个冷却过程中增加，而且垂直对流直抵温跃层，或温跃层不存在时直抵海底。当 $T_f < T_D$ 时，微盐水和湖中淡水冻结特性相同。冻结开始时取决于外部条件（Weeks and Ackey，1986；Eicken and Lange，1989；Weeks，1998）。在弱风情况下，首先形成薄的初生冰层，随后在初生冰层下面冰晶冻结向下增长。在有风的情况下，首先生成水内冰晶，在表层湍流作用下自由运动，当浮力超过扰动力时相互结合形成固态片状冰。这也是莲叶冰形成的初始阶段。在浅水区和混合有利的水域水内冰也可到达海底形成锚冰。冰表面降雪可以形成碎屑冰，再进一步发展成雪冰。在南极冰架水域，被称为冰盘的海冰就是冰架底部冰川融化水上升变成过冷水，在海冰下面结晶冻结成冰盘。因此，冰原一般包含多层不同种的冰型。

冰晶冻结增长自冰水下界面，冰晶呈柱状，直径为 0.5 ~ 5 cm，高度为 5 ~ 50 cm。海冰的绝热作用使冰的增长受限制，冰越厚增长率就越低。在北冰洋，凝冻冰为主要冰型。水内冰在开阔水域生成，冰晶较小（直径 1 mm 或更小）。增长速率快是因为开阔水域向寒冷的大气散发大量的热量，并且只要开阔水域存在，这种增长就不会受到限制。在南极，水内冰是主要冰型。还有一种典型是由于水内冰晶在表面结合形成的饼状冰。雪冰是在碎冰屑表面上形成的，由于降雪和覆水的冰，液态降水或融化的雪水冻结而成。冰晶和水内冰一样小。雪冰的增长受制于雪的状况和液态水的多少。最普遍的生成机制是冰覆水，当雪的重量使冰原在水平面以下时，即如：

$$\frac{h_s}{h} > \frac{\rho_w - \rho}{\rho_s} \qquad (9.2.1)$$

其中，h_s 为雪厚；ρ_s 为雪密度。由于 $(\rho_w - \rho)/\rho_s \approx 1/3$，所以雪厚必须至少是被水覆盖的冰厚的 1/3。既然增长受限于 h_s/h 的比值，雪冰通常在南极的一年冰中和较低纬度的海区，例如波罗的海和鄂霍次克海，那里雪的积累量大且冰层厚度有限。

由于热力作用，极地的当年海冰的厚度一年可增长至 1~2 m，多年冰厚度为 3~4 m。在季节性海冰地带，冰厚一般小于 1 m。热力增长的冰也称为无变形冰，明显区别于由于机械形变过程形成的变形冰。海冰热力学带来了温盐耦合的问题（Maykut and Unterteiner，1971），但是，至今为止的热力学模型中盐度一直被认为是时间和深度的函数。在海冰生长过程中热量的垂直传递明显，冰内的热量输送缓慢。热扩散系数约为 $1 \times 10^{-6}\,\mathrm{m}^2/\mathrm{s}$，达到长度为 4 m 的尺度需要半年的时间。因此，在浮冰块尺度或大尺度过程海冰的增长可被认为是局地的垂直过程。相反，海冰的融化过程是侧向的，此时水道吸收的热量被传输到浮冰的侧向边界（Rothrock and Thorndike，1984）。

海冰术语中的海冰厚度联系到非变形冰的类型已经在 9.1 节中有过讨论。新冰可增长到 10 cm，年轻冰可长到 10~30 cm，一年冰又分成薄冰（30~70 cm）、中冰（70~120 cm）和厚冰（厚度大于 120 cm）几类。无变形一年冰厚度可达 2 m，而均衡的无形变多年冰厚可达 3~4 m（Maykut and Untersteiner，1971）。这些术语是北极地区的海冰状况，并不完全适用于副极地地区，因为用于描述冰类型的用语是不同的。比如，在波罗的海，最厚的冰可能是"薄的当年冰"，"年轻冰"可能只有几个月，但在该地区却是老冰。因此，最好的办法是给出海冰厚度的数值。

海冰中的杂质包含卤水、固体盐结晶、气泡和沉积物。前两项是由于海冰增长时所获的盐分（Weeks，1998）。它们构成了海冰重要的物理特性，特别是海冰冰原机械长度正是有赖于盐卤的含量。气泡体积量约 1%，其大小的范围在 0.1~10 mm。沉积物主要源于水体，沉积物粒子被晶状冰捕获；源自海底，随锚冰在浮力作用下上升；源自大气的沉降，在海冰季节积累在冰的表面。沉积物影响冰的特性，同时也在物质传输中，特别是污染物传输中起重要作用。

9.2.2　冰增长

凝结冰的热力增长是经典的地球物理学问题，其近似解已给出（图 9.2.1）。Weyprecht（1879）基于其在北冰洋的资料证明，海冰厚度和冻结—温度—天数的总和的平方根成比例关系，即定义为

$$S_0(t) = -\int_0^t \left[T_0(t') - T_f\right]\mathrm{d}t' \tag{9.2.2}$$

其中，T_0 是表面温度（假定 $T_0 \leqslant T_f$）。Stefan（1891）给出物理意义。凝结冰的热力学遵守傅立叶热传导定律：

$$\frac{\partial}{\partial t}(\rho c T) = \frac{\partial}{\partial z}\left(\kappa \frac{\partial T}{\partial z}\right) + q \tag{9.2.3}$$

此处，c 是比热；κ 是导热性；q 是在冰盖上吸收的太阳辐射，$q = q(z)$。

如果不考虑热惯性、太阳辐射和从水面到海冰冰底的热通量，并假定热传导为常

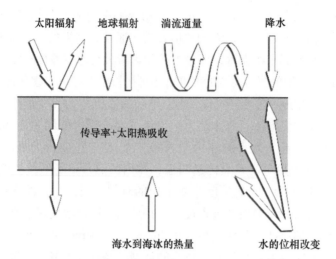

太阳辐射　　地球辐射　　湍流通量　　　降水

传导率+太阳热吸收

海水到海冰的热量　　　　水的位相改变

图 9.2.1　海冰热力学框图（Leppäranta，2011）
在空气和水的辐射与热交换作用下冰边缘和内部的增长及融化

数，可得到线性温度廓线。廓线的斜率给出由于在冰盖底部凝结冰增长时与潜热释放相关的热传导：

$$\rho L \frac{\mathrm{d}h}{\mathrm{d}t} = \kappa \left.\frac{\partial T}{\partial z}\right|_{z=h^n} = \kappa \frac{T_f - T_0}{h} \tag{9.2.4}$$

这就是 Stefan 模式（Stefan，1891）。海冰越厚，传导越慢；因此，当海冰变厚时增长率降低。对于初始值 $h(0)=0$，方程（9.2.4）可以直接整合为 $h = a\sqrt{S_0}$，其中 $a = \sqrt{2\kappa/(\rho L)} \approx 3.3\ \mathrm{cm \cdot d^{-1/2} \cdot {}^{\circ}\!C^{-1/2}}$ 是增长系数。由此可见，薄冰每天的增长很少超过 10 cm，而 1 m 厚的冰的增长率已经低于每天 1 cm。

Stefan 模式的主要问题在于需要表面温度。表面温度通常是未知的，因此，使用了基于气温而不是表面温度的冻结—温度—天数 S 方程，亦即，方程（9.2.2）中用 $T_a - T_f$ 替代 $T_0 - T_f$，其中 T_a 为气温。Zubov（1945）在模式中加入气—冰热交换，并根据热流的连续性导出方程：

$$\rho L \frac{\mathrm{d}h}{\mathrm{d}t} = \kappa \frac{T_f - T_0}{h} = K_a (T_0 - T_a), \quad T_0 \geqslant T_a \tag{9.2.5}$$

其中，K_a 为冰—气热传导系数。既然对于海冰增长须使 $T_0 \geqslant T_a$（亦即，忽略 $T_0 < T_a$ 的天数），得到的解为

$$h = \sqrt{a^2 S + \delta^2} - \delta \tag{9.2.6}$$

此处，$\delta = \kappa/K_a \approx 10\ \mathrm{cm}$ 为大气表面的绝热层。当令 $\delta \to 0$ 时，即还原了经典的 Stefan 定律，其物理意义表明大气可以通过海冰带走任何热量。

例：气温为 $-10\,^{\circ}\!C$ 持续 100 d 得到 $S = 810\,^{\circ}\!C$，在 Zubov 的模式中 $h = 94.4\ \mathrm{cm}$，Stefan 模式给出 $h = 84.9\ \mathrm{cm}$。平方根定律很好地描述了海冰在增长过程中是如何对冷空气绝热的。特别是当海冰很薄时，Stefan 模式给出的增长过程过强。对于 $S = 20\,^{\circ}\!C \cdot d$，Zubov 和 Stefan 模式分别给出 $h = 7.9\ \mathrm{cm}$ 和 $h = 14.8\ \mathrm{cm}$。相反，既然在北冰洋的高纬度区当年

冰厚度为2 m,那么冻结—温度—天数的总和必须达到4 000℃·d。

Zubov 模式的主要问题是缺少降雪。雪面热通量为 $\kappa_s \Delta T/h_s$,其中 κ_s 是雪的热传导,ΔT 是雪层间的温度差。将其作为新的方程代入式(9.2.5),但是通常得不到其解析解,因为厚度和雪的传导都依赖于时间。举例说明,如果它们为常数,其解与 Zubov 个例相似,而绝热层的厚度 δ^* 用下式代替:

$$\delta^* = \left(1 + \frac{K_u h_s}{\kappa_s}\right)\delta \qquad (9.2.7)$$

既然 $\kappa_s/K_a \sim 2$ cm,雪厚为2 cm时会使大气层表面的绝热效应增加1倍。雪的绝热效应受海冰浮力所限,因为雪的累积量会导致覆水和雪冰的生成[见方程(9.2.1)]。如果雪的厚度随冰厚增加但不足以使湿雪形成,最大的绝热效应可以减少与之相当的无雪冰的一半冰厚(Leppäranta,1993)。

雪冰在冰表面从湿雪中生成。冻结过程释放的潜热只能被湿雪上的干雪传递。同时,比起海冰凝结增长时需要的潜热要少,因为雪冰中已经包含了冰晶。其增长方程为

$$\rho v L \frac{\mathrm{d}h_{si}}{\mathrm{d}t} = \kappa \frac{T_f - T_s}{h_{si}} = \kappa_s \frac{T_s - T_0}{h'_s} = K_a(T_0 - T_a), \quad T_0 > T_a \qquad (9.2.8)$$

其中,$v \sim 50\%$ 是湿雪中水分;h_{si} 是雪冰厚度;T_s 是雪冰—冰界面的温度;h'_s 是雪冰—湿雪层上干雪的厚度。这是除去了因 v 而减少了冻结潜热的 Zubov 模式。凝结冰和雪冰的厚度之比依赖于历史降雪累计量(图9.2.2)。假定极端条件下,覆水产生的湿雪与降雪率足以使雪冰持续增长而没有凝结冰的形成,此时冰厚变为70%无雪凝结冰的状况(Leppäranta,1993)。

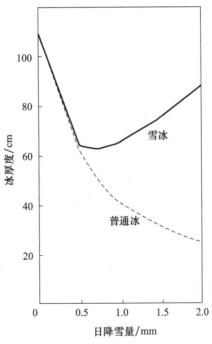

图9.2.2 依据波罗的海北部奥卢的历史降雪累计率得出的凝结冰和雪冰的厚度(Leppäranta,2011)

x 轴为在气候及气温条件下的降雪率

春季，日夜间融（化）—冻（结）的循环使雪冰层过增长。Shirasawa 等（2005）曾报告 4 月在鄂霍次克海库页岛近岸的融—冻循环中有平均 24 cm 的雪冰增长。靠近季节性海冰带的边缘，液态降水也可以对雪冰层的积累做出显著贡献。对于融—冻循环或液态降水造成的雪冰的生成，其制约因素是降雪。在之前的个例中，雪冰层最大可增长到 $(\rho_s/\rho)h_s$，而后来的情况下限制为 h_s。当不再降雪时，冰上的任何水都可冻结在冰表面。这些雪冰和表层冰被称作冰川学熟知的叠加冰。

水内冰的增长是动力—热力现象。水内冰的冰晶在开阔水域某点随机生成，随后它们被海洋表层流传递。水内冰晶生成率 h_F 表述为

$$\frac{dh_F}{dt} = -\frac{Q_n}{\rho L} \tag{9.2.9}$$

其中，Q_n（此处 $Q_n < 0$）为由海表净得热量。既然 h_F 为长度维度，其量可被理解为单位表面积下生成的体积。我们假定 $T_0 = T_f$ 问题得以简化。在低气温和中—强的风力作用下感热通量占主导。

例：如果 $T_a = -10\,℃$ 且 $U_a = 10$ m/s，则 $Q_n \sim 200$ W/m^2，意味着水内冰的生成是 ~ 6 cm/d。运用 Zubov 模式的生长结果为从 0 开始为 3.8 cm，从 10 cm 开始为 2.1 cm。

水内冰晶随扰动边界层流动，它们或在下游黏附于冰盖冰底部，甚至到达浅海的海底，或在当浮力超过扰动力时在开阔水域中冻结成冰层，且水内冰层可在稍后的冰皮中被识别出。依据海冰动力学的观点，水内冰形成不仅在多数情况下意味着开阔水域将迅速封冻，海冰生成和冰量将迅速增加。然而，如果水内冰被输运离开，开阔水域则变为半持续性的而且长时间保持高海冰产生率，正如许多冰间湖的情况。在表面波浪扰动的情况下，水内冰的生成是莲叶冰发展的初级阶段，南极水域多数情况就是这样（Doble，2008）。

9.2.3 海冰融化

海冰融化是从表面接收大气和太阳热通量开始，内部的太阳辐射和底部的海洋热通量的共同作用。边界层融化遵循简单正热力平衡：

$$\frac{dh_0}{dt} = -\frac{Q_n}{\rho L}, \quad \frac{dh_b}{dt} = -\frac{Q_w}{\rho L} \tag{9.2.10}$$

其中，Q_w 为海洋热通量。太阳辐射收入量 Q_s 被海冰介质分为 3 部分：表面吸收、表层穿透和返回大气的反射和散射（Perovich，1998）。此处的表面意为吸收红外辐射的很薄的顶层。穿透部分为可见光：$Q_{s+} = (1-\alpha)\gamma Q_s$，$\alpha$ 为反照率，γ 为太阳辐射中的光波分量。由于海冰的光学厚度在 0.5 ~ 5 m，依赖于冰的质量，部分阳光穿过冰层进入水中。对于冰中传过的光的衰减指数法则一般表达为

$$\frac{\partial Q_{s+}}{\partial z} = -\lambda Q_{s+} \tag{9.2.11}$$

其中，λ 为衰减系数，对于凝结冰 $\lambda \sim 1$ m^{-1}，雪冰 $\lambda \sim 10$ m^{-1}（Perovich，1998）。冰内吸收的辐射用于内部融化。现场资料表明湖冰的边界融化和内部融化具有相同量级

（Jakkila et al.，2009），可知海冰的内部融化亦是十分重要。太阳辐射的计算在海冰热力学中是很困难的，在融化季节海冰的光学特性在不同的时空尺度是不同的。

海冰下海洋边界层的热通量使用扰动边界层理论估算（McPhee，2008）。容积公式写为

$$Q_w = \rho_w c_w C_{wH} (T_w - T_f) |U_w - u| \quad (9.2.12)$$

其中，c_w 为海水特定热量；C_{wH} 为冰—水热交换系数；T_w 和 U_w 分别为水温和水流速。与大气加热相反，海洋热通量对于海冰总是正的，因此全年都是使海冰融化，即热通量只有从水到冰。在海冰底部的边界条件为

$$\rho L \frac{dh}{dt} + Q_w = \kappa \frac{\partial T}{\partial z}\bigg|_{z=h^n} \quad (9.2.13)$$

融化季等式右边为 0，海洋热通量总是使海冰融化。

上层表面的热通量研究一直以来有很多，但是在底层，由于观测存在很大困难以及冰洋相互作用的独特性，对底层的了解则少得多。曾经有大量关于北冰洋海表面热量收支（SHEBA）的多学科研究，包括年尺度自 1997 年 10 月到 1998 年 10 月楚科奇海的野外试验（Perovich et al.，2003）。SHEBA 夏季试验中海洋热通量范围为 10～40 W/m²，夏季平均底层融化率为 0.5 cm/d，相当于平均 17.5 W/m² 的海洋热通量（Perovich et al.，2003）。在湖、冰间湖、峡湾、海湾或者有遮挡的海岸地区的尚未变形的沿岸固定冰，可作为海洋边界层调查的稳定工作平台，此处的冰主要是受热力作用而生成。根据固定冰的测量，海洋热通量的范围是 1～100 W/m²，对海冰厚度变化贡献显著（Shirasawa et al.，2006）。Uusikivi 等（2006）在波罗的海隐蔽海岸的固定冰观测到的热通量非常小，为 1 W/m²，或者小于层流和层流扰动传输量级。

海洋热通量 Q_w 可通过加入方程（9.2.5）左边项包含在 Zubov 模式中。增长方程则为

$$\rho L \frac{dh}{dt} + Q_w = \frac{a^2}{2} \frac{T_f - T_a}{h + d} \quad (T_f > T_a) \quad (9.2.14)$$

一般解析解不再存在。如果 T_a 为常数，当 $dh/dt = 0$ 时，可有均衡解存在：

$$h_q = \frac{a^2}{2} \frac{T_f - T_a}{Q_w/\rho L} - d \quad (T_f > T_a) \quad (9.2.15)$$

如果海洋热通量很强，将因海冰厚度达到平衡状态变成为海冰增长的制约因子。例如，如果 $T_f - T_a = -15℃$，且 $Q_w = 30 W/m²$，则有 $h_q = 80 cm$。

海冰模式中的海洋热通量通常是固定值并常被用作调和因子。Maykut 和 Untersteiner（1971）在他们北冰洋多年冰的经典模式中设定海洋热通量为 6 W/m²，以期获得最佳平衡厚度。南极海洋模式也已表明那里的热通量要大一个量级。因此，那里冰的增长可以达到均衡解 [方程（9.2.15）]。

海冰没有一定的融化温度，但是融化过程总是包含对盐水稀释，这是因为盐泡边界的冰的融化。在融冰季节的开始，在 0℃ 附近冰几乎是绝热的，也没有传导，融化可以通过边界处冰厚的减少和冰内太阳辐射造成的孔隙增多而被观察到。用厚度当量表示孔隙率 n，则有

$$\begin{cases} \rho L \dfrac{\mathrm{d}h}{\mathrm{d}t} = -(Q_n + Q_w), & Q_n \geqslant 0 \\[2mm] \rho L \dfrac{\mathrm{d}n}{\mathrm{d}t} = \lambda Q_{s+} = \lambda(1-\alpha)\gamma e^{-\lambda z} Q_s \end{cases} \tag{9.2.16}$$

净冰体积为 $h - n$。在最上端先融化的是雪，然后是冰。由于雪的高反照率和低光学深度而保护了下层的冰。因此，冰内部的融化始于雪融化之后。内部融化导致结构的缺失，并且一旦孔洞率达到 $0.4 \sim 0.5$，海冰就将承受不了其自身的重量，在海表破碎成为小冰块。因此也加大了海冰融化的速度。作为一种近似，各种融化可用单位面积的海冰体积定义的冰厚描述，$h^* = h - n$：

$$\frac{\mathrm{d}h^*}{\mathrm{d}t} = -\frac{1}{\rho L}\big[Q_n + Q_w + (1-\alpha)\gamma(1 - e^{-\lambda h^*})Q_s\big], \quad Q_n \geqslant 0 \tag{9.2.17}$$

在融化季的整个时段，融化几乎不依赖于厚度。热通量为 $30\ \mathrm{W/m^2}$ 时，可融化海冰的垂直高度为 $1\ \mathrm{cm/d}$，对于极区夏季的净辐射通量这种水平是常见的。

海冰融化也发生在浮冰群间开阔水域的侧面。水道吸收太阳辐射，在它们的水平边界热量进一步传递给浮冰。由于水面反照率远远低于冰雪反照率，因此也增强了太阳能量的传递。除了对浮冰大小分布的影响，侧面的融化使海冰密集度降低。

考虑海冰密集度 $A < 1$ 的冰场有厚度为 h 的完整浮冰。通过简单的几何学可以计算水道内吸收的净能量 Q_n 融化侧面边界使密集度降低的方程为

$$\frac{\mathrm{d}A}{\mathrm{d}t} = -\frac{1}{2}\frac{Q_n}{\rho L h}(1 - A) \tag{9.2.18}$$

如果 $\gamma = Q_n/(2\rho L h)$ 为常数，其解为 $A = 1 - (1 - A_0)e^{\gamma t}$。因此，海冰密集度以时间 $t = -\gamma^{-1}\log(1 - A_0)$ 的指数方式减为 0。对于 $Q_n = 100\ \mathrm{W/m^2}$，并且 $h = 1\ \mathrm{m}$，则有 $t = 48\ \mathrm{d}$。实际上，只要海冰侧面融化，其垂直方向也在融化，h 降低，密集度的减小更为迅速。

例：对于浮冰大小的简要说明，主要考虑面积为 S 的一整片浮冰，包括有厚度为 h、直径为 d 的均匀圆形浮冰群。水道吸收的能量假定用于浮冰侧面边缘融化和浮冰尺寸的减小：

$$Q_n(1 - A)S = -\rho L h N \pi d \frac{\dot{d}}{2} \tag{9.2.19}$$

此处 N 为浮冰数。由于 $AS = N\pi\left(\dfrac{1}{2}d\right)^2$，则

$$\frac{\dot{d}}{d} = -\frac{1 - A}{2A}\frac{Q_n}{\rho L h} \tag{9.2.20}$$

对于 $A = \dfrac{1}{2}$，$h = 1\ \mathrm{m}$ 及 $Q_n = 100\ \mathrm{W/m^2}$，每天浮冰大小减少 1.4%。全面积分方程需要同时积分密集度［方程 (9.2.18)］，此处只是得到尺度的概念。

最终，增长和融化的解析解可以作为多年冰的平衡厚度。一年冬季海冰增长 $0.5 \sim 2\ \mathrm{m}$ 厚，而夏季融化最大为 $1\ \mathrm{m}$。这时夏季融化低于一年冰的增长，多年冰发展。这种情况发生在北冰洋中心区、南大洋某些地区，主要是威德尔海区域。

Zubov 模式作为基础，在第 n 个夏季之后的冰厚为

$$h_n = \sqrt{h_{n-1}^2 + 2h_{n-1}\delta + \delta^2 + aS} - \delta - \Delta h, \quad n \gg 1 \tag{9.2.21}$$

其中，Δh 为由辐射平衡和海洋热通量决定的夏季融化；此时取 $\Delta h \approx$ 常数（独立于海冰厚度）。在均衡状态下，$h_{n=1} = h_n = h_e$，此处 h_e 为多年冰的平衡厚度：

$$h_e = \frac{aS - (\Delta h)^2}{2\Delta h} - \delta \tag{9.2.22}$$

多年冰的条件其实无关紧要：$h_1 > \Delta h$。对于 $h_1 = 2$ m，$\Delta h = \frac{1}{2}$ m，且 $\delta = 10$ cm，则得到 $h_e = 3.55$ m，但如果夏季融化改为 1 m，则有 $h_e = 1.3$ m，说明对于夏季融化平衡厚度具有很高的敏感性。

9.3　海冰运动学

本节介绍海冰运动学的相关研究方法、数据和对应的物理过程，首先是刚体和连续介质二维运动的数学描述，然后是海冰运动学两个重要因素——漂移和形变。在二维空间内，运动学方法允许简单而有效的随机模拟。

9.3.1　海冰速度场描述

海冰运动学速度场的特性研究要考虑到与海冰速度相关的风和流的因素。计算结果可以解决如下问题：冰块从 A 点到达 B 点所用时长，在特定海域典型冰速的范围、相关两块浮冰间距离的变化，海冰速度谱的形状，运动学数据用于海冰漂移统计学模型，还是构建和验证海冰动力学的基础。

海冰在半径 $r = 6\,370$ km 的地球海洋表面漂浮和流动。自然坐标天顶角为 Z（纬度相当于 $\pi/2 - Z$），方位角（经度）λ。局地笛卡尔坐标 x、y、z 分别表示东、北和向上的垂直方向，以海平面为零度水平面（即近乎常数的地球重力位势面）。单位矢量沿 x、y 和 z 方向分量分别为 $\boldsymbol{i}$、$\boldsymbol{j}$ 和 $\boldsymbol{k}$。海冰的运动实际是三维的，但可视为沿海平面的二维运动。因此，冰速可以用一个包含了时间和平面坐标系的二维矢量函数 $\boldsymbol{u} = \boldsymbol{u}(Z, \lambda; t)$ 来描述，也可用局地笛卡尔坐标系描述：

$$\boldsymbol{u} = \boldsymbol{u}(x, y; t) \tag{9.3.1}$$

u 和 v 分别是速度矢量在 x，y 轴的分量。这样做有两个原因：首先，海冰位于海面上，无垂直速度分量；其次作为刚性团块的浮冰的水平速度不依赖垂直坐标。严格地说，就地球而言垂直速度不为 0，而是决定于边界条件 $w(x, y) = \partial \xi / \partial t$，这里 ξ 代表海表面高度。缓慢的海平面变化不是任何海冰运动惯性作用的原因。因此，在压力作用下形成冰块时存在微弱的海冰垂直位移，从海冰守恒定律亦可得到同样结论。

9.3.1.1　浮冰单体的运动

单块浮冰动力学适用于经典刚体机械学原理（Landau and Lifschitz，1976）。这种运动包含 3 个自由度, 平移运动 $U = (U, V)$ 和围绕垂直轴的角速度 $\dot\omega$ (以逆时针为正) (图 9.3.1)。对于浮冰上任一点 P, r 代表该点至冰块质心的半径。P 点速度表示为

$$u = U + \dot\omega k \times r \qquad (9.3.2)$$

对于半径为 R 的圆形浮冰, 平移动能为 $\frac{1}{2}m|U|^2$, 旋转动能为 $\frac{1}{4}m(\dot\omega R)^2$, 其旋转速率是 $2|U|^2/(\dot\omega R)^2$, 因此, 为便能量守恒, 大小为 1 km 的冰块以 10 cm/s 的速度平移, 其旋转速度必须是 $\sqrt{2} \times 10^{-4}s^{-1} = 29°/h$, 该旋转速度应该非常快; 通常的旋转速度小于 1°/h。因为转动动能低, 通常只考虑平移速度就足够了。

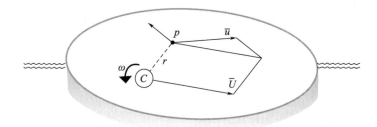

图 9.3.1　单个浮冰体运动: 平移速度 U 和围绕质心 C 的角速度 $\dot\omega$ (Leppäranta, 2011)

对于颗粒状的冰流, 每块浮冰都有旋转和平移的速度。只要冰块间有足够的空间, 其漂浮运动都是相互独立的。当冰间水域消失, 冰块结合成越来越大的群体, 其间开始碰撞、挤压和重叠。这种冰块集合运动近似遵循统计模型或者连续流体模型。

9.3.1.2　连续介质形变

当流动冰带的尺度大于浮冰尺度一个数量级时, 连续近似法就可以在运动学中应用。连续方法把各浮冰单体的运动平均为连续长度尺度, 得出的速度场至少是二阶的连续空间导数, 以便把连续介质力学应用于漂移冰。详细的连续流体运动学理论是由 Mase (1970) 和 Hunter and Pipkin (1977) 提出的。

1) 旋转与应变

浮冰的连续运动可以分解为刚性的平移、旋转和应变。水平方向的流动中平移有两个分量, 旋转有一个围绕垂直轴的分量, 就像刚性的浮冰单体那样。应变指连续介质质点的物理变形 (图 9.3.2)。应变有 3 种不同模型: 张应变即扩大、压应变即缩小以及切应变。前二者为通常的应变, 应变的长短用正负号表示; 切应变代表形状的改变。扩张 1% 代表物体长度增加 1%; 压变 1% 代表缩短 1%。而切变 1% 表示直角的物体改变形状 0.01 rad = 0.57°。因此, 旋转 1% 表示逆时针方向旋转角度近似 0.57°。

旋转及应变为二阶张量, 可用笛卡尔坐标系的矩阵表示。在二维矩阵中, 任意方阵 A 都含 4 个元素:

$$A = \begin{vmatrix} A_{11} & A_{12} \\ A_{21} & A_{22} \end{vmatrix} \qquad (9.3.3)$$

此处, A_{11}、A_{22} 为对角元素; A_{12} 和 A_{21} 为反对角元素。即下述中 $A = (A_{ii})$。2×2 矩阵中基本不变量为痕迹量 $\mathrm{tr}A = A_{11} + A_{22}$ 和行列式 $\det(A) = A_{11}A_{22} - A_{12}A_{21}$; 其中所有变量均

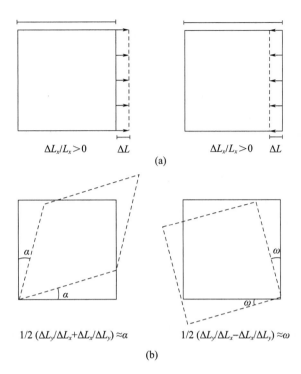

图 9.3.2　应变模型、旋转及其测量（a）伸展和收缩；
（b）切变和旋转途中所示的是正切边和正旋转（Leppäranta，2011）

为标量。矩阵特征值（λ）为特征方程 $\det(A - \lambda I) = 0$ 的解；相关特征值 Λ 是方程 $A\Lambda = \lambda\Lambda$ 的解。二维特征方程有两个特征解。

令 X 代表材质质点的参照位形，其变化用映像 $X \to x$ ［即 $x = x(X)$］ 表示。去除纯粹的平移，则材质位形的变化由位移梯度 $V = F - I$ 给出，此处 $F = \nabla x = (\partial x_i / \partial x_j)$，且 $I = (\delta_{ij})$ 为单位张量（Hunter and Pipkin，1977）。在小变形理论中（$|V| \ll 1$），位移梯度包含应变 ε 和旋转 ω，两部分分别是 $\varepsilon = \dfrac{1}{2}(V + V^{\mathrm{T}})$ 和 $\omega = \dfrac{1}{2}(V - V^{\mathrm{T}})$ 处上标 T 代表转置。

2）应变率和旋度

假设浮冰场以速度 u 运动，其中既有刚性平移速度也有差动速度。后者用速度梯度 ∇u 表示，此处 ∇ 为二维梯度算子，$\nabla = i\partial/\partial x + j\partial/\partial y$。速度梯度为二度张量（即 4 要素的二级张量）：

$$\nabla u = \begin{bmatrix} \dfrac{\partial u}{\partial x} & \dfrac{\partial u}{\partial y} \\ \dfrac{\partial v}{\partial x} & \dfrac{\partial v}{\partial y} \end{bmatrix} \tag{9.3.4}$$

时间间隔 δt 期间的位移等于 $u\delta t$，沿 x 轴的法向应变则为

$$\frac{\Delta Lx}{Lx} = \left[\left(u + \frac{\partial u}{\partial x}\delta x \right)\delta t - u\delta t \right]\frac{1}{\delta x} = \frac{\partial u}{\partial x}\delta t \tag{9.3.5}$$

除以时间 δt，沿 x 轴的法向应变率则为 $\partial u/\partial x$。用类似的方法处理其他应力分量，

可以看到速度梯度完全就是位移梯度变率。因此速度梯度张量的对称与非对称部分是：

$$\left.\begin{aligned}\dot{\varepsilon} &= \frac{\partial \varepsilon}{\partial t} = \frac{1}{2}\left[\nabla \boldsymbol{u} + (\nabla \boldsymbol{u})^{\mathrm{T}}\right] \\ \dot{\omega} &= \frac{\partial \omega}{\partial t} = \frac{1}{2}\left[\nabla \boldsymbol{u} - (\nabla \boldsymbol{u})^{\mathrm{T}}\right]\end{aligned}\right\} \tag{9.3.6}$$

即分别为应变率、旋转速度或涡度张量$\nabla \boldsymbol{u} = \dot{\varepsilon} + \dot{\omega}$。其维度为1/时间，它们的倒数限定了应变和旋转的时间尺度。

应变率张量具有3个独立分量：

$$\left.\begin{aligned}\dot{\varepsilon}_{xx} &= \frac{\partial u}{\partial x} \\ \dot{\varepsilon}_{xy} = \dot{\varepsilon}_{yx} &= \frac{1}{2}\left(\frac{\partial u}{\partial y} + \frac{\partial v}{\partial x}\right) \\ \dot{\varepsilon}_{yy} &= \frac{\partial v}{\partial y}\end{aligned}\right\} \tag{9.3.7}$$

应变率$\dot{\varepsilon}_{xx}$和$\dot{\varepsilon}_{yy}$为沿x轴和y轴的法向应变率，$\dot{\varepsilon}_{xy}$是与x轴和y轴对齐的矩形上的切变应变率（图9.3.2）。总应变率为应力张量的弗罗贝尼乌斯范数（Frobenius norm），即各分量平方之和的均方根：

$$|\dot{\varepsilon}| = \sqrt{\dot{\varepsilon}_x^2 + \dot{\varepsilon}_{xy}^2 + \dot{\varepsilon}_{yx}^2 + \dot{\varepsilon}_{yy}^2} \tag{9.3.8}$$

浮冰应变率量级的变化范围为自北冰洋边缘区（MIZ）的$10^{-5}\,\mathrm{s}^{-1}$（Leppäranta and Hibler，1987）至北冰洋中心区的$10^{-7}\,\mathrm{s}^{-1}$（Hibler and Bryan，1987），其典型值为$10^{-6}\,\mathrm{s}^{-1}$（$10^{-6}\,\mathrm{s}^{-1} = 0.36\%\,\mathrm{h}^{-1} = 8.64\%\,\mathrm{d}^{-1}$）。

应变率$10^{-5}\,\mathrm{s}^{-1} \sim 10^{-2}\,\mathrm{s}^{-1}$对应的时间尺度为$1 \sim 100\,\mathrm{d}$。对于$\dot{\varepsilon}_{xx} =$常数，其线性长度为$L = L_0 \exp(\dot{\varepsilon}_x t)$，法向变形率的倒数$|\dot{\varepsilon}_{xx}|^{-1}$和$|\dot{\varepsilon}_{yy}|^{-1}$等于相应线性长度的指数递减时间。对于$\dot{\varepsilon}_{xy}$为常数，一个与$x$轴和$y$轴对齐的正方形的角度改变为$\arctan(\dot{\varepsilon}_{xy} t)$，因此$|\dot{\varepsilon}_{xy}|^{-1}$等于其角度改变45°的时间。正切变张力意味着直角关小，负切变张力为开大（图9.3.2）。

例：进行数量上的说明，取变形的数量级为$10^{-6}\,\mathrm{s}^{-1}$，即变形的时间尺度为10 d。当$\dot{\varepsilon}_{xx} = 10^{-6}\,\mathrm{s}^{-1}$，意味着10 km的边线沿$x$轴第一天打开0.902 km。当$\dot{\varepsilon}_{xy} = 10^{-6}\,\mathrm{s}^{-1}$（如$\partial u / \partial y = \partial v / \partial x = 10^{-6}\,\mathrm{s}^{-1}$）意味着沿$x$轴和$y$轴方向所夹直角以$10^{-1}\,\mathrm{s}^{-1} \approx 5°/\mathrm{d}$的速度关小。

对二维流动过程，涡度只有一个独立分量：

$$\left.\begin{aligned}\dot{\omega}_{xx} &= \dot{\omega}_{yy} = 0 \\ \dot{\omega}_{yx} &= \frac{1}{2}\left(\frac{\partial v}{\partial x} - \frac{\partial u}{\partial y}\right) = -\dot{\omega}_{xy}\end{aligned}\right\}$$

分量$\dot{\omega}_{yx}$通常用$\dot{\omega}$表示，表示相对于垂直轴的涡度（反时针为正），对刚性场等同于刚体的旋转速度。典型浮冰的涡度量级是$10^{-6}\,\mathrm{s}^{-1} = 0.2°/\mathrm{h} = 5°/\mathrm{d}$，对应以$\dot{\omega}t$进行的刚性旋转。在时间$\dot{\omega}^{-1}$时旋转进行了1 rad，而在$2\pi\dot{\omega}^{-1} \approx 63\,\mathrm{d}$时完成了一个周期。

应变率张量的主成分或特征值以及相关的特征矢量，均一化的单位长度和方向分别用ϑ_1和ϑ_2表示：

$$\dot{\varepsilon}_{1,2} = \frac{1}{2}\mathrm{tr}\dot{\varepsilon} \pm \sqrt{\left(\frac{1}{2}\mathrm{tr}\dot{\varepsilon}\right)^2 - \det\dot{\varepsilon}} \tag{9.3.9a}$$

$$\vartheta_1 = \arctan\left(\frac{\dot{\varepsilon}_1 - \dot{\varepsilon}_{xx}}{\dot{\varepsilon}_{xy}}\right), \quad \vartheta_2 = \frac{\pi}{2} + \vartheta_1 \tag{9.3.9b}$$

此处所取特征值应使 $\dot{\varepsilon}_1 \geqslant \dot{\varepsilon}_2$。坐标系主轴法向应变率为 $\dot{\varepsilon}_1$ 和 $\dot{\varepsilon}_2$，切向应变率为 0。如果 $\dot{\varepsilon}_{xy} = 0$，则 $\dot{\varepsilon}_1$ 和 $\dot{\varepsilon}_2$ 为主值，x 轴和 y 轴为主轴。特殊情况下 $\dot{\varepsilon}_{xx} = \dot{\varepsilon}_{yy}$，且 $\dot{\varepsilon}_{xy} = 0$ 为球面形变。因此，当特征值 $\dot{\varepsilon}_1 = \dot{\varepsilon}_2 = \dot{\varepsilon}_{xx}$ 时主轴方向是随机的。

分析应变率时，冰漂移运动用以下不变量描述：

$$\dot{\varepsilon}_{\mathrm{I}} = \dot{\varepsilon}_1 + \dot{\varepsilon}_2 = \mathrm{tr}\dot{\varepsilon} = \dot{\varepsilon}_{xx} + \dot{\varepsilon}_n \tag{9.3.10a}$$

$$\dot{\varepsilon}_{\mathrm{II}} = \dot{\varepsilon}_1 - \dot{\varepsilon}_2 = \sqrt{(\mathrm{tr}\dot{\varepsilon})^2 - 4\det\dot{\varepsilon}} = \sqrt{(\dot{\varepsilon}_{xx} - \dot{\varepsilon}_{yy})^2 + 4\dot{\varepsilon}_{xy}^2} \tag{9.3.10b}$$

第一个不变量等于速度的散度（$\mathrm{tr}\dot{\varepsilon} = \nabla \cdot \boldsymbol{u}$），第二个不变量是最大切变率的两倍。请注意矩形上的切变依赖于变形的方向。如果矩形边与主轴一致则不存在切变，如果与主轴偏向 45°，切变最大为 $\pm \dot{\varepsilon}_{\mathrm{II}}/2$。张量的应变率可以用弗罗贝尼乌斯范数表示为

$$|\dot{\varepsilon}| = \sqrt{\dot{\varepsilon}_{11}^2 + \dot{\varepsilon}_{12}^2 + \dot{\varepsilon}_{21}^2 + \dot{\varepsilon}_{22}^2} = \sqrt{(\dot{\varepsilon}_{\mathrm{I}}^2 + \dot{\varepsilon}_{\mathrm{II}}^2/2)} \tag{9.3.11}$$

变形模型可看作是上半部的一个矢量 $(\dot{\varepsilon}_{\mathrm{I}}, \ \dot{\varepsilon}_{\mathrm{II}})/\sqrt{2}$（Thorndike et al.，1975）。法向与切向变形的比率用其矢量的方向 φ 表示：

$$\tan\varphi = \frac{\dot{\varepsilon}_{\mathrm{II}}}{\dot{\varepsilon}_{\mathrm{I}}}, \quad 0 \leqslant \varphi \leqslant \pi \tag{9.3.12}$$

当 $\varphi = 0$，$\varphi = \pi/2$，$\varphi = \pi$ 时，分别代表纯辐散、纯切变和纯辐合。请注意矢量的长度代表总应变率的大小 [见方程（9.3.11）]。

另一个对应变率有用的表达方法是分解为球面部分和偏差部分 $\dot{\varepsilon}_s$ 和 $\dot{\varepsilon}'$，分别为

$$\dot{\varepsilon} = \dot{\varepsilon}_s + \dot{\varepsilon}', \dot{\varepsilon}_s = \left(\frac{1}{2}\mathrm{tr}\dot{\varepsilon}\right)I = \left(\frac{1}{2}\nabla \cdot \boldsymbol{u}\right)I \tag{9.3.13}$$

球面部分包括纯的压缩/扩张，偏差部分包括纯切变变形。

有 5 种特定的简单形变方式：

（1）球面变形：$\dot{\varepsilon} = \dot{\varepsilon}_s$；

（2）纯切变或一般情况下不可压缩介质：$\dot{\varepsilon}' = \dot{\varepsilon}$，$\dot{\varepsilon}_{\mathrm{I}}' = 0$；

（3）单轴张量（压缩）：$\dot{\varepsilon}_{xx} > 0$（$\dot{\varepsilon}_{xx} < 0$），$\dot{\varepsilon}_{xy} = \dot{\varepsilon}_{yx} = \dot{\varepsilon}_{yy} = 0$；

（4）单轴切变：$\dot{\varepsilon}_{xy} = \dot{\varepsilon}_{yx} = \frac{1}{2}\frac{\partial u}{\partial y}$，$\dot{\varepsilon}_{xx} = \dot{\varepsilon}_{\eta y} = 0$；

（5）纬向流：$\frac{\partial}{\partial y} \equiv 0$；即 $\dot{\varepsilon}_{xx} = \frac{\partial u}{\partial x}$，$\dot{\varepsilon}_{xy} = \frac{1}{2}\frac{\partial v}{\partial x}$，$\dot{\varepsilon}_y = 0$。

有时利用曲线坐标系很有用，特别是在地球表面运用球面坐标系（$r = $ 常数 $= r_e$）。则应力张量表述为

$$\left. \begin{array}{l} \dot{\varepsilon}_{zz} = \dfrac{1}{r_e}\dfrac{\partial u_z}{\partial Z}, \dot{\varepsilon}_{\lambda\lambda} = \dfrac{1}{r_e \sin Z}\dfrac{\partial u_\lambda}{\partial \lambda} + u_z\dfrac{\cot Z}{r_e} \\[3mm] \dot{\varepsilon}_{Z\lambda} = \dfrac{1}{2}\dfrac{1}{r_e \sin Z}\dfrac{\partial u_z}{\partial \lambda} - u_\lambda\dfrac{\cot Z}{r_e} + \dfrac{1}{r_e}\dfrac{\partial u_\lambda}{\partial Z} \end{array} \right\}$$

此处，Z 为天顶角；λ 为经度。纬向流的导数 $\partial/\partial\lambda$ 忽略不计。曲率效应用 $\cot Z$ 表示。

在极坐标中应变率可写作：

$$\dot\varepsilon_{rr}=\frac{\partial u_r}{\partial r},\dot\varepsilon_{\varphi\varphi}=\frac{1}{r}\left(\frac{\partial u_\varphi}{\partial\varphi}+u_r\right)$$

$$\dot\varepsilon_{r\varphi}=\frac{1}{2r}\left(\frac{\partial u_r}{\partial\varphi}-u_\varphi+r\frac{\partial u_m}{\partial r}\right)$$

漂移冰的变形是非对称的：冰间水道开启和闭合，压力冰形成并不"一致"。在只有剪切形变的情况下 $\dot\varepsilon_1=0$ 且 $\dot\varepsilon_1=-\dot\varepsilon_2$ 这导致沿第一主成分轴方向开启，沿第二主成分轴关闭，量级相当。如果初始密集度为 1，开启率将为 $\dot\varepsilon_1$，压力冰产生率为 $-h\dot\varepsilon_2$，尽管总辐散为 0。因此，有必要构建一个函数描述特定变形事件中开阔水域的形成和成脊。可以运用应变的模与之的关系 [方程（9.3.12）]：分别用函数 $\chi_0(\varphi)$ 和 $\chi_d(\varphi)$ 描述开放水域的形成和成脊，特别要指出的是调整应变率的弗罗贝尼乌斯范数。例：用漂浮物数据估测应变率和涡度（Leppäranta，1982）。漂浮物体通常在研究区域不规则散开。假定为连续冰介质流，用泰勒公式描述速度场：

$$\boldsymbol{u}(x,y)=\boldsymbol{u}(0,0)+x\frac{\partial\boldsymbol{u}}{\partial x}\bigg|_{0,0}+y\frac{\partial\boldsymbol{u}}{\partial y}\bigg|_{0,0}+\boldsymbol{R}$$

式中，$\boldsymbol{R}$ 是二阶残差 [即对 n 阶函数 f，$f(x)/(\delta x)^{n-1}\to 0$，当如 $\delta x\to 0$]。借助至少 3 个漂浮体，就可根据线性回归和上面的公式得到速度的一阶导数。利用 3 个以上漂浮物可以得到一个线性应变场的适应度评估。相似情形下，泰勒公式中可以加进 3 个二阶导数。为得到全部评估结论，还需要添加 3 个漂流标志物。

9.3.2　随机模型

9.3.2.1　运用复变量的二维运动模型

用复变量进行二维矢量的时间序列分析。在数学中将它们表示成标量，包括实部和虚部，分别沿 x 轴和 y 轴方向。这样冰速就表示 $u=u_1+iu_2$，此处 $i=\sqrt{-1}$ 是虚数单位，而 $u_1=\mathrm{Re}\,u$ 和 $u_2=\mathrm{Im}\,u$ 分别代表实部和虚部的量，对应二维矢量沿 x 轴和 y 轴的分量。对于复变量 u，其量级或者模数为 $\sqrt{u\bar u}=\sqrt{u_1^2+u_2^2}$，其中，$\bar u=u_1-iu_2$ 为 u 的复共轭。u 的方向，或者幅角（x 轴的反时针方向）用 $\arg u$ 表示。以下的基本特性十分有用。对于复变量 u、q 和实变量 φ，有

$$(1)\,|uq|=|u||q|$$
$$(2)\,\arg(uq)=\arg u+\arg q$$
$$(3)\,\exp(i\varphi)=\cos\varphi+i\sin\varphi$$

例：两个复随机变量 u 和 q 的协方差是 $\mathrm{cov}(u,q)=\langle(u-\langle u\rangle)\overline{(q-\langle q\rangle)}\rangle$，此处算子 $\langle-\rangle$ 代表平均，它们的相关系数为

$$r=\frac{\mathrm{cov}(u,q)}{\sqrt{\mathrm{cov}(u,u)\mathrm{cov}(q,q)}}$$

模数 $|r|$ 给出 u 和 q 的全相关，复角 $\arg r$ 给出 u 到 q 相关总量的角度。因为海冰漂移的方向与风向和洋流都不同，用复数形式研究它们的相关就很方便。以此方法，相关系数给出总相关和方向的相关。

简单的海冰随机漂移的模型为

$$\mathrm{d}u/\mathrm{d}t = -\lambda u + F \tag{9.3.14}$$

其中，λ 是系统的塑性记忆；F 是独立的外部强迫函数。速度谱可以表述为

$$p(\omega) = \frac{p_F(\omega)}{|\lambda + \mathrm{i}\omega|^2} \tag{9.3.15}$$

对于 $|\omega| \ll |\lambda|$，冰速遵从强迫函数 $u = \lambda^{-1} F$，其速度谱为 $p(\omega) = \lambda^{-2} p_F(\omega)$。相反，对于 $|\omega| \gg |\lambda|$，冰的速度谱为强迫谱的 ω^{-2} 倍。在 $\omega = -\mathrm{Im}\,\lambda$ 时，谱有局部最大值，如果 $\mathrm{Re}\,\lambda = 0$，则为奇异点。风和地转流可被看作是独立的强迫作用，但海洋边界层（OBL）动力过程与海冰漂移强烈耦合。因此，等式（9.3.15）也代表海冰边界层系统的谱值（不同的 λ）。

9.3.2.2　北冰洋平均海冰漂移场

如果我们把海冰速度看作是一个随机场，漂流体的观测数据可以用于确定场的结构，导致可以对海冰速度场进行插值。第一个均值场是由 Gordienko（1958）在漂移的船舶和人工测站基础上得到的。随后由于大量漂流浮标和最优线性插值方法的使用，Colony 和 Thorndike（1984）对均值场做了订正（图 9.3.3）。更多的如穿极流和波弗特涡旋以及经弗洛姆海峡流出流的细微结构都被证实。根据 Coolny 和 Thorndike（1984），日平均速度为 2 km/d，标准差为 7 km/d，时间积分（相关系数的时间积分）的尺度为5 d。他们还证明了位移偏差随时间增加，遵守 1.4 幂次定律。年平均场的年际变化能够反映出北冰洋大气压场的变化。

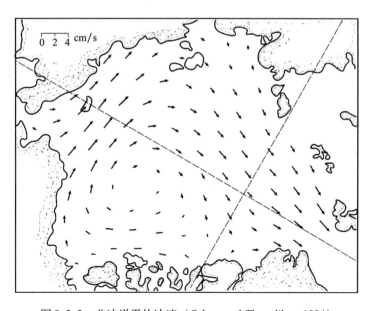

图 9.3.3　北冰洋平均冰速（Colony and Thorndike, 1984）

Thorndike（1986）研究了冰速的大尺度纵向分量和横向分量的空间相关结构，这在扰动研究中常用。相关长度（相关消失时的距离）纵向分量为 2 000 km，横向分量为 800 km，接近地转风的尺度。说明海冰漂移大尺度运动受大气强迫。相关尺度距离上的方差水平是 ~100（cm/s）^{2}。

9.3.2.3 扩散

以扩散的观点观察冰的运动是研究速度空间变异的方法之一：

$$\frac{\partial \boldsymbol{\Theta}}{\partial t} = K \nabla^2 \boldsymbol{\Theta} \tag{9.3.16}$$

此处，K 为扩散系数；$\boldsymbol{\Theta}$ 为扩散量。对于海洋中的示踪目标扩散系数依赖于长度尺度 $K \propto L^{4/3}$（Okubo and Ozmidov，1970）。

Okubo 和 Ozmidov（1970）还指出对于 1 ~ 10 km 的转变区有两种独立的机制；当长度尺度为 1 km 和 10 km 时，扩散系数分别为 $K \sim 1\,\mathrm{m^2/s}$ 和 $K \sim 10\,\mathrm{m^2/s}$。单纯的均匀扩散中标准差位移增大，为 $s = 2(Kt)^{1/2}$（例如，$K = 10\,\mathrm{m^2/s} = 1\,\mathrm{km^2/d}$，且 $t = 1\,\mathrm{d}$，则 $s = 2\,\mathrm{km}$；当 $K = 1\,\mathrm{m^2/s}$ 和 $t = 1\,\mathrm{d}$，则 $s = 0.6\,\mathrm{km}$）。

Gorbunov 和 Timokhov（1968）利用空中摄影图片分析了楚科奇海的个例。他们由浮冰在固定时间间隔 Δt 的位移 Δl，估测扩散系数 $K = \Delta l^2/\Delta t$，对于 $A < 0.8$ 的结果是 $K \approx 8.41 \times 10^{-4} L^{5/8}\,\mathrm{m^{11/8}/s}$。对比大洋示踪物，量级接近 $L = 1\,\mathrm{km}$，说明浮冰在密集度小于 0.8 时有很好的混合，然而，长度尺度的依赖性降低。Gorbunov 和 Timokhov（1968）进一步说明了扩散系数的增加伴随着密集度的降低和浮冰面积的减小。Legen'kov 等（1974）研究了一块长 5 km 范围的浮冰，冰速的变化在平均值的 1 cm/s 内，与冰密集度有很好的相关，这与 Gorbunov 和 Timokhov（1968）的结论一致。

扩散模型可以用来描述浮冰的扩展和混合，但也有严重的不足。冰场本身不具备扩散机制，而是受大气和海洋的驱动。由于个体冰块的特性，浮冰的运动或多或少具有随机分量，而且这种分量不总是扩散。外力同样可以使浮冰汇聚（即所谓的负扩散）。

9.3.2.4 随机游动

马尔科夫链的模型可用普遍形式表达为

$$P(m; t + \Delta t) = \sum_n P(m \mid n; t) \tag{9.3.17}$$

此处，$P(m)$ 为质点在单元格 m 的概率，$P(m \mid n)$ 为质点在一段时间步长从单元格 n 到单元格 m 的概率。在二维随机游动中质点在一段时间步长里仅能移至相邻单元格（Feller，1968）。将海表面分成 N 个单元格，转变概率既可以直接从观测得到，也可以用蒙特卡洛方法限定马尔科夫链的方法获得。

随机游动模型被 Colony 和 Thorndike（1985）用来研究海冰漂移。他们将北冰洋分成 111 个单元格，面积范围在数百千米内。虽然作者没有给出这样划分的原因，但实践中的选择必定是基于资料的可获得性及所考虑的分辨率。Argo 浮标资料用于将海冰平均运动作为一个确定性的背景以及用于位移变量。位移变量在 90 天的时间尺度被估算为 $2.5 \times 10^4\,\mathrm{km^2}$。Colony 和 Thorndike 研究的目的是评估长期的统计问题。他们总结发现，该模型对于解决某些问题非常有效，诸如海冰从给定来源运移污染物的路径的概率分布，在不同海域海冰的更新时间，在特定气候条件下海冰状况的统计性变化等。图 9.3.4 显示了浮冰的平均生命时间，该时间与生成地点有关系。

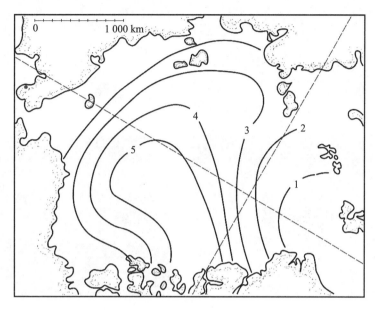

图 9.3.4 　由随机游动模型给出的北冰洋浮冰平均生命史（年龄）
(Colony and Thorndike, 1985)

9.3.3 　冰的守恒

联系海冰状态及变化，由热动力学和动力学导出海冰状态的守恒定律。给定区域的海冰状况受热力和动力过程影响而改变。冰体积和冰状态变量在该区域一定遵守守恒定律。对冰场的任何特性（比如说 Θ）守恒定律用普遍形式表达如下：

$$\frac{\partial \Theta}{\partial t} + \boldsymbol{u} \cdot \nabla \Theta = \psi_\Theta + \phi_\Theta \tag{9.3.18}$$

此处，左边各项为局地变率和平流；右边 ψ_Θ 代表机械形变；ϕ_Θ 代表热力学变化。左边亦可简化为 $\mathrm{D}\Theta/\mathrm{D}t$，这里 $\mathrm{D}/\mathrm{D}t = \partial/\partial t + \boldsymbol{u} \cdot \nabla$ 是重要的或者总的时间导数算子，质点的改变率随运动轨迹而变化。这里关注的特性是指海冰状况的组成（即不同种类冰的基本厚度或厚度分布）。

冰的机械变形在水道的开启和闭合、成筏、成丘和成脊等时刻产生（图 9.3.5）。方程（9.3.18）包括两个时间尺度：一个是平流的，$T_\Theta \sim L_\Theta / U$；另一个是形变的，$|\dot{\varepsilon}|^{-1} \sim L_U / U$。其中，$L_\Theta$ 和 L_U 分别是特性 Θ 和速度的长度尺度。由于 $L_U \sim 100\ \mathrm{km}$，$U \sim 10\ \mathrm{cm/s}$，形变的时间尺度即为典型的 10 d，范围从 1 d 到 100 d。我们也可以令 $L_U \sim L_\Theta$，平流的时间尺度将会相同。由于海冰的增长/融化缘于热平衡，凭借量级为每天 1 cm 的海冰增长/融化率，所以除了薄冰，海冰热力过程的时间尺度都相当长。

海冰质量守恒 $m = \rho \tilde{h}$ 是任何冰态的必要条件。因为 ρ 为常数，则相当于海冰平均厚

图 9.3.5　漂移冰的机械形变过程（Leppäranta，2011）

度守恒，也可因为海冰运动中的发散，或者冻结和融化有所改变。

因此：

$$\frac{\partial \tilde{h}}{\partial t} + \boldsymbol{u} \cdot \nabla \tilde{h} = -\tilde{h} \nabla \cdot \boldsymbol{u} + \Phi(\tilde{h}) \tag{9.3.19}$$

其中，Φ 是海冰增长率。除了热力项外，平均厚度守恒作为浅水模式中的质量守恒而被推导出来。这些模式给出了与方程（9.3.19）非常一致的海平面方程，此时 $\Phi = 0$（Pond and Pickard，1983）。如果 $h = 0$，则混合层首先必须被冷却到冰点，使海冰开始增长；如果 $\tilde{h} > 0$，则假设混合层处于冰点。

因成脊过程造成的海冰厚度的机械增长快于热力增加。如果 $\tilde{h} > 1\,\mathrm{m}$，且 $\nabla \cdot \boldsymbol{u} \sim -10^{-6}\,\mathrm{s}^{-1}$，则机械增长率将为每天 $10\,\mathrm{cm}$。机械增长很短暂，以致长时间范围内的海冰体积的热增长通常超过机械增长。在冰脊大量形成的区域，例如，格陵兰岛北部沿岸地区，海冰的平均厚度两倍于北极多年冰的热平衡厚度。

热变化遵循热量守恒定律：

$$-\rho L \frac{\mathrm{d}h}{\mathrm{d}t} + \frac{\mathrm{d}}{\mathrm{d}t}(\rho c \tilde{T}) = Q_w + Q_n(h) \tag{9.3.20}$$

对于一级近似，左边是由潜热项主导，因此外部热交换直接导致海冰厚度的变化。在变化的海冰厚度场，方程不适用于平均厚度，原因是海冰增长季节里冰原和大气表面层的热调和作用。薄冰以非线性的方式比厚冰增长得更快，平均厚度或冰体积的增长率依赖于厚度分布。因此，对于长期研究多层海冰状态更可取。

海冰守恒定律涉及了冰分类和冰厚度。关于浮冰尺寸特性的守恒定律可用类似的方式推导出来（Ovsiyenko，1976）。浮冰的热平流和热增长是直接的，热增长主要是因为夏季的侧向融化。对浮冰的破裂和融合都可以用浮冰尺寸分布参数的形式进行参数化。

9.4　海冰流变学

本节首先论述流变学的基础概念；然后给出一般的漂移冰流变模型：黏性、塑性介质。设立本节主要有两个原因：第一，因为漂移的海冰是一种非常复杂的介质并且其流变作为冰的状态和形变的函数变化极大。对于此类流变的描述目前还远非完美。第二，对于海洋和气象专业的学生和研究人员来说，流变问题比较陌生，因为海洋和大气是牛顿流体，遵循着已经确立的 Navier-Stokes 方程。

9.4.1　基本概念

要得出二维漂移冰的流变学，需要从三维开始。这样就可以分析流变问题的三维效应并得出二维漂移冰流变公式化的条件。为清楚起见，三维矢量和张量都加了下划线。介质的内应力表明了任意内界面间的内部力场。应力在三维的情况时有 9 个分量，来自 3 个独立的表面方向和 3 个独立的力的方向（图 9.4.1）。在笛卡儿坐标系中有

$$\underline{\boldsymbol{\sigma}} = \begin{bmatrix} \underline{\sigma}_{xx} & \underline{\sigma}_{xy} & \underline{\sigma}_{xz} \\ \underline{\sigma}_{yx} & \underline{\sigma}_{yy} & \underline{\sigma}_{yz} \\ \underline{\sigma}_{zx} & \underline{\sigma}_{zy} & \underline{\sigma}_{zz} \end{bmatrix} \tag{9.4.1}$$

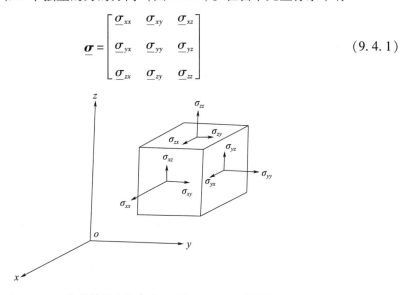

图 9.4.1　物质单元上的应力 σ（Leppäranta，2011）

应力是一个二级张量。对应变和应变率的分析：对角线上的分量是法向应力（压缩或拉伸），而非对角线上的分量则是剪切应力。分量 $\underline{\sigma}_{xx}$ 给出了 x 轴方向上的法向应力，分量 $\underline{\sigma}_{yx}$ 给出了横切 y 轴的 x 轴方向上的剪切应力，依此类推。应力张量必定是对称的，因为如果不是这样就会存在当颗粒尺寸趋于零时仍有不消失的净内部扭矩（Hunter and Pipkin，1977）。于是就有 $\underline{\sigma}_{xy} = \underline{\sigma}_{yx}$，$\underline{\sigma}_{xz} = \underline{\sigma}_{zx}$ 和 $\underline{\sigma}_{yz} = \underline{\sigma}_{zy}$ 这样就把独立的应力分量数目减

少到6个。在给定点上，应力对法线方向为 $\underline{n}$ 的单位面积施加的力是 $\underline{\underline{\sigma}} \cdot \underline{n}$。这个矢量有一个 $\boldsymbol{n}$ 方向上的法向应力分量和平行于表面的剪切应力分量。

例：流体静压力是一个应力 $\underline{\underline{\sigma}} = -p\underline{\underline{I}}$，式中 $\underline{\underline{I}}$ 是单位张量，$p > 0$ 是一个标量；$\underline{\underline{\sigma}}$ 是圆球性的（即是对顶的，且在各个方向上相等）和可压缩性的（即 $\sigma_{xx} = \sigma_{yy} = \sigma_{zz} = -p < 0$）。在海水中 $p = p_a + \rho WgD$，式中 p_a 是海面大气压，D 是深度。在任何方向上，$\underline{n} \cdot \underline{\underline{\sigma}} = -p\underline{n}$（即流体静压力压缩颗粒与表面正交而且在各个方向相等）。

9.4.1.1 流变模型

流变学研究介质内的应力如何依介质的物质特性和应变（应变率还可能是更高阶的应变导数）的变化而变化。其基本的模型是线性弹性介质或叫做虎克（Hooke）介质，线性黏性介质或叫做牛顿介质，理想塑性介质或叫做圣维南（St Venant）介质。通常的做法都是将科学家的名字与他（她）提出的流变学概念联系起来（Mase，1970；Hunter and Pipkin，1977）。图 9.4.2 说明一维时的情况。线性弹性模型假设应力与应变成比例，而线性黏性模型则是应力与应变率成比例（比例系数分别是弹性模量或称杨氏模量以及黏度）。橡胶和水（层流状时）分别是线性弹性和黏性介质的很好的例子。当应力达到屈服强度时，一个理想的塑性介质就会断裂（儿童的橡皮泥就是一个塑性介质的例子）。对这些模型的力学类比包括：弹簧秤类比线性弹性模型、缓冲筒类比黏性模型以及静摩擦类比塑性模型。更进一步的类比可以在冰箱里找到：香肠是弹性的，果酱是黏性的，而胶冻是塑性的。

塑性流变通常用应力 - 应变曲线图表示，如图 9.4.2 所示。也可以用类似的应力 - 应变率关系曲线图来表达：应力小于屈服应力时介质是刚性的；在屈服应力点介质流动而且应力不依赖于应变率。

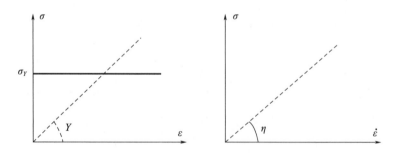

图 9.4.2　应力 σ 作为应变 ε 和应变率 $\dot{\varepsilon}$ 的函数的基本流变模型（一维），Y 是弹性模量；η 是黏度；σ_Y 是屈服强度（Lepparanta，2011）

基本的流变模型可以扩展成更复杂的模型（Mellor，1986）。首先是线性可以变成塑性和黏性塑性模型中的普遍非线性定律。模型可以合并（例如，线性塑性和线性黏性模型串联起来就得出麦克斯韦介质，而并联起来就得出开尔文 - 佛克托介质）。对一个恒定的负荷，麦克斯韦介质立即会有一个塑性形变，然后以线性黏性的方式流动，而开尔文 - 佛克托介质则以黏性的方式流动，趋向一条由弹性部分决定的渐近线。

当达到屈服强度时，一个理想的塑性介质就会断裂，这时其应变依赖于惰力和施加于该系统上的外力。在稳定的塑性介质中应变发生强化。应变时屈服强度增加，对于更大的变形则需要更大的应力。需要有更大的力使球变得更小才能继续这个蜡状模型范例（恒定的负荷会产生稳定坚固的状态）。在不稳定的塑性介质中应变发生弱化，而且即使在外力减少时应变仍然持续。

处理理想塑性的一个难点是常常没有函数关系 $\varepsilon \to \sigma$：$\varepsilon = 0$ 时，应力的水平不确定。避免这一点的方法是在 $\varepsilon = 0$ 附近用简便的函数 $\sigma(\varepsilon)$ 来近似理想塑性，或是在采用应变率公式时用函数 $\sigma(\dot{\varepsilon})$ 近似。

在小尺度的情况下，对于短期的负荷，海冰是线性弹性的；而对于长期的低负荷，则是普通黏性的（Mellor，1986）。典型的杨氏模量是 2 GPa。因为盐水泡的存在，当年海冰的小尺度强度要比淡水当年冰的低。用抗挠强度作为浮冰强度的参考十分便利，因为海冰的底部温度是海水的冰点温度，在这样一个特定的自然温度条件下进行现场测试很容易（Weeks，1998）。当盐水的体积从 $v_b = 0$ 增加到 $v_b = 0.15$ 时，强度下降一个数量级，$v_b = 0.15$ 是温暖的当年冰相当普遍的含盐量（图 9.4.3）。典型的抗挠强度是 0.5~1.0 MPa。抗拉强度和抗挠强度相似，抗压强度是 2~5 MPa。多年冰的含盐量非常低，因此强度比当年冰大得多。与淡水冰相比，木头的杨氏模量和抗压强度大一个数量级，钢铁的大两个数量级。

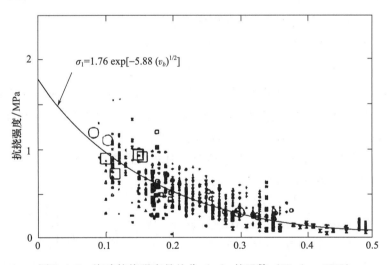

图 9.4.3　海冰抗挠强度是盐分（v_b）的函数（Weeks，1998）

浮冰研究的基础问题之一是冰的承受能力，因此这里以浮冰的承受能力为例。研究方法使用了民用工程中弹性基础上的平板理论。对于一个点状负荷，冰受迫向下同时又被水的压力所支承。支承压力是 $\rho g w$，其中 w 是挠度，这样，液态水体的作用在数学上就和弹性基础的作用一样（即基础的反应与挠曲成比例）。从普遍理论得出的挠曲方程是（Michel，1978）：

$$\nabla w = \rho_w g w$$

负荷加在作用点上并且在边界条件中给予考虑。冰的弯曲造成应力并最终使冰破裂。用贝塞尔函数可得出此方程的解析解。从级数解的第一项可以得到一级近似；如果 $M < ah^2$，冰可以承担质量 M，式中参数 a 依赖于水基础上冰平板的特征长度 l_c 和冰的强度，$a \sim 5 \text{ kg/m}^2$。挠曲呈指数衰减波的形式，波长是 $2\pi l_c$。点状负荷的影响半径是 $2l_c$，因此如果冰的厚度接近临界水平，这也是负荷之间的安全距离。对于移动的负荷，如果移动的速度接近冰下浅水波的波长，就多了一重危险。由于冰的弯曲响应，实际的承受能力是静止负荷的一半。

黏性状态更为复杂。对于一个恒定的负荷，应变过程经历了 3 个相连的状态：①亚线性；②线性；③超线性（以这样的顺序）。在状态①冰变得更坚硬，而在状态③则变成加速应变，并且应变挠曲点大约是 1% 的应变水平（Weeks and Mellor，1983）。在一维的情况下大范围的黏性流变可以用幂次定律表示：

$$\underline{\sigma} = \eta_{n-1} \left| \underline{\varepsilon} \right|^{n-1} \underline{\dot{\varepsilon}} \tag{9.4.2}$$

式中，η_{n-1} 是 n 次幂定律的黏度。模型化冰川流动 $n = 1/3$，称作格林定律（Glen，1958）黏度依赖于冰的温度。

对于浮冰的尺度，应力产生机制需要包含浮冰之间的相互作用，连续介质尺度的物理过程受这种浮冰之间相互作用的支配，而对于小尺度特性的变化就没有那么重要了。这就是漂移冰的状态。

9.4.1.2 漂移冰的内应力

漂移冰在大气—海洋的界面经受着因浮冰之间相互作用引起的应力 σ，此外还有海水的流体静压力（$\rho_w g D$）和空气的流体静压力（p_a）。总内应力是：

$$\sum = \underline{\sigma} - \left[p_a + \rho_w g D \right] \underline{I} \tag{9.4.3}$$

空气和海水的流体静压力对产生漂移冰状态起一定的作用。此外这两个静压力产生的水平梯度分量以外力的形式作用于冰，很像动力海洋学中的水平压力梯度。这些周围介质的影响是直接的，将在第 9.4 节中的运动方程推导时介绍。

本小节重点放在应力 σ 上，在海冰动力学中这是最难的，也是被了解的最少。方程（9.4.2）中给出的应力首先被分成 3 个子域：

$$\underline{\sigma} = \begin{bmatrix} HH & HH & HV \\ HH & HH & HV \\ VH & VH & VV \end{bmatrix}, \quad \underline{\sigma}_H = \begin{bmatrix} HH \end{bmatrix} = \begin{bmatrix} \underline{\sigma}_{11} & \underline{\sigma}_{12} \\ \underline{\sigma}_{21} & \underline{\sigma}_{22} \end{bmatrix} \tag{9.4.4}$$

左上角的 2×2 阶应力（HH）以 $\underline{\sigma}_H$ 来表示，是因浮冰的水平相互作用造成水平应力。左下角的 1×2 阶应力（VH）是垂直剪切应力，它把空气和水的应力传输到冰中。右边的 $3 \times l$ 阶应力（HV 和 VV）属于垂直的运动方程，当冰漂浮在海面上就变成流体静力方程。应力张量的分割在动量方程的垂直积分运算中会变得更清楚。

在冰的厚度上对 $\underline{\sigma}_H$ 积分就得出二维的应力：

$$\boldsymbol{\sigma} = \int_{-h''}^{h'} \underline{\sigma}_H \mathrm{d}z \underline{\sigma} = \eta_{n-1} \left| \underline{\varepsilon} \right|^{n-1} \underline{\dot{\varepsilon}} \tag{9.4.5}$$

这就是通常所说的海冰动力学中的内部冰应力。注意 σ 的量纲是力/长度。分量 σ_{xx} 和 σ_{yy} 是法向应力，而 $\sigma_{xy} = \sigma_{yx}$ 是 xy 方向上的剪切应力。应力张量的主分量、不变量等可以用与二维应变率张量相似的方法得出。

漂移冰形成了大片的浮冰区域，浮冰源于冰的破碎（Coon and Pritchard，1974）。一些过程不断地使冰破碎，因此破碎的状态得以持续，而这意味着漂移不能支持拉伸。长周期的波浪（Assur，1963）、热应力（Evans and Untersteiner，1971）和均衡不平衡（Schwaegler，1974）造成裂缝的打开和闭合。闭合过程中的漂移冰区域，水道中的薄冰形成压力冰脊。这一现象看似非常简单，但漂移冰的流变却特别复杂，因为应用于不同状态冰的定性和定量法是不同的（特别是对浮冰的不同聚集密度和厚度）。应力产生的机制是：

（1）浮冰的碰撞；

（2）浮冰的破碎；

（3）浮冰之间的剪切摩擦；

（4）在压力冰形成时冰块之间的摩擦；

（5）压力冰形成时产生的势能。

根据观测，我们知道了漂移冰流变的定性特征，现列举如下（重要程度与排序无关）：

（1）在冰聚集密度 $A < 0.8$ 时（浮冰间微弱接触）应力水平约为 0；

（2）拉伸应力约为 0（虽不为 0，但是对于坚实的冰很小）；

（3）剪切强度显著；

（4）剪切强度小于压缩强度；

（5）在 $A \approx 1$ 时屈服强度大于 0；

（6）无记忆效应。

第（1）项和第（2）项表明只有当密集或紧密的漂移冰受到压缩时才表现出显著的应力。第（6）项表明应力可以依赖于应变和应变率（即应变的 0 阶和 1 阶时间导数），但是不依赖于更高阶的时间导数。因此，普遍性的漂移冰流变学法则为

$$\boldsymbol{\sigma} = \boldsymbol{\sigma}(J, \varepsilon, \dot{\varepsilon}) \tag{9.4.6}$$

介质特性包含在冰的状态 J 中，而形变则由应变 ε 和应变率 $\dot{\varepsilon}$ 来表征。这种形式的流变学方程通常都做如下假设，其参数是由一个完整的大尺度或中尺度模型对冰状态和冰运动的数据进行调整而获得。

图 9.4.4 对漂移冰的流变做了一维的说明。最简单的流变是无应力（$\boldsymbol{\sigma} \equiv 0$）的情况，称作自由漂移。自由漂移模型的主要缺点是缺乏与冰守恒定律的耦合而且浮冰可能无限积累。但是当冰聚集密度 $A < 0.8$，即应力水平非常低时，它是可用的。这在某种程度上与使用海洋流体动力学中的纯 Ekman 漂流相似，认为水的堆积不受因海平面升高引起的流体静压力或自转调控的影响（Gill，1982）。

随着冰紧密程度的增加，浮冰碰撞显著增多，应力变成应变率的二次项函数（Shen et al.，1986）。但是应力的水平低。当紧密程度增加到 0.7 ~ 0.8 以上时，浮冰之间的剪切摩擦变得重要。紧密程度更进一步趋于 1 时，冰块之间的摩擦、非弹性耗散和压缩冰形成中的势能积累造成了塑性性质的结果。关于流变如何从超线性流变变成塑性的尚

且未知。在塑性状态，屈服强度随着冰厚度的增加而增加。包含了详细的浮冰间相互作用过程的离散颗粒模型被用来检验漂移冰的聚集（Løset，1993；Hopkins，1994；Savage，1995），其结果被用来指导漂移冰连续介质流变学的发展。

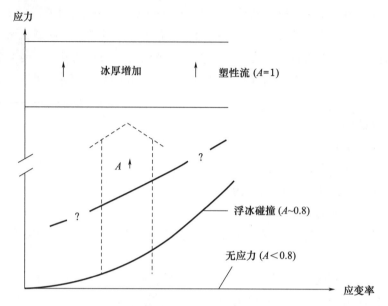

图 9.4.4　示意图说明海冰流变性质的变化，是冰聚集密度 A 和厚度 h 的函数
坐标轴上的切断代表一次数个量级的跳跃（Leppäranta，2011）

二维的剪切应变和剪切应力也是重要的。它们的依赖性与一维的标准应力在定性上类似，但是漂移冰的剪切强度小于抗压强度。忽略剪切强度就得到一个空穴流体模型（Flato and Hibler，1990）。二维模型最初被认为各向同性，但是近来被认为各向异性，因为人们指出水道的模型是有方向性的（Coon et al.，1998；Hibler and Schulson，2000）。

9.4.1.3　内摩擦力

应力的空间差异造成了运动方程中的力。这些应力平滑速度场，强迫流动满足边界条件，而且还可能把动量传递到很远。这些力中的不可逆转部分称为内摩擦力。漂移冰力学中除微小的塑性形变之外，因应力的差异造成的变化都是不可逆转的。在牛顿流体动力学中，内应力包括流体静压力和线性黏性摩擦力。因压力储存的能量可以再次转变为动能，但是黏性摩擦把机械能耗散成热能是不可逆转的。

考虑二维应力场 σ 中的一块正方形 $\delta x \times \delta y$。和普通的连续介质力学（Hunter and Pipkin，1977）一样，来自法向应力 σ_{xx} 的 x 方向上的净力和来自剪切应力 σ_{xy} 的 x 方向上的净力分别是：

$$\left(\sigma_{xx} + \frac{\partial \sigma_{xx}}{\partial x} \delta x - \sigma_{xx} \right) \delta y = \frac{\partial \sigma_{xx}}{\partial x} \delta x \delta y \tag{9.4.7a}$$

$$\left(\sigma_{xy} + \frac{\partial \sigma_{xy}}{\partial y} \delta y - \sigma_{xy} \right) \delta x = \frac{\partial \sigma_{xy}}{\partial y} \delta x \delta y \tag{9.4.7b}$$

它们的和是 x 方向上来自内部应力的总力。y 方向上的力也可类似地得到。相加后被面积 $\delta x \delta y$ 除，就得到了因浮冰的相互作用而产生的单位面积上的总净力。这成为应力张量的散度 $\nabla \cdot \boldsymbol{\sigma}$：

$$\left[\nabla \cdot \boldsymbol{\sigma} \right]_x = \frac{\partial \sigma_{xx}}{\partial x} + \frac{\partial \sigma_{yx}}{\partial y}, \quad \left[\nabla \cdot \boldsymbol{\sigma} \right]_y = \frac{\partial \sigma_{xy}}{\partial x} + \frac{\partial \sigma_{yy}}{\partial y} \tag{9.4.8}$$

此二维应力 $\boldsymbol{\sigma}$ 的散度的量纲是单位面积上的力。三维的情况类似（即应力散度是单位体积上的力）。例：公式 $\boldsymbol{\sigma} = -p\boldsymbol{I}$ 给出流体静压力，式中，p 是标量压力。计算体积单元上的压力差就得到 $\nabla \cdot \boldsymbol{\sigma} = -\nabla_p$，这就是流体动力学中的压力梯度项。

在海冰动力学中，通过对三维应力的垂直积分得到内部的冰应力 $\boldsymbol{\sigma}$［式（9.4.5）］。因为海冰的二维动量方程是从三维方程垂直积分得到的，所以海冰动力学中因内部应力产生的力是：

$$\boldsymbol{F}_{IF} = \int_{-h''}^{h'} (\underline{\nabla} \cdot \underline{\boldsymbol{\sigma}}_H) \mathrm{d}z, \quad \boldsymbol{\sigma} = \int_{-h''}^{h'} \underline{\boldsymbol{\sigma}}_H \mathrm{d}z \tag{9.4.9}$$

应该注意这是如何被写进海冰动力学的，因为海冰厚度的空间分布并不是恒定的。坐标系 x_k 中的二维应力分量 σ_{ij} 的偏导数是（$i, j, k = 1, 2$）：

$$\frac{\partial \boldsymbol{\sigma}_{ij}}{\partial x_k} = \int_{-h''}^{h'} \frac{\partial \underline{\boldsymbol{\sigma}}_{ij}}{\partial x_k} \mathrm{d}z + \underline{\boldsymbol{\sigma}}_{ij}(h') \frac{\partial h'}{\partial x_k} + \underline{\boldsymbol{\sigma}}_{ij}(-h'') \frac{\partial h''}{\partial x_k} \tag{9.4.10}$$

假设是等静压平衡，水上部分的梯度和水下部分的梯度就能合并成厚度梯度。然后我们就能得到所希望的形式：

$$\int_{-h'}^{h'} \frac{\partial \boldsymbol{\sigma}_{ij}}{\partial x_k} \mathrm{d}z = \frac{\partial \boldsymbol{\sigma}_{ij}}{\partial x_k} - \left[\underline{\boldsymbol{\sigma}}_{ij}(h') \left(1 - \frac{\rho}{\rho_w} \right) + \underline{\boldsymbol{\sigma}}_{ij}(h'') \frac{\rho}{\rho_w} \right] \frac{\partial h}{\partial x_k} \tag{9.4.11}$$

换句话说，对三维应力施加的强迫力的垂直积分等于二维应力施加的强迫力减去冰厚梯度的效应。如果冰厚梯度非常小，其影响可以忽略掉，就像通常在海冰动力学中的隐式处理那样。原则上，能用方程（9.4.11）正确地得到强迫力，但是要了解冰厚梯度就需要完整的冰层三维流变状况。

假设 H 和 L_h 是厚度和其长度尺度，L_σ 是应力变化的长度尺度。取 $\underline{\sigma}_H$ 在垂直方向是常数，则厚度梯度效应是 $\sim \underline{\sigma}_H(H/L)$，而二维的应力梯度是 $\sim \underline{\sigma}_H H/L_\sigma$。因此当 $L_\sigma \ll L_h$ 时厚度梯度效应小。一般来说，这个条件会满足，因为热力条件和动力条件常常会平滑平均厚度的变化（即冰的增长和运动都使薄冰向厚冰转化）。然而融化对各种厚度冰的作用是相同的，但是整体上对融化强度的了解还不充分。一些研究分析了线性黏度个例，指出对于厚度梯度是 1 m/20 km 的冰，厚度梯度修正变得重要。这样的梯度在中尺度平均范围内应该是超常的，而实际的水平要小一个数量级。本节中假设纯二维方法的条件［式（9.4.11）中忽略厚度梯度］成立。

Sverdrup（1928）是第一位把内摩擦公式化的作者。他的形式是 $\boldsymbol{F}_{IF} = -k\rho\boldsymbol{u}$，式中 $k \sim \frac{1}{2}\ \mathrm{s}^{-1}$ 是摩擦系数。这是一个内摩擦力的经验公式，但它不满足流变的物理条件框架独立性的要求。

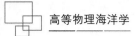

9.4.2 黏性定律

一种方法就是把漂移冰看成流体，然后用黏性流变 $\boldsymbol{\sigma} = \boldsymbol{\sigma}(J, \dot{\varepsilon})$。莱纳－瑞弗林（Reiner-Rivlin）流体模型提供了一个通常的黏性模型（Hunter and Pipkin，1977）：

$$\boldsymbol{\sigma} = \alpha \boldsymbol{I} + \beta \dot{\varepsilon} + \gamma \dot{\varepsilon}^2 \qquad (9.4.12)$$

式中的系数 α、β 和 γ 依赖于介质的状态变量和应变率的不变量（Hunter and Pipkin，1977）。最后一项在漂移冰动力学中并不考虑，但是因为 α 和 β 依赖于应变率的不变量，所以可认为是非线性的流变。

9.4.2.1 线性黏性模型

线性黏性模型不能完全表现漂移冰。但是在海冰动力学的历史上它是第一代应用流变的模型并且在20世纪60年代使用。第一个漂移冰的个例是 Laikhtman（1958）提出的牛顿流体模型：$\boldsymbol{\sigma} = 2\eta\dot{\varepsilon}$，式中，$\eta$ 是剪切黏度。牛顿流体是线性、黏性和不可压缩的，比如层流状的水（黏性引起对剪切变形的流体阻力）。尽管如此，线性黏性模型仍能满足实际的边界条件并对海盆的冰环流提供一级近似。

对可压缩的流体还包括了整体黏度或第二黏度 ζ 以得出因压缩应力 $\zeta(\nabla \cdot \boldsymbol{u})\boldsymbol{I}$ 产生的对球形变的阻力。原则上，剪切黏度和整体黏度是独立的。在线性状态下它们会依赖于流体的材料性质但不依赖于应变率。于是内摩擦就是：

$$\nabla \cdot \boldsymbol{\sigma} = \zeta \nabla(\nabla \cdot \boldsymbol{u}) + \eta \nabla^2 \boldsymbol{u} + \nabla_{\zeta}(\nabla \cdot \boldsymbol{u}) + \nabla\eta \cdot \left[\nabla\boldsymbol{u} + (\nabla\boldsymbol{u})^{\mathrm{T}} - (\nabla \cdot \boldsymbol{u})\boldsymbol{I} \right]$$

$$(9.4.13)$$

等号右侧的第三项和第四项是由于黏度的变化。Laikhtman（1958）取剪切黏度为常数，流体为不可压缩，结果得到 $\nabla \cdot \boldsymbol{\sigma} = \eta \nabla^2 \boldsymbol{u}$。

漂移冰的线性整体黏度和剪切黏度的数量级是 $10^8 \sim 10^{12}$ kg/s（Laikhtman，1958；Campbell，1965；Doronin，1970；Doronin and Kheysin，1975；Hibler and Tucker，1977；Leppäranta，1982）。如果冰厚是1 m，则对应的三维黏度就是 $10^8 \sim 10^{12}$ kg/(m·s)。Hibler 和 Tucker（1977）更进一步指出，在北极海盆存在一个清晰的黏度季节周期，冬季和夏季的极值分别是 10^{11} kg/s 和 10^9 kg/s。因为变形率的数量级是 10^{-6} s^{-1}，所以对于 10^{10} kg/s 的黏度应力的数量级是 10 kPa；这样，应力在地球物理尺度上比在局地尺度上小两个数量级。Campbell 和 Rasmussen（1972）引进了分段的线性黏度以区分张开流和闭合流，因为已知漂移冰对拉伸没有阻力（见第9.3.1节）：对于 $\dot{\varepsilon}_{\mathrm{I}} > 0$，$\zeta$，$\eta = 0$；对于 $\dot{\varepsilon}_{\mathrm{I}} < 0$，$\zeta$，$\eta > 0$。

运动剪切或整体黏度 K 是用相应的动力黏度 ζ 或 η 除以 ρh 得到的：$K \sim 10^7$ m^2/s = 10^6 km^2/d。这个数值包含了时间和空间的信息，$K \sim L^2/T$。这样就得到 $K \sim 1$ h 时速度的黏度扩散是 $L \sim 200$ km。

作为比较，表9.4.1给出了一些材料的黏度。小尺度的黏度可在实验室里用实验确定，它们的值差别很大。地球物理尺度流的黏度来自运动数据或模型模拟估计。冰川以非线性黏性的方式流动（见第9.4.2.2小节）；对于典型的冰川应变率 10^{-9} s^{-1}，一个线性化的形式给出线性黏度的数量级是 10^{14} kg/（m·s）。对于海洋动力学中的中尺度或大尺度扰动，扰动应力在一级近似时用与线性黏性相似的形式表示，因此"黏性"也就称为涡旋黏度（Gill，1982）。水平海流的涡旋黏度的数量级是 $10^7 \sim 10^9$ kg/（m·s），处于漂移冰线性黏度范围的低值区域。

表 9.4.1　一些材料的黏度和扰动流中的水平涡旋黏度

材料	水平涡黏度	尺度
水（层流，0℃）	1.8×10^{-3} kg/（m·s）	小尺度
沥青（0℃）	5.1×10^{9} kg/（m·s）	小尺度
冰川	$\sim 10^{14}$ kg/（m·s）	冰川的流动
海洋扰动	$\sim 10^{8}$ kg/（m·s）	中尺度海洋动力学

引自 Gill（1982）；Hunter（1977）；Paterson（1995）

线性模型对于冰速度的定量分析和模型化来说过于粗糙。例如，Hibler 等（1974）指出，在波弗特海只有采取分段的黏度或滑动的边界条件，冰的速度才能适应线性模型。线性模型需要在中心密集区取黏度为 10^{12} kg/（m·s），而在辐合作用下的剪切带取黏度为 10^{8} kg/（m·s）。虽然这个问题可以用海岸边界层和中心海域流相配合的方法解决，但是漂移冰动力学还有其他的特性，这不适合线性黏性方法。

因为海冰漂浮在（几乎）为常数的位势面上，所以没有流体静压的聚集。在一些模型方法中包含了一项流变中的压力项来表示密集的漂移冰对辐合的强力抵抗。俄罗斯的一些作者也在线性黏性模型中采用了压力项（Doronin and Kheysin，1975）。这种方法已经公式化为 $p = k_p \delta A$，其中当 $\delta A < 0$ 时 $k_p = 0$，当 $\delta A > 0$ 时 $k_p > 0$，δA 是聚集度的变化。这样，在压缩时压力起作用，按照 Kheysin 和 Ivchenko（1973）的计算，当 $A \approx 1$ 和 $-\delta A \sim 10^{-3}$（以及 $\delta A \sim 10^{-2}$）时，$k_p \sim 10^{5}$ N/m。

存在压力项表明系统中有可能普遍存在压力波。假设可压缩性 k_p 对于聚集过程中的小扰动是常数，且张开和闭合是对称的，则压力波的速度是 $c_p = \sqrt{k_p/(\rho h)} \approx 10$ m/s。

观测已经发现漂移冰中存在速度为 10 m/s 的信号传播（Legen'kov，1978；Goldstein et al.，2001）。Doronin 和 Kheysin（1975）也提供了横波存在的证据，波速是 $c_p/2$，方向与剪切隆起的延伸方向垂直。但是漂移冰中压力波的物理机制目前还不清楚。可以用波在海床传播的水下声学现象做一个令人感兴趣的类比。

9.4.2.2　非线性黏性模型

Glen（1970）的各向同性黏性定律的普遍形式（显式包含流体静压）是

$$\boldsymbol{\sigma} = \boldsymbol{\sigma}(\dot{\boldsymbol{\varepsilon}},p;\zeta,\eta) = (-p + \zeta \mathrm{tr}\dot{\boldsymbol{\varepsilon}})\boldsymbol{I} + 2\eta\dot{\boldsymbol{\varepsilon}} \tag{9.4.14}$$

在非线性黏性的定律中，ζ 和 η 是应变率不变量和冰状态的函数，而压力项只依赖于冰的状态，$\zeta = \zeta(\dot{\varepsilon}_1, \dot{\varepsilon}_{11}, J)$，$\eta = \eta(\dot{\varepsilon}_1, \dot{\varepsilon}_{11}, J)$，$p = p(J)$。由于在这个系统内没有流体静压力的聚集，所以假设 $p \equiv 0$ 是没有问题的。但是某些流变模型中内部的冰应力在形式上采用了专门的流体静压力项，当然这一项包括在普通的流变内。

一般假设黏性压缩强度与黏性剪切强度的比率 ζ/p 是常数而且大于 1，根据是数值模式的定标。这个比率是在相同应变率量级的条件下，纯黏性压缩应力与纯黏性剪切应力相比得到的。压缩强度 $\zeta(\dot{\varepsilon}_{\mathrm{I}}, \dot{\varepsilon}_{\mathrm{II}}, J)$ 和剪切强度可以当作应变率 m 次方的齐次函数：

$$\zeta(c\dot{\varepsilon}_{\mathrm{I}}, c\dot{\varepsilon}_{\mathrm{II}}, J) = c^m \times \zeta(\dot{\varepsilon}_{\mathrm{I}}, \dot{\varepsilon}_{\mathrm{II}}, J) \tag{9.4.15}$$

这样，取 $n = m + 1$，就有 $|\sigma| \propto |\dot{\varepsilon}|^n$，当 $n < 1$ 时的结果就是亚线性定律，$n > 1$ 时就是超线性定律。在物理基础上有 $n \geqslant 1$。封闭的或密集的漂移冰是亚线性的（$0 \leqslant n \leqslant 1$），但在更为开放的冰区，冰块的碰撞很重要。漂移冰的普通非线性黏性模型并没有启用，因为这些模型很快就被塑性模型取代。

非线性黏性定律广泛应用于冰川的流动（Paterson，1995）。这些模型是三维的，还能被当作不可压缩的（根据漂移冰的理论，因冰区的张开和闭合以及密集冰的二维处理都需要可压缩性）。所以在处理冰川流动时只需要考虑剪切黏性。对于单轴性剪切定律 $\boldsymbol{u} = \boldsymbol{u}(z)$ 的基本模型可以写成如下形式：

$$\sigma = \eta_{n-1} \left| \frac{\mathrm{d}u}{\mathrm{d}z} \right|^{n-1} \frac{\mathrm{d}u}{\mathrm{d}z} \tag{9.4.16}$$

式中，z 坐标方向是冰川表面的法线方向。黏度是主要的调整参数，它首先依赖于冰川的温度。$n = 1/3$ 的情形称为格林流变（Glen，1958）。这时典型的黏度值应该是 $\eta \approx 10^5 \mathrm{kPa} \cdot \mathrm{s}^{1/3}$。

三维模型把冰川冰当成不可压缩的，其流变依照乘方律是介于应变率的量级和偏应力的量级之间，$|\sigma'| \propto |\dot{\varepsilon}|^n$。注意对于不可压缩的介质 $\dot{\varepsilon}' = \dot{\varepsilon}'^1$，同时张量的量级在现在的处理方法中被当作弗罗贝尼乌斯范数 $|B| = \sqrt{\sum_{i,j} B_{ij}^2}$ [式（9.4.11）]。三维偏应力的张量形式是：

$$\boldsymbol{\sigma}' = \eta_{n-1} |\dot{\varepsilon}|^{n-1} \dot{\varepsilon} \tag{9.4.17}$$

这样就有两个参数，η_{n-1} 和 n，n 通常按格林幂次定律取固定值或按格林定律取 $n = 1/3$，η_{n-1} 根据数据调整。于是就可以从运动方程得到冰川的流动：

$$\rho \frac{\mathrm{D}u}{\mathrm{D}t} = \nabla \cdot \underline{\boldsymbol{\sigma}} + \underline{\boldsymbol{F}} \tag{9.4.18}$$

外部强迫仅有重力，且加速度项通常可忽略。这样冰川的流动就由地层和冰川的外形决定。例：乘方律的流动。考虑一条受重力强迫的冰川沿着一个斜面，斜面上的流动只依赖于 z 坐标。取冰川表面的高度 $z = 0$，z 坐标向下为正，冰川的底部位于 $z = h$。应用流变方程（9.4.16）就得到流动规律和边界条件如下：

$$\frac{\mathrm{d}}{\mathrm{d}z} \left(\eta_{n-1} \left| \frac{\mathrm{d}u}{\mathrm{d}z} \right|^{n-1} \frac{\mathrm{d}u}{\mathrm{d}z} \right) = -g\rho \sin \alpha$$

$$z = 0: \sigma = 0; \quad z = h: u = 0$$

式中，α 是坡度角。冰川表面被认为是无应力的，而且假设冰川底部没有滑动速度。上述方程就可以直接积分变成：

$$u = \left(\frac{g\rho \sin \alpha}{\eta_{n-1}} \right)^{1/n} \frac{n}{n+1} \left[h^{(n+1)/n} - z^{(n+1)/n} \right] = c_n \left[h^{(n+1)/n} - z^{(n+1)/n} \right]$$

$n = 1$ 时就是线性黏性的，并且有抛物线形的速度廓线，就像大家所知道的流体动力学中的斜坡通道的开通道解一样。当 n 减小时冰川速度的底部边界层变薄。如果当 $n \to 0$ 时 $c_n \to c < \infty$ ，就有 $u \to cH(z)$ ，式中 H 是 Heaviside 函数。实际上这是塑性流动，其底部边界层收缩成了屈服线。这样的塑性流动可以作为非线性黏度定律的制约特例。

9.4.3　塑性定律

20 世纪 70 年代初对漂移冰机制的探讨开启了塑性流变学的研究，这方面的研究迄今仍处于科技发展的前沿（Coon and Pritchard，1974；Coon et al.，1974；Pritchard，1975）。塑性缺陷流被公式化成为应变或应变率的无量纲模型。主要受土壤力学原理和模型的启发，开展了北极冰动力学联合实验（AIDJEX）研究项目并取得了成果。特别是密集冰盖机械运动的两个特点更证实了塑性理论：

（1）漂移冰的应力与变化率无关；

（2）漂移冰的形变屈服极限有限。

一般认为，用塑性流变表现漂移冰的物理过程最好。观测清楚地表明存在有限的屈服强度，特别是对于在封闭或半封闭海冰水域工作的人员：密集冰在强迫力没有超过一定的最低值（屈服强度）之前是静止的。应力与应力变化率的独立性在应变率上不那么明显，这在压力脊形成的模型化中得到了验证。产生狭窄变形带需要高度的亚线性流变，就像 Hibler 等（1974）在波弗特海切变带发现的那样，还有其他人也有类似的发现。20 世纪 70 年代建立了塑性漂移冰模型的数学 – 物理基础（Coon et al.，1974），这是 AIDJEX 项目的主要成就。然后把晶状介质的概念引入漂移冰，从漂移冰和土壤力学的相似性得到了新想法。一种土壤力学的方法被用于局地过程，比如压力脊的形成和海盆尺度的过程——漂移冰动力学。

Parmerter 和 Coon（1972）构建了成脊的运动学模型，脊是海冰动力学中动能的主要汇，并表明冰的应力似乎与应变率的大小无关，这是塑性的一个显著特征。他们更进一步检查了成脊过程中的机械能平衡，其结果成为塑性漂移冰流变参数的基础（Rothrock，1975a）。后来又用离散颗粒的模型重新进行了这样的能量平衡（Hopkins and Hibler，1991；Hopkins，1994）。成脊中的动能损失是因为有冰块之间的摩擦、势能的产生、冰块的非弹性形变和冰层的破裂。势能可以从冰脊的地形观测，而其他的能量损失就很不容易追踪了。因此常常假设总能量损失与势能成比例。这一点既可以论证但又存在疑问，因为现在已经很清楚势能损失要比摩擦损失小一个数量级（如，Leppäranta，1982；Hopkins，1994）。

漂移冰的塑性特征在密集度高时明显（图 9.4.4）。而密集度下降至 0.8 左右时，无论是什么流变，应力水平很小，内部摩擦也不明显了。因此，当前的漂移冰模型含一个密集冰的弹性流变和参数化，而当冰场融化时强度消失了。

下面举例说明：前面用幂次率流变得出了非线性重力驱动的黏性简单剪切流 $\sigma' = \eta_{n-1} |\dot{\varepsilon}|^{n-1} \varepsilon'$。当 $n \to 0$ 时，流变变成塑性流变 $\sigma' = \eta_{\infty} \dot{\varepsilon}^*$，式中张量 $\dot{\varepsilon}^*$ 包括了无量纲的应变率，尺度由应变率的量级决定。这样应力就与应变率无关，但是依赖于应变在不

同分量中的分布。黏性流有一层有限的底部边界层，而弹性的情况为，冰川作为一个有无穷薄的边界层的团块静止不动或向下流动。

对于一维的塑性流变只有压缩和拉伸的屈服强度需要确定。二维情况下，塑性流变有两个基本的屈服要素：屈服曲线和流动准则。屈服曲线是应力状态的函数并给出了屈服应力的大小（即指示介质何时破坏，进入塑性形变）。对于各向同性的材料，屈服曲线依赖于应力张量的两个标量不变量。屈服曲线在主应力空间是

$$F(\sigma_1, \sigma_2) = 0 \tag{9.4.19}$$

屈服曲线在主应力空间是闭合的、凸形的。在曲线内部 $F < 0$ 并且介质表现为一个刚体（即应力和形变之间不存在函数关系）。当 $F = 0$ 时主应力达到屈服水平，介质破坏。屈服曲线以外 $F > 0$，这时的应力状态不予考虑。屈服函数表明了介质的性质。

流动准则确定当应力一旦达到屈服曲线时塑性形变如何发生。一维的情况仍是简单的：压缩应变对压缩应力，拉伸应变对拉伸应力。二维时需要确定介质对于给定的屈服应力如何应变。例如，如果介质在纯剪切时破坏，应变是什么样的？塑性理论并没有自动地给出答案。Drucker 对于稳定材料的假定认为屈服曲线具有塑性位势的作用，因而破坏应变与屈服曲线垂直（Drucker, 1950；Coon et al., 1974）。这是正常或联合的流动准则。

用漂移冰动力学表达塑性屈服应变，求出的应变率是

$$\dot{\varepsilon}_1 = \lambda \frac{\partial F}{\partial \sigma_1}, \quad \dot{\varepsilon}_2 = \lambda \frac{\partial F}{\partial \sigma_2} \tag{9.4.20}$$

式中，λ 是自由参数，作为解的一部分被确定。假设应力的主轴和应变率的主轴排列是重合的，这样就得出 xy 坐标系的应变率。塑性介质的应力是不依赖于应变率的绝对水平，但是依赖于应变率的形式（即，是压缩还是拉伸，相对剪切有多大），而应变率由系统外部的强迫力定量确定。

例如，取屈服曲线为环形 $F(\sigma_1, \sigma_2) = \sigma_1^2 + \sigma_2^2 - \sigma_Y^2$。根据定义，屈服曲线内（$F < 0$）的介质是刚性的而且在 $\sigma_1^2 + \sigma_2^2 - \sigma_Y^2$ 时破坏。联合流动准则给出 $\dot{\varepsilon}_k = 2\lambda \sigma_k$，$k = 1$，2，而 λ 从应力导出，与屈服应力相等：

$$\left(\frac{\dot{\varepsilon}_1}{2\lambda}\right)^2 + \left(\frac{\dot{\varepsilon}_2}{2\lambda}\right)^2 = \sigma_Y^2$$

这样 $\lambda = \sqrt{\dot{\varepsilon}_1^2 = \dot{\varepsilon}_2^2}/2\sigma_Y$，更进一步：

$$\sigma_k = \frac{\dot{\varepsilon}_k}{\sqrt{\dot{\varepsilon}_1^2 + \dot{\varepsilon}_2^2}} \sigma_Y$$

显然应力不依赖于应变率的绝对水平。对于单轴（沿 z 轴）的压缩应变率 $\dot{\varepsilon}_{xx} < 0$，$\dot{\varepsilon}_{xy} = \dot{\varepsilon}_{yx} = \dot{\varepsilon}_{yy} = 0$，因此就有 $\dot{\varepsilon}_1 = 0$，$\dot{\varepsilon}_2 = \dot{\varepsilon}_{xx}$（注意根据定义这里取主分量 $\varepsilon_1 > \varepsilon_2$）。所得到的应力是单轴的，$\sigma_{xx} = -\sigma_Y$ 的。一般对于环形对称的屈服曲线，主应变率和应力互成比例。

对于漂移冰的屈服曲线，还有如下的附加条件。

（1）漂移作为一个破碎的浮冰场（几乎）没有拉伸强度，所以主应力应该总是负

的或为 0，σ_1，$\sigma_2 \leqslant 0$，同时这也意味着屈服曲线一定位于主轴坐标系的第三象限。

（2）由于是各向同性的，屈服曲线对于直线 $\sigma_1 = \sigma_2$ 是对称的。

（3）屈服曲线在轴 $\sigma_1 = \sigma_2$ 上伸长使压缩强度大于剪切强度。

图 9.4.5 是漂移冰的普通屈服曲线。漂移冰流变的主要参数是压缩强度 P。它依赖于冰的状态 $P = P(J)$；它也因破坏的形式而变化（即碰撞、扭弯或变成筏状），但这一点在漂移冰的强度参数化时并没有考虑进去。在图 9.4.5 的屈服曲线中压缩强度用直线 $\sigma_1 = \sigma_2$ 上距原点最远的点表示。其他的例子还包括：①Pritchard（1977）的方形屈服曲线（由直线 $\sigma_1 = 0$，$\sigma_2 = 0$，$\sigma_1 = -P/\sqrt{2}$，$\sigma_2 = -P/\sqrt{2}$ 给定边界）；②Flato 和 Hibler（1990）的空穴流体（$-P \leqslant \sigma_1 = \sigma_2 \leqslant 0$）。

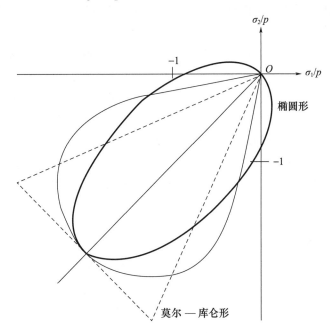

图 9.4.5　漂移冰的塑性屈服曲线：模型或称莫尔 – 库仑形（Coon et al.，1974）、
泪滴形（Rothrock，1975a）和椭圆形（Hibler，1979）

通常的假设是压缩强度可以写成 $P = P^* \gamma(h) \alpha(A)$ 的形式，其中 $\gamma(0) = 0$，$\alpha(0) = 0$ 和 $\alpha(1) = 1$。P^* 被看成一个常数，其正常的值与成脊过程中的压缩强度有关。观测表明 P^* 在薄冰变成筏状时降低（Leppäranta，1998）。饼状冰和水内冰的 P^* 值大小还不十分清楚，但在南大洋这个值应该十分重要。

在漂移冰动力学的流变问题中，用普遍的流体规律来解决破坏应变。而应力产生的快慢则依赖于系统中的其他力。因此流体规律以应变率的形式写成公式，可从运动方程中求得绝对应变率的大小。在塑性理论中还有其他的流体规律，但是都没有应用于漂移冰。这合乎情理，因为精细的屈服曲线还没有建立；事实上，各种合理的屈服曲线与普遍流体规律结合都产生出恰当的冰速度，且冰速度都在观测确认的限定范围之内（Zhang，2000）。

屈服曲线的尺寸由屈服强度决定，它随冰的聚集度和厚度的增加而增加。但是形状却是不变的。在压缩形变时（$\dot{\varepsilon}_1 < 0$），聚集度和厚度以及随之而来的强度都增加了。这样在压缩时漂移冰就是应变强化的。对于给定的强迫力，冰厚增加时漂移冰的压缩有一定的限度，这也符合常识。在纯剪切的情况下，变形的不对称性（冰脊和水道沿主轴线的形成）导致材料的软化或材料性能的不稳定。这样纯剪切流就因平行于运动方向水道的形成而变成近似于自由漂移状态。在张开变形的过程中（$\dot{\varepsilon}_1 > 0$），强度为 0，同时张开过程以无限制自由漂移的形式持续。

例如一维时，令 $A = 1$ 则 $P = P(h)$。冰在压力下由于应变强化（$\mathrm{d}P/\mathrm{d}h > 0$），聚集变厚，力 F 从左边界压缩一条宽度为单位 1，厚度为 h 的条状冰，冰被破坏直到应力在各点都等于屈服强度。达到平衡时，条件 $P(h) = F/h$ 导致所得的厚度。

对于数值模式，理想的塑性定律并不总被使用，因为应力和应变率之间不存在函数关系（即在应变率为 0 时应力是不确定的）。因此这样的刚性（元形变）模型被"近刚性"的模型取代。采取了两个方法：北极冰动力联合实验（AIDJEX）（Coon et al.，1974）使用了线性弹性模型；而 Hibler（1979）选择了黏性模型。结合屈服特性，线性弹性模型和黏性模型都取得了成果。没有好的观测证据能定性和定量地为屈服水平以下的漂移冰应力确定适当的模型，上述两个模型都只能被看作是理想塑性模型的近似。弹性方法是对刚性—塑性行为的较好近似，因为弹性应变小（在 10^{-3} 的范围内）并且可恢复，而如果黏性状态持续时间长，黏性形变会增加到一个非常大的、不真实的水平。值得一提的是，目前海冰模式的基本理论中，考虑到弹性材料特点的弹性—黏性—塑性（Elastic-Viscous-Plastic）模型是一个新的发展方向（Hunke and Dukowicz，1997）。

9.5　漂移冰运动方程

9.5.1　基本方程

本节中漂移冰的运动是二维的，其运动方程可以从全部三维方程推导出来。为清楚起见，三维的矢量和张量都加下划线 [例如，$\underline{u} = (u, v, w)$，其中 w 是垂直速度]。

图 9.5.1 显示冰通过一个灯塔的运动，灯塔被漂移的冰包围。图中的冰并没有冻结在一起，还能漂移而且浮冰之间没有太多的相互作用。图 9.5.2 用示意图说明了普遍的海冰漂移，该问题的起点是牛顿第二定律，$m\,\mathrm{d}\underline{u}/\mathrm{d}t = \underline{F}$，式中 $\underline{F}$ 可代表作用在冰上的作用力。

第一，引入普遍的连续介质力学的限定条件（Hunter and Pipkin，1977）。

（1）连续介质颗粒或团块的质量场用单位体积的质量或密度表示。

（2）内部应力场引起的强迫力是 $\underline{\nabla} \cdot \sum$，式中，$\underline{\nabla} = (\partial/\partial x, \partial/\partial y, \partial/\partial z)$。

（3）动力问题的数学处理选择欧拉或拉格朗日框架—空间或物质的网格。

拉格朗日框架和自由漂移理论以及观测技术都被用于漂移冰动力学，但对带有大量内部摩擦的完整问题通常采用欧拉框架。

图 9.5.1　海冰漂移通过位于波罗的海的 Nahkiainen 灯塔，
灯塔的宽度大约为 5 m（Leppäranta，2011）

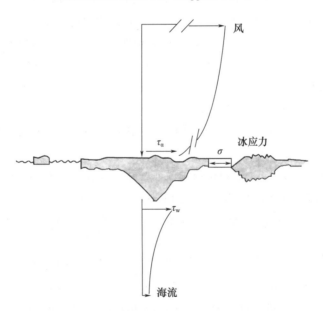

图 9.5.2　冰的漂移问题（Leppäranta，2011）
冰被大气和海洋的流动驱动并通过内部的应力场对强迫力做出反应

连续介质的运动方程是柯西方程：

$$\rho\left(\frac{\partial \boldsymbol{u}}{\partial t} + \underline{\boldsymbol{u}} \cdot \nabla \boldsymbol{u}\right) = \underline{\nabla} \cdot \sum + \underline{\boldsymbol{F}}_{\text{ext}} \qquad (9.5.1)$$

式中，$\boldsymbol{F}_{\text{ext}}$ 包括了作用在冰上的外部强迫力，以单位体积上的力表示。等号左边是局部加速度和平流加速度。

第二，运动方程中引进了地球物理效应。

（1）内部项加入了科氏加速度（Pond and Pickard，1983；Cushman-Roisin，1994）。

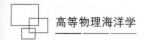

（2）地球引力施加了外部体积力，由 $\nabla\Phi$ 表示，其中 Φ 是海平面的位势高度。

第三，漂移冰的内部应力包含了因浮冰之间相互作用造成的应力 $\underline{\sigma}$ 以及来自周围的空气和水的压力 p。$\underline{\sum}=\underline{\sigma}-p\underline{I}$，$p=p_a+\rho_wgD$，于是就有了如下的三维海冰动量方程：

$$\rho\left(\frac{\partial u}{\partial t}+\underline{u}\cdot\nabla\underline{u}+2\underline{\Omega}\times\underline{u}\right)=\nabla\cdot(-p\underline{I}+\underline{\sigma})-\rho\,\nabla\Phi \qquad (9.5.2)$$

式中，$\underline{\Omega}=(\Omega\cos\phi)\,\boldsymbol{j}+(\Omega\sin\phi)\,\boldsymbol{k}$ 是科氏矢量，$\Omega=7.292\cdot10^{-5}\,\mathrm{s}^{-1}$ 是地球的角速度，ϕ 是纬度。

例：对于黏度为常数 η 的不可压缩线性黏性流体，流变公式可写成 $\boldsymbol{\sigma}=-p\underline{I}+2\eta\dot{\varepsilon}$。于是 $\underline{\nabla}\cdot\underline{\sigma}=\eta\,\nabla^2\underline{u}$，即方程（9.5.2）变成旋转球体上的纳维—斯托克斯方程：

$$\frac{\partial u}{\partial t}+\underline{u}\cdot\nabla\underline{u}+2\underline{\Omega}\times\underline{u}=-\frac{1}{\rho}\nabla p+\nu\,\nabla^2\underline{u}-\nabla\Phi$$

式中，$\nu=\eta/\rho$ 是流体的运动黏滞系数。

把海面当作零基准面，局部地近似当作笛卡尔 $x-y$ 平面。虽然海平面在地球上不是一个固定的平面，但是很明显（例如，通过尺度分析）因海平面的垂直运动引起的力在海冰动力方面是可以忽略的。这样因地球引力或位势梯度造成的力 $\nabla\Phi$ 就可以写成 $\underline{\nabla}\Phi=g\,\underline{\nabla}'\xi$，式中，$\underline{\nabla}'$ 是真实水平—垂直坐标系中的三维梯度算子，ξ 是海平面高度。

9.5.2 垂直积分

接下来是运动方程（9.5.2）在冰的厚度上积分。正如之前讨论过的那样，海冰的水平速度没有垂直结构。因此对各加速度项［方程（9.5.2）等号的左边］的积分就很简单：与冰的厚度 h 相乘，类似地位势项的积分结果也是与 h 相乘。

而对内部冰应力散度的积分要复杂得多，有下式：

$$\int_{-h''}^{h'}\underline{\nabla}\cdot\underline{\sum}\,\mathrm{d}z=-\int_{-h''}^{h'}\underline{\nabla}\,p\mathrm{d}z+\int_{-h''}^{h'}\underline{\nabla}\cdot\underline{\sigma}\mathrm{d}z \qquad (9.5.3a)$$

其中，h' 是水上部分；h'' 是水下部分。分量的形式：

$$\int_{-h''}^{h'}\begin{bmatrix}\dfrac{\partial\sum_{xx}}{\partial x}+\dfrac{\partial\sum_{yx}}{\partial y}+\dfrac{\partial\sum_{zx}}{\partial z}\\[2mm]\dfrac{\partial\sum_{xy}}{\partial x}+\dfrac{\partial\sum_{yy}}{\partial y}+\dfrac{\partial\sum_{zy}}{\partial z}\\[2mm]\dfrac{\partial\sum_{xz}}{\partial x}+\dfrac{\partial\sum_{yz}}{\partial y}+\dfrac{\partial\sum_{zz}}{\partial z}\end{bmatrix}\mathrm{d}z=-\int_{-h''}^{h'}\begin{bmatrix}\dfrac{\partial p}{\partial x}\\[2mm]\dfrac{\partial p}{\partial y}\\[2mm]\dfrac{\partial p}{\partial z}\end{bmatrix}\mathrm{d}z+\int_{h''}^{h'}\begin{bmatrix}\dfrac{\partial\sigma_{xx}}{\partial x}+\dfrac{\partial\sigma_{yx}}{\partial y}+\dfrac{\partial\sigma_{zx}}{\partial x}\\[2mm]\dfrac{\partial\sigma_{xy}}{\partial x}+\dfrac{\partial\sigma_{yy}}{\partial y}+\dfrac{\partial\sigma_{zy}}{\partial z}\\[2mm]\dfrac{\partial\sigma_{xz}}{\partial x}+\dfrac{\partial\sigma_{yz}}{\partial y}+\dfrac{\partial\sigma_{zz}}{\partial z}\end{bmatrix}\mathrm{d}z \qquad (9.5.3b)$$

三维的应力 $\underline{\sum}$ 和 σ 都加了下划线以区别于积分后的应力，后者被用于表示二维的应力［方程（9.4.3）］。

9.5.2.1 海平面上的运动方程

首先考虑方程（9.5.3b）的第一分量和第二分量或者 x 分量和 y 分量。这些分量是关于海平面的分量。由于这个平面是零基准面，所以水中水平压力梯度∇p的积分为 0 且等于空气的压力梯度∇p_a，于是有：

$$\int_{-h''}^{h'}\left[\begin{array}{c}\dfrac{\partial \underline{\sum}_{xx}}{\partial x}+\dfrac{\partial \underline{\sum}_{yx}}{\partial y}+\dfrac{\partial \underline{\sum}_{zx}}{\partial z}\\[2mm]\dfrac{\partial \underline{\sum}_{xy}}{\partial x}+\dfrac{\partial \underline{\sum}_{yy}}{\partial y}+\dfrac{\partial \underline{\sum}_{zy}}{\partial z}\end{array}\right]\mathrm{d}z=\int_{-h''}^{h'}\left[\begin{array}{c}\dfrac{\partial \underline{\sigma}_{xx}}{\partial x}+\dfrac{\partial \underline{\sigma}_{yx}}{\partial y}\\[2mm]\dfrac{\partial \underline{\sigma}_{xy}}{\partial x}+\dfrac{\partial \underline{\sigma}_{yy}}{\partial y}\end{array}\right]\mathrm{d}z-\left[\begin{array}{c}\underline{\sigma}_{zx}(h)\\[1mm]\underline{\sigma}_{zy}(h)\end{array}\right]\Bigg|_{-h''}^{h'}-h\,\nabla p_a$$

$$(9.5.4)$$

取等式右边的第一项。二维的内部冰压力$\boldsymbol{\sigma}$就是三维冰应力中分量$\boldsymbol{\sigma}_H$的垂直积分[见方程 (9.4.5)]。为了做到这一点积分和求导的顺序必须交换，如同方程 (9.4.11)。再次使用这个方程，对于x分量有：

$$\int_{-h''}^{h'}\left(\frac{\partial \underline{\sigma}_{xx}}{\partial x}+\frac{\partial \underline{\sigma}_{yx}}{\partial y}\right)\mathrm{d}z=\frac{\partial \sigma_{xx}}{\partial x}+\frac{\partial \sigma_{xy}}{\partial y}-\left[\underline{\sigma}_{xx}(h')\left(1-\frac{\rho}{\rho_w}\right)+\underline{\sigma}_{xx}(-h'')\frac{\rho}{\rho_w}\right]\frac{\mathrm{d}h}{\mathrm{d}x}-$$

$$\left[\underline{\sigma}_{xy}(h')\left(1-\frac{\rho}{\rho_w}\right)+\underline{\sigma}_{xy}(-h'')\frac{\rho}{\rho_w}\right]\frac{\mathrm{d}h}{\mathrm{d}y}\tag{9.5.5}$$

这样，积分就分成二维应力的散度$\nabla\cdot\boldsymbol{\sigma}$的$x$分量和冰厚度梯度修正量的$x$分量，在以后记为$\Theta_{h,x}$，同样处理$y$分量。

方程 (9.5.4) 的右边的第二项来自表面的边界条件，即冰的剪切应力必须与空气和水在冰上的剪切应力τ_a和τ_w相等：

$$\left[\begin{array}{c}\underline{\sigma}_{zx}(h')-\underline{\sigma}_{zx}(-h'')\\[1mm]\underline{\sigma}_{zy}(h')-\underline{\sigma}_{zy}(-h'')\end{array}\right]=\tau_a-(-\tau_w)\tag{9.5.6}$$

结果，总应力$\underline{\sum}$的散度的积分在海表面的平面上：

$$\int_{-h''}^{h'}\left[\nabla\cdot\underline{\sum}\right]_H\mathrm{d}z=\underline{\nabla}\cdot\boldsymbol{\sigma}-\boldsymbol{\Theta}_h+\tau_a+\tau_w-h\,\nabla p_a\tag{9.5.7}$$

式中，$\boldsymbol{\Theta}_h=\Theta_{h,x}\boldsymbol{i}+\Theta_{h,y}\boldsymbol{j}$。为了估算厚度梯度的影响，就需要$\boldsymbol{\sigma}(h')$和$\boldsymbol{\sigma}(h'')$，还有一个冰盖的完全三维流变（见第 9.4.1 节）。但是厚度梯度通常都小得足以忽略掉修正项$\boldsymbol{\Theta}_h$，就像海冰动力学中通常的隐式处理一样 (Rothrock，1975b；Coon，1980；Hibler，1986；Leppäranta，1998)。

如同海洋动力学，水平的科氏加速度中由垂直运动引起的部分$w2\,\Omega\cos\phi$（此处ϕ是纬度）与因水平运动引起的部分相比非常小。因此在水平运动中的科氏加速度简化为$f\boldsymbol{k}\times\boldsymbol{u}$，此处$f=2\,\Omega\sin\phi$是科氏参数。

用(x',y')表示实际的水平面的坐标，海面与水平面的斜度是：

$$\beta=\boldsymbol{i}\,\frac{\partial\xi}{\partial x'}+\boldsymbol{j}\,\frac{\partial\xi}{\partial y'}\tag{9.5.8}$$

对海表面平面的位势梯度积分得到$ph\,\nabla\Phi=phg\beta$，通常称为海面斜度。除了浅水区域（深度小于埃克曼深度）外，这一项可以表面地转流$\boldsymbol{U}_{wg}$的形式用下式表示 (Pond and Pickard，1983；Cushman-Roisin，1994)：

$$g\beta = -f\boldsymbol{k} \times \boldsymbol{U}_{wg} \tag{9.5.9}$$

这个表达式很方便，因为地转速度还常常用来作为冰—水摩擦定律的参照。方程（9.5.9）给出的地转近似在浅水海域因海底摩擦的原因并不成立，但是显式的斜度表示必须保留在运动方程里。实际上对于深水海域，这样的表示方法更可取，但是非地转的海面斜度是未知的。

最后，海表面平面的海冰运动方程的普遍形式是：

$$ph\left(\frac{\partial \boldsymbol{u}}{\partial t} + \boldsymbol{u} \cdot \nabla \boldsymbol{u} + f\boldsymbol{k} \times \boldsymbol{u}\right) = \nabla \cdot \boldsymbol{\sigma} + \boldsymbol{\tau}_a + \boldsymbol{\tau}_w - phg\beta - h\nabla p_a \tag{9.5.10}$$

有时候等号左边的因子 ph 被替换成 $ph(1+\mu)$，其中 μ 是水质量增加的系数。这个系数在以后将不再用到。图9.5.3是海冰漂移中主要力的示意图。通常风是驱动力，被冰—海拖曳力和冰的内部摩擦力所平衡。科氏加速度比这3个力小而且总是与冰的运动垂直，而其他的加速度项和海面斜度也很小，它们可以在任何方向起作用。

与垂直积分的海洋环流模式相比（Pond and Pickard，1983），从水平动量方程中可以看出以下几点：①海冰厚度对应于海的深度；②冰—水摩擦力对应于海底的摩擦力；③冰的内部摩擦力对应于水平扰动摩擦力。与海冰动力学不同的是，垂直积分时海洋环流的速度并不是常数，结果是因平流积分的不精确产生了偏斜的动量平衡。

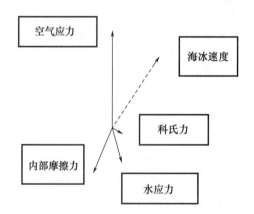

图9.5.3　典型的海冰漂移中主要力的示意图（北半球）（Lepparanta，2011）

9.5.2.2 垂直运动方程

对总应力散度积分的垂直分量是从方程（9.5.3）得出的。

$$\int_{-h''}^{h'}\left(\frac{\partial \sum_{xz}}{\partial x} + \frac{\partial \sum_{yz}}{\partial y} + \frac{\partial \sum_{zz}}{\partial z}\right)\mathrm{d}z = \int_{-h''}^{h'}\left(\frac{\partial \sigma_{xz}}{\partial x} + \frac{\partial \sigma_{yz}}{\partial y}\right)\mathrm{d}z + \left|_{-h''}^{h'}(\sigma_{zx} - p)\right. \tag{9.5.11}$$

最后一项等于海冰下面水的流体静压力 $\rho_w gh''$，通过尺度分析可以看出这个压力要比右边的积分项大得多，因为 $(\sigma_{xz}, \sigma_{yz}) \sim \tau_a$，积分是 $\sim \tau_a h/L \sim 1\mathrm{Pa}$，而 $\rho_w gh'' \sim 10^4\mathrm{Pa}$。

垂直位势是 $g_z \cong g$，因为海面非常接近水平，乘以冰的密度积分后就是 ρgh，这个值与冰下的压力不相上下。不难看出（如通过尺度分析）垂直动量方程中的其他项都可以忽略。因此，垂直动量方程变成阿基米德定律：

$$\rho_w gh'' - \rho gh = 0 \tag{9.5.12}$$

或者是 $h''/h = \rho/\rho_w$，这个方程与海洋动力学中的垂直流体静力方程对应。阿基米德定律确定了冰盖的哪一部分在水面以上哪一部分在水面以下，但是这在海冰动力的问题中并不是必需的。

9.5.2.3　边界条件

考虑边界曲线为 Γ 的海冰区域 Ω（图 9.5.4）。区域被开阔水域或固体介质（陆地或冻结在陆地上的冰）所包围，而且轮廓随时间变化，$\Omega = \Omega(t)$ 以及 $\Gamma = \Gamma(t)$。边界条件是：

$$\boldsymbol{\sigma} \cdot \boldsymbol{n} = 0 \quad 开阔水域边界 \tag{9.5.13a}$$

$$\boldsymbol{u} \cdot \boldsymbol{n} \leqslant 0 \quad 固体边界 \tag{9.5.13b}$$

在开阔水域边界上冰并不承受法向应力，因此冰的运动改变了边界的轮廓。在陆地边界上冰可以不动或漂移到漂移冰流域，但是不能从流域超越固体边界。一旦冰漂移走（脱离与固体边界的接触），固体边界就变成开阔水域边界。

边界条件式（9.5.13a）和式（9.5.13b）常常被简化的形式所替代：

$$开阔水域 \equiv 冰厚度是 0 \tag{9.5.14a}$$

$$u = 0, 固体边界 \tag{9.5.14b}$$

方程（9.5.14a）解决了开阔水域的边界问题，方程（9.5.14b）是用于黏性流常见的非滑动边界条件。

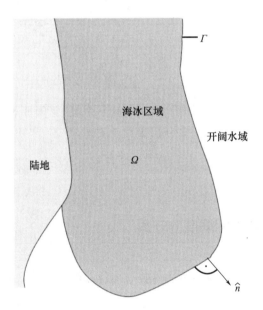

图 9.5.4　带有边界曲线 Γ 的海冰区域 Ω，边界由开阔水域部分和
陆地部分组成（Leppäranta，2011）

9.5.3　漂移状况

一般来说，海冰动力现象可分为 3 类：①静止冰；②有内部摩擦的漂移，或称浮冰

之间有相互作用的漂移；③自由漂移，或称浮冰之间无相互作用的漂移。第②类和第③类情况是祖波夫（Zubov，1945）命名的，分别对应于紧密的漂移冰和散开的漂移冰区域。图9.5.5显示在一个半封闭的流域用两幅SAR遥感图做出的冰的移动场。靠近岸边的冰是静止的，北部冰边缘是自由漂移冰，在南部的狭窄流域有强摩擦阻力。

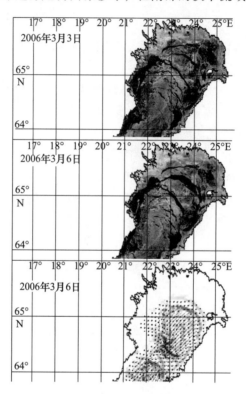

图9.5.5　两幅波罗的海波的尼亚湾的SAR遥感图（2006年3月3日和6日）以及用两幅遥感图做出的冰运动矢量场（37[th]COSPAR，2008）

处理漂移冰的问题有3种方法：①自由漂移解决方法；②有内部摩擦时用漂移的解析纬向模式；③全数值模式。

9.5.4　动能、散度和涡度的守恒

用动量方程与冰的速度做标量乘法得到（单位面积的）动能的守恒定律 $q = \dfrac{1}{2}\rho h \,|\,\boldsymbol{u}\,|^2$（Coon and Pritchard，1979；Leppäranta，1981）。这种方法与流体动力学的处理方法一样简单明了。对于内部摩擦项有公式：

$$\nabla \cdot (\boldsymbol{u} \cdot \boldsymbol{\sigma}) = \boldsymbol{u} \cdot \nabla \cdot \boldsymbol{\sigma} + \boldsymbol{\sigma} : \nabla u = \boldsymbol{u} \cdot \nabla \cdot \boldsymbol{\sigma} + tr(\boldsymbol{\sigma} \cdot \dot{\boldsymbol{\varepsilon}}) \qquad (9.5.15)$$

双点积定义为：对于两个矩阵 $\boldsymbol{B}$ 和 $\boldsymbol{C}$ 有 $\boldsymbol{B}:\boldsymbol{C} = \displaystyle\sum_{ij} B_{ij}C_{ij}$。于是就有下面的动能方程：

$$\frac{\partial q}{\partial t} + \boldsymbol{u} \cdot \nabla q = -tr(\boldsymbol{\sigma} \cdot \dot{\boldsymbol{\varepsilon}}) + \nabla \cdot (\boldsymbol{u} \cdot \boldsymbol{\sigma}) + \boldsymbol{u} \cdot \boldsymbol{\tau}_{\mathrm{a}} + \boldsymbol{u} \cdot \boldsymbol{\tau}_{\mathrm{w}} - \rho h g \boldsymbol{u} \cdot \boldsymbol{\beta} - h \boldsymbol{u} \cdot \nabla p_{\mathrm{a}}$$

$$(9.5.16)$$

等号左边是动能的局地变化和平流，等号右边的各项分别是：①应力场做的功，包括摩擦耗散；②周围冰做的功；③从大气输入的动能；④与海洋交换的动能；⑤从海面倾斜输入的动能；⑥来自大气压力梯度的输入。

解释一下第②项，高斯理论表明对于一个有边界 Γ 的区域 Ω：

$$\int_{\Omega} \nabla \cdot (\boldsymbol{u} \cdot \boldsymbol{\sigma}) \mathrm{d}\Omega = \int_{\Gamma} (\boldsymbol{u} \cdot \boldsymbol{\sigma}) \mathrm{d}\Gamma \tag{9.5.17}$$

这样此项就可以理解为应力穿越边界的传输。

例：内部摩擦和动能平衡。①对于理想流体 $\boldsymbol{\sigma} = -p\boldsymbol{I}$，$\mathrm{tr}(\boldsymbol{\sigma} \cdot \dot{\boldsymbol{\varepsilon}}) = p\nabla \cdot \boldsymbol{u}$ 和 $\nabla \cdot (\boldsymbol{u} \cdot \boldsymbol{\sigma}) = -\nabla \cdot (p\boldsymbol{u})$。没有摩擦损失，但是压力场会重新分配机械能。如果流体是不可压缩的，就有 $\mathrm{tr}(\boldsymbol{\sigma} \cdot \dot{\boldsymbol{\varepsilon}}) = 0$ 和 $\nabla \cdot (\boldsymbol{u} \cdot \boldsymbol{\sigma}) = \boldsymbol{u} \cdot \nabla p$。②对于线性黏性不可压缩流体，$\mathrm{tr}(\boldsymbol{\sigma} \cdot \dot{\boldsymbol{\varepsilon}}) = \eta \dot{\varepsilon}_{\mathrm{II}}^2$，这是因摩擦剪切引起的动能耗散。

风输入的动能是 $\boldsymbol{u} \cdot \boldsymbol{\tau}_{\mathrm{a}} = \rho_{\mathrm{a}} C_{\mathrm{a}} |\boldsymbol{U}_{\mathrm{a}}| \boldsymbol{u} \cdot \boldsymbol{U}_{\mathrm{a}}$。对于纯风力驱动的漂移，冰的速度大致与风速成比例，因此输入与风速的 3 次方成比例。冰—水的动能交换比率是：

$$\boldsymbol{u} \cdot \boldsymbol{\tau}_{\mathrm{w}} = \rho_{\mathrm{w}} C_{\mathrm{w}} |\boldsymbol{U}_{\mathrm{w}} - \boldsymbol{u}| \left[\cos(\theta_{\mathrm{w}} + v) |\boldsymbol{u}| |\boldsymbol{U}_{\mathrm{w}}| - |\boldsymbol{u}|^2 \right] \tag{9.5.18}$$

式中，v 是冰运动与洋流的夹角。如果 $\boldsymbol{U}_{\mathrm{w}} = 0$，那么 $\boldsymbol{u} \cdot \boldsymbol{\tau}_{\mathrm{w}} = -\rho_{\mathrm{w}} C_{\mathrm{w}} \cos(\theta_{\mathrm{w}}) |\boldsymbol{u}|^3$。

表 9.5.1 是从观测估算出的机械能平衡。结果显示能量主要来源于风，并且用于克服冰—水摩擦和冰的内部摩擦。大约 50 cm 的冰厚，动能的总水平是 1～10 J/m²。这比 1 h 的平均收支要小得多，因此海冰动能的时间尺度非常小。

表 9.5.1 波罗的海北部海冰动力的动能平衡 [Leppäranta, 1981, 单位：mJ/(m·s)]

	平均值	标准差
交换率	0.3	1.6
来自风的输入	10.3	20.7
来自海流的输入	2.3	5.7
来自海面倾斜的输入	0.1	0.5
在海洋边界层上的损失	8.4	29.3
在内部摩擦上的损失	6.0	13.8

注：基础数据是在一次为期两周的实验中取得的小时数据。

虽然能量平衡有助于解释内部应力的输送和消散机制，但是在海冰动力学调查中没有广泛开展。除短期的弹性过程外，漂移冰不储存可恢复的机械能。小部分因内部摩擦造成的能量损失成为变形冰的势能，但是对于冰的运动，能量是不可恢复的。

散度 $\dot{\varepsilon}_1$ 和涡度 $\dot{\omega}$ 的守恒律通过在动量方程中使用散度算子和涡度算子（分别是 $\nabla \cdot$ 和 $\nabla \times$）得到：

$$ph\left[\frac{\mathrm{D}\dot{\varepsilon}_1}{\mathrm{D}t} + \nabla(\boldsymbol{u} \cdot \nabla) \cdot \boldsymbol{u} - f2\dot{\omega} \right] = \nabla \cdot (\nabla \cdot \boldsymbol{\sigma} + \boldsymbol{\tau}_{\mathrm{a}} + \boldsymbol{\tau}_{\mathrm{w}} - h\nabla p_{\mathrm{a}}) \tag{9.5.19a}$$

$$ph\left[\frac{\mathrm{D}2\dot{\omega}}{\mathrm{D}t} + (2\dot{\omega} + f)\nabla \cdot \boldsymbol{u} \right] = \nabla \times (\nabla \cdot \boldsymbol{\sigma} + \boldsymbol{\tau}_{\mathrm{a}} + \boldsymbol{\tau}_{\mathrm{w}}) \tag{9.5.19b}$$

请注意在二维的流动中，涡度是 $\frac{1}{2}\nabla \times \boldsymbol{u}$ 的垂直分量。与动能的情况相同，等号左

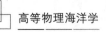

边的惯性部分小，主要的平衡是内部摩擦项与表面应力项之间。

尽管空气和水是不可压缩流体，科氏现象还是造成了表面应力的扩散，因此大气和海洋能够产生冰速度的散度和涡度。其物理机制与无冰大洋上被称作"埃克曼抽吸"的现象相似，这种现象是表面应力的发散把深层水抽吸到表面（Cushman-Roisin，1994）。此外，冰的内部摩擦及冰覆盖表面的粗糙度和厚度的不均匀性甚至在稳定的风和海流的情况下都会引起变形和涡旋。

思考与讨论

1. 阅读文献，了解海冰流变学中的塑性定律。
2. 查找资料，总结冰漂移理论在实际中有哪些应用。
3. 阅读书籍与文献，了解南极、北极海域的海冰特征与变化趋势。
4. 初步了解和学习海冰在地球气候系统中的重要作用。

第10章　极地海洋

10.1　引　言

10.1.1　南大洋概况

南大洋是指围绕南极大陆的海域，1845 年，英国皇家地理学会在伦敦发表了世界大洋的划分方案，把世界大洋划分为 5 个区域，分别是太平洋、印度洋、大西洋、北冰洋和南大洋，其中南大洋以南极圈为其北界。2021 年 6 月 8 日，第 13 个"世界海洋日"，美国国家地理学会宣布，南极洲周围水域，即除德雷克海峡和斯科舍海 60°S 以南的海域，形成一个独特生态海洋区域，南大洋将受到和四大洋一样的待遇，被收录在世界大洋科普书中。海洋学中定义的南大洋一般指南极绕极流所在的区域，它最北边的边界大约在 38°S 处，南大洋所包围的表面区域约为 $77 \times 10^6 \ km^2$，约占世界海洋表面积的 22%。

南大洋有一些独有的特征。首先，它是实现环绕全球无阻碍运动的唯一区域，因此它的海洋环流与大气环流的状况很相近。其次，主温跃层（图 10.1.1）在亚热带辐聚区到达海面，但不能扩展到极地区域；极地区域的海表和海底的水温相差仅约为 1℃，通常不超过 5℃，是赤道附近区域差异的 20%（图 10.1.1）。这意味着极地区域密度随深度变化很小，因而水柱中的压强梯度力分布更均匀，1.5 层海洋模式在南极附近海区并不适用。

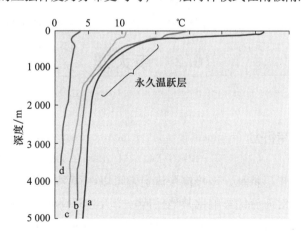

图 10.1.1　太平洋不同海区的水温剖面（接近 150°W，Osborne et al.，1991）
a—热带（5°S）；b—亚热带（35°S）；c—亚极地（50°S）；d—极地（55°S）

10.1.2 北冰洋概况

北冰洋对世界海洋环流和水团的影响与南大洋在本质上是不同的，主要的原因在于地形。北冰洋属于一个地中海式的海盆。北冰洋与主要洋盆（太平洋、大西洋和印度洋）有着极其有限的交换，它的环流受热盐作用支配。这就意味着，与由风驱动同时受热盐作用调制的动力机制相比，北冰洋的环流由热盐差异驱动（主要是盐度），同时受风的调制作用。

地中海的环流可分为两类，依据的是表层淡水收支（图10.1.2）。如果蒸发超过降水，上层损失了淡水，导致海水密度增加，引起下沉运动，对海槛以下的海水进行频繁的更新。地中海与外界大洋的环流包括两部分：一是上层外部海洋的流入；二是地中海水在底层的溢出。流入由上层淡水的损失驱动；而地中海的咸水与淡水存在的密度差异导致了深层的溢出，作为上层流入的补偿。海水溢出后下沉，直到与其密度相适应的深度；随后它将在这个密度面上扩散，可以通过它的高盐特征辨别它的轨迹。由于海水在通过地中海时盐度要增加，因此这种地中海又称为高盐海盆。

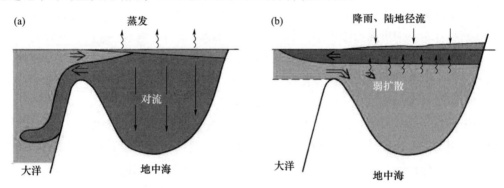

图 10.1.2 地中海环流示意图（Tomczak and Godfrey，2005）
（a）降水小于蒸发；（b）降水大于蒸发

10.2 南大洋

10.2.1 地理特征

由于南大洋的准正压特征，南极绕极流通常可以在很深的深度存在，因此可以预计在南大洋，海区地理对海流的影响比其他任何一个大洋都要大。南大洋共有3个主要海盆，它们的深度超过4000 m，还有3个主要的海脊。阿蒙森深海平原、别林斯高晋深海平原和莫宁顿深海平原有时统称为太平洋—南极海盆，从罗斯海向南美方向向东扩展，它完全属于南大洋在太平洋的部分。它们由太平洋—南极海脊、西部的东太平洋海山和东边的智利海山与温带和热带太平洋海盆相分隔。澳大利亚—南极海盆位于印度洋的部分，它从塔斯马尼亚岛向西扩展至可盖兰海底高原。东南印度洋海脊将其与印度洋北部分隔开，但通过117°E附近的缺口与东印度洋的4 000 m以下有一定的海水交换。恩德比地深海平原和威德尔深海平原，又称为大西洋—印度洋海盆，既是大西洋的一部分，又是印度洋的一部分，从可盖兰高原向西直到威德尔海。它们被大西洋中脊和西南印度洋海脊所包围，但在4 000 m的深度与大西洋西部的阿根廷盆地和西印度洋盆地相连。

10.2.2　风场特征

海面气压图（图10.2.1）表明，25°—35°S存在一个高压脊，此处各海盆气压值达到最大，而位于南极大陆北部的65°S存在一个槽。槽与脊之间的地转风明显是西向的；但平均气压分布对风应力的估计明显偏低，它应该与风速的平方成正比。绕极西风带受频繁的风暴影响，它开始于北部，向东南旋转，在65°S处消亡，在这里转为东风。这些风暴决定了平均风应力。

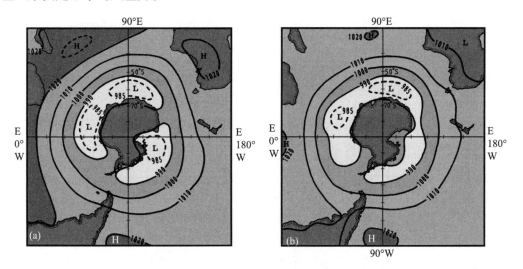

图 10.2.1　南大洋海面气压分布（单位：hPa）

(a) 7 月平均；(b) 1 月平均

10.2.3　环流特征

南大洋环流由强劲的深层东流向海流主导，并完整地绕地球流动，该海流被称为南极绕极流（Antarctic Circumpolar Current，ACC）。ACC的南部有两个气旋式"副极地"环流：一个在威德尔海；另一个在罗斯海。这些环流导致了沿南极海岸的西流向水流。Deacon（1982）假设了一股由东风产生的几乎一直持续的绕极西向流。在印度洋中沿大陆架坡折的两个涡流和西流向水流造成了这一现象，但在德雷克海峡并没有明显的西向水流（图10.2.2）。

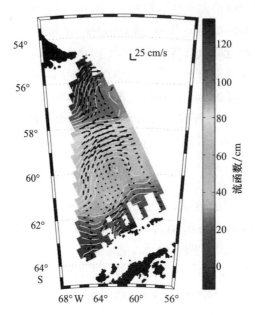

图 10.2.2　德雷克海峡 30～300 m 深度平均流，来自 5 年内 128 个 ADCP 观测，
北向南的强流分别是亚南极锋（56°S）、极锋（59°S）和南 ACC 锋（62°S）（Lenn et al.，2008）

10.2.3.1　南极绕极流

在早期概念中，ACC 是一股宽阔的匀速海流。现在我们知道了 ACC 是由一系列狭窄的射流组成，这些射流提供了 ACC 的整体的大量东向水体输运。在它沿大陆地的环道中，ACC 在狭窄的德雷克海峡（图 10.2.2）严重受阻随后形成一股沿南美洲西边界（马尔维纳斯/福克兰海流）的北向海流。在澳大利亚海域，坎贝尔水下平原（新西兰）的底部地形也限制着 ACC，水下平原对连同 ACC 的一股北向漂流起到了一个西边界的作用。ACC 射流延伸到了海洋底部，并且底层速度方向和射流方向一致。这意味着根据温度和盐度测量值以及通过假定"在某个水深处没有海水运动"的地转流计估算得到的水通量偏小。总的输运量需要通过直接水文观测，至少要为地转流流速计算提供一个参考速度。

研究者已经在许多位置对 ACC 的速度和输运量进行了观测。因为德雷克海峡相对封闭并且相对容易靠近，所以大多数综合性观测都在这里进行，从 1933 年开始并一直持续到现在。整个 ACC 平均表层流速度大约为 20 cm/s，锋面中携带了大多数的水流。根据贯穿南大洋的表面漂流浮标数据，最大速度出现在亚南极锋（Sub-Antarctic Front，SAF）中，平均速度为 30～70 cm/s；极锋（Polar Front，PF）几乎同样强劲，平均速度为 30～50 cm/s。在德雷克海峡中，近表层的 SAF 和 PF 速度高达 50 cm/s；而南 ACC 锋面（South ACC Front，SACCF）速度偏低。

大多数 ACC 的输运测量都在德雷克海峡中进行，因为在此处 ACC 有明显的北边界和南边界。Peterson（1988）提出了从 1933 年到 1988 年德雷克海峡中 ACC 的输运量估值。早期一个可靠的估算值 110 Sv（1 Sv $= 10^6 \mathrm{m}^3/\mathrm{s}$）在目前的估算范围内。首个现代观测是在 20 世纪 70 年代的国际南大洋研究期间进行的，使用了流速计、地转计算和压力计。根据不同时间长度的不同组数据，估算的平均值分别为 124 Sv、139 Sv 和 134 Sv。

10.2.3.2　威德尔海和罗斯海环流

威德尔海和罗斯海是南极洲乃至全球海洋最大密度水形成的重要区域，这两个位于 ACC 以南的区域呈现出气旋式环流。威德尔海环流锋面将威德尔海环流和 ACC 分隔开，该威德尔海环流与 SACCF 等量并且几乎和南部边界（South Boundary，SB）在同一位置。在威德尔海中，海流是气旋式的。1914—1916 年，由 Shackleton 领导的船只 *Endurance* 号被困于浮冰之中，它的航迹证明了气旋式水流的存在。

威德尔海环流远远向东延伸到达 54°S、20°E 地区处（Orsi et al.，1993）。在西部，其北边界是斯科舍岭，然后它大致沿 4 000 m 和 5 000 m 等深线流动。完整的威德尔海环流可能包括两个独立的气旋式涡，中心在 30°W 和 10°E 处。南向水流将 ACC 中的水带入威德尔海环流。威德尔海环流有一个沿南极半岛向北流的西边界流。它携带着来自威德尔陆架新形成的高密水。根据绝对速度分析，威德尔海环流净输运超过 20 Sv 或具有相对于 $3\,000 \times 10^4$ Pa 深度的 15 Sv 输运量。

罗斯海环流在南大洋的太平洋水域。其北部边缘和地形有密切的关系（就像威德尔海环流），沿太平洋—南极洋脊流动。根据绝对的地转速度（Reid，1997），它的输送量大约为 20 Sv 或为相对 3 000 m 水深的 10 Sv（Orsi et al.，1995），并且它也有一个携带高密陆架水沿维多利亚地的北向西边界流。

10.2.4　锋面特征

海洋锋面又称海洋锋带或海洋锋，是指海洋中不同性质水团之间的狭窄过渡带。可用温度、盐度、密度、流速、叶绿素含量等要素的水平梯度来确定。如图 10.2.3 和图 10.2.4 所示，ACC 中有许多锋面，这些锋面主要由西风造成的 Ekman 输运不均产生，横穿所有 ACC 锋面的塔斯马尼亚岛南部的垂向断面用于对锋面指示特征进行说明。

SAF 是 ACC 的北部边缘。它是在澳大利亚南部区域首次被识别的，并且存在于南大洋的所有其他海域。SAF 有一个大的东流向水流，这体现在各深度中非常倾斜的等密度线上。在许多地方通过 200 m 水深处 4℃或 5℃等温线的出现或 3℃和 5℃等温线之间最大水平梯度可以识别 SAF。SAF 在南大洋西部（39°—40°S 处）的阿根廷沿岸到达其最北端。它在向东前进的过程中同时向南移动，并且当它到达南太平洋东部和德雷克海峡，它也到达了最南端（大约 58°S 处）。在德雷克海峡东端，SAF 在 55°S 处接近北部边界。当它离开德雷克海峡，SAF 涌入西部边界，向北流到大约 39°S 处，重新到达其在最北端的位置。

PF 存在于 ACC 中，它也是一股强劲的东向水流。通过海水属性，PF 被认为是浅层最小温度值的北边界。在大西洋和印度洋，PF 平均发现于 50°S 附近，在太平洋发现于 60°S 附近，在德雷克海峡西面 63°S 附近到达它的最南端。

由 Orsi 等（1995）引入的 SACCF 是 ACC 附近的一个主要锋面，而且在 ACC 南边

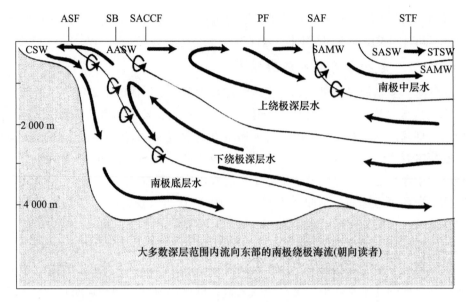

图 10.2.3　南大洋一个经向截面示意图（Speer et al.，2000）

大陆架水（CSW），南极表层水（AASW），亚南极模态水（SAMW），亚南极表层水（SASW），副热带表层水（STSW），
南极陆坡锋（ASF），南部边界（SB），南 ACC 锋面（SACCF），极锋（PF），亚南极锋（SAF），副热带锋（STF）

具有一股大的洋流。SADCCF 的实用指示特征，至少在大西洋西南部，包括小于 150 m 深度处最小温度值水域内低于 0℃ 的位温，或大于 500 m 深度处最大温度值水域内高于 1.8℃ 的位温。它不同于下节中描述的 SB 的地方是 SACCF 具有一个明显的动力特征，然而就水特性而言，SB 标志着 ACC 的南部边缘。

SB 是以最低含氧量为特征的 UCDW 的南部边界。在主要的 ACC 水团中，只有低层绕极深层水发现于该区域南边。SB 也是温度非常低、近乎等温水团的北部边界，该水团发现于南极洲附近。就范围而言，SB 是环极地的。

在许多地方 ASF 位于大陆坡沿岸，围绕着南极洲 ASF 中的水流向西流动。由于东风驱动的 Ekman 下降流和高密陆架水的向下渗透，它以一个朝大陆坡向下倾斜的密度跃层为主要特征。ASF 在大陆架上将非常寒冷的高密水从 SZ 近海水域分离出来，包括南极表层水（ASW）和上升流的低层绕极深层水（LCDW）。

10.2.5　水团特征

南大洋中的水团可以分为 4 层：表层/上层海洋水、中层水、深层水和底层水。

10.2.5.1　表层水

表层水包括亚南极表层水、南极表层水和陆架水。亚南极表层水在 SAF 北部的水体中，最大深度达 500 m。在冬季它的温度为 4~10℃，在夏季温度最高达 14℃；冬季盐度为 33.9~34。在夏季由于海冰融化，盐度低至 33。最低温度和盐度发现于太平洋水域，而最高温度和盐度发现于大西洋水域。表层水的温度和盐度向北逐渐增大。所有海域中均存在延伸到 150 m 和 450 m 深度之间的高盐度表层水。在亚南极表层水中，冬

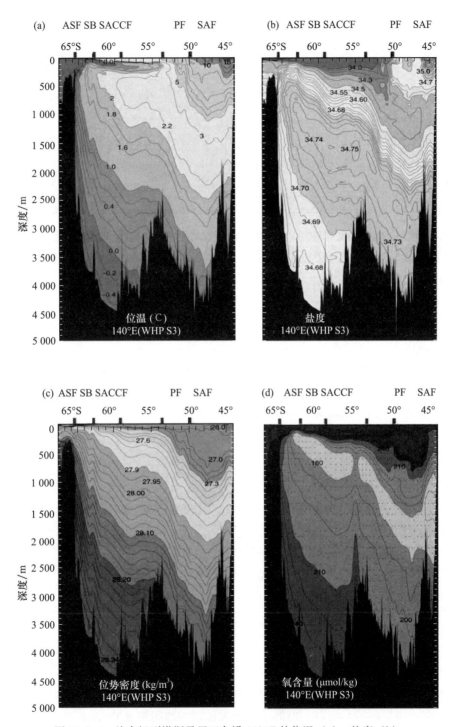

图 10.2.4　从南极到塔斯马尼亚岛沿 140°E 的位温（a）、盐度（b）、位势密度（c）以及氧含量（d）（Talley，2007）

季在 SAF 北部有非常厚的混合层。这些混合层被称为 SAMW（McCartney，1982）。

SAF 南部的表层被称为南极表层水（ASW）。ASW 是非常寒冷的淡水，因为冬季会进行冷却和结冰，而且夏季会有海冰融化。在冬季 ASW 会延伸到混合层底部。在夏季，ASW 由厚度小于 50 m 的温暖淡水层覆盖着寒冷淡水层组成，该寒冷的淡水层是冬季寒冷表层残余水。该最小温度值有时会被称为"冬水"。在冬季，温暖的表层会冷却结冰，垂向温度结构会消失。

陆架水是位于陆架上的 ASF 南部是一个非常寒冷且几乎等温的厚层（Whitworth and Peterson，1985），在冬季该层非常接近冰点。

10.2.5.2 南极中层水

在南半球的整个副热带环流和太平洋与大西洋的热带中，在 500～1 500 m 深处存在一个低盐度层，称为南极中层水（AAIW）。在太平洋中，AAIW 向北流至 10°—20°N 处，在该处它与密度和盐度较低的北太平洋中层水（NPIW）相遇。在大西洋中，AAIW 同样流至 15°—20°N 处。在该处它与盐度远大于它的地中海水（MW）相遇。在墨西哥湾暖流中也可以发现一股弱 AAIW 流（Tsuchiya，1989）。在印度洋中，AAIW 大约到达 10°S 处，在该处它与源于印尼贯穿流的中层淡水相遇（Talley and Sprintall，2005）。

关于 AAIW 的源头长期存在争议。传统的观点认为，在南极洲整个经度区域，AAIW 是由于横穿 SAF 的 ASW 下降流而形成的，是 ASW 北流向 Ekman 输送的自然结果。相反的观点认为，东南太平洋和德雷克海峡中盐度最小值的源头是在局地的，正如先前所描述的，AAIW 等密度线上氧含量、盐度和位势涡度（逆层厚度）的分布支持此观点（Talley，2003）。

10.2.5.3 绕极深层水

绕极深层水（CDW）是非常厚的一层水，从 ASW 下方 SAF 南部或 AAIW 下方 SAF 北部延伸到形成于南极陆架上的高密底层水上方。CDW 部分来源于各海洋盆地的深层水：北大西洋深层水（NADW）太平洋深层水（PDW）和印度洋深层水（IDW）这些北部深层水在其交汇处汇入 ACC。CDW（绕极深层水）通常分为上绕极深层水和下绕极深层水（UCDW 和 LCDW）。沿用 Orsi 等（1999）的观点，UCDW 是一个氧含量最小的水层，LCDW 是一个盐度最大的水层。

10.2.5.4 南极底层水

南极底层水（AABW）是南大洋中密度大于 CDW 温度高于冰点的水，一个较旧的定义认为 AABW 是所有温度低于 0℃ 的南部深层水。AABW 形成于沿威德尔海陆缘、澳大利亚南部、南极阿黛利海岸，可能还有普里兹湾的冰间湖（Tamura et al.，2008）。当密度非常大的陆架水沿陆坡向下溢流时，它会和 CDW 混合形成 AABW。形成于威德尔海的 AABW 盐度最小且温度最低（盐度 34.53～34.67，温度 -0.9～0℃），沿阿黛利海岸形成的 AABW 处于中间状态（盐度 34.45～34.69，温度 -0.5～0℃），而形成于罗斯海中的 AABW 最温暖且盐度最高（盐度 34.7～34.72，温度 -0.3～0℃）。

10.3 北冰洋

10.3.1 地理特征

北冰洋是世界上最小的洋，面积为 1310×10^4 km²，只占世界海洋总面积的 3.6%。北冰洋大致以北极为中心，四周为北美大陆、欧亚大陆和格陵兰岛所环抱，外形呈椭圆形。它通过挪威海、格陵兰海和加拿大北极群岛之间各海峡与大西洋相连，以狭窄的白令海峡与太平洋沟通。北冰洋最宽处在阿拉斯加与挪威之间，约 4233 km；最窄处在格陵兰与俄罗斯的台麦尔半岛之间，约 1900 km。北冰洋海底地貌突出的特点是大陆架非常广阔，其面积为 440×10^4 km² 占整个北冰洋总面积的 36%。

北冰洋底中央部分，横卧着一条高起的罗蒙诺索夫海岭，还有一条同罗蒙诺索大海岭近于平行的门捷列夫海岭。由于上述两条海岭横断整个北冰洋，将整个北冰洋海盆被分隔为两部分。面向大西洋一边的称南森海盆，一般深度为 4000~4500 m；面向太平洋和北美洲一边的，叫加拿大海盆，一般深度为 3000~3500 m。

北冰洋的海底地形表现出很明显的地中海特征。它与三大洋的主要接口是在大西洋，沿着海槛有一个 1700 km 宽的较大的开口，从格陵兰，穿过冰岛、法罗群岛以至苏格兰。海槛深度在丹麦海峡（格陵兰与冰岛之间）约有 600 m，冰岛和法罗群岛之间约 400 m，法罗群岛和苏格兰之间约 800 m。略小一些的到大西洋的缺口有加拿大列岛，主要是通过纳里斯海峡和史密斯海峡深度小于 250 m 的海槛，以及巴罗海峡和兰卡斯特海峡的小于 130 m 的海槛。与太平洋的接口主要是白令海峡，开口只有 45 m 深，85 km 宽，这对于北冰洋环流的贡献很小。

10.3.2 风场特征

在北冰洋内部，由于主要是下沉气流，风暴天气并不多见，然而在它的边缘部分，由于海陆的物理性质不同，常有明显的"季风"变化，而且风速很大。冬季时节，因每受冰岛低压和阿留申低压的影响，常在亚欧大陆北部沿岸海域和阿拉斯加北部沿岸海域形成气旋而产生暴风雪天气。北极点附近的高压决定了北冰洋的风模式。冬季加拿大海盆到北格陵兰的脊生成的时候，这种现象就显得更明显。夏季极点附近压强梯度有所减小，但还是高于周围的大陆。北冰洋大部分都受极点的影响。与极地东风影响下的围绕南极大陆弱的反气旋环流不同，北冰洋表现出单一的东风和反气旋表层环流。风在冬季更强，它的年平均状况与 1 月类似。格陵兰和挪威海的风模式受冰岛低压控制，产生了气旋式的运动。

10.3.3　环流特征

早期对表层环流的估计，数据主要是根据冰川或船只的漂移轨迹得到的。比较著名的是挪威探险家南森为了抵挡海冰压力而建造的"弗拉姆"号调查船（1893—1896年）。早期，美国的调查船"杰奈特"号曾在白令海峡附近的楚科奇海撞到海冰（1881年6月），失事的船于1884年在格陵兰海岸得以修复。其他早期的观测还有莫德从白令海峡到新西伯利亚群岛（1918—1925年）以及西多夫从新西伯利亚群岛到斯匹次卑尔根岛（1937—1940年）。

北冰洋的海流可穿越北极点，将北冰洋的表层环流分为两大环流系，分别是亚欧海盆中的气旋式环流和加拿大海盆中的反气旋式环流。穿越北极的海流，继续向南并在格陵兰北部分为东、西两支。东支进入格陵兰海后，沿格陵兰东岸南下，再转向西南，汇入东格陵兰流；西支西行加入到加拿大海盆中的顺时针向环流。除了表层流的"越极"与南大洋的"绕极"截然不同之外，北冰洋的环流也不像南极统极流那样可从表层一直渗达洋底，因为它的次表层、中层和近底层环流，也各自存在明显的差异。

10.3.4　海冰特征

大部分海域被平均厚约3 m的冰层所覆盖。大部分海区，尤其是纬度高于75°N的洋区，存在着永久性的冰盖。冰的总面积，冬季为（1 000～1 100）×10^4 km^2，夏季为（750～800）×10^4 km^2。60°—75°N的海区，海冰的出现是季节性的，常有一年的周期。边缘海区，冰盖南界不固定，随着水温条件的变化，往往能变动几百千米。一年冰的厚度，春季达到2.5～3 m；多年冰的厚度达34 m。在风和流的作用下，大群冰块叠积，形成流冰群。它们沿高压脊运动，在局部地区堆积很高，并向纵深下沉几十米，从而形成巨大的浮冰山。露出水面的高度为10～12 m，有时高达15 m，水下部分厚达40 m，水平方向的面积可达600～700 km^2。从岛屿脱落下来的冰山能漂移到很远距离，其中一些冰山漂过极地水域可进入大西洋，个别冰山可向南漂移到40°N附近。

与南大洋的状况相比，在北冰洋海冰漂浮站的平稳的平台上收集降水和降雪数据要容易一些。因此，收集到的信息也较为有效。极地东风带的降水较少，而在西风漂流的亚北极海区却很显著，而且伴有变化很大、频率很高的风暴。由于大量的降水落在海冰上，直到它离开北冰洋海区才能融化，因此当地的降雪在海洋质量收支中并没有发挥很大的作用。主要的贡献来自西伯利亚的降水和地表径流，估计总量约0.2 Sv。冰上的蒸发相对较小，而北冰洋是一个低盐的海盆，它平均流出的淡水比流入的多。

格陵兰的降水流入冰河，每年在东格陵兰、西格陵兰和拉布拉多海流中产生上千个冰山。其中一些到达纽芬兰沿岸，进入北美和欧洲之间的行船航道，冬季数量很少，只有50～100个。自从"泰坦尼克"号邮轮在首航时（1912年）撞击到了海冰，造成1490人丧生之后，国际海冰巡救组织成立了。3月到7月间，它对大西洋沿岸威胁行船安全的冰山位置进行了报道。

海冰分布的一个显著的特征就是在北美沿岸的海冰覆盖的南向扩展与挪威海岸永久性无冰区的北向扩展。世界上没有其他的港口能像挪威那样，在 70°N 的高纬还能够全年地支持行船停靠；也没有像纽芬兰沿岸那样在 40°N 的纬度还有冰山。这是由于流入和流出水的水温差异造成的。挪威流的平均水温为 6 ~ 8℃，而东格陵兰流的平均水温在 −1℃ 以下。这种水温的差异补偿了盐度对密度的影响，在挪威流中盐度高达 34 ~ 35，而在东格陵兰流中盐度只有 30 ~ 33。

根据卫星观测对海冰覆盖变化的估计，夏季冰覆盖约 8 106 km²，冬季 15 106 km²，其中 14% 在开阔海域。冰间湖的平均生命期是 75 d，只有南大洋的一半，这是因为由于南大洋的海冰很少受海岸限制，有利于大范围向开阔水域扩展。

10.3.5 水团特征

北冰洋的水文剖面（图 10.3.1），除了挪威海以外，北冰洋主要显示出 3 个水团的层化特征，即深层与近底层水团、中层水团和表层与次表层水团（Swift and Aagaard，1981；Aagaard et al.，1985；Rudels，2001）。而在挪威海，则存在部分由北大西洋流带来的暖而咸的副热带水团。

10.3.5.1 深层和近底层水团

北冰洋 900 m 以深的深层和近底层水团约占北冰洋总体积的 54%，温—盐特征较为均匀，盐度特征变化幅度不超过 0.1，现场温度的垂直变化也只有 0.2℃，有些海盆中几乎没有季节变化。北冰洋深层和近底层水团的形成源地主要在格陵兰海和挪威海。格陵兰深层水是陆架水因卷入了大西洋水而增盐，并导致密度增大，以至于沿陆坡下沉而形成的，此水对北冰洋深层水贡献最大；巴伦支海和挪威海对于北冰洋深层水也有贡献，但相对较小。

长期以来，北极底层水一直被认为形成于格陵兰岛和挪威海。现在得知，它的形成包括这两个源地以及格陵兰海深层水和北极陆架水的相互作用。格陵兰海深层水形成于冬季格陵兰海的中央，这里表层的降温导致了强烈的垂直对流。海水向底部的下沉与风暴系统的经过有关；它持续的时间小于 1 周，仅限于几千米的宽度。每次下沉时，独立的降温过程发生在很小的时间和空间尺度。每次过程的开始，表层水是非常淡的，盐度的增加使其开始下沉。在海冰的形成时才能达到这样的条件。最终，密度增加到超过下面暖而咸的海水，下沉开始，并由暖水的上升来补偿，它使海冰融化，完成循环。因此，格陵兰海从未被冰完全覆盖过，而且格陵兰海深层水多形成于开阔海区。

底层水的另一个源地是北极陆架区。低盐的陆架水反映了河流淡水的输入，有利于海冰的形成。当盐分从海冰中晰出时，冰下面的海水盐度开始增加。因此，陆架区域的水体有着很大的季节性变化，有时是淡的，有时是咸的，但都是非常冷的。当盐度超过 35 时（这在楚科奇海和巴伦支海的 300 m 处有时能观测到），海水达到的密度能够下沉到北冰洋的底层，进而对北冰洋底层水有所贡献。斯瓦尔巴群岛的海湾也有类似的贡

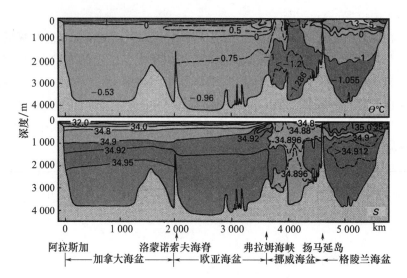

图 10.3.1　挪威海到加拿大海盆的位温和盐度断面（Aagaard et al.，1985）

500 m 深处的水温和盐度的极大值表明大西洋水从挪威海表面向表层水与底层水之间的深度穿过。

需要注意的是，等温线和等盐线之间的水温和盐度的增加在各自范围之内是不均匀的

献。北极底层水的盐度通常接近 34.95，最高在加拿大海盆。陆架水对底层水的贡献的证据来自加拿大海盆，这里的盐度高于挪威海和格陵兰海，因此不可能是与流入的高盐水相混合的结果。

10.3.5.2　中层水团

北冰洋中层水在各海区的分布和特征，也表现出相当大的复杂与多样性。在冰岛和格陵兰海中，该区域的北冰洋中层水分为 3 种类型：北冰洋上中层水、北冰洋下中层水和北极中层水。下中层水直接位于深层水之上，有温盐的极大值，且两者随着深度增加而减小，温度和盐度的变化范围分别为 0～3℃ 和 34.9～35.1。上中层水位于温度的极大值与极小值之间，且温盐均随深度而增加，盐度变化范围为 34.7～34.9，温度在 2℃ 以下。北极中层水温度低于 0℃，盐度为 34.7～34.9。挪威海中的北冰洋中层水，至少有两种类型由冰岛海盆和格陵兰岛传播而来。其一是北冰岛冬季水，分布于挪威海南部，温度范围 2～3℃，盐度范围 34.85～34.90。另一类型是位于表层大西洋水和挪威海深层水之间的一层，盐度为 34.87～34.91，温度范围为 -0.5～1℃。

10.3.5.3　表层和次表层水团

北冰洋表层和次表层主要有 3 个水团：北冰洋表层水、北极水和表层大西洋水。北冰洋表层水，温度 0～3℃，盐度 34.4～34.90。北极水以低温（温度小于 0℃）、低盐（盐度小于 34.4）为主要特征。表层大西洋水，大部分水温在 3℃ 以上，盐度高于 34.9。

北极表层水深度范围在海表至 150～200 m，水温接近冰点，-1.5～-1.9℃，随深度变化很小。然而，盐度却变化很大，甚至表层 25～50 m 与下面的次表层都有着明显差异。在表层，北极表层水的性质在北冰洋内较为一致，而盐度则受结冰和融冰影响较

大，范围为 28 ~ 33.5。次表层的特征是水温均一但盐度梯度较大。这一层的海水是进入的大西洋水通过一系列海底峡谷在西伯利亚陆架发生强烈混合的结果。产生的陆架水在盐度上是不足以对北极底层水的形成有所贡献的，但却足以携带海水进入大西洋并与大西洋水相接触，估计量为 2.5 Sv，这与进入北极海区的大西洋水相当。由于次表层水的水温极低（接近冰点），下沉的陆架水表现为一个与表层相隔的热量屏障：使大西洋水在海底峡谷中通过并充分降低它的水温，同时保护了上面的海冰，使其不被大西洋水所融化。

次表层水的另一个重要特征就是它的流速很快，通常量级为 0.3 ~ 0.6 m/s，持续两周，这似乎与次表层涡的运动有关。涡是混合强化的表现；它们大小约十几千米，携带着具有明显特征的海水到另一个海区，增强了不同水团之间的交换。这一层的海水停留时间较短，根据观测估计约为 10 年。

北极表层水在次表层的深度还受到从白令海峡侵入的太平洋水的影响。夏季，来自白令海峡的海水暖于北极表层水（2 ~ 6℃，偶尔达到 10℃），但盐度仅为 31 ~ 33，它散布于 10 ~ 100 m 深度，产生了一个温度极大值层（就像是大西洋水的 150 ~ 500 m 深的结构一样）。冬季，它与北极表层水温度相当（约 − 1.6℃），盐度为 32 ~ 34，散布在 150 m 的深度，产生了一个水温极小值层。根据这种水温特征，可在加拿大海盆中的大部分海区识别来自白令海的海水。

思考与讨论

1. 南极绕极流的产生原因是什么？
2. 南大洋中有哪些锋面？各自有什么特征？
3. 南大洋和北冰洋地理特征的显著差异是什么？对海洋环流有何影响？
4. 北冰洋北美大陆一侧和挪威一侧海冰分布的差异及原因是什么？
5. 简述北冰洋的水团及特征。

参考文献

陈俊天，2019.一种潮致混合参数化方案的适用性评估研究[D].青岛：自然资源部第一海洋研究所.

陈宗镛，1992.海洋科学概论[M].青岛：青岛海洋大学出版社.

董昌明，2015.海洋涡旋探测与分析[M].北京：科学出版社.

杜涛，方欣华，1999.内潮模拟的数值模式[J].海洋预报，16(4)：26-32.

范植松，2002.海洋内部混合研究基础[M].北京：海洋出版社.

方国洪，郑文振，陈宗镛，等，1986.潮汐和潮流的分析和预报[M].北京：海洋出版社.

方欣华，1993.海洋内波动力学[J].地球科学进展，(5)：101-102.

方欣华，杜涛，2005.海洋内波基础和中国海内波[M].青岛：中国海洋大学出版社.

冯士筰，1984.论大洋环流的尺度分析及风旋度-热盐梯度方程式[J].山东海洋学院学报，14(1)：33-43.

冯士筰，李凤歧，李少菁，1999.海洋科学导论[M].北京：高等教育出版社.

管长龙，张文清，朱冬琳，等，2014.上层海洋中浪致混合研究评述——研究进展及存在问题[J].中国海洋大学学报，44(10)：20-24.

管守德，2014.南海北部近惯性振荡研究[D].青岛：中国海洋大学.

郭飞，侍茂崇，1998.琼东沿岸上升流二维数值模型的诊断计算[J].海洋学报，20(6)：8.

郭筝，2019.南海北部内潮时空变化特征及其影响机制[D].青岛：中国海洋大学.

郝聪聪，2021.湍流观测仪器的关键技术研究[D].太原：中北大学.

黄磊，黄祖珂，2005.潮汐原理与计算[M].青岛：中国海洋大学出版社.

黄瑞新，1998.论大洋环流的能量平衡[J].大气科学，22(4)：13.

黄瑞新，2012.大洋环流：风生与热盐过程[M].北京：高等教育出版社.

景振华，1966.海流原理[M].北京：科学出版社.

李明悝，2004.东中国海海洋动力环境要素的数值模拟方法研究[D].青岛：中国科学院海洋研究所.

李燕初，许德伟，阮海林，2012.用混沌理论提高潮汐预报的准确度[J].海洋学报，34(1)：39-45.

刘式达，刘式适，1990.地球流体力学中的数学问题[M].北京：海洋出版社.

刘宇，管玉平，林一骅，2006.大洋热盐环流研究的一个焦点：北太平洋是否有深水形成[J].地球科学进展，21(11)：1185-1192.

吕华庆，2012.物理海洋学基础[M].北京：海洋出版社.

吕咸青, 潘海东, 王雨哲, 2021. 潮汐调和分析方法的回顾与展望[J]. 海洋科学, 11 (45): 132 - 143.

马尔丘克, 卡岗, 1982. 大洋潮汐[M]. 北京: 海洋出版社.

奈弗, 王辅俊, 1984. 摄动方法[M]. 上海: 上海科学技术出版社.

南峰, 于非, 徐安琪, 等, 2022. 西北太平洋次表层中尺度涡研究进展和展望[J]. 地球科学进展, 37(11): 1115 - 1126.

齐鹏, 陈新平, 2018. 波浪辐射应力对海流模式影响的数值分析[J]. 海洋工程, 36(1): 55 - 61.

权陕媛, 史久新, 2019. 1980—2015 年夏季南大洋亚南极锋和极地锋的长期变化研究[J]. 极地研究, 31(3): 15.

侍茂崇, 2004. 物理海洋学[M]. 济南: 山东教育出版社.

是勋刚, 1994. 湍流[M]. 天津: 天津大学出版社.

孙博雯, 2019. 中尺度涡旋三维结构与经向热输送研究[D]. 青岛: 中国科学院大学.

孙孚, 钱成春, 王伟, 等, 2003. 海浪波生切应力及其对流驱动作用的估计[J]. 中国科学: D 辑, 33(8): 791 - 798.

孙孚, 魏永亮, 吴克俭, 2006. 地转条件下的浪致辐射应力[J]. 海洋学报, 28(6): 1 - 4.

汤毓祥, Lie Heung-Jae, 2001. 冬至初春黄海暖流的路径和起源[J]. 海洋学报, 23(1): 1 - 12.

田川, 2012. 深海湍流混合长期连续观测技术与应用研究[D]. 天津: 天津大学.

汪德昭, 尚尔昌, 2013. 水声学(第 2 版)[M]. 北京: 科学出版社.

王桂华, 2004. 南海中尺度涡的运动规律探讨[D]. 青岛: 中国海洋大学.

王智峰, 2012. Stokes-drift 对上层海洋的影响研究[D]. 青岛: 中国海洋大学.

魏泽勋, 郑全安, 杨永增, 等, 2019. 中国物理海洋学研究 70 年: 发展历程、学术成就概览[J]. 海洋学报, 41(10): 23 - 64.

文圣常, 余宙文, 1985. 海浪理论与计算原理[M]. 北京: 科学出版社.

吴望一, 1982. 流体力学(上册)[M]. 北京: 北京大学出版社.

吴中鼎, 2003. 南海潮汐数值预报及其在海道测量中的应用[J]. 海洋测绘, 23(6): 4 - 7.

叶安乐, 李凤岐, 1992. 物理海洋学[M]. 青岛: 青岛海洋大学出版社.

张兆顺, 崔桂香, 许春晓, 2005. 湍流理论与模拟[M]. 北京: 清华大学出版社.

张正光, 2013. 中尺度涡[D]. 青岛: 中国海洋大学.

张志伟, 2016. 南海北部中尺度涡的三维结构与生消机制研究[D]. 青岛: 中国海洋大学.

赵保仁, 曹德明, 李徽翡, 等, 2001. 渤海的潮混合特征及潮汐锋现象[J]. 海洋学报, 23(4): 113 - 118.

赵玖强, 2019. 南海北部深海潮汐的季节性变化特征及其对沉积物搬运的影响[D]. 上海: 同济大学.

赵骞, 2006. 东中国海环流与混合的研究[D]. 青岛: 中国海洋大学.

郑全安, 谢玲玲, 郑志文, 等, 2017. 南海中尺度涡研究进展[J]. 海洋科学进展, 35(2):

131 – 157.

郑全安, 袁业立, 1989. 海洋中尺度涡旋在陆架上衰变的解析模式研究[J]. 中国科学(B 辑), 2: 207 – 215.

郑义芳, 郭炳火, 1986. 中、日黑潮合作调查完成首航任务[J]. 海洋科学进展, (3): 51.

AAGAARD K, SWIFT J H, CARMACK E C, 1985. Thermohaline circulation in the Arctic Mediterranean Seas[J]. Journal of Geophysical Research, 90:4833 – 4846.

ADAMEC D, ELSBERRY R L, 1985. The response of intense oceanic current systems entering regions of strong cooling[J]. Phys. Oceanogr., 15: 1284 – 1295.

ADRAIN R, 1991. Particle-imaging techniques for experimental fluid-mechanics[J]. Annu. Rev. Fluid. Mech., 23: 261 – 304.

AGRAWAL Y C, TERRAY E C, DONELAN M A, et al., 1992. Enhanced dissipation of kineticenergy beneath surface waves[J]. Nature, 359: 219 – 220.

AHLQUIST J E, 1982. Normal-mode global Rossby waves: theory and observations[J]. J. Atmos. Sci., 39: 193 – 202.

AKAN C, MCWILLIAMS J C, MOGHIMI S, et al., 2018. Frontal dynamics at the edge of the Columbia River plume[J]. Ocean Model, 122: 1 – 12.

ALFORD M H, SHCHERBINA A Y, GREGG M C, 2013. Observations of near-inertial internal gravity waves radiating from a frontal jet[J]. Phys. Oceanogr., 43: 1209 – 1224.

ALFORD M H, WHITMONT M, 2006. Seasonal and spatial variability of near – inertial kinetic energy from historical mooring velocity records[J]. Journal of physical oceanography, 37: 2022 – 2037.

ALFORD M H, WHITMONT M, 2007. Seasonal and spatial variability of near-inertial kinetic energy from historical moored velocity records[J]. Phys. Oceanogr., 37: 2022 – 2037.

ALI GHORBANI M, KHATIBI R, AYTEK A, et al., 2010. Sea water level forecasting using genetic programming and comparing the performance with Artificial Neural Networks[J]. Comput. Geosci., 36: 620 – 627.

ANDERSON G C, 1964. The seasonal geographic distribution of primary productivity off the Washington Oregon coasts[J]. Limnol. Oceanogr., 9: 284 – 302.

ANDREWS D G, MCINTYRE M E, 1978. An exact theory of nonlinear waves on a Lagrangian-Mean flow[J]. J. Fluid Mech., 89(4): 609 – 646.

ARDHUIN F, JENKINS A D, 2006. On the interaction of surface waves and upper ocean turbulence[J]. J. Phys. Oceanogr., 36(3): 551 – 557.

ARMSTRONG T, ROBERTS B, SWITHINBANK C, 1966. Illustrated glossary of snow and ice [M]. Cambridge: Scott Polar Research Institute.

ARTHUN M, ELDEVIK T, SMEDSRUD L H, 2019. The role of Atlantic heat transport in future Arctic winter sea ice loss[J]. J. Clim., 32: 3327 – 3341.

ASSUR A, 1963. Breakup of pack ice floes[C]. In: Kingery, W. D. (ed.), Ice and snow (pp. 335 – 347). Boston: MIT Press.

BABANIN A V, 2006. On a wave-induced turbulence and a wave-mixed upper ocean layer[J]. Geophys. Res. Let. , 33(20): 382 – 385.

BABANIN A V, 2011. Breaking and dissipation of ocean surface waves[M]. Cambridge: Cambridge University Press.

BABANIN A V, CHALIKOV D, YOUNG I R, et al. , 2007. Predicting the breaking onset of surface water waves[J]. Geophys. Res. Let. , 34: L07605.

BABANIN A V, CHALIKOV D, YOUNG I R, et al. , 2010. Numerical and laboratory investigation of breaking of steep two-dimensional waves in deep water[J]. Journal of Fluid Mechanics, 644: 433 – 463.

BABANIN A V, HAUS B K, 2009. On the existence of water turbulence induced by nonbreaking surface waves[J]. J. Phys. Oceanogr. , 39(10): 2675 – 2679.

BANNER M L, BABANIN A V, YOUNG I R, 2000. Breaking probability for dominant waves on the sea surface[J]. Journal of Physical Oceanography, 30(12): 3145 – 3160.

BANNER M L, GEMMRICH J R, FARMER D M, 2002. Multiscale measurements of ocean wave breaking probability [J]. Journal of Physical Oceanography, 32 (12): 3364 – 3375.

BANNER M L, PEIRSON W L, 2007. Wave breaking onset and strength for two-dimensional deep-water wave groups[J]. Journal of Fluid Mechanics, 585: 93 – 115.

BANNER M L, PHILLIPS O M, 1974. On the incipient breaking of small scale waves[J]. Journal of Fluid Mechanics, 65(4): 647 – 656.

BANNER M L, TIAN X, 1998. On the determination of the onset of breaking for modulating surface gravity waves[J]. J. Fluid Mech. , 367: 107 – 137.

BARDINA J, FERZIGER J, REYNOLDS W, 1980. Improved subgrid-scale models for large-eddy simulation[C]. Snowmass: 13th fluid and plasmadynamics conference,1357.

BARKAN R, MOLEMAKER M J, SRINIVASAN K, et al. , 2019. The role of horizontal divergence in submesoscale frontogenesis[J]. Phys. Oceanogr. , 49: 1593 – 1618.

BARNES H, 1977. Descriptive physical oceanography[J]. Mar. Chem. , 5: 201 – 202.

BELKIN I M, 2021. Review remote sensing of ocean fronts in marine ecology and fisheries[J]. Preprints, (5).

BELKIN I M, O'REILLY J E, 2009. An algorithm for oceanic front detection in chlorophyll and SST satellite imagery[J]. Mar. Syst. , 78: 319 – 326.

BENJAMIN T B, 1959. Shearing flow over a wavy boundary[J]. J. Fluid Mech. , 6(2): 161 – 205.

BENJAMIN T B, 1968. Gravity currents and related phenomena [J]. J. Fluid Mech. , 31: 209 – 248.

BERESTOV A L, 1979. Solitary Rossby waves. Izv. Acad[J]. Sci. USSR Atmos. Ocean. Phys. ,

15(6): 443 – 447.

BERESTOV A L, 1981. Some new solutions for the Rossby solitons[J]. Izv. Acad. Sci. USSR Atmos. Ocean. Phys. , 17(1): 60 – 64.

BINDOFF N L, MCDOUGALL T J, 1994. Diagnosing climate change and ocean ventilation using hydrographic data[J]. J. Phys. Oceanogr. , 24: 1137 – 1152.

BODNER A S, FOX-KEMPER B, VAN ROEKEL L P, et al. , 2019. A perturbation approach to understanding the effects of turbulence on frontogenesis [J]. J. Fluid Mech. , 883 (A25).

BOYER D L, CHEN R, 1987. On the laboratory simulation of topographic effects on large scale atmospheric motion systems: The Rocky Mountains[J]. Atmos. Sci. , 44: 100 – 123.

BROCKS K, KRUGERMEYER L, 1970. The hydrodynamic roughness of the sea surface [M]. Rep No. 15, Institut fur Radiometeorologie und Maritime Meteorologie, Hamburg University.

BROECKER W S, 1998. Paleocean circulation during the last deglaciation: A bipolar seesaw? [J]. Paleoceanography, 13: 119 – 121.

BROECKER W S, HENDERSON G M, 1998. The sequence of events surrounding Termination II and their implications for the cause of glacial-interglacial CO2 changes[J]. Paleoceanography, 13: 352 – 364.

BROECKER W S, PENG T H, 1983. Tracers in the sea[M]. New York: Columbia University Press.

BRUUN H H, 1995. Hot wire anemometry: Principles and signal analyses[M]. Oxford: Oxford University Press.

BUNKER A F, WORTHINGTON L V, 1976. Energy exchange charts of the North Atlantic Ocean[J]. Bull. Am. Meteorol. Soc. , 57: 670 – 678.

CAI S, XIE J, HE J, 2012. An overview of internal solitary waves in the South China Sea[J]. Surv. Geophys. , 33: 927 – 943.

CAMPBELL W J, 1965. The wind-driven circulation of ice and water in a polar ocean[J]. Geophys. Res. , 70: 3279 – 3301.

CAMPBELL W J, RASMUSSEN L A, 1972. A numerical model for sea ice dynamics incorporating three alternative ice constitutive laws[C]. In: T. Karlsson(ed.), Sea Ice: Proceedings of an International Conference(pp. 176 – 187). National Research Council, Reykjavik.

CANNY J, 1986. A computational approach to edge detection[J]. IEEE Transactions on pattern analysis and machine intelligence, (6): 679 – 698.

CAPET X, MCWILLIAMS J C, MOLEMAKER M J, et al. , 2008. Mesoscale to submesoscale transition in the California Current system. Part II: Frontal processes[J]. Phys. Oceanogr. , 38: 44 – 64.

CARDONE V J, 1970. Specification of the wind distribution in the marine boundary layer for wave forecasting[M]. New York: New York University Press.

CARTON J A, GIESE B S, 2008. A reanalysis of ocean climate using Simple Ocean Data Assimilation(SODA)[J]. Mon. Weather Rev. , 136: 2999 – 3017.

CAVALERI L, ZECCHETTO S, 1987. Reynolds stresses under wind waves[J]. J. Geophys. Res. , C92: 3894 – 3904.

CAYULA J F, CORNILLON P, 1992. Edge detection algorithm for SST images[J]. J. Atmos. Oceanic Technol. , 9: 67 – 80.

CAYULA J F, CORNILLON P, 1995. Multi – image edge detection for SST images[J]. J. Atmos. Oceanic Technol. , 12: 821 – 829.

CAYULA J F, CORNILLON P, 1996. Cloud detection from a sequence of SST images[J]. Remote Sensing of Environment, 55(1): 80 – 88.

CHAIGNEAU A, GIZOLME A, GRADOS C, 2008. Mesoscale eddies off Peru in altimeter records: Identification algorithms and eddy spatio-temporal patterns[J]. Progress in Oceanography, 79(2/4): 106 – 119.

CHALIKOV D V, 1995. The Parameterization of the wave boundary layer[J]. Journal of Physical Oceanography, 25(6): 1333 – 1349.

CHAPMAN D C, 2000. The influence of an alongshelf current on the formation and offshore transport of dense water from a coastal polynya[J]. Geophys. Res. Ocean. , 105: 24007 – 24019.

CHAPMAN D C, LENTZ S J, 1994. Trapping of a coastal density front by the bottom boundary layer[J]. J. Phys. Oceanogr. , 24: 1464 – 1479.

CHARNEY J C, 1947. The dynamic of long wave in a baroclinic westerly current[J]. Meteor, 4: 135 – 163.

CHARNEY J G, 1955. The gulf stream as an inertial boundary layer[J]. Proc. Natl. Acad. Sci. , 41: 731 – 740.

CHARNOCK H, 1955. Wind stress on a water surface[J]. Quart. J. Roy. Meteor. Soc. , 81: 639 – 640.

CHELTON D B, 1994. Physical oceanography: A brief overview for statisticians[J]. Stat. Sci. , 9: 150 – 166.

CHELTON D B, DESZOEKE R A, et al. , 1998. Geographical variability of the first baroclinic Rossby radius of deformation[J]. Phys. Oceanogr. , 28: 433 – 460.

CHELTON D B, ESBENSEN S K, SCHALAX M G, et al. , 2001. Observations of coupling between surface wind stress and sea surface temperature in the eastern tropical pacific[J]. Clim. , 14: 1479 – 1498.

CHELTON D B, FREILICH M H, SIENKIEWICZ J M, et al. , 2006. On the use of QuikSCAT Scatterometer measurements of surface winds for marine weather prediction [J]. Mon.

Weather Rev. , 134: 2055 – 2071.

CHELTON D B, SCHLAX M G, FREILICH M H, et al. , 2004. Satellite measurements reveal persistent small-scale features in ocean winds[J]. Science, 303: 978 – 983.

CHELTON D B, SCHLAX M G, SAMELSON R M, 2007. Summertime coupling between sea surface temperature and wind stress in the California current system[J]. Phys. Oceanogr. , 37: 495 – 517.

CHELTON D B, SCHLAX M G, SAMELSON R M, 2011. Global observations of nonlinear mesoscale eddies[J]. Progress in Oceanography, 91: 167 – 216.

CHELTON D B, SCHLAX M G, SAMELSON R M, et al. , 2007. Global observations of large oceanic eddies[J]. Geophys. Res. Lett. , 34, L15606. doi: 10. 1029/ 2007GL030812.

CHEN D, LIU W T, TANG W, et al. , 2003. Air-sea interaction at an oceanic front: Implications for frontogenesis and primary production[J]. Geophys. Res. Lett. , 30.

CHEN G X, HOU Y J, CHU X Q, 2011. Mesoscale eddies in the South China Sea: Mean properties, spatiotemporal variability, and impact on thermohaline structure[J]. Geophys. Res. , 116, C06018, doi: 10. 1029/2010JC006716.

CHEN G X, WANG D X, DONG C M, et al. , 2015. Observed deep energetic eddies by seamount wake[J]. Scientific Reports, 5: 17416. DOI: 10. 1038/srep17416.

CHEN G, XUE H, WANG D, et al. , 2013. Observed near-inertial kinetic energy in the northwestern South China Sea[J]. Geophys. Res. Ocean. , 118: 4965 – 4977.

CHEUNG T K, STREET R L, 1988. The turbulent layer in the water at an air-water interface [J]. Journal of Fluid Mechanics, 194: 133 – 151.

CHIANG T L, WU C R, OEY L Y, 2011. Typhoon Kai-Tak: An ocean's perfect storm[J]. Phys. Oceanogr. , 41: 221 – 233.

CHU P C, VENEZIANO J M, FAN C, et al. , 2000. Response of the South China Sea to Tropical Cyclone Ernie 1996[J]. Geophys. Res. Ocean. , 105: 13991 – 14009.

COLONY R, THORNDIKE A S, 1984. An estimate of the mean field of Arctic sea ice motion [J]. Geophys. Res. , 89(C6): 10623 – 10629.

COLONY R, THORNDIKE A S, 1985. Sea ice motion as a drunkard's walk (Arctic Basin) [J]. Geophys. Res. , 90: 965 – 974.

CONTE S D, MILES J W, 1959. On the integration of Orr – Sommerfeld Equation[J]. J. Soc. Indust. Appl. Maths, 7: 361 – 369.

COON M D, 1980. A review of AIDJEX modeling[C]. In: R. S. Pritchard(ed.), Proceedings of ICSI/AIDJEX Symposium on Sea Ice Processes and Models(pp. 12 – 23). University of Washington, Seattle.

COON M D, KNOKE G S, ECHERT D C, et al. , 1998. The architecture of an anisotropic elastic-plastic sea ice mechanics constitutive law[J]. Geophys. Res. , 103(C10): 21915 – 21925.

COON M D, MAYKUT G A, PRITCHARD R S, et al. , 1974. Modeling the pack ice as an e-lastic-plastic material[J]. AIDJEX Bull. , 24: 1 – 105.

COON M D, PRITCHARD R S, 1974. Application of an elastic-plastic model of Arctic pack ice [C]. In: J. C. Sater and J. C. Reed(eds.), The coast and shelf of the Beaufort Sea(pp. 173 – 193). Arctic Institute of North America, Washington, D. C.

COON M D, PRITCHARD R S, 1979. Mechanical energy considerations in sea-ice dynamics [J]. Glaciol. , 24: 377 – 389.

CRAIG P D, BANNER M L, 1994. Modeling wave-enhanced turbulence in the ocean surface layer[J]. Journal of Physical Oceanography, 24(12): 2546 – 2559.

CRAIK A D, LEIBOVICH S, 1976. A rational model for Langmuir circulations[J]. J. Fluid Mesh. , 73(3): 401 – 426.

CUSHMAN-ROISIN B, 1994. Introduction to geophysical fluid dynamics [M]. Englewood Cliffs: Prentice-Hall.

DARWIN G, 1886. On the correction to the equilibrium theory of tides for the continents[J]. Proc. R. Soc. London, 40: 303 – 315.

DAUHAJRE D P, MCWILLIAMS J C, 2018. Diurnal evolution of submesoscale front and fila-ment circulations[J]. Phys. Oceanogr. , 48: 2343 – 2361.

DAUHAJRE D P, MCWILLIAMS J C, UCHIYAMA Y, 2017. Submesoscale coherent structures on the continental shelf[J]. Phys. Oceanogr. , 47: 2949 – 2976.

DE KARMAN T, HOWARTH L, 1938. On the statistical theory of isotropic turbulence. Pro-ceedings of the Royal Society of London[J]. Series A-Mathematical and Physical Sciences, 164: 192 – 215.

DEACON E L, WEBB E K, 1962. Small scale interactions. The Sea, Vol. l[J]. New York, Wiley(Interscience Publishers), 3: 43 – 66.

DEACON G E R, 1982. Physical and biological zonation in the Southern Ocean[J]. Deep-Sea Res. , 29: 1 – 15.

DEFANT A, 1950. On the origin of internal tide waves in the open sea[J]. Mar. Res. , 9: 111.

DJORDJEVIC V D, REDEKOPP L G, 1978. The fission and disintegration of internal solitary wavers moving over two-dimensional topography[J]. PHYS. Ocean. , 8: 1016 – 1024.

DOBLE M, 2008. Simulating pancake and frazil ice growth in the Weddell Sea: A process mod-el from freezing to consolidation [J]. Geophys. Res. 114 (C09003), doi: IO. 1029/2008JC004935.

DONELAN M A, 1982. The dependence of the aerodynamic drag coefficient on wave parameters [C]. Proc 1st Int Conf on Meteorology and Air – Sea Interaction of the Coastal Zone, Amer Meteorol Soc, Boston, 381 – 387.

DONELAN M, 1990. Air – sea interaction[M]. In: LeMehaute B, Hanes DM(eds) The sea, vol 9. Ocean engineering science. Wiley – Interscience, Hoboken, 239 – 292.

DONG C M, CAO Y H, MCWILLIAMS J C. 2018. Island wakes in shallow water[J]. Atmosphere-Ocean, 56, 2: 96 – 103.

DONG C M, MCWILLIAMS J C, SHCHEPETKIN A F, 2007. Island wakes in deep waler[J]. Journal of Physical Oceanography, 37(4): 962 – 981.

DONG C M, X L, Y LIU, et al. , 2012. Three-dimensional oceanic eddy analysis in the Southern California Bight from a numerical product[J]. Geophys. Res. , 117, C00H14, doi: 10. 1029/2011JC007354.

DONG C, LIU Y, LUMPKIN R, et al. , 2011. A Scheme to ldentify explicit loops from trajectories of ocean surface drifters[J]. Journal of Atmospheric and Oceanic Technology, 28: 1167 – 1176. Doi: 10. 1175/ JTECH-D-I0-05028. 1.

DOODSON A, 1921. The harmonic development of the tide-generating potential[J]. Proc. R. Soc. London. Ser. A, Contain. Pap. a Math. Phys. Character, 100: 305 – 329.

DORONIN YU P, 1970. On a method of calculating the compactness and drift of ice floes[C]. Trudy Arkticheskii i Antarkticheskii Nauchno-issledovatel'skii Institut 291, 5 – 17[English transl. 1970 in AIDJEX Bulletin 3, 22 – 39].

DORONIN YU P, KHEYSIN D YE, 1975. Sea ice[C]. Gidrometeoizdat, Leningrad, New Delhi, 318.

DRAZEN D A, MELVILLE W K, LENAIN L U C, 2008. Inertial scaling of dissipation in unsteady breaking waves[J]. J. Fluid Mech. , 611: 307 – 332.

DRENNAN W M, GRABER H C, HAUSER D, et al. , 2003. On the wave age dependence of wind stress over pure wind seas[J]. J. Geophys. Res. , 108(C3): 8062.

DRUCKER D C, 1950. Some implications of work hardening and ideal plasticity[J]. Appl. Math. , 7: 411 – 418.

DU T, TSENG Y H, YAN X H, 2008. Impacts of tidal currents and Kuroshio intrusion on the generation of nonlinear internal waves in Luzon Strait[J]. Geophys. Res. Ocean. , 113.

DUNBAR M. 1967. Illustrated glossary of snow and ice-a review[J]. Polar Rec. (Gr. Brit). , 13: 802 – 803.

DUNCAN J H, 1981. An experimental investigation of breaking waves produced by a towed hydrofoil[J]. Proc. R. Soc. London Ser. A, 377: 331 – 348.

DURST F, et al. , 1981. Principle and practice of laser-doppler anemometry[M]. London: Academic Press.

DURST F, MELLING A, WHITELAW J H, et al. , 1977. Principles and practice of laser-doppler anemometry[J]. J. Appl. Mech. , 44: 518 – 518.

D'ASARO E A, SHCHERBINA A Y, KLYMAK J M, et al. , 2018. Ocean convergence and the dispersion of flotsam[J]. Proc. Natl. Acad. Sci. U. S. A. , 115: 1162 – 1167.

D'ASARO E, BLACK P, CENTURIONI L, et al. , 2011. Typhoon-ocean interaction in the western North Pacific: Part 1[J]. Oceanography, 24: 24 – 31.

D'ASARO E, LEE C, RAINVILLE L, et al. , 2011. Enhanced turbulence and energy dissipation at ocean fronts[J]. Science, 332: 318 – 322.

EADY E T, 1949. Long wave and cyclone waves[J]. Tellus, 1: 33 – 52.

EFIMOV V V, HRISTOFOROV G N, 1971. Wave and turbulence components of the velocity spectrum in the upper layer of the ocean, Izv[J]. Acad. Sci. USSR Atmos. Oceanic Phys. , Engl. Transl. , 7(2): 200 – 211.

EGBERT G D, 1997. Tidal data inversion: Interpolation and inference[J]. Prog. Oceanogr. , 40: 53 – 80.

EGBERT G D, RAY R D, 2001. Estimates of M2 tidal energy dissipation from TOPEX/Poseidon altimeter data[J]. Geophys. Res. Ocean. , 106: 22475 – 22502.

EICKEN H, LANGE M, 1989. Development and properties of sea ice in the coastal regime of the southern Weddell Sea[J]. Geophys. Res. , 94: 8193 – 8206.

EVANS R J, UNTERSTEINER N, 1971. Thermal cracks in floating ice sheets[J]. Geophys Res. , 76: 694 – 703.

EZER T, 2000. On the seasonal mixed layer simulated by a basin-scale ocean model and the Mellor-Yamada turbulence scheme[J]. J. Geophys. Res. , 105(C7): 16843 – 16855.

FANG G, ICHIYE T, 1983. On the vertical structure of tidal currents in a homogeneous sea [J]. Geophysical Journal International, 73(1): 65 – 82.

FAVORITE F, 1976. Oceanography of the Subarctic Pacific region 1960 – 71[J]. Bull. Int. North Pacific Comm. , 33: 1 – 187.

FELLER W, 1968. An extention of the law of the iterated logarithm to variables without variance[J]. J. math. mech. , 18(18): 343 – 355.

FERRON B, MERCIER H , SPEER K, et al. , 1998. Mixing in the romanche fracture zone [J]. J. Phys. Oceanogr. , 28: 1929 – 1945.

FLAGG C N, BEARDSLEY R C, 1978. On the stability of the shelf water/slope water front south of New England[J]. Geophys. Res. , 83: 4623.

FLATO G M, HIBLER W D, 1990. On a simple sea-ice dynamics model for climate studies [J]. Ann. Glaciol. , 14: 72 – 77.

FRIEDLANDER S K , TOPPER L, 1961. Turbulence: classic papers on statistical theory[J]. SIAM Review, 3(4): 338.

GARGETT A E, 1989. Ocean turbulence[J]. Annu. Rev. Fluid Mech. , 21: 419 – 451.

GARRATT J R, 1977. Review of drag coefficients over oceans and continents[J]. Mon. Wea. Rev. , DOI: 10. 1175/1520 – 0493(1977)105 < 0915: rodcoo > 2. 0. co;2.

GARVINE R W, 1974. Dynamics of small-scale oceanic fronts[J]. Phys. Oceanogr. , 4: 557 – 569.

GAWARKIEWICZ G, CHAPMAN D C, 1992. The role of stratification in the formation and maintenance of shelf-break fronts[J]. Phys. Oceanogr. , 22: 753 – 772.

GEERNAERT G L, 1987. Measurements of the wind stress, heat flux, and turbulence intensity during storm conditions over the North Sea[J]. J. Geophys. Res. , Vol 92, No C12: 13127 – 13139.

GEERNAERT G L, 1988. Measurements of the angle between the wind vector and wind stress vector in the surface layer over the North Sea[J]. J. Geophys. Res. , 93(C7): 8215 – 8220.

GEERNAERT G L, KATSAROS K B, RICHTER K, 1986. Variation of the drag coefficient and its dependence on Sea state[J]. J. Geophys. Res. , 91(C6): 7667 – 7679.

GERMANO M, PIOMELLI U, MOIN P, et al. , 1991. A dynamic subgrid – scale eddy viscosity model[J]. Physics of Fluids A Fluid Dynamics, 3(7).

GILL A E, 1982. Atmosphere-ocean dynamics[M]. New York: Academic Press.

GILL A E, 1984. On the behavior of internal waves in the wakes of storms[J]. Phys. Oceanogr. , 14: 1129 – 1151.

GLEN J W, 1958. The flow law of ice[J]. Int. Assoc. Hydrol. Sci. , 47: 171 – 183.

GLEN J W, 1970. Thoughts on a viscous model for sea ice[J]. AIDJEX Bull. , 2: 18 – 27.

GODDIJN-MURPHY L, WOOLF D K, CALLAGHAN A H, 2011. Parameterizations and algorithms for oceanic whitecap coverage[J]. J. Phys. Ocean. , 41: 742 – 756.

GODFREY J S, 1989. A Sverdrup model of the depth-integrated flow for the world ocean allowing for island circulations[J]. Geophys. Astrophys. Fluid Dyn. , 45.

GOLDSTEIN R, OSIPENKO N, LEPPÄRANTA M, 2001. On the formation of large scale structural features[C]. In: Dempsey J P, Shen H H(eds.), IUTAM Symposium on Scaling Laws in Ice Mechanics and Ice Dynamics(pp. 323 – 334). Kluwer Academic, Dordrecht, The Netherlands.

GORBUNOV Y A, TIMOKHOV L A, 1968. Investigation of ice dynamics[J]. Izv. Atmos. Ocean. Phys. , 4: 623 – 626.

GORDIENKO P, 1958. Arctic ice drift[C]. Proceedings of conference on Arctic Sea Ice(Publication No. 598, 210 – 220. National Academy of Science, National Research Council, Washington D. C.

GRANT A, BELCHER S E, 2009. Characteristics of langmuir turbulence in the ocean mixed layer[J]. Journal of Physical Oceanography, 39(8): 1871 – 1887.

GRIFFIN D A, MIDDLETON J H, 1986. Coastal-trapped waves behind a large continental shelf island, southern great barrier reef[J]. J. PHYS. Ocean. , 16: 1651 – 1664.

GRIFFIN D A, MIDDLETON J H, BODE L, 1987. The tidal and longer-period circulation of capricornia, southern great barrier reef[J]. Mar. Freshw. Res. , 38: 461 – 474.

GROVES G W, REYNOLDS R W, 1975. An orthogonalized convolution method of tide prediction[J]. Geophys. Res. , 80: 4131 – 4138.

GUAN C, HU W, SUN J, et al. , 2008. The whitecap coverage model from breaking dissipation parameterizations of wind waves[J]. J. Geophys. Res. , 112: C05031.

GUAN C, XIE L, 2004. On the linear parametrization of drag coefficient over sea surface[J]. J. Phys. Oceanogr. , 34(12): 2847 – 2851.

GULA J, MOLEMAKER M J, MCWILLIAMS J C, 2016. Submesoscale dynamics of a Gulf Stream frontal eddy in the South Atlantic Bight[J]. Phys. Oceanogr. , 46: 305 – 325.

HANSON J L, PHILLIPS O M, 1999. Wind sea growth and dissipation in the open ocean[J]. J. Phys. Ocean. , 29(8): 1633 – 1648.

HASSELMANN K, 1960. Grundgleichungen der Seegangsvoraussage(in German)[J]. Schiff-stechnik, 7: 191 – 195.

HASSELMANN K, 1970. Wave-driven inertial oscillations. Geophys[J]. Fluid Dyn. , 1(3 – 4): 463 – 502.

HASSELMANN K, 1974. On the spectral dissipation of ocean waves due to white capping[J]. Boundary Layer Meteorology, 6: 107 – 127.

HATAYAMA T, 2004. Transformation of the Indonesian throughflow water by vertical mixing and its relation to tidally generated internal waves[J]. Oceanogr. , 60: 569 – 585.

HAURWITZ B, 1950. Internal waves of tidal character[J]. Eos, Trans. Am. Geophys. Union, 31: 47 – 52.

HEYWOOD K J, STEVENS D P, BIGG G R, 1996. Eddy formation behind the tropical is-land of Aldabra[J]. Deep Sea Research Part 1: Oceanographic Research Papers, 43 (4): 555 – 578.

HIBLER W D, 1979. A dynamic thermodynamic sea ice model[J]. Phys. Oceanogr. , 9: 815 – 846.

HIBLER W D, 1986. Ice dynamics[C]. In: N. Untersteiner(ed.), Geophysics of Sea Ice(pp. 577 – 640). New York: Plenum Press.

HIBLER W D, ACKLEY S F, CROWDER W K, et al. , 1974. Analysis of shear zone ice de-formation in the Beaufort Sea using satellite imagery[C]. In: Reed J C and Sater J E (eds.), The Coast and Shelf of the Beaufort Sea(pp. 285 – 296). The Arctic Institute of North America, Arlington, VA.

HIBLER W D, BRYAN K, 1987. A diagnostic ice-ocean model[J]. Phys. Oceanogr. , 17: 987 – 1015.

HIBLER W D, SCHULSON E M, 2000. On modeling the anisotropic failure and flow of flawed sea ice[J]. Geophys. Res. , 105(C7): 17105 – 17120.

HIBLER W D, TUCKER W B, 1977. Seasonal variations in apparent sea ice viscosity on the geophysical scale[J]. Geophys. Res. Lett. , 4(2): 87 – 90.

HICKEY B, GEIER S, KACHEL N, et al. , 2005. A bi-directional river plume: The Columbia in summer[J]. Cont. Shelf Res. , 25: 1631 – 1656.

HILL A E, JAMES I D, LINDEN P F, et al. , 1993. Dynamics of tidal mixing fronts in the

North Sea[J]. Philos. Trans. -R. Soc. London, A 343: 431 – 446.

HOBSON E S, 1965. Diurnal-nocturnal activity of some inshore fishes in the Gulf of California [J]. Copeia, 291.

HOLTHUIJSEN L H, HERBERS T H C, 1986. Statistics of breaking waves observed as white-caps in the open sea[J]. Journal of Physical Oceanography, 16(2): 290 – 297.

HOPKINS M A, 1994. On the ridging of intact lead ice[J]. Geophys. Res., 99(C8): 16351 – 16360.

HOPKINS M, HIBLER W D, 1991. On the ridging of a thin sheet of lead ice[J]. Geophys. Res., 96: 4809 – 4820.

HORNER-DEVINE A R, CHICKADEL C C, 2017. Lobe-cleft instability in the buoyant gravity current generated by estuarine outflow[J]. Geophys. Res. Lett., 44: 5001 – 5007.

HOSKINS B J, 1982. The mathematical theory of frontogenesis[J]. Annu. Rev. fluid Mech. Vol., 14: 131 – 151.

HU H, WANG J, 2010. Modeling effects of tidal and wave mixing on circulation and thermohaline structures in the Bering Sea: Process studies[J]. Geophys. Res. Ocean., 115.

HUANG C, QIAO F, 2010. Wave-turbulence interaction and its induced mixing in the upper ocean[J]. Journal of Geophysical Research, 115(C4): C04026. 1 – C04026. 12.

HUANG C, QIAO F, SONG Z, et al., 2011. Improving simulation of the upper ocean by inclusion of surface waves in the Mellor-Yamada turbulence scheme[J]. J. Geophys. Res., 116: C01007.

HUANG R X, 1989a. Sensitivity of a multilayered oceanic general circulation model to the sea surface thermal boundary condition[J]. J. Geophys. Res., 94: 18011.

HUANG R X, 1989b. The generalized eastern boundary conditions and the three-dimensional structure of the ideal fluid thermocline[J]. J. Geophys. Res., 94: 4855.

HUANG R X, 1999. Mixing and energetics of the oceanic thermohaline circulation[J]. J. Phys. Oceanogr., 29: 727 – 746.

HUANG R X, BRYAN K, 1987. A multilayer model of the thermohaline and wind-driven ocean circulation[J]. J. PHYS. Ocean., 17: 1909 – 1924.

HUANG R X, LUYTEN J, STOMMEL H, 1992. Multiple equilibrium states in combined thermal and saline circulation[J]. J. Phys. Oceanogr., 22: 231 – 246.

HUANG Y C, YAO H, HUANG B S, et al., 2010. Phase velocity variation at periods of 0. 5 – 3 seconds in the Taipei Basin of Taiwan from correlation of ambient seismic noise[J]. Bull. seism. Soc. Am., vol. 1005A : 2250 – 2263.

HUNKE E C, DUKOWICZ J K, 1997. An elastic-viscous-plastic model for sea ice dynamics [J]. Phys. Oceanogr., 27: 1849 – 1867.

HUNTER S C, PIPKIN A C, 1977. Mechanics of continuous media[J]. Appl. Mech., 44: 801 – 802.

HUSSAIN A K M F, W C REYNOLDS, 1970. The mechanics of an organized wave in turbulent shear flow[J]. J. Fluid Mech. , 41(2): 241 –258.

ISERN-FONTANET, GARCIA-LADONA E, FONT J, 2003. Identification of marine eddies from altimetric maps[J]. Atmos. Oceanic Technol. , 20: 772 –778.

ISERN-FONTANET, GARCIA-LADONA E, FONT J, 2006a. Vortices of the Mediterranean Sea: an altimetric perspective. [J]. Phys. Oceanogr. , 36: 87 –103.

ISERN-FONTANET, GARCIA-LADONA E, FONT J, et al. , 2006b. Non-Gaussian velocity probability density functions: an altimetric perspective of the Mediterranean Sea[J]. Phys. Oceanogr. , 36: 2153 –2164.

JAKKILA J, LEPPÄRANTA M, KAWAMURA T, et al. , 2009. Radation transfer and heat budget during the melting season in Lake Pääjärvi[J]. Aquatic Ecology. , 43(3): 609 –616.

JAMES I D, 1977. A model of the annual cycle of temperature in a frontal region of the Celtic Sea[J]. Estuar. Coast. Mar. Sci. , 5: 339 –353.

JANSSEN P A E M. 1991. Quasi-linear theory of wind-wave generation applied to wave forecasting[J]. J. Phys. Oceanogr. , 21(11): 1631 –1642.

JEFFERYS E R, 1981. Measuring Directional Spectra with the MLM[C]. Conference on Directional Wave Spectra Application.

JEFFREYS H, 1924. On the formation of waves by wind[J]. Proc. Roy. Soc. , A 107: 189 –206.

JESSUP A, PHADNIS K, 2005. Measurement of the geometric and kinematic properties ofmicroscale breaking waves from infrared imagery using a PIV algorithm[J]. Measur. Sci. Tech. , 16: 1961 –1969.

JOCHUM M, POTEMRA J, 2008. Sensitivity of tropical rainfall to Banda Sea diffusivity in the Community Climate System Model[J]. Clim. , 21: 6445 –6454.

JOHNSON D R, 1977. Determining vertical velocities during upwelling off the Oregon coast [J]. Deep. Res. , 24: 171 –180.

JOHNSON H K, KOFOED – HANSEN H, 1998. MIKE21 OSW3G, technical documentation [J]. Internal Rep. , Danish Hydraulic Institute, 84.

KARMAN T, 1931. Mechanical similitude and turbulence[M]. Washington DC: National Advisory Committee for Aeronautics.

KARNAUSKAS K, 2020. Physical oceanography and climate[M]. Cambridge: Cambridge University Press.

KESSLER W S, JOHNSON G C, MOORE D W, 2003. Sverdrup and nonlinear dynamics of the Pacific equatorial currents[J]. Phys. Oceanogr. , 33: 994 –1008.

KHEYSIN D Y, IVCHENKO V O, 1973. Numerical model of tidal drift of ice allowing for interaction between ice floes[J]. Izvestiya AN SSSR Series Fizyki Atmosfery i Okeana, 9

(4): 420 – 429.

KIDA S, WIJFFELS S, 2012. The impact of the Indonesian Throughflow and tidal mixing on the summertime sea surface temperature in the western Indonesian Seas[J]. Geophys. Res. Ocean., 117.

KIM C H, YOON J H, 1996. Modeling of the wind-driven circulation in the Japan Sea using a reduced gravity mode[J]. J. Oceanogr., 52: 359 – 373.

KIM J, MOIN P, MOSER R, 1987. Turbulence statistics in fully developed channel flow at low Reynolds number[J]. J. Fluid Mech., 177: 133 – 166.

KITAIGORODSKII S A, DONELAN M A, LUMLEY J L, et al., 1983. Wave-turbulence interaction in the upper ocean. Part Ⅱ: Statistical characteristics of wave and turbulence components of the random velocity field in the marine surface layer[J]. J. Phys. Oceanogr., 13: 1988 – 1999.

KITAIGORODSKII S A, LUMLEY J L, 1983. Wave-turbulence interaction in the upper ocean. Part I: The energy balance of the interacting fields of surface wind waves and wind-induced three-dimension turbulence[J]. J. Phys. Oceanogr., 13: 1977 – 1987.

KITAIGORODSKII S A, VOLKOV Y A, 1965. On the roughness parameter of the sea surface and the calculation of momentum flux in the near water layer of the atmosphere[J]. Izvestiya Physics of Atmosphere and Ocean, 4: 368 – 375.

KLEISS J M, MELVILLE W K, 2010. Observations of wave breaking kinematics in fetch-limited seas[J]. J. Phys. Ocean., 40: 2575 – 2604.

KLEMAS V, POLIS D F, 1977. A study of density fronts and their effects on coastal pollutants [J]. Remote Sens. Environ., 6: 95 – 126.

KOCH-LARROUY A, LENGAIGNE M, TERRAY P, et al., 2010. Tidal mixing in the Indonesian seas and its effect on the tropical climate system[J]. Clim. Dyn., 34: 891 – 904.

KOMEN G J, CAVALERI L, DONELAN M, et al., 1994. Dynamics and modelling of ocean waves[M]. Cambridge: Cambridge University Press.

KOMEN G J, HASSELMANN S, HASSELMANN K, 1984. On the existence of a fully developed wind-sea spectrum[J]. J. Phys. Oceanogr., 14: 1271 – 1285.

KONDO J, 1975. Air – sea bulk transfer coefficients in diabatic conditions[J]. Bound Layer Meteorol, Vol 9: 91 – 112.

KORTEWEG D J, DE VRIES F, 1895. On the change of form of long waves advancing in a rectangular canal, and on a new type of long stationary waves[J]. Philos. Mag., 39: 422 – 443.

KOZLOV I, ROMANENKOV D, ZIMIN A, et al., 2014. SAR observing large-scale nonlinear internal waves in the White Sea[J]. Remote Sens. Environ., 147: 99 – 107.

KRAAN C, OOST W A, JANSSEN P A E M, 1996. Wave energy dissipation by whitecaps[J]. J. Atmos. Ocean. Tech., 13: 262 – 267.

KRAUS E B, TURNER J S, 1967. A one-dimensional model of the seasonal thermocline. Ⅱ. The general theory and its consequences[J]. Tellus, 19: 98 – 105.

KRAUSS W, 1999. Internal tides resulting from the passage of surface tides through an eddy field[J]. Geophys. Res. Ocean. , 104: 18323 – 18331.

KUDRYAVTSEV V N, MAKIN V K, 2002. Coupled dynamics of shortwaves and the airflow over long surface waves [J]. J. Geophys. Res. , 107 (C12), 3209, doi: 10. 1029/2001JC001251.

KUNZE E, SANFORD T B, 1984. Observations of near-inertial waves in a front[J]. Phys. Oceanogr. , 14: 566 – 581.

KUO H L, 1973. Dynamics of quasi-geostrophic flows and instability theory[J]. Advances in Applied Mechanics, 13: 247 – 330.

L R, 1961. Turbulence: Classical papers on statistical theory[J]. Nuclear Physics, 28: 686.

LADYZHENSKAYA O A, 1969. Stable difference schemes for Navier – Stokes equations[J]. Zapiski Nauchnykh Seminarov POMI, 14: 92 – 126.

LAIKHTMAN D L, 1958. Ovetrovom dreife ledjanykh poley[J]. Trudy Leningradskiy Gidro metmeteorologic heskiy Institut. , 7: 129 – 137.

LAMARRE E, MELVILLE W K, 1991. Air entrainment and dissipation in breaking waves[J]. Nature, 351: 469 – 472.

LAMB K G, 2014. Internal wave breaking and dissipation mechanisms on the continental slope/shelf[J]. Annu. Rev. Fluid Mech. , 46: 231 – 254.

LANDAU L D, LIFSCHITZ E M, 1976. Mechanics, 3rd edn[M]. Oxford: Pergamon Press.

LARICHEV V D, REZNIK G M, 1976. Two-dimensional Rossby soliton: an exact solution. Rep [J]. USSR Acad. Sci. , 231: 1077 – 1079.

LAUNDER B E , SPALDING D B, 1972. Mathematical models of turbulence[M]. London: Academic Press.

LAURENT L S, GARRETT C, 2002. The role of internal tides in mixing the deep ocean[J]. Journal of physical oceanography, 32(10): 2882 – 2899.

LE BOYER A, CAMBON G, DANIAULT N, et al. , 2009. Observations of the Ushant tidal front in September 2007[J]. Cont. Shelf Res. , 29: 1026 – 1037.

LEE T L, 2004. Back-propagation neural network for long-term tidal predictions[J]. Ocean Eng. , 31: 225 – 238.

LEGEN'KOV A P, 1978. Ice movements in the Arctic Basin and external factors[J]. Oceanology, 18(2): 156 – 159.

LEGEN'KOV A P, CHUGUY I V, APPEL I L, 1974. On ice shifts in the Arctic Basin[J]. Oceanology, 14: 807 – 813.

LEGG S, ADCROFT A, 2003. Internal wave breaking at concave and convex continental slopes [J]. Phys. Oceanogr. , 33: 2224 – 2246.

LENN Y D, CHERESKIN T K, SPRINTALL J, et al. , 2008. Mean jets, mesoscale variability and eddy momentum fluxes in the surface layer of the Antarctic Circumpolar Current in Drake Passage[J]. J. Mar. Res. ,65:27 –58.

LEPPÄRANTA M, 1981. On the structure and mechanics of pack ice in the Bothnian Bay[J]. Finnish Marine Research, 248: 3 –86.

LEPPÄRANTA M, 1982. A case study of pack ice displacement and deformation field based on Landsat images[J]. Geophysica. , 19(1): 23 –31.

LEPPÄRANTA M, 1993. A review of analytical modelling of sea ice growth[J]. Atmosphere-Ocean, 31(1): 123 –138.

LEPPÄRANTA M, 1998. The dynamics of sea ice[C]. In: M. LeppaÉranta(ed.), Physics of Ice-Covered Seas(Vol. 1, pp. 305 –342). Helsinki University Press.

LEPPÄRANTA M, 2011. The drift of sea ice[M]. Berlin Heidelberg: Springer-Verlag.

LEPPÄRANTA M, 2017. 海冰漂移[M]. 孟上，徐淙，孙启振，等译. 北京：海洋出版社.

LEPPÄRANTA M, HIBLER W D, 1987. Mesoscale sea ice deformation in the East Greenland marginal ice zone[J]. Geophys. Res. , 92: 7060 –7070.

LESLIE D C, LEITH C E, 1975. Developments in the theory of turbulence[J]. Phys. Today. , 28: 59 –60.

LI M, GARRETT C, 1997. Mixed-layer deepening due to Langmuir circulation[J]. J. Phys. Oceanogr. , 27: 121 –132.

LI M, GARRETT C, SKYLLINGSTAD E, 2005. A regime diagram for classifying turbulent large eddies in the upper ocean[J]. Deep-Sea Res. I, 52: 259 –278.

LI M, ZAHARIEV K, GARRETT C, 1995. Role of Langmuir circulation in the deepening of the ocean surface mixed layer[J]. Science, New Series, 270: 1955 –1957.

LIGHTHILL J, 1978. Waves in fluids[M]. Cambridge: Cambridge university press.

LIGHTHILL M J. 1962. Physical interpretation of the mathematical theory of wave generation by wind[J]. J. Fluid Mech. , 14: 385 –398.

LIN I, LIU W T, WU C C, et al. , 2003. New evidence for enhanced ocean primary production triggered by tropical cyclone[J]. Geophys. Res. Lett. , 30.

LIN J T, PAO Y H, 1979. Wakes in stratified fluids[J]. Annual Review of Fluid Mechanics, 11: 317 –338.

LIN J,1991. Divergence measures based on the Shannon entropy[J]. IEEETransactions on Information Theory, 37: 145 –151.

LING F, LIU C, KÖHL, et al. , 2021. Four types of baroclinic instability waves in the global oceans and the implications for the vertical structure of mesoscale eddies[J]. Journal of Geophysical Research: Oceans, 126, e2020JC016966.

LIU Y, DONG C M, GUAN Y P, et al. , 2012. Eddy analysis in the subtropical zonal band of the North Pacific Ocean[J]. Deep Sea Research Part I: Oceanographic Research Papers,

68: 54 – 67.

LODER J W, DRINKWATER K F, OAKEY N S, et al. , 1993. Circulation, hydrographic structure and mixing at tidal fronts: the view from Georges Bank[J]. Philos. Trans. -R. Soc. London, A 343: 447 – 460.

LONGUET-HIGGINS M S, STEWART R W, 1960. Changes in the form of short gravity waves on long waves and tidal currents[J]. Journal of Fluid Mechanics, 8: 565 – 583.

LORENZ E N, 1963. Deterministic nonperiodic flow[J]. J. Atoms. , (20).

LOZIER M S, BACON S, BOWER A S, et al. , 2017. Overturning in the Subpolar north Atlantic program: A new international ocean observing system[J]. Bull. Am. Meteorol. Soc. , 98: 737 – 752.

LUECK R G, MUDGE T D, 1997. Topographically induced mixing around a shallow seamount [J]. Science, 276: 1831 – 1833.

LUO Z, CHEN J, ZHU J, et al. , 2007. An optimizing reduced order FDS for the tropical Pacific Ocean reduced gravity model[J]. Int. J. Numer. Methods Fluids, 55: 143 – 161.

LÜ X, QIAO F, XIA C, et al. , 2010. Upwelling and surface cold patches in the Yellow Sea in summer: Effects of tidal mixing on the vertical circulation[J]. Cont. Shelf Res. , 30: 620 – 632.

LØSET S, 1993. Some aspects of floating ice related sea surface operations in the Barents Sea [D]. Norway: Ph. D. thesis, University of Trondheim.

MAAT N, KRAAN C, OOST W A, 1991. The roughness of wind waves[J]. Boundary – Layer Meteorol. , 54: 89 – 103.

MARTIN P J, 1985. Simulation of the mixed layer at OWS November and Papa with several models[J], J. Geophys. Res. , 90: 903 – 916.

MASE G E, 1970. Continuum Mechanics(Schaum's outline series)[M]. New York: McGraw-Hill.

MASUDA A, KUSABA T, 1987. On the local equilibrium of winds and wind-waves in relation to surface drag[J]. J. Oceanogr. Soc. Japan, 43: 28 – 36.

MAXIMOV I, SARUKHANYAN E, SMIRNOV N P, 1970. Ocean and Space[M]. Tokyo: Tokai University Press.

MAYKUT G A, UNTERSTEINER N, 1971. Some results from a time-dependent, thermodynamic model of sea ice[J]. Geophys. Res. , 76: 1550 – 1575.

MAZE R, 1987. Generation and propagation of non-linear internal waves induced by the tide over a continental slope[J]. Cont. Shelf Res. , 7: 1079 – 1104.

MCCARTNEY M S, 1982. The subtropical circulation of Mode Waters[J]. Mar. Res. , 40: 427 – 464.

MCCARTNEY M, 1975. lnertial Taylor columns on a beta plane[J]. Journal of Fluid Mechanics, 68: 71 – 95.

MCPHEE M G, 2008. Air-Ice-Ocean interaction: Turbulent ocean boundary layer exchange processes[M]. Berlin , Germany: Springer.

MCWILLIAMS J C, 2006. Fundamentals of geophysical fluid dynamics[J]. J. Fluid Mech. , 576: 506.

MCWILLIAMS J C, 2008. The nature and consequences of oceanic eddies[C]. Ocean Modeling in an Eddying Regime. Geophysical Monograph Series, 177: 5 – 15. edited by M. W. Hecht and H. Hasumi, AGU, Washington, D. C.

MCWILLIAMS J C, 2016. Submesoscale currents in the ocean[J]. Proceedings of the Royal Society A: Mathematical, Physical and Engineering Sciences, 472(2189).

MCWILLIAMS J C, 2017. Submesoscale surface fronts and filaments: Secondary circulation, buoyancy flux, and frontogenesis[J]. Fluid Mech. , 823: 391 – 432.

MCWILLIAMS J C, 2019. A survey of submesoscale currents[J]. Geosci. Lett. , 6: 1 – 15.

MCWILLIAMS J C, 2021. Oceanic frontogenesis[J]. Ann. Rev. Mar. Sci. , 13: 227 – 253.

MCWILLIAMS J C, GULA J, JEROEN MOLEMAKER M, et al. , 2015. Filament frontogenesis by boundary layer turbulence[J]. Phys. Oceanogr. , 45: 1988 – 2005.

MCWILLIAMS J C, RESTREPO J M, 1999. The wave – driven ocean circulation[J]. Journal of Physical Oceanography, 29(10): 2523 – 2540.

MCWILLIAMS J C, SULLIVAN P P, MOENG C H, 1997. Langmuir turbulence in the ocean [J]. J. Fluid Mech. , 334: 1 – 30.

MELLOR G L, YAMADA T, 1982. Development of a turbulence closure model for geophysical fluid problems[J]. Reviews of Geophysics, 20(4): 851 – 875.

MELLOR G, HUANG R, 1997. Introduction to physical oceanography[J]. Am. J. Phys. , 65: 1028 – 1029.

MELLOR M, 1986. The mechanical behavior of sea ice[C]. In: N. Untersteiner(ed.), Geophysics of Sea Ice(pp. 165 – 281). New York: Plenum Press.

MICHEL B, 1978. Ice mechanics[M]. Québec city: Laval University Press.

MILES J W, 1957. On the generation of surface waves by shear flows[J]. J. Fluid Mech. , 3: 185 – 204.

MILLER B I, 1964. A study of the filling of Hurricane Donno(1960)over land[J]. Mon Weather Rev, Vol 92: 389 – 406.

MIZUNO K, WHITE W B, 1983. Annual and interannual variability in the Kuroshio current system[J]. Phys. Oceanogr. , 13: 1847 – 1867.

MONAHAN E C, 1971. Oceanic whitecaps[J]. J. Phys. Oceanogr. , 1: 139 – 144.

MONAHAN E C, O'MUIRCHEARTAIGH I, 1980. Optimal power-law description of oceanic whitecap coverage dependence on wind speed[J]. J. Phys. Ocean. , 10: 2094 – 2099.

MONBALIU J, 1994. On the use of the donelan wave spectral parameter as a measure for the roughness of wind – waves[J]. Boundary – layer meteorology, 67(3): 277 – 291.

MONIN A S, OBUKHOV A M, 1954. Basic laws of turbulent mixing in the atmosphere near the ground trudy geofiz. Inst[J]. AN SSSR, 24(151): 163 – 187.

MUNK W H, 1950. On the wind-driven ocean circulation[J]. J. Meteorol., 7: 79 – 93.

MUNK W H, 1966. Abyssal recipes[J]. Deep. Res. Oceanogr. Abstr., 13: 707 – 730.

MUNK W H, CARRIER G F, 1950. The Wind-driven circulation in ocean basins of various shapes[J]. Tellus, 2: 158 – 167.

MUNK W H, CARTWRIGHT D, 1966. Tidal spectroscopy and prediction[J]. Philos. Trans. R. Soc. London. Ser. A, Math. Phys. Sci., 259: 533 – 581.

MUNK W, ANDERSON R, 1948. A note on the theory of thermocline [J]. Jmarres, 7: 276 – 295.

MUNK W, WUNSCH C, 1998. Abyssal recipes II: Energetics of tidal and wind mixing[J]. Deep. Res. Part I Oceanogr. Res. Pap., 45: 1977 – 2010.

MÜLLER M, HAAK H, JUNGCLAUS J H, et al., 2010. The effect of ocean tides on a climate model simulation[J]. Ocean Model., 35: 304 – 313.

NAGAI T, HIBIYA T, 2015. Internal tides and associated vertical mixing in the Indonesian Archipelago[J]. Geophys. Res. Ocean., 120: 3373 – 3390.

NAGAI T, TANDON A, YAMAZAKI H, et al., 2009. Evidence of enhanced turbulent dissipation in the frontogenetic Kuroshio Front thermocline[J]. Geophys. Res. Lett., 36.

NAKANO H, TSUJINO H, SAKAMOTO K, et al., 2018. Identification of the fronts from the Kuroshio Extension to the Subarctic Current using absolute dynamic topographies in satellite altimetry products[J]. Oceanogr., 74: 393 – 420.

NENCIOLI F, DONG C, DICKEY T, et al., 2010. A vector geometry-based eddy detection algorithm and its application to a high-resolution numerical model product and high-frequency radar surface ve-locities in the Southern California Bight[J]. Journal of Atmo-spheric and Oceanic Technology, 27(3): 564 – 579.

NOTZ D, COMMUNITY S, 2020. Arctic Sea Ice in CMIP6[J]. Geophys. Res. Lett., 47.

OKUBO A, OZMIDOV R V, 1970. Empirical dependence of the coefficient of horizontal turbulent diffusion in the ocean on the scale of the phenomenon in question. Atmos[J]. Ocean Phys., 6: 534 – 536.

ORSI A H, JOHNSON G C, BULLISTER J L, 1999. Circulation, mixing, and production of Antarctic Bottom Water[J]. Progr. Oceanogr., 43: 55 – 109.

ORSI A H, NOWLIN W D, WHITWORTH T, 1993. On the circulation and stratification of the Weddell Gyre[J]. Deep-Sea Res. I., 40: 169 – 203.

ORSI A H, WHITWORTH T, NOWLIN W D, 1995. On the meridional extent and fronts of the Antarctic Circum-polar Current[J]. Deep-Sea Res., 42: 641 – 673.

OSBORNE J, RHINES P, SWIFT J, 1991. OceanAtlas for Macintosh, a microcomputer application for examining oceanographic data, version 1.0[M]. La Jolla Calif: Scripps Institute of Oceanography press.

OVSIYENKO S N, 1976. Numerical modelling of the drift of ice. Izv. Atmos[J]. Ocean. Phys. , 12: 740 – 743.

O'NEILL L W, CHELTON D B, ESBENSEN S K, 2003. Observations of SST-induced perturbations of the wind stress field over the Southern Ocean on seasonal timescales[J]. J. Clim. , 16: 2340 – 2354.

O'NEILL L W, CHELTON D B, ESBENSEN S K, et al. , 2005. High-resolution satellite measurements of the atmospheric boundary layer response to SST variations along the Agulhas Return Current[J]. J. Clim. , 18: 2706 – 2723.

PACANOWSKI R C, PHILANDER S G H, 1981. Parameterization of vertical mixing in numerical models of tropical oceans[J]. PHYS. Ocean. , 11: 1443 – 1451.

PARMERTER R R, COON M D, 1972. Model of pressure ridge formation in sea ice[J]. Geophys. Res. , 77: 6565 – 6575.

PATERSON W S B, 1995. The physics of glaciers(3rd edn)[M]. Oxford: Pergamon Press.

PAWLOWICZ R, BEARDSLEY B, LENTZ S, 2002. Classical tidal harmic analysis including error estimates in MATLAB and T_Tide[J]. Comput. Geosci. , 28: 929 – 937.

PEDLOSKY J, 1977. On the radiation of meso-scale energy in the mid-ocean[J]. Deep. Res. , 24: 591 – 600.

PEDLOSKY J, 1979. Geophysical fluid dynamics[M]. Berlin: Springer Science & Business Media.

PEDLOSKY J, 1987. Geophysical fluid dynamics[M]. New York: Springer.

PEROVICH D, 1998. The optical properties of sea ice[C]. In: M. Leppiiranta(ed.), Physics of Ice covered Seas, (Vol.1 , pp.195 – 230). Helsinki University Press.

PEROVICH D, GRENFELL T, RICHTER-MENGE J, et al. , 2003. Thin and thicker: Sea ice mass balance measurement during SHEBA[J]. Journal of Geophysical Research, 108 (C3), 8050, doi: 10.1029/2001 JC001079.

PETERSON R G, 1988. On the transport of the Antarctic Circumpolar Current through Drake Passage and its relation to wind[J]. Geophys. Res. , 93: 13993 – 14004.

PHILLIPS O M, 1957. On the generation of waves by turbulent wind[J]. J. Fluid Mech. , 2: 417 – 445.

PHILLIPS O M, 1985. Spectral and statistical properties of the equilibrium range of wind generated gravity waves[J]. J. Fluid Mech. , 156: 505 – 531.

PHILLIPS O M, POSNER F, HANSEN J, 2001. High range resolution radar measurements of the speed distribution of breaking events in wind-generated ocean waves: Surface impulse and wave energy dissipation rates[J]. J. Phys. Ocean. , 31: 450 – 460.

PIERSON W J, MOSKOWITZ L, 1964. A proposed spectral form for fully developed wind seas based on the similarity theory of S. A. Kitaigorodskii[J]. Journal of Geophysical Research,

69(24): 5181 – 5190.

PINGREE R D, PUGH P R, HOLLIGAN P M, et al. , 1975. Summer phytoplankton blooms and red tides along tidal fronts in the approaches to the English Channel[J]. Nature, 258: 672 – 677.

POLTON J A, BELCHER S E, 2007. Langmuir turbulence and deeply penetrating jets in an unstratified mixed layer [J]. Geophys. Res. , 112: C09020, doi: 10. 1029/2007JC00 4205.

POND S, PICKARD G L, 1983. Introductory dynamical oceanography(2nd edn)[M]. Oxford: Pergamon Press.

POPE S B. 2000. Turbulent flows[M]. Beijing: IOP Publishing Ltd.

PRANDTL L, 1925. Applications of modern hydrodynamics to aeronautics [M]. Washington DC: US Government Printing Office.

PRATT L J, 1990. The physical oceanography of sea straits[M]. Berlin: Springer Science & Business Media.

PRITCHARD R S, 1975. An elastic-plastic constitutive law for sea ice[J]. Appl. Mech. , 42E: 379 – 384.

PRITCHARD R S, 1977. The effect of strength on simulations of sea ice dynamics[C]. Proceedings of the 4th International Conference on Port and Ocean Engineering under Arctic Conditions(12 pp.). Memorial University of Newfoundland, St. John's, Canada.

QIAO F, YUAN Y, YANG Y, et al. , 2004. Wave-induce mixing in the upper ocean: distribution and application to a global ocean circulation model[J]. Geophys. Res. Lett. , 31, L11303. doi: 10. 1029/2004GL019824.

QIU B, 1999. Seasonal eddy field modulation of the North Pacific Subtropical countercurrent: TOPEX/Poseidon observations and theory[J]. Journal of Physical Oceanography, 29: 2471 – 2486.

QIU B, CHEN S, 2009. Source of the 70-Day Mesoscale Eddy Variability in the Coral Sea and the North Fiji Basin[J]. Journal of Physical Oceanography, 39: 404 – 420.

QIU B, CHEN S, 2010. Interannual variability of the North Pacific Subtropical Countercurrent and its associated mesoscale eddy field[J]. Journal of Physical Oceanography, 40: 213 – 225.

QIU B, HUANG R, 1995. Ventilation of the North Atlantic and North Pacific: Subduction versus obduction[J]. J. Phys. Oceanogr. , 25: 2374 – 2390.

RAHMSTORF S, 1995. Bifurcations of the Atlantic thermohaline circulation in response to changes in the hydrological cycle[J]. Nature, 378: 145 – 149.

RAPP R J, MELVILLE W K, 1990. Laboratory measurements of deep-water breaking waves [J]. Phil. Trans R. Soc. Lond. A. , 331: 735 – 800.

RASCLE N, CHAPRON B, MOLEMAKER J, et al. , 2020. Monitoring intense oceanic fronts using sea surface roughness: satellite, airplane, and in situ comparison[J]. Geophys. Res. Ocean., 125(8).

RATTRAY M, 1960. On the coastal generation of internal tides[J]. Tellus, 12: 54 – 62.

REID J L, 1997. On the total geostrophic circulation of the Pacific Ocean: Flow patterns tracers and transports[J]. Progr. Oceanogr., 39: 263 – 352.

REN S, XIE J, ZHU J, 2014. The roles of different mechanisms related to the tide-induced fronts in the Yellow Sea in summer[J]. Adv. Atmos. Sci., 31: 1079 – 1089.

REVELANTE N, GILMARTIN M, 1976. The effect of Po river discharge on phytoplankton dynamics in the Northern Adriatic Sea[J]. Mar. Biol., 34: 259 – 271.

RHINES P B, YOUNG W R, 1982a. A theory of wind-driven circulation. I. Mid-ocean gyres [J]. J. Mar. Res., 40: 559 – 596.

RHINES P B, YOUNG W R, 1982b. Homogenization of potential vorticity in planetary gyres [J]. J. Fluid Mech., 122: 347 – 367.

RIAZI A, 2020. Accurate tide level estimation: A deep learning approach [J]. Ocean Eng., 198.

RILEY G A, 1937. The significance of the Mississippi River drainage for biological conditions in the northern Gulf of Mexico[J]. Mar. Res., 1: 60 – 74.

RIPA P, 1982. Nonlinear wave-wave interactions in a one-layer reduced-gravity model on the equatorial β plane[J]. J. Phys. Oceanogr., 12: 97 – 111.

ROBINSON A, STOMMEL H, 1958. Amplification of transient response of the ocean to storms by the effect of bottom topography[J]. Deep Sea Res., 5: 312 – 314.

RODEN G I, 1981. Mesoscale thermohaline, sound velocity and baroclinic flow structure of the Pacific subtropical front during the winter of 1980[J]. Phys. Oceanogr., 11: 658 – 675.

ROMERO L, MELVILLE W K, KLEISS J M, 2012. Spectral energy dissipation due to surface-wave breaking[J]. Phys. Oceanogr., 42: 1421 – 1444.

ROTHROCK D A, 1975a. The energetics of the plastic deformation of pack ice by ridging[J]. Journal of Geophysical Research, 80(33): 4514 – 4519.

ROTHROCK D A, 1975b. The mechanical behavior of pack ice[J]. Ann. Rev. Earth Planet. Sci., 3: 317 – 342.

RUDELS B, 2001. Arctic basin circulation[J]. Encyclopedia of Ocean Sciences, 177.

RUDNICK D L, LUYTEN J R, 1996. Intensive surveys of the Azores Front 1. Tracers and dynamics[J]. Geophys. Res. Ocean., 101: 923 – 939.

RYTHER J H, MENZEL D W, CORWIN N, 1967. Influence of Amazon River outflow on ecology of Western Tropical Atlantic. I. Hydrography and nutrient chemistry[J]. Mar. Res., 25: 69.

SAKAMOTO K, TSUJINO H, NAKANO H, et al., 2013. A practical scheme to introduce explicit tidal forcing into an OGCM[J]. Ocean Sci., 9: 1089 – 1108.

SALISBURY D J, ANGUELOVA M D, BROOKS I M, 2013. On the variability of whitecap fraction using satellite-based observations[J]. Geophys. Res. , 118: 6201 – 6222.

SAVAGE S B, 1995. Marginal ice zone dynamics modelled by computer simulations involving floe collisions[C]. In: E. Guazelli and L. Oger(eds), Mobile, Particulate Systems(pp. 305 – 330). Kluwer Academic, Norwell, MA.

SCHILLER A, 2004. Effects of explicit tidal forcing in an OGCM on the water-mass structure and circulation in the Indonesian throughflow region[J]. Ocean Model. , 6: 31 – 49.

SCHMITZ W J, 1996a. On the world ocean circulation. Volume II, the Pacific and Indian Oceans/a global update[M]. Boston: Woods Hole Oceanographic Institution.

SCHMITZ W J, 1996b. On the world ocean circulation. Volume I, Some global features/North Atlantic circulation[M]. Boston: Woods Hole Oceanographic Institution.

SCHWAEGLER R T, 1974. Fracture of sea ice sheets due to isostatic imbalance[C]. Ocean. , 74: IEEE International Conference on Engineering in the Ocean Environment, Vol. 1, pp. 77 – 81, IEEE, New York.

SEKINE T, IRIFUNE T, RINGWOOD A E, et al. , 1986. High-pressure transformation of eclogite to garnetite in subducted oceanic crust[J]. Nature, 319: 584 – 586.

SEN A, SCOTT R B, ARBIC B K, 2008. Global energy dissipation rate of deep-ocean low-frequency flows by quadratic bottom boundary layer drag: Computations from current meter data, Geophys[J]. Res. Lett. , 35, L09606, doi: 10. 1029/2008GL033407.

SEO H, MILLER A J, ROADS J O, 2007. The scripps coupled ocean-atmosphere regional (SCOAR)model, with applications in the eastern pacific sector[J]. J. Clim. , 20: 381 – 402.

SHANG S, LI L, SUN F, et al. , 2008. Changes of temperature and bio-optical properties in the South China Sea in response to typhoon lingling, 2001[J]. Geophys. Res. Lett. , 35.

SHANMUGAM G, 2014. Modern internal waves and internal tides along oceanic pycnoclines: Challenges and implications for ancient deep-marine baroclinic sands: Reply[J]. Am. Assoc. Pet. Geol. Bull, 98: 858 – 879.

SHANNON B F, HUBBARD J R, 2000. Results from recent GPS tides projects[C]. in: Oceans Conference Record(IEEE), 1159 – 1174.

SHAW P T, KO D S, CHAO S Y, 2009. Internal solitary waves induced by flow over a ridge: With applications to the northern South China Sea[J]. Geophys. Res. Ocean. , 114.

SHEN H H, HIBLER W D, LEPPÄRANTA M, 1986. On applying granular flow theory to a deforming broken ice field[J]. Acta Mech. , 63: 143 – 160.

SHEPPARD P A, 1958. Transfer across the earth's surface and through the air above[J]. Quart J. Roy Meteor Soc. , Vol 84: 205 – 224.

SHEPPARD P A, TRIBBLE D T, GARRATT J R D, 1972. Studies of turbulence in the surface layer over water(Lough Neagh), Part I[J]. Quart J. Roy Meteor Soc. , Vol 98: 627 –

641.

SHIMADA T, SAKAIDA F, KAWAMURA H, et al. , 2005. Application of an edge detection method to satellite images for distinguishing sea surface temperature fronts near the Japanese coast[J]. Remote Sens. Environ. , 98: 21 – 34.

SHIRASAWA K, LEPPÄRANTA M, KAWAMURA T, et al. , 2006. Measurements and modelling of the water-ice heat flux in natural waters[C]. Proceedings of the 18th IAHR International Symposium on Ice pp. 85 – 91. Hokkaido University, Sapporo, Japan.

SHIRASAWA K, LEPPÄRANTA M, SALORANTA T, et al. , 2005. The thickness of landfast ice in the Sea of Okhotsk[J]. Cold Regions Science and Technology, 42: 25 – 40.

SILVERTHORNE K E, TOOLE J M, 2009. Seasonal kinetic energy variability of near-inertial motions[J]. Phys. Oceanogr. , 39: 1035 – 1049.

SIMPSON J H, 1981. The shelf-sea fronts: implications of their existence and behaviour[J]. Philos. Trans. R. Soc. London. Ser. A, Math. Phys. Sci. , 302: 531 – 546.

SMAGORINSKY J S, 1963. General circulation experiments with the primitive equations, the basic experiment[J]. Monthly Weather Review, 91(3): 99 – 164.

SMALL R J, DESZOEKE S P, XIE S P, et al. , 2008. Air-sea interaction over ocean fronts and eddies[J]. Dyn. Atmos. Ocean. , 45: 274 – 319.

SMITH A J E, 1999. Application of satellite altimetry for global ocean tide modeling[D]. Delft: Ph. D. thesis, Delft University of Technology.

SMITH S D, 1980. Wind stress and heat flux over the ocean in gale force winds[J]. Journal of Physical Oceanography, 10(5): 709 – 726.

SMITH S D, ANDERSON R J, OOST W A, et al. , 1992. Sea surface wind stress and drag coefficients: the HEXOS results[J]. Bound Layer Meteorol, Vol 60: 109 – 142.

SMITH S D, BANKE E G, 1975. Variation of the sea surface drag coefficient with wind speed [J]. Quart. J. Roy. Meteorol. Soc. , 101: 665 – 673.

SNODGRASS F E, GROVES G W, HASSELMANN K, et al. , 1966. Propagation of oceanswell across the Pacific[C]. Philos. Trans. Roy. Soc. London, A249: 431 – 497.

SOKOLOV S, RINTOUL S R, 2009. Circumpolar structure and distribution of the antarctic circumpolar current fronts: 2. Variability and relationship to sea surface height[J]. Geophys. Res. Ocean. , 114.

SONG J, BANNER M L, 2002. On the determining the onset and strength of breaking for deep water waves. Part 1: Unforced irrotational wave groups[J]. Phys. Oceanogr. , 32: 2541 – 2558.

SPALL M A, 2007. Effect of sea surface temperature-wind stress coupling on baroclinic instability in the ocean[J]. Phys. Oceanogr. , 37: 1092 – 1097.

SPALL M A, PICKART R S, LIN P, et al. , 2019. Frontogenesis and variability in Denmark strait and its influence on overflow water[J]. Phys. Oceanogr. , 49: 1889 – 1904.

SPEER K, RINTOUL S R, SLOYAN B, 2000. The diabatic Deacon cell [J]. J. Phys. Oceanogr. ,30:3212 – 3222.

SPRINTALL J, GORDON A L, KOCH-LARROUY A, et al. , 2014. The Indonesian seas and their role in the coupled ocean-climate system[J]. Nat. Geosci. , 7: 487 –492.

SRINIVASAN K, MCWILLIAMS J C, RENAULT L, et al. , 2017. Topographic and mixed layer submesoscale currents in the near-surface southwestern tropical Pacific [J]. Phys. Oceanogr. , 47: 1221 –1242.

ST LAURENT L C, GARRETT C, 2002. The role of internal tides in mixing the deep ocean [J]. Phys. Oceanogr. , 32: 2882 –2899.

STAMMER D, 1997. Global characteristics of ocean variability estimated from regional TOPEX/ POSEIDON altimeter measurements[J]. Phys. Oceanogr. , 27: 1743 –1769.

STANSELL P, MACFARLANE C, 2002. Experimental investigation of wave breaking criteria based on wave phase speeds[J]. Phys. Oceanogr. , 32: 1269 –1283.

STEFAN J, 1891. Uber die Theorie der Eisbildung, insbesondere Ober Eisbildung im Polarmeere[J]. Annalen der Physik, 3rd Ser. , 42: 269 –286.

STEWART R W , 1969. Turbulence[M]. Cambridge: Educational Services.

STEWART R W, 1974. The air-sea momentum exchange[J]. Bound. Layer Meteorol, 6: 151 – 167.

STEWART R W. 1961. Wave drag over water[J]. Fluid Mech. , 10: 189 –194.

STEWART R, 2008. Introduction to physical oceanography[M]. College Station: Texas A & M University Press.

STOCKER T F, MARCHAL O, 2000. Abrupt climate change in the computer: Is it real? [J]. Proceedings of the National Academy of Sciences, 97(4): 1362 –1365.

STOKES G G, 1847. On the theory of oscillatory waves[J]. Trans. Camb. Phil. Soc. , 8: 441 – 455.

STOMMEL H, 1948. The westward intensification of wind-driven ocean currents [J]. Eos, Trans. Am. Geophys. Union, 29: 202 –206.

STOMMEL H, 1957. The abyssal circulation of the ocean[J]. Nature, 180: 733 –734.

STOMMEL H, 1958. The abyssal circulation[J]. Deep Sea Res. , 5(1): 80 –82.

STOMMEL H, 1961. Thermohaline convection with two stable regimes of flow[J]. Tellus, 13: 224 –230.

STOMMEL H, 1979. Determination of water mass properties of water pumped down from the Ekman layer to the geostrophic flow below[J]. Proc. Natl. Acad. Sci. , 76: 3051 –3055.

STOMMEL H, ARONS A B, 1959a. On the abyssal circulation of the world ocean-II. An idealized model of the circulation pattern and amplitude in oceanic basins[J]. Deep Sea Res. , 6: 217 –233.

STOMMEL H, ARONS A B, 1959b. On the abyssal circulation of the world ocean-I. Stationary planetary flow patterns on a sphere[J]. Deep Sea Res. , 6: 140 – 154.

STRAMSKA M, PETELSKI T, 2003. Observations of oceanic whitecaps in the north polar waters of the Atlantic[J]. Geophys. Res. , C108, doi: 10. 1029/2002JC001321, 10p.

SUGIMORI Y, AKIYAMA M, SUZUKI N, 2000. Ocean measurement andclimate prediction – expectation for signal processing[J]. J. Signal Process , 4: 209 – 222.

SUN L, ZHENG Q, WANG D, et al. , 2011. A case study of near-inertial oscillation in the South China Sea using mooring observations and satellite altimeter data[J]. Oceanogr. , 67: 677 – 687.

SUN Q, SONG J, GUAN C, 2005. Simulation of the ocean surface mixed layer under the wave breaking[J]. Acta Oceanologica Sinica, 24(3): 9 – 15.

SUNDQUIST E T, BROECKER W S, 1985. The carbon cycle and atmospheric CO_2: natural variations Archean to present[M]. Washington DC: Washington DC American Geophysical Union Geophysical Monograph Series.

SUTHERLAND P, MELVILLE W K, 2013. Field measurements and scaling of ocean surface wave breaking statistics[J]. Geophys. Res. Let. , 40: 3074 – 3079.

SVERDRUP H U, 1928. The winddrift of the ice on the North Siberian Shelf. The Norwegian North Polar Expedition with the "Maud" 1918 – 1925. Scientific Results. , 4(1): 1 – 46.

SVERDRUP H U, 1947. Wind-driven currents in a baroclinic ocean; with Application to the Equatorial Currents of the Eastern Pacific[J]. Proc. Natl. Acad. Sci. , 33: 318 – 326.

SWALLOW J C, WORTHINGTON L V, 1961. An observation of a deep countercurrent in the Western North Atlantic[J]. Deep Sea Res. , 8.

SWIFT J H, AAGAARD K, 1981. Seasonal transitions and water mass formation in the Iceland and Greenland seas[J]. Deep Sea Res. , 28: 1107 – 1129.

TADESSE M, WAHL T, CID A, 2020. Data-driven modeling of global storm surges[J]. Front. Mar. Sci. , 7.

TAKAHASHI T, SUTHERLAND S C, WANNINKHOF R, et al. , 2009. Climatological mean and decadal change in surface ocean pCO2, and net sea-air CO2 flux over the global oceans[J]. Deep. Res. Part II Top. Stud. Oceanogr. , 56: 554 – 577.

TAKANO K, 1954. On the velocity distribution off the mouth of a river[J]. J. Oceanogr. Soc. Japan, 10: 60 – 64.

TAKANO K, 1955. A complementary note on the diffusion of the seaward river flow off the mouth[J]. J. Oceanogr. Soc. Japan, 11: 147 – 149.

TALLEY L D, 2003. Shallow, intermediate, and deep over-turning components of the global heat budget[J]. Phys. Oceanogr. , 33: 530 – 560.

TALLEY L D, 2007. Hydrographic Atlas of the World Ocean Circulation Experiment (WOCE). Volume 2: Pacific Ocean. In: Sparrow, M. , Chapman, P. , Gould, J. (Eds.) [M]. Southampton: International WOCE Project Office press.

TALLEY L D, SPRINTALL J, 2005. Deep expression of the Indonesian Throughflow Indonesian Intermediate Water in the South Equatorial Current[J]. Geophys. Res. , 110: C10009.

TAMURA T, OHSHIMA K I, NIHASHI S, 2008. Mapping of sea ice production for Antarctic coastal polynyas[J]. Geophys. Res. Lett. , 35: L07606.

TAYLOR, 1920. Tidal friction in the Irish Sea[J]. Philos. Trans. R. Soc. London. Ser. A, Contain. Pap. a Math. or Phys. Character, 220: 1 – 33.

TEIXEIRA M A C, BELCHER S E, 2002. On the distortion of turbulence by a progressive surface wave[J]. Fluid Mech. , 458: 229 – 267.

TEMAM R, 1984. Attractors and determining modes in fluid mechanics[J]. Physica A Statistical Mechanics & Its Applications, 124(1 – 3): 577 – 577.

TEMAM R, CHORIN A, 1978. Navier Stokes equations: theory and numerical analysis[J]. J. Appl. Mech. , 45: 456 – 456.

TENNEKES H, LUMLEY J L, 1972. A first course in turbulence[M]. Boston: MIT press.

TERRAY E A, DONELAN M A, AGRAWAL Y, et al. , 1996. Estimates of kinetic dissipation under breaking waves[J]. Phys. Oceanogr. , 26: 792 – 807.

THOMPSON J D, 1974. The coastal upwelling cycle on a beta-plane: Hydrodynamics and thermodynamics[M]. Tallahassee: The Florida State University Press.

THOMPSON L A, 2000. Ekman layers and two-dimensional frontogenesis in the upper ocean [J]. Geophys. Res. Ocean. , 105: 6437 – 6451.

THOMSON J, SCHWENDEMAN M S, ZIPPEL S F, et al. , 2016. Wave breaking turbulence in the ocean surface layer[J]. Phys. Oceanogr. , 46(6): 1857 – 1870.

THORNDIKE A S, 1986. Kinematics of sea ice[C]. In: N. Untersteiner(ed.), Geophysics of Sea Ice(pp. 489 – 549). New York: Plenum Press.

THORNDIKE A S, ROTHROCK D A, MAYKUT G A, et al. , 1975. The thickness distribution of sea ice[J]. Geophys. Res. , 80: 4501 – 4513.

THORPE S A, 1984. The effect of Langmuir circulation on the distribution of submerged bubbles caused by breaking waves[J]. Fluid Mech. , 142: 151 – 170.

THORPE S A, 1992. The break-up of Langmuir circulation and the instability of an array of vortices[J]. Phys. Oceanogr. , 22: 350 – 360.

TINTORE J, LA VIOLETTE P E, BLADE I, et al. , 1988. A study of an intense density front in the Eastern Alboran Sea: The Almeria-Oran Front[J]. Phys. Oceanogr. , 18: 1384 – 1397.

TOBA Y, 1972. Local balance in the air-sea boundary process, I. On the growth process of wind waves[J]. Oceanogr. Soc. Japan, 28: 109 – 120.

TOBA Y, IIDA N, KAWAMURA H, et al. , 1990. Wave dependence of sea – surface wind stress[J]. Journal of Physical Oceanography, 20: 706 – 721.

TOBA Y, KAWAMURA H, 1996. Wind-wave coupled downward-bursting boundary layer below the sea surface[C]. Journal of Oceanography, 52: 409 – 419.

TOBA Y, KOGA M, 1986. A parameter describing overall conditions of wave breaking, white-capping, sea – spray production and wind stress. Oceanic Whitecaps[J]. Oceanic White-caps: And Their Role in Air – Sea Exchange Processes, 37 – 47.

TOGGWEILER J R, RUSSELL J, 2008. Ocean circulation in a warming climate[J]. Nature, 451(7176):286 – 288.

TOGGWEILER J R, SAMUELS B, 1995. Effect of drake passage on the global thermohaline circulation[J]. Deep. Res. Part I, 42: 477 – 500.

TOMCZAK M, GODFREY J, 2005. Regional Oceanography: An Introduction[M]. Oxford: Pergamon press.

TOULANY B, GARRETT C, 1984. Geostrophic control of fluctuating barotropic flow through straits[J]. J. Phys. Oceanogr. , 14: 649 – 655.

TSUCHIYA M, 1989. Circulation of the antarctic intermediate water in the North Atlantic Ocean [J]. Mar. Res. , 47: 747 – 755.

UUSIKIVI J, EHN J, GRANSKOG M A, 2006. Direct measurements of turbulent momentum, heat, and salt fluxes under landfast ice in the Baltic Sea[J]. Annals of Glaciology. , 44: 42 – 46.

VAN DYKE M,1982. An album of fluid motion[J]. NASA STI/Recon Technical Report A, 82, 36549.

VAN HEIJST G J F, 1986. On the dynamics of a tidal mixing front[J]. Elsevier Oceanogr. Ser. , 42: 165 – 194.

VECCHI G A, XIE S P, FISCHER A S, 2004. Ocean-atmosphere covariability in the western Arabian Sea[J]. J. Clim. , 17: 1213 – 1224.

VICKERS D, MAHRT L, 1997. Quality control and flux sampling problems for tower and air-craft data[J]. Journal of Atmospheric and Oceanic Technology, 14: 512 – 526.

VÁZQUEZ D P, ATAE-ALLAH C, LUQUE ESCAMILLA P L, 1999. Entropic approach to edge detection for SST images[J]. Atmos. Ocean. Technol. , 16: 970 – 979.

WANG D P, JORDI A, 2011. Surface frontogenesis and thermohaline intrusion in a shelfbreak front[J]. Ocean Model. , 38: 161 – 170.

WANG G H, CHEN D K, SU J L, 2006. Generation and life cycle of the dipole in the South China Sea summer circulation [J]. Geophys. Res. , 111, C06002, doi: 10. 1029/ 2005JC003314.

WANG G H, CHEN D K, SU J L, 2008. Winter eddy genesis in the eastern South China Sea due to orographic wind jets[J]. Phys. Oceanogr. , 38: 726 – 732.

WANG X, PENG S, LIU Z, et al. , 2016. Tidal mixing in the South China sea: An estimate based on the internal tide energetics[J]. Phys. Oceanogr. , 46: 107 – 124.

WARN-VARNAS A, HAWKINS J, LAMB K G, et al. , 2010. Solitary wave generation dynamics at Luzon Strait[J]. Ocean Model. , 31: 9 – 27.

WEEKS W F, 1998. Growth conditions and structure and properties of sea ice[C]. In: M. Leppiiranta(ed.), Physics of lee-covered Seas(Vol. I , pp. 25 – 104). Helsinki University Press.

WEEKS W F, ACKLEY S F, 1986. The growth, structure and properties of sea ice[C]. In: N. Untersleiner(ed.), Geophysicsof Sea Ice(pp. 9 – 164). New York: Plenum Press.

WEEKS W F, MELLOR M, 1983. Mechanical properties of ice in the Arctic seas[C]. (Vol. I, 25pp), Helsinki.

WEI Z, SUN J, TENG F, et al. , 2018. A harmonic analyzed parameterization of tide-induced mixing for ocean models[J]. Acta Oceanol. Sin. , 37: 1 – 7.

WEYPRECHT K, 1879. Die metamorphosen des polareises[The metamosphosis of polar ice] [C]. The austro-hungarian polar expedition of 1872 – 1874. 284 pp. Moritz Perles, Vienna.

WHALEN C B, DE LAVERGNE C, NAVEIRA GARABATO A C, et al. , 2020. Internal wave-driven mixing: governing processes and consequences for climate[J]. Nat. Rev. Earth Environ. , 1: 606 – 621.

WHITWORTH T, PETERSON R, 1985. The volume transport of the Antarctic Circumpolar Current from bottom pressure measurements[J]. Phys. Oceanogr. , 15: 810 – 816.

WIERINGA J, 1974. Comparison of three methods for determining strong wind stress over Lake Flevo[J]. Bound Layer Meteorol, Vol 7: 3 – 19.

WILLIAMS S, PETERSEN M, BREMER P T, et al. , 2011. Adaptive extraction and quantification of geophysical vortices[J]. Visualization and Computer Graphics, IEEE Transactions on, 17(12): 2088 – 2095.

WMO, 1970. The WMO sea-ice nomenclature[J]. WMO No. 259, TP 145(with later supplements). WMO, Geneva.

WORTHINGTON L V, 1977. Intensification of the Gulf Stream after the winter of 1976 – 1977 [J]. Nature, 270: 415 – 417.

WU J, 1979. Oceanic whitecaps and sea state[J]. Phys. Oceanogr. , 9: 1064 – 1068.

WU J, 1980. Wind-stress coefficients over sea surface near neutral conditions-A revisit[J]. Phys. Oceanogr. , 13: 1441 – 1451.

WU K J, LIU B, 2008. Stokes drift-induced and direct wind energy inputs into the Ekman layer within the Antarctic Circumpolar Current[J]. Geophys. Res. , 113: C10002.

WU K J, YANG Z L, LIU B, et al. , 2008. Wave energy input into the Ekman layer[J]. Science in China Series D: Earth Sciences, 51: 134 – 141.

WU L, JING Z, RISER S, et al. , 2011. Seasonal and spatial variations of Southern Ocean diapycnal mixing from Argo profiling floats[J]. Nat. Geosci. , 4: 363 – 366.

WUNSCH C, 1999. The work done by the wind on the oceanic general circulation[J]. Phys.

Oceanogr. , 28: 2332 – 2342.

WYRTKI K, 1961. The thermohaline circulation in relation to the general circulation in the oceans[J]. Deep Sea Res. , 8: 39 – 64.

XIE J, CAI S, HE Y, 2010. A continuously stratified nonlinear model for internal solitary waves in the northern South China Sea. Chinese[J]. Oceanol. Limnol. , 28: 1040 – 1048.

XIE L L, ZHENG Q A, ZHANG S W, et al. , 2018. The Rossby normal modes in the South China Sea deep basin evidenced by satellite altimetry[J]. International Journal of Remote Sensing. 39, 2: 399-417. DOI: 10. 1080/01431161. 2017. 1384591.

XIE X H, SHANG X D, VAN HAREN H, et al. , 2011. Observations of parametric subharmonic instability-induced near-inertial waves equatorward of the critical diurnal latitude [J]. Geophys. Res. Lett. , 38.

XU Z G, BOWEN A J, 1994. Wave-and wind-driven flow-in water of finite depth[J]. Journal of Physical Oceanography, 24: 1850 – 1866.

YANG J, LIN X, WU D, 2013. On the dynamics of the seasonal variation in the South China Sea throughflow transport[J]. Journal of Geophysical Research: Oceans, 118(12): 6854 – 6866.

YANG J, LIN X, WU D, 2013. Wind-driven exchanges between two basins: Some topographic and latitudinal effects[J]. J. Geophys. Res. Ocean. , 118: 4585 – 4599.

YELLAND M, TAYLOR P K, 1996. Wind stress measurements from the open ocean[J]. Journal of Physical Oceanography, 26(4): 541 – 558.

YUAN Y, QIAO F, HUA F, et al. , 1999. The development of a coastal circulation numerical model, 1. Wave-induced mixing and wave-current interaction[J]. Hydrodyn. , Ser A, 14: 1 – 8.

ZHANG Z G, WANG W, QIU B, 2014. Oceanic mass transport by mesoscale eddies[J]. Science, 345: 322 – 324.

ZHANG Z G, ZHANG Y, WANG W, et al. , 2013. Universal structure of mesoscale eddies in the ocean[J]. Geophys. Res. Lett. , 40, 3677 – 3681. doi: 10. 1002/grl. 50736.

ZHANG Z, 2000. Comparisons between observed and simulated ice motion in the northern Baltic Sea. Geophysica. , 36(1 – 2): 111 – 126.

ZHANG Z, FRINGER O B, RAMP S R, 2011. Three-dimensional, nonhydrostatic numerical simulation of nonlinear internal wave generation and propagation in the South China Sea [J]. Geophys. Res. Ocean. , 116.

ZHAO D, TOBA Y, 2001. Dependence of whitecap coverage on wind and wind-wave properties [J]. Oceanogr. , 57: 603 – 616.

ZHENG Q A, HU J Y, ZHU B L, et al. , 2014. Standing wave modes observed in the South China Sea deep basin[J]. Journal of Geophysical Research, 119(7): 4185 – 4199.

ZHENG Q, SONG Y T, LIN H, et al. , 2008. On generation source sites of internal waves in the Luzon Strait[J]. Acta Oceanol. Sin. , 27: 38 – 50.

ZUBKOVSKII S L, KRAVCHENKO T K, 1967. Direct measurements of some turbulence in the near – water layer[J]. Izv. Atmos. Oceanic Phys. , 3: 127 – 135.

ZUBOV N N, 1945. L'dy arktiki: Arctic ice[M]. Washington DC: U. S. Navy Electronics Laboratory.